OEUVRES D'É. VERDET

PUBLIÉES PAR LES SOINS DE SES ÉLÈVES

TOME VI

LEÇONS
D'OPTIQUE PHYSIQUE

PAR

É. VERDET

PUBLIÉES

PAR M. A. LEVISTAL

ANCIEN ÉLÈVE DE L'ÉCOLE NORMALE SUPÉRIEURE

TOME SECOND

PARIS

G. MASSON, ÉDITEUR

LIBRAIRE DE L'ACADÉMIE DE MÉDECINE

PLACE DE L'ÉCOLE-DE-MÉDECINE

1872

OEUVRES

DE

É. VERDET

PUBLIÉES

PAR LES SOINS DE SES ÉLÈVES

—

TOME VI

PARIS,

VICTOR MASSON ET FILS, ÉDITEURS,

PLACE DE L'ÉCOLE-DE-MÉDECINE.

LEÇONS

D'OPTIQUE PHYSIQUE

PAR

É. VERDET

PUBLIÉES

PAR M. A. LEVISTAL

ANCIEN ÉLÈVE DE L'ÉCOLE NORMALE SUPÉRIEURE

TOME II

PARIS

IMPRIMÉ PAR AUTORISATION DE SON EXC. LE GARDE DES SCEAUX

A L'IMPRIMERIE IMPÉRIALE

M DCCC LXX

LEÇONS

D'OPTIQUE PHYSIQUE.

QUATRIÈME PARTIE.

LEÇONS

SUR LA THÉORIE DE LA DISPERSION[1].

---

161. Historique. — L'expérience, d'accord avec la théorie, montre que la vitesse de propagation des ondes sonores est toujours indépendante de la hauteur du son, et, par suite, de la durée des vibrations. Le phénomène de la dispersion prouve qu'il n'en est pas de même pour les ondes lumineuses, du moins quand elles se propagent dans un milieu pondérable; car, l'indice de réfraction d'un milieu par rapport à un autre étant égal au rapport des vitesses de la lumière dans les deux milieux, et cet indice variant avec la couleur, l'une au moins de ces deux vitesses doit nécessairement dépendre de la durée des vibrations lumineuses. La difficulté qui résulte de cette différence entre les propriétés des ondes lumineuses et celles des ondes sonores n'avait pas échappé aux créateurs de la théorie des ondulations, et Euler en avait été particulièrement frappé[2]; mais, jusqu'à Fresnel, aucune tentative ne fut faite en vue

---

[1] Ces leçons ont été professées en 1857 à l'École Normale dans le cours de troisième année. Elles ont été complétées par M. Verdet lorsque, en 1862, dans le même cours, il s'est occupé de la polarisation magnétique.

[2] *Opuscula varii argumenti*. I, 217.

de rendre compte des phénomènes de la dispersion dans l'hypothèse des ondes.

Fresnel remarqua que, dans le cas des vibrations lumineuses, la sphère d'activité des forces moléculaires, mises en jeu par le mouvement vibratoire, n'est plus nécessairement très-petite par rapport à la longueur d'ondulation, comme cela a lieu lorsqu'il s'agit des ondes sonores, dont la longueur d'ondulation est incomparablement plus grande que celle des ondes lumineuses. Or, si la distance à laquelle les forces moléculaires sont sensibles n'est pas négligeable vis-à-vis de la longueur d'ondulation, il n'est plus exact d'admettre, comme on le fait dans la théorie des ondes sonores, que la propagation de chacun des ébranlements très-petits dont se compose une vibration n'est influencée en rien par la propagation des ébranlements qui précèdent ou qui suivent celui que l'on considère, et que, par conséquent, la vitesse avec laquelle se propage chacun de ces ébranlements est indépendante de la manière dont ils se succèdent et de la durée des vibrations [1]. Cette explication sommaire, à laquelle Fresnel n'a pas eu le temps de donner une forme mathématique, est devenue le point de départ des importants travaux de Cauchy.

Dans son grand Mémoire sur la dispersion publié en 1835 [2] et qui constitue un de ses principaux titres de gloire, Cauchy s'est proposé de donner une explication complète des phénomènes de la double réfraction, de la polarisation et de la dispersion, en considérant l'éther, tant celui du vide que celui qui est engagé dans les corps pondérables, comme étant formé de molécules séparées par des intervalles finis, quoique très-petits, et agissant les unes sur les autres par attraction ou par répulsion. Après avoir intégré les équations différentielles qui représentent, dans le cas le plus général, les mouvements vibratoires de l'éther, en supposant les déplacements des molécules très-petits, il montre que, si l'on tient compte des termes d'ordre supérieur qui ont été négligés dans la théorie de la double réfraction en supposant le rayon d'activité des forces molé-

---

[1] Second supplément au premier Mémoire sur la double réfraction, *OEuvres complètes de Fresnel*, t. II.

[2] *Nouveaux exercices de mathématiques*, Prague, 1835. — Les deux premiers paragraphes ont été publiés séparément en 1830 à Paris.

culaires négligeable par rapport à la longueur d'ondulation, on obtient pour la vitesse de propagation de la lumière une expression qui dépend de la longueur d'ondulation : il déduit ensuite de la forme que prennent les équations intégrales, lorsque le milieu est isotrope, une relation entre la vitesse de propagation de la lumière dans un milieu isotrope et la longueur d'ondulation dans ce milieu, ce qui lui permet d'exprimer l'indice de réfraction du milieu par rapport au vide en fonction de la longueur d'ondulation dans le vide, au moyen d'une formule qui se prête aux vérifications expérimentales.

Cauchy considère l'éther engagé dans un corps pondérable homogène comme étant lui-même homogène ; mais ici se présente une objection d'une grande importance. L'action des molécules pondérables sur les molécules d'éther doit nécessairement modifier la disposition de ces dernières, qui, en se condensant autour des molécules pondérables, forment nécessairement des couches de densité variable. Il est donc impossible de regarder l'éther comme conservant une densité constante à l'intérieur d'un corps pondérable, même lorsque celui-ci est homogène. Cauchy s'est efforcé de lever cette difficulté en montrant qu'à l'éther de densité variable, et à la matière pondérable dont un corps est réellement formé, on peut substituer un *éther fictif de densité constante,* pourvu que cet éther présente la même constitution que le milieu qu'il remplace, c'est-à-dire qu'il soit isotrope ou cristallisé suivant que ce milieu est lui-même isotrope ou cristallisé, et, dans ce dernier cas, qu'il offre les mêmes caractères de symétrie[1] : c'est de cet éther fictif qu'a toujours entendu parler Cauchy et qu'il sera question dans tout ce qui va suivre[2].

[1] Mémoire sur les vibrations d'un double système de molécules et de l'éther contenu dans un corps cristallisé (*Mém. de l'Acad. des sc.*, XXII, 615).

[2] M. Briot, dans son *Essai sur la théorie mathématique de la lumière*, a fait remarquer récemment que, si l'on attribue à l'éther la même structure cristalline qu'au milieu dans lequel il est engagé, il devient impossible de rendre compte de l'identité de propriétés optiques qui existe entre les cristaux du système cubique et les corps amorphes. Il a été conduit ainsi à tenir compte directement de l'action exercée par les molécules pondérables sur l'éther et des inégalités périodiques que cette action introduit dans la distribution des molécules de ce fluide, et, en faisant dépendre uniquement la dispersion de l'influence des molécules pondérables, il s'est affranchi des difficultés qui subsistent dans la théorie de Cauchy, lorsqu'il s'agit d'expliquer l'absence de dispersion dans le vide. (L.)

Nous nous proposerons en premier lieu d'établir une formule qui représente les lois de la dispersion dans les milieux isotropes; nous serons ainsi dispensés de conserver aux calculs le degré de généralité que leur a donné Cauchy, et nous pourrons mettre à profit les simplifications notables que M. Tovey, sans toucher d'ailleurs à aucun point essentiel de la méthode de Cauchy, a introduites dans la théorie de la dispersion [1].

162. Équations du mouvement vibratoire dans un milieu homogène quelconque. — Soient, dans un éther homogène quelconque, isotrope ou cristallisé : x, y, z les coordonnées d'une molécule rapportée à trois axes rectangulaires quelconques; m la masse de cette molécule; $x + \Delta x$, $y + \Delta y$, $z + \Delta z$ les coordonnées d'une autre molécule de masse μ; r la distance des molécules m et μ; $f(r)$ la fonction qui représente la variation de l'action moléculaire avec la distance; ε le déplacement rectiligne et très-petit imprimé à la molécule m; ξ, η, ζ les projections de ce déplacement sur les trois axes; $\xi + \Delta\xi$, $\eta + \Delta\eta$, $\zeta + \Delta\zeta$ les projections sur les mêmes axes du déplacement de la molécule μ; α, β, γ les angles que fait avec les axes le déplacement ε; $X\varepsilon$, $Y\varepsilon$, $Z\varepsilon$ les composantes parallèles aux axes de la force élastique qui agit sur la molécule m.

Sans introduire dans le calcul d'autre restriction que de supposer les déplacements des molécules très-petits, on arrive, comme nous l'avons vu dans la théorie de la double réfraction (131), aux équations

$$X\varepsilon = m\,\Sigma\mu\left\{\left[\frac{f(r)}{r} + \left[f'(r) - \frac{f(r)}{r}\right]\frac{\Delta x^2}{r^2}\right]\Delta\xi + \left[f'(r) - \frac{f(r)}{r}\right]\frac{\Delta x\,\Delta y}{r^2}\Delta\eta \right.$$
$$\left. + \left[f'(r) - \frac{f(r)}{r}\right]\frac{\Delta x\,\Delta z}{r^2}\Delta\zeta\right\},$$

$$Y\varepsilon = m\,\Sigma\mu\left\{\left[f'(r) - \frac{f(r)}{r}\right]\frac{\Delta x\,\Delta y}{r^2}\Delta\xi + \left[\frac{f(r)}{r} + \left[f'(r) - \frac{f(r)}{r}\right]\frac{\Delta y^2}{r^2}\right]\Delta\eta \right.$$
$$\left. + \left[f'(r) - \frac{f(r)}{r}\right]\frac{\Delta y\,\Delta z}{r^2}\Delta\zeta\right\},$$

$$Z\varepsilon = m\,\Sigma\mu\left\{\left[f'(r) - \frac{f(r)}{r}\right]\frac{\Delta x\,\Delta z}{r^2}\Delta\xi + \left[f'(r) - \frac{f(r)}{r}\right]\frac{\Delta y\,\Delta z}{r^2}\Delta\eta \right.$$
$$\left. + \left[\frac{f(r)}{r} + \left[f'(r) - \frac{f(r)}{r}\right]\frac{\Delta z^2}{r^2}\right]\Delta\zeta\right\}.$$

[1] *Phil. Mag.*, (3), VIII, 7.

En posant, pour abréger,

$$\frac{f(r)}{r} = \varphi(r), \qquad f'(r) - \frac{f(r)}{r} = \psi(r),$$

ces équations deviennent

$$(1) \begin{cases} X\varepsilon = m\,\Sigma\mu\,\Big\{\Big[\varphi(r) + \psi(r)\frac{\Delta x^2}{r^2}\Big]\Delta\xi + \psi(r)\frac{\Delta x\,\Delta y}{r^2}\Delta\eta \\ \qquad\qquad\qquad - \psi(r)\frac{\Delta x\,\Delta z}{r^2}\Delta\zeta\Big\}, \\[2ex] Y\varepsilon = m\,\Sigma\mu\,\Big\{\psi(r)\frac{\Delta x\,\Delta y}{r^2}\Delta\xi + \Big[\varphi(r) + \psi(r)\frac{\Delta y^2}{r^2}\Big]\Delta\eta \\ \qquad\qquad\qquad + \psi(r)\frac{\Delta y\,\Delta z}{r^2}\Delta\zeta\Big\}, \\[2ex] Z\varepsilon = m\,\Sigma\mu\,\Big\{\psi(r)\frac{\Delta x\,\Delta z}{r^2}\Delta\xi + \psi(r)\frac{\Delta y\,\Delta z}{r^2}\Delta\eta \\ \qquad\qquad\qquad + \Big[\varphi(r) + \psi(r)\frac{\Delta z^2}{r^2}\Big]\Delta\zeta\Big\}. \end{cases}$$

En remarquant que l'on a

$$X\varepsilon = m\frac{d^2\xi}{dt^2}, \qquad Y\varepsilon = m\frac{d^2\eta}{dt^2}, \qquad Z\varepsilon = m\frac{d^2\zeta}{dt^2},$$

et que les équations (1) sont applicables à une quelconque des molécules du milieu, on voit que ces équations représentent tous les mouvements vibratoires compatibles avec la constitution de l'éther.

163. Équations d'un mouvement vibratoire se propageant par ondes planes dans un milieu homogène quelconque. — Supposons actuellement que le mouvement vibratoire se propage par ondes planes; on a dans ce cas, en désignant par R la distance de l'onde plane sur laquelle se trouve la molécule m à l'origine, et par V la vitesse de propagation de l'onde plane, l'expression suivante pour le déplacement de la molécule m (132) :

$$(2) \qquad \varepsilon = \delta\sin\frac{2\pi}{\lambda}(R - Vt).$$

Pour que l'onde plane se propage sans altération, il faut et il suffit que la force élastique produite par le déplacement ε, force que nous représenterons par Uε, soit parallèle à ce déplacement: lorsque cette condition est remplie, cette force élastique a d'ailleurs pour expression (132)

$$(3) \qquad U\varepsilon = -\frac{4\pi^2}{\lambda^2} m\varepsilon V^2.$$

Si donc dans les équations (1), qui représentent tous les mouvements possibles de l'éther, on porte les valeurs de ξ, η, ζ déduites de la valeur du déplacement ε, et si l'on exprime que la force élastique dont les composantes sont $X\varepsilon$, $Y\varepsilon$, $Z\varepsilon$ est parallèle au déplacement, on obtiendra un certain nombre de relations où entreront les angles α, β, γ que fait le déplacement avec les axes, et ces relations détermineront la direction que doit avoir le déplacement pour que la propagation de l'onde plane soit possible.

On déduit immédiatement de l'équation (2)

$$\xi = \delta \cos\alpha \sin\frac{2\pi}{\lambda}(R - Vt), \qquad \eta = \delta \cos\beta \sin\frac{2\pi}{\lambda}(R - Vt),$$

$$\zeta = \delta \cos\gamma \sin\frac{2\pi}{\lambda}(R - Vt),$$

d'où

$$\xi + \Delta\xi = \delta \cos\alpha \sin\frac{2\pi}{\lambda}(R + \Delta R - Vt)$$
$$= \delta\cos\alpha \left[\sin\frac{2\pi}{\lambda}(R - Vt)\cos\frac{2\pi}{\lambda}\Delta R \right.$$
$$\left. + \cos\frac{2\pi}{\lambda}(R - Vt)\sin\frac{2\pi}{\lambda}\Delta R \right].$$

On tire de là

$$(4) \quad \begin{cases} \Delta\xi = \delta\cos\alpha \left[\sin\frac{2\pi}{\lambda}(R - Vt)\left(\cos\frac{2\pi}{\lambda}\Delta R - 1\right) \right. \\ \qquad\qquad \left. + \cos\frac{2\pi}{\lambda}(R - Vt)\sin\frac{2\pi}{\lambda}\Delta R \right]. \\[2mm] \Delta\eta = \delta\cos\beta \left[\sin\frac{2\pi}{\lambda}(R - Vt)\left(\cos\frac{2\pi}{\lambda}\Delta R - 1\right) \right. \\ \qquad\qquad \left. + \cos\frac{2\pi}{\lambda}(R - Vt)\sin\frac{2\pi}{\lambda}\Delta R \right], \\[2mm] \Delta\zeta = \delta\cos\gamma \left[\sin\frac{2\pi}{\lambda}(R - Vt)\left(\cos\frac{2\pi}{\lambda}\Delta R - 1\right) \right. \\ \qquad\qquad \left. + \cos\frac{2\pi}{\lambda}(R - Vt)\sin\frac{2\pi}{\lambda}\Delta R \right]. \end{cases}$$

Il s'agit maintenant de substituer ces valeurs dans les équations (1).

On peut remarquer d'abord que si le milieu n'est pas hémiédrique, c'est-à-dire si tout est semblable de part et d'autre du plan de l'onde, les sommes qui proviendront de la substitution de la seconde partie des valeurs de $\Delta\xi$, $\Delta\eta$, $\Delta\zeta$, sommes qui se présentent sous l'une des formes

$$\Sigma\mu\varphi(r)\sin\frac{2\pi}{\lambda}\Delta R, \qquad \Sigma\mu\psi(r)\frac{\Delta x^2}{r^2}\sin\frac{2\pi}{\lambda}\Delta R,$$

$$\Sigma\mu\psi(r)\frac{\Delta y^2}{r^2}\sin\frac{2\pi}{\lambda}\Delta R, \qquad \Sigma\mu\psi(r)\frac{\Delta z^2}{r^2}\sin\frac{2\pi}{\lambda}\Delta R,$$

$$\Sigma\mu\psi(r)\frac{\Delta y\,\Delta z}{r^2}\sin\frac{2\pi}{\lambda}\Delta R, \qquad \Sigma\mu\psi(r)\frac{\Delta x\,\Delta z}{r^2}\sin\frac{2\pi}{\lambda}\Delta R,$$

$$\Sigma\mu\psi(r)\frac{\Delta x\,\Delta y}{r^2}\sin\frac{2\pi}{\lambda}\Delta R,$$

sont toutes identiquement nulles, comme étant formées de termes qui, deux à deux, sont égaux et de signes contraires ; car à des valeurs de Δx, Δy, Δz, égales et de signes contraires, correspondent des valeurs de ΔR qui sont aussi égales et de signes contraires. Si de plus on remplace $\cos\frac{2\pi}{\lambda}\Delta R$ par $1 - 2\sin^2\frac{\pi}{\lambda}\Delta R$, et $\delta\sin\frac{2\pi}{\lambda}(R - Vt)$ par ε, les équations (1) prennent définitivement la forme

$$X_1 = -\frac{X}{2m} - \cos\alpha\,\Sigma\mu\left[\varphi(r) + \psi(r)\frac{\Delta x^2}{r^2}\right]\sin^2\frac{\pi}{\lambda}\Delta R$$
$$+ \cos\beta\,\Sigma\mu\psi(r)\frac{\Delta x\,\Delta y}{r^2}\sin^2\frac{\pi}{\lambda}\Delta R$$
$$+ \cos\gamma\,\Sigma\mu\psi(r)\frac{\Delta x\,\Delta z}{r^2}\sin^2\frac{\pi}{\lambda}\Delta R,$$

$$Y_1 = -\frac{Y}{2m} = \cos\alpha\,\Sigma\mu\psi(r)\frac{\Delta x\,\Delta y}{r^2}\sin^2\frac{\pi}{\lambda}\Delta R$$
$$(5) \qquad + \cos\beta\,\Sigma\mu\left[\varphi(r) + \psi(r)\frac{\Delta y^2}{r^2}\right]\sin^2\frac{\pi}{\lambda}\Delta R$$
$$+ \cos\gamma\,\Sigma\mu\psi(r)\frac{\Delta y\,\Delta z}{r^2}\sin^2\frac{\pi}{\lambda}\Delta R.$$

$$Z_1 = -\frac{Z}{2m} - \cos\alpha\,\Sigma\mu\psi(r)\frac{\Delta x\,\Delta z}{r^2}\sin^2\frac{\pi}{\lambda}\Delta R$$
$$+ \cos\beta\,\Sigma\mu\psi(r)\frac{\Delta y\,\Delta z}{r^2}\sin^2\frac{\pi}{\lambda}\Delta R$$
$$+ \cos\gamma\,\Sigma\mu\left[\varphi(r) + \psi(r)\frac{\Delta z^2}{r^2}\right]\sin^2\frac{\pi}{\lambda}\Delta R.$$

164. Ellipsoïde de polarisation. — Pour que l'onde plane se propage sans altération il faut et il suffit que la force élastique soit parallèle au déplacement, c'est-à-dire que l'on ait

$$\frac{X}{\cos\alpha} = \frac{Y}{\cos\beta} = \frac{Z}{\cos\gamma},$$

ou

$$(6) \qquad \frac{X_1}{\cos\alpha} = \frac{Y_1}{\cos\beta} = \frac{Z_1}{\cos\gamma}.$$

Si dans les équations (5) on remplace ΔR par

$$\Delta x \cos l + \Delta y \cos m + \Delta z \cos n,$$

l, m, n étant les angles que fait avec les axes la normale à l'onde plane, et si l'on substitue dans les équations (6) les valeurs de X_1, Y_1, Z_1 ainsi obtenues, on aura deux relations qui, jointes à l'équation

$$\cos^2\alpha + \cos^2\beta + \cos^2\gamma = 1,$$

détermineront les angles α, β, γ que doit faire le déplacement avec les axes pour que la propagation de l'onde plane soit possible.

En remarquant que le coefficient de $\cos\beta$ dans la première des équations (5) est le même que celui de $\cos\alpha$ dans la seconde, que le coefficient de $\cos\gamma$ dans la seconde de ces équations est égal à celui de $\cos\beta$ dans la troisième, et enfin que le coefficient de $\cos\alpha$ dans la troisième est égal à celui de $\cos\gamma$ dans la première, et en raisonnant comme dans la théorie de la double réfraction (134), on voit que, si l'on conserve les expressions rigoureuses des forces moléculaires, à chaque direction de l'onde plane correspondent encore, pour les déplacements moléculaires, trois directions rectangulaires telles que l'onde puisse se propager sans altération, et que ces trois directions sont parallèles aux axes d'un ellipsoïde.

L'équation de cet ellipsoïde, auquel nous continuerons à donner le nom d'ellipsoïde de polarisation, est

$$x^2\Sigma\mu\left[\varphi(r)+\psi(r)\frac{\Delta x^2}{r^2}\right]\sin^2\frac{\pi}{\lambda}\Delta R + y^2\Sigma\mu\left[\varphi(r)+\psi(r)\frac{\Delta y^2}{r^2}\right]\sin^2\frac{\pi}{\lambda}\Delta R$$
$$+ z^2\Sigma\mu\left[\varphi(r)+\psi(r)\frac{\Delta z^2}{r^2}\right]\sin^2\frac{\pi}{\lambda}\Delta R + yz\,\Sigma\mu\psi(r)\frac{\Delta y\,\Delta z}{r^2}\sin^2\frac{\pi}{\lambda}\Delta R$$
$$+ xz\,\Sigma\mu\psi(r)\frac{\Delta x\,\Delta z}{r^2}\sin^2\frac{\pi}{\lambda}\Delta R + xy\,\Sigma\mu\psi(r)\frac{\Delta x\,\Delta y}{r^2}\sin^2\frac{\pi}{\lambda}\Delta R = 1.$$

Comme d'ailleurs on a

$$\Delta R = \Delta x \cos l + \Delta y \cos m + \Delta z \cos n,$$

on voit que les coefficients de cette équation dépendent à la fois des angles l, m, n qui déterminent la direction de l'onde plane, de certaines constantes qui définissent la constitution du milieu, et enfin de la longueur d'ondulation. La vitesse de propagation de l'onde plane est en raison inverse de la longueur de l'axe de l'ellipsoïde de polarisation auquel les déplacements moléculaires sont parallèles : cette vitesse dépend donc aussi de la longueur d'ondulation. lorsqu'on conserve les valeurs rigoureusement exactes des forces moléculaires, au lieu de développer les variations $\Delta\xi$, $\Delta\eta$, $\Delta\zeta$ du déplacement suivant les puissances croissantes de ΔR. et de négliger, comme nous l'avons fait dans la théorie de la double réfraction, les termes qui contiennent ΔR à une puissance supérieure à la première : ainsi se trouve expliqué d'une façon générale le phénomène de la dispersion.

Lorsque les équations (6) sont satisfaites, en posant

$$U_1 = \frac{X_1}{\cos\alpha} = \frac{Y_1}{\cos\beta} = \frac{Z_1}{\cos\gamma},$$

on a

$$U_1 = -\frac{l}{2m},$$

et. par suite, en vertu de l'équation (3).

$$(7) \qquad V^2 = \frac{\lambda^2}{2\pi^2} U_1,$$

expression de la vitesse de propagation dont il sera fait usage plus loin.

Il faut remarquer enfin: que toutes les conséquences que nous avons déduites, dans la théorie de la double réfraction, de l'existence de l'ellipsoïde de polarisation, et en particulier celles qui sont relatives à la transversalité des vibrations. sont encore vraies dans la théorie rigoureuse que nous venons d'exposer, et suivant laquelle, à chaque valeur de la longueur d'ondulation. correspond un ellipsoïde de polarisation parfaitement déterminé.

165. Relation entre la vitesse de propagation et la longueur d'ondulation dans les milieux isotropes. — Nous allons maintenant nous occuper exclusivement des milieux isotropes et chercher quelle est la relation qui existe dans ces milieux entre la vitesse de propagation d'une onde plane et la longueur d'ondulation.

Toutes les directions étant identiques dans un milieu isotrope, il suffit de considérer le cas où l'onde plane est normale à l'un des axes des coordonnées, par exemple à l'axe des x. On a alors

$$\Delta R = \Delta x;$$

les équations du mouvement vibratoire se simplifient beaucoup dans ce cas, car, par raison de symétrie, on a évidemment

$$\Sigma \mu \psi(r) \frac{\Delta x \, \Delta y}{r^2} \sin^2 \frac{\pi}{\lambda} \Delta x = 0,$$

$$\Sigma \mu \psi(r) \frac{\Delta x \, \Delta z}{r^2} \sin^2 \frac{\pi}{\lambda} \Delta x = 0,$$

$$\Sigma \mu \psi(r) \frac{\Delta y \, \Delta z}{r^2} \sin^2 \frac{\pi}{\lambda} \Delta x = 0.$$

Les équations (5) prennent donc la forme

$$(8)\quad
\begin{cases}
X_1 = \cos\alpha\, \Sigma\mu \left[\varphi(r) + \psi(r)\frac{\Delta x^2}{r^2} \right] \sin^2 \frac{\pi}{\lambda} \Delta x, \\[2mm]
Y_1 = \cos\beta\, \Sigma\mu \left[\varphi(r) + \psi(r)\frac{\Delta y^2}{r^2} \right] \sin^2 \frac{\pi}{\lambda} \Delta x, \\[2mm]
Z_1 = \cos\gamma\, \Sigma\mu \left[\varphi(r) + \psi(r)\frac{\Delta z^2}{r^2} \right] \sin^2 \frac{\pi}{\lambda} \Delta x.
\end{cases}$$

L'équation de l'ellipsoïde de polarisation se réduit à

$$x^2 \Sigma\mu \left[\varphi(r) + \psi(r)\frac{\Delta x^2}{r^2} \right] \sin^2 \frac{\pi}{\lambda} \Delta x$$

$$+ y^2 \Sigma\mu \left[\varphi(r) + \psi(r)\frac{\Delta y^2}{r^2} \right] \sin^2 \frac{\pi}{\lambda} \Delta x$$

$$+ z^2 \Sigma\mu \left[\varphi(r) + \psi(r)\frac{\Delta z^2}{r^2} \right] \sin^2 \frac{\pi}{\lambda} \Delta x = 1.$$

Comme d'ailleurs toutes les directions perpendiculaires à l'axe des x sont identiques par rapport à l'onde plane, on a

$$\Sigma\mu\left[\varphi(r)+\psi(r)\frac{\Delta y^2}{r^2}\right]\sin^2\frac{\pi}{\lambda}\Delta x=\Sigma\mu\left[\varphi(r)+\psi(r)\frac{\Delta z^2}{r^2}\right]\sin^2\frac{\pi}{\lambda}\Delta x:$$

l'ellipsoïde de polarisation est donc de révolution autour de l'axe des x, d'où il résulte que, dans un milieu isotrope, une onde plane normale à une direction donnée peut se propager sans altération, toutes les fois que le déplacement moléculaire est parallèle ou perpendiculaire à cette direction. A une direction quelconque de propagation normale correspondent dans un milieu isotrope une infinité d'ondes à vibrations transversales se propageant toutes avec la même vitesse et sur lesquelles les vibrations peuvent être dirigées d'une manière quelconque dans le plan de l'onde, et une seule onde à vibrations longitudinales se propageant avec une vitesse différente de celle des ondes à vibrations transversales. Ainsi, si l'on se borne à considérer les vibrations transversales, on ne trouve plus dans les milieux isotropes cette relation nécessaire entre la direction d'une onde plane et sa polarisation qui existe en général dans les milieux biréfringents et qui peut être regardée comme étant la cause de la double réfraction et de la polarisation qui accompagne toujours ce phénomène.

Pour l'onde à vibrations longitudinales on a

$$\alpha=0,\qquad \beta=\gamma=90°.$$

$$X_1=\Sigma\mu\left[\varphi(r)+\psi(r)\frac{\Delta x^2}{r^2}\right]\sin^2\frac{\pi}{\lambda}\Delta x,\qquad Y_1=Z_1=0,$$

$$U_1=X_1,$$

et, par suite, en désignant par V_1 la vitesse de propagation de cette onde, il vient, d'après l'équation (7),

$$V_1^2=\frac{\lambda^2}{2\pi^2}\Sigma\mu\left[\varphi(r)+\psi(r)\frac{\Delta x^2}{r^2}\right]\sin^2\frac{\pi}{\lambda}\Delta x.$$

Pour les ondes à vibrations transversales la vitesse de propagation est indépendante de la direction du déplacement: on peut donc supposer ce déplacement parallèle à l'axe des y : on a dans ce cas

$$\alpha = \gamma = 90°, \qquad \beta = 0,$$

$$X_1 = Z_1 = 0, \qquad Y_1 = \Sigma \mu \left[\varphi(r) + \psi(r) \frac{\Delta y^2}{r^2} \right] \sin^2 \frac{\pi}{\lambda} \Delta x,$$

$$U_1 = Y_1,$$

et, en représentant par V la vitesse de propagation des ondes à vibrations transversales,

$$(9) \qquad V^2 = \frac{\lambda^2}{2\pi^2} \Sigma \mu \left[\varphi(r) + \psi(r) \frac{\Delta y^2}{r^2} \right] \sin^2 \frac{\pi}{\lambda} \Delta x.$$

Cette vitesse est la seule dont nous ayons à nous occuper; pour transformer l'expression qui la représente en une série ordonnée suivant les puissances de λ, remarquons que l'on a

$$\sin^2 \frac{\pi}{\lambda} \Delta x = \frac{1}{2} \left(1 - \cos \frac{2\pi}{\lambda} \Delta x \right),$$

et développons $\cos \frac{2\pi}{\lambda} \Delta x$ en série, ce qui donne

$$\cos \frac{2\pi}{\lambda} \Delta x = 1 - \frac{2^2}{1.2} \frac{\pi^2}{\lambda^2} \Delta x^2 + \frac{2^4}{1.2.3.4} \frac{\pi^4}{\lambda^4} \Delta x^4 - \frac{2^6}{1.2.3.4.5.6} \frac{\pi^6}{\lambda^6} \Delta x^6$$

$$+ \frac{2^8}{1.2.3.4.5.6.7.8} \frac{\pi^8}{\lambda^8} \Delta x^8 - \cdots$$

$$= 1 - 2 \frac{\pi^2}{\lambda^2} \Delta x^2 + \frac{2}{3} \frac{\pi^4}{\lambda^4} \Delta x^4$$

$$- \frac{4}{45} \frac{\pi^6}{\lambda^6} \Delta x^6 + \frac{2}{315} \frac{\pi^8}{\lambda^8} \Delta x^8 - \cdots,$$

série qui est toujours rapidement convergente, car, les forces moléculaires n'exerçant leur action qu'à une distance qui, si elle n'est pas négligeable vis à vis de la longueur d'ondulation, doit être regardée comme très-petite par rapport à cette longueur, $\frac{\Delta x}{\lambda}$, dans toute l'étendue de la sphère d'activité de la molécule considérée, est une fraction de beaucoup inférieure à l'unité.

On déduit de la valeur trouvée pour $\cos \frac{2\pi}{\lambda} \Delta x$

$$\sin^2 \frac{\pi}{\lambda} \Delta x = \frac{\pi^2}{\lambda^2} \Delta x^2 - \frac{1}{3} \frac{\pi^4}{\lambda^4} \Delta x^4 + \frac{2}{45} \frac{\pi^6}{\lambda^6} \Delta x^6 - \frac{1}{315} \frac{\pi^8}{\lambda^8} \Delta x^8 + \cdots$$

et

$$V^2 = \frac{1}{2} \Sigma\mu \left[\varphi(r) + \psi(r) \frac{\Delta y^2}{r^2} \right] \Delta x^2$$

$$- \frac{1}{6} \frac{\pi^2}{\lambda^2} \Sigma\mu \left[\varphi(r) + \psi(r) \frac{\Delta y^2}{r^2} \right] \Delta x^4$$

$$+ \frac{1}{45} \frac{\pi^4}{\lambda^4} \Sigma\mu \left[\varphi(r) + \psi(r) \frac{\Delta y^2}{r^2} \right] \Delta x^6$$

$$- \frac{1}{630} \frac{\pi^6}{\lambda^6} \Sigma\mu \left[\varphi(r) + \psi(r) \frac{\Delta y^2}{r^2} \right] \Delta x^8 + \cdots$$

Nous obtenons donc pour V^2 une expression de la forme

$$(10) \qquad V^2 = a + \frac{b}{\lambda^2} + \frac{c}{\lambda^4} + \frac{d}{\lambda^6} + \cdots,$$

c'est-à-dire une série ordonnée suivant les puissances croissantes de $\frac{1}{\lambda^2}$, les coefficients a, b, c, d, ... étant des constantes qui ne dépendent que de la constitution du milieu. Les valeurs de ces constantes. qui sont

$$a = \frac{1}{2} \Sigma\mu \left[\varphi(r) + \psi(r) \frac{\Delta y^2}{r^2} \right] \Delta x^2,$$

$$b = - \frac{\pi^2}{6} \Sigma\mu \left[\varphi(r) + \psi(r) \frac{\Delta y^2}{r^2} \right] \Delta x^4,$$

$$c = \frac{\pi^4}{45} \Sigma\mu \left[\varphi(r) + \psi(r) \frac{\Delta y^2}{r^2} \right] \Delta x^6,$$

$$\cdots \cdots \cdots \cdots \cdots \cdots \cdots \cdots$$

montrent qu'elles décroissent très-rapidement, car Δx est une quantité qui reste toujours très-petite : si donc la longueur d'ondulation n'est pas excessivement petite, si elle dépasse une certaine valeur que l'expérience seule pourra assigner, les termes du second membre de l'équation (10) auront aussi des valeurs très-rapidement décroissantes, et on obtiendra une expression très-approchée de V^2 en ne conservant que les premiers de ces termes. Il résulte de là que a doit toujours être positif; de plus. comme l'expérience montre que les rayons les plus réfrangibles sont ceux qui ont la plus petite longueur d'ondulation, et que, par suite, V décroît avec λ, il faut que le coefficient b du second terme soit négatif.

166. La dispersion n'existe pas dans le vide. — Pour pouvoir comparer à l'expérience l'expression que nous venons de trouver pour la vitesse de propagation de la lumière dans un milieu isotrope, il est nécessaire d'en déduire une formule donnant l'indice de réfraction de ce milieu par rapport au vide en fonction de la longueur d'ondulation dans le vide, et, à cet effet, il est indispensable de savoir si dans le vide, comme dans les milieux pondérables, la vitesse de propagation des rayons lumineux dépend de leur couleur.

Le phénomène de l'aberration paraît, au premier abord, propre à décider la question : si, en effet, les rayons de différentes couleurs se propageaient dans le vide avec des vitesses différentes, comme l'angle d'aberration dépend du rapport qui existe entre la vitesse de la lumière et celle de la terre, les étoiles apparaîtraient sous forme de petits spectres colorés, ce qui n'a pas lieu; mais cette remarque n'a rien de décisif, car de petites différences entre les vitesses des rayons de différentes couleurs ne produiraient pas de coloration sensible.

Newton imagina une méthode plus précise pour reconnaître si la dispersion existe dans le vide : dans une lettre adressée à Flamsteed, il engage cet astronome à observer attentivement les immersions et les émersions des satellites de Jupiter et à chercher si ces phénomènes sont accompagnés de coloration. En effet, si dans le vide, comme dans les milieux pondérables, la vitesse de propagation n'était pas la même pour les rayons de différentes couleurs, et si cette vitesse était d'autant plus grande que les rayons sont moins réfrangibles, au moment de l'immersion les rayons rouges cesseraient de nous arriver avant les rayons violets, et le satellite, avant de disparaître, devrait prendre successivement une série de teintes passant du blanc au bleu et au violet; au moment de l'émersion, au contraire, les rayons rouges nous arriveraient avant les autres, et le satellite, au moment de sa réapparition, devrait être coloré en rouge et passer ensuite au blanc par l'addition successive des couleurs prismatiques. Flamsteed n'observa rien de semblable, et lorsque, cinquante ans plus tard, Melville [1] et Courtivron [2] appelèrent de nouveau l'at-

[1] *Essays and Observations*, t. II, p. 12.
[2] *Traité d'Optique*, Paris, 1752.

tention des astronomes sur cette question, les résultats furent encore négatifs.

Arago eut l'idée de substituer à l'observation des immersions et des émersions des satellites de Jupiter, observation que le faible éclat de ces astres par rapport à la planète et la courte durée du phénomène rendent nécessairement peu exacte, celle des éclipses de soleil produites à la surface de Jupiter par ses satellites. Dans cette méthode, au lieu de chercher à reconnaître les changements de coloration d'un astre très-peu brillant, on compare la teinte de la tache obscure qui se projette sur le disque de la planète à celle du reste de ce disque: les conditions sont donc beaucoup plus favorables: néanmoins Arago ne put apercevoir aucune coloration du cône d'ombre au commencement ou à la fin de l'éclipse.

La lumière n'employant qu'un temps très-court pour venir de Jupiter à la terre, de petites différences entre les vitesses de propagation des rayons de différentes couleurs pourraient passer inaperçues: aussi, pour démontrer que tous les rayons lumineux se propagent dans le vide avec des vitesses rigoureusement égales ou du moins ne différant que de quantités bien au-dessous de celles que nous pouvons mesurer, Arago eut-il recours à l'observation des étoiles changeantes. L'éclat de certaines de ces étoiles varie très-rapidement : c'est ce qui a lieu pour *Algol*, qui passe en trois heures et demie de la seconde à la quatrième grandeur. Quelle que soit la cause qui produit ces changements d'intensité, qu'ils soient dus à un mouvement de rotation de l'étoile ou à l'interposition d'un satellite opaque, ils seraient accompagnés de changements de coloration si les rayons de différentes couleurs employaient des temps inégaux pour parcourir la distance qui sépare l'étoile de la terre : l'astre prendrait une teinte violette au moment où son éclat s'affaiblit, une teinte rouge lorsqu'il devient plus brillant. L'étoile Algol ne présente aucune trace de ces variations de teinte; or, sa parallaxe étant inférieure à une seconde, la lumière met au moins quatre ans pour venir de cet astre jusqu'à nous, et, par conséquent, si les vitesses de propagation des rayons rouges et des rayons violets différaient d'une quantité égale à $\frac{1}{100000}$ de leur valeur, les temps employés par ces rayons pour franchir la distance qui existe entre l'étoile et la terre différeraient au moins d'un quart d'heure, et la coloration au moment où s'opère le changement d'éclat serait très-sensible. Cependant, pour tirer de là une conclusion entièrement légitime, il est nécessaire de répéter l'observation à différentes époques de l'année; car il pourrait se faire, par suite d'une coïncidente fortuite, que les rayons violets envoyés par l'étoile au moment où elle s'éteint arrivassent à la terre en même temps que les rayons rouges qui partent de l'étoile au moment de la réapparition suivante, ce qui, malgré l'inégalité des vitesses de ces deux espèces de rayons, empêcherait la coloration de se montrer; mais cette coïncidence ne pourrait exister que pour une position particulière de la terre, et, si les vitesses des rayons de différentes couleurs étaient réellement inégales, la coloration serait visible pour toute autre position.

L'observation des étoiles changeantes ayant montré que les variations d'intensité de ces astres ne sont pas accompagnées de colorations passant régulièrement du blanc au violet et du rouge au blanc, on peut regarder comme un fait d'expérience que dans le vide les vitesses de propagation des rayons de différentes couleurs ne diffèrent pas de $\frac{1}{100000}$ de leur valeur, et admettre sans erreur sensible que ces vitesses sont rigoureusement égales [1].

Le pouvoir dispersif de l'air et des autres gaz, s'il n'est pas entièrement nul, est du moins extrêmement petit, et, par suite, la vitesse de propagation dans ces milieux ne varie que très-peu avec la couleur; aussi ne commet-on pas d'erreur appréciable en admettant que les indices de réfraction d'un milieu solide ou liquide pour les différentes couleurs conservent entre eux un rapport constant, lorsqu'on prend successivement ces indices par rapport au vide et par rapport à l'air.

167. Relation entre l'indice de réfraction d'un milieu par rapport au vide et la longueur d'ondulation dans le vide. — Soient, pour les rayons d'une couleur déterminée :

[1] Les colorations qu'ont présentées certaines étoiles temporaires, par exemple celles qui ont été observées par Tycho-Brahé et par Kepler, variaient d'une manière tout à fait irrégulière et ne peuvent être attribuées qu'à de grands phénomènes physiques ou chimiques s'opérant à la surface de ces astres (très-probablement, d'après les dernières recherches spectroscopiques, à des conflagrations où l'hydrogène joue un rôle actif).   (L.)

V la vitesse de propagation dans le vide;

λ la longueur d'ondulation dans le vide;

v la vitesse de propagation dans un milieu solide ou liquide;

l la longueur d'ondulation dans ce milieu;

n l'indice de réfraction du milieu par rapport au vide.

D'après ce que nous venons de voir, la vitesse V ne dépend pas de λ, et on a, quelle que soit la couleur de la lumière,

$$n = \frac{\lambda}{l} = \frac{V}{v},$$

V étant une constante.

On tire de là

$$l = \frac{\lambda}{n},$$

et, en portant cette valeur dans la formule (10) qui, pour le cas actuel, prend la forme

$$v^2 = a + \frac{b}{l^2} + \frac{c}{l^4} + \frac{d}{l^6} + \cdots,$$

il vient

$$v^2 = a + \frac{bn^2}{\lambda^2} + \frac{cn^4}{\lambda^4} + \frac{dn^6}{\lambda^6} + \cdots,$$

d'où

$$(11) \qquad \frac{v^2}{V^2} = \frac{1}{n^2} = \frac{1}{V^2}\left(a + \frac{bn^2}{\lambda^2} + \frac{cn^4}{\lambda^4} + \frac{dn^6}{\lambda^6} + \cdots \right).$$

Cette équation donne l'indice de réfraction n en fonction de la longueur d'ondulation dans le vide; elle ne peut être résolue que par approximation. Les coefficients a, b, c, d,... décroissent très-rapidement, et par suite, si λ n'a pas une valeur excessivement petite, il en est de même dans l'équation (11) des termes contenus dans la parenthèse. On aura donc une première valeur approchée de n en s'arrêtant au premier terme, ce qui donne

$$\frac{1}{n^2} = \frac{a}{V^2};$$

en substituant cette valeur dans le second membre de l'équation (11), on obtient une seconde valeur plus approchée

$$\frac{1}{n^2} = \frac{a}{V^2} + \frac{b}{a\lambda^2} + \frac{cV^2}{a^2\lambda^4} + \frac{dV^4}{a^3\lambda^6} + \cdots;$$

en continuant de même, on voit que, quel que soit le degré d'approximation auquel on s'arrête, on aura toujours pour $\frac{1}{n^2}$ une expression de la forme

$$\frac{1}{n^2} = A_1 + \frac{B_1}{\lambda^2} + \frac{C_1}{\lambda^4} + \frac{D_1}{\lambda^6} + \cdots,$$

où les coefficients A_1, B_1, C_1 décroissent très-rapidement, de même que $a, b, c, \ldots$. On en déduit pour l'indice de réfraction une expression de même forme

$$(12) \qquad n = A' + \frac{B'}{\lambda^2} + \frac{C'}{\lambda^4} + \frac{D'}{\lambda^6} + \cdots.$$

Dans cette formule les coefficients A', B', C', ... ne dépendent que de la constitution du milieu; ces coefficients doivent décroître rapidement, mais l'expérience seule pourra faire connaître leur valeur pour chaque milieu et indiquer combien de termes il faut prendre dans le second membre de l'équation (12) pour avoir une valeur suffisamment approchée de l'indice de réfraction.

On peut remarquer seulement que, l'indice de réfraction allant en augmentant à mesure que la longueur d'ondulation diminue, le coefficient B du second terme doit être positif.

168. Vérifications expérimentales des formules de dispersion. — Pour comparer à l'expérience la formule (12), il faut s'arrêter après un certain nombre de termes et déterminer les coefficients des termes conservés, soit au moyen d'un nombre d'observations égal à celui de ces termes, soit en faisant concourir toutes les observations au calcul des constantes par la méthode des moindres carrés ou par la méthode d'interpolation que Cauchy a développée dans son Mémoire sur la dispersion. En prenant un nombre croissant de termes dans le second membre de l'équation (12), on peut trouver ainsi combien de termes il faut conserver pour que les résultats du calcul et ceux de l'expérience ne diffèrent que de quantités qui soient de l'ordre des erreurs d'observation.

Cauchy s'est servi, pour vérifier sa formule, des indices de réfraction déterminés par Frauenhofer. Il s'est cru obligé de prendre quatre termes pour obtenir des résultats concordants; mais il est facile de voir que, pour le degré d'exactitude que comporte en général la détermination des indices de réfraction, il est plus que suffisant de s'arrêter après le troisième terme; la formule (12) devient alors

$$n = A' + \frac{B'}{\lambda^2} + \frac{C'}{\lambda^4}.$$

Lorsqu'on n'a pas besoin d'une très-grande précision, on peut même se contenter des deux premiers termes, c'est-à-dire réduire la formule à

$$(13) \qquad\qquad n = A' + \frac{B'}{\lambda^2}.$$

La formule ainsi simplifiée se prête à une méthode de vérification peu compliquée et qui a été indiquée par Beer [1]. Soient, en effet, λ_1, λ_2, λ_3 les longueurs d'ondulation dans le vide de trois rayons de couleurs différentes; n_1, n_2, n_3 les indices de réfraction correspondants. En admettant la formule (13) comme exacte, on aura

$$n_1 = A' + \frac{B'}{\lambda_1^2}, \qquad n_2 = A' + \frac{B'}{\lambda_2^2}, \qquad n_3 = A' + \frac{B'}{\lambda_3^2},$$

d'où

$$n_2 - n_1 = B'\left(\frac{1}{\lambda_2^2} - \frac{1}{\lambda_1^2}\right), \qquad n_3 - n_1 = B'\left(\frac{1}{\lambda_3^2} - \frac{1}{\lambda_1^2}\right),$$

$$\frac{n_2 - n_1}{n_3 - n_1} = \frac{\frac{1}{\lambda_2^2} - \frac{1}{\lambda_1^2}}{\frac{1}{\lambda_3^2} - \frac{1}{\lambda_1^2}}.$$

Pour s'assurer de l'exactitude de la formule (13), il suffira donc de chercher si les différences des indices de réfraction sont proportionnelles aux différences des carrés des inverses des longueurs d'ondulation. Beer a reconnu que les indices de réfraction déterminés par Frauenhofer suivent cette loi d'une manière suffisamment satisfaisante.

Avant que Cauchy eût publié ses travaux théoriques sur la dispersion, Baden Powell [2] avait cherché à représenter par une formule

[1] *Introduction à la haute Optique* (trad. de M. Forthomme), p. 176.
[2] *Phil. Trans.* 1835, p. 249.

empirique l'ensemble des mesures de Frauenhofer : il s'était arrêté
à la relation

$$\frac{1}{n} = C \, \frac{\sin \pi \frac{D}{\lambda}}{\pi \frac{D}{\lambda}},$$

où C et D sont deux constantes. Cette formule se ramène facilement
à celle de Cauchy : en effet, si on développe $\sin \pi \frac{D}{\lambda}$ en ne conservant que les deux premiers termes, ce qui est permis, parce que
$\frac{D}{\lambda}$ est toujours une fraction très-petite, il vient

$$\frac{1}{n} = C \left(1 - \frac{1}{2.3} \frac{\pi^2}{\lambda^2} D^2 \right),$$

d'où l'on déduit pour n, en s'arrêtant aux termes en λ^2, une expression de même forme que celle de l'équation (13).

169. **Lois de la dispersion dans les milieux biréfringents.** — Les simplifications qui s'introduisent dans les équations
du mouvement vibratoire lorsque le milieu est isotrope, et en vertu
desquelles les équations (5) se réduisent aux équations (8), sont
dues uniquement à ce que, dans un milieu de ce genre, la normale
à l'onde plane peut toujours être regardée comme un axe de symétrie du milieu, quelle que soit la direction de cette onde plane. Il
résulte immédiatement de là que les équations (8) sont applicables.
dans le cas d'un milieu cristallisé à un axe, lorsque l'onde plane est
parallèle ou perpendiculaire à l'axe unique du milieu, et, dans le
cas d'un milieu cristallisé à deux axes, lorsque l'onde plane est perpendiculaire à l'un des trois axes de symétrie du milieu. La formule
(10) se déduisant des équations (8), cette formule peut servir à représenter dans les cristaux à un axe les vitesses des rayons parallèles ou perpendiculaires à l'axe, dans les cristaux à deux axes les
vitesses des rayons parallèles à l'un des trois axes de symétrie. L'indice ordinaire et l'indice extraordinaire des cristaux à un axe, les
trois indices principaux des cristaux à deux axes s'exprimeront donc
à l'aide de formules analogues à la formule (12). Seulement les coefficients constants A', B', C',... auront des valeurs différentes dans

les cristaux à un axe pour l'indice ordinaire et pour l'indice extraordinaire, dans les cristaux à deux axes pour les trois indices principaux. C'est ce que Beer a vérifié au moyen de la méthode que nous avons indiquée plus haut, en faisant usage, dans le cas des cristaux à un axe, des indices du quartz et du spath déterminés par Rudberg, et, dans le cas des cristaux à deux axes, des indices de l'aragonite et et de la topaze mesurés par le même physicien [1].

170. Conséquences déduites par Cauchy de l'absence de dispersion dans le vide. — Dans un corps quelconque les molécules pondérables doivent être regardées comme beaucoup plus écartées les unes des autres que ne le sont en moyenne les molécules de l'éther engagé dans ce corps. Si donc on admet avec Cauchy que le système formé par les molécules pondérables et les molécules d'éther puisse être remplacé par un éther fictif, cet éther devra présenter une discontinuité beaucoup plus grande que l'éther du vide, ou, en d'autres termes, les molécules doivent être incomparablement plus rapprochées dans l'éther du vide que dans cet éther fictif. C'est probablement en se basant sur cette considération, bien qu'il n'en fasse pas explicitement mention, que Cauchy a été conduit à admettre, pour expliquer la différence qui existe sous le rapport de la dispersion entre l'éther du vide et celui des milieux pondérables, que l'éther du vide peut, sans erreur sensible, être regardé comme formant un milieu continu, et à chercher quelle doit être, dans cette hypothèse, la forme de la fonction qui lie les forces moléculaires à la distance pour que la vitesse de propagation dans le vide soit indépendante de la longueur d'ondulation.

Si, en effet, on suppose l'éther continu, les sommes composées d'un nombre de termes fini, quoique très-grand, que nous avons considérées jusqu'à présent, se transformeront en intégrales, et l'expression de la vitesse de propagation prendra une forme simple que nous allons déterminer en suivant la marche indiquée par Cauchy.

Rappelons d'abord que, dans un milieu isotrope, on a pour la vitesse de propagation d'une onde plane normale à l'axe des x, et

[1] *Introduction à la haute Optique* (trad. de M. Forthomme), p. 250 et 328.

sur laquelle les vibrations s'effectuent parallèlement à l'axe des y,

$$V^2 = \frac{\lambda^2}{2\pi^2} \, \Sigma\mu \left[\varphi(r) + \psi(r) \frac{\Delta y^2}{r^2} \right] \sin^2 \frac{\pi}{\lambda} \, \Delta x.$$

Pour faciliter l'intégration, nous nous servirons de coordonnées polaires : nous prendrons pour origine la molécule m, dont jusqu'à présent nous avons désigné les coordonnées par x, y, z; nous représenterons par r la distance de cette molécule m à la molécule μ dont les coordonnées sont $x+\Delta x$, $y+\Delta y$, $z+\Delta z$, par ω l'angle que fait la ligne $m\mu$ avec l'axe des x, par θ l'angle du plan $\mu m x$ avec le plan des xy. Nous aurons alors

$$\Delta x = r \cos\omega, \quad \Delta y = r \sin\omega \cos\theta.$$

Pour exprimer en fonction des coordonnées polaires l'élément de masse μ, nous considérerons l'élément de volume limité par deux surfaces sphériques de rayons r et $r+dr$ ayant pour centre l'origine, par deux plans passant par l'axe des x et faisant avec le plan des xy des angles égaux à θ et à $\theta+d\theta$, et enfin par deux surfaces coniques ayant pour axe commun l'axe des x et dont les génératrices font avec cet axe des angles respectivement égaux à ω et à $\omega+d\omega$. Cet élément de volume est égal à

$$r^2 \sin\omega \, d\theta \, dr \, d\omega,$$

et l'élément de masse correspondant μ est représenté par

$$D r^2 \sin\omega \, d\theta \, dr \, d\omega,$$

D étant la densité du milieu éthéré.

Si l'on porte ces valeurs dans l'expression de V^2, et si l'on suppose le milieu continu, ce qui permet de remplacer la sommation par une intégration, on a

$$V^2 = \frac{D\lambda^2}{2\pi^2} \int_0^{2\pi} \int_0^{\pi} \int_0^{\infty} r^2 \left[\varphi(r) + \psi(r) \sin^2\omega \, \cos^2\theta \right] \sin\omega \, \sin^2 \frac{\pi r \cos\omega}{\lambda} \, d\theta \, d\omega \, dr.$$

L'intégration doit s'étendre à tout le milieu, et ses limites sont, par conséquent : pour θ, zéro et 2π; pour ω, zéro et π; pour r, zéro et $+\infty$.

L'intégration par rapport à θ s'effectue immédiatement et donne

$$V^2 = \frac{D\lambda^2}{2\pi}\left[2\int_0^\pi \int_0^\infty r^2\varphi(r)\sin\omega\sin^2\frac{\pi r\cos\omega}{\lambda}\,d\omega\,dr \right.$$

$$\left. + \int_0^\pi \int_0^\infty r^2\psi(r)\sin^3\omega\sin^2\frac{\pi r\cos\omega}{\lambda}\,d\omega\,dr\right]\cdot$$

Si l'on intègre ensuite par rapport à ω, on a

$$2\int_0^\pi \sin\omega\sin^2\frac{\pi r\cos\omega}{\lambda}\,d\omega = \int_0^\pi\left(1-\cos\frac{2\pi r\cos\omega}{\lambda}\right)\sin\omega\,d\omega$$

$$= \left(-\cos\omega + \frac{\lambda}{2\pi r}\sin\frac{2\pi r\cos\omega}{\lambda}\right)_0^\pi$$

$$= 2 - \frac{\lambda}{\pi r}\sin\frac{2\pi}{\lambda}r\,;$$

la première partie de l'expression de V^2 devient donc

$$\frac{D\lambda^2}{\pi}\int_0^\infty r^2\varphi(r)\,dr - \frac{D\lambda^3}{2\pi^2}\int_0^\infty r\varphi(r)\sin\frac{2\pi}{\lambda}r\,dr.$$

Intégrons par rapport à ω la seconde partie de cette expression : comme on a

$$\int_0^\pi \sin^3\omega\sin^2\frac{\pi r\cos\omega}{\lambda}\,d\omega = \frac{1}{2}\int_0^\pi\left(1-\cos\frac{2\pi r\cos\omega}{\lambda}\right)\sin^3\omega\,d\omega,$$

et

$$\int_0^\pi \sin^3\omega\,d\omega = \int_0^\pi \sin\omega(1-\cos^2\omega)\,d\omega = \left(-\cos\omega + \frac{1}{3}\cos^3\omega\right)_0^\pi = \frac{4}{3},$$

en intégrant par parties, il vient successivement

$$\int \sin^3\omega\cos\frac{2\pi r\cos\omega}{\lambda}\,d\omega = -\frac{\lambda}{2\pi r}\sin^2\omega\sin\frac{2\pi r\cos\omega}{\lambda}$$

$$+ \frac{\lambda}{\pi r}\int \sin\omega\cos\omega\sin\frac{2\pi r\cos\omega}{\lambda}\,d\omega,$$

$$\int \sin\omega\cos\omega\sin\frac{2\pi r\cos\omega}{\lambda}\,d\omega = \frac{\lambda}{2\pi r}\cos\omega\cos\frac{2\pi r\cos\omega}{\lambda}$$

$$+ \frac{\lambda}{2\pi r}\int \sin\omega\cos\frac{2\pi r\cos\omega}{\lambda}\,d\omega,$$

$$\int \sin\omega\cos\frac{2\pi r\cos\omega}{\lambda}\,d\omega = -\frac{\lambda}{2\pi r}\sin\frac{2\pi r\cos\omega}{\lambda},$$

d'où

$$\int \sin^3\omega \cos\frac{2\pi r\cos\omega}{\lambda}\,d\omega = -\frac{\lambda}{2\pi r}\sin^2\omega\sin\frac{2\pi r\cos\omega}{\lambda}$$
$$+\frac{\lambda^2}{2\pi^2 r^2}\cos\omega\cos\frac{2\pi r\cos\omega}{\lambda} - \frac{\lambda^3}{4\pi^3 r^3}\sin\frac{2\pi r\cos\omega}{\lambda},$$

$$\int_0^\pi \sin^3\omega\cos\frac{2\pi r\cos\omega}{\lambda}\,d\omega = -\frac{\lambda^2}{\pi^2 r^2}\cos\frac{2\pi}{\lambda}r + \frac{\lambda^3}{2\pi^3 r^3}\sin\frac{2\pi}{\lambda}r,$$

$$\int_0^\pi \sin^3\omega\sin^2\frac{\pi r\cos\omega}{\lambda}\,d\omega = \frac{2}{3} + \frac{\lambda^2}{2\pi^2 r^2}\cos\frac{2\pi}{\lambda}r - \frac{\lambda^3}{4\pi^3 r^3}\sin\frac{2\pi}{\lambda}r.$$

En portant cette valeur dans l'expression de V^2, on a

$$V^2 = \frac{D\lambda^2}{\pi}\int_0^\infty r^2\varphi(r)\,dr - \frac{D\lambda^3}{2\pi^2}\int_0^\infty r\varphi(r)\sin\frac{2\pi}{\lambda}r\,dr + \frac{D\lambda^2}{3\pi}\int_0^\infty r^2\psi(r)\,dr$$
$$+\frac{D\lambda^4}{4\pi^3}\int_0^\infty \psi(r)\cos\frac{2\pi}{\lambda}r\,dr - \frac{D\lambda^5}{8\pi^4}\int_0^\infty \frac{\psi'(r)}{r}\sin\frac{2\pi}{\lambda}r\,dr,$$

et, comme on a posé

$$\varphi(r) = \frac{f(r)}{r}, \qquad \psi(r) = f'(r) - \frac{f(r)}{r},$$

il vient définitivement

$$V^2 = \frac{D\lambda^2}{\pi}\Big[\frac{2}{3}\int_0^\infty rf(r)\,dr - \frac{\lambda}{2\pi}\int_0^\infty f(r)\sin\frac{2\pi}{\lambda}r\,dr + \frac{1}{3}\int_0^\infty r^2 f'(r)\,dr$$
$$+\frac{\lambda^2}{4\pi^2}\int_0^\infty f'(r)\cos\frac{2\pi}{\lambda}r\,dr - \frac{\lambda^2}{4\pi^2}\int_0^\infty \frac{f(r)}{r}\cos\frac{2\pi}{\lambda}r\,dr$$
$$-\frac{\lambda^3}{8\pi^3}\int_0^\infty \frac{f'(r)}{r}\sin\frac{2\pi}{\lambda}r\,dr + \frac{\lambda^3}{8\pi^3}\int_0^\infty \frac{f(r)}{r^2}\sin\frac{2\pi}{\lambda}r\,dr\Big].$$

Pour intégrer par rapport à r il suffit de remarquer que l'on a

$$\frac{2}{3}rf(r) + \frac{1}{3}r^2 f'(r) = \frac{d}{dr}\Big[\frac{1}{3}r^2 f(r)\Big],$$

$$\frac{\lambda^2}{4\pi^2}f'(r)\cos\frac{2\pi}{\lambda}r - \frac{\lambda}{2\pi}f(r)\sin\frac{2\pi}{\lambda}r = \frac{d}{dr}\Big[\frac{\lambda^2}{4\pi^2}f(r)\cos\frac{2\pi}{\lambda}r\Big],$$

$$-\frac{\lambda^2}{4\pi^2}\frac{f(r)}{r}\cos\frac{2\pi}{\lambda}r - \frac{\lambda^3}{8\pi^3}\frac{f'(r)}{r}\sin\frac{2\pi}{\lambda}r + \frac{\lambda^3}{8\pi^3}\frac{f(r)}{r^2}\sin\frac{2\pi}{\lambda}r$$
$$= \frac{d}{dr}\Big(-\frac{\lambda^3}{8\pi^3}\frac{f(r)}{r}\sin\frac{2\pi}{\lambda}r\Big);$$

on obtient ainsi

$$V^2 = \frac{D\lambda^2}{\pi} \left[\frac{1}{3} r^2 f(r) + \frac{\lambda^2}{4\pi^2} f(r) \cos\frac{2\pi}{\lambda} r - \frac{\lambda^3}{8\pi^3} \frac{f(r)}{r} \sin\frac{2\pi}{\lambda} r \right]_0^\infty.$$

Désignons par M la quantité entre parenthèses, par M_0 et M_∞ les valeurs que prend cette quantité lorsqu'on y fait $r = 0$ et $r = \infty$. Comme $f(r)$ s'annule pour une valeur infiniment grande de r, M_∞ est égal à la valeur que prend la quantité $\frac{1}{3} r^2 f(r)$ pour $r = \infty$, valeur que nous représenterons par $\frac{1}{3} [r^2 f(r)]_\infty$.

Pour déterminer la valeur de M_0 il faut développer en série $\cos\frac{2\pi}{\lambda} r$ et $\sin\frac{2\pi}{\lambda} r$, ce qui donne

$$M = \frac{1}{3} r^2 f(r) + \frac{\lambda^2}{4\pi^2} f(r) \left(1 - \frac{1}{1.2} \frac{4\pi^2}{\lambda^2} r^2 + \frac{1}{1.2.3.4} \frac{16\pi^4}{\lambda^4} r^4 - \cdots \right)$$
$$- \frac{\lambda^3}{8\pi^3} \frac{f(r)}{r} \left(\frac{2\pi}{\lambda} r - \frac{1}{1.2.3} \frac{8\pi^3}{\lambda^3} r^3 + \frac{1}{1.2.3.4.5} \frac{32\pi^5}{\lambda^5} r^5 - \cdots \right).$$

Les termes qui contiennent r à une puissance inférieure à la quatrième se détruisent : la limite de M, lorsque r tend vers zéro, est donc égale à celle du terme en r^4, c'est-à-dire à $\frac{2}{15} \frac{\pi^2}{\lambda^2} [r^4 f(r)]_0$. En portant ces valeurs de M_0 et de M_∞ dans l'expression de V^2, il vient

$$V^2 = \frac{D\lambda^2}{\pi} (M_\infty - M_0) = \frac{D\lambda^2}{3\pi} [r^2 f(r)]_\infty - \frac{2}{15} D\pi [r^4 f(r)]_0.$$

Pour que la vitesse de propagation de la lumière dans le vide soit indépendante de la longueur d'ondulation, il faut que le premier terme de cette expression soit nul, et par conséquent que l'on ait

$$(1) \qquad\qquad [r^2 f(r)]_\infty = 0.$$

La vitesse devant avoir une valeur finie et constante, il faut, en outre, que le second terme soit positif, c'est-à-dire que l'on ait, en désignant par k une quantité constante,

$$(2) \qquad\qquad [r^4 f(r)]_0 = -k^2.$$

Ces deux conditions sont satisfaites si l'on admet que dans le vide
l'action mutuelle des deux molécules d'éther est répulsive et varie en
raison inverse de la quatrième puissance de la distance, car alors
on a

$$f(r) = -\frac{k^2}{r^4},$$

d'où l'on déduit

$$r^2 f(r) = -\frac{k^2}{r^2},$$

quantité qui s'annule pour $r = \infty$, et

$$r^4 f(r) = -k^2,$$

valeur qui demeure positive et constante, lorsqu'on fait tendre r
vers zéro.

La solution que nous venons d'indiquer n'est point la seule qui
soit compatible avec les conditions (1) et (2); ces conditions sont en
effet satisfaites lorsque, toutes les fois que les molécules réagissantes
sont à de très-petites distances les unes des autres, leur action varie
en raison inverse de la quatrième puissance de la distance, et que,
pour des distances plus grandes, cette action conserve toujours une
valeur inférieure à celle qu'elle prendrait si elle variait en raison
inverse du carré de la distance.

Telles sont les conclusions auxquelles s'est arrêté Cauchy; ces
conclusions, il ne faut point l'oublier, ne sont légitimes qu'autant
qu'on admet l'hypothèse qui lui a servi de point de départ, c'est-à-
dire qu'on regarde l'éther du vide comme formant un milieu continu,
et en aucun cas elles ne sont applicables à l'éther engagé dans les
milieux pondérables.

**171. Équations d'un mouvement vibratoire se propa-
geant par ondes planes dans un milieu isotrope.** — Nous
avons obtenu précédemment (162) les équations différentielles d'un
mouvement vibratoire se propageant par ondes planes dans un milieu homogène quelconque, et, pour arriver plus rapidement à ces
équations, nous avons supposé les déplacements des molécules vibrantes rectilignes, et nous avons représenté ces déplacements en

nous fondant sur la théorie de la diffraction, par la formule

$$\varepsilon = \delta \sin 2\pi (R - Vt),$$

ce qui nous a permis d'exprimer les projections ξ, η, ζ de ces déplacements en fonction de la vitesse de propagation V.

Nous allons maintenant, en nous restreignant au cas des milieux isotropes, exposer une autre méthode qui permet de trouver directement les équations différentielles d'un mouvement vibratoire se propageant par ondes planes sans faire d'autre hypothèse sur la nature de ce mouvement que d'admettre la transversalité rigoureuse des vibrations. Les équations auxquelles conduit cette méthode, bien qu'identiques au fond avec les équations (8), se présentent sous une forme différente et qui, dans certains cas, est plus commode pour la discussion, par exemple lorsqu'il s'agit de déterminer quelles sont les modifications qu'il faut faire subir aux équations différentielles du mouvement vibratoire dans un milieu isotrope pour rendre compte des phénomènes de la polarisation rotatoire. De plus, l'intégration de ces équations nous apprendra quels sont les mouvements vibratoires qui peuvent se propager sans altération dans le milieu, et viendra confirmer les conséquences que nous avons déduites des phénomènes de diffraction; enfin cette même intégration nous fournira une relation entre la vitesse de propagation et la longueur d'ondulation, relation qui pourra servir de base à la théorie de la dispersion dans les milieux isotropes.

Nous prendrons pour point de départ les équations (1) qui se rapportent à un milieu homogène quelconque et qui peuvent s'écrire

$$(14) \quad
\left\{
\begin{aligned}
\frac{d^2\xi}{dt^2} &= \Sigma\mu\left\{\left[\varphi(r) + \psi(r)\frac{\Delta x^2}{r^2}\right]\Delta\xi + \psi(r)\frac{\Delta x\,\Delta y}{r^2}\Delta\eta \right.\\
&\qquad\qquad\qquad\qquad\left. + \psi(r)\frac{\Delta x\,\Delta z}{r^2}\Delta\zeta\right\},\\[1em]
\frac{d^2\eta}{dt^2} &= \Sigma\mu\left\{\psi(r)\frac{\Delta x\,\Delta y}{r^2}\Delta\xi + \left[\varphi(r) + \psi(r)\frac{\Delta y^2}{r^2}\right]\Delta\eta \right.\\
&\qquad\qquad\qquad\qquad\left. + \psi(r)\frac{\Delta y\,\Delta z}{r^2}\Delta\zeta\right\},\\[1em]
\frac{d^2\zeta}{dt^2} &= \Sigma\mu\left\{\psi(r)\frac{\Delta x\,\Delta z}{r^2}\Delta\xi + \psi(r)\frac{\Delta y\,\Delta z}{r^2}\Delta\eta \right.\\
&\qquad\qquad\qquad\qquad\left. + \left[\varphi(r) + \psi(r)\frac{\Delta z^2}{r^2}\right]\Delta\zeta\right\}.
\end{aligned}
\right.$$

Si nous développons $\xi + \Delta\xi$, $\eta + \Delta\eta$, $\zeta + \Delta\zeta$ par la formule de Taylor, il vient

$$\Delta\xi = \frac{d\xi}{dx}\Delta x + \frac{d\xi}{dy}\Delta y + \frac{d\xi}{dz}\Delta z + \frac{1}{2}\frac{d^2\xi}{dx^2}\Delta x^2 + \frac{1}{2}\frac{d^2\xi}{dy^2}\Delta y^2 + \frac{1}{2}\frac{d^2\xi}{dz^2}\Delta z^2$$
$$+ \frac{d^2\xi}{dx\,dy}\Delta x\,\Delta y + \frac{d^2\xi}{dx\,dz}\Delta x\,\Delta z + \frac{d^2\xi}{dy\,dz}\Delta x\,\Delta z + \cdots,$$

et deux expressions analogues pour $\Delta\eta$ et $\Delta\zeta$.

Comme les forces moléculaires n'ont d'action sensible qu'à de très-petites distances, les quantités Δx, Δy, Δz sont toujours très-petites, et les séries qui représentent $\Delta\xi$, $\Delta\eta$, $\Delta\zeta$ sont convergentes pourvu que les dérivées successives de ξ, η, ζ par rapport à x, y, z conservent toujours des valeurs finies. Toute solution des équations différentielles qui ne satisfera pas à cette dernière condition sera illusoire et devra être rejetée.

Si le milieu considéré n'est pas hémiédrique, à la molécule dont les coordonnées sont $x + \Delta x$, $y + \Delta y$, $z + \Delta z$ correspondra une autre molécule ayant pour coordonnées $x - \Delta x$, $y - \Delta y$, $z - \Delta z$, et pour laquelle les fonctions $\varphi(r)$ et $\psi(r)$ auront les mêmes valeurs que pour la première. Si donc, dans les équations (14), nous substituons les valeurs que nous venons de trouver pour $\Delta\xi$, $\Delta\eta$, $\Delta\zeta$, tous les termes qui, par rapport aux quantités Δx, Δy, Δz, seront de degré impair, disparaîtront dans la sommation, et il ne restera par conséquent, dans le second membre de ces équations, que des termes contenant les dérivées d'ordre pair des quantités ξ, η, ζ par rapport à x, y, z, et ayant pour coefficients des sommes dont la valeur est constante et ne dépend que de la constitution du milieu.

Supposons maintenant que le milieu soit isotrope et que dans ce milieu se propage une onde plane à vibrations rigoureusement transversales : toutes les directions étant identiques dans le milieu, nous pouvons, sans diminuer la généralité de la solution, considérer l'onde plane comme étant normale à l'axe des z. Dans ce cas ζ est constamment nul, et, pour que l'onde se propage sans altération, il faut que ξ et η soient des fonctions de la seule coordonnée z et du temps. Les termes qui contiennent les dérivées de ξ et de η par

rapport à x et à y disparaissent donc alors dans les équations (14),
et ces équations prennent la forme

$$(15) \quad \begin{cases} \dfrac{d^2\xi}{dt^2} = A\dfrac{d^2\xi}{dz^2} + B\dfrac{d^4\xi}{dz^4} + C\dfrac{d^6\xi}{dz^6} + \cdots, \\[2mm] \dfrac{d^2\eta}{dt^2} = A\dfrac{d^2\eta}{dz^2} + B\dfrac{d^4\eta}{dz^4} + C\dfrac{d^6\eta}{dz^6} + \cdots, \end{cases}$$

A, B, C étant des constantes qui ne dépendent que de la nature du
milieu, et qui, par raison de symétrie, doivent avoir les mêmes
valeurs dans les termes correspondants des deux équations (15).

Les équations différentielles (15) représentent le mouvement
vibratoire d'une onde plane à vibrations transversales normale à
l'axe des z, et se propageant dans un milieu isotrope.

Les valeurs de ξ et de η devant être des fonctions périodiques du
temps, les solutions les plus simples de ces équations sont

$$(16) \quad \begin{cases} \xi = a\sin(kz - st + \varphi), \\[1mm] \eta = b\sin(kz - st + \chi), \end{cases}$$

où a, b, φ et χ représentent des constantes indéterminées, tandis
que les quantités s et k sont liées entre elles par l'équation

$$(17) \qquad s^2 = Ak^2 + Bk^4 + Ck^6 + \cdots$$

De ce que les constantes a, b, φ et χ ont des valeurs indéterminées, il résulte que les composantes parallèles aux axes des x et
des y du mouvement vibratoire sur l'onde plane peuvent avoir des
intensités quelconques et présenter des différences de phase également quelconques, ou, en d'autres termes, que dans un milieu isotrope une onde plane à vibrations transversales peut se propager
sans altération, quelles que soient la forme et l'orientation des trajectoires décrites par les molécules vibrantes.

Il est facile de trouver la signification des constantes s et k qui
entrent dans l'équation (17). Les formules (16) montrent en effet
immédiatement qu'on a, en désignant par T la durée de la période
du mouvement vibratoire,

$$T = \frac{2\pi}{s}.$$

d'où

$$s = \frac{2\pi}{T};$$

on voit de même par ces formules que si z augmente d'un multiple de $\frac{2\pi}{k}$, ξ et η reprennent les mêmes valeurs, d'où il résulte qu'en représentant par l la longueur d'ondulation dans le milieu on a

$$l = \frac{2\pi}{k}.$$

et

$$k = \frac{2\pi}{l}.$$

On déduit de là, pour la vitesse de propagation v de la lumière dans le milieu considéré,

$$v = \frac{l}{T} = \frac{s}{k}.$$

En portant les valeurs des quantités s et k dans l'équation (17), elle devient

$$\frac{1}{T^2} = \frac{A}{l^2} + B\frac{(2\pi)^2}{l^4} + C\frac{(2\pi)^4}{l^6} + \cdots$$

ou

$$(18) \qquad v^2 = A + B\frac{(2\pi)^2}{l^2} + C\frac{(2\pi)^4}{l^4} + \cdots$$

Cette dernière équation donne la vitesse de propagation en fonction de la longueur d'ondulation et des constantes A, B, C,...; elle est de même forme que l'équation (10) obtenue précédemment par une autre méthode de calcul. On peut remarquer que v ne dépend pas des constantes a, b, φ et χ, ce qui signifie que dans un milieu isotrope la vitesse de propagation d'une onde plane est indépendante de la forme et de l'orientation des trajectoires décrites par les molécules vibrantes.

L'équation (18) permet d'exprimer l'indice de réfraction du milieu par rapport au vide en fonction de la longueur d'ondulation dans le vide, car, en désignant par n l'indice de réfraction, par V et λ la vitesse de propagation et la longueur d'ondulation dans le vide, on a

$$n = \frac{\lambda}{l} = \frac{V}{v},$$

et l'équation (18) prend la forme

$$(19) \qquad \frac{1}{n^2} = \frac{A}{V^2} + B \frac{(2\pi)^2}{V^2 \lambda^2} n^2 + C \frac{(2\pi)^4}{V^2 \lambda^4} n^4 + \cdots$$

La formule (19) serait fort incommode pour la comparaison des résultats de l'expérience avec ceux de la théorie; aussi allons-nous chercher à y substituer une formule approchée dans laquelle l'indice de réfraction soit exprimé par une série ordonnée suivant les puissances décroissantes de λ. Nous admettrons à cet effet, comme le faisait Cauchy, que les coefficients constants A, B, C, ... décroissent très-rapidement, supposition à laquelle on est conduit assez naturellement en se reportant à l'expression des sommes que représentent ces coefficients : si alors la longueur d'ondulation l est supérieure à une certaine limite que l'expérience seule pourra déterminer, le second membre de l'équation (17) formera une série rapidement convergente dont il suffira de conserver les premiers termes. En appliquant à cette équation le théorème de Lagrange sur le retour des suites, on en tire la valeur de k^2 développée en une série de la forme

$$(20) \qquad k^2 = A_2 s^2 + B_2 s^4 + C_2 s^6 + \ldots\ldots$$

Pour déterminer les coefficients A_2, B_2, C_2, ..., il suffit de substituer dans l'équation (20) les valeurs de s^2, s^4, s^6, ... déduites de l'équation (17), savoir :

$$s^2 = A k^2 + B k^4 + C k^6 + \ldots,$$
$$s^4 = A^2 k^4 + 2AB k^6 + \ldots\ldots,$$
$$s^6 = A^3 k^6 + \ldots\ldots\ldots\ldots$$
$$\ldots\ldots\ldots\ldots\ldots\ldots\ldots\ldots$$

L'équation (20) devient alors

$$k^2 = AA_2 k^2 + (BA_2 + A^2 B_2) k^4 + (CA_2 + 2ABB_2 + A^3 C_2) k^6 + \ldots,$$

d'où l'on déduit

$$AA_2 = 1, \qquad BA_2 + A^2 B_2 = 0, \qquad CA_2 + 2ABB_2 + A^3 C_2 = 0,$$
$$\ldots\ldots\ldots\qquad \ldots\ldots\ldots\ldots\qquad \ldots\ldots\ldots\ldots\ldots\ldots\ldots$$

et par conséquent

$$A_2 = \frac{1}{A}, \quad B_2 = -\frac{BA_2}{A^2} = -\frac{B}{A^3}, \quad C_2 = -\frac{CA_2 + 2ABB_2}{A^3} = -\frac{CA - 2B^2}{A^5},$$

. . . .

On voit par là que, si les coefficients A, B, C,... peuvent être considérés comme des quantités très-petites du premier, du troisième, du cinquième,... ordre, $\frac{B}{A^2}, \frac{C}{A^3}, \cdots$ seront des quantités très-petites du premier, du second,... ordre, et par suite les coefficients $A_2, B_2, C_2,$... décroîtront très-rapidement.

De l'équation (20) on tire pour k une expression de la forme

$$k = \alpha s + \alpha' s^2 + \beta s^3 + \beta' s^4 + \gamma s^5 + \gamma' s^6 + \ldots;$$

mais, la valeur de k^2 ne contenant que des puissances paires de s, les coefficients $\alpha', \beta', \gamma',\ldots$ des termes qui dans l'expression de k renferment une puissance paire de s sont nuls, et il reste

$$(21) \qquad\qquad k = \alpha s + \beta s^3 + \gamma s^5 + \ldots.$$

Pour calculer les coefficients $\alpha, \beta, \gamma,\ldots$ en fonction des coefficients A, B, C,... qui entrent dans les équations différentielles, il faut dans ces équations, et par suite dans l'équation (17), ne prendre qu'un nombre limité de termes. Si l'on s'arrête après le troisième terme, l'équation (17) devient

$$s^2 = Ak^2 + Bk^4 + Ck^6;$$

c'est dans cette dernière équation qu'il faut substituer la valeur de k donnée par l'équation (21). Si l'on néglige les termes qui contiennent s à une puissance supérieure à la sixième, degré d'approximation qui est naturellement indiqué, puisque dans l'équation (17) on ne tient pas compte des termes où k entre à une puissance plus élevée que la sixième, il vient

$$s^2 = A\left(\alpha^2 s^2 + \beta^2 s^6 + 2\alpha\beta s^4 + 2\alpha\gamma s^6\right) + B\left(\alpha^4 s^4 + 4\alpha^3\beta s^6\right) + C\alpha^6 s^6,$$

d'où

$$1 - A\alpha^2 = 0,$$
$$2\alpha\beta A + \alpha^4 B = 0,$$
$$(\beta^2 + 2\alpha\gamma)A + 4\alpha^3\beta B + C\alpha^6 = 0,$$

et par conséquent

$$\alpha = \frac{1}{\sqrt{A}}, \qquad \beta = -\frac{B}{2A^2\sqrt{A}}, \qquad \gamma = \frac{7B^2 - 4AC}{8A^4\sqrt{A}}.$$

En portant ces valeurs dans l'équation (21), elle devient

$$k = \frac{s}{\sqrt{A}} - \frac{Bs^3}{2A^2\sqrt{A}} + \frac{(7B^2 - 4AC)s^5}{8A^4\sqrt{A}},$$

et, en remarquant que l'on a

$$s = \frac{2\pi}{T} = \frac{2\pi V}{\lambda}, \qquad n = \frac{\lambda}{l} = \frac{\lambda k}{2\pi},$$

on obtient pour l'expression cherchée de l'indice de réfraction

$$n = \frac{V}{\sqrt{A}} - \frac{4\pi^2 BV^3}{2A^2\sqrt{A}}\frac{1}{\lambda^2} + \frac{16\pi^4(7B^2 - 4AC)V^5}{8A^4\sqrt{A}}\frac{1}{\lambda^4}.$$

En posant

$$a = \frac{V}{\sqrt{A}}, \qquad b = -\frac{2\pi^2 BV^3}{A^2\sqrt{A}}, \qquad c = \frac{2\pi^4(7B^2 - 4AC)V^5}{A^4\sqrt{A}},$$

$$p = \frac{b}{a} = -\frac{2\pi^2 BV^2}{A^2}, \qquad q = \frac{c}{a} = \frac{2\pi^4(7B^2 - 4AC)V^4}{A^4},$$

cette expression devient définitivement

$$n = a\left(1 + \frac{p}{\lambda^2} + \frac{q}{\lambda^4}\right).$$

La formule ainsi trouvée est de même forme que celle qui a été obtenue précédemment (166); mais la méthode que nous venons d'employer présente cet avantage qu'elle permet d'exprimer les coefficients constants a, p, q, qui entrent dans l'expression de l'indice de réfraction en fonction des coefficients A, B. C, qui figurent dans les équations différentielles du mouvement vibratoire.

Les coefficients a, p, q peuvent être déterminés directement par l'expérience, et les quantités A, B, C s'en déduisent au moyen des formules précédentes.

172. Formule de M. Cristoffel. — L'observation ne paraît pas favorable à l'hypothèse admise par Cauchy relativement à la loi du décroissement des coefficients A, B, C, ... Si l'on essaye de représenter les indices de réfraction d'un milieu même peu dispersif par une série ordonnée suivant les puissances croissantes de $\frac{1}{\lambda^2}$, et qu'on calcule, comme nous venons de l'expliquer, les valeurs des quantités A, B, C, . . ., on ne remarque pas entre ces coefficients les rapports de grandeur impliqués dans l'hypothèse. La forme d'ailleurs des sommes que représentent ces coefficients, bien qu'elle suggère assez naturellement les conditions admises par Cauchy, ne les rend pas du tout nécessaires, et on peut se demander si un examen plus attentif de la nature de ces coefficients ne conduirait pas à une loi de dispersion plus conforme à la réalité : c'est ce que s'est proposé de faire M. Cristoffel [1].

Guidé par des considérations théoriques que nous ne reproduirons pas ici, il a été conduit à admettre que les deux premiers coefficients A et B sont du même ordre de grandeur, mais que les autres forment une série rapidement décroissante dont le premier terme est lui-même très-petit par rapport à B. En partant de cette hypothèse, il est facile d'obtenir une formule à deux constantes pour représenter l'indice de réfraction.

Si la longueur d'ondulation l dans le milieu considéré est excessivement petite, il peut être nécessaire de prendre dans le second membre de l'équation (19) un grand nombre de termes malgré le décroissement rapide des coefficients à partir de C, et aucune relation simple entre l'indice de réfraction et la longueur d'ondulation ne peut alors en être déduite; mais, dès que l est suffisamment grand pour que la série soit réductible sans erreur sensible à ses deux premiers termes, on a la relation simple

$$(22) \qquad V^2 = An^2 + \frac{(2\pi)^2}{\lambda^2} Bn^4.$$

C'est à ce cas expressément que M. Cristoffel restreint ses re-

<hr>

[1] *Berl. Monatsber.*, 1861, p. 906, 997. — *Pogg. Ann.*, CXVII, 27. — *Ann. de phys. et de chim.*, (3.), LXIV, 370.

cherches, laissant à l'expérience le soin de déterminer quelle est cette limite inférieure des valeurs admissibles de l.

On peut mettre l'équation (22) sous les deux formes

$$\frac{1}{n^2} = \frac{A}{V^2} + \frac{(2\pi)^2}{V^2\lambda^2} B n^2,$$

$$1 = \frac{A}{V^2} n^2 + \frac{(2\pi)^2}{V^2\lambda^2} B n^4 :$$

la première fait voir que B est négatif, car l'expérience nous apprend que $\frac{1}{n^2}$ diminue en même temps que λ; la seconde montre que A doit être positif.

On peut donc choisir deux quantités positives, n_0 et λ_0, telles que l'on ait

$$\frac{A}{V^2} = \frac{2}{n_0^2}, \qquad \frac{4\pi^2 B}{V^2} = -\frac{\lambda_0^2}{n_0^4},$$

et, à l'aide de ces grandeurs auxiliaires, l'équation (22) se met sous la forme

$$\frac{\lambda_0^2}{n_0^4\lambda^2} n^4 - \frac{2}{n_0^2} n^2 + 1 = 0,$$

d'où l'on conclut, pour la seule valeur admissible de n,

$$n = \frac{n_0\sqrt{2}}{\sqrt{1 + \frac{\lambda_0}{\lambda}} + \sqrt{1 - \frac{\lambda_0}{\lambda}}},$$

les radicaux étant pris positivement. On ne peut effectivement attribuer le signe $-$ à $\sqrt{1 + \frac{\lambda_0}{\lambda}}$ sans rendre n négatif, ce qui est inadmissible. et, d'un autre côté, si, en prenant ce premier radical avec le signe $+$, on donne le signe $-$ au second, on obtient pour n une valeur croissante avec λ, ce qui est contraire à l'expérience.

Il est bien entendu que cette formule est inapplicable au-dessous d'une certaine valeur de λ que l'expérience doit déterminer. Si l'on fait, pour un moment, abstraction de cette restriction essentielle. on peut donner des grandeurs n_0 et λ_0 des définitions physiques indépendantes de leurs relations avec les constantes de la théorie moléculaire. n_0 est en effet la valeur de n qui correspond à $\lambda = \lambda_0$, et

λ_0 est la limite inférieure au-dessus de laquelle λ doit rester compris pour que n soit réel, c'est-à-dire pour qu'il y ait réfraction. Pour une valeur de λ inférieure à λ_0, il y a réflexion totale sous toutes les incidences : n_0 et λ_0 sont donc les éléments caractéristiques du rayon au delà duquel il n'y a plus de réfraction possible.

Pour la plupart des substances dont on a étudié la dispersion, λ_0 est une quantité très-petite par rapport à la longueur d'ondulation des rayons visibles. La dissolution de phosphore dans le sulfure de carbone, étudiée par MM. Dale et Gladstone[1], fait seule exception. La valeur de λ_0 qui s'y rapporte est supérieure à la valeur de λ que M. Esselbach attribue à la raie R du spectre ultra-violet.

On voit enfin que $\dfrac{n_0}{\sqrt{2}}$ est une limite au-dessous de laquelle ne peuvent descendre les valeurs de n, quelque grand que soit λ. Le spectre visible ou invisible d'une substance quelconque est donc limité des deux parts par les rayons dont les déviations correspondent aux indices n_0 et $\dfrac{n_0}{\sqrt{2}}$.

La formule de M. Cristoffel s'accorde d'une manière assez satisfaisante avec l'expérience; elle donne cependant des résultats moins exacts que la formule de Cauchy à trois termes[2].

[1] *Ann. de chim. et de phys.*, (3), LVIII, 125.

[2] M. Redtenbacher, dans l'ouvrage intitulé : *Das Dynamiden System*, qui a paru en 1857 à Mannheim, propose, en se laissant guider par des vues théoriques particulières, de représenter les phénomènes de dispersion par la formule à trois constantes

$$\frac{1}{n^2} = a + b\lambda^2 + \frac{c}{\lambda^2}.$$

L'expérience s'est montrée moins favorable à cette formule qu'à celles de Cauchy et de M. Cristoffel, dont elle diffère par l'addition d'un terme proportionnel au carré de la longueur d'ondulation.

M. Briot, dans son *Essai sur la théorie mathématique de la lumière*, attribue les phénomènes de dispersion à l'action exercée sur l'éther par les molécules pondérables.

Il remarque que cette influence peut se manifester de deux manières, soit en modifiant le mouvement vibratoire de l'éther, soit en changeant, avant la vibration, la distribution de l'éther dans le milieu et en introduisant dans cette distribution des inégalités périodiques. Ces deux hypothèses ont été soumises par M. Briot à l'épreuve du calcul. Il a trouvé que l'action directe des molécules pondérables sur l'éther en vibration introduit dans l'expression de la vitesse de propagation un terme proportionnel au carré de la longueur d'onde, ce qui est contraire à l'expérience.

Si l'on tient compte uniquement des inégalités périodiques produites dans la distribution

BIBLIOGRAPHIE.

———

THÉORIE DE LA DISPERSION.

1746.   EULER, Nova theoria lucis et colorum. *Opuscula varii argumenti*, I, 217.

1822.   FRESNEL, Second supplément au premier Mémoire sur la double réfraction. *OEuvres complètes*, t. II.

1827.   RÜDBERG, Ueber die Dispersion des Lichtes, *Pogg. Ann.*, IX, 483. — *Ann. de chim. et de phys.*, (2), XXXVI, 439.

1828.   BIGEON, Note sur la dispersion de la lumière, *Ann. de chim. et de phys.*, (2), XXXVII, 440.

1830.   CHALLIS, An Attempt to Explain Theoretically the different Refrangibility of the Rays of Light, according to the Hypothesis of Undulations, *Phil. Mag.*, (2), VIII, 169.

1830-35. CAUCHY, Mémoire sur la dispersion de la lumière, *Nouv. Exerc. de mathém.*, Prague, 1835. (Les deux premiers paragraphes ont paru en 1830 à Paris.)

1831.   AIRY, *Mathematical Tracts*, p. 285.

1835-38. BADEN POWELL, Researches toward Establishing a Theory of the Dispersion of Light, *Phil. Trans.*, 1835, p. 249; 1836, p. 17; 1837, p. 19; 1838, p. 67. — *Inst.*, II, 120, 220; III, 179, 350; V, 124; VI, 115, 268.

1835-38. BADEN POWELL, On Cauchy's Theory of the Dispersion of Light. *Phil. Mag.*, (3), VI, VIII, X, XI.

1836-37. BADEN POWELL, On the Formulæ for the Dispersion of Light, *Phil. Mag.*, (3), VIII, IX, X.

1836.   CAUCHY, Sur la dispersion de la lumière, *C. R.*, II, 182, 207.

1836.   TOVEY, On the Theory of the Dispersion of Light, *Phil. Mag.*, (3), VIII, 7.

de l'éther par la présence des molécules pondérables, on arrive à une formule analogue à celle de Cauchy.

De plus, M. Briot, en égalant à zéro le terme qui indiquerait l'existence de la dispersion dans le vide, obtient une condition d'où il résulte que les molécules d'éther se repoussent en raison inverse de la sixième puissance de la distance, loi à laquelle il était déjà arrivé dans ses recherches sur la double réfraction.

De même, en égalant à zéro le terme proportionnel au carré de la longueur d'ondulation qui représente l'influence directe des molécules pondérables sur le mouvement vibratoire de l'éther, terme qui, d'après l'expérience, doit avoir une valeur insensible, il arrive à ce résultat remarquable que la force qui s'exerce entre les molécules pondérables et l'éther varie en raison inverse du carré des distances.   (L.)

1836. KELLAND, On the Dispersion of Light as Explained by the Hypothesis of Finite Intervals, *Cambr. Trans.*, VI, 153. — *Inst.*, IV, 204.

1838. BADEN POWELL, Remarks on the Theory of the Dispersion of Light as connected with Polarization, *Phil. Trans.*, 1838, 253; 1840, 157. — *Inst.*, IX, 315.

1838. RADICKE, Berechnung und Interpolation der Brechungsverhältnisse nach Cauchy's Dispersiontheorie und deren Anwendung auf doppeltbrechende Krystalle, *Pogg. Ann.*, XLV, 246, 450.

1839. BADEN POWELL, On some Points in the Theory of the Dispersion of Light, *Phil. Mag.*, (3), XIV.

1841. BADEN POWELL, *A general and elementary View of the Undulatory Theory as Applied to the Dispersion of Light*, London.

1841. BADEN POWELL, On the Dispersion of Light, 11th *Rep. of Brit. Assoc.* — *Inst.*, IX, 315.

1842. CAUCHY, Mémoire sur les lois de la dispersion plane et de la dispersion circulaire, *C. R.*, XV, 1076.

1845. MOSSOTTI, *Sulle proprietà degli Spettri di Frauenhofer formati dai reticoli ed Analisi della Luce che somministrano*, Pisa.

1846. BROCH, Theorie der Dispersion des Lichts, *Dove's Repert. der Phys.*, VII, 27.

1850. CAUCHY, Note sur les vibrations transversales de l'éther et la dispersion des couleurs, *C. R.*, XXXI, 842.

1857. REDTENBACHER, *Das Dynamiden System*, Mannheim.

1857. FORTI, Valori dell'indice di refrazione di alcune sostanze transparenti in funzione della lunghezza delle undulazioni vel vuoto di un raggio qualunque dello spettro solare, *Cimento*, VI, 411.

1859. PONTON, On the Law of the Wave Lenghts Corresponding to Certain Points in the Solar Spectrum, 29th *Rep. of Brit. Assoc.*, 20. — *Phil. Mag.*, (4), XIX, 437.

1859. PONTON, On Certain Laws of Chromatic Dispersion, 29th *Rep. of Brit. Assoc.*, 15. — *Phil. Mag.*, (4), XIX, 165, 263, 364.

1860. EISENLOHR, Ueber die Erklärung der Farbenzerstreuung und des Verhaltens des Lichtes in Krystallen, *Pogg. Ann.*, CIX, 215.

1860. PONTON, Further Researches Regarding the Laws of Chromatic Dispersion, *Phil. Mag.*, (4), XX, 253.

1860. BADEN POWELL, Comparison of Some Recently Determined Refractive Indices with Theory, *Proceed. of R. S.*, X, 199. — *Phil. Mag.*, (4), XIX, 463.

1861. CRISTOFFEL, Ueber die Dispersion des Lichtes, *Berl. Monatsber.*, 1861, p. 906, 997. — *Pogg. Ann.*, CXVII, 27. — *Ann. de chim. et de phys.*, (3), LXIV, 370.

1862. SCHRAUF, Ueber die Abhängigkeit der Fortpflanzung des Lichtes von der Körperdichte, *Pogg. Ann.*, CXVI, 193.

1862. Leroux, Recherches sur les indices de réfraction des corps qui ne prennent naissance qu'à des températures élevées. — Dispersion anormale de la vapeur d'iode, *C. R.*, LV, 129.

1863. Verdet, Note sur les formules de dispersion, *Ann. de chim. et de phys.*, (3), LXIX, 415. — *C. R.*, LVI, 630; LVII, 670.

1863. Briot, Sur la dispersion de la lumière, *C. R.*, LVII, 866.

1863. Gladstone et Dale, Researches on the Refraction, Dispersion and Sensitiveness of Liquids, *Phil. Trans.*, 1863, p. 317. — *33*[th] *Rep. of Brit. Assoc.*, 12.

1864. Briot, *Essai sur la théorie mathématique de la lumière*, Paris.

1864. Challis, Researches on Hydrodynamics with References to a Theory of the Dispersion of Light, *Phil. Mag.*, (4), XXVII, 452; XXVIII, 489.

1864. Matthieu. Mémoire sur la dispersion de la lumière. *C. R.*, LIX, 885.

1864. Van der Willigen, Brechungscoefficienten des destillirten Wassers, *Pogg. Ann.*, CXXII, 191. — *Ann. de chim. et de phys.*, (4), III, 493.

1864. Ditscheiner, Die Brechungsquotienten einer Lösung von salpetersauren Wismuthoxyd, *Wien. Ber.*, XLIX, 326.

1864. Ketteler. Ueber die Dispersion des Lichtes in den Gasen, *Berl. Monatsber.*, 1864, p. 630. — *Pogg. Ann.*, CXXIV, 390.

1864. Ketteler. *Beobachtungen über die Farbenzerstreuung der Gase. — Abhängigkeit der Fortpflanzung des Lichtes von Schwingungsdauer und Dichtigkeit*, Bonn.

1864. Mascart. Note sur les formules de dispersion. *Ann. de l'Éc. Norm.*, t. I.

1865. Cristoffel, Ueber die Dispersion des Lichtes, *Pogg. Ann.*, CXXIV, 53.

1866. Matthieu. Mémoire sur la dispersion de la lumière, *Journ. de Liouville*, (2), XI, 49.

CINQUIÈME PARTIE.

LEÇONS

SUR LA POLARISATION CHROMATIQUE.

I.

LOIS EXPÉRIMENTALES DE LA POLARISATION CHROMATIQUE ET PRINCIPES DE LA THÉORIE.

173. Découverte de la polarisation chromatique par Arago. — Les phénomènes de la polarisation chromatique ont été découverts par Arago en 1811, et communiqués par lui à l'Académie des sciences le 11 août de la même année [1].

Dans l'expérience qui donna lieu à cette découverte, Arago regardait le ciel, par un temps serein, à travers un prisme de spath d'Islande : ayant par hasard placé une lame de mica en avant de ce prisme, il vit les deux images de la lame se teindre de couleurs très-vives. Comme il avait déjà eu occasion de remarquer que la lumière bleue du ciel est ordinairement polarisée, et qu'il n'obtint aucun effet avec la lumière diffuse des nuées, il fut naturellement conduit à attribuer les colorations qu'il avait observées à la polarisation de la lumière incidente. Il réussit en effet à reproduire ces colorations en faisant tomber sur la lame de mica des rayons de lumière polarisés par un procédé quelconque.

[1] Mémoire sur une modification remarquable qu'éprouvent les rayons lumineux dans leur passage à travers certains corps. (*Mém. de la prem. classe de l'Inst.*, XII, 93. — *Œuvres complètes*, t. X, p. 36.)

La meilleure manière de répéter cette expérience fondamentale
consiste à faire tomber un faisceau de lumière polarisée sur un analyseur biréfringent disposé de façon à éteindre complétement l'une
des deux images : si alors on interpose sur le trajet du rayon polarisé avant son entrée dans l'analyseur une lame mince cristallisée,
on voit l'image qui était éteinte reparaître en se colorant ; l'autre
image se colore aussi, et, si les deux images empiètent l'une sur
l'autre. la partie commune est toujours blanche, ce qui prouve que
leurs teintes sont complémentaires. La réapparition de l'image
éteinte et sa coloration semblent indiquer que pour certaines couleurs la lame cristallisée détruit la polarisation des rayons incidents ;
de là le nom de *dépolarisation* donné au phénomène par Arago.

En faisant varier les conditions de l'expérience, Arago constata
les faits suivants, consignés dans plusieurs mémoires lus à l'Académie des sciences dans le courant de l'année 1812 [1] :

1° Pour que les colorations se montrent, il est indispensable que
la lumière soit polarisée avant son passage dans la lame cristallisée ;
la lumière naturelle ne produit aucun effet : on peut du reste employer indifféremment un polariseur quelconque, soit un prisme
biréfringent, soit un miroir convenablement incliné, soit une pile
de glaces.

2° Toute lame mince biréfrigente peut donner naissance aux
colorations, mais elles n'apparaissent pas, du moins en général,
lorsque la lame est formée d'un corps uniréfringent. Arago conser-
vait quelques doutes sur l'inefficacité des corps uniréfringents, car
il avait vu les couleurs se produire avec une plaque de flint-glass.
Cette anomalie apparente s'explique aujourd'hui par les phénomènes
de la double réfraction accidentelle.

3° Il n'est pas nécessaire que l'analyseur sur lequel les rayons
sont reçus au sortir de la lame soit un prisme biréfringent : on peut
employer tout aussi bien un miroir convenablement incliné, une
pile de glaces, en un mot un appareil quelconque exerçant une
action polarisante.

[1] Mémoires sur plusieurs nouveaux phénomènes d'optique (*OEuvres complètes*, t. X,
p. 85. 98).

4° Lorsque l'analyseur est biréfringent, les deux images sont toujours teintes de couleurs complémentaires.

5° Les colorations de ces deux images varient lorsqu'on fait varier l'inclinaison de la lame cristallisée par rapport aux rayons incidents.

6° Lorsqu'on fait tourner la lame cristallisée dans son plan, on trouve certaines positions pour lesquelles les deux images sont blanches : on arrive au même résultat en laissant la lame immobile et en faisant tourner la section principale de l'analyseur. Pour certaines positions de cette section principale par rapport au plan primitif de polarisation, l'une des deux images incolores peut s'éteindre, ce qui annonce que la dépolarisation est nulle.

7° Les teintes des images dépendent de l'épaisseur de la lame et aussi de la direction suivant laquelle elle a été taillée dans le cristal. Lorsque la lame a atteint une certaine épaisseur, les colorations disparaissent : elles ne se montrent pas non plus avec des lames extrêmement minces.

Ce dernier résultat frappa vivement Arago et l'amena à penser que les corps biréfringents sont constitués par un assemblage de lamelles uniréfringentes, séparées par des intervalles vides ou remplis d'air, et à assimiler le phénomène de la production des couleurs par les lames cristallisées aux anneaux colorés des plaques minces, étudiés par Newton.

On voit, en résumé, que trois conditions sont nécessaires pour l'apparition des couleurs :

1° La polarisation de la lumière incidente ;

2° L'interposition d'une lame mince biréfringente sur le trajet de cette lumière ;

3° L'action d'un analyseur sur la lumière au sortir de la lame.

Nous pouvons remarquer dès à présent qu'il n'est pas indispensable que le polariseur et l'analyseur qui agissent sur la lumière avant et après son passage dans la lame cristallisée soient des appareils capables de polariser complétement la lumière incidente : il suffit qu'ils agissent d'une manière différente sur deux rayons polarisés dans des plans rectangulaires ; mais, plus la polarisation résultant de l'action du polariseur ou de l'analyseur est incomplète, plus les teintes des images sont lavées de blanc.

En se servant d'une lame de quartz taillée perpendiculairement à l'axe, Arago observa des phénomènes particuliers qui le conduisirent à la découverte de la *polarisation rotatoire*. Nous laisserons de côté, pour le moment, ces phénomènes, et nous supposerons, dans tout ce qui va suivre, que les lames cristallisées sur lesquelles tombe la lumière polarisée ne soient pas taillées dans du quartz ou dans un cristal présentant des propriétés analogues.

174. Lois expérimentales établies par Biot. — Les phénomènes de la polarisation chromatique furent étudiés avec le plus grand soin, immédiatement après la publication de la découverte d'Arago, par Biot, qui réussit à en établir les lois expérimentales au moyen d'un grand nombre de recherches, pendant les années 1812, 1813 et 1814, et qui essaya d'en donner une explication dans l'hypothèse de l'émission [1].

Nous allons faire connaître les lois trouvées par Biot et auxquelles toute théorie de la polarisation chromatique doit satisfaire.

1° *Constance des couleurs.* — Lorsqu'on fait tomber normalement sur une lame cristallisée et biréfringente un faisceau de lumière polarisée et qu'on soumet la lumière, au sortir de la lame, à l'action d'un analyseur biréfringent, on obtient deux images teintes de couleurs complémentaires. Pour une même lame, quelles que soient les positions de la section principale de la lame mince et de celle de l'analyseur par rapport au plan de polarisation primitif, les teintes des deux images restent toujours les mêmes; lorsqu'on fait tourner la lame cristallisée ou l'analyseur, ces teintes ne font que varier d'intensité en se lavant plus ou moins de blanc et s'échanger l'une contre l'autre en passant par le blanc, sans qu'il apparaisse jamais de nouvelles teintes. Ainsi, si l'une des images est rouge et l'autre verte, on ne verra jamais que du rouge et du vert; mais chacune des images pourra être rouge ou verte suivant la position de la lame mince et de l'analyseur, et le passage de l'une des

---

[1] *Mém. de la prem. classe de l'Inst.*, t. XII, p. 135; t. XIII, 1re partie, p. 1; 2e partie, p. 1, 31. — *Mém. de l'Acad. des sc.*, t. III, p. 177. — *Mém. d'Arcueil.* III, 132. — *Recherches expérimentales et mathématiques sur les mouvements des molécules de la lumière autour de leurs centres de gravité*, Paris, 1814.

teintes à l'autre s'effectuera par l'intermédiaire du blanc. (Cette loi n'est vraie que pour les cristaux qui ne sont pas doués d'un pouvoir rotatoire : ainsi elle ne serait pas applicable à une lame de quartz perpendiculaire à l'axe.)

2° *Images incolores*. — Les deux images sont incolores lorsque la section principale de la lame mince est parallèle ou perpendiculaire au plan de polarisation primitif, et aussi lorsque la section principale de l'analyseur est parallèle ou perpendiculaire à celle de la lame mince.

Il existe donc en général quatre positions de la lame mince et de l'analyseur par rapport au plan de polarisation primitif pour lesquelles les deux images ne sont pas colorées. Si la section principale de l'analyseur est parallèle ou perpendiculaire au plan de polarisation primitif, ces quatre positions se réduisent à deux; dans chacune de ces deux positions l'une des images disparaît et l'image unique qui subsiste est blanche.

Si, la section principale de la lame mince étant parallèle ou perpendiculaire au plan de polarisation primitif, la section principale de l'analyseur fait un angle de 45 degrés avec ce même plan, les deux images blanches ont même intensité.

3° *Influence de l'épaisseur*. — Si l'on fait varier l'épaisseur de la lame cristallisée, sans changer ni la direction suivant laquelle la lame est taillée dans le cristal, ni les positions de l'analyseur et de la section principale de la lame par rapport au plan de polarisation primitif, les teintes des deux images se modifient suivant les mêmes lois que celles des anneaux colorés de Newton, c'est-à-dire que les épaisseurs des lames cristallisées qui donnent naissance aux différentes teintes sont proportionnelles à celles des lames d'air qui produisent les mêmes teintes par réflexion ou par transmission.

Si la section principale de l'analyseur fait un angle de 90 degrés avec le plan de polarisation primitif, et la section principale de la lame cristallisée un angle de 45 degrés avec le même plan, les teintes de l'image ordinaire correspondent aux couleurs des anneaux vus par transmission, et celles de l'image extraordinaire aux couleurs des anneaux vus par réflexion.

Il est à remarquer d'ailleurs que l'épaisseur de la lame cristallisée qui donne une certaine teinte est toujours beaucoup plus considérable que celle de la lame d'air qui produirait la même teinte : pour le mica, le rapport des deux épaisseurs est celui de 440 à 1; pour le spath d'Islande, celui de 13 à 1; en général, ce rapport est d'autant plus grand que la lame est moins biréfringente.

Le premier procédé dont fit usage Biot pour étudier l'influence de l'épaisseur est assez singulier, en ce que la lame cristallisée sert à la fois de polariseur et de lame mince. Il plaçait sur un drap noir un grand nombre de lamelles de mica d'épaisseurs différentes et faisait tomber sur ces lamelles un faisceau de rayons solaires sous une incidence égale à l'angle de polarisation totale : il observait à l'aide d'un analyseur biréfringent la lumière réfléchie par les lames et obtenait ainsi des images colorées.

Dans cette expérience, les rayons incidents, en pénétrant dans la lame cristallisée, se polarisent en partie dans un plan perpendiculaire au plan d'incidence. A la seconde surface de la lame les rayons ainsi polarisés ne peuvent être réfléchis, puisque l'angle d'incidence est égal à l'angle de polarisation totale; mais les rayons qui ont échappé à la polarisation par réfraction se réfléchissent sur cette surface en se polarisant totalement dans le plan d'incidence, traversent la lame cristallisée à l'état de rayons polarisés et émergent à la première surface : ce sont ces rayons qui, soumis à l'action de l'analyseur, donnent les images colorées. Quant aux rayons qui ont été réfléchis à la première surface de la lame, ils sont totalement polarisés dans le plan d'incidence et on peut les éliminer complétement en disposant la section principale de l'analyseur parallèlement au plan d'incidence et en n'observant que l'image extraordinaire : d'ailleurs ces rayons ne sont jamais colorés et, dans tous les cas, ils ne peuvent que laver de blanc les teintes des images sans en changer la nature.

L'avantage de cette méthode est de placer dans le champ visuel un grand nombre de lames d'épaisseurs différentes et de faciliter ainsi la comparaison des teintes qu'elles produisent avec celles des anneaux de Newton. Pour faire cette comparaison d'une manière exacte, il faut que les plus minces parmi les lames aient des épaisseurs suffisamment petites pour donner les couleurs des premiers

anneaux. Dans les expériences de Biot, les épaisseurs des lames
étaient mesurées au sphéromètre.

Au lieu d'employer un grand nombre de lames d'épaisseurs différentes, il suffit d'avoir une lame unique d'épaisseur régulièrement
variable. Le moyen le plus simple pour se procurer une pareille
lame consiste à tailler dans le cristal un prisme rectangulaire et à
diviser ce prisme en deux prismes triangulaires à l'aide d'un plan
passant par deux arêtes opposées. Si ces deux prismes triangulaires
ABC, DEF (fig. 1) sont montés sur deux supports indépendants et
peuvent glisser l'un sur l'autre, ils forment, en se superposant, une

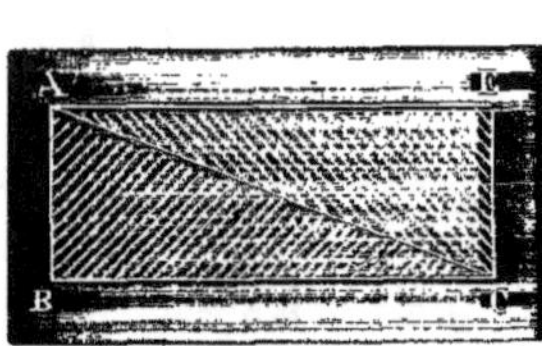

Fig. 1.

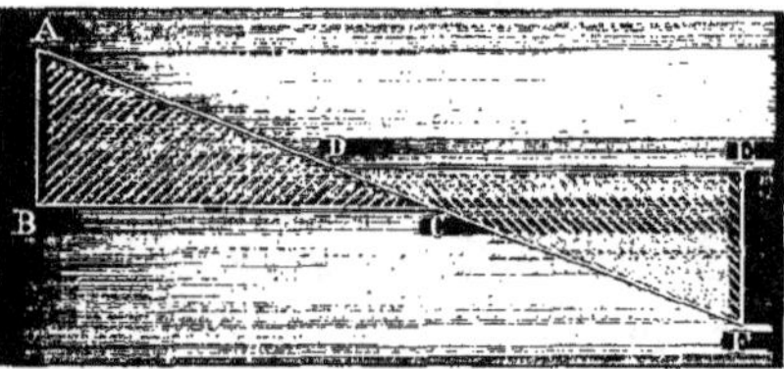

Fig. 2.

lame dont l'épaisseur est constante dans toute son étendue, et, en
faisant mouvoir les deux prismes, on peut à volonté augmenter ou
diminuer l'épaisseur de cette partie commune (fig. 2). Comme il
faut toujours conserver un certain champ, il est impossible, quand
on se sert de ce procédé, de donner à la lame une épaisseur extrêmement petite, même lorsque le biseau formé par chacun des prismes
est très-aigu.

Si l'épaisseur de la lame cristallisée dépasse une certaine limite,
les phénomènes de coloration finissent par disparaître complétement :
une lame épaisse transforme le faisceau de lumière polarisée qui la
traverse en deux faisceaux polarisés l'un dans le plan de la section
principale et l'autre dans un plan perpendiculaire. Si l'épaisseur de
la lame n'est pas assez considérable pour séparer entièrement ces
deux faisceaux polarisés à angle droit, ils offriront dans leur partie
commune, en supposant leurs intensités égales, c'est-à-dire la section principale de la lame cristallisée faisant un angle de 45 degrés
avec le plan de polarisation primitif, des propriétés analogues à celles
de la lumière naturelle, et cette partie commune donnera dans l'ana-

lyseur deux images blanches de même intensité : tout se passera donc dans ce cas comme si la lame dépolarisait entièrement la lumière incidente. Ces phénomènes ont fait croire à Biot que le mode d'action des lames cristallisées épaisses sur la lumière polarisée diffère essentiellement de celui des lames minces.

L'épaisseur qu'on doit donner à la lame pour faire disparaître les colorations est d'ailleurs d'autant moins considérable que la lame est plus biréfringente.

4° *Influence de l'inclinaison.* — Lorsqu'on incline la lame cristallisée sur la direction des rayons incidents, les teintes des images se modifient, et l'effet équivaut suivant les cas à une augmentation ou à une diminution d'épaisseur. Si, par exemple, la lame est à un axe et taillée parallèlement à l'axe et qu'on la fasse tourner autour de l'axe en augmentant progressivement son inclinaison par rapport aux rayons incidents, les teintes montent, c'est-à-dire correspondent à des anneaux d'un ordre de plus en plus élevé, comme si l'épaisseur de la lame allait en augmentant. Si l'on fait tourner cette lame autour d'une droite perpendiculaire à l'axe, les teintes descendent à mesure que l'inclinaison augmente.

5° *Influence de la direction suivant laquelle la lame est taillée.* — L'épaisseur restant constante ainsi que toutes les autres conditions de l'expérience, les teintes des images dépendent de la direction suivant laquelle la lame a été taillée dans le cristal. S'il s'agit d'un cristal à un axe, les teintes sont d'autant moins élevées, c'est-à-dire correspondent à des anneaux d'autant plus rapprochés du centre, que la lame se rapproche plus d'être perpendiculaire à l'axe. Lorsque la lame est exactement perpendiculaire à l'axe, les couleurs disparaissent complétement. On sait, en effet, qu'un cristal à un axe se comporte, vis-à-vis des rayons qui le traversent dans la direction de l'axe, comme un corps uniréfringent.

6° *Superposition de deux lames cristallisées.* — Si l'on superpose deux lames cristallisées de même nature, dont les sections principales sont parallèles ou perpendiculaires l'une à l'autre, elles agissent sur la lumière polarisée comme une lame unique ayant pour épaisseur la somme des épaisseurs des deux lames, si leurs sections principales sont parallèles ; la différence de ces épaisseurs, si les sections principales sont perpendiculaires l'une à l'autre. Dans ce dernier cas, on peut obtenir des couleurs avec des lames qui sont trop épaisses pour en donner lorsqu'elles agissent isolément, pourvu que la différence d'épaisseur des deux lames soit suffisamment petite, ce qui montre bien que, contrairement à l'opinion de Biot, il n'y a aucune différence spécifique entre les modes d'action des lames épaisses et des lames minces sur la lumière polarisée.

Si les deux lames sont de nature différente, il y a deux cas à distinguer : lorsque les cristaux dans lesquels les lames ont été taillées sont de même signe, c'est-à-dire tous deux attractifs ou tous deux répulsifs, les choses se passent comme avec deux lames de même nature : si au contraire ces cristaux sont de signes différents, c'est-à-dire l'un attractif et l'autre répulsif, les deux lames agissent par la différence de leurs épaisseurs, quand leurs sections principales sont parallèles : par la somme de ces épaisseurs, quand ces sections principales sont croisées.

175. Polarisation et dépolarisation par les lames minces cristallisées. — De ce fait que les teintes des images dans l'analyseur varient suivant les mêmes lois que les couleurs des anneaux de Newton, lorsqu'on augmente progressivement l'épaisseur de la lame cristallisée, Biot déduisit des conséquences importantes relativement à l'état de polarisation ou de dépolarisation de la lumière au sortir de la lame. Supposons en effet que la section principale de l'analyseur fasse avec le plan de polarisation primitif un angle de 90 degrés, et que la section principale de la lame mince fasse avec le même plan un angle de 45 degrés : les teintes de l'image ordinaire correspondent alors aux couleurs des anneaux transmis, et celles de l'image extraordinaire aux couleurs des anneaux réfléchis. Il est évident, d'ailleurs, que lorsqu'une couleur présente dans ces conditions son maximum d'éclat dans l'image extraordinaire et manque dans l'image ordinaire, c'est que les rayons de cette couleur sont polarisés dans le plan primitif ; lorsqu'au contraire une couleur présente son maximum d'éclat dans l'image ordinaire et manque dans l'image extraordinaire, c'est que les rayons de cette couleur sont polarisés perpendiculairement au plan primitif; enfin, si une couleur offre la même intensité dans les deux images, les rayons de cette couleur sont entièrement dépolarisés par leur passage à travers la lame. Les couleurs de l'image extraordinaire variant comme celles des anneaux réfléchis, on voit que, toutes les fois que l'épaisseur de la lame sera un multiple entier d'une certaine épaisseur e qui varie suivant la couleur, les rayons d'une couleur déterminée seront polarisés dans le plan primitif; de même, les teintes de l'image ordinaire variant comme celles des anneaux transmis, les rayons de cette couleur seront polarisés perpendiculairement au plan primitif toutes les fois que l'épaisseur de la lame sera un multiple impair de $\frac{e}{2}$; enfin, quand cette épaisseur sera un multiple impair de $\frac{e}{4}$, la couleur considérée aura la même intensité dans les deux images, et, par suite, les rayons de cette couleur seront complétement dépolarisés.

Biot fut ainsi conduit à vérifier directement, en opérant avec de la lumière homogène, l'existence de ces alternatives de polarisation et de dépolarisation, et alors les résultats prirent une grande netteté. Pour énoncer ces résultats dans toute leur généralité, supposons que la section principale de la lame cristallisée fasse avec le plan de polarisation primitif un angle quelconque, et désignons cet angle par i; en faisant varier l'épaisseur de la lame on arrive alors aux conclusions suivantes :

1° Il existe une série d'épaisseurs pour lesquelles la lumière homogène au sortir de la lame est totalement polarisée dans le plan primitif, et ces épaisseurs sont toutes des multiples entiers d'une même épaisseur e, qui dépend de la couleur de la lumière et qui va en diminuant à mesure que la réfrangibilité augmente.

2° Lorsque l'épaisseur de la lame est un multiple impair de $\frac{e}{2}$, la lumière émergente est encore totalement polarisée, mais cette fois dans un plan symétrique du plan de polarisation primitif par rapport à la section principale de la lame, ou, comme on dit pour abréger, dans l'azimut $2i$.

3° Lorsque l'épaisseur de la lame est égale à un multiple impair de $\frac{e}{4}$, et que de plus la section principale de la lame est à 45 degrés du plan de polarisation primitif, la lumière au sortir de la lame ne semble conserver aucune trace de polarisation; car dans l'analyseur elle donne toujours deux images de même intensité, quelle que soit l'orientation de la section principale de cet analyseur. Ce n'est cependant pas de la lumière naturelle, car, d'après ce que nous avons dit sur l'effet produit par la superposition de deux lames, il suffira de faire passer cette lumière à travers une seconde lame d'épaisseur égale à $\frac{e}{4}$ pour la polariser totalement, soit dans le plan primitif, soit dans l'azimut $2i$, ce qui n'aurait pas lieu si l'on faisait tomber sur cette seconde lame de la lumière naturelle. Aussi Biot a-t-il donné à la lumière ainsi modifiée un nom spécial, celui de lumière totalement dépolarisée.

4° Lorsque l'épaisseur de la lame n'est pas un multiple entier de $\frac{e}{4}$, ou lorsque, cette épaisseur étant un multiple impair de $\frac{e}{4}$, la section principale de la lame n'est pas à 45 degrés du plan primitif de polarisation, la lumière au sortir de la lame se comporte dans un analyseur comme de la lumière partiellement polarisée, c'est-à-dire donne deux images dont les intensités sont inégales, mais ne peuvent dans aucun cas se réduire à zéro. Ce n'est cependant pas de la lumière partiellement polarisée, car, si on fait passer cette lumière au sortir de la première lame à travers une seconde lame dont l'épaisseur ajoutée à celle de la première donne une somme égale à un multiple pair ou impair de $\frac{e}{2}$, elle se transforme en lumière totalement polarisée, ce qui n'arriverait pas si on faisait tomber sur la seconde lame de la lumière partiellement polarisée. Biot l'appelait lumière partiellement dépolarisée.

Biot, ayant remarqué que les alternatives de polarisation et de dépolarisation disparaissent lorsque l'épaisseur de la lame est un peu considérable, fut confirmé dans l'idée que les lames épaisses n'agissent pas sur la lumière polarisée de la même manière que les lames minces. Il y a là, comme nous le verrons plus loin, une erreur qu'il faut attribuer à ce que la lumière dont il se servait était loin d'être complétement homogène, erreur du même genre que celle qui a fait croire à Fresnel qu'il ne peut y avoir interférence entre

deux rayons dès que la différence de marche s'élève à quelques cen-
taines de longueurs d'ondulation.

176. Théorie de la polarisation mobile. — Dans la
théorie de l'émission on est obligé d'admettre, pour expliquer les
phénomènes de polarisation, que les molécules lumineuses sont des
polyèdres symétriques autour d'un axe qui est l'axe de polarisation;
que dans un rayon de lumière naturelle les axes des molécules successives sont orientés de toutes les manières possibles, mais toujours
perpendiculairement à la direction des rayons, et que dans un rayon
totalement polarisé ces axes sont au contraire tous orientés dans le
même plan.

Pour rendre compte des phénomènes de la polarisation chromatique, Biot imagina l'hypothèse connue sous le nom de *théorie de la
polarisation mobile*. Il suppose que, lorsqu'un rayon de lumière
polarisée pénètre dans un cristal biréfringent, les axes des molécules, avant de s'orienter d'une manière fixe dans le plan de la section principale et dans un plan perpendiculaire, commencent par
affecter un mouvement oscillatoire entre leur position initiale et
une position symétrique par rapport à la position définitive. Ainsi,
en comptant les azimuts à partir du plan de polarisation primitif
et en désignant par i l'angle que fait ce plan avec la section principale du cristal, les molécules du rayon ordinaire oscilleraient entre
l'azimut zéro et l'azimut $2i$, les molécules du rayon extraordinaire
entre les azimuts zéro et $180° - 2i$.

Si l'on prend pour plan de figure (fig. 3, p. 61) un plan perpendiculaire à la direction du rayon, et si PP′ et SS′ sont les traces sur
ce plan du plan de polarisation primitif et de la section principale
de la lame, QQ′ une droite symétrique de PP′ par rapport à SS′, les
axes des molécules ordinaires oscilleraient, suivant la théorie de
Biot, dans l'angle POQ, et ceux des molécules extraordinaires dans
l'angle POQ′. Biot admet de plus que la période des oscillations
reste constante pour les molécules d'une même couleur et change
d'une couleur à l'autre, et qu'à une certaine profondeur ces oscillations s'arrêtent et font place à une répartition des axes de polarisation entre deux plans perpendiculaires l'un à l'autre.

Pour expliquer à l'aide de cette théorie les alternatives de polarisation et de dépolarisation, Biot remarque que, si l'épaisseur de la lame est telle que les axes de polarisation exécutent, pendant le temps que met le rayon à traverser cette lame, un nombre entier d'oscillations, les axes de toutes les molécules sont dirigés dans le plan PP′, et par suite le rayon est polarisé dans le plan primitif. Si l'épaisseur correspond à un nombre impair de demi-oscillations, tous les axes de polarisation sont dirigés dans le plan QQ′, et le rayon émergent est polarisé dans l'azimut $2i$. Si l'épaisseur correspond à un nombre impair de quarts d'oscillation, les axes sont dirigés les uns dans le plan de la section principale, les autres dans le plan perpendiculaire; si de plus l'angle i est égal à 45 degrés, les molécules se répartissent également entre le rayon ordinaire et le rayon extraordinaire, et il est facile de voir que la lumière, au sortir du cristal, doit alors se comporter dans un analyseur comme de la lumière naturelle. Pour toute autre épaisseur, les axes de polarisation sont, au sortir de la lame, répartis entre deux plans formant avec le plan de polarisation primitif des angles qui sont entre eux dans le rapport de i à $90° - i$, et la lumière ainsi constituée doit présenter, lorsqu'elle est soumise à l'action de l'analyseur, les mêmes propriétés que la lumière partiellement polarisée. Quant à la coloration des images lorsqu'on opère avec la lumière blanche, elle ne présente aucune difficulté : la période des oscillations n'étant pas la même pour les rayons des différentes couleurs simples, ces rayons se trouvent, au sortir de la lame, dans des états différents de polarisation; les intensités de ces rayons dans chacune des images que donne l'analyseur ne doivent donc pas, en général, être proportionnelles à ce qu'elles sont dans la lumière blanche, d'où la coloration des images.

Le principal défaut de cette théorie, outre la complexité des hypothèses qu'elle nécessite, est de ne pas montrer comment se fait la transition entre l'état oscillatoire et l'état fixe, et pourquoi les oscillations, au lieu de diminuer graduellement d'amplitude lorsque l'épaisseur de la lame augmente, conservent une amplitude constante jusqu'à une certaine limite, pour s'arrêter ensuite brusquement.

177. Idées théoriques de Young. — Young est le premier qui ait cherché à expliquer les phénomènes de la polarisation chromatique dans le système des ondulations et à les rattacher aux lois générales de l'interférence [1]. En comparant les résultats numériques obtenus par Biot avec les épaisseurs des lames d'air qui transmettent les anneaux des différents ordres, il fit cette remarque capitale, que l'épaisseur d'une lame cristallisée et l'épaisseur d'une lame d'air qui transmettent la même couleur dans les expériences de polarisation chromatique et dans l'expérience des anneaux de Newton sont précisément telles, que la différence des durées de propagation du rayon ordinaire et du rayon extraordinaire dans la lame cristallisée soit égale à la différence des durées de propagation du rayon transmis directement par la lame d'air et du rayon transmis après deux réflexions intérieures. Cette remarque montre immédiatement pourquoi les épaisseurs des lames cristallisées sont beaucoup plus considérables que celles des lames d'air qui donnent les mêmes teintes, et aussi pourquoi l'épaisseur de la lame qui donne une certaine teinte est d'autant plus grande que cette lame est moins biréfringente. Young fut ainsi conduit à attribuer les phénomènes observés par Arago et par Biot à l'interférence du rayon ordinaire et du rayon extraordinaire qui prennent naissance dans la lame cristallisée : ces rayons, lorsque la lame est mince, suivent, il est vrai, des chemins à peu près identiques ; mais, comme ils ont des vitesses différentes, ils présentent au sortir de la lame une différence de phase qui doit les rendre capables d'interférer si les lois ordinaires des interférences sont applicables à deux rayons polarisés dans des plans différents ; de plus, cette différence de phase étant variable avec la couleur, les conditions d'interférence doivent aussi changer d'une couleur à l'autre, ce qui permet de rendre compte, jusqu'à un certain point, de la coloration des images dans l'analyseur.

Il manquait bien des choses, et Young le reconnaît lui-même, à cette généralisation pour constituer une véritable théorie. Pourquoi était-il nécessaire au développement des couleurs, dans ce mode particulier d'interférence, que les deux rayons fussent issus d'un rayon déjà polarisé et non d'un rayon naturel ? Pourquoi les cou-

[1] *Quarterly Review*, avril 1814.

leurs n'apparaissaient-elles qu'à la condition d'une seconde action polarisante consécutive au passage de la lumière dans la lame? Et lorsque cette action polarisante était le résultat d'une double réfraction, pourquoi apparaissait-il dans les deux faisceaux ainsi engendrés des couleurs complémentaires? A ces diverses questions le principe des interférences. tel que Young l'avait conçu et démontré, n'apportait aucune réponse.

178. Découverte de la véritable théorie par Fresnel. — Fresnel, comme Young, avait reconnu à la fois qu'une analogie remarquable existait entre les lois des couleurs produites par l'interférence et les lois de la coloration des lames cristallisées dans la lumière polarisée, et que cette analogie n'était pas une explication suffisante du second de ces phénomènes. Mais il chercha immédiatement la raison de cette insuffisance, en examinant si la polarisation de la lumière ne modifiait pas profondément les lois ordinaires de l'interférence. Nous avons fait connaître (112) les lois des interférences des rayons polarisés telles qu'elles résultent des expériences de Fresnel et d'Arago; il nous reste à montrer comment ces lois peuvent servir à expliquer les principales particularités que présentent les phénomènes de la polarisation chromatique. Le rayon ordinaire et le rayon extraordinaire, au sortir de la lame cristallisée, sont polarisés à angle droit: ils ne peuvent donc interférer qu'après avoir été ramenés à un même plan de polarisation : de là la nécessité de les soumettre à l'action d'un analyseur pour faire apparaître les couleurs. De plus, deux rayons d'abord polarisés à angle droit et ensuite ramenés au même plan de polarisation ne peuvent interférer que s'ils proviennent d'un même rayon polarisé, ce qui explique pourquoi les couleurs ne se montrent pas lorsque la lumière qui tombe sur la lame cristallisée n'est pas polarisée. Enfin, la dernière des lois établies par Fresnel et Arago indique que, lorsque deux rayons provenant d'un même rayon polarisé sont d'abord polarisés à angle droit, puis ramenés au même plan de polarisation, il faut, pour établir les conditions d'interférence, considérer simplement la différence des chemins parcourus, ou ajouter à cette différence une demi-longueur d'ondulation, suivant que le plan de polarisation

définitif est parallèle ou perpendiculaire au plan primitif, ce qui
permet de rendre compte de la complémentarité des deux images
lorsque l'analyseur est biréfringent.

Fresnel ne se borna pas à ce premier aperçu : le principe des
vibrations transversales, auquel le conduisit l'étude des interférences
des rayons polarisés, le mit en état de calculer les effets résultant
de la superposition de deux rayons polarisés à angle droit et présentant l'un par rapport à l'autre une certaine différence de marche.
Il put ainsi expliquer non-seulement les phénomènes de coloration
qui se produisent dans l'analyseur, mais encore les alternatives de
polarisation et de dépolarisation observées par Biot, et montrer que
ces alternatives proviennent dans tous les cas de la combinaison de
deux rayons polarisés, l'un dans la section principale de la lame,
l'autre dans un plan perpendiculaire, et n'indiquent nullement,
comme le croyait Biot, une différence spécifique entre l'action des
lames minces et celle des lames épaisses sur la lumière polarisée.
Les phénomènes qui se produisent lorsque la lumière polarisée
subit une ou plusieurs réflexions totales, phénomènes tout à fait analogues à ceux qui résultent du passage de cette lumière dans une lame
cristallisée, lui fournirent bientôt une confirmation éclatante de sa
théorie, et l'amenèrent à considérer la forme des vibrations sur le
rayon provenant de la superposition de deux rayons polarisés à
angle droit : il reconnut ainsi l'existence de deux espèces de polarisations différentes de la polarisation ordinaire et caractérisées par
la forme circulaire ou elliptique des vibrations, conception qui
s'applique aux phénomènes de la polarisation chromatique et permet
d'en simplifier singulièrement la théorie [1].

179. Expérience des rhomboèdres croisés. — Pour faire
voir que l'effet produit par une lame cristallisée sur la lumière polarisée ne dépend que de la différence de marche que cette lame

---

[1] Les idées de Fresnel sur l'explication des couleurs des lames cristallisées sont indiquées pour la première fois dans son Mémoire sur l'influence réciproque des rayons polarisés (*OEuvres complètes*, t. I, p. 147), qui date d'octobre 1816. Elles ont été développées
ultérieurement dans la Note sur le calcul des teintes que la polarisation développe dans
les lames cristallisées (*Ann. de chim. et de phys.*, (2), XVII, 102, 167, 312 ; — *OEuvres
complètes*, t. I, p. 609).

fait naître entre le rayon ordinaire et le rayon extraordinaire, et nullement d'une action spéciale exercée par les lames minces, comme le supposait Biot, Fresnel imagina l'expérience des rhomboèdres croisés. Il fit scier par le milieu un rhomboèdre de spath d'Islande, de manière à obtenir deux rhomboèdres de même épaisseur qu'il plaça l'un devant l'autre de façon que leurs sections principales fussent perpendiculaires. Il fit tomber sur ce système un faisceau de lumière polarisée dans un plan incliné à 45 degrés sur les sections principales des deux rhomboèdres, et reçut la lumière au sortir des rhomboèdres sur un analyseur muni d'une loupe. Il aperçut alors des franges très-brillantes perpendiculaires à la droite qui joint les deux images du point lumineux. Ces franges ne peuvent provenir que des interférences des rayons qui sont polarisés à angle droit au sortir des rhomboèdres et ramenés au même plan de polarisation par l'analyseur, rayons qui présentent toujours une très-faible différence de marche. puisque les deux rhomboèdres ont même épaisseur et que les rayons ordinaires dans l'un deviennent extraordinaires dans l'autre[1].

Cette expérience prouve que les lames épaisses peuvent produire des effets analogues à ceux des lames minces, pourvu que la différence de marche des rayons interférents soit suffisamment petite, et que la disparition des phénomènes caractéristiques de la polarisation chromatique lorsque la lame cristallisée a une certaine épaisseur est due non pas à une différence spécifique entre l'action des lames épaisses et celle des lames minces, mais à la cause qui fait disparaître les franges d'interférence à une certaine distance de la frange centrale et les anneaux d'un ordre élevé, c'est-à-dire au défaut d'homogénéité de la lumière.

180. Expériences de MM. Fizeau et Foucault. — MM. Fizeau et Foucault, en employant la méthode qui leur avait permis de montrer la possibilité de faire interférer deux rayons présentant une grande différence de marche, ont pu prouver directement que, lorsqu'un faisceau de lumière polarisée a traversé une lame cristallisée

[1] Mémoire sur l'influence réciproque des rayons polarisés (*OEuvres complètes de Fresnel*, t. 1, p. 426).

épaisse, la partie commune aux deux faisceaux polarisés à angle
droit qui sortent de la lame n'est pas, comme pourrait le faire supposer la manière dont elle se comporte dans un analyseur biréfringent ordinaire, de la lumière naturelle ou de la lumière partiellement polarisée; mais que chaque rayon simple se modifie en
traversant la lame suivant les mêmes lois que si la lame était assez
mince pour donner des couleurs[1].

Dans ces expériences, un faisceau de rayons solaires parallèles
entre eux et totalement polarisés traversait une lame cristallisée
trop épaisse pour donner des couleurs et était reçu ensuite sur un
prisme de Nicol. Le faisceau extraordinaire que laissait passer cet
analyseur tombait sur une fente étroite derrière laquelle un prisme
et une lentille étaient disposés de façon à donner un spectre très-
pur. Lorsque la section principale du Nicol est parallèle au plan
de polarisation primitif, on distingue dans le spectre un grand
nombre de bandes noires équidistantes, et entre ces bandes l'intensité varie d'une manière régulière; ces bandes correspondent à des
rayons qui manquent dans l'image extraordinaire fournie par le
Nicol, et qui sont par conséquent polarisés dans le plan primitif. Si
la section principale du Nicol est orientée dans l'azimut $2i$, c'est-à-
dire placée dans une position symétrique du plan de polarisation
primitif par rapport à la section principale de la lame, on aperçoit
encore un système de bandes noires qui n'ont plus les mêmes positions que précédemment, ce qui annonce que les rayons correspondant aux positions que ces bandes occupent dans le spectre sont polarisés dans l'azimut $2i$. Pour toute autre position de l'analyseur,
il n'y a plus de bandes complétement noires, mais simplement des
minima d'intensité, d'où l'on doit conclure que les azimuts zéro et $2i$
sont les seuls dans lesquels les rayons puissent être complétement
polarisés. Enfin, lorsque l'angle i est égal à 45 degrés, certaines
teintes conservent une intensité constante pendant la rotation de
l'analyseur. ce qui indique l'existence d'une série de rayons complétement dépolarisés : les couleurs de ces rayons sont intermédiaires
entre celles des rayons polarisés dans le plan primitif et celles des
rayons polarisés dans l'azimut $2i$.

[1] *Ann. de chim. et de phys.*, (3), XXVI, 138; XXX, 146.

Ces expériences montrent quelle est la véritable constitution d'un faisceau provenant de la superposition de faisceaux polarisés à angle droit, issus d'un même faisceau primitivement polarisé, et qui présentent l'un par rapport à l'autre une grande différence de marche. Un tel faisceau offre dans un analyseur ordinaire les propriétés de la lumière naturelle si les deux faisceaux superposés ont même intensité, celles de la lumière partiellement polarisée si les intensités de ces deux faisceaux sont inégales. En réalité, dans le faisceau ainsi constitué, chaque lumière homogène a un état de polarisation déterminé : mais, cet état variant très-rapidement avec la longueur d'onde à cause de la grande différence de marche, les polarisations les plus diverses appartiennent à des rayons que l'œil est incapable de distinguer, et, tant qu'on laisse le faisceau indécomposé, les propriétés de la lumière naturelle ou de la lumière partiellement polarisée sont très-suffisamment imitées. C'est ce qui arrive en particulier lorsqu'un faisceau de lumière polarisée traverse une lame cristallisée épaisse.

II.

**FORME DES VIBRATIONS SUR UN RAYON
POLARISÉ APRÈS SON PASSAGE DANS UNE LAME BIRÉFRINGENTE.
— POLARISATION CIRCULAIRE ET ELLIPTIQUE.**

**181. Combinaison de deux rayons polarisés à angle
droit et présentant une différence de marche.** — Supposons
qu'un rayon polarisé tombe *normalement* sur une lame cristallisée; si
la lame est à un axe, ce rayon se décomposera en deux rayons dont
l'un est ordinaire et polarisé dans le plan de la section principale,
tandis que l'autre est extraordinaire et polarisé dans un plan qui est
toujours sensiblement perpendiculaire à celui de la section principale (144); si la lame est à deux axes, il n'y a plus, à proprement
parler, de rayon ordinaire : nous continuerons cependant, pour simplifier le langage, à appeler rayon ordinaire celui qui se rapproche
le plus de suivre la loi de Descartes, et section principale le plan
dans lequel ce rayon est polarisé. Comme, dans les cristaux à deux
axes, les plans de polarisation des deux rayons réfractés sont toujours sensiblement perpendiculaires (150), nous pourrons dire encore que le rayon polarisé, en pénétrant dans la lame, se divise en
deux rayons polarisés l'un dans le plan de la section principale,
l'autre dans un plan perpendiculaire.

Dans tous les cas, le rayon polarisé en traversant la lame cristallisée se divise donc en deux rayons polarisés à angle droit; ces deux
rayons, si la lame est peu épaisse, ne se séparent pas d'une façon
sensible et restent superposés à l'émergence; mais, ayant traversé
la lame avec des vitesses différentes, ils présentent une différence
de marche proportionnelle à l'épaisseur de la lame. Il s'ensuit
que, sur le rayon résultant de la superposition de ces deux rayons
polarisés à angle droit, la vibration n'est plus en général rectiligne,
mais présente des formes variables que nous allons maintenant nous
proposer d'étudier.

Prenons pour plan de figure (fig. 3) un plan perpendiculaire au
rayon; soient PP' et SS' les traces sur ce plan du plan primitif de

polarisation et de la section principale de la lame cristallisée, HH′
et RR′ deux droites respective-
ment perpendiculaires à PP′ et
à SS′, et désignons par i l'angle que fait la section principale de la lame cristallisée avec
le plan primitif de polarisation,
en convenant de compter cet
angle positivement à gauche du
plan de polarisation. Au moment où le rayon incident pénètre dans la lame, les vibrations s'effectuent parallèlement
à la droite HH′, et en repré-

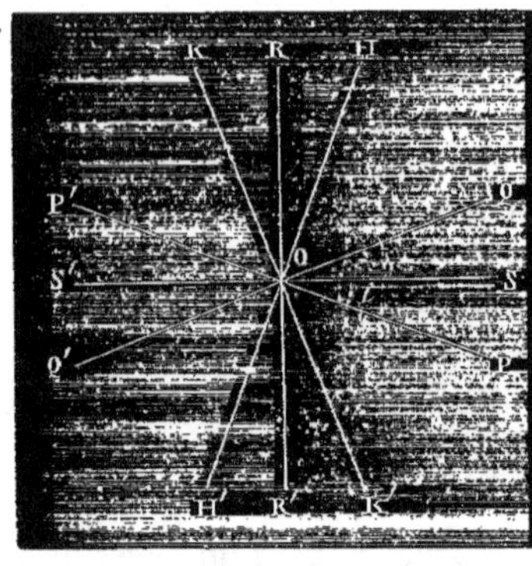

Fig. 3.

sentant par σ la distance de la molécule vibrante à sa position
d'équilibre, on a, l'origine du temps étant convenablement choisie,

$$\sigma = a \sin 2\pi \frac{t}{T}.$$

Si nous appelons ξ et η les composantes de ce mouvement qui
sont respectivement l'une parallèle et l'autre perpendiculaire à la
section principale de la lame, c'est-à-dire les projections de σ sur
SS′ et sur RR′, nous aurons

$$\xi = a \sin i \sin 2\pi \frac{t}{T},$$

$$\eta = a \cos i \sin 2\pi \frac{t}{T}.$$

Les vibrations parallèles à SS′ correspondent au rayon extraordinaire, celles qui sont parallèles à RR′ correspondent au rayon ordinaire. L'incidence étant normale, les deux réflexions qui s'opèrent
sur les deux faces de la lame modifient sensiblement dans la même
proportion les amplitudes des mouvements vibratoires sur les deux
rayons réfractés; au sortir de la lame, ces amplitudes peuvent donc
être représentées respectivement par $a \sin i$ et par $a \cos i$. Soient O
et E les épaisseurs de deux lames d'air telles, que le rayon ordinaire
et le rayon extraordinaire emploient respectivement pour traverser

ces lames d'air des temps égaux à ceux qui leur sont nécessaires pour traverser la lame cristallisée : nous aurons au point d'émergence, pour le déplacement d'une molécule vibrante sur le rayon extraordinaire,

$$\xi = a \sin i \, \sin 2\pi \left(\frac{t}{T} - \frac{E}{\lambda} \right),$$

λ étant la longueur d'ondulation dans l'air; et de même, pour le déplacement d'une molécule vibrante sur le rayon ordinaire,

$$\eta = a \cos i \, \sin 2\pi \left(\frac{t}{T} - \frac{O}{\lambda} \right).$$

Ces équations se rapportent au point d'émergence; mais elles peuvent convenir à un point quelconque situé sur le rayon émergent à une distance D de la lame; il suffit pour cela de déplacer l'origine du temps d'un intervalle égal à $\frac{DT}{\lambda}$ ou à $\frac{D}{V}$, V étant la vitesse de propagation de la lumière dans l'air. En ajoutant et en retranchant, dans la valeur de ξ, la quantité $\frac{O}{\lambda}$ sous le signe *sin*, nous aurons définitivement, pour les composantes du mouvement vibratoire parallèle et du mouvement vibratoire perpendiculaire à la section principale de la lame sur le rayon émergent,

$$(1) \quad \begin{cases} \xi = a \sin i \, \sin 2\pi \left(\frac{t}{T} - \frac{O}{\lambda} + \frac{O-E}{\lambda} \right), \\[2mm] \eta = a \cos i \, \sin 2\pi \left(\frac{t}{T} - \frac{O}{\lambda} \right). \end{cases}$$

C'est sous cette forme que nous discuterons ces équations.

182. Polarisation rectiligne du rayon émergent. — Pour que le mouvement vibratoire soit rectiligne sur le rayon émergent, il faut que le rapport $\frac{\eta}{\xi}$ ait une valeur indépendante de t.

Cette condition est satisfaite, quelle que soit l'épaisseur de la lame, si l'angle i est égal à zéro ou à 90 degrés, car dans le premier cas on a constamment $\xi = 0$, et dans le second cas on a constamment aussi $\eta = 0$. Donc, lorsque la section principale de la lame est parallèle ou perpendiculaire au plan primitif de polarisation, le rayon émergent est polarisé rectilignement dans ce plan primitif, quelle que soit l'épaisseur de la lame.

Si l'angle i n'est pas égal à zéro ou à 90 degrés, pour que le rapport $\frac{\eta}{\xi}$ soit indépendant de t, il faut que l'on ait, en désignant par k une constante,

$$\frac{\sin 2\pi\left(\frac{t}{T}-\frac{O}{\lambda}+\frac{O-E}{\lambda}\right)}{\sin 2\pi\left(\frac{t}{T}-\frac{O}{\lambda}\right)}=k.$$

d'où

$$\sin 2\pi\left(\frac{t}{T}-\frac{O}{\lambda}\right)\cos 2\pi\frac{O-E}{\lambda}+\cos 2\pi\left(\frac{t}{T}-\frac{O}{\lambda}\right)\sin 2\pi\frac{O-E}{\lambda}$$

$$=k\sin 2\pi\left(\frac{t}{T}-\frac{O}{\lambda}\right),$$

équation qui ne peut être satisfaite pour toutes les valeurs de t qu'autant que l'on a

$$\sin 2\pi\frac{O-E}{\lambda}=0$$

ou

$$O-E=n\frac{\lambda}{2},$$

n étant un nombre entier quelconque.

Si n est pair, $\cos 2\pi\frac{O-E}{\lambda}$ est égal à $+1$: on a alors

$$\frac{\eta}{\xi}=\cot i:$$

les vibrations se font donc dans ce cas suivant HH', et le rayon émergent est polarisé dans le plan primitif.

Si n est impair, $\cos 2\pi\frac{O-E}{\lambda}$ est égal à -1 : on a alors

$$\frac{\eta}{\xi}=-\cot i:$$

les vibrations se font donc dans ce cas suivant une droite KK' symétrique de HH' par rapport à RR', et le rayon est polarisé dans un plan QQ' symétrique de PP' par rapport à SS', ou, comme on dit, dans l'azimut $2i$.

On voit donc que le rayon émergent est polarisé rectilignement toutes les fois que l'épaisseur de la lame est telle qu'elle introduit entre le rayon ordinaire et le rayon extraordinaire une différence de marche égale à un multiple entier de $\frac{\lambda}{2}$: suivant que ce multiple est pair ou impair, le rayon est polarisé dans le plan primitif ou dans l'azimut $2i$.

183. Polarisation circulaire ou dépolarisation complète. — Supposons que l'angle i formé par le plan de polarisation primitif avec la section principale de la lame soit égal à 45 degrés, et que l'épaisseur de la lame soit un multiple impair de celle qui introduit entre le rayon ordinaire et le rayon extraordinaire une différence de marche d'un quart de longueur d'ondulation, c'est-à-dire que l'on ait

$$O - E = (2n + 1)\frac{\lambda}{4}.$$

Il vient alors

$$\xi = \pm \frac{a}{\sqrt{2}} \cos 2\pi \left(\frac{t}{T} - \frac{O}{\lambda}\right),$$

$$\eta = \frac{a}{\sqrt{2}} \sin 2\pi \left(\frac{t}{T} - \frac{O}{\lambda}\right),$$

d'où

$$\xi^2 + \eta^2 = a^2.$$

La trajectoire décrite par la molécule vibrante est donc dans ce cas de forme circulaire, et il est facile de voir, en faisant varier t dans les expressions qui représentent ξ et η, que cette trajectoire circulaire est parcourue par la molécule vibrante d'une façon continue et toujours dans le même sens. Les rayons sur lesquels les vibrations ont ainsi une forme circulaire sont dits *polarisés circulairement,* et le genre de modification qu'ils ont subi se nomme la *polarisation circulaire* : c'est ce que Biot appelait la dépolarisation totale.

Il s'agit maintenant de préciser le sens dans lequel s'accomplissent les vibrations circulaires. Il est nécessaire à cet effet de faire une convention sur le sens dans lequel doit être compté l'angle i; nous supposerons dans tout ce qui va suivre que *l'angle i est compté à partir*

de la section principale de la lame mince, de droite à gauche, pour un obser-
vateur qui reçoit le rayon. La polarisation circulaire peut se produire
dans deux positions différentes du plan de polarisation primitif par
rapport à la section principale de la lame, positions définies par
les valeurs $+ 45°$ et $- 45°$ de l'angle i. Quand l'angle i est égal à
$+ 45°$, si l'on suppose la section principale SS' de la lame verticale,
le plan de polarisation PP' sera dans sa partie supérieure à gauche
de la verticale pour un observateur qui reçoit le rayon, comme cela
est représenté fig. 4. Si, au contraire, on a $i = - 45°$, les deux

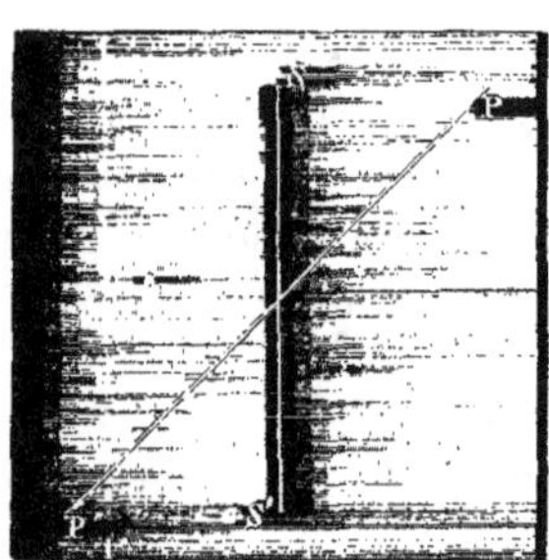

Fig. 4.   Fig. 5.

plans occuperont les positions qu'indique la figure 5, c'est-à-dire
que, si la section principale SS' est verticale, le plan de polarisation

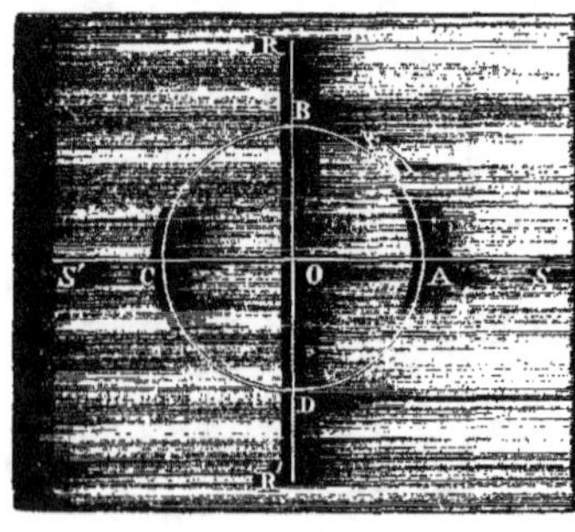

Fig. 6.

sera dans sa partie supérieure à
droite de la verticale pour un observateur qui reçoit le rayon. Ceci
posé, prenons d'abord l'angle i
égal à $+ 45°$, et supposons la
lame cristallisée répulsive ou négative : $O - E$ sera alors positif
et l'on devra prendre dans la valeur de ξ le signe $+$ ou le signe
$-$ suivant que n sera pair ou impair. On voit facilement que dans

ce cas, si n est pair, les molécules vibrantes décriront leurs circonférences dans le sens ABCD (fig. 6), et paraîtront par conséquent
se mouvoir de droite à gauche pour un observateur couché sur le

rayon, ayant les pieds tournés du côté d'où vient le rayon et regardant la molécule vibrante : c'est ce qu'on exprime en disant que la lumière est polarisée *circulairement de droite à gauche;* si au contraire n est impair, les molécules se meuvent dans le sens DCBA et la lumière est dite alors *polarisée circulairement de gauche à droite.* Si, l'angle i étant toujours égal à $+ 45°$, la lame est attractive (ou positive), $O - E$ est négatif et il faut prendre dans la valeur de ξ le signe $+$ ou le signe $-$ suivant que n est impair ou pair. Dans ce cas, la lumière est polarisée circulairement de gauche à droite lorsque n est pair, de droite à gauche lorsque n est impair. Enfin tous ces résultats sont renversés lorsque l'angle i, au lieu d'être égal à $+ 45°$, devient égal à $- 45°$.

Il y a donc deux espèces de polarisations circulaires, et les conditions dans lesquelles on les obtient peuvent se résumer dans le tableau suivant, où m désigne un nombre entier quelconque :

$$i = + 45°$$

Lame répulsive.
$$O - E = (4m + 1) \frac{\lambda}{4} \cdot \text{ Polarisation circulaire de droite à gauche.}$$
$$O - E = (4m - 1) \frac{\lambda}{4} \cdot \text{———————— de gauche à droite.}$$

Lame attractive.
$$O - E = (4m + 1) \frac{\lambda}{4} \cdot \text{———————— de gauche à droite.}$$
$$O - E = (4m - 1) \frac{\lambda}{4} \cdot \text{———————— de droite à gauche.}$$

$$i = - 45°$$

Lame répulsive.
$$O - E = (4m + 1) \frac{\lambda}{4} \cdot \text{ Polarisation circulaire de gauche à droite.}$$
$$O - E = (4m - 1) \frac{\lambda}{4} \cdot \text{———————— de droite à gauche.}$$

Lame attractive.
$$O - E = (4m + 1) \frac{\lambda}{4} \cdot \text{———————— de droite à gauche.}$$
$$O - E = (4m - 1) \frac{\lambda}{4} \cdot \text{———————— de gauche à droite.}$$

La lame qui introduit entre le rayon ordinaire et le rayon extraordinaire une différence de marche d'un quart de longueur d'ondulation, c'est-à-dire la moins épaisse parmi toutes celles qui peuvent produire la polarisation circulaire, est désignée ordinairement sous le nom de *lame d'un quart d'onde*.

184. Propriétés de la lumière polarisée circulairement. — Les propriétés caractéristiques de la lumière polarisée circulairement sont au nombre de deux :

1° Dans un analyseur biréfringent, la lumière polarisée circulairement donne toujours deux images de même intensité, quelle que soit l'orientation de la section principale de cet analyseur.

2° La lumière polarisée circulairement, en traversant une lame d'un quart d'onde, se transforme en lumière polarisée rectilignement.

La première de ces propriétés pourrait faire confondre la lumière polarisée circulairement avec la lumière naturelle; mais la seconde propriété fournit le moyen de distinguer ces deux espèces de lumière, car la lumière naturelle, en traversant une lame biréfringente d'une épaisseur quelconque, ne donne jamais que de la lumière naturelle tant que les deux rayons réfractés restent superposés à l'émergence.

Pour rendre compte des propriétés de la lumière polarisée circulairement, nous remarquerons d'abord que, si les vibrations sont circulaires, les composantes du mouvement vibratoire suivant deux axes rectangulaires pris arbitrairement peuvent toujours être représentées par les équations

$$(2) \quad \begin{cases} \xi = \pm\, a \cos 2\pi \dfrac{t}{T}, \\[2mm] \eta = a \sin 2\pi \dfrac{t}{T}, \end{cases}$$

dans la première desquelles on doit prendre le signe $+$ ou le signe $-$ suivant que la lumière est polarisée de droite à gauche ou de gauche à droite.

Ces équations montrent qu'un rayon polarisé circulairement peut être considéré comme provenant de la superposition de deux rayons polarisés rectilignement à angle droit, d'intensités égales, et présentant l'un par rapport à l'autre une différence de phase égale à un quart d'ondulation.

Si un rayon polarisé circulairement tombe normalement sur un analyseur biréfringent, on peut toujours supposer la section principale de cet analyseur parallèle à l'axe sur lequel la projection du mouvement vibratoire est égale à ξ, puisque la direction de cet axe est arbitraire. Les vibrations du rayon ordinaire sont alors représentées par η, celles du rayon extraordinaire par ξ, et l'on voit que ces deux rayons ont toujours même intensité, quelle que soit l'orientation de l'analyseur, résultat qui pouvait du reste se déduire immédiatement de la symétrie parfaite des vibrations circulaires par rapport à un plan quelconque mené par le rayon.

Occupons-nous maintenant de l'effet produit sur la lumière polarisée circulairement par son passage à travers une lame d'un quart d'onde. Les composantes du mouvement vibratoire parallèlement et perpendiculairement à la section principale de cette lame sont représentées au moment où le rayon pénètre dans la lame par les équations (2). A l'émergence, si on suppose que ξ désigne la composante parallèle à la section principale, et si on conserve aux lettres O et E la même signification que plus haut, ces composantes deviennent

$$\xi = \pm a \cos 2\pi \left(\frac{t}{T} - \frac{O}{\lambda} + \frac{O - E}{\lambda} \right),$$

$$\eta = a \sin 2\pi \left(\frac{t}{T} - \frac{O}{\lambda} \right);$$

comme ici

$$O - E = \frac{\lambda}{4},$$

on a

$$\xi = \mp a \sin 2\pi \left(\frac{t}{T} - \frac{O}{\lambda} \right),$$

d'où l'on tire

$$\frac{\eta}{\xi} = \mp 1.$$

Le rayon, au sortir de la lame d'un quart d'onde, est donc polarisé rectilignement dans un plan faisant un angle de 45 degrés avec la section principale de la lame.

Si l'on convient de compter les angles positivement de droite à gauche, à partir de la section principale de la lame, on obtient facilement les résultats contenus dans le tableau suivant, où i désigne

l'angle formé par le plan de polarisation du rayon émergent avec
la section principale de la lame d'un quart d'onde :

Lame répulsive..	Polarisation circulaire de droite à gauche.....	$i = + 45°$.
	——————————— de gauche à droite.....	$i = - 45°$.
Lame attractive.	Polarisation circulaire de droite à gauche.....	$i = - 45°$.
	——————————— de gauche à droite.. . ..	$i = + 45°$.

Ces résultats concordent entièrement avec ceux que nous avons
trouvés en nous occupant de la transformation de la polarisation
rectiligne en polarisation circulaire; l'ordre des phénomènes est
seul interverti.

On voit, par ce qui précède, que l'action d'une lame d'un quart
d'onde permet non-seulement de reconnaître la lumière polarisée
circulairement, mais encore de déterminer le sens de la polarisation.

**185. Polarisation elliptique ou dépolarisation par-
tielle.** — Supposons que l'on ait encore

$$O - E = (2n + 1)\frac{\lambda}{4},$$

mais que l'angle i soit quelconque : il viendra alors, pour les composantes du mouvement vibratoire qui sur le rayon émergent sont
respectivement l'une parallèle et l'autre perpendiculaire à la section
principale de la lame.

$$\xi = \pm a \sin i \cos 2\pi \left(\frac{t}{T} - \frac{O}{\lambda} \right),$$

$$\eta = a \cos i \sin 2\pi \left(\frac{t}{T} - \frac{O}{\lambda} \right),$$

d'où l'on tire

$$\frac{\xi^2}{\sin^2 i} + \frac{\eta^2}{\cos^2 i} = a^2.$$

Les vibrations sont donc dans ce cas elliptiques, ce qu'on exprime
en disant que la lumière est *polarisée elliptiquement* : la polarisation
elliptique est ce que Biot appelait la dépolarisation partielle. Dans
l'hypothèse actuelle, c'est-à-dire lorsque l'épaisseur de la lame est
un multiple impair de celle de la lame d'un quart d'onde, les axes

de l'ellipse de vibration sont dirigés l'un parallèlement, l'autre perpendiculairement à la section principale de la lame. On voit, de plus, que les longueurs de ces axes sont respectivement proportionnelles à $\sin i$ et à $\cos i$.

Il y a deux espèces de polarisations elliptiques analogues aux deux espèces de polarisations circulaires, et l'on convient encore de dire que la lumière est polarisée elliptiquement de droite à gauche ou de gauche à droite suivant que, pour un observateur couché sur le rayon, ayant les pieds du côté d'où vient le rayon et regardant la molécule vibrante, le mouvement paraîtrait s'effectuer dans l'un ou l'autre sens. En partant de cette définition on arrive aisément aux résultats réunis dans le tableau suivant, où l'angle i est toujours supposé compté positivement de droite à gauche à partir de la section principale de la lame, et où m désigne un nombre entier quelconque.

i COMPRIS ENTRE O ET π.

$$\text{Lame répulsive.}\begin{cases} O - E = (4m + 1)\dfrac{\lambda}{4}. & \text{Polarisation elliptique de droite à gauche.} \\[2ex] O - E = (4m - 1)\dfrac{\lambda}{4}. & \text{————————— de gauche à droite.} \end{cases}$$

$$\text{Lame attractive.}\begin{cases} O - E = (4m + 1)\dfrac{\lambda}{4}. & \text{————————— de gauche à droite.} \\[2ex] O - E = (4m - 1)\dfrac{\lambda}{4}. & \text{————————— de droite à gauche.} \end{cases}$$

i COMPRIS ENTRE π et 2π.

$$\text{Lame répulsive.}\begin{cases} O - E = (4m + 1)\dfrac{\lambda}{4}. & \text{Polarisation elliptique de gauche à droite.} \\[2ex] O - E = (4m - 1)\dfrac{\lambda}{4}. & \text{————————— de droite à gauche.} \end{cases}$$

$$\text{Lame attractive.}\begin{cases} O - E = (4m + 1)\dfrac{\lambda}{4}. & \text{————————— de droite à gauche.} \\[2ex] O - E = (4m - 1)\dfrac{\lambda}{4}. & \text{————————— de gauche à droite.} \end{cases}$$

Passons maintenant au cas général, c'est-à-dire supposons l'épaisseur de la lame quelconque. Au point d'émergence, les composantes du mouvement vibratoire parallèlement et perpendiculairement à la section principale de la lame sont représentées par les équations (1) qui, étant développées, donnent

$$\xi = a \sin i \sin 2\pi \left(\frac{t}{T} - \frac{O}{\lambda}\right) \cos 2\pi \frac{O-E}{\lambda}$$
$$+ a \sin i \cos 2\pi \left(\frac{t}{T} - \frac{O}{\lambda}\right) \sin 2\pi \frac{O-E}{\lambda},$$
$$\eta = a \cos i \sin 2\pi \left(\frac{t}{T} - \frac{O}{\lambda}\right).$$

Si l'on tire de ces équations les valeurs de $\sin 2\pi \left(\frac{t}{T} - \frac{O}{\lambda}\right)$ et de $\cos 2\pi \left(\frac{t}{T} - \frac{O}{\lambda}\right)$ et qu'on ajoute ces valeurs après les avoir élevées au carré de façon à éliminer t, il vient

$$\frac{\eta^2}{a^2 \cos^2 i} + \frac{\left(\xi \cos i - \eta \sin i \cos 2\pi \frac{O-E}{\lambda}\right)^2}{a^2 \cos^2 i \sin^2 i \sin^2 2\pi \frac{O-E}{\lambda}} = 1,$$

d'où

$$(3) \quad \begin{cases} \xi^2 \cos^2 i + \eta^2 \sin^2 i - 2\,\xi\eta \sin i \cos i \cos 2\pi \frac{O-E}{\lambda} \\ \qquad = a^2 \sin^2 i \cos^2 i \sin^2 2\pi \frac{O-E}{\lambda}, \end{cases}$$

équation d'une ellipse rapportée à son centre.

La forme la plus générale que puisse affecter la trajectoire d'une molécule vibrante sur un rayon résultant de la superposition de deux rayons polarisés à angle droit est donc une ellipse dont les axes sont dirigés d'une manière quelconque. L'équation (3) montre que c'est seulement dans le cas où l'on a $O - E = (2n+1)\frac{\lambda}{4}$ que les axes de l'ellipse sont l'un parallèle, l'autre perpendiculaire à la section principale de la lame.

On peut, à l'aide des équations (1), déterminer le sens dans lequel l'ellipse de vibration est parcourue, et l'on arrive ainsi aux résultats résumés dans le tableau suivant, où m désigne un nombre entier quelconque.

$$i \text{ COMPRIS ENTRE } 0 \text{ ET } \pi.$$

$$
\text{Lame répulsive.}
\begin{cases}
O - E \text{ compris entre} \dots\dots 2m\frac{\lambda}{2} \text{ et } (2m+1)\frac{\lambda}{2}. & \begin{cases} \text{Polarisation elliptique} \\ \text{de droite à gauche.} \end{cases} \\[2ex]
O - E \text{———} (2m+1)\frac{\lambda}{2} \text{ et } (2m+2)\frac{\lambda}{2}. & \begin{cases} \text{Polarisation elliptique} \\ \text{de gauche à droite.} \end{cases}
\end{cases}
$$

$$
\text{Lame attractive.}
\begin{cases}
O - E \text{———} \dots\dots 2m\frac{\lambda}{2} \text{ et } (2m+1)\frac{\lambda}{2}. & \begin{cases} \text{Polarisation elliptique} \\ \text{de gauche à droite.} \end{cases} \\[2ex]
O - E \text{———} (2m+1)\frac{\lambda}{2} \text{ et } (2m+2)\frac{\lambda}{2}. & \begin{cases} \text{Polarisation elliptique} \\ \text{de droite à gauche.} \end{cases}
\end{cases}
$$

$$i \text{ COMPRIS ENTRE } \pi \text{ ET } 2\pi.$$

$$
\text{Lame répulsive.}
\begin{cases}
O - E \text{ compris entre} \dots\dots 2m\frac{\lambda}{2} \text{ et } (2m+1)\frac{\lambda}{2}. & \begin{cases} \text{Polarisation elliptique} \\ \text{de gauche à droite.} \end{cases} \\[2ex]
O - E \text{———} (2m+1)\frac{\lambda}{2} \text{ et } (2m+2)\frac{\lambda}{2}. & \begin{cases} \text{Polarisation elliptique} \\ \text{de droite à gauche.} \end{cases}
\end{cases}
$$

$$
\text{Lame attractive.}
\begin{cases}
O - E \text{———} \dots\dots 2m\frac{\lambda}{2} \text{ et } (2m+1)\frac{\lambda}{2}. & \begin{cases} \text{Polarisation elliptique} \\ \text{de droite à gauche.} \end{cases} \\[2ex]
O - E \text{———} (2m+1)\frac{\lambda}{2} \text{ et } (2m+2)\frac{\lambda}{2}. & \begin{cases} \text{Polarisation elliptique} \\ \text{de gauche à droite.} \end{cases}
\end{cases}
$$

186. Propriétés de la lumière polarisée elliptiquement. — Les propriétés caractéristiques de la lumière polarisée elliptiquement sont au nombre de deux :

1° Dans un analyseur biréfringent, la lumière polarisée elliptiquement donne deux images dont les intensités sont en général inégales, mais dont aucune ne disparaît complétement, quelle que soit l'orientation de la section principale de l'analyseur.

2° La lumière polarisée elliptiquement, en traversant une lame d'un quart d'onde dont la section principale est parallèle à l'un des axes de l'ellipse de vibration, se transforme en lumière polarisée rectilignement.

La première de ces propriétés pourrait faire confondre la lumière polarisée elliptiquement avec la lumière partiellement polarisée; mais la seconde propriété fournit un moyen de distinguer ces deux espèces de lumière, car la lumière partiellement polarisée, en traversant une lame biréfringente d'une épaisseur quelconque, ne donne jamais que de la lumière partiellement polarisée.

Pour rendre compte des propriétés que présente un rayon polarisé elliptiquement, il suffit de remarquer que, sur un rayon de cette

nature, les composantes du mouvement vibratoire qui sont respectivement parallèles aux deux axes de l'ellipse de vibration peuvent
toujours être représentées par des équations de la forme

$$(4) \quad \begin{cases} \xi = \pm a \cos 2\pi \dfrac{t}{T}, \\[2mm] \eta = b \sin 2\pi \dfrac{t}{T}, \end{cases}$$

où les quantités a et b sont égales aux longueurs des demi-axes de
l'ellipse de vibration, et où l'on doit prendre dans la valeur de ξ le
signe $+$ ou le signe $-$ suivant que la lumière est polarisée de droite
à gauche ou de gauche à droite.

Ces équations montrent qu'un rayon polarisé elliptiquement peut
toujours être considéré comme résultant de la superposition de deux
rayons polarisés rectilignement à angle droit, d'intensités inégales,
et présentant l'un par rapport à l'autre une différence de marche
égale à un quart de longueur d'ondulation.

Supposons qu'un rayon polarisé elliptiquement soit reçu sur un
analyseur biréfringent dont la section principale fasse un angle s
avec celui des axes de l'ellipse sur lequel la projection du mouvement
vibratoire est désignée par ξ; le mouvement vibratoire est alors représenté sur le rayon ordinaire par

$$\xi \sin s + \eta \cos s$$

ou

$$a \sin s \cos 2\pi \frac{t}{T} + b \cos s \sin 2\pi \frac{t}{T},$$

et sur le rayon extraordinaire par

$$\xi \cos s - \eta \sin s$$

ou

$$a \cos s \cos 2\pi \frac{t}{T} - b \sin s \sin 2\pi \frac{t}{T}.$$

En appelant ω^2 l'intensité de l'image ordinaire, ε^2 celle de l'image
extraordinaire, il vient

$$\omega^2 = a^2 \sin^2 s + b^2 \cos^2 s,$$
$$\varepsilon^2 = a^2 \cos^2 s + b^2 \sin^2 s.$$

Si l'on a $a < b$, ces expressions peuvent être mises sous la forme

$$\omega^2 = a^2 + (b^2 - a^2)\cos^2 s,$$
$$\varepsilon^2 = a^2 + (b^2 - a^2)\sin^2 s.$$

On voit ainsi que l'intensité de chacune des deux images varie entre un minimum égal à a^2 et un maximum égal à b^2, et ne peut jamais devenir nulle quelle que soit la valeur de s.

L'intensité de l'image ordinaire est maximum quand on a $s = 0$, c'est-à-dire lorsque la section principale de l'analyseur est parallèle au grand axe de l'ellipse de vibration. L'intensité de l'image extraordinaire est au contraire maximum quand on a $s = 90°$, c'est-à-dire quand la section principale de l'analyseur est parallèle au petit axe de l'ellipse. Enfin les deux images ont même intensité quand $s = 45°$, c'est-à-dire quand la section principale de l'analyseur est inclinée à 45 degrés sur chacun des axes de l'ellipse de vibration. Les variations d'intensité des images que fournit dans un analyseur biréfringent un rayon polarisé elliptiquement peuvent donc servir à déterminer les directions des axes de l'ellipse de vibration.

Supposons maintenant qu'on fasse traverser à un rayon de lumière polarisé elliptiquement une lame d'un quart d'onde dont la section principale est parallèle à l'un des axes de l'ellipse de vibration. Pour fixer les idées, admettons que cette lame soit répulsive et sa section principale parallèle au petit axe de l'ellipse, c'est-à-dire à la droite sur laquelle la projection du mouvement vibratoire est représentée par ξ; si de plus le rayon est polarisé de droite à gauche, les équations du mouvement vibratoire au moment où le rayon pénètre dans la lame sont

$$\xi = a \cos 2\pi \frac{t}{T},$$
$$\eta = b \sin 2\pi \frac{t}{T}.$$

En désignant par O l'épaisseur de la lame d'air qui serait traversée par la lumière pendant un temps égal à celui qu'emploie le rayon ordinaire pour traverser la lame d'un quart d'onde, ces équations deviennent au point d'émergence

$$\xi = -a \sin 2\pi \left(\frac{t}{T} - \frac{O}{\lambda} \right),$$

$$\eta = b \sin 2\pi \left(\frac{t}{T} - \frac{O}{\lambda} \right).$$

d'où

$$\frac{\eta}{\xi} = -\frac{b}{a}.$$

La lumière émergente est donc polarisée rectilignement, et son plan de polarisation fait avec la section principale de la lame un angle dont la tangente est égale à $+\frac{a}{b}$. Si la section principale de la lame est parallèle au grand axe de l'ellipse de vibration, la lumière émergente est encore polarisée rectilignement, et son plan de polarisation fait dans ce cas avec la section principale de la lame un angle dont la tangente est égale à $+\frac{b}{a}$.

La valeur absolue de la tangente de l'angle formé par le plan de polarisation de la lumière émergente avec la section principale de la lame est toujours égale à $\frac{a}{b}$ lorsque la section principale de la lame est parallèle au petit axe de l'ellipse de vibration, et à $\frac{b}{a}$ quand cette section principale est parallèle au grand axe de l'ellipse; mais le signe de cette tangente dépend du sens dans lequel la lumière est polarisée elliptiquement, et aussi de la nature de la lame, comme le montre le tableau suivant, où les angles sont supposés comptés de droite à gauche pour l'observateur qui reçoit le rayon, et à partir de la section principale de la lame.

LAME RÉPULSIVE OU NÉGATIVE.		TANGENTE DE L'ANGLE DU PLAN DE POLARISATION AVEC LA SECTION PRINCIPALE DE LA LAME D'UN QUART D'ONDE.
Section principale de la lame parallèle au petit axe de l'ellipse......	Polarisation elliptique de droite à gauche	$+\dfrac{a}{b}$
	de gauche à droite	$-\dfrac{a}{b}$
Section principale de la lame parallèle au grand axe de l'ellipse......	Polarisation elliptique de droite à gauche	$+\dfrac{b}{a}$
	de gauche à droite	$-\dfrac{b}{a}$

LAME ATTRACTIVE OU POSITIVE.		TANGENTE DE L'ANGLE DU PLAN DE POLARISATION AVEC LA SECTION PRINCIPALE DE LA LAME D'UN QUART D'ONDE.
Section principale de la lame parallèle au petit axe de l'ellipse......	Polarisation elliptique de droite à gauche	$-\dfrac{a}{b}$
	———————————— de gauche à droite	$+\dfrac{a}{b}$
Section principale de la lame parallèle au grand axe de l'ellipse......	Polarisation elliptique de droite à gauche	$-\dfrac{b}{a}$
	———————————— de gauche à droite	$+\dfrac{b}{a}$

L'action d'une lame d'un quart d'onde sur la lumière polarisée elliptiquement peut donc servir à calculer le rapport des axes de l'ellipse de vibration et à déterminer le sens dans lequel cette ellipse est parcourue.

187. Complément à la description des expériences de MM. Fizeau et Foucault. — Nous pouvons maintenant compléter la description des expériences exécutées par MM. Fizeau et Foucault pour démontrer que les lames épaisses et les lames minces agissent identiquement de la même manière sur la lumière polarisée. Supposons que dans ces expériences la section principale du Nicol qui sert d'analyseur soit parallèle au plan primitif de polarisation, et que la section principale de la lame cristallisée fasse avec ce plan un angle de 45 degrés. Les bandes noires qui apparaissent dans le spectre de l'image extraordinaire correspondent alors aux rayons polarisés dans le plan primitif, c'est-à-dire pour lesquels la différence de marche $O - E$ est égale à un nombre pair de demi-longueurs d'ondulation ; les maxima d'intensité qui se trouvent entre ces bandes proviennent des rayons qui sont polarisés perpendiculairement au plan primitif, c'est-à-dire pour lesquels la différence de marche $O - E$ est égale à un nombre impair de demi-longueurs d'ondulation. Enfin les points intermédiaires entre les maxima et les bandes noires correspondent à des rayons pour lesquels la différence de marche $O - E$ est égale à un nombre impair de quarts de longueur d'ondulation et qui doivent par conséquent être polarisés circulairement. Comme le rapport $\dfrac{O - E}{\lambda}$ va en croissant du rouge au violet, on doit, en partant d'une bande noire et en s'avançant vers l'extrémité la plus réfrangible du spectre, trouver en premier lieu, et avant le maximum le plus voisin, un rayon polarisé circulairement de droite à gauche si la lame cristallisée est répulsive, de gauche à droite si cette lame est attractive, puis, entre le maximum et la bande noire suivante, un rayon polarisé circulairement en sens contraire. Chaque bande noire doit donc être placée entre deux rayons polarisés circulairement en sens contraire, et celui de ces deux rayons qui se trouve entre la bande noire et l'extrémité la plus réfrangible du spectre doit être polarisé de droite à gauche si la lame est répulsive, de gauche à droite si elle est attractive.

Pour s'assurer de l'existence de ces rayons polarisés circulairement, il suffit de placer sur le trajet des rayons au sortir de la lame cristallisée une lame d'un quart d'onde dont la section principale fasse un angle de 45 degrés avec celle de l'analyseur : les rayons qui étaient polarisés circulairement sont alors transformés en rayons polarisés rectilignement, et réciproquement, et l'on voit dans le spectre les bandes noires se déplacer d'une quantité égale au quart de la distance qui sépare deux bandes consécutives, et dans un sens qu'il est toujours facile d'assigner à l'avance.

MM. Fizeau et Foucault ont constaté également que les rayons dont les teintes sont intermédiaires entre celles des rayons polarisés rectilignement et celles des rayons polarisés circulairement possèdent la polarisation elliptique.

III.

CONSTITUTION DE LA LUMIÈRE NATURELLE ET DE LA LUMIÈRE PARTIELLEMENT POLARISÉE [1].

188. Explication des propriétés de la lumière naturelle ou partiellement polarisée au moyen de la succession rapide ou de la simultanéité de vibrations différentes. — La forme la plus générale que puisse affecter la vibration d'une molécule d'éther est, comme nous l'avons vu précédemment (45), l'ellipse; cependant, ni la lumière polarisée elliptiquement, ni la lumière polarisée circulairement ou rectilignement, ne reproduisent les propriétés de la lumière naturelle ou de la lumière partiellement polarisée : il y a donc lieu de rechercher quelle est la constitution de ces deux dernières espèces de lumière.

La manière la plus simple de rendre compte des phénomènes que présente un rayon naturel ou un rayon partiellement polarisé consiste à admettre, comme Fresnel l'a proposé pour la première fois, qu'en un point donné d'un tel rayon la forme et l'orientation de l'ellipse décrite par la molécule vibrante et la phase de la vibration subissent des variations très-fréquemment répétées, l'intensité et la période des vibrations demeurant seules constantes. On conçoit alors que, si le rayon est reçu sur un analyseur biréfringent, l'intensité de chaque image est variable d'un instant à l'autre, mais paraît, à cause de la rapidité avec laquelle s'accomplissent ces variations, conserver une valeur uniforme qui, suivant la manière dont s'effectuent les changements que subissent les vibrations, peut être dépendante ou indépendante de l'orientation de l'analyseur, mais qui dans aucun cas ne peut se réduire à zéro. De plus, un rayon ainsi constitué doit évidemment conserver ces propriétés en traversant une lame cristallisée assez mince pour ne pas séparer les deux rayons issus de

---

[1] Pour plus de développements, voyez, dans le tome Ier des *OEuvres de Verdet*, le Mémoire intitulé : Étude sur la constitution de la lumière non polarisée et de la lumière partiellement polarisée. On peut consulter aussi le mémoire de Stokes : On the Composition and Resolution of Polarized Light from different Sources (*Cambr. Trans.*, IX, 399).

la double réfraction. Le rayon sera d'ailleurs naturel ou partiellement polarisé suivant que les différentes polarisations qui se succèdent rapidement en un point de ce rayon se compenseront exactement ou bien d'une manière incomplète.

Nous avons déjà eu occasion, lorsqu'il s'est agi d'expliquer la
non-interférence des rayons émanés de deux sources physiquement
distinctes (28), de parler de ces changements rapides qui survien-
nent dans l'état vibratoire d'une source lumineuse et d'en indiquer
les causes.

Un point important, c'est que les propriétés de la lumière naturelle, de même que l'impossibilité de faire interférer des rayons provenant de deux sources distinctes, s'expliquent tout aussi bien par
la coexistence de vibrations diverses dans un espace très-resserré que
par leur succession dans un temps très-court. Soit, par exemple,
un gaz incandescent qui, comme on sait, émet toujours et dans
toutes les directions de la lumière polarisée : à un instant donné,
une des molécules du gaz émet des vibrations polarisées d'une manière déterminée, mais une molécule voisine émet des vibrations
polarisées d'une autre manière, et, à chaque instant, il y a compensation exacte entre les polarisations diverses sur une très-petite
étendue de la flamme; en sorte que, si l'on regarde cette flamme
avec un analyseur biréfringent, l'intensité lumineuse est réellement
variable d'un point à l'autre dans chaque image à l'instant considéré, mais que ces variations, insensibles à cause de leur grand
nombre, donnent l'apparence d'une intensité uniforme indépendante de l'orientation de l'analyseur. La durée de l'incandescence
pourrait donc se réduire indéfiniment sans que la lumière émise
offrît des traces sensibles de polarisation. Cette considération est
peut-être nécessaire pour expliquer dans certains cas l'absence de
polarisation de la lumière électrique. En effet, il n'y a rien d'impossible à ce que la durée de certaines étincelles descende à un dix-
millionième de seconde; les expériences de MM. Fizeau et Foucault
permettent d'ailleurs de supposer que le mouvement vibratoire d'un
de leurs points ne subisse pas de perturbations pendant la durée
d'un million de vibrations. Dans ces conditions, le nombre des alternatives de vibrations que pourrait offrir la lumière serait au plus

de 6o pour une longueur d'onde égale à $0^{mm},0005$, puisque pour
cette longueur d'onde le nombre des vibrations est d'environ 6oo tril-
lions par seconde. Il serait bien difficile qu'un aussi petit nombre
d'alternatives suffît à compenser les unes par les autres les diverses
polarisations, et il semblerait, si on n'avait égard aux considérations que nous venons d'indiquer, que la lumière de l'étincelle dût
offrir des traces de polarisation.

Ainsi on doit prendre également en considération la succession
et la coexistence des vibrations diversement polarisées, pour rendre
compte des propriétés de la lumière naturelle ou partiellement
polarisée, mais il n'est pas nécessaire de traiter à part des effets de
ces deux causes, car tout ce qu'on peut dire de l'une peut se répéter
de l'autre. Nous nous bornerons donc, conformément à l'usage ·
général, à considérer les effets d'une succession rapide de rayons
diversement polarisés, et nous sous-entendrons toujours l'effet identique de leur juxtaposition dans un espace très-resserré.

**189. Conditions auxquelles doit satisfaire un système
de vibrations pour constituer de la lumière naturelle. —**
La lumière naturelle est caractérisée par deux propriétés essen-
tielles :

1° Lorsqu'un rayon de lumière naturelle rencontre sous l'incidence normale un cristal biréfringent, il se divise en deux rayons
dont les intensités sont indépendantes de l'orientation du cristal [1].

2° Un rayon de lumière naturelle conserve cette première propriété après son passage à travers une lame cristalline à faces parallèles, trop peu épaisse pour séparer l'un de l'autre les deux rayons
issus de la double réfraction, et assez faiblement biréfringente pour
ne pas établir de différence sensible entre leurs intensités.

Le système des vibrations diverses et diversement orientées dont
la succession rapide constitue la lumière naturelle doit donc satisfaire à deux conditions : il faut d'abord que, si l'on projette à chaque

---

[1] On dit le plus souvent que ces deux rayons sont égaux en intensité, mais cela n'est
pas théoriquement vrai, et, même dans les corps fortement biréfringents, la différence
peut être rendue sensible à l'expérience. Voyez à ce sujet les recherches photométriques
de M. Wilde, *Ann. de chim. et de phys.*, (3), LXIX, 238.

instant la molécule vibrante sur un plan mené par la direction du rayon, la composante du mouvement vibratoire ainsi obtenue, considérée pendant un temps très-court mais suffisant pour contenir un nombre très-grand d'alternatives de vibrations, ait la même intensité moyenne, quelle que soit l'orientation du plan considéré; en outre, il est nécessaire que la même propriété subsiste après qu'on a soumis le rayon naturel à une action qui n'altère pas le rapport des intensités des composantes du mouvement estimées suivant deux directions rectangulaires, et qui ajoute une quantité constante à la différence de leurs phases. Nous allons nous proposer de trouver l'expression analytique de ces conditions et faire voir qu'il est possible d'y satisfaire.

Soient, dans un plan perpendiculaire à la direction d'un rayon lumineux non polarisé, deux axes rectangulaires quelconques. L'une quelconque des vibrations qui se succèdent en un point du rayon à de très-courts intervalles pourra être représentée par deux équations de la forme

$$x = a \sin 2\pi \left(\frac{t}{T} + \alpha \right),$$

$$y = b \sin 2\pi \left(\frac{t}{T} + \beta \right),$$

ou, en faisant $2\pi \left(\frac{t}{T} + \alpha \right) = \varphi$, $2\pi (\beta - \alpha) = \delta$,

$$x = a \sin \varphi, \qquad y = b \sin (\varphi + \delta).$$

On n'ôtera rien à la généralité de ces équations, et on rendra la discussion plus facile, en supposant que a et b sont toujours positifs, pourvu qu'on regarde δ comme susceptible de recevoir toutes les valeurs comprises entre zéro et 2π; les valeurs comprises entre zéro et π répondront dans cette hypothèse à des vibrations polarisées elliptiquement de gauche à droite, et les valeurs comprises entre π et 2π à des vibrations polarisées elliptiquement de droite à gauche.

Suivant deux autres axes rectangulaires menés dans le même plan, la même vibration elliptique aura pour composantes

$$x' = x \cos \omega + y \sin \omega,$$

$$y' = - x \sin \omega + y \cos \omega,$$

en désignant par ω l'angle de l'axe des x' avec l'axe des x : en développant les valeurs de x et de y, il vient

$$x' = (a \cos\omega + b \cos\delta \sin\omega) \sin\varphi + b \sin\delta \sin\omega \cos\varphi,$$

$$y' = (-a \sin\omega + b \cos\delta \cos\omega) \sin\varphi + b \sin\delta \cos\omega \cos\varphi.$$

Si l'on reçoit le rayon normalement sur un cristal biréfringent orienté de façon que les plans de vibration des deux rayons auxquels il donne naissance soient parallèles aux axes des x' et des y', dont la direction est tout à fait arbitraire, les intensités de ces deux rayons seront proportionnelles aux intensités des composantes représentées par les deux dernières équations, et par conséquent égales à

$$m^2 \left(a^2 \cos^2\omega + b^2 \sin^2\omega + 2ab \cos\delta \sin\omega \cos\omega \right)$$

et à

$$n^2 \left(a^2 \sin^2\omega + b^2 \cos^2\omega - 2ab \cos\delta \sin\omega \cos\omega \right),$$

m et n étant deux coefficients très-voisins de l'égalité, mais non exactement égaux. Ces expressions dépendent de l'angle ω, mais elles varient d'un instant à l'autre avec les paramètres a, b, δ, et, pour que le rayon jouisse de la première propriété de la lumière naturelle, il faut et il suffit que les valeurs moyennes, prises pendant un temps très-court, mais assez long pour contenir un nombre très-grand d'alternatives, soient indépendantes de ω. Donc, en désignant généralement par $M(z)$ la valeur moyenne ainsi définie d'une quantité quelconque z, il faut et il suffit que les expressions

$$M(a^2) \cos^2\omega + M(b^2) \sin^2\omega + 2M(ab \cos\delta) \sin\omega \cos\omega$$

et

$$M(a^2) \sin^2\omega + M(b^2) \cos^2\omega - 2M(ab \cos\delta) \sin\omega \cos\omega$$

gardent les mêmes valeurs quel que soit ω, et par suite que l'on ait

$$M(a^2) = M(b^2), \qquad M(ab \cos\delta) = 0.$$

La même propriété devant subsister encore après le passage du rayon à travers une lame cristalline, et en particulier lorsque la section principale de cette lame est parallèle à l'axe des x, il faut et il suffit qu'en appelant ε la différence de phase qui s'ajoute dans ce cas à la différence δ, c'est-à-dire la quantité que nous avons désignée précédemment par $2\pi\dfrac{O-E}{\lambda}$, on ait, quel que soit ε,

$$M\left[ab\cos(\delta+\varepsilon)\right]=0,$$

d'où

$$M(ab\cos\delta)=0, \qquad M(ab\sin\delta)=0.$$

Ainsi les trois conditions suivantes caractérisent toute succession rapide de vibrations jouissant des propriétés par lesquelles on définit la lumière naturelle :

$$(1)\qquad \begin{cases} M(a^2)=M(b^2), \\ M(ab\cos\delta)=0, \\ M(ab\sin\delta)=0. \end{cases}$$

Il n'est pas difficile de prouver que, si ces conditions sont satisfaites relativement à deux axes rectangulaires OX et OY, elles le seront aussi par rapport à deux autres axes rectangulaires OX' et OY'. Si, en effet, on représente le mouvement vibratoire décomposé suivant ces nouveaux axes par les équations

$$x'=a'\sin\varphi', \qquad y'=b'\sin(\varphi'+\delta'),$$

on doit avoir, d'après ce qui précède,

$$a'\sin\varphi' = (a\cos\omega + b\cos\delta\sin\omega)\sin\varphi + b\sin\delta\sin\omega\cos\varphi,$$
$$b'\sin(\varphi'+\delta') = (-a\sin\omega + b\cos\delta\cos\omega)\sin\varphi + b\sin\delta\cos\omega\cos\varphi,$$

et par suite, en vertu des règles du calcul des interférences,

$$a'^2 = a^2\cos^2\omega + b^2\sin^2\omega + 2ab\cos\delta\sin\omega\cos\omega,$$
$$b'^2 = a^2\sin^2\omega + b^2\cos^2\omega - 2ab\cos\delta\sin\omega\cos\omega,$$
$$\tan(\varphi'-\varphi) = \frac{b\sin\delta\sin\omega}{a\cos\omega + b\cos\delta\sin\omega},$$
$$\tan(\varphi'+\delta'-\varphi) = \frac{b\sin\delta\cos\omega}{-a\sin\omega + b\cos\delta\cos\omega}.$$

6.

On déduit de là par un calcul facile

$$a'b' \cos \delta' = ab \cos \delta \, (\cos^2 \omega - \sin^2 \omega) - (a^2 - b^2) \sin \omega \cos \omega,$$
$$a'b' \sin \delta' = ab \sin \delta,$$

et il est évident, à l'inspection de ces formules, que, si les conditions (1) sont satisfaites, on a, quel que soit ω, c'est-à-dire quelles que soient les directions des nouveaux axes,

$$M(a'^2) = M(b'^2),$$
$$M(a'b' \cos \delta') = 0,$$
$$M(a'b' \sin \delta') = 0.$$

190. Constitution des systèmes de vibrations les plus simples qui puissent former de la lumière naturelle. — Les conditions que nous venons de trouver peuvent être satisfaites d'une infinité de manières qu'il est inutile de spécifier, mais il est intéressant de rechercher quelle est la combinaison de vibrations la plus simple qui y satisfasse. Une vibration à polarisation constante ayant des propriétés parfaitement distinctes de celles de la lumière naturelle, il faut au moins deux espèces de vibrations diverses alternant l'une avec l'autre. Soient a_1, b_1, δ_1 et a_2, b_2, δ_2 les paramètres caractéristiques des deux vibrations, τ la durée pour laquelle on prend la moyenne des expressions a^2, b^2, $ab \cos \delta$ et $ab \sin \delta$, m_1 et m_2 les fractions de cette durée qui appartiennent aux deux modes de vibrations; on aura

$$M(a^2) = m_1 a_1^2 + m_2 a_2^2,$$
$$M(b^2) = m_1 b_1^2 + m_2 b_2^2,$$
$$M(ab \cos \delta) = m_1 a_1 b_1 \cos \delta_1 + m_2 a_2 b_2 \cos \delta_2,$$
$$M(ab \sin \delta) = m_1 a_1 b_1 \sin \delta_1 + m_2 a_2 b_2 \sin \delta_2;$$

et par suite, si la succession alternante de ces rayons possède les propriétés de la lumière naturelle,

$$(2) \quad \left\{ \begin{aligned} &m_1 a_1^2 + m_2 a_2^2 = m_1 b_1^2 + m_2 b_2^2, \\ &m_1 a_1 b_1 \cos \delta_1 + m_2 a_2 b_2 \cos \delta_2 = 0, \\ &m_1 a_1 b_1 \sin \delta_1 + m_2 a_2 b_2 \sin \delta_2 = 0. \end{aligned} \right.$$

On déduit immédiatement de ces deux dernières équations

$$\operatorname{tang} \delta_1 = \operatorname{tang} \delta_2.$$

c'est-à-dire

$$\delta_1 = \delta_2 \qquad \text{ou} \qquad \delta_1 = \pi + \delta_2.$$

La première hypothèse conduit immédiatement à

$$m_1 a_1 b_1 + m_2 a_2 b_2 = 0,$$

et, comme les quantités m_1, m_2, a_1, a_2, b_1, b_2 sont positives, d'après ce que nous avons supposé plus haut, cette relation ne peut être satisfaite qu'autant que l'on a

$$b_1 = 0, \qquad a_2 = 0$$

ou

$$b_2 = 0, \qquad a_1 = 0.$$

ce qui montre que les deux rayons doivent être polarisés à angle droit l'un sur l'autre. et que leurs intensités doivent être en raison inverse de leurs durées. La seconde hypothèse indique que les deux vibrations doivent être polarisées elliptiquement en sens contraires et donne de plus la condition

$$m_1 a_1 b_1 = m_2 a_2 b_2:$$

en la combinant avec la première des équations (2), on trouve facilement

$$m_1 m_2 a_1^2 a_2^2 + m_2^2 a_2^4 = m_1 m_2 a_2^2 b_1^2 + m_1^2 a_1^2 b_1^2,$$
$$(m_1 a_1^2 + m_2 a_2^2)(m_2 a_2^2 - m_1 b_1^2) = 0,$$

d'où

$$m_1 b_1^2 = m_2 a_2^2,$$

et par suite

$$m_1 a_1^2 = m_2 b_2^2.$$

Les équations des deux rayons dont l'alternance peut constituer de la lumière naturelle sont donc

$$x_1 = a_1 \sin \varphi, \qquad\qquad x_2 = b_1 \sqrt{\frac{m_1}{m_2}} \sin \varphi,$$
$$y_1 = b_1 \sin(\varphi + \delta_1), \qquad\qquad y_2 = - a_1 \sqrt{\frac{m_1}{m_2}} \sin(\varphi + \delta_1).$$

Il est évident que les deux vibrations ainsi définies sont polarisées elliptiquement en sens contraires, qu'elles s'exécutent suivant des ellipses semblables, mais tellement orientées que le grand axe de l'une coïncide avec le petit axe de l'autre, et que leurs intensités sont en raison inverse de leurs durées relatives. Cette solution comprend comme cas particulier la précédente, car deux vibrations rectilignes perpendiculaires l'une à l'autre peuvent être regardées comme deux ellipses semblables placées de manière que le grand axe de l'une coïncide avec le petit axe de l'autre : en outre, comme dans des vibrations rectilignes il n'y a rien d'analogue aux deux sens de la polarisation elliptique, on peut toujours les assimiler à deux vibrations elliptiques de polarisations opposées.

En ayant égard à cette remarque on peut énoncer comme il suit le résultat des calculs précédents :

La lumière naturelle peut résulter de l'alternance de deux espèces de vibrations elliptiques seulement, pourvu :

1° Que les intensités de ces vibrations soient en raison inverse de leurs durées;

2° Que l'une des vibrations puisse être considérée comme dérivée de l'autre par une rotation de 90 degrés et par une réduction des axes dans un rapport déterminé;

3° Que les deux polarisations elliptiques soient d'espèces contraires.

M. Stokes a proposé d'appeler *rayons contrairement polarisés* deux rayons polarisés elliptiquement qui satisfont aux deux dernières conditions. En adoptant cette définition on peut dire que le moyen le plus simple d'obtenir de la lumière naturelle consiste à faire alterner l'un avec l'autre deux rayons contrairement polarisés, les durées de leurs alternatives étant inversement proportionnelles à leurs intensités. Un nombre quelconque de couples de rayons contrairement polarisés satisfaisant à ces conditions est encore une solution du problème.

Le théorème qu'on vient de démontrer donne une infinité de manières de constituer de la lumière naturelle; mais il y en a encore une infinité d'autres sur lesquelles nous présenterons quelques remarques générales.

Considérons d'abord un système de $p - 1$ vibrations rectilignes, entièrement arbitraires. Le système satisfera toujours à l'une des conditions caractéristiques de la lumière naturelle, puisque, δ ne pouvant être égal qu'à zéro ou à π, on aura nécessairement

$$\mathrm{M}\,(ab\sin\delta) = 0.$$

Désignons maintenant par A, B, C les valeurs des trois expressions $\mathrm{M}\,(a^2)$, $\mathrm{M}\,(b^2)$, $\mathrm{M}\,(ab\cos\delta)$, c'est-à-dire faisons

$$m_1 a_1^2 + m_2 a_2^2 + \ldots + m_{p-1}\,a_{p-1}^2 = \mathrm{A},$$
$$m_1 b_1^2 + m_2 b_2^2 + \ldots + m_{p-1}\,b_{p-1}^2 = \mathrm{B},$$
$$\pm\, m_1 a_1 b_1 \pm m_2 a_2 b_2 \pm \ldots \pm m_{p-1}\,a_{p-1}\,b_{p-1} = \mathrm{C};$$

pour que le système jouisse des propriétés de la lumière naturelle, il suffira d'ajouter à ce groupe une $p^{ième}$ vibration définie par les paramètres a_p, b_p, m_p et satisfaisant aux conditions

$$m_p a_p^2 + \mathrm{A} = m_p b_p^2 + \mathrm{B},$$
$$\pm\, m_p a_p b_p + \mathrm{C} = 0,$$

ce qui a lieu si $m_p\,a_p^2$, $m_p\,b_p^2$ sont respectivement les racines positives des équations

$$z^2 + (\mathrm{A} - \mathrm{B})\,z - \mathrm{C}^2 = 0,$$
$$z^2 - (\mathrm{A} - \mathrm{B})\,z - \mathrm{C}^2 = 0,$$

et si l'on fait $\delta = 0$ ou $\delta = \pi$ suivant que C est positif ou négatif. Il y a donc une infinité de manières de constituer de la lumière naturelle avec des vibrations rectilignes, sans qu'il soit nécessaire que ces vibrations se répartissent en groupes de rayons contrairement polarisés.

Un calcul tout à fait semblable montrerait qu'il y a aussi une infinité de manières de constituer de la lumière naturelle avec des vibrations elliptiques d'une forme déterminée, et *a fortiori* avec des vibrations elliptiques de formes diverses. Il est toujours nécessaire que dans ces divers systèmes les deux espèces opposées de vibrations elliptiques existent simultanément, car avec des vibrations elliptiques d'une seule espèce on pourra satisfaire aux conditions

$$\mathrm{M}\,(a^2) = \mathrm{M}\,(b^2), \qquad \mathrm{M}\,(ab\cos\delta) = 0,$$

mais non à la condition

$$\mathrm{M}\,(ab\sin\delta) = 0,$$

$ab \sin \delta$ étant toujours positif ou toujours négatif suivant que, δ étant compris entre zéro et π ou entre π et 2π, les vibrations sont polarisées de gauche à droite ou de droite à gauche.

191. Imitation des propriétés de la lumière naturelle à l'aide de la rotation d'un rayon polarisé. — L'impossibilité d'obtenir de la lumière naturelle avec des vibrations elliptiques d'une seule espèce fournit l'explication des résultats obtenus par M. Dove dans ses expériences sur la rotation des rayons polarisés [1]. Si l'on fait tourner rapidement un prisme de Nicol sur lequel arrive de la lumière naturelle. le faisceau émergent a toutes les propriétés de la lumière naturelle; mais si l'on fait tourner avec la même vitesse et dans le même sens que le prisme de Nicol une lame de mica, le faisceau émergent, formé de vibrations elliptiques identiques dirigées dans tous les azimuts, produit les mêmes phénomènes de polarisation chromatique qu'un faisceau polarisé circulairement. Pour obtenir de la lumière naturelle, il aurait fallu laisser le prisme de Nicol immobile et faire tourner la lame de mica, ce qui aurait changé le sens de la polarisation elliptique à chaque demi-révolution.

Au point de vue d'une théorie tout à fait rigoureuse, ces expériences de M. Dove sont plutôt une imitation des propriétés de la lumière naturelle qu'une reproduction exacte de sa constitution. Un rayon polarisé dont le plan de rotation tourne avec une vitesse uniforme doit être, ainsi que l'a fait remarquer M. Airy [2], considéré comme étant réellement la superposition de deux rayons polarisés circulairement en sens contraires, dont les périodes de vibration ne sont pas les mêmes. Soient en effet

$$x = a \cos \omega \sin 2\pi \left(\frac{t}{T} + \alpha \right),$$

$$y = a \sin \omega \sin 2\pi \left(\frac{t}{T} + \alpha \right),$$

les équations d'une vibration rectiligne qui fait avec l'axe des x un angle ω; si l'on suppose que ω varie proportionnellement au temps,

[1] *Pogg. Ann.*, LXXI, 97.
[2] *Undulatory Theory of Light*, art. 185 (3ᵉ édition).

en sorte que $\omega = \mu + vt$, on aura

$$x = a\cos(\mu + vt)\sin 2\pi\left(\frac{t}{T} + \alpha\right),$$

$$y = a\sin(\mu + vt)\sin 2\pi\left(\frac{t}{T} + \alpha\right),$$

et, par une transformation connue,

$$x = \frac{a}{2}\sin\left[\left(\frac{2\pi}{T} + v\right)t + 2\pi\alpha + \mu\right] + \frac{a}{2}\sin\left[\left(\frac{2\pi}{T} - v\right)t + 2\pi\alpha - \mu\right],$$

$$y = -\frac{a}{2}\cos\left[\left(\frac{2\pi}{T} + v\right)t + 2\pi\alpha + \mu\right] + \frac{a}{2}\cos\left[\left(\frac{2\pi}{T} - v\right)t + 2\pi\alpha - \mu\right].$$

Ces deux dernières équations représentent évidemment la combinaison de deux vibrations circulaires de périodes différentes définies par les deux groupes d'équations

$$x_1 = \frac{a}{2}\sin\left[\left(\frac{2\pi}{T} + v\right)t + 2\pi\alpha + \mu\right],$$

$$y_1 = -\frac{a}{2}\cos\left[\left(\frac{2\pi}{T} + v\right)t + 2\pi\alpha + \mu\right],$$

et

$$x_2 = \frac{a}{2}\sin\left[\left(\frac{2\pi}{T} - v\right)t + 2\pi\alpha - \mu\right],$$

$$y_2 = \frac{a}{2}\cos\left[\left(\frac{2\pi}{T} - v\right)t + 2\pi\alpha - \mu\right].$$

Les mêmes remarques s'appliquent aux deux composantes d'une vibration elliptique et, par suite, à la vibration elliptique elle-même.

Mais, dans toute expérience du genre de celle de M. Dove, la décomposition d'un faisceau polarisé tournant en deux faisceaux de périodes diverses, et, par conséquent, différemment réfrangibles et différemment colorés, est absolument inappréciable. Les nombres de vibrations de ces deux faisceaux sont représentés par $\frac{1}{T} + \frac{v}{2\pi}$ et $\frac{1}{T} - \frac{v}{2\pi}$, c'est-à-dire, si l'on suppose que le prisme de Nicol fasse 1000 révolutions par seconde, sont entre eux comme 600 billions plus l'unité et 600 billions moins l'unité, pour une longueur d'onde égale à $0^{mm}.0005$. Il n'y a aucun moyen d'établir entre de pareils rayons une séparation sensible. Une vitesse d'un million de tours par seconde serait encore très-éloignée d'être suffisante.

192. Incompatibilité des changements continus dans les vibrations avec l'homogénéité de la lumière. — Les développements précédents conduisent à une conséquence curieuse, que M. Airy a sommairement indiquée sans la démontrer en détail, c'est que les changements qu'éprouvent dans la lumière naturelle la forme et l'orientation des ellipses de vibration ne peuvent être supposés continus si la lumière est absolument homogène. Tout changement continu d'une vibration elliptique consiste en effet en une série de rotations infiniment petites des axes de l'ellipse, accompagnées d'altérations infiniment petites simultanées du rapport des grandeurs de ces axes, et chacune de ces altérations elles-mêmes peut être censée résulter de la combinaison de mouvements vibratoires de périodes différentes. L'homogénéité absolue de la lumière n'est donc compatible qu'avec des changements tout à fait brusques et discontinus : une homogénéité sensiblement équivalente à l'homogénéité absolue exigerait des changements continus très-lents par rapport aux vibrations de la lumière, mais des changements continus qui s'accomplissent avec une vitesse comparable à celle du mouvement vibratoire résulteraient en réalité de la superposition de rayons différemment réfrangibles en même temps que différemment polarisés.

193. Constitution de la lumière partiellement polarisée. — Lorsque les conditions caractéristiques de la lumière naturelle ne sont pas satisfaites, on a, en prenant pour axes deux droites rectangulaires quelconques dans un plan perpendiculaire au rayon,

$$M(a^2) = A,$$
$$M(b^2) = B,$$
$$M(ab \cos \delta) = C,$$
$$M(ab \sin \delta) = D,$$

les quantités A, B, C, D ayant des valeurs quelconques, et la lumière est dite alors *partiellement polarisée.*

Si l'on désigne par A', B', C', D' les valeurs que prennent respectivement les expressions $M(a^2)$, $M(b^2)$, $M(ab\cos\delta)$, $M(ab\sin\delta)$ lorsqu'on passe du système donné d'axes rectangulaires à un autre système défini par l'angle ω compris entre l'axe des x' et l'axe des x, on aura, en vertu des calculs développés plus haut,

$$A' = A\cos^2\omega + B\sin^2\omega - 2C\sin\omega\cos\omega,$$
$$B' = A\sin^2\omega + B\cos^2\omega - 2C\sin\omega\cos\omega,$$
$$C' = C(\cos^2\omega - \sin^2\omega) - (A-B)\sin\omega\cos\omega,$$
$$D' = D.$$

Si le système des vibrations traverse une lame cristalline biréfringente, on peut toujours supposer la section principale de cette lame parallèle à l'axe des x' dont la direction est arbitraire; le passage à travers la lame n'altère pas les valeurs des coefficients A' et B', mais la différence de phase δ devient égale à $\delta+\varepsilon$, et, si l'on désigne par C″ et D″ les nouvelles valeurs de $M(ab\cos\delta)$ et de $M(ab\sin\delta)$, on a

$$C'' = C'\cos\varepsilon - D\sin\varepsilon,$$
$$D'' = C'\sin\varepsilon + D\cos\varepsilon.$$

Les changements que peut subir un système de vibrations par suite d'une réflexion ou d'une réfraction simple ou double se traduisent toujours, soit par une variation dans le rapport des grandeurs des deux composantes du mouvement vibratoire parallèles à deux axes rectangulaires, soit par une altération de la différence de phase de ces deux composantes. On voit donc que, si les valeurs des coefficients A, B, C, D sont connues pour un système de vibrations, toutes les modifications que pourra éprouver ce système par réflexion, réfraction, double réfraction sont entièrement déterminées, et deux systèmes pour lesquels ces coefficients ont les mêmes valeurs jouissent de propriétés tellement identiques qu'aucun des phénomènes que nous venons d'énumérer ne permettra de les distinguer.

Les valeurs des coefficients A, B, C, D étant données par rapport à deux axes quelconques, on peut toujours trouver deux valeurs de ω, différant entre elles de 90 degrés, telles que $C' = 0$: il suffit pour cela de résoudre l'équation

$$\tan^2\omega + \frac{A-B}{C}\,\tan\omega - 1 = 0.$$

Donc, quelle que soit la constitution d'un système de vibrations, on pourra toujours trouver deux axes rectangulaires tels, que, par rapport à ces axes, la quantité $M(ab\cos\delta)$ soit nulle : c'est évidemment pour ces axes que les coefficients $M(a^2)$ et $M(b^2)$ ont leurs valeurs maximum et minimum. Si l'on désigne par Ox_1 et par Oy_1 les axes pour lesquels C est nul, par A_1 et B_1 les valeurs que prennent respectivement $M(a^2)$ et $M(b^2)$ lorsqu'on rapporte le mouvement vibratoire à ces axes, enfin par ω_1 l'angle formé par l'axe Ox_1 avec l'axe Ox, il vient

$$A_1 = A\cos^2\omega_1 + B\sin^2\omega_1,$$
$$B_1 = A\sin^2\omega_1 + B\cos^2\omega_1.$$

Supposons que les quantités A_1 et B_1 soient inégales; on appelle alors plan de *polarisation partielle* le plan qui passe par le rayon et par l'axe Ox_1 ou par l'axe Oy_1, suivant que l'on a $A_1 < B_1$ ou $A_1 > B_1$.

Si les quantités A_1 et B_1 sont égales, il en résulte que A est égal à B, quelle que soit la direction des axes, et, par suite, que le coefficient C est toujours nul. Il est donc impossible que l'on ait par rapport à deux axes quelconques

$$M(a^2) = M(b^2)$$

sans avoir en même temps

$$M(ab\cos\delta) = 0.$$

Cherchons maintenant ce qui se produit lorsque, A_1 et B_1 ayant des valeurs différentes, la lumière partiellement polarisée tombe sur un analyseur biréfringent dont la section principale fait avec le plan de polarisation partielle un angle égal à θ. On aura dans ce cas pour l'intensité de l'image ordinaire

$$A_1\sin^2\theta + B_1\cos^2\theta,$$

et pour celle de l'image extraordinaire

$$A_1 \cos^2\theta + B_1 \sin^2\theta.$$

Les intensités de ces deux images dépendent de l'orientation de l'analyseur : l'intensité de l'image ordinaire est minimum quand $\theta = 90°$. c'est-à-dire quand la section principale de l'analyseur est perpendiculaire au plan de polarisation partielle, et ce minimum est égal à B_1; l'intensité de l'image extraordinaire est minimum quand $\theta = 0$, c'est-à-dire quand la section principale de l'analyseur est parallèle au plan de polarisation partielle, et ce minimum est égal à A_1. Aucune de ces intensités minima ne peut être nulle, à moins que l'on n'ait $A_1 = 0$ ou $B_1 = 0$, c'est-à-dire à moins que toutes les vibrations du système ne soient rectilignes et contenues dans un même plan.

Si l'on a $A = B$ et par suite $A_1 = B_1$, les intensités des deux images dans l'analyseur sont indépendantes de l'orientation ; C est alors nul, quelle que soit la direction des axes. Cependant si, en même temps que l'on a $A = B$, D n'est pas nul, le système de vibrations ne constitue pas de la lumière naturelle. Si, en effet, on fait traverser à ces vibrations une lame cristalline, δ devient égal à $\delta + \varepsilon$; C cesse en général d'être nul, et par suite l'égalité entre les quantités A_1 et B_1 ne subsiste pas, de sorte qu'après son passage à travers une lame cristalline cette lumière donne, sauf pour certaines valeurs particulières de l'épaisseur de la lame, deux images d'intensités variables dans un analyseur biréfringent. Si, au contraire, la lumière est naturelle, D est toujours nul, et par suite, après le passage de la lumière à travers une lame cristallisée d'une épaisseur quelconque, C reste nul et l'égalité entre les quantités A_1 et B_1 subsiste toujours, d'où il résulte que la lumière naturelle conserve après son passage à travers la lame la propriété de donner dans l'analyseur deux images d'intensités constantes. Comme nous le verrons plus loin, lorsque $A = B$ sans que D soit nul, la lumière peut être considérée comme résultant de l'addition d'une certaine quantité de lumière polarisée circulairement à de la lumière naturelle.

194. Classification des différentes espèces de lumière partiellement polarisée. — Une seule question nous reste encore à examiner, celle de savoir si les divers systèmes de vibrations caractérisés par des valeurs diverses des coefficients A, B, C, D peuvent se répartir en un petit nombre de groupes, présentant chacun un ensemble de propriétés communes, ou s'il faut se borner, dans chaque cas particulier, à déterminer, par une application des méthodes précédentes, les propriétés des divers systèmes qu'on rencontrera.

Il faut remarquer d'abord qu'à tout système de valeurs numériques des coefficients A, B, C, D ne répond pas nécessairement un système possible de vibrations diversement polarisées. Il est bien évident, par exemple, que les coefficients C et D ne sauraient être tous deux très-grands par rapport aux coefficients A et B. Il est même facile de démontrer qu'on a nécessairement, dans tout système réel de vibrations,

$$ AB - (C^2 + D^2) \geqq o. $$

En effet, si l'on reprend les notations précédentes (189), on a

$$ AB = (m_1 a_1^2 + m_2 a_2^2 + \cdots)(m_1 b_1^2 + m_2 b_2^2 + \cdots), $$
$$ C^2 + D^2 = (m_1 a_1 b_1 \cos\delta_1 + m_2 a_2 b_2 \cos\delta_2 + \cdots)^2 $$
$$ + (m_1 a_1 b_1 \sin\delta_1 + m_2 a_2 b_2 \sin\delta_2 + \cdots)^2, $$

et on groupe aisément les termes de ces deux expressions de manière à leur donner la forme suivante :

$$ AB = m_1^2 a_1^2 b_1^2 + m_2^2 a_2^2 b_2^2 + \cdots + m_1 m_2 (a_1^2 b_2^2 + a_2^2 b_1^2) + \cdots $$
$$ + m_p m_q (a_p^2 b_q^2 + a_q^2 b_p^2), $$
$$ C^2 + D^2 = m_1^2 a_1^2 b_1^2 + m_2^2 a_2^2 b_2^2 + \cdots + m_1 m_2 a_1 a_2 b_1 b_2 \cos(\delta_1 - \delta_2) + \cdots $$
$$ + m_p m_q a_p b_q a_q b_p \cos(\delta_p - \delta_q) + \cdots $$

Il en résulte que $AB - (C^2 + D^2)$ se réduit à une somme de termes de la forme

$$ m_p m_q [a_p^2 b_q^2 + a_q^2 b_p^2 - a_p b_q a_q b_p \cos(\delta_p - \delta_q)]. $$

Or chacun de ces termes est évidemment plus grand que

$$m_p\, m_q\, (a_p\, b_q - a_q\, b_p)^2,$$

c'est-à-dire qu'une quantité qui est toujours nulle ou positive.

$AB - (C^2 + D^2)$ est donc nécessairement nul ou positif. Si d'abord on suppose $AB - (C^2 + D^2)$ égal à zéro, le système est équivalent à une vibration unique, invariable de forme. de grandeur et de position; car en faisant

$$a^2 = A, \qquad b^2 = B,$$
$$\tan g\, \delta = \frac{D}{C},$$

on a

$$ab \cos\delta = \sqrt{AB}\,\frac{C}{\sqrt{C^2+D^2}} = C.$$
$$ab \sin\delta = \sqrt{AB}\,\frac{D}{\sqrt{C^2+D^2}} = D.$$

Si AB est plus grand que $C^2 + D^2$, il y a une infinité de systèmes satisfaisant aux conditions

$$M(a^2) = A, \quad M(b^2) = B, \quad M(ab \cos\delta) = C, \quad M(ab \sin\delta) = D.$$

En effet. AB étant plus grand que $C^2 + D^2$. on peut trouver une infinité de groupes de nombres A' et B' tels que l'on ait

$$A' < A. \qquad B' < B, \qquad A'B' = C^2 + D^2.$$

Les nombres A', B', C, D peuvent être considérés comme caractéristiques d'une vibration elliptique déterminée, et si l'on suppose que cette vibration alterne avec un système de vibrations qui satisfait aux conditions

$$M(a^2) = A - A'. \qquad M(b^2) = B - B',$$
$$M(ab \cos\delta) = 0, \qquad M(ab \sin\delta) = 0,$$

on aura obtenu un des systèmes caractérisés par les valeurs données de A, B, C, D.

Parmi les systèmes en nombre infini qui jouissent tous des mêmes propriétés, il en est un qui, par sa simplicité, offre un intérêt par-

ticulier : c'est le système pour lequel $A - A' = B - B'$, et qui, par
conséquent, peut être représenté par un faisceau de lumière naturelle et par un faisceau de lumière elliptique. Ces deux faisceaux
sont l'un et l'autre entièrement déterminés. En appelant H la valeur
commune de $A - A'$ et de $B - B'$, on a en effet

$$(A - H)(B - H) = C^2 + D^2,$$

d'où

$$H = \frac{A + B}{2} \pm \frac{1}{2}\sqrt{(A - B)^2 + 4(C^2 + D^2)}.$$

Ces valeurs sont toutes deux réelles et positives; mais la plus grande
étant supérieure à A et à B, la plus petite répond seule à la question, de sorte que

$$H = \frac{A + B}{2} - \frac{1}{2}\sqrt{(A - B)^2 + 4(C^2 + D^2)}.$$

Le double de cette expression est l'intensité du faisceau de lumière naturelle qui peut être censé entrer dans la constitution du
faisceau que l'on considère : cette intensité n'est nulle que dans le
cas où l'on a

$$AB = C^2 + D^2.$$

Les éléments du faisceau elliptique qu'il faut y joindre sont d'ailleurs

$$a^2 = A - H = \frac{A - B}{2} + \frac{1}{2}\sqrt{(A - B)^2 + 4(C^2 + D^2)},$$

$$b^2 = B - H = -\frac{A - B}{2} + \frac{1}{2}\sqrt{(A - B)^2 + 4(C^2 + D^2)},$$

$$\cos\delta = \frac{C}{\sqrt{C^2 + D^2}}, \qquad \sin\delta = \frac{D}{\sqrt{C^2 + D^2}}.$$

La polarisation elliptique de ce faisceau se change en polarisation
rectiligne si l'on a $D = o$, en polarisation circulaire si l'on a $A = B$
et par suite $C = o$. Ainsi tout faisceau lumineux homogène peut
être regardé comme constitué par des proportions déterminées de
lumière naturelle et de lumière polarisée à vibrations rectilignes,
circulaires ou elliptiques. On peut dire que tout faisceau lumineux

est naturel, polarisé ou partiellement polarisé. Les caractères de la polarisation complète et de l'absence de toute polarisation sont connus : ceux des divers genres de polarisation partielle sont maintenant faciles à apercevoir :

1° Si un faisceau lumineux peut être censé formé d'un faisceau naturel et d'un faisceau polarisé rectilignement, les deux faisceaux dans lesquels il se partage lorsqu'il rencontre sous l'incidence normale un cristal biréfringent ont des intensités variables avec l'orientation du cristal ; l'intensité de chaque faisceau polarisé est maximum lorsque son plan de vibration est parallèle au plan de vibration du faisceau polarisé qui, dans le faisceau incident, se superpose à la lumière naturelle, et minimum lorsqu'il lui est perpendiculaire. Le passage du faisceau à travers une lame cristalline dont la section principale est parallèle ou perpendiculaire au plan de polarisation partielle ne modifie pas les propriétés de ce faisceau ; mais, si la section principale de la lame a toute autre direction, la lumière polarisée rectilignement se trouve transformée en lumière circulaire ou elliptique et les propriétés du faisceau sont changées. C'est à un pareil faisceau qu'on applique ordinairement d'une manière exclusive l'expression de *faisceau partiellement polarisé*. On pourrait lui substituer celle de *faisceau en partie polarisé rectilignement*.

2° Si le faisceau lumineux peut être censé formé de lumière polarisée circulairement et de lumière naturelle, les intensités des deux faisceaux dans lesquels il est divisé par un analyseur biréfringent sont indépendantes de l'orientation, comme dans le cas de la lumière naturelle ou de la lumière circulaire, mais le passage à travers une lame d'un quart d'onde transforme ce faisceau en un faisceau en partie polarisé rectilignement, tandis que l'action de cette même lame ne modifie pas la lumière naturelle et transforme la lumière circulaire en lumière qui est en totalité polarisée rectilignement.

3° Si le faisceau peut être censé formé de lumière polarisée elliptiquement et de lumière naturelle, les intensités des faisceaux dans lesquels il est divisé par un analyseur biréfringent varient avec l'orientation sans jamais s'annuler, comme dans le cas de la polarisation rectiligne partielle ou de la polarisation elliptique totale. Mais le passage à travers une lame d'un quart d'onde dont la section principale est parallèle à l'un des axes de l'ellipse change la polarisation elliptique partielle en polarisation rectiligne partielle, tandis que dans les mêmes circonstances la polarisation elliptique totale est changée en polarisation rectiligne totale; la polarisation rectiligne partielle, si la section principale de la lame d'un quart d'onde fait un angle de 45 degrés avec le plan de polarisation partielle, se change en polarisation circulaire partielle, ce qui n'a pas lieu dans les mêmes conditions pour la polarisation elliptique partielle.

IV.

POLARISATION CHROMATIQUE DE LA LUMIÈRE PARALLÈLE.

Nous allons nous proposer de rendre compte des colorations qui se produisent lorsqu'un faisceau polarisé de lumière blanche est reçu sur un analyseur après avoir traversé une lame cristallisée biréfringente. Nous supposerons d'abord que les rayons qui tombent sur la lame cristallisée sont parallèles; dans ce cas, tous les rayons traversent la lame cristallisée dans la même direction et sous la même épaisseur; chacune des images que donne l'analyseur doit donc présenter alors une teinte uniforme en tous ses points. Nous nous occuperons en premier lieu du cas où les rayons parallèles sont normaux à la lame cristallisée. Comme cette lame est toujours supposée assez mince pour ne pas séparer les deux rayons réfractés auxquels donne naissance chacun des rayons incidents, ces deux rayons réfractés continuent à suivre le même chemin au sortir de la lame, et la différence de marche qu'ils présentent résulte uniquement dans ce cas de ce qu'ils ont traversé la lame avec des vitesses inégales.

A. — LUMIÈRE NORMALE À LA LAME CRISTALLISÉE.

195. Coloration des images dans l'analyseur. — Prenons pour plan de figure (fig. 7) un plan perpendiculaire à la direction des rayons incidents; considérons en particulier un de ces rayons, et soient PP′ la trace sur le plan de la figure du plan primitif de polarisation de ce rayon, II′ celle de la section principale de la lame cristallisée, SS′ celle de la section principale de l'analyseur; désignons par i et par s les angles que font avec le plan primitif de polarisation les sections principales de la lame cristallisée et de l'analyseur.

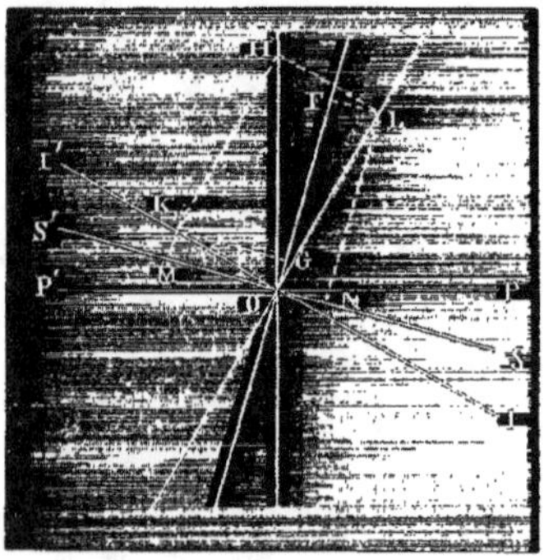

Fig. 7.

7.

Représentons par $\sin 2\pi\frac{t}{T}$ l'un des mouvements vibratoires simples dont la superposition constitue la lumière blanche sur le rayon incident, ce qui revient à prendre pour unité l'intensité de ce mouvement vibratoire, qui est dirigé perpendiculairement à PP′; en pénétrant dans la lame cristallisée, ce mouvement se décompose en deux autres dont l'un, dirigé perpendiculairement à II′, est représenté par

$$\cos i \sin 2\pi\frac{t}{T},$$

et constitue le rayon ordinaire, tandis que l'autre, parallèle à II′ et représenté par

$$-\sin i \sin 2\pi\frac{t}{T},$$

constitue le rayon extraordinaire.

Si l'on désigne, comme nous l'avons fait précédemment, par O et E les épaisseurs de deux lames d'air telles, que le rayon ordinaire et le rayon extraordinaire emploient respectivement pour traverser ces lames d'air des temps égaux à ceux qui leur sont nécessaires pour traverser la lame cristalline, le mouvement vibratoire au sortir de la lame cristallisée a pour expression sur le rayon ordinaire

$$\cos i \sin 2\pi\frac{t}{T},$$

et sur le rayon extraordinaire

$$-\sin i \sin 2\pi\left(\frac{t}{T}+\frac{O-E}{\lambda}\right).$$

Dans la figure 7, OL représente le mouvement vibratoire sur le rayon ordinaire, et OK le mouvement sur le rayon extraordinaire; si l'on projette ces deux longueurs sur SS′ et sur une droite perpendiculaire à SS′, on voit que le mouvement qui s'effectue perpendiculairement à SS′, c'est-à-dire le mouvement vibratoire du rayon ordinaire dans l'analyseur, est représenté par OF+OG, c'est-à-dire par

$$\sin i \sin(i-s)\sin 2\pi\left(\frac{t}{T}+\frac{O-E}{\lambda}\right)+\cos i \cos(i-s)\sin 2\pi\frac{t}{T},$$

et que le mouvement qui s'effectue parallèlement à SS' et qui constitue le rayon extraordinaire dans l'analyseur est représenté par OM — ON, c'est-à-dire par

$$- \sin i \cos (i - s) \sin 2\pi \left(\frac{t}{T} + \frac{O - E}{\lambda}\right) + \cos i \sin (i - s) \sin 2\pi \frac{t}{T}.$$

On a donc, pour les intensités ω^2 et ε^2 du rayon ordinaire et du rayon extraordinaire au sortir de l'analyseur,

$$\omega^2 = \sin^2 i \sin^2 (i - s) + \cos^2 i \cos^2 (i - s)$$
$$+ 2 \sin i \cos i \sin (i - s) \cos (i - s) \cos 2\pi \frac{O - E}{\lambda},$$
$$\varepsilon^2 = \cos^2 i \sin^2 (i - s) + \sin^2 i \cos^2 (i - s)$$
$$- 2 \sin i \cos i \sin (i - s) \cos (i - s) \cos 2\pi \frac{O - E}{\lambda}.$$

En remplaçant $\cos 2\pi \frac{O - E}{\lambda}$ par $1 - 2 \sin^2 \pi \frac{O - E}{\lambda}$, ces expressions se simplifient et deviennent

$$(1) \quad \begin{cases} \omega^2 = \cos^2 s - \sin 2i \sin 2 (i - s) \sin^2 \pi \frac{O - E}{\lambda}, \\ \varepsilon^2 = \sin^2 s + \sin 2i \sin 2 (i - s) \sin^2 \pi \frac{O - E}{\lambda}. \end{cases}$$

Les valeurs de ω^2 et de ε^2 sont fonctions de la longueur d'ondulation λ, car en premier lieu λ entre explicitement dans le second terme de chacune de ces valeurs, et de plus la différence de marche $O - E$ dépend elle-même de λ. Les intensités des différentes couleurs simples dans chacune des images fournies par l'analyseur ne sont pas en général proportionnelles à ce que sont ces intensités dans la lumière blanche, et par suite chacune de ces images est colorée.

Après avoir ainsi expliqué le fait général de la coloration des images dans l'analyseur, il nous reste à rendre compte des différentes particularités que présente le phénomène. Remarquons d'abord que l'on a toujours

$$\omega^2 + \varepsilon^2 = 1 ;$$

il en résulte que pour chaque couleur simple la somme des intensités du rayon ordinaire et du rayon extraordinaire est égale à celle du rayon incident, et par suite qu'en superposant les deux images que donne l'analyseur on reproduit du blanc; ces deux images offrent donc toujours des teintes complémentaires.

Les colorations des images ne dépendent que du second terme des expressions de ω^2 et de ε^2, car les premiers termes sont indépendants de λ. Or, si l'on fait varier les angles i et s, ces seconds termes varient, mais en conservant toujours des valeurs proportionnelles à leurs valeurs primitives pour les différentes couleurs simples : chaque image conserve donc toujours la même teinte, du moins tant que le second terme de l'expression de l'intensité de cette image garde le même signe. Lorsque, par suite de la variation des angles i et s, le signe de ce second terme change, l'image prend une teinte complémentaire de celle qu'elle avait auparavant; chacune des images ne peut donc présenter que deux teintes qui sont complémentaires l'une de l'autre.

Lorsque le second terme des expressions de ω^2 et de ε^2 est nul pour toutes les valeurs de λ, c'est-à-dire lorsqu'on a

$$\sin 2i \, \sin 2\,(i - s) = 0,$$

les valeurs de ω^2 et de ε^2 deviennent indépendantes de λ, et par suite les deux images sont incolores. Pour qu'il en soit ainsi, il faut que l'on ait

$$\sin 2i = 0$$

ou

$$\sin 2\,(i - s) = 0,$$

ce qui montre que les deux images sont incolores lorsque la section principale de la lame cristallisée est parallèle ou perpendiculaire au plan de polarisation primitif, et lorsque la section principale de l'analyseur est parallèle ou perpendiculaire à la section principale de la lame cristallisée. Il était facile de prévoir ces résultats : en effet, dans le premier cas, la lame cristallisée ne donne qu'un rayon réfracté; dans le second cas, il y a bien deux rayons réfractés, mais chacune des images de l'analyseur ne provient que d'un seul de ces rayons.

Si l'on a $s = 0$ ou $s = 90°$, c'est-à-dire si la section principale de l'analyseur est parallèle ou perpendiculaire au plan de polarisation primitif, les quatre positions pour lesquelles on obtient dans le cas général des images incolores se réduisent à deux, et, dans chacune de ces deux positions, l'intensité de l'une des images est nulle.

On voit de plus que, pour chacune des images de l'analyseur, le passage d'une teinte à la teinte complémentaire a lieu lorsque le produit $\sin 2i \sin 2 (i - s)$ s'annule; ce passage s'effectue donc par l'intermédiaire du blanc.

La coloration des images, dépendant uniquement du second terme des expressions de ω^2 et de ε^2, est maximum en même temps que le produit $\sin 2i \sin 2 (i - s)$. Pour une même valeur de i, le maximum de coloration a donc lieu lorsqu'on a $2 (i - s) = 90°$ ou $i - s = 45°$, c'est-à-dire lorsque les sections principales de la lame mince et de l'analyseur forment entre elles un angle de 45 degrés. Le maximum de coloration aura le plus grand éclat possible si, en même temps que $i - s = 45°$, on a $2i = 90°$ ou $i = 45°$, c'est-à-dire si le plan de polarisation primitif fait un angle de 45 degrés avec la section principale de l'analyseur.

La disparition des teintes colorées quand la lumière incidente est naturelle se conçoit sans difficulté. En effet, d'après ce que nous avons vu précédemment (189), un rayon de lumière naturelle, après son passage à travers une lame cristalline biréfringente assez mince pour ne pas séparer l'un de l'autre les deux rayons isssus de la double réfraction, conserve la propriété de donner dans un analyseur biréfringent deux images d'intensités sensiblement égales; il est évident que ces images seront blanches lorsque la lumière incidente est blanche elle-même, puisque dans chacune de ces images l'intensité de chaque lumière simple sera égale à la moitié de ce qu'elle est dans la lumière incidente.

La disparition des couleurs lorsque la lame cristallisée est un peu épaisse est due à la cause qui fait disparaître les phénomènes d'interférence dans la lumière non homogène, dès que la différence de marche des rayons interférents est égale à un nombre un peu grand de longueurs d'ondulation. Considérons en effet une lumière simple dont la longueur d'ondulation est λ; si le produit $\sin 2i \sin 2 (i - s)$

est positif, l'intensité de cette couleur est minimum dans l'image ordinaire et maximum dans l'image extraordinaire, lorsqu'on a $O - E = (2n + 1)\dfrac{\lambda}{2}$; cette intensité est au contraire maximum dans l'image ordinaire et minimum dans l'image extraordinaire, lorsqu'on a $O - E = 2n\dfrac{\lambda}{2}$; si le produit $\sin 2i \sin 2(i - s)$ est négatif, ces conditions sont renversées. La différence de marche $O - E$ dépend en réalité de la longueur d'ondulation; mais si, comme cela arrive dans la plupart des cristaux biréfringents connus, la dispersion est très-faible par rapport à la double réfraction, on peut sans erreur sensible supposer $O - E$ indépendant de λ et poser

$$O - E = m\varepsilon,$$

m étant une constante et ε l'épaisseur de la lame cristallisée.

Si cette lame est épaisse et si, pour une certaine valeur de λ, on a

$$O - E = 2n\frac{\lambda}{2},$$

le nombre n aura une valeur considérable, et par suite, pour une longueur d'ondulation λ' très-peu différente de λ, on aura

$$O - E = (2n + 1)\frac{\lambda'}{2}.$$

Donc, lorsque la lame est épaisse, il suffit d'une très-petite variation dans la longueur d'ondulation pour que, dans chacune des images, l'intensité passe du maximum au minimum, ou réciproquement; d'où il résulte, comme nous l'avons vu à propos des interférences, que ces images doivent paraître blanches. Mais, si on analyse la lumière d'une de ces images par le procédé de MM. Fizeau et Foucault, on obtiendra un spectre sillonné par une série de bandes noires parallèles.

Dans l'expérience des anneaux colorés de Newton, l'épaisseur e de la lame d'air pour laquelle la couleur dont la longueur d'ondulation est λ présente un maximum doit satisfaire à la relation

$$2e = (2n + 1)\frac{\lambda}{2}$$

lorsque les anneaux sont vus par réflexion, et à la relation

$$2e = 2n\frac{\lambda}{2}$$

lorsque ces anneaux sont vus par transmission. Donc, lorsque la dispersion est négligeable par rapport à la double réfraction et que par conséquent $O - E$ est proportionnel à l'épaisseur de la lame cristallisée, les épaisseurs de la lame cristallisée pour lesquelles une certaine couleur présente un maximum d'intensité dans l'image ordinaire sont proportionnelles aux épaisseurs de la lame d'air qui, dans l'expérience des anneaux de Newton, donnent à cette couleur son maximum d'intensité par transmission si le produit $\sin 2i \sin 2(i - s)$ est positif, et par réflexion si ce produit est négatif. Le même raisonnement étant applicable à l'image extraordinaire, on voit que, si l'on fait varier l'épaisseur de la lame cristallisée, les teintes des deux images dans la lumière blanche se modifient suivant les mêmes lois que celles des anneaux colorés de Newton, c'est-à-dire que les épaisseurs de la lame cristallisée qui donnent naissance aux différentes teintes sont proportionnelles à celles des lames d'air qui produisent les mêmes teintes par réflexion ou par transmission. Si le produit $\sin 2i \sin 2(i - s)$ est positif, les teintes de l'image ordinaire correspondent aux couleurs des anneaux vus par transmission, et celles de l'image extraordinaire aux couleurs des anneaux vus par réflexion : c'est l'inverse si le produit $\sin 2i \sin 2(i - s)$ est négatif.

En supposant le produit $\sin 2i \sin 2(i - s)$ positif, il faut, pour que la teinte de l'image ordinaire dans l'analyseur et la teinte transmise par une lame d'air soient identiques, que l'on ait, pour l'épaisseur e de cette lame d'air,

$$2e = O - E.$$

On retrouve ainsi la loi posée par Young, que nous avons énoncée plus haut (177) et qui est devenue le point de départ de la théorie de la polarisation chromatique telle que nous venons de l'exposer.

196. Action d'une lame cristalline épaisse sur la lumière polarisée. — Lorsqu'un rayon polarisé traverse une lame cristalline épaisse, il ne produit, comme nous l'avons vu, aucune coloration dans l'analyseur, mais, suivant la valeur de l'angle i, ce rayon présente au sortir de la lame les propriétés d'un rayon de lumière naturelle ou celles d'un rayon partiellement polarisé.

Lorsque la lame cristallisée est épaisse, le facteur $\sin^2 \pi \dfrac{O-E}{\lambda}$ prend dans une région très-restreinte du spectre toutes les valeurs comprises entre zéro et 1 ; on peut donc sans erreur sensible admettre que, pour cette région du spectre, ce facteur a une valeur constante égale à sa valeur moyenne, c'est-à-dire à $\dfrac{1}{2}$; le même raisonnement pouvant s'appliquer à toutes les régions du spectre, le facteur $\sin^2 \pi \dfrac{O-E}{\lambda}$ peut être supposé égal à $\dfrac{1}{2}$ lorsqu'il s'agira de déterminer les intensités ω^2 et ε^2 des images ordinaire et extraordinaire. Les expressions de ces intensités deviennent par conséquent

$$\omega^2 = \cos^2 s - \frac{1}{2}\sin 2i \sin 2\,(i-s),$$

$$\varepsilon^2 = \sin^2 s + \frac{1}{2}\sin 2i \sin 2\,(i-s).$$

Si l'angle i est égal à 45 degrés, on a

$$\omega^2 = \cos^2 s - \frac{1}{2}\cos 2s = \frac{1}{2},$$

$$\varepsilon^2 = \sin^2 s + \frac{1}{2}\cos 2s = \frac{1}{2}.$$

Les intensités des deux images sont donc dans ce cas indépendantes de l'angle s et égales chacune à la moitié de l'intensité du rayon incident. Les rayons qui émergent de la lame cristallisée jouissent par suite, lorsque l'angle i est égal à 45 degrés, de cette propriété fondamentale de la lumière naturelle, de donner dans un analyseur deux images dont les intensités sont indépendantes de l'orientation de la section principale de l'analyseur. Pour distinguer la lumière ainsi produite de la lumière naturelle, il faut avoir recours à un procédé qui permette de résoudre la lumière blanche en ses éléments, comme dans la méthode de MM. Fizeau et Foucault.

Lorsque l'angle i est différent de 45 degrés, les expressions de ω^2 et de ε^2 peuvent être mises sous la forme

$$\omega^2 = \cos^2 i \cos^2 (i - s) + \sin^2 i \sin^2 (i - s),$$
$$\varepsilon^2 = \cos^2 i \sin^2 (i - s) + \sin^2 i \cos^2 (i - s).$$

On voit que les intensités des deux images varient avec l'angle s et ne peuvent jamais s'annuler, d'où il résulte que les rayons, en sortant de la lame cristallisée, présentent les propriétés de la lumière partiellement polarisée. Le plan de polarisation partielle est d'ailleurs parallèle ou perpendiculaire à la section principale de la lame cristallisée, suivant que l'on a $\cos^2 i > \sin^2 i$ ou $\sin^2 i > \cos^2 i$, c'est-à-dire suivant que l'angle i est inférieur ou supérieur à 45 degrés. Le faisceau qui tombe sur l'analyseur peut être considéré comme formé d'une proportion égale à $\cos^2 i - \sin^2 i$ de lumière polarisée et d'une proportion égale à $2 \sin^2 i$ de lumière naturelle. On a donc ainsi un procédé qui permet d'obtenir de la lumière partiellement polarisée de composition connue, et on peut s'en servir pour graduer les polarimètres.

197. **Superposition de deux lames cristallines.** — Nous allons examiner maintenant le cas où la lumière polarisée traverse

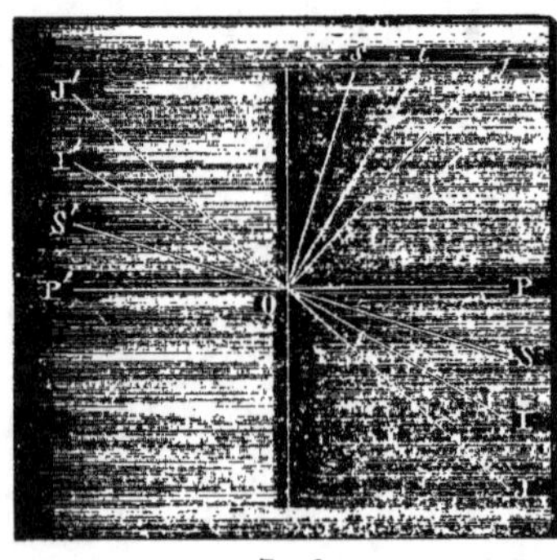

Fig. 8.

successivement deux lames cristallines biréfringentes avant d'être reçue sur l'analyseur. Désignons par s l'angle que fait avec le plan primitif de polarisation la section principale de l'analyseur, par i l'angle que fait avec ce même plan de polarisation la section principale de la première lame, et enfin par a l'angle que font entre elles les sections principales des deux lames.

Dans la figure 8, dont le plan est supposé perpendiculaire à la direction du rayon incident, PP' est la trace du plan primitif de polarisation, II' et JJ' sont les traces des sections principales de la première et de la seconde lame, SS' celle de la section principale de l'analyseur.

Au sortir de la première lame, le mouvement vibratoire du rayon ordinaire, qui s'effectue suivant la droite Oi perpendiculaire à OI, est représenté par

$$\cos i \sin 2\pi \left(\frac{t}{T} - \frac{O}{\lambda} \right),$$

et le mouvement vibratoire du rayon extraordinaire, qui s'effectue suivant OI, est représenté par

$$- \sin i \sin 2\pi \left(\frac{t}{T} - \frac{E}{\lambda} \right).$$

Si l'on désigne par O' et E' les quantités qui pour la seconde lame ont la même signification que les quantités O et E pour la première lame, on voit qu'au sortir de la seconde lame le mouvement vibratoire du rayon ordinaire, qui s'effectue suivant la droite Oj perpendiculaire à OJ, est représenté par

$$\cos i \cos a \sin 2\pi \left(\frac{t}{T} - \frac{O+O'}{\lambda} \right) - \sin a \sin i \sin 2\pi \left(\frac{t}{T} - \frac{E+O'}{\lambda} \right),$$

et que le mouvement vibratoire du rayon extraordinaire, qui s'effectue suivant OJ, est représenté par

$$\sin i \cos a \sin 2\pi \left(\frac{t}{T} - \frac{E+E'}{\lambda} \right) + \cos i \sin a \sin 2\pi \left(\frac{t}{T} - \frac{O+E'}{\lambda} \right).$$

Enfin, dans l'analyseur, le mouvement vibratoire du rayon ordinaire, qui s'effectue suivant la droite Os perpendiculaire à OS, est représenté par

$$\cos i \cos a \cos (a+i-s) \sin 2\pi \left(\frac{t}{T} - \frac{O+O'}{\lambda} \right)$$

$$- \sin i \sin a \cos (a+i-s) \sin 2\pi \left(\frac{t}{T} - \frac{E+O'}{\lambda} \right)$$

$$+ \sin i \cos a \sin (a+i-s) \sin 2\pi \left(\frac{t}{T} - \frac{E+E'}{\lambda} \right)$$

$$+ \cos i \sin a \sin (a+i-s) \sin 2\pi \left(\frac{t}{T} - \frac{O+E'}{\lambda} \right).$$

On déduit de là pour l'intensité ω^2 du rayon ordinaire l'expression suivante :

$$\omega^2 = \Big[\cos i \cos a \cos (a+i-s) \cos 2\pi \frac{O+O'}{\lambda}$$
$$- \sin i \sin a \cos (a+i-s) \cos 2\pi \frac{E+O'}{\lambda}$$
$$+ \sin i \cos a \sin (a+i-s) \cos 2\pi \frac{E+E'}{\lambda}$$
$$+ \cos i \sin a \sin (a+i-s) \cos 2\pi \frac{O+E'}{\lambda}\Big]^2$$
$$+ \Big[\cos i \cos a \cos (a+i-s) \sin 2\pi \frac{O+O'}{\lambda}$$
$$- \sin i \sin a \cos (a+i-s) \sin 2\pi \frac{E+O'}{\lambda}$$
$$+ \sin i \cos a \sin (a+i-s) \sin 2\pi \frac{E+E'}{\lambda}$$
$$+ \cos i \sin a \sin (a+i-s) \sin 2\pi \frac{O+E'}{\lambda}\Big]^2.$$

Des transformations faciles donnent

$$\omega^2 = \cos^2 s + \sin 2i \sin 2a \cos 2 (a+i-s) \sin^2 \pi \frac{O-E}{\lambda}$$
$$- \cos 2i \sin 2a \sin 2 (a+i-s) \sin^2 \pi \frac{O'-E'}{\lambda}$$
$$- \sin 2i \cos^2 a \sin 2 (a+i-s) \sin^2 \pi \frac{O-E+O'-E'}{\lambda}$$
$$+ \sin 2i \sin^2 a \sin 2 (a+i-s) \sin^2 \pi \frac{O-E-(O'-E')}{\lambda}.$$

L'intensité ε^2 du rayon extraordinaire étant toujours complémentaire de celle du rayon ordinaire, on a

$$\omega^2 + \varepsilon^2 = 1$$

et

$$\varepsilon^2 = \sin^2 s - \sin 2i \sin 2a \cos 2 (a+i-s) \sin^2 \pi \frac{O-E}{\lambda}$$
$$+ \cos 2i \sin 2a \sin 2 (a+i-s) \sin^2 \pi \frac{O'-E'}{\lambda}$$
$$+ \sin 2i \cos^2 a \sin 2 (a+i-s) \sin^2 \pi \frac{O-E+O'-E'}{\lambda}$$
$$- \sin 2i \sin^2 a \sin 2 (a+i-s) \sin^2 \pi \frac{O-E-(O'-E')}{\lambda}.$$

Ces expressions montrent qu'en général les teintes des images que donne l'analyseur changent lorsqu'on fait varier l'un des angles i, a ou s, c'est-à-dire lorsqu'on fait tourner l'analyseur ou l'une des deux lames cristallisées ; les nouvelles valeurs que prend pour les différentes couleurs simples la somme des termes qui, dans l'expression de l'intensité, dépendent de la longueur d'ondulation, ne sont plus en effet proportionnelles aux valeurs primitives de cette somme pour les mêmes couleurs, ainsi que cela avait lieu dans le cas d'une lame unique. On voit donc qu'en général le système formé par deux lames cristallines superposées n'équivaut pas à une lame unique.

Si les sections principales des deux lames sont parallèles, on a

$$a = 0,$$

et les expressions précédentes deviennent

$$\omega^2 = \cos^2 s - \sin 2i \sin 2 (i - s) \sin^2 \pi \frac{O - E + O' - E'}{\lambda},$$

$$\varepsilon^2 = \sin^2 s + \sin 2i \sin 2 (i - s) \sin^2 \pi \frac{O - E + O' - E'}{\lambda}.$$

Si les section principales des deux lames sont perpendiculaires, on a

$$a = \frac{\pi}{2},$$

et

$$\omega^2 = \cos^2 s - \sin 2i \sin 2 (i - s) \sin^2 \pi \frac{O - E - (O' - E')}{\lambda},$$

$$\varepsilon^2 = \sin^2 s + \sin 2i \sin 2 (i - s) \sin^2 \pi \frac{O - E - (O' - E')}{\lambda}.$$

On voit que le système des deux lames équivaut à une lame unique toutes les fois que les sections principales des deux lames sont parallèles ou perpendiculaires. Si les deux sections principales sont parallèles, l'addition de la seconde lame équivaut à une augmentation ou à une diminution d'épaisseur suivant que les deux lames sont de même signe, c'est-à-dire toutes deux attractives ou toutes deux répulsives, ou de signes contraires, c'est-à-dire l'une attractive et l'autre répulsive ; si les deux sections principales sont perpendiculaires, l'addition de la seconde lame équivaut à une di-

minution d'épaisseur lorsque les deux lames sont de même signe.
et à une augmentation d'épaisseur lorsque les deux lames sont de
signes contraires.

De ce qui précède résulte un moyen simple pour reconnaître si
un cristal est attractif ou répulsif. Il suffit de tailler une lame de ce
cristal. d'observer les teintes que donne cette lame dans la lumière
polarisée et de lui superposer une lame d'un cristal dont le signe
est connu, de façon que les sections principales des deux lames
soient parallèles: si les nouvelles teintes que présentent alors les
images de l'analyseur sont plus élevées dans l'échelle des couleurs
de Newton que les premières, les deux lames sont de même signe;
si, au contraire. les teintes se sont abaissées, les lames sont de
signes contraires.

Lorsque les sections principales des deux lames sont parallèles
ou perpendiculaires, les phénomènes sont indépendants de l'ordre
de superposition des deux lames. Mais il n'en est plus de même
dans le cas général; car, si l'on intervertit l'ordre des deux lames,
il faut remplacer dans les formules i par $a + i$ et a par $- a$, ce qui
change les valeurs de ω^2 et de ε^2, à moins que a ne soit égal à zéro
ou à 90 degrés.

B. — Lumière oblique à la lame cristallisée.

198. Calcul de la différence de marche. — La théorie à
l'aide de laquelle nous avons expliqué la coloration des images dans
le cas de l'incidence normale s'applique également au cas de l'incidence oblique, les rayons qui tombent sur la lame cristallisée étant
toujours supposés parallèles. La seule difficulté qui se présente
lorsque les rayons sont obliques par rapport à la lame cristallisée
consiste à calculer la quantité que nous avons désignée par O − E.
Cette quantité n'est autre que la différence de marche rapportée à
l'air du rayon ordinaire et du rayon extraordinaire qui, au sortir de
la lame, se propagent suivant la même droite. Dans le cas de l'incidence oblique, cette différence de marche ne provient pas uniquement de ce que les deux rayons se sont propagés dans la lame cristallisée suivant des chemins différents et avec des vitesses différentes;
elle dépend aussi de la différence des chemins parcourus dans l'air

avant l'entrée dans la lame. Suivant une droite RT (fig. 9) parallèle
à la direction des rayons incidents, se propagent en effet deux rayons
provenant l'un du rayon ré-
fracté ordinaire IR, l'autre du
rayon réfracté extraordinaire
I′R; ces deux rayons réfractés
correspondent eux-mêmes aux
deux rayons incidents SI et SI′.
Si du point I′ on abaisse une
perpendiculaire I′K sur SI, si
l'on prend pour unité la vitesse
de la lumière dans l'air et si l'on

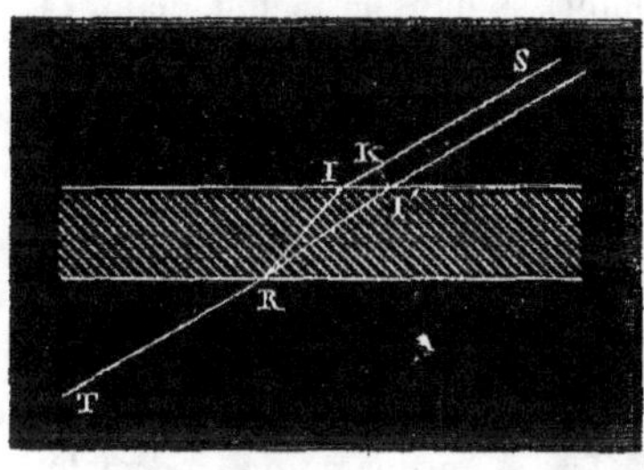

Fig. 9.

désigne par v et v' la vitesse du rayon ordinaire suivant IR et la vitesse du rayon extraordinaire suivant I′R, on aura pour la différence de marche rapportée à l'air des deux rayons qui se propagent
suivant RT

$$O - E = IK + \frac{IR}{v} - \frac{I'R}{v'}.$$

Le procédé le plus simple pour calculer cette différence de marche
consiste à substituer à la considération des rayons celle des ondes
planes. Au faisceau de rayons parallèles qui tombe sur la lame correspond une onde plane perpendiculaire à la direction de ces rayons;
cette onde donne naissance à deux ondes réfractées, l'une ordinaire,
l'autre extraordinaire: à l'émergence, ces deux ondes réfractées
produisent deux ondes planes, toutes deux perpendiculaires à la
direction des rayons émergents. La différence de marche des deux
ondes émergentes qui proviennent d'une même onde incidente est
évidemment égale à la différence de marche des deux rayons émergents qui se propagent suivant la même droite, c'est-à-dire à la
quantité que nous avons désignée par O — E. Soient SI (fig. 10) un
rayon incident et IM l'onde incidente passant par le point I; au
bout de l'unité de temps, l'onde incidente occupe la position NT,
l'onde réfractée ordinaire la position PT, et l'onde réfractée extraordinaire la position QT. La construction de Huyghens montre que
ces trois ondes se coupent suivant une même droite passant par le
point T et comprise dans la face d'incidence; si donc on abaisse du

point I trois perpendiculaires sur ces trois ondes, ces trois perpendiculaires IA, IB, IC seront comprises dans le même plan. IA re-

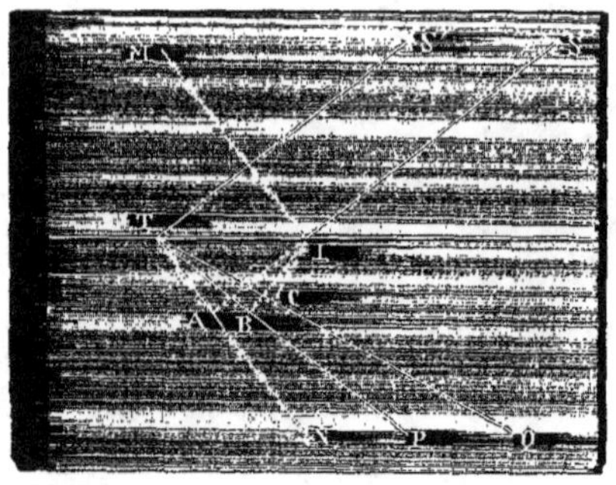

Fig. 10.

présente la vitesse de propagation de la lumière dans l'air, IB la vitesse de propagation normale de l'onde ordinaire dans le cristal, vitesse que nous désignerons par u, et IC la vitesse de propagation normale de l'onde extraordinaire, vitesse que nous désignerons par u'. En appelant I l'angle d'incidence, R et R′ les angles que font avec la normale à la face d'incidence les normales IB et IC menées à l'onde ordinaire et à l'onde extraordinaire, on a

$$IT = \frac{1}{\sin I} = \frac{u}{\sin R} = \frac{u'}{\sin R'},$$

d'où

(1)
$$\begin{cases} \sin R = u \sin I, \\ \sin R' = u' \sin I. \end{cases}$$

En s'appuyant sur ces dernières relations, il est facile de calculer la différence de marche O — E. Considérons le point I (fig. 11)

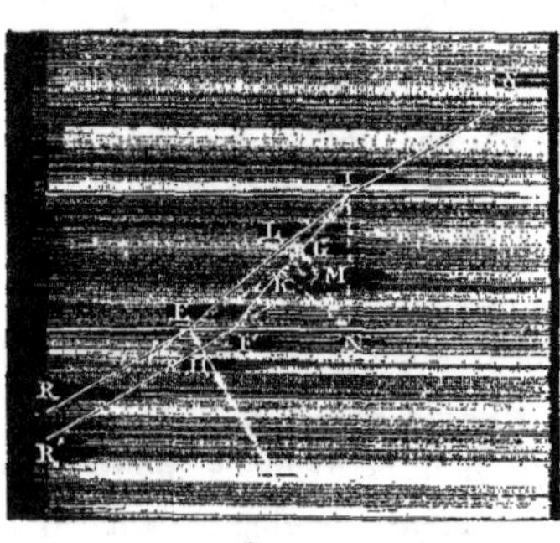

Fig. 11.

comme l'origine de deux ondes planes, l'une ordinaire, l'autre extraordinaire, et soient IF et IE les normales menées à ces ondes par le point I. La différence des temps qu'emploient ces deux ondes planes partant simultanément du point I pour atteindre la position EH est égale à

$$\frac{IF}{u} + FH - \frac{IE}{u'}.$$

La vitesse de propagation dans l'air étant prise pour unité, cette différence n'est autre que la différence de marche rapportée à l'air, c'est-à-dire la quantité que nous avons désignée par $O - E$. Menons la droite IN normale à la face d'incidence, et du point N, où cette droite rencontre la face d'émergence, abaissons deux perpendiculaires NL et NK sur IE et IF et une perpendiculaire NG sur le prolongement du rayon émergent ER : nous aurons

$$O - E = \frac{IK + KF}{u} + FH - \frac{IL + LE}{u'}.$$

En considérant l'onde EH comme une onde incidente et en désignant par M le point où la droite FH prolongée rencontre NG, on voit que l'on a

$$\frac{EL}{u'} = EG = FH + FM,$$

$$FM = \frac{FK}{u},$$

car les droites NL, NK et NG ne sont autres que les traces sur le plan de la figure de l'onde incidente et des deux ondes réfractées qui passent simultanément par le point N. En tenant compte des relations que nous venons d'obtenir, l'expression de la différence de marche se réduit à

$$O - E = \frac{IK}{u} - \frac{IL}{u'}.$$

En désignant par ε l'épaisseur de la lame, on a donc

$$O - E = \varepsilon \left(\frac{\cos R}{u} - \frac{\cos R'}{u'} \right),$$

ou, en remplaçant u et u' par leurs valeurs tirées des équations (1),

$$(2) \qquad O - E = \varepsilon \sin I \left(\cot R - \cot R' \right).$$

Dans cette expression I est l'angle d'incidence, R et R′ sont les angles que fait la normale à la face d'incidence avec les normales à l'onde ordinaire et à l'onde extraordinaire.

1. Cristaux à un axe.

199. Expression générale de la différence de marche dans les cristaux à un axe. — Nous allons appliquer en premier lieu les formules que nous venons d'obtenir au calcul de la différence de marche dans les cristaux à un axe. Dans ces cristaux l'équation de la surface de l'onde est

$$(x^2 + y^2 + z^2 - b^2)\,[\,a^2 x^2 + b^2\,(y^2 + z^2) - a^2 b^2\,] = 0.$$

La vitesse de l'onde ordinaire est constante et *égale* à b; on a donc

$$\sin R = b \sin I.$$

L'équation de la surface d'élasticité ou surface des vitesses normales (125) montre d'ailleurs que, si l'on désigne par u' la vitesse de propagation normale de l'onde extraordinaire et par θ l'angle que la normale à cette onde fait avec l'axe du cristal, on a

$$u'^2 = a^2 - (a^2 - b^2)\cos^2\theta.$$

Soient (fig. 12) IN la normale à la face d'incidence, IA la direction de l'axe du cristal, IE la normale à l'onde extraordinaire; appelons δ

Fig. 12.

l'angle NIA, c'est-à-dire l'angle que fait la normale à la face d'incidence avec l'axe, et ω l'angle des deux plans NIE et NIA, c'est-à-dire l'angle des deux plans menés par la normale à la face d'incidence qui contiennent l'un la direction de l'axe, l'autre la normale à l'onde extraordinaire; une formule connue de trigonométrie sphérique donnera

$$\cos\theta = \cos\delta \cos R' + \sin\delta \sin R' \cos\omega.$$

En résumé, les équations qui servent à calculer la différence de marche dans le cas des cristaux à un axe sont donc

$$(3)\quad\left\{\begin{aligned}
&O - E = \varepsilon \sin I\,(\cot R - \cot R'),\\
&\sin R = b \sin I.\\
&\sin R' = u' \sin I,\\
&u'^2 = a^2 - (a^2 - b^2)\cos^2\theta,\\
&\cos\theta = \cos\delta \cos R' + \sin\delta \sin R' \cos\omega.
\end{aligned}\right.$$

Entre ces cinq équations on peut éliminer les quatre quantités R, R′, u' et θ de façon à obtenir O — E en fonction des quantités ε, I, δ et ω.

200. Lame perpendiculaire à l'axe. — Nous allons examiner successivement un certain nombre de cas particuliers, et en premier lieu celui où la lame est perpendiculaire à l'axe. On a alors $\delta = 0$; de plus, comme, dans le cas des cristaux à un axe, la normale à l'onde extraordinaire est toujours comprise dans le plan d'incidence, et que ce plan d'incidence contient l'axe lorsque la lame est perpendiculaire à l'axe, l'angle ω est nul.

On a par conséquent, d'après les équations (3),

$$\cos\theta = \cos R',$$

d'où

$$\theta = R',$$

et

$$u'^2 = a^2 - \left(a^2 - b^2\right)\cos^2 R' = \frac{\sin^2 R'}{\sin^2 I},$$

d'où

$$\sin^2 R' = \frac{b^2 \sin^2 I}{1 - \left(a^2 - b^2\right)\sin^2 I},$$

et

$$\cot R' = \frac{\sqrt{1 - a^2 \sin^2 I}}{b \sin I}.$$

On a d'ailleurs

$$\cot R = \frac{\sqrt{1 - b^2 \sin^2 I}}{b \sin I};$$

il vient par suite

$$O - E = \frac{\varepsilon}{b}\left(\sqrt{1 - b^2 \sin^2 I} - \sqrt{1 - a^2 \sin^2 I}\,\right).$$

On voit que la différence de marche est positive ou négative suivant que l'on a $b < a$ ou $b > a$, c'est-à-dire suivant que le cristal est répulsif ou attractif.

Si l'on met l'expression de la différence de marche sous la forme

$$O - E = \frac{\varepsilon}{b}\frac{\left(a^2 - b^2\right)\sin^2 I}{\sqrt{1 - b^2 \sin^2 I} + \sqrt{1 - a^2 \sin^2 I}},$$

on voit que cette différence de marche croît en valeur absolue avec l'angle d'incidence et qu'elle est nulle lorsque la lumière incidente est normale à la lame.

201. Lame parallèle à l'axe. — Lorsque la lame est parallèle à l'axe, il peut se présenter trois cas, suivant que le plan d'incidence contient l'axe, ou est perpendiculaire à l'axe, ou occupe une position quelconque.

1° *Plan d'incidence contenant l'axe*. Lorsque le plan d'incidence est une section principale, c'est-à-dire contient l'axe, on a

$$\delta = \frac{\pi}{2}, \qquad \omega = 0.$$

Il vient alors. d'après les équations (3),

$$\cos \theta = \sin \mathrm{R}',$$

$$u'^2 = a^2 - (a^2 - b^2) \sin^2 \mathrm{R}' = \frac{\sin^2 \mathrm{R}'}{\sin^2 \mathrm{I}},$$

d'où

$$\sin^2 \mathrm{R}' = \frac{a^2 \sin^2 \mathrm{I}}{1 + (a^2 - b^2) \sin^2 \mathrm{I}}$$

et

$$\cot \mathrm{R}' = \sqrt{\frac{1 - b^2 \sin^2 \mathrm{I}}{a \sin \mathrm{I}}}.$$

En substituant cette valeur dans l'expression de la différence de marche, on a

$$\mathrm{O} - \mathrm{E} = \varepsilon \sqrt{1 - b^2 \sin^2 \mathrm{I}} \left(\frac{1}{b} - \frac{1}{a} \right).$$

On voit que la différence de marche est positive ou négative suivant que le cristal est répulsif ou attractif, et qu'elle décroît en valeur absolue lorsque l'angle d'incidence augmente. Il résulte de là que, si une lame parallèle à l'axe reçoit d'abord normalement la lumière incidente et si on fait tourner cette lame autour d'une perpendiculaire à l'axe, l'accroissement de l'inclinaison de la lame sur la direction des rayons incidents équivaut à une diminution d'épaisseur et fait descendre les teintes des images.

2° *Plan d'incidence perpendiculaire à l'axe*. Lorsque le plan d'incidence est perpendiculaire à l'axe, on a

$$\delta = \frac{\pi}{2}, \qquad \omega = \frac{\pi}{2},$$

et par suite

$$\cos \theta = 0, \qquad \theta = \frac{\pi}{2},$$

On déduit de là

$$u' = a, \qquad \sin R' = a \sin I, \qquad \cot R' = \frac{\sqrt{1 - a^2 \sin^2 I}}{a \sin I},$$

et enfin

$$O - E = \frac{\varepsilon}{ab} \left(a \sqrt{1 - b^2 \sin^2 I} - b \sqrt{1 - a^2 \sin^2 I} \right).$$

Cette expression est positive ou négative suivant que le cristal est répulsif ou attractif. En la mettant sous la forme

$$O - E = \frac{\varepsilon}{ab} \frac{a^2 - b^2}{a \sqrt{1 - b^2 \sin^2 I} + b \sqrt{1 - a^2 \sin^2 I}},$$

on voit qu'elle croît en valeur absolue à mesure que l'angle d'incidence augmente. Il résulte de là que, si une lame parallèle à l'axe reçoit d'abord normalement la lumière incidente et si on fait tourner cette lame autour d'une parallèle à l'axe, l'accroissement de l'inclinaison de la lame sur la direction des rayons incidents équivaut à une augmentation d'épaisseur et fait monter les teintes des images. Ainsi se trouve démontrée la loi établie expérimentalement par Biot et qui consiste en ce que l'inclinaison de la lame élève ou abaisse la teinte suivant qu'elle se fait autour d'un axe parallèle ou perpendiculaire à l'axe du cristal.

3° *Plan d'incidence quelconque.* Lorsque le plan d'incidence occupe une position quelconque, δ est encore égal à 90 degrés, mais ω a une valeur quelconque. On a alors

$$\cos \theta = \sin R' \cos \omega,$$

$$u'^2 = a^2 - (a^2 - b^2) \sin^2 R' \cos^2 \omega = \frac{\sin^2 R'}{\sin^2 I},$$

d'où

$$\sin^2 R' = \frac{a^2 \sin^2 I}{1 + (a^2 - b^2) \sin^2 I \cos^2 \omega},$$

$$\cot R' = \frac{\sqrt{1 + (a^2 - b^2) \sin^2 I \cos^2 \omega - a^2 \sin^2 I}}{a \sin I}$$

et

$$O - E = \varepsilon \left[\frac{\sqrt{1 - b^2 \sin^2 I}}{b} - \frac{\sqrt{1 - (a^2 \sin^2 \omega + b^2 \cos^2 \omega) \sin^2 I}}{a} \right].$$

On ne peut dire d'une façon générale comment varie cette expression avec l'angle d'incidence I. Si on égale à zéro la dérivée par rapport à I de la valeur trouvée pour la différence de marche, il vient

$$\sin I \cos I \left[\frac{a^2 \sin^2 \omega + b^2 \cos^2 \omega}{a \sqrt{1 - (a^2 \sin^2 \omega + b^2 \cos^2 \omega) \sin^2 I}} + \frac{b}{\sqrt{1 - b^2 \sin^2 I}} \right] = 0.$$

On voit par là que, pour une valeur donnée de ω, il existe toujours une valeur de l'angle d'incidence, différente de zéro et de 90 degrés, telle, que de petites variations de part et d'autre de cette valeur ne produisent que des changements insensibles dans les teintes des images.

Si l'angle d'incidence est peu considérable, on peut évaluer, par approximation, les radicaux contenus dans l'expression de la différence de marche, et il vient alors

$$O - E = \frac{\varepsilon}{ab} \left[a - b + \frac{1}{2} \sin^2 I \left[b \left(a^2 \sin^2 \omega + b^2 \cos^2 \omega\right) - ab^2 \right] \right]$$

$$= \frac{\varepsilon}{ab} \left[a - b + \frac{b \sin^2 I}{2} \left[(a^2 - b^2) \sin^2 \omega + b^2 - ab \right] \right]$$

$$= \varepsilon \frac{a - b}{ab} \left[1 + \frac{b \sin^2 I}{2} \left[(a + b) \sin^2 \omega - b \right] \right]$$

$$= \varepsilon \frac{a - b}{ab} \left[1 + \frac{b \sin^2 I}{2} \left(a \sin^2 \omega - b \cos^2 \omega \right) \right].$$

Si donc on a

$$\tan^2 \omega = \frac{b}{a},$$

les teintes des images sont indépendantes de l'angle d'incidence, pourvu que cet angle soit suffisamment petit.

202. Lame quelconque. — Dans le cas le plus général, la lame a une direction quelconque et les formules (3) ne se simplifient pas : on a donc

$$\sin^2 R' = \sin^2 I \left[a^2 - (a^2 - b^2) (\cos \delta \cos R' + \sin \delta \sin R' \cos \omega)^2 \right],$$

d'où on tire

$$\frac{1}{1+\cot^2 R'} = \sin^2 I \left[a^2 - \frac{(a^2 - b^2)(\cos \delta \cot R' + \sin \delta \cos \omega)^2}{1+\cot^2 R'} \right]$$

et

$$\cot^2 R' \sin^2 I \left(a^2 \sin^2 \delta + b^2 \cos^2 \delta \right)$$
$$- 2 \cot R' \sin^2 I \left(a^2 - b^2 \right) \sin \delta \cos \delta \cos \omega$$
$$+ \sin^2 I \left[a^2 - \left(a^2 - b^2 \right) \sin^2 \delta \cos^2 \omega \right] - 1 = 0.$$

Cette équation donne deux valeurs pour $\cot R' \sin I$; il est facile de voir que ces deux valeurs sont réelles et de signes contraires. Le terme tout connu est en effet toujours négatif, du moins tant que le milieu extérieur est moins réfringent que le cristal; car si $b < a$, on a

$$a^2 - \left(a^2 - b^2 \right) \sin^2 \delta \cos^2 \omega < a^2 < 1,$$

et, si $b > a$, on a

$$a^2 - \left(a^2 - b^2 \right) \sin^2 \delta \cos^2 \omega < a^2 - \left(a^2 - b^2 \right) < 1 ;$$

le facteur qui multiplie $\sin^2 I$ étant dans tous les cas inférieur à l'unité, le terme tout connu est négatif.

Les angles R' et I étant tous deux plus petits que 90 degrés, la valeur de $\cot R' \sin I$ doit être positive, d'où il résulte qu'en résolvant l'équation du second degré on doit prendre le radical avec le signe $+$.

La valeur de $\cot R' \sin I$ se trouve ainsi déterminée ; on a d'ailleurs toujours

$$\cot R \sin I = \frac{\sqrt{1 - b^2 \sin^2 I}}{b} ;$$

en substituant ces valeurs dans la première des formules (3), on a l'expression de la différence de marche $O - E$ en fonction des angles I, ω et δ.

2. Cristaux à deux axes.

203. Formules générales. — Dans les cristaux à deux axes, bien qu'il n'y ait pas de rayon ordinaire, l'expression de la différence de marche est la même que pour les cristaux à un axe, et l'on a, en appelant R' et R'' les angles que font les normales aux deux ondes réfractées avec la normale à la lame,

$$(1) \qquad O - E = \varepsilon \left(\cot R' \sin I - \cot R'' \sin I \right).$$

Les vitesses u' et u'' doivent encore satisfaire aux relations

$$(2) \qquad \sin R' = u' \sin I,$$
$$(3) \qquad \sin R'' = u'' \sin I;$$

mais dans les cristaux à deux axes les deux vitesses u' et u'' ne sont plus définies par des conditions distinctes; ce sont les racines d'une même équation qui est, comme nous l'avons vu dans la théorie de la double réfraction (125),

$$(4) \qquad \frac{\cos^2 l}{u^2 - a^2} + \frac{\cos^2 m}{u^2 - b^2} + \frac{\cos^2 n}{u^2 - c^2} = 0,$$

l, m, n désignant les angles que fait la normale à l'onde réfractée avec les axes d'élasticité du milieu.

En remplaçant dans les équations (2) et (3) u' et u'' par les valeurs déterminées pour u à l'aide de l'équation (4), on aura les angles R' et R'', et par suite l'équation (1) permettra de trouver l'expression de la différence de marche en fonction de l'angle d'incidence I et des angles l, m, n. Ces angles l, m, n peuvent être exprimés eux-mêmes en fonction des angles qui définissent la position de la face réfringente et du plan d'incidence par rapport aux axes d'élasticité, c'est-à-dire des données particulières de la question. Nous ne ferons pas le calcul pour le cas général, ce qui n'offrirait aucun intérêt; nous nous bornerons à examiner un certain nombre de cas particuliers remarquables. Nous supposerons toujours que l'on a $a > b > c$, c'est-à-dire que l'axe des x est l'axe de plus grande élasticité, l'axe des y l'axe de moyenne élasticité, et l'axe des z l'axe de plus petite élasticité; nous admettrons de plus que les trois quantités a, b, c sont inférieures à l'unité, c'est-à-dire que le milieu extérieur est moins réfringent que le cristal.

204. Lame perpendiculaire à l'axe de plus petite élasticité. — Supposons la lame perpendiculaire à l'axe de plus petite élasticité, c'est-à-dire à l'axe des z, et soient alors θ l'angle du plan d'incidence, plan qui contient toujours la normale à l'onde réfractée,

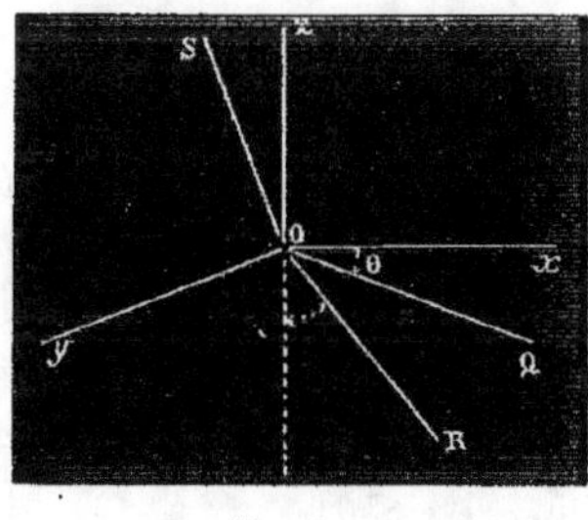

Fig. 13.

avec le plan des xz, c'est-à-dire avec le plan qui contient l'axe de plus grande et l'axe de plus petite élasticité, et R l'angle que forme la normale à l'onde réfractée avec l'axe des z. La figure 13, où OQ représente la trace du plan d'incidence sur le plan des xy, montre que l'on a

$$\cos l = \cos \mathrm{R}Ox = \sin \mathrm{R}\cos\theta, \qquad \cos m = \cos \mathrm{R}Oy = \sin \mathrm{R}\sin\theta,$$
$$\cos n = \cos \mathrm{R},$$

d'où

$$\cos l = \frac{\cos\theta}{\sqrt{1+\cot^2 \mathrm{R}}}, \qquad \cos m = \frac{\sin\theta}{\sqrt{1+\cot^2 \mathrm{R}}}, \qquad \cos n = \frac{\cot \mathrm{R}}{\sqrt{1+\cot^2 \mathrm{R}}}.$$

L'équation

$$u\sin \mathrm{I} = \sin \mathrm{R}$$

peut être mise sous la forme

$$u = \frac{1}{\sin \mathrm{I}\sqrt{1+\cot^2 \mathrm{R}}}.$$

En remplaçant dans l'équation (4) u, l, m, n par ces valeurs, il vient

$$\frac{1}{\sin^4 \mathrm{I}(1+\cot^2 \mathrm{R})^2} - \frac{1}{\sin^2 \mathrm{I}(1+\cot^2 \mathrm{R})}\left[\frac{(b^2+c^2)\cos^2\theta+(a^2+c^2)\sin^2\theta+(a^2+b^2)\cot^2 \mathrm{R}}{1+\cot^2 \mathrm{R}}\right]$$
$$+\frac{b^2c^2\cos^2\theta+a^2c^2\sin^2\theta+a^2b^2\cot^2 \mathrm{R}}{1+\cot^2 \mathrm{R}} = 0,$$

d'où, en ordonnant par rapport à $\cot \mathrm{R}$,

$$a^2b^2\sin^4 \mathrm{I}\cot^4 \mathrm{R} + \sin^2 \mathrm{I}\cot^2 \mathrm{R}\left[\sin^2 \mathrm{I}\,(a^2b^2+b^2c^2\cos^2\theta\right.$$
$$\left.+ a^2c^2\sin^2\theta)-(a^2+b^2)\right]$$
$$+\sin^4 \mathrm{I}\,(b^2c^2\cos^2\theta+a^2c^2\sin^2\theta)$$
$$-\sin^2 \mathrm{I}\left[(b^2+c^2)\cos^2\theta+(a^2+c^2)\sin^2\theta\right]+1 = 0.$$

En remarquant que l'on a

$$a^2 b^2 + b^2 c^2 \cos^2\theta + a^2 c^2 \sin^2\theta = a^2 b^2 (\sin^2\theta + \cos^2\theta)$$
$$+ b^2 c^2 \cos^2\theta + a^2 c^2 \sin^2\theta$$
$$= a^2 (b^2 + c^2) \sin^2\theta + b^2 (a^2 + c^2) \cos^2\theta,$$

on a définitivement

$$(5) \quad \left\{ \begin{aligned} & a^2 b^2 \cot^4 R \sin^4 I \\ & + \cot^2 R \sin^2 I \left\{ \sin^2 I \left[a^2(b^2+c^2)\sin^2\theta + b^2(a^2+c^2)\cos^2\theta \right] - (a^2+b^2) \right\} \\ & + \sin^4 I \left(b^2 c^2 \cos^2\theta + a^2 c^2 \sin^2\theta \right) \\ & - \sin^2 I \left[(b^2+c^2)\cos^2\theta + (a^2+c^2)\sin^2\theta \right] + 1 = 0. \end{aligned} \right.$$

Cette équation, résolue par rapport à $\cot^2 R \sin^2 I$, a deux racines qui, nous allons le démontrer, sont réelles et positives.

La quantité placée sous le radical dans l'expression des racines de l'équation (5) est en effet égale à

$$\left\{ \sin^2 I \left[a^2(b^2+c^2)\sin^2\theta + b^2(a^2+c^2)\cos^2\theta \right] - (a^2+b^2) \right\}^2$$
$$- 4a^2 b^2 \left\{ 1 - \sin^2 I \left[(b^2+c^2)\cos^2\theta + (a^2+c^2)\sin^2\theta \right] \right.$$
$$\left. + \sin^4 I \left(b^2 c^2 \cos^2\theta + a^2 c^2 \sin^2\theta \right) \right\},$$

ou, en ordonnant par rapport à $\sin I$, à

$$\sin^4 I \left\{ \left[a^2(b^2+c^2)\sin^2\theta + b^2(a^2+c^2)\cos^2\theta \right]^2 \right.$$
$$\left. - 4a^2 b^2 (b^2 c^2 \cos^2\theta + a^2 c^2 \sin^2\theta) \right\}$$
$$- 2\sin^2 I \left\{ (a^2+b^2)\left[b^2(a^2+c^2)\cos^2\theta + a^2(b^2+c^2)\sin^2\theta \right] \right.$$
$$\left. - 2a^2 b^2 \left[(b^2+c^2)\cos^2\theta + (a^2+c^2)\sin^2\theta \right] \right\}$$
$$+ (a^2+b^2)^2 - 4a^2 b^2.$$

Le coefficient de $\sin^4 I$ dans cette expression est égal à

$$b^4(a^2-c^2)^2\cos^4\theta + a^4(b^2-c^2)^2\sin^4\theta + 2a^2 b^2 (a^2-c^2)(b^2-c^2)\sin^2\theta\cos^2\theta,$$

c'est-à-dire à

$$\left[b^2(a^2-c^2)\cos^2\theta + a^2(b^2-c^2)\sin^2\theta \right]^2;$$

le coefficient de $\sin^2 I$ peut être mis sous la forme

$$(a^2-b^2)\left[b^2(a^2-c^2)\cos^2\theta - a^2(b^2-c^2)\sin^2\theta \right],$$

ou sous celle-ci :

$$(a^2 - b^2)\left[b^2(a^2 - c^2)\cos^2\theta + a^2(b^2 - c^2)\sin^2\theta\right] - 2a^2(a^2 - b^2)(b^2 - c^2)\sin^2\theta;$$

enfin le terme tout connu est égal à

$$(a^2 - b^2)^2.$$

La quantité placée sous le radical peut donc être mise sous la forme

$$\left\{a^2 - b^2 - \sin^2 I\left[b^2(a^2 - c^2)\cos^2\theta + a^2(b^2 - c^2)\sin^2\theta\right]\right\}^2$$
$$+ 4a^2(a^2 - b^2)(b^2 - c^2)\sin^2\theta\sin^2 I,$$

expression essentiellement positive ; ce qui prouve que les deux racines de l'équation (5) sont toujours réelles.

Le terme tout connu du premier membre de l'équation (5) est positif, car on a

$$1 - \sin^2 I\left[(b^2 + c^2)\cos^2\theta + (a^2 + c^2)\sin^2\theta\right]$$
$$+ \sin^4 I\left(b^2 c^2\cos^2\theta + a^2 c^2\sin^2\theta\right)$$
$$= (1 - c^2\sin^2 I)\left[1 - \sin^2 I\left(b^2\cos^2\theta + a^2\sin^2\theta\right)\right]$$
$$= (1 - c^2\sin^2 I)\left\{1 - \sin^2 I\left[a^2 - (a^2 - b^2)\cos^2\theta\right]\right\},$$

et la quantité $a^2 - (a^2 - b^2)\cos^2\theta$ est plus petite que a^2, et par conséquent plus petite que l'unité. Il résulte de là que les deux racines de l'équation (5) sont de même signe.

Enfin le coefficient de $\cot^2 R\sin^2 I$ est négatif, car il peut être mis sous la forme

$$-\left\{a^2 + b^2 - \sin^2 I\left[a^2(b^2 + c^2)\sin^2\theta + b^2(a^2 + c^2)\cos^2\theta\right]\right\};$$

or on a

$$a^2(b^2 + c^2)\sin^2\theta < a^2(a^2 + b^2)\sin^2\theta,$$
$$b^2(a^2 + c^2)\cos^2\theta < a^2(a^2 + b^2)\cos^2\theta,$$

et par suite

$$a^2 + b^2 - \sin^2 I\left[a^2(b^2 + c^2)\sin^2\theta + b^2(a^2 + c^2)\cos^2\theta\right]$$
$$> (a^2 + b^2)(1 - a^2\sin^2 I) > 0.$$

Les racines de l'équation (5) sont donc toutes deux positives. En

extrayant la racine carrée de chacune des racines et en prenant le
radical avec le signe $+$, on aura pour $\cot R \sin I$ deux valeurs qui,
mises à la place de $\cot R' \sin I$ et de $\cot R'' \sin I$ dans l'équation (1), serviront à calculer la différence de marche $O - E$ en fonction des
angles I et θ.

La différence de marche est nulle lorsque les deux racines de
l'équation (5) sont égales, c'est-à-dire lorsque la quantité placée
sous le radical est elle-même égale à zéro. Or, pour qu'il en soit
ainsi, il faut que l'on ait

$$\{a^2 - b^2 - \sin^2 I \,[b^2\,(a^2 - c^2)\cos^2\theta + a^2(b^2 - c^2)\sin^2\theta]\}^2$$
$$+ 4a^2\,(a^2 - b^2)(b^2 - c^2)\sin^2\theta \sin^2 I = 0.$$

Cette condition ne peut être remplie qu'autant que l'on a

$$\sin\theta = 0 \,;$$

le premier membre de l'équation précédente se réduit alors à

$$a^2 - b^2 - b^2\,(a^2 - c^2)\sin^2 I \,;$$

il est par suite nécessaire que l'on ait en même temps

$$\sin^2 I = \frac{a^2 - b^2}{b^2(a^2 - c^2)},$$

d'où l'on déduit

$$\sin^2 R = \frac{a^2 - b^2}{a^2 - c^2}.$$

Il existe donc deux directions situées dans le plan perpendiculaire
à l'axe de moyenne élasticité et telles que, lorsqu'une onde réfractée
est perpendiculaire à l'une de ces directions, la seconde onde réfractée se confond avec la première. Ces directions ne sont autres
que celles que nous avons appris à connaître dans la théorie de la
double réfraction sous le nom d'axes de réfraction conique intérieure,
et nous retrouvons ici, par une autre voie, ce théorème déjà démontré précédemment (155), que, lorsqu'il y a réfraction conique,
les rayons qui constituent à l'intérieur du cristal le faisceau conique,
rayons qui correspondent à une même onde réfractée, ne présentent

à l'émergence aucune différence de marche, pourvu que la face d'émergence soit parallèle à la face d'incidence.

L'angle R a toujours une valeur réelle, mais il n'en est pas de même de l'angle I : lorsque la quantité $\frac{a^2-b^2}{b^2(a^2-c^2)}$ est supérieure à l'unité, il faut en conclure qu'il n'existe aucune valeur de l'angle d'incidence pour laquelle l'onde réfractée peut devenir perpendiculaire à l'un des axes de réfraction conique intérieure.

Nous allons maintenant examiner quelques cas particuliers dans lesquels l'expression de la différence de marche se simplifie notablement. Supposons d'abord que l'angle θ soit nul, c'est-à-dire que le plan d'incidence se confonde avec le plan des xz, plan que nous regarderons comme la section principale du cristal. On a alors, en désignant par R' et R'' les deux racines de l'équation (5),

$$\cot R' \sin I = \frac{\sqrt{1-b^2\sin^2 I}}{b},$$

$$\cot R'' \sin I = \frac{\sqrt{1-c^2\sin^2 I}}{a}.$$

La première expression est identique à celle que nous avons trouvée pour le rayon ordinaire dans les cristaux à un axe; elle correspond à un rayon qui se réfracte en suivant la loi de Descartes avec un indice égal à $\frac{1}{b}$. Ce rayon étant perpendiculaire à l'axe de moyenne élasticité, ses vibrations sont parallèles à cet axe et par suite perpendiculaires à la section principale : on a donc toute espèce de raisons de le considérer comme un rayon ordinaire.

L'expression de la différence de marche est dans le cas actuel

$$O - E = \varepsilon \left(\frac{\sqrt{1-b^2\sin^2 I}}{b} - \frac{\sqrt{1-c^2\sin^2 I}}{a} \right);$$

lorsque l'incidence est normale, elle se réduit à

$$O - E = \varepsilon \left(\frac{1}{b} - \frac{1}{a} \right).$$

Cette dernière formule est identique à celle que nous avons trouvée pour une lame à un axe taillée parallèlement à l'axe. De plus, comme a est plus grand que b, la valeur de O — E est positive, ce qui prouve qu'un cristal à deux axes taillé perpendiculairement à l'axe de plus petite élasticité se comporte, pour de petites valeurs de l'angle d'incidence, comme un cristal à un axe répulsif lorsque le plan d'incidence est perpendiculaire à l'axe de moyenne élasticité.

Lorsque l'angle d'incidence augmente, la valeur de la différence de marche commence par décroître; elle s'annule pour une valeur de l'angle d'incidence donnée par la relation

$$\sin^2 I = \frac{a^2 - b^2}{b^2 (a^2 - c^2)};$$

si l'incidence continue à croître au delà de cette valeur en la supposant réelle, la différence de marche change de signe et croît en valeur absolue. Une lame perpendiculaire à l'axe de plus petite élasticité se comporte donc, lorsque le plan d'incidence contient l'axe de plus grande et l'axe de plus petite élasticité, comme un cristal répulsif, tant que l'angle d'incidence a une valeur inférieure à celle qui correspond à l'axe optique, et comme un cristal attractif lorsque l'angle d'incidence dépasse cette valeur.

Supposons maintenant que l'angle θ soit égal à 90 degrés, c'est-à-dire que le plan d'incidence soit perpendiculaire à la section principale et se confonde avec le plan des yz : on a alors

$$\cot R' \sin I = \frac{\sqrt{1 - c^2 \sin^2 I}}{b},$$

$$\cot R'' \sin I = \frac{\sqrt{1 - a^2 \sin^2 I}}{a}.$$

La dernière expression correspond à un rayon qui suit la loi de Descartes avec un indice égal à $\frac{1}{a}$. Quant à la valeur de la différence de marche, elle est dans ce cas

$$O - E = \varepsilon \left(\frac{\sqrt{1 - c^2 \sin^2 I}}{b} - \frac{\sqrt{1 - a^2 \sin^2 I}}{a} \right),$$

et se réduit, lorsque l'incidence est normale, à

$$O - E = \varepsilon \left(\frac{1}{b} - \frac{1}{a} \right).$$

Cette dernière valeur est positive et montre que le cristal se comporte dans le voisinage de l'incidence normale comme un cristal répulsif. D'ailleurs, en mettant l'expression de la différence de marche sous la forme

$$O - E = \frac{\varepsilon}{ab} \frac{a^2 - b^2 + a^2 (b^2 - c^2) \sin^2 I}{a \sqrt{1 - c^2 \sin^2 I} + b \sqrt{1 - a^2 \sin^2 I}},$$

on voit qu'elle reste toujours positive et qu'elle croît avec l'angle d'incidence. Donc une lame taillée perpendiculairement à l'axe de plus petite élasticité se comporte pour toutes les incidences comme un cristal répulsif, si le plan d'incidence contient l'axe de moyenne et l'axe de plus petite élasticité.

205. Lame perpendiculaire à l'axe de plus grande élasticité. — Il n'est nullement nécessaire de recommencer les calculs pour le cas où la lame est perpendiculaire à l'axe de plus grande élasticité : il suffit de changer, dans les formules relatives au cas où la lame est perpendiculaire à l'axe de plus petite élasticité, a en c et c en a. On retrouve ainsi deux directions pour lesquelles la différence de marche est nulle, directions qui ne sont autres que celles des axes optiques précédemment déterminés.

Si l'angle θ est nul, c'est-à-dire si le plan d'incidence contient l'axe de plus grande et de plus petite élasticité, on a

$$O - E = \varepsilon \left(\frac{\sqrt{1 - b^2 \sin^2 I}}{b} - \frac{\sqrt{1 - a^2 \sin^2 I}}{c} \right),$$

expression qui se réduit, lorsque l'incidence est normale, à

$$O - E = \varepsilon \left(\frac{1}{b} - \frac{1}{c} \right).$$

Cette dernière valeur étant négative, on voit qu'une lame taillée perpendiculairement à l'axe de plus grande élasticité se comporte, lorsque le plan d'incidence contient l'axe de plus grande et l'axe de plus petite élasticité, comme un cristal attractif tant que l'angle d'incidence a une valeur inférieure à celle qui correspond à la direction de l'axe optique, et comme un cristal répulsif si l'angle d'incidence est supérieur à cette valeur.

Si θ est égal à 90 degrés, c'est-à-dire si le plan d'incidence contient l'axe de moyenne et l'axe de plus grande élasticité, on a

$$O - E = \varepsilon \left(\frac{\sqrt{1 - a^2 \sin^2 I}}{b} - \frac{\sqrt{1 - c^2 \sin^2 I}}{c} \right);$$

cette expression est négative lorsque l'incidence est normale, et croît en valeur absolue avec l'angle I tout en restant négative. Donc une lame taillée perpendiculairement à l'axe de plus grande élasticité se comporte toujours comme un cristal attractif lorsque le plan d'incidence contient l'axe de moyenne et l'axe de plus grande élasticité.

206. Lame perpendiculaire à l'axe de moyenne élasticité. — Les formules se déduisent de celles qui sont relatives au cas où la lame est perpendiculaire à l'axe de plus petite élasticité, en changeant b en c et c en b. Il n'existe pas dans ce cas de direction analogue à celle des axes optiques, car l'équation qui donne les directions pour lesquelles la différence de marche est nulle prend la forme

$$c \sin I = \sin R = \sqrt{\frac{a^2 - c^2}{a^2 - b^2}},$$

et, le second membre étant supérieur à l'unité, l'angle R est imaginaire.

Lorsque l'angle θ est égal à zéro, c'est-à-dire lorsque le plan d'incidence contient l'axe de moyenne et l'axe de plus grande élasticité, on a

$$O - E = \varepsilon \left(\frac{\sqrt{1 - c^2 \sin^2 I}}{c} - \frac{\sqrt{1 - b^2 \sin^2 I}}{a} \right),$$

expression qui pour l'incidence normale se réduit à

$$O - E = \varepsilon \left(\frac{1}{c} - \frac{1}{a} \right)$$

et prend, par conséquent, une valeur positive. On ne peut rien dire de général sur la manière dont varie la différence de marche lorsque l'angle d'incidence augmente.

Si l'angle θ est égal à 90 degrés, c'est-à-dire si le plan d'incidence contient l'axe de moyenne et l'axe de plus petite élasticité, on a

$$O - E = \varepsilon \left(\frac{\sqrt{1 - b^2 \sin^2 I}}{c} - \frac{\sqrt{1 - a^2 \sin^2 I}}{a} \right),$$

expression qui pour l'incidence normale se réduit encore à

$$O - E = \varepsilon\left(\frac{1}{c} - \frac{1}{a}\right),$$

sans qu'on puisse dire d'une façon générale comment elle varie avec l'angle d'incidence.

On voit qu'un cristal à deux axes taillé perpendiculairement à l'axe de moyenne élasticité se comporte au voisinage de l'incidence normale comme un cristal répulsif. Pour les incidences qui diffèrent notablement de l'incidence normale, le cristal se comporte tantôt comme un cristal attractif, tantôt comme un cristal répulsif, sans qu'on puisse rien affirmer de général à ce sujet.

V.

APPLICATIONS POLARISCOPIQUES DE LA POLARISATION
CHROMATIQUE.

207. Polariscopes à teintes plates d'Arago et de M. Pétrina. — Arago, presque immédiatement après la découverte des phénomènes de la polarisation chromatique, songea à en tirer parti pour reconnaître la présence de la lumière polarisée. Le polariscope d'Arago se compose d'une plaque mince de mica ou de sulfate de chaux disposée en avant d'un analyseur. La lame et l'analyseur sont assujettis dans un tube, et en avant de la lame se trouvent deux diaphragmes qui ne laissent passer qu'un faisceau lumineux cylindrique. Pour peu que la lumière qui tombe sur la lame soit polarisée, les deux images de l'analyseur se colorent de teintes complémentaires, et en faisant tourner l'analyseur on peut trouver la position pour laquelle les colorations présentent leur maximum d'intensité.

M. Pétrina a imaginé un appareil désigné sous le nom de kaléidopolariscope [1] et qui se compose d'un kaléidoscope dans lequel on place des fragments de gypse ou de mica d'épaisseurs différentes. On regarde dans ce kaléidoscope à travers un analyseur, et, si la lumière incidente est polarisée, les lames cristallines prennent des teintes variées. Le contraste des teintes que présentent les différentes lames rend cet instrument plus sensible que le polariscope ordinaire.

208. Compensateur à franges colorées de M. Babinet. — Le compensateur de M. Babinet permet de reconnaître la présence de la lumière polarisée par la production de franges colorées qui apparaissent même lorsque les rayons sont parallèles. Cet instrument est beaucoup plus sensible que les polariscopes à teintes plates dont nous venons de parler. Il se compose de deux prismes droits égaux, taillés dans un cristal de quartz; ces prismes ont pour base deux triangles rectangles très-allongés ABC et BCD (fig. 14), et

[1] *Pogg. Ann.*, XLIX, 236.

sont accolés par leurs faces nypoténuses, de manière à constituer
un prisme droit à base rectangulaire. Les faces latérales du prisme

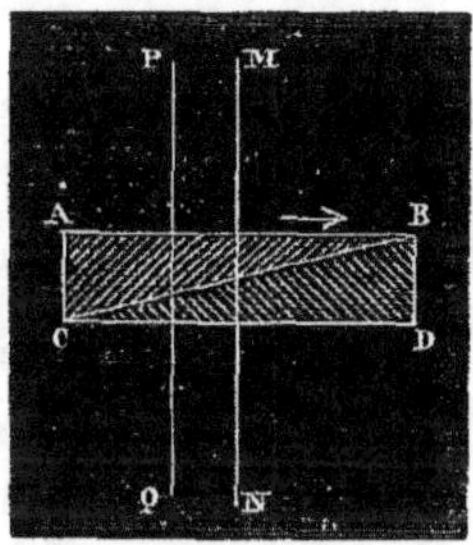

Fig. 14.

qui passent par AB et par CD contiennent
l'axe, mais dans la première AB est parallèle à l'axe, tandis que dans la seconde
CD est perpendiculaire à l'axe; d'où il
résulte que, par rapport aux rayons qui
tombent sur la face AB, les sections principales des deux prismes triangulaires
dont se compose le compensateur sont
rectangulaires. Si donc on fait arriver sur
la face AB un rayon polarisé, ce rayon
se décompose en deux rayons dont chacun traverse l'un des prismes
triangulaires à l'état de rayon ordinaire, et l'autre à l'état de rayon
extraordinaire.

Un rayon tel que MN, qui tombe au milieu du compensateur, traverse les deux prismes triangulaires sous des épaisseurs égales; par
suite, chacun des rayons dans lesquels il se décompose parcourt des
chemins égaux à l'état de rayon ordinaire et à l'état de rayon extraordinaire, d'où il résulte que la polarisation du rayon MN n'est pas
altérée par son passage à travers le compensateur. Mais il n'en est
plus de même pour les rayons qui tombent de part et d'autre de
MN. Considérons, par exemple, le rayon PQ, qui traverse le prisme
ABC sous une épaisseur égale à e et le prisme BCD sous une épaisseur égale à e'; les deux composantes de ce rayon suivant les deux
sections principales du compensateur présenteront au sortir du
compensateur une différence de marche égale à celle que produirait
une lame de quartz ayant une épaisseur égale à $e - e'$ et dont la
section principale serait parallèle à celle du prisme que le rayon
traverse sous la plus grande épaisseur.

Supposons, pour fixer les idées, qu'on fasse tomber sur la face AB
du compensateur un faisceau de rayons parallèles dont le plan de
polarisation fasse un angle de 45 degrés avec chacune des sections
principales du compensateur. Chaque rayon émergent sera alors
composé de deux rayons polarisés à angle droit, égaux en intensité
et présentant une certaine différence de marche. Cette différence

de marche est nulle pour le rayon MN, et sa valeur absolue croît, pour les rayons situés de part et d'autre de MN, proportionnellement à la distance qui sépare ces rayons de MN.

Tous les rayons pour lesquels la différence d'épaisseur des deux prismes introduit une différence de marche égale à un multiple impair de $\frac{\lambda}{2}$ entre les deux composantes sont polarisés perpendiculairement au plan primitif; tous les rayons pour lesquels cette différence de marche est égale à un multiple pair de $\frac{\lambda}{2}$ sont polarisés parallèlement au plan primitif. Si donc on reçoit le faisceau émergent sur un analyseur dont la section principale est parallèle au plan primitif, on verra dans l'image extraordinaire une bande noire correspondant au rayon central MN; de part et d'autre de cette bande noire seront deux franges blanches, puis viendront de chaque côté des franges colorées si la lumière est blanche, des franges alternativement brillantes et obscures si l'on opère avec la lumière homogène. L'image ordinaire présente au contraire une frange centrale blanche bordée de deux franges noires.

L'apparition des franges indique la présence de la lumière polarisée: pour déterminer la position du plan de polarisation, il suffit de faire tourner l'analyseur jusqu'à ce que la frange centrale de l'image extraordinaire soit aussi noire que possible: la section principale de l'analyseur est alors parallèle au plan de polarisation.

209. Application du compensateur de M. Babinet à l'étude de la polarisation elliptique. — M. Jamin a appliqué le compensateur de M. Babinet à l'étude de la polarisation elliptique et à la mesure des constantes qui caractérisent un rayon polarisé elliptiquement[1]. Un rayon polarisé elliptiquement peut toujours être regardé comme formé de deux rayons polarisés à angle droit et présentant une certaine différence de marche. Si donc on fait tomber sur le compensateur un rayon polarisé elliptiquement, les deux composantes de ce rayon, suivant les deux sections principales du compensateur, présenteront déjà une certaine différence de marche avant l'entrée du rayon dans le compensateur, d'où il résulte que,

[1] *Ann. de chim. et de phys.*, (3), XIX, 296; XXIX, 263.

dans les images données par l'analyseur, les franges seront déplacées latéralement et ne seront plus symétriques par rapport à celle qui correspond au rayon central MN.

On peut disposer l'appareil de façon à pouvoir mesurer la différence de marche entre les deux composantes. A cet effet, le compensateur est monté dans une bonnette sur laquelle l'un des prismes de quartz est fixé, tandis que l'autre peut recevoir un mouvement très-lent à l'aide d'une vis micrométrique. Un fil très-fin permet de déterminer la position des franges. On fait d'abord tomber sur le compensateur un faisceau de lumière polarisée rectilignement à 45 degrés des sections principales du compensateur, et on reçoit le faisceau émergent sur un analyseur dont la section principale est parallèle au plan primitif de polarisation. La frange noire centrale dans l'image extraordinaire correspond alors au rayon central MN; on fait coïncider le fil avec cette frange, puis on tourne la vis de façon à amener sous le fil la frange qui correspond à une différence de marche égale à $\frac{\lambda}{2}$. Soit L la quantité dont il a fallu déplacer le prisme mobile; un déplacement L correspondant à une différence de marche égale à $\frac{\lambda}{2}$, un déplacement quelconque l correspondra à une différence de marche égale à $\frac{l\lambda}{2L}$.

Ceci posé, il est facile de comprendre comment on peut appliquer le compensateur à l'étude de la lumière elliptique. On commence par faire tourner l'analyseur jusqu'à ce que la frange centrale de l'image extraordinaire soit aussi noire que possible. Soit alors OC la direction de la section principale de l'analyseur : le rayon qui correspond à la frange noire centrale a été décomposé en deux rayons polarisés suivant les deux sections principales du compensateur et présentant une certaine différence de marche δ; cette différence de marche a été détruite par le compensateur, et la polarisation rectiligne a été rétablie de façon que la vibration soit parallèle à OC. Pour connaître la différence de marche des deux composantes du rayon elliptique, il suffit de mesurer la différence de marche que produit le compensateur au point correspondant à la frange noire centrale, puisqu'elle est égale et contraire à la précédente. A cet effet, on ramène, à l'aide de la vis micrométrique, la frange noire sous le fil; si le déplacement est égal à l, la différence de marche cherchée sera, d'après ce que nous venons de voir, $\dfrac{l\lambda}{2L}$.

Quant au rapport des amplitudes des deux composantes du rayon elliptique, il est égal à la tangente de l'angle que fait la section principale de l'analyseur avec une des sections principales du compensateur. On peut donc, à l'aide du compensateur, déterminer la différence de marche des deux composantes d'un rayon elliptique suivant deux directions rectangulaires quelconques, et le rapport des amplitudes de ces composantes.

Si les sections principales du compensateur sont parallèles aux axes de la vibration elliptique, la différence de marche des deux composantes parallèles à ces sections est égale à $\dfrac{\lambda}{4}$. Il résulte de là que, si à l'aide de la vis micrométrique on déplace l'un des prismes du compensateur d'une quantité égale à $\dfrac{L}{2}$, de façon que le compensateur, dans la partie qui est en regard du fil, produise une différence de marche égale à $\dfrac{\lambda}{4}$, il suffira, pour déterminer les directions des axes de la vibration elliptique, de faire tourner le compensateur jusqu'à ce que la frange obscure qui occupe le milieu de l'image extraordinaire coïncide avec le fil. Les sections principales du compensateur sont alors parallèles aux axes de la vibration elliptique. Pour déterminer le rapport de ces axes, on fait tourner l'analyseur sans toucher au compensateur, jusqu'à ce que la frange placée sous le fil soit aussi noire que possible. La tangente de l'angle que fait la section principale de l'analyseur avec l'une des sections principales du compensateur est alors égale au rapport des axes de la vibration elliptique. Ce procédé offre beaucoup plus de précision que celui qui consiste dans l'emploi d'une lame d'un quart d'onde (186).

210. Polariscope à teintes mi-parties de Bravais. — M. Bravais a construit un polariscope qui permet de distinguer facilement la lumière polarisée rectilignement de la lumière polarisée elliptiquement[1]. Cet appareil est formé d'une lame de mica ou de

[1] *Ann. de chim. et de phys.*, (3), XLIII, 129.

sulfate de chaux d'une épaisseur telle qu'elle produit dans la lumière jaune une différence de marche égale à $\frac{\lambda}{4}$ entre le rayon ordinaire et le rayon extraordinaire. Si, au sortir de la lame, on reçoit
la lumière sur un analyseur dont la section principale est parallèle
au plan primitif de polarisation, les rayons jaunes manquent dans
l'image extraordinaire, qui présente alors une teinte particulière
qu'on désigne sous le nom de *teinte sensible,* parce que le moindre
changement dans l'épaisseur de la lame ou dans la polarisation des
rayons incidents suffit pour faire varier cette teinte d'une manière
très-appréciable. Supposons, pour plus de simplicité, que la lame
soit du sulfate de chaux : elle doit alors être taillée parallèlement à
l'axe. On la coupe en deux par une section AB (fig. 15) et l'on re-

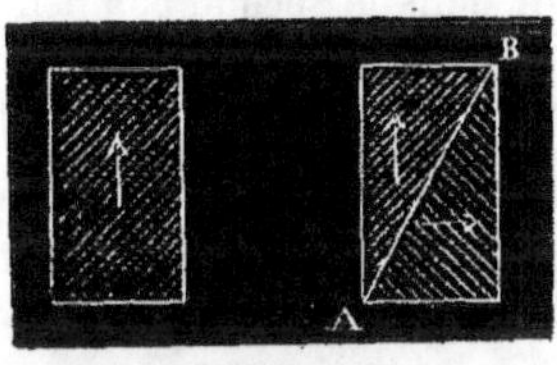

Fig. 15.

tourne l'une des moitiés face pour face,
de façon que les sections principales
des deux moitiés de la lame soient à
angle droit. Si la lame est à deux axes,
si c'est par exemple du mica, elle doit
être taillée parallèlement à l'une des
sections principales du cristal, et l'on

peut considérer l'un des axes contenus dans cette section principale
comme jouant le même rôle que l'axe unique dans la lame de sulfate
de chaux.

Supposons qu'au sortir de la double lame la lumière soit reçue
sur un analyseur dont la section principale est parallèle à la bissectrice des axes des deux moitiés de la lame. Si la lumière qui tombe
sur la lame est polarisée rectilignement, chacune des images de
l'analyseur est en général composée de deux moitiés teintes de
couleurs différentes; mais en faisant tourner simultanément l'analyseur et la lame, de façon que la section principale de l'analyseur
reste parallèle à la bissectrice des axes des deux moitiés de la lame,
il est toujours possible de trouver une position dans laquelle chacune
des images de l'analyseur présente une teinte uniforme qui est la
teinte sensible pour l'image extraordinaire. Cette position est celle
où la section principale de l'analyseur est parallèle au plan primitif
de polarisation. Il n'en est plus de même lorsque la lumière est po-

larisée elliptiquement; car alors les deux composantes du rayon suivant les deux sections principales de la lame présentent une certaine différence de phase, et par suite les deux moitiés de l'image extraordinaire, quelle que soit l'orientation de l'analyseur et de la lame, présentent toujours deux teintes différentes qui sont l'une au-dessus, l'autre au-dessous de la teinte sensible. On peut ainsi reconnaître une très-faible polarisation elliptique.

Pour mesurer la différence de marche des deux composantes du rayon elliptique, Bravais dispose en avant de la double lame un système formé de deux compensateurs de Babinet croisés de façon que si, dans le premier compensateur, le grand côté AB (fig. 16)

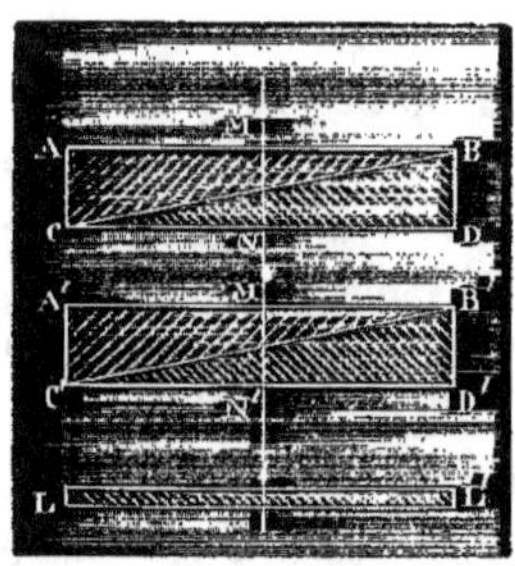

Fig. 16.

de la base du prisme antérieur est parallèle à l'axe. dans le second compensateur le grand côté A'B' du prisme antérieur soit perpendiculaire à l'axe. Si les parties centrales des deux compensateurs, MN et M'N', se correspondent exactement, l'effet produit par le système des deux compensateurs est nul. Mais si on déplace l'un des compensateurs par rapport à l'autre, le système équivaut dans la partie commune à une lame de quartz d'une épaisseur constante et proportionnelle au déplacement.

On peut, d'après ce que nous venons de voir, en déplaçant l'un des compensateurs d'une quantité convenable, détruire la polarisation elliptique et ramener la lumière à la polarisation rectiligne, ce qu'on reconnaîtra à ce que, la section principale de l'analyseur étant parallèle à la bissectrice des axes de la double lame, les images de l'analyseur présentent des colorations uniformes et l'image extraordinaire possède la teinte sensible. On peut calculer la différence de marche des composantes du rayon elliptique suivant les deux sections principales de la double lame d'après le déplacement du compensateur; il suffit pour cela d'avoir déterminé préalablement la grandeur du déplacement qui correspond à une différence de marche égale à $\frac{\lambda}{2}$. Les deux composantes du rayon elliptique sont d'ailleurs

toujours de même intensité, puisque la section principale de l'analyseur fait des angles égaux avec les deux composantes.

Lorsqu'on opère avec la lumière blanche, le procédé de Bravais
est au moins aussi précis que celui de M. Jamin. Mais, lorsqu'on
veut opérer avec la lumière homogène, la méthode de Bravais est
inapplicable et l'appareil de M. Jamin permet seul de déterminer
les états de polarisation des diverses couleurs, états qui sont souvent
fort différents.

VI.

POLARISATION CHROMATIQUE DANS LA LUMIÈRE CONVERGENTE OU DIVERGENTE.

211. Historique. — La découverte des phénomènes que présentent les lames cristallisées dans la lumière convergente ou divergente a donné lieu à de vives contestations; ces phénomènes ont été observés de 1813 à 1816 par plusieurs physiciens; mais, comme à cette époque les relations entre les savants des différents pays de l'Europe étaient fort irrégulières, il est difficile de fixer la part qui appartient à chacun.

Brewster observa dès 1813 les anneaux que donnent certains cristaux à un axe taillés perpendiculairement à l'axe, tels que le béryl, l'émeraude, le rubis[1]; Wollaston aperçut ces anneaux en 1814 en se servant de lames de spath; Biot et Seebeck les virent de leur côté en 1815, sans qu'aucun de ces savants paraisse avoir eu connaissance des travaux des autres. La théorie complète des phénomènes que présentent les cristaux à un axe taillés perpendiculairement à l'axe a été exposée par M. Airy dans un Mémoire publié en 1830[2].

Les colorations que donnent dans la lumière convergente les cristaux à un axe taillés parallèlement à l'axe ont été étudiées expérimentalement par Jean Müller, qui en a donné l'explication théorique[3].

Enfin la découverte des anneaux de forme compliquée qui apparaissent lorsqu'on fait tomber un faisceau convergent de lumière polarisée sur une lame cristallisée à deux axes est due à Brewster et remonte à l'année 1814[4].

---

[1] *Treatise on New Philosophical Instruments*, p. 336 et suiv.

[2] On the Nature of the Light in the two Rays produced by the Double Refraction of Quartz (*Cambr. Trans.*, IV, 79, 198).

[3] Erklärung der isochromatischen Curven welche einaxige parallel mit der Axe geschnittene Krystalle im homogenen polarisirten Lichte zeigen (*Pogg. Ann.*, XXXIII, 283; XXXV, 95).

[4] On the Affections of Light Transmitted through Crystallized Bodies (*Phil. Trans.*, 1814, p. 185).

212. Pince à tourmalines. — Le procédé le plus simple pour observer les phénomènes de la polarisation chromatique dans la lumière convergente ou divergente consiste à se servir de la pince à tourmalines. Ce petit appareil (fig. 17), imaginé par M. Biot, se compose de deux plaques de tourmaline A et B, taillées parallèlement à l'axe et pouvant tourner dans deux anneaux; ces deux anneaux sont fixés aux deux extrémités d'un ressort en forme de pince. Si l'on place les deux tourmalines de façon que leurs axes soient croisés, comme chacune d'elles ne laisse passer que les rayons extraordinaires, la lumière incidente se trouve presque complétement éteinte, et, en regardant à travers le système des deux tourmalines, on ne distingue rien. Mais, si l'on vient à placer entre les deux tourmalines une lame cristallisée biréfringente, on aperçoit des dessins colorés qui changent de forme suivant la direction dans laquelle on regarde et qui paraissent se projeter, soit sur le ciel, soit sur les parois de la chambre où l'on observe. Ces dessins ne peuvent être vus nettement que par les personnes dont les yeux sont susceptibles de s'accommoder pour les objets placés à une distance infinie, ou en d'autres termes pour des rayons parallèles; les myopes, dont les yeux ne jouissent pas de cette faculté, doivent les armer d'un verre divergent convenablement choisi.

Fig. 17.

Il est facile de se rendre compte de ce qui se passe dans cette expérience. La première tourmaline sert évidemment de polariseur et la seconde d'analyseur. L'œil reçoit d'ailleurs une infinité de faisceaux de directions différentes, composés chacun de rayons parallèles entre eux. Considérons en particulier l'un de ces faisceaux : les rayons qui le composent, polarisés par leur passage à travers la première tourmaline, traversent tous la lame cristallisée dans la même direction et sous la même épaisseur; en sortant de la seconde tourmaline, qui ne laisse passer qu'un seul faisceau réfracté, ils sont tous teints de la même couleur, et le faisceau émergent possède une intensité qu'on peut calculer à l'aide des formules que nous avons données pour le cas de l'incidence oblique. Si tous les rayons parallèles qui forment ce faisceau émergent viennent concourir en un point de la rétine, ils arrivent au point de concours sans acquérir aucune différence de marche (25); l'intensité de ce point de concours est donc égale à la somme des intensités des rayons qui composent le faisceau, et sa couleur est celle qui correspond à la direction suivant laquelle le faisceau a traversé la lame cristalline. Si l'on considère un second faisceau ayant une direction différente de celle du premier, on peut répéter le même raisonnement et l'on voit que le point de concours des rayons qui forment ce faisceau sera en général teint d'une autre couleur que le point de concours des rayons du premier faisceau. Si la lame reçoit un grand nombre de faisceaux présentant des directions différentes, les points de concours de ces faisceaux formeront des dessins colorés sur la rétine, et l'œil sera affecté comme si un pareil dessin était placé à une très-grande distance. Les intensités des différents points de concours, en supposant que tous les faisceaux incidents aient des intensités égales, sont proportionnelles à celles qui correspondent aux différentes directions suivant lesquelles les faisceaux traversent la lame cristallisée.

Les phénomènes dont nous venons de parler sont dits produits par la lumière convergente ou par la lumière divergente. Ces deux dénominations proviennent de ce qu'on considère tantôt les faisceaux incidents qui convergent vers la lame cristallisée, tantôt les faisceaux qui, au sortir de cette lame, divergent dans différentes directions.

Au lieu d'observer directement les phénomènes, on peut les projeter sur un tableau ou les regarder à la loupe; mais, dans tous les cas, les choses doivent être disposées de telle façon que les rayons qui traversent parallèlement la lame cristallisée aillent converger en un même point de la rétine ou du tableau. Il est clair d'ailleurs que, si le polariseur n'est pas une tourmaline et laisse passer deux faisceaux réfractés, les rayons de chacun de ces faisceaux devront converger en un même point de la rétine ou du tableau. Ces conditions sont réalisées dans plusieurs appareils que nous allons décrire maintenant.

213. Appareil de Soleil. Le plus ancien des appareils desti-

nés à l'observation des phénomènes de polarisation chromatique
dans la lumière convergente est celui de Soleil, qui se prête à la mesure de l'angle des axes optiques. Dans cet appareil (fig. 18) les

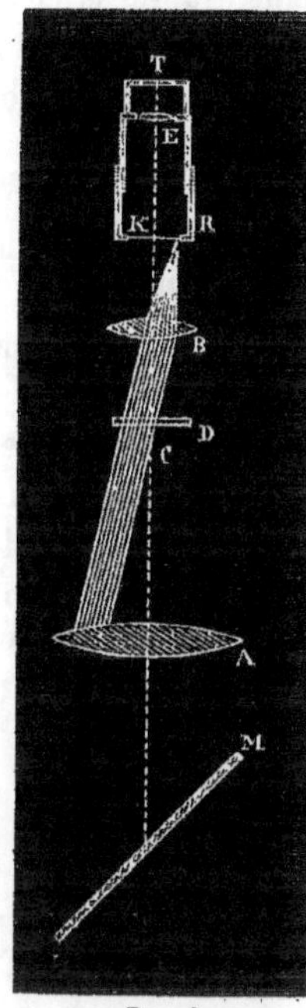

rayons solaires sont reçus sur un miroir en
verre noir qui fait avec l'axe de l'appareil un
angle de 35°25′, de façon que les rayons réfléchis dans la direction de cet axe soient
entièrement polarisés dans le plan d'incidence. Chaque point du miroir peut être regardé comme l'origine d'un cône de rayons
réfléchis dont l'ouverture est égale au demi-
diamètre apparent du soleil. Ces rayons sont
reçus sur une première lentille A, dite lentille collective ou lentille d'illumination, qui
donne en C, dans son plan focal principal,
une image très-petite du soleil. La lame cristallisée est placée en D, un peu au delà de
l'image réelle C. Chaque point de cette image
C est le sommet d'un cône de rayons; mais si
on considère parmi tous ces rayons ceux qui
sont parallèles à une certaine direction, on
voit qu'ils traversent la lame cristallisée sous
la même épaisseur et dans la même direction,
et qu'ils se trouvent tous, par conséquent, au

Fig. 18.

sortir de cette lame, dans le même état de polarisation. A une certaine distance de la lame D se trouve une seconde lentille B qui fait
converger en un même point les rayons qui ont traversé parallèlement la lame D. Il se formera donc dans le plan focal principal
de cette lentille B une image dont chaque point correspond à un
faisceau de rayons qui ont traversé parallèlement la lame cristallisée, les directions de ces faisceaux étant différentes pour les différents points de cette image. Dans le plan focal principal de la lentille B se trouve un micromètre K placé à l'orifice d'un tube R; le
même tube porte une troisième lentille E qui sert de loupe et avec
laquelle on observe l'image qui se produit en K; cette lentille E
peut s'éloigner ou se rapprocher du micromètre.

Enfin une tourmaline T, placée entre la loupe E et l'œil de l'observateur, fait fonction d'analyseur. Il est indifférent que l'analyseur soit placé ainsi entre la loupe et l'œil, ou immédiatement après la lame cristallisée; car, le passage des rayons à travers les lentilles ne leur communiquant aucune différence de marche, on observe toujours les mêmes apparences que si le dessin coloré se formait réellement dans le plan du micromètre K.

Étant données les coordonnées x et y d'un point situé dans le plan du micromètre, il est facile de calculer l'angle d'incidence I sous lequel les rayons parallèles qui vont converger en ce point traversent la lame cristallisée, et l'angle ω que le plan d'incidence de ces rayons fait avec la section principale de la lame. Prenons en effet pour origine le point où l'axe de l'appareil rencontre le plan du micromètre, et pour axe des x une droite située dans ce plan et parallèle à la section principale de la lame. Nous aurons, en désignant par d la distance de la lentille B au plan du micromètre,

$$\operatorname{tang} I = \frac{\sqrt{x^2 + y^2}}{d},$$
$$\operatorname{tang} \omega = \frac{y}{x}.$$

Les angles I et ω étant connus, on peut calculer, à l'aide des formules données précédemment pour le cas de l'incidence oblique, la coloration que doit présenter le point considéré.

214. Appareil de projection de M. Dubosq. — L'appareil de M. Dubosq (fig. 19) est destiné à la projection des phénomènes. Une grande lentille A, d'un décimètre de diamètre, reçoit la lumière solaire réfléchie par un héliostat. Les rayons qui traversent cette lentille vont former en a une image très-petite du soleil; mais, avant d'arriver en a, ils sont polarisés par un prisme de Nicol ou de Foucault placé en N. La lame cristalline est placée en L, à une petite distance du plan focal principal de la lentille A, de façon à recevoir tous les faisceaux divergents de lumière qu'on peut considérer comme émanant des différents points de l'image a. Au delà de la lame, en B, se trouve une seconde lentille qui fait converger en un même point tous les rayons qui ont traversé parallèlement la lame cristallisée;

il se forme ainsi une seconde image en a', dans le plan focal principal de la lentille B, et chaque point de cette image correspond à un
faisceau de rayons qui ont traversé la lame dans une direction dé-

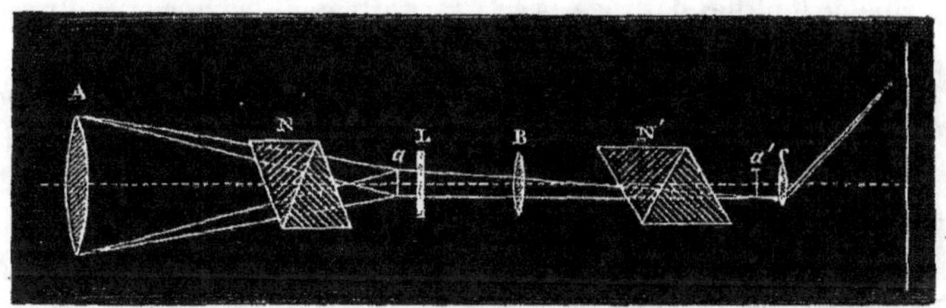

Fig. 19.

terminée. Un second prisme de Nicol ou de Foucault N', placé soit
entre la lentille B et l'image a', soit au delà de cette image, sert
d'analyseur. Enfin une troisième lentille C de très-court foyer, placée à une distance de l'image a' un peu plus grande que sa distance
focale principale, donne sur un tableau une image très-amplifiée du
phénomène qui se produit réellement en a' si l'analyseur est entre a'
et la lentille B, ou d'un phénomène virtuel si l'analyseur est au delà
de a'. ce qui est complétement indifférent.

Il faut remarquer que ce n'est pas en a', mais au foyer conjugué
de l'image a que le faisceau réfracté par la lentille B présente les
plus petites dimensions transversales. Pour que les expériences aient
un certain éclat, il faut opérer avec une lumière intense, à cause de
l'amplification de l'image. La lumière solaire peut être remplacée
par la lumière électrique; les charbons doivent alors se trouver au
foyer principal d'une première lentille qui donne un faisceau de
rayons à peu près parallèles.

215. Microscope polarisant d'Amici. — Le microscope
polarisant d'Amici[1] permet d'étudier les phénomènes produits par
les lames cristallisées qu'on ne peut obtenir qu'en très-petits fragments, et de constater les changements de structure que présente
une même lame en des points très-rapprochés. Cet instrument a
rendu de grands services à la minéralogie; il a servi aux expériences

[1] *Ann. de chim. et de phys.*, (3), XII, 114.

de M. Grailich, les plus complètes et les plus précises qui aient été faites sur les caractères optiques des minéraux.

Le microscope d'Amici (fig. 20) se compose d'un polariseur, d'un système de lentilles destinées à éclairer fortement la lame cristallisée,

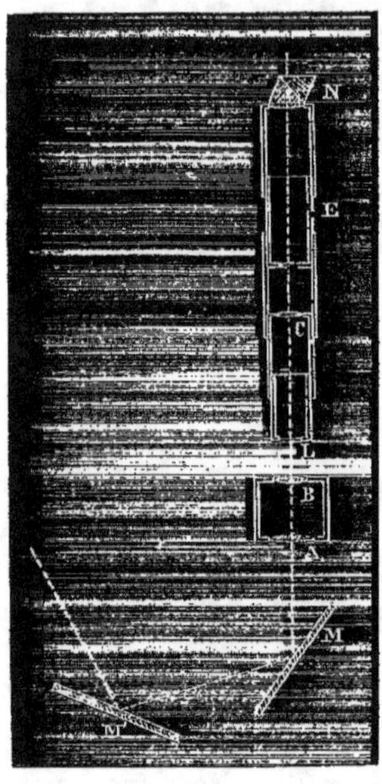

Fig. 20.

d'un second système de lentilles destinées à faire converger en un même point les rayons qui traversent parallèlement la lame, enfin d'un microscope qui amplifie l'image ainsi formée et d'un analyseur qui la colore.

Le polariseur consiste en une lame de verre M inclinée de 35°25' sur l'axe de l'instrument; la lumière solaire est renvoyée sur cette lame à l'aide d'un miroir étamé M'. Deux lentilles A et B, dont la première a quelques centimètres de distance focale tandis que la seconde est à foyer très-court, font converger très-fortement les rayons solaires. Ce système constitue ce qu'on appelle l'éclairement de Dujardin. La lame cristalline est placée en L un peu au delà du plan focal principal du système formé par les lentilles A et B; cette lame se trouve ainsi fortement éclairée par des faisceaux de rayons parallèles qui forment entre eux des angles considérables. Une troisième lentille C fait converger en un même point chacun des faisceaux de rayons parallèles; il se forme ainsi une image réelle dans le plan focal principal de cette lentille. C'est cette image réelle qu'on observe avec le microscope E muni d'un analyseur N placé entre l'oculaire et l'œil. Le cercle oculaire de la loupe doit être assez éloigné de cette loupe pour qu'on puisse interposer un spath servant d'analyseur.

216. Lignes incolores et lignes isochromatiques. — Nous allons exposer maintenant la théorie des phénomènes que présentent les lames cristallisées dans la lumière convergente ou divergente. Nous considérerons toujours l'image réelle formée dans le plan focal principal de la lentille qui fait converger en un même point les rayons qui ont traversé la lame cristalline suivant des directions parallèles. Le centre de cette image correspond au point où convergent les rayons qui traversent normalement la lame; si l'on prend ce point pour origine et deux droites quelconques pour axes des coordonnées, les coordonnées x et y du point où convergent les rayons qui tombent sur la lame sous une incidence égale à I satisfont, comme nous l'avons vu, à la relation

$$\tan I = \frac{\sqrt{x^2 + y^2}}{d},$$

d étant la distance focale principale de la lentille. Il résulte de là que les points de concours des différents faisceaux qui traversent la lame sous une même incidence I sont situés sur une circonférence ayant pour centre le point de concours des rayons normaux.

L'analyseur donne une ou deux images colorées de l'image réelle dont nous venons de parler, suivant que cet analyseur est une tourmaline ou un spath. Le centre de chacune de ces images colorées correspond encore au point de concours des rayons normaux, et les points qui dans chacune de ces images correspondent aux rayons qui ont traversé la lame sous une incidence égale à I sont situés sur une circonférence ayant pour centre le point qui correspond aux rayons normaux et dont le rayon est proportionnel à $\tan I$.

L'intensité de la lumière simple dont la longueur d'ondulation est λ est donnée en un point quelconque de l'image ordinaire par la formule

$$\omega^2 = \cos^2 s - \sin 2i \sin 2\,(i - s)\sin^2 \pi \,\frac{O - E}{\lambda},$$

et en un point de l'image extraordinaire par la formule

$$\varepsilon^2 = \sin^2 s + \sin 2i \sin 2\,(i - s)\sin^2 \pi \,\frac{O - E}{\lambda}.$$

Dans ces formules (195) i et s représentent les angles que font avec le plan primitif de polarisation la section principale de la lame mince et la section principale de l'analyseur. Quant à la différence de marche $O - E$, elle pourra s'exprimer à l'aide des formules que nous avons données pour le cas de l'incidence oblique en fonction de l'angle d'incidence I et de l'angle que le plan d'incidence forme avec la section principale de la lame : ces deux angles sont eux-mêmes des fonctions des coordonnées du point considéré, de sorte qu'en définitive, dans chaque image, l'intensité que présente en un point une lumière simple correspondant à une longueur d'ondulation donnée pourra se calculer en fonction des coordonnées de ce point.

Avant d'examiner les différents cas particuliers qui peuvent se présenter, il est utile de faire quelques remarques générales applicables à tous les cas.

Si l'on a

$$(1) \qquad \sin 2i = 0$$

ou

$$(2) \qquad \sin 2(i - s) = 0,$$

les seconds termes des expressions qui représentent les intensités ω^2 et ε^2 s'annulent pour les rayons de toutes les couleurs. Pour les points où l'une de ces relations est satisfaite, les intensités des différentes lumières simples sont donc proportionnelles à ce qu'elles sont dans la lumière incidente, et par suite ces points forment des *lignes incolores.*

Si l'on a

$$(3) \qquad \sin^2 \pi \frac{O - E}{\lambda} = 0,$$

les rayons dont la longueur d'ondulation est λ présenteront, si le produit $\sin 2i \sin 2(i - s)$ est positif, un maximum d'intensité dans l'image ordinaire et un minimum d'intensité dans l'image extraordinaire, et, si le produit $\sin 2i \sin 2(i - s)$ est négatif, un minimum d'intensité dans l'image ordinaire et un maximum dans l'image extraordinaire.

L'équation (3) détermine donc une série de lignes dites *isochromatiques* : chacune de ces lignes présente approximativement la teinte correspondant à la longueur d'ondulation λ dans l'image ordinaire et la teinte complémentaire dans l'image extraordinaire, si le produit $\sin 2i \sin 2(i-s)$ est positif; c'est l'inverse si ce produit est négatif. Les parties d'une même ligne isochromatique pour lesquelles le produit $\sin 2i \sin 2(i-s)$ présente des signes différents sont donc teintes de couleurs complémentaires. Ceci posé, il est facile de se rendre compte de ce qui arrive lorsqu'une courbe isochromatique croise une ligne incolore; si cette ligne incolore résulte de ce qu'un seul des facteurs $\sin 2i$ et $\sin 2(i-s)$ s'annule, le produit $\sin 2i \sin 2(i-s)$ présente des signes différents de part et d'autre de cette ligne, et par suite la courbe isochromatique, en traversant la ligne incolore, passe d'une teinte à la teinte complémentaire; si, au contraire, la ligne incolore résulte de ce que les deux facteurs $\sin 2i$ et $\sin 2(i-s)$ s'annulent simultanément, le produit $\sin 2i \sin 2(i-s)$ a le même signe de part et d'autre de cette ligne, et la courbe isochromatique conserve la même teinte en croisant la ligne incolore.

217. Lame perpendiculaire à l'axe. — Si la lame cristallisée est perpendiculaire à l'axe, la différence de marche $O - E$ est nulle pour les rayons normaux, et, par suite, le centre de chaque image est toujours incolore. Pour les rayons qui ne sont pas normaux à la lame, la section principale n'est autre que le plan d'incidence. La relation

$$\sin 2i = 0$$

détermine donc deux lignes incolores passant par le centre, dont l'une est parallèle et l'autre perpendiculaire au plan primitif de polarisation.

La relation

$$\sin 2(i-s) = 0$$

détermine deux autres lignes incolores passant également par le centre, dont l'une est parallèle et l'autre perpendiculaire à la section principale de l'analyseur.

On aura donc en général deux croix grises chacune à quatre branches; ces deux croix déterminent huit segments dans lesquels

sont placées les courbes isochromatiques. La différence de marche
$O - E$ ne dépendant, dans le cas actuel, que de l'angle d'incidence I,
ces courbes isochromatiques sont évidemment des cercles concentriques ayant pour centre le point où se croisent les branches des
deux croix. Si parmi les huit segments déterminés par les deux croix
on en considère quatre non adjacents, on voit que chaque cercle
isochromatique présentera une certaine teinte dans ces quatre segments et la teinte complémentaire dans les quatre autres.

Lorsqu'on a $s = 0$ ou $s = 90°$, c'est-à-dire lorsque la section principale de l'analyseur est parallèle ou perpendiculaire au plan primitif de polarisation, les deux relations (1) et (2) se réduisent à une
seule. Il n'y a plus alors qu'une seule croix, et chaque cercle isochromatique conserve la même teinte sur tout son contour. Si $s = 0$,
c'est-à-dire si la section principale de l'analyseur est parallèle au
plan primitif, la croix est blanche dans l'image ordinaire et noire

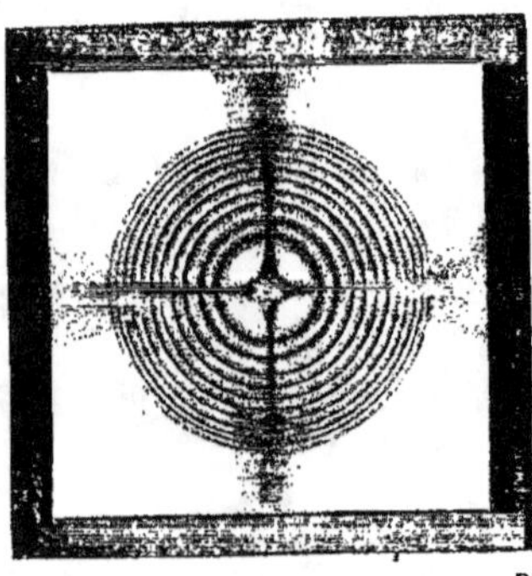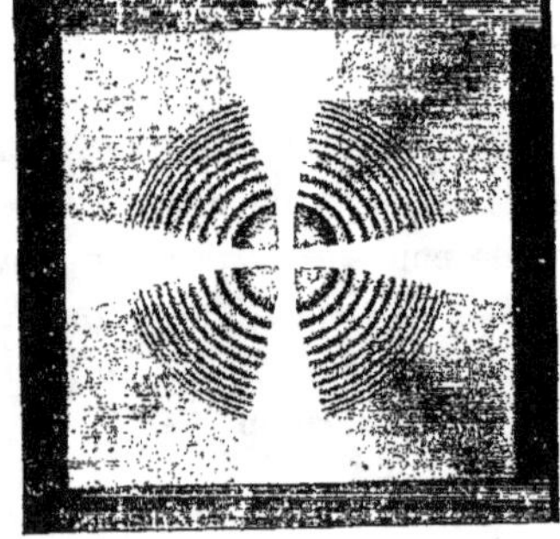

Fig. 21.

dans l'image extraordinaire; si au contraire $s = 90°$, c'est-à-dire
si la section principale de l'analyseur est perpendiculaire au plan
primitif, la croix est noire dans l'image ordinaire et blanche dans
l'image extraordinaire. Ces apparences sont représentées dans la
figure 21.

Les lignes isochromatiques correspondant, pour les rayons dont
la longueur d'ondulation est λ, à un maximum d'intensité dans
l'image ordinaire et à un minimum dans l'image extraordinaire sont
données, dans le cas où le produit $\sin 2i \sin 2(i - s)$ est positif, par

l'équation

$$\sin^2 \pi \frac{O-E}{\lambda} = 0 ,$$

et, dans le cas où ce produit est négatif, par l'équation

$$\sin^2 \pi \frac{O-E}{\lambda} = 1 .$$

Les lignes isochromatiques correspondant à un minimum d'intensité dans l'image ordinaire et à un maximum dans l'image extraordinaire sont au contraire représentées par la seconde de ces équations si le produit $\sin 2i \sin 2(i-s)$ est positif, et par la première si ce produit est négatif.

L'équation générale des lignes isochromatiques est donc

$$O - E = k \frac{\lambda}{2},$$

k étant un nombre entier; d'ailleurs, la lame étant perpendiculaire à l'axe, on a (200)

$$O - E = \frac{\varepsilon}{b} \left(\sqrt{1 - b^2 \sin^2 I} - \sqrt{1 - a^2 \sin^2 I} \right);$$

l'équation des courbes isochromatiques peut donc s'écrire

$$\sqrt{1 - b^2 \sin^2 I} - \sqrt{1 - a^2 \sin^2 I} = \frac{kb\lambda}{2\varepsilon}.$$

Par la raison générale qui fait disparaître les phénomènes d'interférence dans la lumière blanche lorsque la différence de marche est égale à un nombre un peu considérable de demi-longueurs d'ondulation, les seules lignes isochromatiques visibles sont celles qui correspondent à de petites valeurs de k et par suite à de petites valeurs de l'angle I. Pour toutes les lignes isochromatiques visibles, on peut donc développer les deux radicaux qui entrent dans le premier membre de l'équation précédente, en se bornant à prendre les deux premiers termes de chaque développement. L'équation des lignes isochromatiques devient alors

$$(a^2 - b^2) \sin^2 I = \frac{kb\lambda}{\varepsilon}.$$

L'angle I étant très-petit, son sinus est approximativement égal à sa tangente; on peut par conséquent poser

$$\sin^2 I = \frac{x^2 + y^2}{d^2},$$

et l'équation des lignes isochromatiques prend définitivement la forme

$$x^2 + y^2 = \frac{kbd^2 \lambda}{\varepsilon (a^2 - b^2)}.$$

Les diamètres des cercles isochromatiques sont donc proportionnels à la distance qui sépare le plan où se forme l'image du centre optique de la lentille; leurs carrés sont en raison inverse de l'épaisseur de la lame, proportionnels à la quantité $\frac{b}{a^2 - b^2}$ et à la longueur d'ondulation λ. Mais il faut remarquer que ces lois ne sont applicables qu'aux cercles peu éloignés du centre du phénomène; les deux dernières ne sont du reste jamais rigoureusement vraies, car la quantité $\frac{b}{a^2 - b^2}$ dépend elle-même de la longueur d'ondulation.

· Dans l'image ordinaire, les diamètres des anneaux brillants sont proportionnels à la suite des nombres pairs, et ceux des anneaux obscurs à la suite des nombres impairs, si le produit $\sin 2i \sin 2 (i - s)$ est positif: c'est l'inverse si ce produit est négatif. Ces résultats sont renversés pour l'image extraordinaire. Il résulte de là que, si $s = o$, le produit $\sin 2i \sin 2 (i - s)$ étant toujours positif, les couleurs de l'image ordinaire se succèdent dans le même ordre que celles des anneaux transmis de Newton, tandis que celles de l'image extraordinaire sont analogues aux couleurs des anneaux réfléchis. Si $s = 90°$, le produit $\sin 2i \sin 2 (i - s)$ est toujours négatif, et, par suite, l'image ordinaire présente les couleurs des anneaux réfléchis et l'image extraordinaire celles des anneaux transmis. Lorsque l'angle s n'est égal ni à zéro ni à 90 degrés, il y a deux croix incolores qui divisent chacune des images en huit segments. Dans les segments de l'image ordinaire où le produit $\sin 2i \sin 2 (i - s)$ est positif, les couleurs se succèdent comme dans les anneaux transmis, et, dans les segments où ce produit est négatif, elles suivent le même ordre que dans les anneaux réfléchis; c'est l'inverse dans l'image extraordinaire.

218. Superposition de deux lames perpendiculaires à l'axe. — Lorsqu'on superpose deux lames perpendiculaires à l'axe, les sections principales de ces deux lames peuvent toujours être regardées comme se confondant l'une avec l'autre. On a donc, comme nous l'avons vu précédemment (197),

$$\omega^2 = \cos^2 s - \sin 2i \sin 2\,(i-s)\,\sin^2 \pi\,\frac{\mathrm{O} - \mathrm{E} + \mathrm{O'} - \mathrm{E'}}{\lambda},$$

$$\varepsilon^2 = \sin^2 s + \sin 2i \sin 2\,(i-s)\,\sin^2 \pi\,\frac{\mathrm{O} - \mathrm{E} + \mathrm{O'} - \mathrm{E'}}{\lambda}.$$

Il résulte de là que les croix incolores seront placées de la même façon que dans le cas d'une lame unique. L'équation générale des courbes isochromatiques sera

$$\mathrm{O} - \mathrm{E} + \mathrm{O'} - \mathrm{E'} = \frac{k\lambda}{2},$$

d'où l'on tire, en désignant par ε' l'épaisseur de la seconde lame. par a' et b' les demi-axes de la nappe ellipsoïdale de la surface de l'onde dans cette lame,

$$x^2 + y^2 = \frac{k d^2 \lambda}{\dfrac{\varepsilon}{b}\left(a^2 - b^2\right) + \dfrac{\varepsilon'}{b'}\left(a'^2 - b'^2\right)}.$$

Si les deux lames sont de même signe, les quantités $a^2 - b^2$ et $a'^2 - b'^2$ sont aussi de même signe, et, par suite, les anneaux que donnent les lames superposées sont toujours plus étroits que ceux qui sont donnés par l'une des lames. L'effet produit par la superposition de deux lames de même signe est donc toujours un rétrécissement des anneaux.

Si les deux lames sont de signes contraires, les anneaux fournis par celle des deux lames pour laquelle la quantité $\frac{\varepsilon}{b}\left(a^2 - b^2\right)$ a la plus grande valeur absolue s'élargissent lorsqu'on lui superpose l'autre lame.

On peut déduire de ces remarques un moyen très-simple de déterminer le signe d'un cristal à un axe. Il suffit d'avoir une lame de ce cristal taillée perpendiculairement à l'axe, et de la superposer à une lame également perpendiculaire à l'axe d'un cristal dont le signe est connu. Il faut avoir soin, pour écarter toute chance d'erreur, d'observer en premier lieu les anneaux fournis par celle des deux lames pour laquelle la quantité $\dfrac{b}{a^2 - b^2}$ a la plus grande valeur absolue, c'est-à-dire par celle qui donne les anneaux les plus étroits. On lui superpose la seconde lame, et, si les anneaux se rétrécissent, on en conclut que les deux lames sont de même signe; si, au contraire, les anneaux s'élargissent, les lames sont de signes contraires. Pour plus de sûreté, il convient de ne s'appuyer que sur les expériences qui produisent un élargissement des anneaux.

Comme lame répulsive, on peut employer le spath d'Islande, la tourmaline ou le béryl; le spath a l'inconvénient de donner des anneaux très-étroits, à moins que la lame ne soit excessivement mince, car c'est un des cristaux où la différence entre l'indice ordinaire et l'indice extraordinaire a la plus grande valeur. Comme lame attractive on se sert ordinairement du zircon ou du sulfate de potasse.

219. Lame parallèle à l'axe. — Lorsque la lame est parallèle à l'axe, les images données par l'analyseur ne présentent plus de lignes incolores: dans ce cas, en effet, les angles i et s ont la même valeur pour tous les rayons quel que soit l'angle I : si donc on a

$$\sin 2i = 0$$

ou

$$\sin 2\,(i - s) = 0\,,$$

c'est-à-dire si la section principale de la lame est parallèle ou perpendiculaire au plan primitif de polarisation, ou encore si la section principale de l'analyseur est parallèle ou perpendiculaire à celle de la lame, le terme qui, dans l'expression des intensités des deux images fournies par l'analyseur, contient la longueur d'ondulation est nul pour tous les rayons, et, par suite, les images ne présentent aucune trace de coloration.

Les conditions les plus favorables pour la production des colorations sont évidemment remplies lorsqu'on a simultanément $i = \dfrac{\pi}{4}$ et $s = 0$ ou $s = \dfrac{\pi}{2}$.

En tenant compte de la valeur trouvée précédemment pour la différence de marche $O - E$ dans le cas d'une lame parallèle à l'axe (201), on voit que l'équation des courbes isochromatiques est

$$\frac{\sqrt{1 - b^2 \sin^2 I}}{b} - \frac{\sqrt{1 - (a^2 \sin^2 \omega + b^2 \cos^2 \omega) \sin^2 I}}{a} = \frac{k\lambda}{2\varepsilon}.$$

Les phénomènes visibles correspondant toujours à de petites valeurs de l'angle I, on peut développer les radicaux en ne conservant que les deux premiers termes, et l'équation précédente devient

$$\frac{1 - \dfrac{b^2}{2} \sin^2 I}{b} - \frac{1 - \dfrac{1}{2}(a^2 \sin^2 \omega + b^2 \cos^2 \omega) \sin^2 I}{a} = \frac{k\lambda}{2\varepsilon},$$

d'où

$$\frac{a - b}{ab} + \frac{(a^2 \sin^2 \omega + b^2 \cos^2 \omega - ab) \sin^2 I}{2a} = \frac{k\lambda}{2\varepsilon},$$

$$\frac{a - b}{ab} + \frac{b[a(a - b) \sin^2 \omega - b(a - b) \cos^2 \omega] \sin^2 I}{2ab} = \frac{k\lambda}{2\varepsilon},$$

et enfin

$$(1) \qquad 1 + \frac{b}{2}(a \sin^2 \omega - b \cos^2 \omega) \sin^2 I = \frac{ab}{a - b} \frac{k\lambda}{2\varepsilon}.$$

Si l'on prend pour axe des x une droite parallèle à la section principale de la lame, on a, comme nous l'avons vu précédemment,

$$\operatorname{tang} I = \frac{\sqrt{x^2 + y^2}}{d},$$

$$\operatorname{tang} \omega = \frac{y}{x},$$

d'où

$$\sin \omega = \frac{y}{d \operatorname{tang} I},$$

$$\cos \omega = \frac{x}{d \operatorname{tang} I}.$$

L'angle I étant toujours très-petit, on peut remplacer sa tangente par son sinus, et il vient

$$\sin\omega\sin I = \frac{y}{d}, \qquad \cos\omega\sin I = \frac{x}{d}.$$

En substituant ces valeurs dans l'équation des lignes isochromatiques, elle prend la forme

$$(2) \qquad \frac{b}{2d^2}(ay^2 - bx^2) = \frac{ab}{a-b}\,\frac{k\lambda}{2\varepsilon} - 1.$$

Les lignes isochromatiques sont donc des hyperboles ayant pour axes deux droites, l'une parallèle, l'autre perpendiculaire à l'axe du cristal, et pour asymptotes deux droites représentées par l'équation

$$y = \pm\sqrt{\frac{b}{a}}\,x.$$

Si k est négatif, ou si k a une valeur positive peu considérable, le second membre de l'équation (2) est négatif, et, par suite, l'axe réel des hyperboles est parallèle à l'axe du cristal. Si k a une valeur positive supérieure à celle qui annule le second membre de l'équation (1), ce second membre est positif et l'axe des hyperboles isochromatiques est perpendiculaire à l'axe du cristal.

D'ailleurs, l'équation

$$\frac{ab}{a-b}\,\frac{k\lambda}{2\varepsilon} - 1 = 0$$

n'étant pas en général satisfaite par une valeur entière de k, les asymptotes ne font pas partie du système des courbes isochromatiques, sauf dans des cas très-particuliers.

L'équation (1) montre que, lorsque $\sin^2 I$ est très-petit, comme cela arrive pour la partie visible du phénomène, k doit représenter un nombre assez grand, à moins que ε ou $a-b$ ne soit très-petit. Donc, si la lame n'est pas excessivement mince ou très-peu biréfringente, les courbes isochromatiques qui forment la partie visible du phénomène correspondent à une valeur assez grande de k; il est facile de conclure de là que, dans les points où une certaine couleur présente son maximum d'intensité, il y a minimum d'intensité pour une couleur très-voisine, et que, par suite, les colorations ne sont pas sensibles dans la lumière blanche. Aussi, pour distinguer les hyperboles isochromatiques que donne une lame parallèle à l'axe, est-il nécessaire d'employer une lumière monochromatique comme celle de l'alcool salé, à moins que la lame ne soit extrêmement mince.

220. Procédé de M. Grailich pour déterminer le signe d'un cristal à un axe. — M. Grailich s'est servi des franges hyperboliques que donne une lame parallèle à l'axe pour déterminer le signe d'un cristal à un axe au moyen d'une seule lame auxiliaire dont le signe est connu. A cet effet, en avant de la lame à essayer B, qui est taillée parallèlement à l'axe, on dispose une lame A perpendiculaire à l'axe, dont le signe est connu, et dans laquelle la différence entre les indices des deux rayons est très-petite. Si les deux lames sont parallèles, les rayons tombent sur la première lame sous une incidence très-voisine de l'incidence normale; ils n'acquièrent donc dans cette lame qu'une différence de marche très-petite, et l'aspect des hyperboles que donne la seconde lame n'est pas sensiblement changé.

Supposons les deux lames de même signe. Si l'on fait tourner la lame A autour d'un axe perpendiculaire à la section principale de la seconde lame, les sections principales des deux lames coïncident sensiblement, du moins pour les rayons qui ne s'écartent pas beaucoup de l'axe du faisceau divergent; les rayons qui sont ordinaires dans la première lame restent donc ordinaires dans la seconde, et les rayons qui sont extraordinaires dans la première lame restent extraordinaires dans la seconde. Il résulte de là que la différence de marche augmente à mesure qu'on fait tourner la lame A; par suite, les hyperboles se rétrécissent ou n'apparaissent pas si elles étaient déjà invisibles.

Si au contraire on fait tourner la lame A autour d'un axe parallèle à la section principale de la lame B, les sections principales des deux lames sont perpendiculaires; les rayons qui sont ordinaires dans la lame A deviennent extraordinaires dans la lame B; la rotation de la lame A produit donc dans ce cas une diminution dans la différence de marche, et par suite un élargissement des hyperboles:

on peut ainsi faire apparaître les hyperboles, si elles étaient primitivement invisibles.

Les résultats sont renversés si les deux lames sont de signes contraires. Il convient de n'ajouter foi qu'aux expériences qui produisent un élargissement des hyperboles, et l'on voit que les deux lames sont de même signe ou de signes contraires suivant que cet élargissement est produit par une rotation autour d'un axe parallèle à la section principale de la lame à essayer ou autour d'un axe perpendiculaire à cette section principale.

221. Procédé de M. H. Soleil pour reconnaître si une lame est parallèle à l'axe. — M. Henri Soleil a imaginé un procédé très-ingénieux pour reconnaître si une lame est rigoureusement parallèle à l'axe, ce qu'il importe de vérifier aussi exactement que possible lorsqu'il s'agit de construire un compensateur de Babinet ou un appareil analogue.

Fig. 22.

On commence par s'assurer, à l'aide des procédés ordinaires, que les deux faces de la lame à essayer sont rigoureusement parallèles. On place ensuite cette lame dans l'appareil de Nörremberg. Cet appareil est représenté dans la figure 22. Le faisceau incident formé de rayons parallèles est reçu sur une glace AB qui fait avec la verticale un angle égal à l'angle de polarisation complète. Le faisceau est réfléchi verticalement, de haut en bas; il rencontre une lentille E qui le fait converger en son foyer principal O. Ce foyer principal se trouve sur un miroir horizontal CD; sur ce miroir est posée une lame de mica d'un quart d'onde cd, et au-dessus de cette lame de mica la lame à essayer ab. Le faisceau, au sortir de la lentille E, traverse les lames ab et cd, se réfléchit sur le miroir CD sans éprouver d'altération notable dans sa polarisation, traverse de nouveau les lames *cd* et *ab*, puis la lentille E. Au sortir de la lentille E les rayons redeviennent parallèles; ils traversent la glace AB sans que leur polarisation soit sensiblement changée; ils sont ensuite reçus sur un analyseur N placé dans un tube cylindrique vertical. La lame de mica doit être placée de façon que sa section principale fasse un angle de 45 degrés avec celle de la lame à essayer.

Le faisceau incident, en traversant la lame *ab*, se divise en deux ondes, l'une ordinaire, polarisée dans le plan de la section principale de *ab*; l'autre extraordinaire, polarisée perpendiculairement à ce plan. Chacune de ces deux ondes traverse deux fois la lame de mica; comme cette lame est d'un quart d'onde et que sa section principale fait un angle de 45 degrés avec celle de la lame mince, l'effet produit est le même que si les rayons traversaient une lame de mica d'épaisseur double; le plan de polarisation de chacune de ces ondes tourne donc de 90 degrés, et, lorsqu'elles traversent de nouveau la lame *ab*, l'onde qui était d'abord extraordinaire devient ordinaire, et réciproquement. Si la lame est rigoureusement parallèle à l'axe, les deux ondes, au sortir de la lame *ab*, sont polarisées à angle droit et ne présentent aucune différence de marche, chacune d'elles ayant parcouru des chemins identiques dans la lame *ab*, à l'état d'onde ordinaire et à l'état d'onde extraordinaire. Il n'y aura donc aucune trace de coloration dans l'analyseur.

Supposons au contraire que la lame *ab* soit inclinée sur l'axe : désignons par O et E les chemins équivalant à ceux qui sont parcourus dans la lame *ab* par l'onde ordinaire et par l'onde extraordinaire, lorsque les rayons traversent pour la première fois cette lame ; par O' et E' les chemins équivalant à ceux qui sont parcourus dans la lame *ab* par l'onde ordinaire et par l'onde extraordinaire, lorsque les rayons traversent pour la seconde fois cette lame après s'être réfléchis sur le miroir CD. Les deux ondes correspondant aux rayons qui ont traversé deux fois la lame *ab* présentent une différence de marche égale à $O + E' - (O' + E)$. Les chemins O' et O sont évidemment égaux; mais il n'en est pas de même des chemins E et E' lorsque la lame n'est pas parallèle à l'axe. Si en effet δ représente l'angle que forme la normale à la lame avec l'axe, on a, d'après les formules données précédemment,

$$E = \varepsilon \cot R' \sin I = \varepsilon \, \frac{(a^2 - b^2)\sin\delta\cos\delta\cos\omega\sin I + \sqrt{M}}{a^2\sin^2\delta + b^2\cos^2\delta}.$$

La quantité M placée sous le radical ne contient $\sin\delta$ et $\cos\delta$ qu'au carré. Pour calculer E', il faut tenir compte de ce que les rayons traversent la lame en sens contraire, et par conséquent remplacer δ par $\pi - \delta$, ce qui ne change pas la valeur de M. On a donc

$$E' = \varepsilon \, \frac{-(a^2 - b^2)\sin\delta\cos\delta\cos\omega\sin I + \sqrt{M}}{a^2\sin^2\delta + b^2\cos^2\delta}.$$

La différence de marche des deux ondes que reçoit l'analyseur est égale à $E - E'$, c'est-à-dire à

$$\frac{2\varepsilon(a^2 - b^2)\sin\delta\cos\delta\cos\omega\sin I}{a^2\sin^2\delta + b^2\cos^2\delta}.$$

Les lignes isochromatiques s'obtiendront en égalant cette quantité à une constante, ce qui revient à égaler à une constante $\cos\omega\sin I$ ou $\frac{x}{d}$. Les lignes isochromatiques sont donc des droites perpendiculaires à la section principale de la lame ab. Il résulte de là qu'on est averti, lorsque la lame n'est pas rigoureusement parallèle à l'axe, par l'apparition dans l'analyseur de bandes colorées rectilignes perpendiculaires à la section principale de la lame.

222. Superposition de deux lames parallèles à l'axe, de même nature et de même épaisseur, dont les sections principales sont à angle droit. — Supposons que l'on superpose deux lames appartenant au même cristal, parallèles à l'axe et de même épaisseur, de façon que leurs sections principales soient à angle droit. L'onde qui est ordinaire dans la première lame devient extraordinaire dans la seconde, et réciproquement. La différence de marche des deux ondes qui émergent du système des deux lames est donc égale à $O + E' - (O' + E)$ ou, comme $O' = O$, à $E' - E$. La valeur de E' s'obtient en remplaçant dans celle de E l'angle ω par son complément $\dfrac{\pi}{2} - \omega$; on a donc

$$E' - E = \frac{\varepsilon}{a} \left(\sqrt{1 - \left(a^2 \cos^2 \omega + b^2 \sin^2 \omega \right) \sin^2 I} \right.$$
$$\left. - \sqrt{1 - \left(a^2 \sin^2 \omega + b^2 \cos^2 \omega \right) \sin^2 I} \right).$$

Si l'on développe les deux radicaux en négligeant les termes dans lesquels $\sin I$ entre à une puissance supérieure à la seconde, ce qui est permis puisque l'angle I est toujours très-petit, il vient

$$E' - E = \frac{\varepsilon}{2a} \left(a^2 - b^2 \right) \left(\sin^2 \omega - \cos^2 \omega \right) \sin^2 I.$$

L'équation des courbes isochromatiques est

$$E' - E = \frac{k\lambda}{2},$$

ou. d'après la valeur que nous venons de trouver pour $E' - E$,

$$\left(a^2 - b^2 \right) \left(\sin^2 \omega - \cos^2 \omega \right) \sin^2 I = \frac{ak\lambda}{\varepsilon}.$$

En remplaçant $\sin \omega \sin I$ par $\dfrac{y}{d}$ et $\cos \omega \sin I$ par $\dfrac{x}{d}$, il vient définitivement

$$y^2 - x^2 = \frac{d^2}{a^2 - b^2} \frac{ak\lambda}{\varepsilon}.$$

Les courbes isochromatiques sont donc dans le cas actuel des hyperboles équilatères dont les axes sont dirigés suivant les traces des sections principales sur le plan du tableau, et les asymptotes suivant les bissectrices de ces traces. Ces asymptotes sont elles-mêmes des lignes isochromatiques correspondant à une valeur nulle de k; et comme, sur ces droites, le terme qui dans l'expression des intensités des deux images dépend de la longueur d'ondulation est nul, les deux asymptotes sont toujours incolores. Si la section principale de l'analyseur est parallèle ou perpendiculaire au plan primitif de polarisation, les deux asymptotes sont noires dans l'une des images et blanches dans l'autre. On voit que, dans le cas que nous venons d'examiner, les phénomènes sont beaucoup plus simples et plus réguliers que dans le cas d'une lame unique.

223. Lame inclinée sur l'axe d'une façon quelconque. — Si la lame est quelconque, en tenant compte des formules établies pour le cas de l'incidence oblique (202) et en posant

$$(a^2 - b^2) \sin \delta \cos \delta \cos \omega \sin I = M,$$

l'équation des lignes isochromatiques peut s'écrire

$$k \frac{\lambda}{2\varepsilon} = \frac{\sqrt{1 - b^2 \sin^2 I}}{b} - \frac{M}{a^2 \sin^2 \delta + b^2 \cos^2 \delta} + \frac{\sqrt{M^2 + (a^2 \sin^2 \delta + b^2 \cos^2 \delta)\{1 - [a^2 - (a^2 - b^2)\sin^2 \delta \cos^2 \omega] \sin^2 I\}}}{a^2 \sin^2 \delta + b^2 \cos^2 \delta}.$$

L'angle I est toujours très-petit; donc, si les quantités $a^2 - b^2$, $\sin \delta$ et $\cos \delta$ ne sont pas très-petites, c'est-à-dire en excluant le cas où la lame est très-peu biréfringente et celui où elle est voisine d'être parallèle ou perpendiculaire à l'axe, on peut négliger les termes en $\sin^2 I$. L'équation des lignes isochromatiques se réduit par conséquent à

$$\cos \omega \sin I = \text{const.}$$

ou à

$$x = \text{const.}$$

Dans le cas où la lame forme avec l'axe un angle qui diffère notablement de zéro et de 90 degrés, les courbes isochromatiques sont donc approximativement des droites perpendiculaires à la section principale de la lame.

Si l'on tient compte des termes en $\sin^2 I$, on obtient pour les courbes isochromatiques des coniques; ces coniques passent au cercle lorsque $\sin \delta$ se rapproche de zéro, et à l'hyperbole lorsque $\cos \delta$ se rapproche de zéro; elles se confondent sensiblement avec des droites dans le voisinage de leurs sommets, lorsque aucune des quantités $\sin \delta$ et $\cos \delta$ n'est voisine de zéro et que $a^2 - b^2$ n'est pas très-petit.

224. Superposition de deux lames quelconques identiques et dont les sections principales sont à angle droit.
— Supposons que l'on superpose deux lames identiques de même épaisseur et taillées suivant la même direction, de façon que les sections principales de ces deux lames soient perpendiculaires. En raisonnant comme plus haut (221) on voit que l'équation des courbes isochromatiques est

$$E' - E = \frac{k\lambda}{2}.$$

L'expression de E' se déduit de celle de E en remplaçant ω par $\frac{\pi}{2} - \omega$; en négligeant les termes en $\sin^2 I$, ce qui suppose que l'angle δ n'est voisin ni de zéro ni de 90 degrés, on a

$$E' - E = \frac{\varepsilon(a^2 - b^2)\sin\delta\cos\delta(\sin\omega - \cos\omega)\sin I}{a^2\sin^2\delta + b^2\cos^2\delta}.$$

Les courbes isochromatiques sont donc données par l'équation

$$\sin I (\sin\omega - \cos\omega) = \text{const.}$$

ou

$$y - x = \text{const.}$$

Ces courbes sont par suite des droites parallèles à la bissectrice des sections principales des deux lames, en supposant du moins que les lames ne soient pas voisines d'être parallèles ou perpendiculaires à l'axe. La bissectrice est elle-même une ligne isochromatique, et, comme elle correspond à une valeur nulle de la différence de marche, elle est incolore. Si la section principale de l'analyseur est parallèle ou perpendiculaire au plan primitif de polarisation, la bissectrice est noire dans l'une des images et blanche dans l'autre.

225. Polariscope de Savart. — Le polariscope de Savart est une application du cas particulier que nous venons d'examiner. Il se compose de deux plaques de quartz de même épaisseur et taillées suivant la même direction ; ces lames sont placées de façon que leurs sections principales soient rectangulaires et sont suivies d'un analyseur dont la section principale est parallèle à la bissectrice des sections principales des deux lames. Lorsqu'on fait tomber sur ce système un faisceau divergent de lumière polarisée, on aperçoit une série de franges rectilignes et colorées qui sont parallèles à la bissectrice des sections principales des deux lames.

Il n'est donc pas exact de dire, comme on le fait quelquefois, que les franges sont parallèles au plan primitif de polarisation; ce qui est vrai, c'est que la sensibilité de ce polariscope augmente à mesure que ce plan se rapproche d'être parallèle à la direction des franges.

Le polariscope de Savart est un des plus simples et en même temps un des plus sensibles.

Les lames de quartz doivent faire avec l'axe un angle voisin de 45 degrés; il faut éviter qu'elles se rapprochent d'être perpendiculaires à l'axe, à cause du pouvoir rotatoire du quartz.

226. Superposition de deux lames quelconques. — M. Langberg a traité par le calcul le cas où l'on superpose deux lames identiques inclinées sur l'axe d'une façon quelconque, et dont les sections principales forment entre elles un angle quelconque [1]. Il n'y a là aucune difficulté théorique; c'est un genre de vérifications tout à fait analogues à celles que Schwerd a exécutées pour les phénomènes de diffraction, et l'expérience a toujours confirmé les prévisions de la théorie. Il est à remarquer que, dans la plupart des cas, le champ visuel se trouve divisé en petits compartiments par deux systèmes de courbes isochromatiques qui se croisent.

C. — Phénomènes des cristaux à deux axes.

227. Formules générales. — Les formules qui représentent les intensités des deux images dans le cas des cristaux à un axe sont applicables aux cristaux à deux axes, à condition que l'on désigne par i l'angle que fait avec le plan primitif de polarisation le plan de polarisation du rayon qui se rapproche le plus de suivre les lois de la réfraction ordinaire. C'est à ce rayon, que l'on appelle par extension rayon ordinaire, que correspond l'image dont l'intensité est représentée dans les formules par ω^2. On voit que dans les cristaux à deux axes la section principale n'est autre chose que le plan de po-

[1] *Pogg. Ann.*, vol. complément., I.

larisation du rayon ordinaire, et que par conséquent les sections principales correspondant aux différents rayons ne passent plus toutes par une même droite, comme cela a lieu pour les cristaux à un axe.

Les lignes incolores sont encore données par les deux conditions

$$\sin 2i = 0, \qquad \sin 2(i - s) = 0;$$

elles sont donc déterminées par les rayons dont le plan de polarisation est parallèle ou perpendiculaire au plan primitif ou à la section principale de l'analyseur.

Nous nous occuperons uniquement du cas où la lame est perpendiculaire à l'axe de plus petite élasticité; les résultats que nous obtiendrons pourront s'appliquer aisément, au moyen d'une simple permutation, au cas où la lame est perpendiculaire à l'axe de plus grande élasticité. Nous aurons fréquemment occasion, dans ce qui va suivre, de nous appuyer sur un théorème démontré dans la théorie de la double réfraction (157), et qui consiste en ce que, si l'on mène deux plans passant par la normale à une onde plane et par les deux axes optiques, les plans bissecteurs des dièdres ainsi formés sont les plans de polarisation du rayon ordinaire et du rayon extraordinaire qui correspondent à cette onde.

228. Lignes incolores dans le cas où les axes optiques forment un angle très-petit avec la normale à la lame.

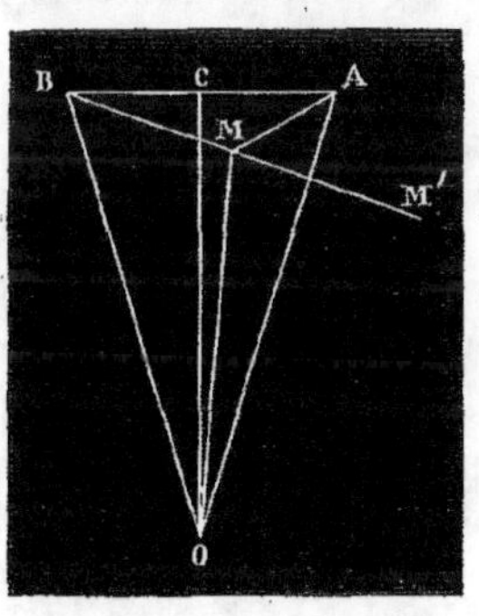

Fig. 23.

— La normale à la lame coïncidant avec l'axe de plus petite élasticité est toujours la bissectrice de l'angle que forment entre eux les axes optiques. Supposons que l'axe de plus petite élasticité se confonde avec la ligne moyenne et que les axes optiques forment entre eux un angle très-petit : chacun de ces axes fera alors un angle très-petit avec la normale à la lame. Pour déterminer la forme des lignes incolores, menons par un point quelconque O (fig. 23) deux droites OA et OB parallèles aux directions des axes optiques et une droite OC parallèle à la ligne moyenne. Par le point C menons un plan perpendiculaire à OC et considérons une droite OM qui rencontre ce plan en M; les plans de polarisation des rayons qui correspondent à une onde plane perpendiculaire à OM sont parallèles aux plans bissecteurs des angles dièdres AMOB et AMOM'. Si l'on suppose, comme nous l'avons toujours fait jusqu'à présent, que l'angle d'incidence I ait une valeur très-peu considérable, l'angle MOC sera très-petit; il en est de même d'ailleurs de l'angle AOB : les traces des plans bissecteurs dont nous venons de parler sur le plan perpendiculaire à OC se confondent par suite sensiblement avec les bissectrices des angles plans AMB et AMM'.

Pour déterminer la direction des ondes qui donnent lieu aux lignes incolores, il faut donc chercher le lieu des points M tels que

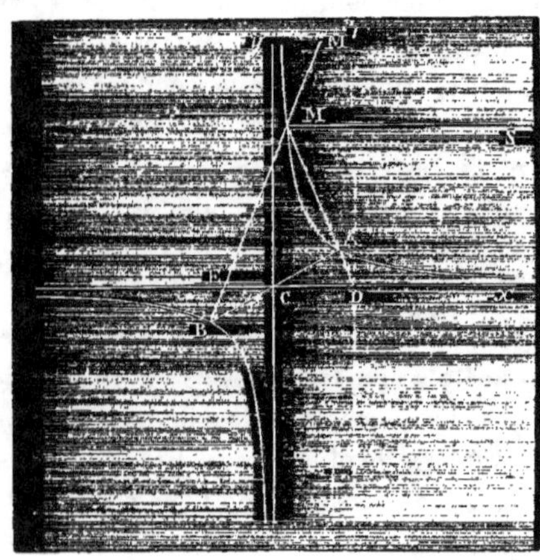

la bissectrice de l'angle AMB soit parallèle ou perpendiculaire à la trace sur le plan AMB du plan primitif ou de la section principale de l'analyseur. Prenons le plan AMB pour plan de figure, le point C pour origine et la trace du plan primitif sur le plan AMB pour axe des x (fig. 24). Soient D et E les points où les droites MA et MB rencontrent l'axe des x : si la bissectrice de l'angle AMB ou de son supplément est parallèle à l'axe des x, on voit immédiatement que les angles MDx et MEx sont supplémentaires. D'ailleurs, en désignant par x et y les coordonnées du point M, par α et β celles du point A, on a

$$\operatorname{tang} \mathrm{MD}x = \frac{y-\beta}{x-\alpha}, \qquad \operatorname{tang} \mathrm{ME}x = \frac{y+\beta}{x+\alpha},$$

et comme

$$\operatorname{tang} \mathrm{MD}x = -\operatorname{tang} \mathrm{ME}x,$$

Fig. 24.

il vient

$$\frac{\gamma + \beta}{x + \alpha} + \frac{\gamma - \beta}{x - \alpha} = 0,$$

d'où

$$xy = \alpha\beta,$$

équation d'une hyperbole ayant pour asymptotes les axes des coordonnées et passant par les points A et B.

On verrait de même que les points M, pour lesquels la bissectrice de l'angle AMB est parallèle ou perpendiculaire à la trace sur le plan de la figure de la section principale de l'analyseur, se trouvent sur une hyperbole passant par les points A et B et ayant pour asymptotes cette trace et une droite perpendiculaire.

On voit en résumé que si, par un point quelconque O, on mène deux parallèles aux axes optiques OA et OB et une parallèle OC à la ligne moyenne; si, de plus, on mène par ce point des normales à toutes les ondes qui donnent des rayons incolores, les points où ces normales rencontrent un plan perpendiculaire à OC sont situés sur deux hyperboles passant par les points où les axes optiques rencontrent ce plan et ayant pour asymptotes, l'une la trace sur ce plan du plan primitif et une perpendiculaire à cette trace, l'autre la trace de la section principale de l'analyseur et une perpendiculaire à cette trace.

Pour déterminer les lignes incolores réelles, menons, par le centre optique O' de la lentille qui fait converger en un même point les rayons qui traversent parallèlement la lame, une droite OC' parallèle à la ligne moyenne, et soit C' le point où cette droite rencontre le plan du tableau. Par le même point O' menons deux droites OA' et OB' parallèles aux *directions apparentes* des axes optiques, c'est-à-dire parallèles aux directions que doit avoir un rayon dans l'air pour se réfracter dans le cristal suivant les directions des axes optiques, et soient A' et B' les points où ces deux droites rencontrent le plan du tableau. Les rayons qui concourent à la production du phénomène faisant tous des angles très-petits avec la normale, l'indice de réfraction de ces rayons peut être regardé comme sensiblement constant; il existe donc aussi un rapport à peu près constant entre les angles que forment avec la normale à la lame les normales aux ondes réfractées dans le cristal qui donnent les rayons incolores et les angles que forment avec cette même normale les normales aux ondes émergentes correspondantes, normales qui ne sont autres que les rayons incolores eux-mêmes. Les figures incolores réelles sont donc semblables aux figures auxiliaires que nous avons construites à l'aide des normales aux ondes réfractées.

Ainsi les lignes incolores consistent en quatre branches d'hyperbole qui se croisent deux à deux aux points A′ et B′ extrémités apparentes des axes optiques : deux de ces branches ont pour asymptotes deux droites menées par le point C′ parallèlement et perpendiculairement au plan primitif; les deux autres ont pour asymptotes deux droites menées par le même point C′ parallèlement et perpendiculairement à la section principale de l'analyseur. Si le plan primitif est parallèle ou perpendiculaire au plan des axes optiques, deux de ces branches d'hyperbole se réduisent à une croix formée par deux droites, l'une parallèle, l'autre perpendiculaire au plan primitif; si la section principale de l'analyseur est parallèle ou perpendiculaire au plan des deux axes, il en est de même, mais les branches de la croix sont alors l'une parallèle, l'autre perpendiculaire à la section principale de l'analyseur. Si la section principale de l'analyseur est parallèle ou perpendiculaire au plan primitif sans qu'aucun de ces deux plans soit parallèle ou perpendiculaire au plan des axes, les quatre branches d'hyperbole se réduisent à deux. Enfin si, en même temps que la section principale de l'analyseur est parallèle ou perpendiculaire au plan primitif, elle est parallèle ou perpendiculaire au plan des axes optiques, le système des lignes incolores se réduit à une croix unique, blanche dans l'une des images et noire dans l'autre.

Remarquons enfin que les lignes incolores jouissent dans les cristaux à deux axes des mêmes propriétés que dans les cristaux à un axe. Si une ligne incolore résulte de l'annulation d'un seul des facteurs $\sin 2i$ ou $\sin 2(i - s)$, toute courbe isochromatique, en traversant cette ligne incolore, passe d'une teinte à la teinte complémentaire dans la lumière blanche, et du minimum au maximum dans la lumière simple. Si au contraire les lignes incolores résultent de l'annulation simultanée des facteurs $\sin 2i$ et $\sin 2(i - s)$, c'est-à-dire si la section principale de l'analyseur est parallèle ou perpendiculaire au plan primitif, les lignes isochromatiques conservent dans toute leur étendue la même teinte si l'on opère avec la lumière blanche, et dans la lumière simple chacune d'elles correspond exclusivement à un maximum ou à un minimum.

229. Lignes incolores dans le cas où les axes optiques forment avec la normale à la lame des angles voisins de 90 degrés. — Supposons que chacun des axes optiques forme avec la normale à la lame, c'est-à-dire avec l'axe de plus petite élasticité, un angle voisin de 90 degrés, de sorte que l'axe de plus petite élasticité ne coïncide plus avec la ligne moyenne. Dans ce cas, il n'y a plus de lignes incolores nettement définies pour les rayons dont les directions diffèrent peu de celle de la normale ; en effet, l'angle AOB étant voisin de 180 degrés et l'angle MOC étant très-petit, les plans bissecteurs des dièdres AMOB et AMOM', c'est-à-dire les plans de polarisation du rayon ordinaire et du rayon extraordinaire, se rapprochent beaucoup d'être l'un parallèle, l'autre perpendiculaire au plan des axes, et ont par conséquent des directions sensiblement constantes pour tous les rayons qui forment de petits angles avec la normale. Si donc l'un de ces rayons était polarisé parallèlement ou perpendiculairement au plan primitif ou à la section principale de l'analyseur, il en serait de même de tous les autres, et toute trace de coloration disparaîtrait dans les images, du moins dans le voisinage de la normale : c'est ce qui a lieu lorsque le plan des axes optiques est parallèle ou perpendiculaire au plan primitif ou à la section principale de l'analyseur.

Les lignes incolores reparaissent, dans le cas qui nous occupe, au voisinage des axes optiques. Soit en effet (fig. 25) OM une droite

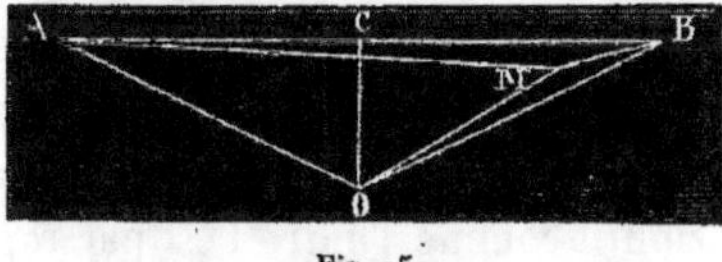

normale à une onde réfractée et faisant avec l'axe optique OB un angle très-petit. Les plans de polarisation des deux rayons qui correspondent à cette onde

Fig. 25.

sont les plans bissecteurs du dièdre AMOB et de son supplément. L'angle MAB étant très-petit par rapport à l'angle MBA, ces plans

bissecteurs se confondent sensiblement avec ceux de l'angle dièdre
formé par le plan MOB avec le plan des axes optiques et du dièdre
supplémentaire. Prenons pour plan de figure (fig. 26) un plan per-

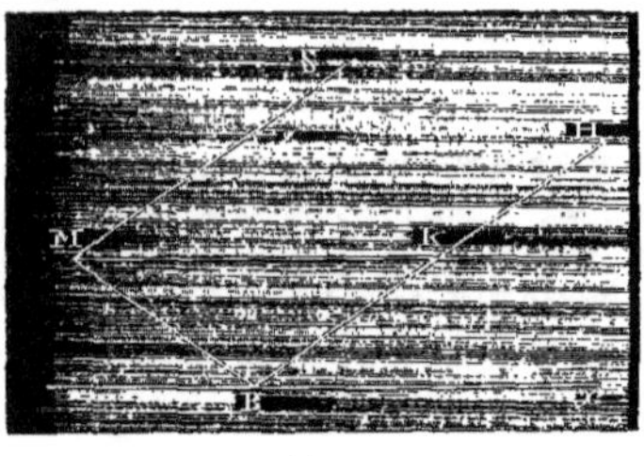

Fig. 26.

pendiculaire à l'axe optique
OB : soient B et M les points où
les droites OB et OM rencontrent ce plan, MS une parallèle
à la trace, sur le plan de la figure, du plan des axes optiques.
Les traces, sur le plan de la figure, des plans bissecteurs dont
nous venons de parler se con-
fondent sensiblement avec les bissectrices de l'angle SMB et de son
supplément. Pour que l'onde normale à OM donne un rayon incolore, il faut donc que ces bissectrices soient parallèles ou perpendiculaires à la trace, sur le plan de la figure, du plan primitif ou de
la section principale de l'analyseur. Si la bissectrice de l'angle SMB
est parallèle ou perpendiculaire à la trace du plan primitif, la figure montre que le point M se trouve sur une droite MB faisant
avec la trace Bx du plan primitif un angle supplémentaire de celui
que fait la trace du plan primitif avec la trace du plan des axes. On
voit de même que, si la bissectrice de l'angle SMB est parallèle ou
perpendiculaire à la section principale de l'analyseur, le point M se
trouve sur une droite MB faisant avec la trace de cette section principale un angle supplémentaire de celui que fait la trace de la section principale avec la trace du plan des axes. Si l'on passe, comme
dans le cas précédent, de la figure auxiliaire à la figure réelle formée par les rayons émergents, on voit que, lorsque les axes optiques forment entre eux un angle voisin de 180 degrés, le système
des lignes incolores se réduit, dans le voisinage de l'un des axes
optiques, à deux droites passant par le point où la direction apparente de cet axe optique rencontre le plan du tableau et dont l'une
est placée par rapport au plan primitif comme l'autre l'est par rapport à la section principale de l'analyseur. Ces deux droites se réduisent à une seule lorsque la section principale de l'analyseur est
parallèle ou perpendiculaire au plan primitif.

230. Courbes isochromatiques dans le cas où les axes optiques forment avec la normale à la lame des angles très-petits. — Nous allons maintenant nous occuper de déterminer la forme des courbes isochromatiques en supposant toujours la lame perpendiculaire à l'axe de plus petite élasticité : nous considérerons d'abord le cas où les axes optiques forment avec la normale à la lame des angles très-petits; l'axe de plus petite élasticité coïncide alors avec la ligne moyenne. Soient A l'angle que forme l'un des axes optiques avec la normale à la lame et B l'angle apparent de cet axe avec la normale, c'est-à-dire l'angle d'incidence du rayon qui se réfracte suivant l'axe optique : on aura

$$\sin A = b \sin B,$$
$$\sin A = \sqrt{\frac{a^2 - b^2}{a^2 - c^2}}.$$

Si, comme nous l'avons supposé, l'angle A est petit, la valeur de $a^2 - b^2$ est petite par rapport à celle de $a^2 - c^2$, et la lame se comporte comme un cristal attractif La différence de marche $O - E$ est le produit de l'épaisseur ε du cristal par la différence des deux valeurs de $\cot R \sin I$. Or, d'après les formules établies pour le cas de l'incidence oblique (204), on a

$$\cot^2 R \sin^2 I = \frac{a^2 + b^2 - \sin^2 I\,[\,b^2(a^2 + c^2)\cos^2\theta + a^2(b^2 + c^2)\sin^2\theta\,] \pm H}{2a^2 b^2},$$

en posant

$$H^2 = \{\,a^2 - b^2 - \sin^2 I\,[\,b^2(a^2 - c^2)\cos^2\theta + a^2(b^2 - c^2)\sin^2\theta\,]\,\}^2$$
$$+ 4a^2(a^2 - b^2)(b^2 - c^2)\sin^2\theta \sin^2 I.$$

Si l'on suppose que $\sin I$ soit très-petit et du même ordre que $\sin A$, c'est-à-dire si l'on ne considère que les rayons voisins de la normale, on voit que H^2 est de l'ordre de $\sin^4 I$; le radical H et le terme en $\sin^2 I$ sont donc très-petits par rapport à $a^2 + b^2$, et l'on peut extraire par approximation la racine carrée de l'expression qui représente $\cot^2 R \sin^2 I$, ce qui donne

$$\cot R \sin I = \frac{1}{ab\sqrt{2}}\left(\sqrt{a^2 + b^2} - \frac{h \sin^2 I}{2\sqrt{a^2 + b^2}} \pm \frac{H}{2\sqrt{a^2 + b^2}}\right),$$

en posant

$$h = b^2 (a^2 + c^2) \cos^2 \theta + a^2 (b^2 + c^2) \sin^2 \theta.$$

En prenant la différence des deux valeurs de $\cot R \sin I$, on a

$$\cot R' \sin I - \cot R'' \sin I = \frac{H}{ab\sqrt{2(a^2 + b^2)}};$$

l'équation des courbes isochromatiques est donc

$$\frac{\varepsilon H}{ab\sqrt{2(a^2 + b^2)}} = k\frac{\lambda}{2}$$

ou

$$H^2 = \frac{k^2 \lambda^2 a^2 b^2 (a^2 + b^2)}{2 \varepsilon^2}.$$

D'ailleurs, la valeur de H^2 peut s'écrire

$$H^2 = \{a^2 - b^2 + \sin^2 I [b^2 (a^2 - c^2) - c^2 (a^2 - b^2) \sin^2 \theta]\}^2$$
$$- 4b^2 (a^2 - b^2)(a^2 - c^2) \cos^2 \theta \sin^2 I,$$

et, en remplaçant $a^2 - b^2$ par $(a^2 - c^2) \sin^2 A$,

$$H^2 = (a^2 - c^2)^2 \{[\sin^2 A + \sin^2 I (b^2 - c^2 \sin^2 A \sin^2 \theta)]^2$$
$$- 4b^2 \cos^2 \theta \sin^2 I \sin^2 A\}.$$

En négligeant les termes d'un ordre supérieur à celui de $\sin^4 I$, on a

$$H^2 = (a^2 - c^2)^2 (\sin^4 A + b^4 \sin^4 I + 2b^2 \sin^2 A \sin^2 I$$
$$- 4b^2 \cos^2 \theta \sin^2 I \sin^2 A),$$

ou, en multipliant le terme $2b^2 \sin^2 A \sin^2 I$ par $\cos^2 \theta + \sin^2 \theta$,

$$H^2 = (a^2 - c^2)^2 [\sin^4 A + b^4 \sin^4 I + 2b^2 (\sin^2 \theta - \cos^2 \theta) \sin^2 A \sin^2 I].$$

L'angle θ est celui que forme le plan d'incidence avec le plan des axes optiques : en prenant pour axe des x la trace du plan des axes sur le plan du tableau, et en désignant par D la distance du plan du tableau au centre optique de la lentille qui fait converger en un même point les rayons qui traversent parallèlement la lame cristallisée, on a

$$\sin I \cos \theta = \frac{x}{D}, \qquad \sin I \sin \theta = \frac{y}{D},$$
$$\sin I = \frac{\sqrt{x^2 + y^2}}{D}.$$

Si l'on représente par α la distance du point où l'axe optique de cette lentille rencontre le plan du tableau à la trace apparente de l'un des axes optiques sur ce plan, on a

$$\operatorname{tang} B = \frac{\alpha}{D},$$

ou, comme l'angle B est toujours petit,

$$\sin B = \frac{\alpha}{D};$$

il vient donc

$$\sin A = b \sin B = \frac{b\alpha}{D}.$$

En substituant les valeurs de $\sin I$, de $\sin I \cos \theta$, de $\sin I \sin \theta$ et de $\sin A$ dans l'expression trouvée plus haut pour H^2, elle devient

$$H^2 = \frac{(a^2 - c^2)^2}{D^4} \left[b^4 \alpha^4 + b^4 (x^2 + y^2)^2 + 2 b^4 \alpha^2 (y^2 - x^2) \right] :$$

l'équation des courbes isochromatiques peut donc être mise sous la forme

$$\frac{k^2 \lambda^2 a^2 (a^2 + b^2) D^4}{2 \varepsilon^2 b^2 (a^2 - c^2)^2} = (x^2 + y^2 + \alpha^2)^2 - 4\alpha^2 x^2$$

ou sous celle-ci :

$$\frac{k^2 \lambda^2 a^2 (a^2 + b^2) D^4}{2 \varepsilon^2 b^2 (a^2 - c^2)^2} = (x^2 + 2\alpha x + \alpha^2 + y^2)(x^2 - 2\alpha x + \alpha^2 + y^2)$$
$$= \left[(x + \alpha)^2 + y^2 \right] \left[(x - \alpha)^2 + y^2 \right].$$

Les courbes isochromatiques sont par suite des *lemniscates* ayant pour foyers les traces apparentes des axes optiques et pour axes de symétrie la trace du plan des axes optiques sur le plan du tableau et une perpendiculaire à cette trace. La figure 27 montre la forme qu'affectent les courbes isochromatiques dans le cas que nous venons d'examiner; ces courbes sont traversées par des courbes incolores qui sont en général, comme nous l'avons vu plus haut, de forme

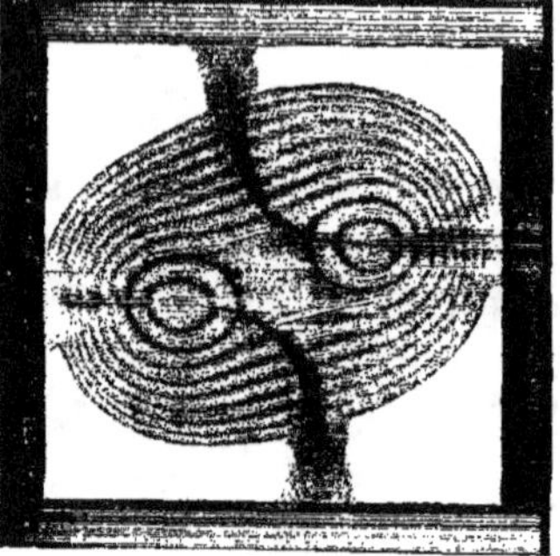

Fig. 27.

hyperbolique. Dans la figure on a supposé la section principale de l'analyseur parallèle ou perpendiculaire au plan primitif; le système des lignes incolores se réduit alors à deux branches d'hyperbole passant par les traces apparentes des axes optiques, et chaque *lemniscate* conserve une teinte sensiblement uniforme.

W. Herschel a reconnu le premier que les cristaux à deux axes peuvent donner des anneaux en forme de lemniscates [1]; mais la théorie complète de ces phénomènes est due à M. de Senarmont.

231. Courbes isochromatiques dans le cas où les axes optiques forment avec la normale à la lame des angles voisins de 90 degrés. — Supposons maintenant que les axes optiques forment avec la normale à la lame des angles voisins de 90 degrés, et que l'on examine les phénomènes dans le voisinage de la normale, c'est-à-dire que l'angle I soit toujours très-petit. Dans ce cas cos A a une valeur peu différente de zéro, et comme on a

$$\cos A = \sqrt{\frac{b^2 - c^2}{a^2 - c^2}},$$

il en résulte que $b^2 - c^2$ est très-petit par rapport à $a^2 - c^2$. Dans l'expression de H^2 les termes qui contiennent le facteur $b^2 - c^2$ multiplié par $\sin^2 I$ sont très-petits par rapport aux autres, d'après ce que nous venons de dire, et peuvent être supprimés sans erreur sensible : on a donc très-approximativement

$$H = a^2 - b^2 - b^2 (a^2 - c^2) \cos^2 \theta \sin^2 I.$$

[1] *Phil. Trans.*, 1820, p. 45.

Dans la valeur de $\cot^2 R \sin^2 I$ on peut remplacer

$$a^2 \left(b^2 + c^2\right) \sin^2 \theta \sin^2 I$$

par

$$2 a^2 c^2 \sin^2 \theta \sin^2 I,$$

car on a

$$a^2 \left(b^2 + c^2\right) \sin^2 \theta \sin^2 I = a^2 \left(b^2 - c^2\right) \sin^2 \theta \sin^2 I + 2 a^2 c^2 \sin^2 \theta \sin^2 I,$$

et le terme qui contient $b^2 - c^2$ est négligeable à cause de la petitesse de ce facteur. En faisant cette substitution il vient

$$\cot^2 R \sin^2 I = \frac{a^2 + b^2 - \sin^2 I \left[b^2 \left(a^2 + c^2\right) \cos^2 \theta + 2 a^2 c^2 \sin^2 \theta\right] = H}{2 a^2 b^2},$$

et, en remplaçant H par sa valeur,

$$\cot^2 R' \sin^2 I = \frac{a^2 - a^2 \left(b^2 \cos^2 \theta + c^2 \sin^2 \theta\right) \sin^2 I}{a^2 b^2},$$

$$\cot^2 R'' \sin^2 I = \frac{b^2 - c^2 \left(b^2 \cos^2 \theta + a^2 \sin^2 \theta\right) \sin^2 I}{a^2 b^2}.$$

L'angle I étant toujours très-petit, on peut extraire par approximation les racines carrées des seconds membres de ces deux équations, ce qui donne

$$\cot R' \sin I = \frac{1}{ab} \left[a - \frac{a}{2} \left(b^2 \cos^2 \theta + c^2 \sin^2 \theta\right) \sin^2 I\right],$$

$$\cot R'' \sin I = \frac{1}{ab} \left[b - \frac{c^2}{2b} \left(b^2 \cos^2 \theta + a^2 \sin^2 \theta\right) \sin^2 I\right],$$

et pour $O - E$ la valeur suivante,

$$\frac{\varepsilon}{ab} \left\{a - b - \left[\frac{a}{2} \left(b^2 \cos^2 \theta + c^2 \sin^2 \theta\right) - \frac{c^2}{2b} \left(b^2 \cos^2 \theta + a^2 \sin^2 \theta\right)\right] \sin^2 I\right\}.$$

En prenant pour axe des x la trace sur le plan du tableau du plan des axes optiques, on peut remplacer $\cos \theta \sin I$ par $\frac{x}{D}$ et $\sin \theta \sin I$ par $\frac{y}{D}$; on obtient ainsi pour l'équation des courbes isochromatiques

$$\frac{\varepsilon}{ab} \left[a - b + \frac{1}{2b} \left(b^2 c^2 - ab^3\right) \frac{x^2}{D^2} + \frac{c^2}{2b} \left(a^2 - ab\right) \frac{y^2}{D^2}\right] = k \frac{\lambda}{2}$$

ou

$$b^2(c^2 - ab)\, x^2 + c^2 (a^2 - ab)\, y^2 = 2 D^2 b \left[\frac{abk\lambda}{2\varepsilon} - (a - b) \right].$$

Comme on a toujours

$$b^2 (c^2 - ab) < 0\,, \qquad c^2 (a^2 - ab) > 0\,.$$

cette équation représente une série d'hyperboles dont les axes sont dirigés parallèlement et perpendiculairement au plan des axes optiques. Le second membre de l'équation pouvant être soit positif, soit négatif, l'axe réel de ces hyperboles est tantôt parallèle, tantôt perpendiculaire au plan des axes optiques. Dans le cas actuel il n'y a d'ailleurs pas de lignes incolores, ainsi que nous l'avons fait voir plus haut (228).

232. Courbes isochromatiques dans le cas où les axes optiques forment avec la normale à la lame des angles qui ne sont voisins ni de zéro ni de 90 degrés. — Il nous reste maintenant à examiner le cas où les angles formés par les axes optiques avec la normale à la lame ont des valeurs quelconques qui ne sont voisines ni de zéro ni de 90 degrés. Les simplifications qui résultaient dans les deux cas précédents de ce que l'une des quantités $\sin A$ ou $\cos A$ était très-petite ne sont alors plus possibles; nous nous bornerons à déterminer la forme des courbes isochromatiques dans le voisinage de la normale et dans le voisinage des axes optiques.

Supposons d'abord qu'on observe les phénomènes qui se produisent dans le voisinage de la normale, c'est-à-dire que l'angle I soit très-petit. On pourra alors, dans l'expression de H^2, négliger le terme qui contient $\sin^4 I$, et on aura

$$\begin{aligned}
H^2 = (a^2 - b^2)^2 &- 2(a^2 - b^2) \sin^2 I\,[\,b^2 (a^2 - c^2) \cos^2\theta \\
&\qquad + a^2 (b^2 - c^2) \sin^2\theta\,] \\
&+ 4a^2 (a^2 - b^2)(b^2 - c^2) \sin^2\theta \sin^2 I.
\end{aligned}$$

Aucune des quantités $\sin A$ ou $\cos A$ n'étant voisine de zéro, $a^2 - b^2$ et $b^2 - c^2$ ont des valeurs très-grandes par rapport à celle de $\sin^2 I$, et on peut extraire la racine carrée du second membre par approximation : il vient ainsi

$$H = a^2 - b^2 - \sin^2 I \left[b^2 \left(a^2 - c^2 \right) \cos^2 \theta + a^2 \left(b^2 - c^2 \right) \sin^2 \theta \right]$$
$$+ 2a^2 \left(b^2 - c^2 \right) \sin^2 \theta \sin^2 I$$
$$= a^2 - b^2 - \sin^2 I \left[b^2 \left(a^2 - c^2 \right) \cos^2 \theta - a^2 \left(b^2 - c^2 \right) \sin^2 \theta \right].$$

En substituant cette valeur dans l'expression de $\cot^2 R \sin^2 I$, on a

$$\cot^2 R' \sin^2 I = \frac{1 - \sin^2 I \left(b^2 \cos^2 \theta + c^2 \sin^2 \theta \right)}{b^2},$$
$$\cot^2 R'' \sin^2 I = \frac{1 - \sin^2 I \left(c^2 \cos^2 \theta + a^2 \sin^2 \theta \right)}{a^2},$$

d'où, en extrayant les racines carrées des seconds membres par approximation,

$$\cot R' \sin I = \frac{1}{b} \left[1 - \frac{\sin^2 I}{2} \left(b^2 \cos^2 \theta + c^2 \sin^2 \theta \right) \right],$$
$$\cot R'' \sin I = \frac{1}{a} \left[1 - \frac{\sin^2 I}{2} \left(c^2 \cos^2 \theta + a^2 \sin^2 \theta \right) \right].$$

La valeur de la différence de marche est donc

$$O - E = \varepsilon \left\{ \frac{1}{b} - \frac{1}{a} - \frac{\sin^2 I}{2} \left[\left(b - \frac{c^2}{a} \right) \cos^2 \theta + \left(\frac{c^2}{b} - a \right) \sin^2 \theta \right] \right\},$$

et l'équation des courbes isochromatiques, en remplaçant $\sin I \cos \theta$ par $\frac{x}{D}$ et $\sin I \sin \theta$ par $\frac{y}{D}$, prend la forme

$$a - b - \frac{x^2}{2D} \left(ab^2 - bc^2 \right) - \frac{y^2}{2D} \left(ac^2 - a^2 b \right) = \frac{kab\lambda}{2\varepsilon}$$

ou la forme

$$bx^2 - ay^2 = \frac{2D}{ab - c^2} \left(a - b - \frac{kab\lambda}{2\varepsilon} \right).$$

Les courbes isochromatiques sont donc des hyperboles dont les axes sont l'un parallèle, l'autre perpendiculaire au plan des axes optiques, l'axe réel pouvant avoir l'une ou l'autre de ces directions. Ces hyperboles ne sont pas du reste identiques à celles du cas précédent, à moins que $\cos A$ ne soit très-petit.

Supposons maintenant que l'on considère le phénomène dans le voisinage de l'axe optique, c'est-à-dire que l'angle I diffère peu de B et qu'en même temps l'angle θ soit voisin de zéro. La différence de marche est nulle pour les rayons qui traversent le cristal dans la direction de l'un des axes optiques; donc, quand on a $I = B$ et $\theta = 0$, H est nul et l'expression de $\cot^2 R \sin^2 I$ se réduit à

$$\cot^2 R \sin^2 I = \frac{a^2 + b^2 - b^2(a^2 + c^2)\sin^2 B}{2a^2 b^2}.$$

Si l'angle I diffère peu de B et qu'en même temps θ soit voisin de zéro, H sera très-petit et l'on aura

$$\cot^2 R \sin^2 I = \frac{a^2 + b^2 - b^2(a^2 + c^2)\sin^2 B + h \pm H}{2a^2 b^2},$$

h étant aussi une quantité très-petite. Comme h et H sont très-petits par rapport aux autres termes, on peut extraire la racine carrée par approximation, ce qui donne

$$\cot R \sin I = \frac{1}{ab\sqrt{2}}\left[\sqrt{a^2 + b^2 - b^2(a^2 + c^2)\sin^2 B} + \frac{h \pm H}{2\sqrt{a^2 + b^2 - b^2(a^2 + c^2)\sin^2 B}}\right],$$

d'où

$$O\cdot\cdot E = \frac{\varepsilon H}{ab\sqrt{2}\,\sqrt{a^2 + b^2 - b^2(a^2 + c^2)\sin^2 B}}.$$

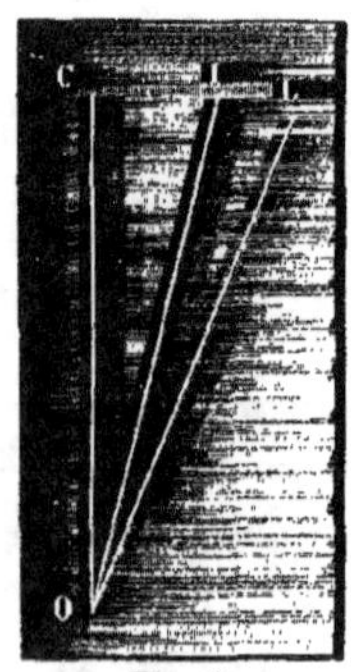

Fig. 28.

L'équation des courbes isochromatiques s'obtient donc en égalant H à une constante.

Pour trouver plus simplement la valeur de H, nous mènerons, par le centre optique O de la lentille qui fait converger en un même point les rayons traversant parallèlement la lame, une droite OI parallèle aux rayons considérés (fig. 28), et nous exprimerons les angles I et θ en fonction de l'angle φ, que fait le rayon OI avec la direction apparente de l'axe OB, et de l'angle ω, que le plan IOB, passant par la direction des rayons considérés et par celle de l'axe optique, fait avec le plan des axes optiques

BOC. L'angle IOC, que fait OI avec la normale OC, étant égal à I, et l'angle du plan IOC avec le plan BOC étant égal à θ, on a

$$\frac{\sin \varphi}{\sin I} = \frac{\sin \theta}{\sin \omega},$$

$$\cos I = \cos \varphi \cos B + \sin \varphi \sin B \cos \omega.$$

L'angle φ étant toujours très-petit lorsque les phénomènes sont observés dans le voisinage de l'axe optique, ces relations peuvent s'écrire sans erreur sensible

$$\varphi \sin \omega = \sin I \sin \theta,$$

$$\cos I = \cos B + \varphi \sin B \cos \omega.$$

En substituant ces valeurs dans l'expression de H^2 mise sous la forme

$$H^2 = \{a^2 - b^2 - \sin^2 I \left[b^2 \left(a^2 - c^2\right) - c^2 \left(a^2 - b^2\right) \sin^2 \theta \right] \}^2$$
$$+ 4a^2 \left(a^2 - b^2\right)\left(b^2 - c^2\right) \sin^2 \theta \sin^2 I,$$

il vient

$$H^2 = \left[a^2 - b^2 - b^2 \left(a^2 - c^2\right) \sin^2 B + 2b^2 \left(a^2 - c^2\right) \varphi \sin B \cos B \cos \omega \right.$$
$$\left. - c^2 \left(a^2 - b^2\right) \varphi^2 \cos^2 \omega \right]^2$$
$$+ 4a^2 \left(a^2 - b^2\right)\left(b^2 - c^2\right) \varphi^2 \sin^2 \omega.$$

Comme on a

$$\sin^2 A = b^2 \sin^2 B = \frac{a^2 - b^2}{a^2 - c^2},$$

la quantité $a^2 - b^2 - b^2 \left(a^2 - c^2\right)\sin^2 B$ est nulle, et, si l'on néglige les termes dans lesquels φ entre à une puissance supérieure à la seconde, l'expression de H^2 se réduit à

$$H^2 = \varphi^2 \left[4b^4 \left(a^2 - c^2\right)^2 \sin^2 B \cos^2 B \cos^2 \omega \right.$$
$$\left. + 4a^2 \left(a^2 - b^2\right)\left(b^2 - c^2\right) \sin^2 \omega \right].$$

Supposons qu'on projette les courbes sur un plan perpendiculaire à l'axe optique OB; prenons pour origine la trace apparente de cet axe sur le plan du tableau, et pour axe des x la trace du plan des axes optiques sur ce plan. En désignant par D la distance du centre optique O de la lentille au plan du tableau, on aura très-approximativement, à cause de la petitesse de l'angle φ,

$$D\varphi \cos\omega = x, \qquad D\varphi \sin\omega = y.$$

En portant ces valeurs dans l'expression de H^2, elle devient

$$\frac{D^2 H^2}{4} = b^4 (a^2 - c^2)^2 \cos^2 B \sin^2 B . x^2 + a^2 (a^2 - b^2)(b^2 - c^2) y^2.$$

En remarquant que l'on a

$$\sin^2 B = \frac{1}{b^2} \frac{a^2 - b^2}{a^2 - c^2}, \qquad \cos^2 B = \frac{b^2 (a^2 - c^2) - (a^2 - b^2)}{b^2 (a^2 - c^2)},$$

et en égalant la valeur de $\dfrac{D^2 H^2}{4}$ à une constante, on obtient pour l'équation des courbes isochromatiques

$$\left[b^2 (a^2 - c^2) - (a^2 - b^2) \right] x^2 + a^2 (b^2 - c^2) y^2 = \text{const.}$$

Le coefficient de x^2 est positif toutes les fois que l'angle B est réel; les courbes isochromatiques projetées sur un plan perpendiculaire à l'axe optique sont donc des ellipses ayant pour centre la trace apparente de l'axe optique et dont les axes de symétrie sont l'un parallèle, l'autre perpendiculaire au plan des axes optiques. Il en résulte évidemment que, sur un plan perpendiculaire à la normale, les courbes isochromatiques sont encore des ellipses ayant pour centre la trace apparente de l'axe optique.

· VII.

APPLICATION DE LA POLARISATION CHROMATIQUE À L'ÉTUDE
DES CRISTAUX À DEUX AXES. — DISPERSION DES AXES.

233. Changements de direction des axes optiques avec la couleur. — Les phénomènes auxquels donne naissance la polarisation chromatique dans la lumière convergente ou divergente offrent des ressources précieuses pour l'étude des cristaux à deux axes. Les courbes isochromatiques peuvent servir à mesurer, sinon les valeurs numériques des trois indices principaux de ces cristaux, du moins leurs rapports; mais ces déterminations, fort difficiles d'ailleurs, offrent peu d'intérêt, et c'est plus particulièrement pour étudier les changements de direction que subissent les axes optiques avec la couleur qu'on a recours aux phénomènes de la polarisation chromatique.

Dans les cristaux à un axe, l'axe unique est nécessairement le même pour les rayons de toutes les couleurs; mais, dans les cristaux à deux axes, les valeurs des trois indices principaux changent quand on passe d'une couleur à l'autre, et, comme les valeurs que présentent ces indices pour les différentes couleurs ne sont pas en général proportionnelles les unes aux autres, la position des axes optiques dépend de la couleur. Il y a deux cas à considérer, suivant que les cristaux ont trois axes cristallographiques rectangulaires ou sont à axes inclinés.

234. Phénomènes des cristaux à axes rectangulaires. — Les cristaux à deux axes qui présentent trois axes cristallographiques rectangulaires entre eux sont ceux qui appartiennent au système du prisme droit à base rhombe. Dans ces cristaux, les trois axes de symétrie sont parfaitement définis, et, par suite, les trois axes d'élasticité coïncident nécessairement avec les axes cristallographiques. Il en résulte que, quelles que soient les variations des quantités a, b, c, les axes optiques qui correspondent aux différentes couleurs ont tous une bissectrice commune; mais, comme l'ordre de grandeur des quantités a, b, c peut changer avec la couleur, les axes optiques des différentes couleurs peuvent être situés soit dans le même plan, soit dans des plans rectangulaires.

Lorsque la dispersion est faible par rapport à la double réfraction, c'est-à-dire lorsque les variations que subissent les quantités a, b, c, quand on passe d'une couleur à une autre, sont petites par rapport aux différences de ces quantités entre elles, non-seulement les axes optiques des différentes couleurs ont une bissectrice commune, mais encore ils sont tous situés dans le même plan : c'est ce qui arrive, par exemple, pour l'aragonite.

Si l'on observe, dans ce cas, les courbes isochromatiques en forme de lemniscates que donne une lame taillée perpendiculairement à l'axe de plus grande ou de plus petite élasticité, on remarque que les foyers de ces courbes n'occupent pas les mêmes positions pour les différentes couleurs, d'où il résulte que ces courbes se coupent au lieu d'être concentriques. On peut reconnaître comment varie l'angle des axes optiques quand on passe d'une couleur à une autre, en cherchant si la distance entre les foyers des lemniscates va en augmentant ou en diminuant. On trouve ainsi que, suivant la nature du cristal, l'angle des axes optiques va en croissant ou en décroissant du rouge au violet : il existe même des cristaux où l'angle des axes optiques atteint sa valeur maximum pour une couleur intermédiaire entre le rouge et le violet.

Passons maintenant au cas où la dispersion est du même ordre que la double réfraction, c'est-à-dire où les variations qu'éprouvent les quantités a, b, c, quand la couleur change, sont comparables aux différences de ces quantités entre elles : les axes optiques des différentes couleurs ont encore dans ce cas une bissectrice commune, mais peuvent être situés dans des plans rectangulaires. Il y a plus : si les axes optiques de toutes les couleurs sont situés dans le même plan à une certaine température, ils peuvent se trouver dans des plans rectangulaires à une autre température, par suite des changements que subissent les quantités a, b, c quand la température varie : c'est ce qui a lieu pour les cristaux de sulfate de soude, comme l'a observé Brewster [1].

[1] *Phil. Mag.*, (3), I, 417. — *Edinb. Trans.*, XI, 273.

Dans les cristaux de sulfate de soude, à la température ordinaire, les axes optiques des différentes couleurs sont situés dans le même plan, mais ont des directions très-différentes, d'où il résulte que dans la lumière blanche les phénomènes sont extrêmement confus. En opérant successivement avec de la lumière homogène de diverses couleurs, on reconnaît que l'angle des axes va en décroissant du rouge au violet ; les axes rouges font un angle assez considérable, tandis que les axes violets font un angle très-petit. Si on élève la température, l'angle des axes diminue pour toutes les couleurs : il en résulte que les axes violets se rapprochent de plus en plus et finissent par se confondre ; à ce moment le cristal se comporte, pour les rayons violets, comme s'il était à un axe, tandis qu'il conserve les propriétés des cristaux à deux axes pour les rayons des autres couleurs. Si l'on continue à élever la température, les axes violets se séparent, mais dans un plan perpendiculaire à celui où ils étaient situés d'abord et qui contient encore les axes rouges : à 60 degrés l'angle des axes violets est déjà considérable. Lorsque les axes rouges et violets sont ainsi situés dans deux plans rectangulaires, les phénomènes sont tellement confus dans la lumière blanche qu'il est impossible de rien distinguer.

235. Phénomènes des cristaux à axes inclinés. — Dans les cristaux du système clinorhombique, il existe un seul axe cristallographique nettement déterminé et un plan de symétrie perpendiculaire à cet axe qui contient les deux autres axes. Dans ces cristaux, il n'y a donc qu'un seul axe d'élasticité dont la position soit déterminée et qui conserve nécessairement la même direction pour toutes les couleurs ; les directions des deux autres axes d'élasticité peuvent varier avec la couleur en même temps que les quantités a, b, c, d'où résulte une complication encore plus grande que dans le cas précédent. Les phénomènes que présentent les cristaux du système clinorhombique peuvent se rapporter à deux types différents, celui du borax et celui du gypse.

1° Si les axes optiques d'une certaine couleur ont pour bissectrice l'axe cristallographique qui est perpendiculaire au plan des deux autres, les axes de toutes les couleurs auront nécessairement, par

raison de symétrie, cette même droite pour bissectrice ; mais les plans
de ces axes pourront avoir des directions différentes et être situés
dans des azimuts quelconques sans être nécessairement perpendiculaires entre eux. Le borax, ainsi que l'ont observé à peu près
simultanément Herschel [1] et Nörremberg [2], présente ce mode de
dispersion, où les axes des différentes couleurs sont situés dans des
plans différents et ont une bissectrice commune.

2° Si les axes optiques d'une certaine couleur sont situés dans
le plan de symétrie qui contient les deux axes cristallographiques
inclinés l'un sur l'autre, les axes de toutes les couleurs sont nécessairement situés dans ce plan ; mais, comme aucune direction n'est
déterminée dans ce plan, les axes optiques des différentes couleurs
peuvent ne pas avoir la même bissectrice. Neumann a constaté ce
genre de dispersion dans les cristaux de gypse [3] ; dans ces cristaux,
les axes optiques des différentes couleurs sont situés dans le même
plan, mais n'ont pas la même bissectrice. De plus, si l'on vient à élever
la température, on remarque que des deux axes optiques qui correspondent à une certaine couleur l'un se déplace notablement plus
que l'autre, d'où il faut conclure que la ligne moyenne relative à
cette couleur change de direction quand la température varie. Ainsi
les axes optiques d'une même couleur ne sont pas des lignes physiquement identiques dans les cristaux qui se rapportent au même
type que le gypse.

Les cristaux du système triclinoédrique ou à trois axes inclinés
ne présentent plus aucun axe cristallographique nettement déterminé : aussi peut-on retrouver simultanément dans ces cristaux les
deux modes de dispersion qui existent séparément dans le gypse et
dans le borax, c'est-à-dire que les axes optiques des différentes couleurs sont situés dans des plans différents et n'ont pas de bissectrice
commune.

Ce phénomène a été observé pour la première fois par Neumann
sur le scristaux de succinate d'ammoniaque : il a été constaté depuis,

<hr>

[1] *Corresp. mathém. et phys.*, VI, 77.
[2] *Pogg. Ann.*, XXVII, 240.
[3] *Pogg. Ann.*, XXXIII, 257.

sur un grand nombre d'autres cristaux appartenant au système tri-
clinorhombique, par MM. Grailich, Lang et Descloiseaux [1].

**236. Phénomènes produits par le mélange de cris-
taux isomorphes.** — De Senarmont a reproduit artificiellement
un certain nombre des phénomènes que nous venons de décrire, en
faisant cristalliser ensemble des cristaux isomorphes [2]. Il arrive
souvent, en effet, que l'isomorphisme cristallographique n'entraîne
pas l'isomorphisme optique, et que dans deux cristaux isomorphes
les plans des axes optiques sont rectangulaires. Le sel de Seignette
et le tartrate double de potasse et d'ammoniaque sont dans ce cas;
si l'on fait cristalliser ensemble ces deux sels, en augmentant graduellement la proportion du sel ammoniacal, on observe une série
de phénomènes analogues à ceux que présente le sulfate de soude.
Lorsque la proportion du sel ammoniacal est très-petite, les axes
de toutes les couleurs sont situés dans le même plan et les axes
rouges font un angle plus grand que les axes violets. A mesure que
la proportion du sel ammoniacal augmente, l'angle des axes diminue,
et en même temps les axes rouges se rapprochent des axes violets;
les axes de ces deux couleurs finissent par se confondre, puis les
axes rouges passent en dedans des axes violets et se confondent, de
sorte que le cristal est à un axe pour les rayons rouges. Les axes
rouges se séparent ensuite, mais dans un plan perpendiculaire à
leur plan primitif, de façon que les axes violets et les axes rouges
se trouvent dans des plans rectangulaires et que le cristal est à un
axe pour une couleur intermédiaire. Enfin, l'influence du sel ammoniacal devenant prédominante, tous les axes se trouvent réunis
dans le plan des axes rouges.

**237. Appareil de M. Grailich pour la mesure de l'angle
des axes optiques.** — Il nous reste à décrire les instruments à
l'aide desquels on mesure l'angle des axes optiques. L'appareil de
Soleil (212) peut servir à cet usage, mais il donne des résultats

---

[1] Grailich, *Krystallographisch-optische Untersuchungen*, Wien, 1858. — Lang, *Wien.
Ber.*, passim. — Descloiseaux, *Ann. des mines*, XI, 261; XIV, 339.

[2] *Ann. de chim. et de phys.*, (3), XXXIII, 391.

peu précis. M. Grailich a construit un appareil à la fois plus simple
et plus exact que celui de Soleil, et qui permet de mesurer l'angle
des axes optiques dans des conditions où cette détermination est
impossible par la méthode ordinaire. Il arrive souvent, en effet,
lorsque la lame est taillée perpendiculairement à la ligne moyenne,
que l'angle formé par les axes avec la normale est supérieur à
l'angle limite de réfraction : la direction de l'axe dans le cristal ne
correspond alors à aucune incidence réelle, et, tant que la lame
se trouve en contact avec l'air, il est impossible d'apercevoir simultanément dans la figure formée par les courbes isochromatiques les
deux foyers des lemniscates. Le procédé de M. Grailich consiste à
diminuer l'angle apparent des axes en plaçant la lame cristalline
dans un milieu plus réfringent que l'air. Il se sert à cet effet d'une
huile transparente ou d'un mélange d'alcool et de sulfure de carbone
dont l'indice de réfraction peut varier entre 1,38 et 1,75, limites
entre lesquelles sont compris les indices de la plupart des cristaux.

L'appareil de M. Grailich (fig. 29) se compose d'une cuve de
verre ou de métal A, percée sur ses parois verticales de deux orifices B et C placés l'un en regard de l'autre. Ces orifices sont munis

de viroles dans lesquelles sont fixés le
polariseur et l'analyseur, qui sont des
Nicol d'une épaisseur très-faible. La
cuve est remplie d'un liquide dont l'indice diffère peu de celui du cristal ; elle
est fermée à sa partie supérieure par un
disque circulaire de verre D qui porte
sur sa circonférence une division en degrés. Ce disque est traversé en son centre
par une tige métallique T qui porte à
sa partie inférieure une pince dans laquelle on fixe la lame cristalline : cette
pince est réunie à la tige au moyen

Fig. 29.

d'une charnière et peut tourner autour d'un axe horizontal. La lame
cristalline étant taillée perpendiculairement à la ligne moyenne, on
la place dans la pince, et on commence par rendre le plan des axes
optiques horizontal. A cet effet, on dispose en avant de l'analyseur

un fil horizontal qu'on observe avec une loupe, et on fait tourner
la pince autour de la charnière jusqu'à ce que la ligne qui passe
par les deux foyers des lemniscates coïncide avec le fil. Si les deux
foyers ne sont pas visibles simultanément, on peut se servir de la
ligne de symétrie des courbes qui entourent l'un des foyers. Pour
mesurer l'angle apparent des axes optiques, on fait tourner la tige T
de façon que les deux foyers des lemniscates coïncident successivement avec un fil vertical qui croise le fil horizontal : la tige porte
une alidade munie d'un vernier qui se meut sur la division du disque
D : on peut donc connaître l'angle dont elle a tourné, angle qui
n'est autre que l'angle apparent des axes. Connaissant les indices
du liquide et du cristal, on peut déduire de l'angle apparent des
axes leur angle réel.

**238. Appareil de M. Kirchhoff pour mesurer les angles
des axes optiques relatifs aux différentes couleurs.** —
Lorsqu'on emploie l'appareil de Grailich pour déterminer les angles
des axes optiques qui correspondent aux différentes couleurs, il faut
éclairer la lame avec de la lumière homogène; or il n'est pas facile
de se procurer des lumières homogènes présentant les différentes

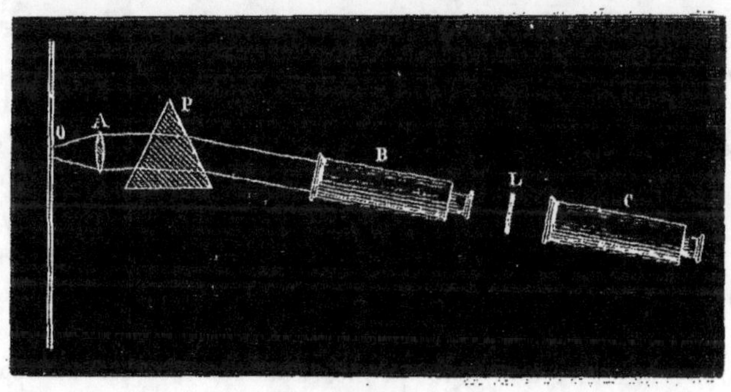

Fig. 30.

teintes du spectre et rigoureusement définies. M. Kirchhoff a imaginé
un appareil à l'aide duquel on peut mesurer l'angle des axes optiques, en se servant de la lumière du spectre solaire, de façon que
les raies du spectre fournissent des points de repère parfaitement

déterminés [1]. L'appareil est placé dans une chambre noire où les rayons lumineux pénètrent par une fente verticale O (fig. 3o). On se sert de la lumière des nuées, réfléchie par une feuille de papier ou par un morceau de porcelaine, afin d'éviter le trop grand éclat de la lumière. Les rayons qui ont traversé la fente tombent sur une lentille achromatique A, dont le foyer principal se trouve sur la fente; ces rayons sont ainsi rendus parallèles et vont tomber sur un prisme P dont les arêtes sont verticales. Ce prisme donne un spectre pur, dans lequel on distingue nettement les raies de Frauenhofer. Après avoir traversé le prisme, les rayons tombent sur l'objectif d'une lunette astronomique B, munie d'un réticule. En sortant de cette lunette, ils rencontrent la lame cristalline; cette lame L est fixée verticalement au centre d'un cercle horizontal gradué : elle est portée par une plate-forme qui peut tourner autour d'un axe perpendiculaire au plan du cercle et qui porte une alidade munie d'un vernier. A la suite de la lame se trouve une seconde lunette astronomique C dont l'axe est sur le prolongement de celui de la lunette B.

On ajuste d'abord les deux lunettes de façon qu'elles donnent une image nette des objets situés à une distance infiniment grande. Le prisme étant enlevé, on place ensuite la lunette B dans la direction des rayons qui sortent de la lentille A, et on fait varier la distance de la lentille A à la fente jusqu'à ce que l'image de la fente soit vue aussi nettement que possible dans la lunette B. On est certain alors que la fente se trouve au foyer principal de la lentille A. On dispose ensuite la lunette C sur le prolongement de la lunette B, de façon que le réticule de la lunette B soit vu distinctement dans la lunette C. Les lunettes ainsi réglées, on place le prisme derrière la lentille A, et, sans changer la distance des deux lunettes, on leur donne une direction telle qu'elles puissent recevoir une partie du faisceau qui sort du prisme. Il se forme alors un spectre pur dans le plan focal principal de la lunette B et une image nette de ce spectre dans le plan focal principal de la lunette C. En tournant le prisme, on fait coïncider l'une des raies du spectre avec le point de croisement des fils du réticule de la lunette C. On dispose ensuite

<hr>

[1] *Pogg. Ann.*, CVIII, 567. — *Ann. de chim. et de phys.*, (3), LIX, 488.

la lame cristalline entre les deux lunettes, le polariseur immédiatement après la fente et l'analyseur entre l'œil et l'oculaire de la
lunette C. L'interposition de la lame ne change pas la direction des
rayons, pourvu qu'elle soit à faces parallèles. En plaçant l'analyseur
devant l'œil, on aperçoit quatre branches hyperboliques noires qui
vont se couper deux à deux aux points où aboutissent les directions
apparentes des axes optiques. On fait tourner la lame de façon que
ces deux points coïncident successivement avec le point de croisement des fils du réticule, et l'on a l'angle apparent des axes optiques
relatif à la raie du spectre sur laquelle on a opéré : de cet angle
apparent il est facile de déduire l'angle réel, pourvu qu'on connaisse
l'indice du cristal. En faisant tourner le prisme, on peut faire coïncider les principales raies du spectre avec le point de croisement des
fils du réticule, et déterminer les angles des axes optiques qui correspondent à ces raies. Les mesures prises à l'aide de cet appareil
comportent une approximation de 10 à 15 secondes.

VIII.

PHÉNOMÈNES DE POLARISATION CHROMATIQUE
PRODUITS PAR LA LUMIÈRE POLARISÉE OU ANALYSÉE
CIRCULAIREMENT OU ELLIPTIQUEMENT.

Les phénomènes qui se produisent lorsqu'on place, soit entre la
lame cristalline et le polariseur, soit entre cette lame et l'analyseur,
une lame capable de polariser circulairement ou elliptiquement la
lumière qui possède la polarisation rectiligne ont été spécialement
étudiés par Airy [1]. Dans un grand nombre de cas, comme nous
allons le voir, cette complication apparente introduit une simplification notable dans les phénomènes.

A. — Lumière polarisée circulairement ou elliptiquement.

**239. Calcul des intensités des images lorsque la lu-
mière qui tombe sur la lame cristalline est polarisée circulairement ou elliptiquement.** — Supposons que la lumière
qui tombe sur la lame cristalline soit polarisée circulairement ou
elliptiquement de gauche à droite, ce qu'on réalisera en plaçant
entre le polariseur et la lame mince une lame d'un quart d'onde
répulsive dont la section principale soit à droite du plan primitif
de polarisation. Pour avoir les intensités des rayons d'une certaine
couleur dans les deux images fournies par l'analyseur, il faudra se
servir des formules que nous avons données précédemment (197)
pour le cas de la superposition de deux lames cristallines, et faire
dans ces formules

$$O - E = \frac{\lambda}{4} \cdot$$

La différence de marche $O' - E'$ se rapporte alors à la lame
mince, i désigne l'angle de la section principale de la lame d'un
quart d'onde avec le plan primitif de polarisation, a l'angle de la
section principale de la lame mince avec celle de la lame d'un quart
d'onde, $a + i - s$ l'angle de la section principale de l'analyseur avec

[1] *Cambr. Trans.*, IV. — *Pogg. Ann.*, XXVI, 140.

la section principale de la lame mince, tous ces angles étant supposés comptés vers la droite.

En remarquant que l'on a

$$\sin^2 \frac{O-E}{\lambda} = \sin^2 \frac{\pi}{4} = \frac{1}{2},$$

$$\sin^2 \pi \frac{O'-E'}{\lambda} = \frac{1 - \cos 2\pi \dfrac{O'-E'}{\lambda}}{2},$$

$$\sin^2 \pi \frac{O-E+O'-E'}{\lambda} = \frac{1 - \cos\left(\dfrac{\pi}{2} + 2\pi \dfrac{O'-E'}{\lambda}\right)}{2}$$

$$= \frac{1 + \sin 2\pi \dfrac{O'-E'}{\lambda}}{2},$$

$$\sin^2 \pi \frac{O-E-(O'-E')}{\lambda} = \frac{1 - \cos\left(\dfrac{\pi}{2} - 2\pi \dfrac{O'-E'}{\lambda}\right)}{2}$$

$$= \frac{1 - \sin 2\pi \dfrac{O'-E'}{\lambda}}{2},$$

on trouve, toutes réductions faites, pour l'intensité de l'image ordinaire

$$\omega^2 = \cos^2 s - \frac{1}{2} \sin 2i \sin 2(i-s) - \frac{1}{2}\cos 2i \sin 2a \sin 2(a+i-s)$$

$$+ \frac{1}{2}\cos 2i \sin 2a \sin 2(a+i-s)\cos 2\pi \frac{O'-E'}{\lambda}$$

$$- \frac{1}{2}\sin 2i \sin 2(a+i-s)\sin 2\pi \frac{O'-E'}{\lambda},$$

et pour l'intensité de l'image extraordinaire une expression complémentaire de la précédente.

**240. Phénomènes produits par la lumière parallèle et
polarisée circulairement.** — Supposons que la lumière qui
tombe sur la lame cristalline soit polarisée circulairement de gauche
à droite, c'est-à-dire que l'on ait

$$i = 45° :$$

l'expression que nous venons de trouver deviendra, en posant $a + i - s = \alpha$,

$$\omega^2 = \cos^2 s - \frac{1}{2}\cos 2s - \frac{1}{2}\sin 2\alpha \sin 2\pi \frac{O' - E'}{\lambda}$$

$$= \frac{1}{2}\left(1 - \sin 2\alpha \sin 2\pi \frac{O' - E'}{\lambda}\right),$$

et l'on aura pour l'image extraordinaire

$$\varepsilon^2 = \frac{1}{2}\left(1 + \sin 2\alpha \sin 2\pi \frac{O' - E'}{\lambda}\right).$$

On voit que les intensités et les teintes des deux images fournies par l'analyseur dépendent uniquement de l'angle que fait la section principale de l'analyseur avec celle de la lame mince. Les phénomènes sont donc plus simples qu'avec la lumière polarisée rectilignement, en ce sens qu'ils sont indépendants de la position du polariseur.

On peut arriver directement aux formules que nous venons d'obtenir.

En effet, un rayon polarisé circulairement peut toujours être regardé comme résultant de la superposition de deux rayons polarisés rectilignement à angle droit et présentant une différence de marche égale à $\frac{\lambda}{4}$. Les vibrations de ces deux rayons sont représentées par

$$\frac{1}{\sqrt{2}}\sin 2\pi \frac{t}{T}$$

et

$$-\frac{1}{\sqrt{2}}\cos 2\pi \frac{t}{T},$$

et l'on peut supposer que le premier est polarisé parallèlement à la section principale de la lame mince et le second perpendiculairement à ce plan. Les vibrations du rayon ordinaire ont donc pour expression au sortir de la lame

$$\frac{1}{\sqrt{2}}\sin 2\pi \left(\frac{t}{T} - \frac{O'}{\lambda}\right),$$

et celles du rayon extraordinaire

$$- \frac{1}{\sqrt{2}} \cos 2\pi \left(\frac{t}{T} - \frac{E'}{\lambda} \right) ;$$

en changeant l'origine du temps, les vibrations peuvent être représentées par

$$\frac{1}{\sqrt{2}} \sin 2\pi \frac{t}{T}$$

et

$$- \frac{1}{\sqrt{2}} \cos 2\pi \left(\frac{t}{T} + \frac{O' - E'}{\lambda} \right) .$$

En projetant ces deux vibrations sur une droite perpendiculaire à la section principale de l'analyseur, on trouve pour la vibration du rayon ordinaire de l'analyseur l'expression

$$\frac{\cos \alpha}{\sqrt{2}} \sin 2\pi \frac{t}{T} - \frac{\sin \alpha}{\sqrt{2}} \cos 2\pi \left(\frac{t}{T} + \frac{O' - E'}{\lambda} \right),$$

d'où l'on déduit pour l'intensité de ce rayon

$$\omega^2 = \frac{1}{2} \left(1 + \sin 2\alpha \sin 2\pi \frac{O' - E'}{\lambda} \right) .$$

Cette formule ne diffère de celle qui a été trouvée plus haut que par le signe de sin 2α, ce qui tient à ce qu'ici l'angle α est supposé compté à droite de la section principale de la lame, tandis que précédemment cet angle était compté vers la gauche.

Lorsqu'on opère avec la lumière parallèle et qu'on polarise circulairement la lumière avant de la faire arriver sur la lame cristalline, les deux images de l'analyseur sont encore teintes, d'après ce que nous venons de voir, de couleurs complémentaires : lorsqu'on fait tourner l'analyseur, les couleurs changent d'intensité, mais non pas de nature, et s'échangent en passant par le blanc, comme cela a lieu pour la lumière polarisée rectilignement. Il n'y a que deux positions où les images soient incolores : ce sont celles où l'on a

$$\sin 2\alpha = 0,$$

c'est-à-dire où la section principale de l'analyseur est parallèle ou perpendiculaire à la section principale de la lame mince. On voit de plus que, lorsque les deux images sont incolores, elles ont toujours même intensité, et que cette intensité est égale à $\frac{1}{2}$: il n'y a donc jamais d'images blanches ou noires. Les teintes changent avec l'épaisseur de la lame cristalline, mais elles ne suivent plus ici les mêmes lois que les anneaux de Newton, comme cela a lieu pour la lumière polarisée rectilignement, car le terme qui dépend de la couleur dans l'expression de l'intensité des images n'est plus proportionnel au carré du sinus de la différence de marche.

Enfin il est évident que, si le sens de la polarisation circulaire change, les teintes des deux images s'échangent en conservant leurs intensités.

241. Phénomènes produits par la lumière convergente polarisée circulairement. — Lorsque la lumière est convergente et polarisée circulairement, les lignes incolores sont données par la condition

$$\sin 2\alpha = 0,$$

qui exprime que la section principale de l'analyseur est parallèle ou perpendiculaire à la section principale de la lame mince. Il résulte de là qu'avec la lumière polarisée circulairement on obtiendra seulement les lignes incolores qui, lorsqu'on opère avec la lumière polarisée rectilignement, sont données par la condition

$$\sin 2\left(i - s\right) = 0.$$

Le nombre des lignes incolores sera donc moitié moindre avec la lumière polarisée circulairement qu'avec la lumière polarisée rectilignement.

Ces lignes incolores ont du reste toujours une intensité constante et égale à $\frac{1}{2}$; elles ne sont visibles que parce que les lignes isochromatiques, en les croisant, passent d'une teinte à la teinte complémentaire.

Quant aux lignes isochromatiques correspondant à un maximum ou à un minimum d'intensité pour une certaine couleur, elles s'obtiennent en posant

$$\sin 2\pi \, \frac{O' - E'}{\lambda} = \pm 1,$$

d'où

$$O' - E' = \left(2k + 1\right)\frac{\lambda}{4}.$$

Avec la lumière polarisée rectilignement l'équation des courbes isochromatiques est

$$O - E = k\frac{\lambda}{2}.$$

On voit que dans chaque cas particulier les courbes isochromatiques ont la même forme et sont également espacées entre elles avec la lumière polarisée rectilignement et avec la lumière polarisée circulairement; mais les positions qu'occupent ces courbes lorsque la lumière est polarisée circulairement sont intermédiaires entre les positions des mêmes courbes dans la lumière polarisée rectilignement.

On voit facilement d'ailleurs que chaque courbe isochromatique passe d'une teinte à la teinte complémentaire lorsque le sens de la polarisation circulaire est renversé ou lorsque la lame cristalline change de signe.

Passons maintenant à l'examen de quelques cas particuliers. Supposons en premier lieu que la lame cristalline sur laquelle tombe la lumière polarisée circulairement soit à un axe et taillée perpendiculairement à l'axe. Il n'y a alors qu'une seule croix incolore, dont les branches sont l'une parallèle et l'autre perpendiculaire à la section principale de l'analyseur. Les courbes isochromatiques sont des anneaux circulaires; les lignes incolores partagent ces anneaux en quatre segments, et les anneaux présentent des teintes complémentaires dans deux segments adjacents.

Si l'angle α est compté vers la droite à partir de la section principale de l'analyseur, et si la lumière est polarisée circulairement de gauche à droite, il faudra employer la formule

$$\omega^2 = \frac{1}{2}\left(1 + \sin 2\alpha \, \sin 2\pi \, \frac{O - E}{\lambda}\right).$$

Supposons $O - E > 0$, c'est-à-dire la lame répulsive, et admet-

tons que la section principale de l'analyseur soit placée verticalement;
dans le quadrant supérieur de gauche, le premier maximum est
alors donné par la condition

$$O - E = \frac{\lambda}{4},$$

car dans ce quadrant $\sin 2\alpha$ est positif, tandis que dans le quadrant
supérieur de droite, où $\sin 2\alpha$ est négatif, le premier maximum est
donné par la condition

$$O - E = \frac{3\lambda}{4}.$$

Donc, lorsque la lumière est polarisée circulairement de gauche
à droite, le premier maximum est plus rapproché du centre dans le
quadrant supérieur de gauche que dans le quadrant supérieur de
droite si la lame est répulsive, et c'est l'inverse si la lame est attractive. Ce phénomène fournit, ainsi que l'a remarqué M. Dove, un
moyen de reconnaître le signe d'un cristal [1]. Il est clair que, si la
lumière est polarisée circulairement de droite à gauche, les apparences seront renversées.

Quand la lame est parallèle à l'axe, les lignes incolores font défaut et les courbes isochromatiques sont des hyperboles semblables
à celles qu'on observe avec la lumière polarisée rectilignement. Les
teintes de ces hyperboles deviennent complémentaires lorsqu'on
change le sens de la polarisation circulaire.

Avec une lame d'un cristal à deux axes taillée perpendiculairement à la ligne moyenne, les lignes incolores se réduisent à deux
branches d'hyperboles ayant pour asymptotes une parallèle et une
perpendiculaire à la section principale de l'analyseur : les courbes
isochromatiques sont des lemniscates que les lignes incolores divisent en quatre segments teints de couleurs complémentaires.

**242. Phénomènes produits par la lumière convergente
polarisée elliptiquement.** — Lorsque la lumière convergente
est polarisée elliptiquement, il faut se servir de la formule générale
établie plus haut (239) : on voit que les lignes incolores sont encore

[1] *Pogg. Ann.*, XL, 457.

données par la condition

$$\sin 2\alpha = 0,$$

c'est-à-dire correspondent aux rayons qui sont polarisés parallèlement ou perpendiculairement à la section principale de l'analyseur. Quant aux courbes isochromatiques, il faut les construire par points dans chaque cas particulier, en menant par le centre du phénomène un certain nombre de droites et en cherchant sur chacune de ces droites les points qui correspondent aux maxima et aux minima. Airy a comparé les résultats de la théorie et ceux de l'expérience dans un certain nombre de cas simples, en particulier lorsque la lame est à un axe et perpendiculaire à l'axe. Les courbes ont alors une forme assez compliquée et sont partagées par la croix incolore en quatre segments teints de couleurs complémentaires; chacune de ces courbes a deux axes de symétrie, et le plus grand de ces axes se trouve d'un côté de la section principale de l'analyseur ou de l'autre, suivant que la lumière est polarisée de gauche à droite ou de droite à gauche.

B. — Lumière analysée circulairement ou elliptiquement.

243. Phénomènes produits par la lumière analysée circulairement ou elliptiquement. — La lumière est dite analysée circulairement ou elliptiquement lorsqu'on interpose une lame d'un quart d'onde entre la lame cristalline et l'analyseur. Pour obtenir les formules relatives à ce cas particulier, il faut faire

$$O' - E' = \frac{\lambda}{4}$$

dans les formules générales qui représentent les effets produits par la superposition de deux lames cristallines (197); i représente alors l'angle de la lame cristalline avec le plan primitif, a l'angle de la section principale de la lame d'un quart d'onde avec la section principale de la lame cristalline, $a + i - s$ l'angle de la section principale de l'analyseur avec la section principale de la lame d'un quart d'onde, tous ces angles étant supposés comptés vers la droite. On trouve ainsi pour l'intensité de l'image ordinaire

$$\omega^2 = \cos^2 s + \sin 2i \sin 2a \cos 2\,(a+i-s)\sin^2 \pi\,\frac{O-E}{\lambda}$$

$$-\frac{1}{2}\cos 2i \sin 2a \sin 2\,(a+i-s)$$

$$-\sin 2i \cos^2 a \sin 2\,(a+i-s)\,\sin^2\left(\pi\,\frac{O-E}{\lambda}+\frac{\pi}{4}\right)$$

$$+\sin 2i \sin^2 a \sin 2\,(a+i-s)\,\sin^2\left(\pi\,\frac{O-E}{\lambda}-\frac{\pi}{4}\right),$$

d'où, en effectuant les réductions,

$$\omega^2 = \cos^2 s - \frac{1}{2}\sin 2i \sin 2\,(i-s) - \frac{1}{2}\cos 2i \sin 2a \sin 2\,(a+i-s)$$

$$-\frac{1}{2}\sin 2i \sin 2a \cos 2\,(a+i-s)\cos 2\,\pi\,\frac{O-E}{\lambda}$$

$$-\frac{1}{2}\sin 2i \sin 2\,(a+i-s)\sin 2\pi\,\frac{O-E}{\lambda}.$$

Les résultats de cette formule ont été vérifiés expérimentalement par M. Airy, dans quelques cas particuliers. Le plus intéressant est celui où la lumière est analysée circulairement, c'est-à-dire où la section principale de l'analyseur fait un angle de 45 degrés avec la section principale de la lame d'un quart d'onde. On a alors

$$a+i-s = 45°,$$

et la formule précédente devient

$$\omega^2 = \cos^2 s - \frac{1}{2}\sin 2\,(i+a) - \frac{1}{2}\sin 2i \sin 2\pi\,\frac{O-E}{\lambda}$$

ou, en remplaçant s par $a+i-45°$,

$$\omega^2 = \frac{1}{2}\left(1 - \sin 2i \sin 2\pi\,\frac{O-E}{\lambda}\right).$$

On déduit de là pour l'intensité de l'image extraordinaire

$$\varepsilon^2 = \frac{1}{2}\left(1 + \sin 2i \sin 2\pi\,\frac{O-E}{\lambda}\right).$$

Ces formules sont semblables à celles que nous avons trouvées

dans le cas où la lumière est polarisée circulairement, et il est par
conséquent inutile d'en discuter les conséquences. La seule différence est que l'angle α est remplacé ici par l'angle i; les lignes incolores sont donc données par la condition

$$\sin 2i = 0$$

et correspondent aux rayons qui sont polarisés parallèlement ou perpendiculairement au plan primitif. Quant à la position de la section
principale de l'analyseur, elle n'a aucune influence sur les phénomènes, pourvu que cette section principale fasse un angle de 45 degrés avec celle de la lame d'un quart d'onde.

On voit que la lame d'un quart d'onde produit exactement les
mêmes effets, qu'elle soit placée en avant ou en arrière de la lame
cristalline.

C. — Lumière polarisée et analysée circulairement ou elliptiquement.

244. Superposition de trois lames cristallines. — Il nous
reste à étudier un troisième cas qui donne lieu à des calculs beaucoup plus compliqués que le précédent, mais qui conduit à des résultats d'une simplicité remarquable : c'est celui où la lumière est
polarisée et analysée circulairement ou elliptiquement, c'est-à-dire
où la lame cristalline est placée entre deux lames d'un quart d'onde,

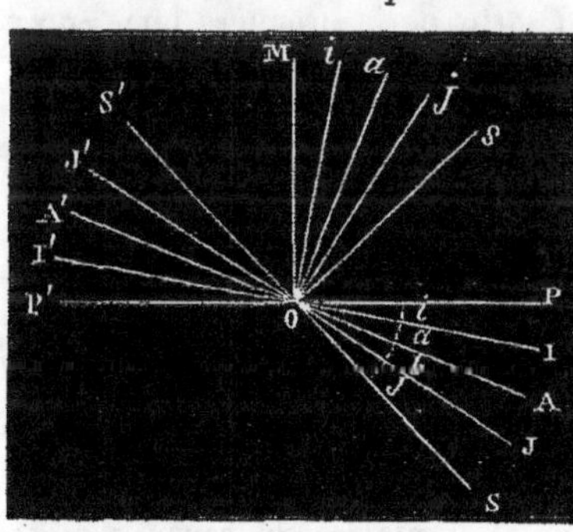

Fig. 31.

ce système de trois lames se
trouvant lui-même disposé
entre un analyseur et un polariseur.

Pour trouver les formules
relatives à ce cas, il faut étudier les effets produits par la
superposition de trois lames
cristallines. Soient (fig. 31)
PP' le plan primitif de polarisation, II' la section principale de la première lame d'un
quart d'onde, AA' celle de la lame cristalline, JJ' celle de la seconde
lame d'un quart d'onde, SS' celle de l'analyseur. Désignons par i

l'angle de la section principale de la première lame d'un quart d'onde avec le plan primitif, par a l'angle des sections principales de la lame cristalline et de la première lame d'un quart d'onde, par b l'angle des sections principales de la deuxième lame d'un quart d'onde et de la lame cristalline, enfin par j l'angle des sections principales de l'analyseur et de la deuxième lame d'un quart d'onde, tous ces angles étant comptés vers la droite. Représentons par $\sin x$ le mouvement vibratoire du rayon polarisé qui tombe sur la première lame d'un quart d'onde, et supposons, pour fixer les idées, les trois lames répulsives.

Si l'on représente par η_1 et ξ_1 le mouvement vibratoire sur le rayon ordinaire et sur le rayon extraordinaire à l'entrée de la première lame d'un quart d'onde, on aura

$$\eta_1 = \cos i \sin x, \qquad \xi_1 = -\sin i \sin x.$$

Pour tenir compte de la différence de marche produite par le passage de la lumière dans cette lame, il suffit de poser

$$O - E = \frac{\lambda}{4}, \qquad \text{d'où} \qquad 2\pi \frac{O-E}{\lambda} = \frac{\pi}{2};$$

il faut donc ajouter $\frac{\pi}{2}$ à la phase du rayon extraordinaire, et, en représentant par η_1' et ξ_1' les mouvements vibratoires du rayon ordinaire et du rayon extraordinaire au sortir de la première lame, on a

$$\eta_1' = \cos i \sin x, \qquad \xi_1' = -\sin i \cos x.$$

A l'entrée de la deuxième lame on a pour les mouvements vibratoires du rayon ordinaire et du rayon extraordinaire

$$\eta_2 = \eta_1' \cos a + \xi_1' \sin a, \qquad \xi_2 = -\eta_1' \sin a + \xi_1' \cos a,$$

et, si l'on pose

$$2\pi \frac{O'-E'}{\lambda} = \theta,$$

$O' - E'$ étant la différence de marche produite par la seconde lame, on obtient pour les mouvements vibratoires du rayon ordinaire et du rayon extraordinaire au sortir de cette seconde lame

$$\eta_2 = \cos i \cos a \sin x - \sin i \sin a \cos x,$$
$$\xi_2 = -\cos i \sin a \sin(x+\theta) - \sin i \cos a \cos(x+\theta).$$

En continuant de même on trouve, pour les mouvements vibratoires du rayon ordinaire et du rayon extraordinaire au sortir de la troisième lame,

$$\eta_3 = \cos i \cos a \cos b \sin x - \sin i \sin a \cos b \cos x$$
$$- \cos i \sin a \sin b \sin (x + \theta) - \sin i \cos a \sin b \cos (x + \theta),$$
$$\xi_3 = - \cos i \cos a \sin b \cos x - \sin i \sin a \sin b \sin x$$
$$- \cos i \sin a \cos b \cos (x + \theta) + \sin i \cos a \cos b \cos (x + \theta),$$

et pour le mouvement vibratoire du rayon ordinaire dans l'analyseur,

$$\eta_4 = \cos i \cos a \cos b \cos j \sin x - \sin i \sin a \cos b \cos j \cos x$$
$$- \cos i \sin a \sin b \cos j \sin (x + \theta) - \sin i \cos a \sin b \cos j \cos (x + \theta)$$
$$- \cos i \cos a \sin b \sin j \cos x - \sin i \sin a \sin b \sin j \sin x$$
$$- \cos i \sin a \cos b \sin j \cos (x + \theta) + \sin i \cos a \cos b \sin j \sin (x + \theta),$$

d'où

$$\eta_4 = \sin x \,(\cos i \cos a \cos b \cos j - \cos i \sin a \sin b \cos j \cos \theta$$
$$+ \sin i \cos a \sin b \cos j \sin \theta - \sin i \sin a \sin b \sin j$$
$$+ \cos i \sin a \cos b \sin j \sin \theta + \sin i \cos a \cos b \sin j \cos \theta)$$
$$- \cos x \,(\sin i \sin a \cos b \cos j + \cos i \sin a \sin b \cos j \sin \theta$$
$$+ \sin i \cos a \sin b \cos j \cos \theta + \cos i \cos a \sin b \sin j$$
$$+ \cos i \sin a \cos b \sin j \cos \theta - \sin i \cos a \cos b \sin j \sin \theta).$$

On déduit de là pour l'intensité de l'image ordinaire

$$\omega^2 = \cos^2 i \cos^2 a \cos^2 b \cos^2 j + \sin^2 i \sin^2 a \sin^2 b \sin^2 j$$
$$+ \sin^2 i \sin^2 a \cos^2 b \cos^2 j + \cos^2 i \cos^2 a \sin^2 b \sin^2 j$$
$$+ \cos^2 i \sin^2 a \sin^2 b \cos^2 j + \sin^2 i \cos^2 a \sin^2 b \cos^2 j$$
$$+ \cos^2 i \sin^2 a \cos^2 b \sin^2 j + \sin^2 i \cos^2 a \cos^2 b \sin^2 j$$
$$- 2 \left(\cos^2 i - \sin^2 i \right) \cos a \sin a \cos b \sin b \cos^2 j \cos \theta$$
$$+ 2 \cos i \sin i \cos b \sin b \cos^2 j \sin \theta + 2 \cos i \sin i \cos^2 b \cos j \sin j \cos \theta$$
$$+ 2 \left(\cos^2 i - \sin^2 i \right) \cos a \sin a \cos^2 b \cos j \sin j \sin \theta$$
$$+ 2 \cos i \sin i \sin^2 b \cos j \sin j \cos \theta$$
$$+ 2 \left(\cos^2 i - \sin^2 i \right) \cos a \sin a \sin^2 b \cos j \sin j \sin \theta$$
$$+ 2 \left(\cos^2 i - \sin^2 i \right) \cos a \sin a \cos b \sin b \sin^2 j \cos \theta$$
$$- 2 \cos i \sin i \cos b \sin b \sin^2 j \sin \theta.$$

d'où, par des transformations faciles,

$$\omega^2 = \cos^2 i \cos^2 (a+b) \cos^2 j + \sin^2 i \cos^2 (a+b) \sin^2 j$$
$$+ \sin^2 i \sin^2 (a+b) \cos^2 j + \cos^2 i \sin^2 (a+b) \sin^2 j$$
$$+ 2 \sin i \cos i \sin j \cos j$$
$$+ 4 (\cos^2 i - \sin^2 i) \cos a \sin a \cos b \sin b (\cos^2 j - \sin^2 j) \sin^2 \frac{\theta}{2}$$
$$- 4 \sin i \cos i \sin j \cos j \sin^2 \frac{\theta}{2}$$
$$+ 4 (\cos^2 i - \sin^2 i) \cos a \sin a \cos j \sin j \sin \frac{\theta}{2} \cos \frac{\theta}{2}$$
$$+ 4 \cos i \sin i \cos b \sin b (\cos^2 j - \sin^2 j) \sin \frac{\theta}{2} \cos \frac{\theta}{2},$$

et enfin

$$\omega^2 = \cos^2 (j-i) \cos^2 (a+b) + \sin^2 (j+i) \sin^2 (a+b)$$
$$+ \cos 2i \sin 2a \sin 2b \cos 2j \sin^2 \frac{\theta}{2}$$
$$- \sin 2i \sin 2j \sin^2 \frac{\theta}{2} + \cos 2i \sin 2a \sin 2j \sin \frac{\theta}{2} \cos \frac{\theta}{2}$$
$$+ \sin 2i \sin 2b \cos 2j \sin \frac{\theta}{2} \cos \frac{\theta}{2}.$$

La valeur de cette expression reste invariable lorsqu'on remplace simultanément i par j et j par i, a par b et b par a, d'où il faut conclure que les phénomènes ne dépendent pas du sens dans lequel la lumière traverse le système des lames cristallines.

245. Expérience de Fresnel. — Un cas particulier a été étudié expérimentalement par Fresnel : c'est celui où l'on a

$$a = \pm b = 45°,$$

c'est-à-dire où les sections principales des deux lames d'un quart d'onde font avec la section principale de la lame cristalline des angles égaux à 45 degrés du même côté ou bien de part et d'autre.

Supposons en premier lieu que l'on ait

$$a = b = 45° :$$

la formule obtenue pour le cas de la superposition de trois lames cristallines devient alors

$$\omega^2 = \sin^2(j+i) + \cos 2i \cos 2j \sin^2\frac{\theta}{2} - \sin 2i \sin 2j \sin^2\frac{\theta}{2}$$
$$+ \cos 2i \sin 2j \sin\frac{\theta}{2}\cos\frac{\theta}{2} + \sin 2i \cos 2j \sin\frac{\theta}{2}\cos\frac{\theta}{2},$$

d'où

$$\omega^2 = \sin^2(j+i) + \cos 2(j+i)\frac{1-\cos\theta}{2} + \sin 2(j+i)\frac{\sin\theta}{2}$$
$$= \frac{1}{2} - \frac{1}{2}\cos 2(j+i)\cos\theta + \frac{1}{2}\sin 2(j+i)\sin\theta$$
$$= \frac{1}{2}\left[1 - \cos\left[2(j+i)+\theta\right]\right] = \sin^2\left(j+i+\frac{\theta}{2}\right).$$

On trouverait de même

$$\varepsilon^2 = \cos^2\left(j+i+\frac{\theta}{2}\right).$$

Il résulte de là que le rayon qui pénètre dans l'analyseur est polarisé rectilignement, et que son plan de polarisation fait avec la section principale de l'analyseur un angle α égal à

$$\frac{\pi}{2} - j - i - \frac{\theta}{2}.$$

Or la section principale de l'analyseur fait avec le plan primitif un angle égal à

$$\frac{\pi}{2} + j + i;$$

le plan de polarisation a donc tourné vers la droite d'un angle

$$\frac{\pi}{2} + j + i + \alpha = \pi - \frac{\theta}{2},$$

ou, ce qui revient au même, d'un angle $\frac{\theta}{2}$ vers la gauche.

Il résulte de là que si on place entre deux lames répulsives d'un quart d'onde dont les sections principales sont à angle droit une lame répulsive dont la section principale fait des angles de 45 degrés avec celles des deux lames d'un quart d'onde, le passage de la lumière à travers le système de ces trois lames fait tourner le plan de polarisation vers la gauche d'un angle égal à la demi-différence de phase établie par la lame cristalline entre le rayon ordinaire et le rayon extraordinaire. Si les lames sont attractives, la rotation a lieu vers la droite.

On voit que le sens et la grandeur de la rotation du plan de polarisation ne dépendent nullement des angles i et j : si donc, laissant constantes les positions du polariseur et de l'analyseur, on fait tourner le système des trois lames supposées liées invariablement les unes aux autres, les phénomènes ne changeront pas d'aspect.

L'expérience de Fresnel est surtout intéressante en ce qu'elle montre qu'on peut reproduire artificiellement les propriétés rotatoires du quartz et des substances analogues. Dans un cas comme dans l'autre, la rotation du plan de polarisation est proportionnelle à l'épaisseur de la lame et ne dépend pas de la position du plan primitif par rapport à la section principale de la lame. La loi de la dispersion n'est pas la même cependant dans l'expérience de Fresnel et dans les phénomènes de la polarisation rotatoire; la rotation du plan de polarisation dans l'expérience de Fresnel est à peu près inversement proportionnelle à la longueur d'ondulation, tandis que, dans les phénomènes de polarisation rotatoire proprement dits, cette rotation est en raison inverse du carré de la longueur d'ondulation. Les teintes ne varient donc pas de la même façon dans les deux cas; mais, dans l'expérience de Fresnel comme avec les substances douées de la polarisation rotatoire, les teintes des deux images dépendent de l'angle que fait le plan primitif avec la section principale de l'analyseur et se reproduisent identiquement lorsque cet angle varie de 180 degrés.

Si l'on a
$$a = -b = 45°,$$

la formule qui donne l'intensité de l'image ordinaire devient

$$\omega^2 = \cos^2(j-i) - \cos 2j \cos 2i \sin^2 \frac{\theta}{2} - \sin 2i \sin 2j \sin^2 \frac{\theta}{2}$$
$$+ \cos 2i \sin 2j \frac{\sin\theta}{2} - \sin 2i \cos 2j \frac{\sin\theta}{2}$$
$$= \cos^2(j-i) - \cos 2(j-i)\left(\frac{1-\cos\theta}{2}\right) + \sin 2(j-i)\frac{\sin\theta}{2}$$
$$= \frac{1}{2}\left(1 + \cos 2(j-i)\cos\theta + \sin 2(j-i)\sin\theta\right)$$
$$= \frac{1}{2}\Big[1 + \cos[2(j-i) - \theta]\Big] = \cos^2\left(j - i - \frac{\theta}{2}\right):$$

le rayon qui pénètre dans l'analyseur est donc polarisé rectilignement, et son plan de polarisation fait avec la section principale de
l'analyseur un angle égal à

$$j - i - \frac{\theta}{2};$$

cette section principale fait elle-même avec le plan primitif un angle
égal à

$$j + i :$$

la rotation du plan de polarisation est donc dans le cas actuel de
$2j - \dfrac{\theta}{2}$ à droite du plan primitif; on voit que dans ce cas la rotation
n'est plus indépendante de l'angle j.

246. Expérience d'Airy. — Un second cas remarquable a été
étudié expérimentalement par M. Airy : c'est celui où la lumière est
polarisée et analysée circulairement, c'est-à-dire où le plan primitif
et la section principale de l'analyseur font des angles de 45 degrés,
le premier avec la section principale de la première lame d'un quart
d'onde, la seconde avec la section principale de la deuxième lame
d'un quart d'onde, de sorte que l'on ait

$$i = \pm j = 45°.$$

Si l'on suppose

$$i = j = 45°,$$

la formule qui donne l'intensité de l'image ordinaire dans le cas de
la superposition de trois lames cristallines devient

$$\omega^2 = \cos^2 \frac{\theta}{2};$$

si au contraire on pose

$$i = -j = 45°,$$

on a

$$\omega^2 = \sin^2 \frac{\theta}{2}.$$

On voit que dans les deux cas le rayon qui pénètre dans l'ana-

lyseur est polarisé rectilignement. Dans le premier cas, le plan de
polarisation de ce rayon fait avec la section principale de l'analyseur
un angle égal à $\frac{\theta}{2}$; comme cette section principale fait elle-même
avec le plan primitif un angle égal à

$$a + b + \frac{\pi}{2},$$

on voit que le plan de polarisation a tourné vers la droite d'un angle
égal à

$$\frac{\pi}{2} + a + b + \frac{\theta}{2}.$$

Dans le second cas, l'angle du plan de polarisation avec la section
principale de l'analyseur est égal à

$$\frac{\pi}{2} - \frac{\theta}{2};$$

l'angle de cette section principale avec le plan primitif est égal à

$$a + b,$$

et la rotation du plan de polarisation vers la droite à

$$\frac{\pi}{2} + a + b - \frac{\theta}{2}.$$

Dans l'expérience d'Airy, les intensités des images ne dépendent
pas des angles a et b, mais seulement de leur somme $a + b$; il résulte de là que si, laissant constantes les positions du polariseur,
de l'analyseur et des lames d'un quart d'onde, on fait tourner la
lame cristalline dans son plan, ce qui fait varier les angles a et b
sans altérer leur somme, les phénomènes ne changeront pas d'aspect.

L'expérience d'Airy peut être répétée dans la lumière convergente.
Les lignes incolores n'existent pas; quant aux lignes isochromatiques,
on les obtient en posant

$$\pi \frac{O - E}{\lambda} = \frac{k\lambda}{2};$$

elles ont donc même forme que dans la lumière polarisée rectilignement; mais elles sont plus nettement accusées, ce qui tient à ce que les minima correspondant à chaque couleur sont rigoureusement nuls. Chacune de ces lignes conserve du reste la même teinte dans toute son étendue.

On peut rendre compte directement des expériences de Fresnel et d'Airy sans passer par le cas général de la superposition de trois lames cristallines. Ces calculs ne présentant aucune difficulté, nous ne nous y arrêterons pas.

BIBLIOGRAPHIE.

LOIS EXPÉRIMENTALES ET THÉORIE DE LA POLARISATION CHROMATIQUE.

1811. ARAGO, Sur une modification remarquable qu'éprouvent les rayons lumineux dans leur passage à travers certains corps diaphanes, *Mém. de la prem. classe de l'Inst.*, XII, 93. — *OEuvres complètes*, t. X, p. 36.

1811. ARAGO, Sur les couleurs du sulfate de chaux, *OEuvres complètes*, t. X, p. 368.

1812. ARAGO, Mémoires sur plusieurs phénomènes d'optique, *OEuvres complètes*, t. X, p. 85, 98.

1812. BIOT, Sur de nouveaux rapports qui existent entre la réflexion et la polarisation de la lumière par les corps cristallisés, *Mém. de la prem. classe de l'Inst.*, XII, 135.

1812. BIOT, Mémoire sur un nouveau genre d'oscillation que les molécules de la lumière éprouvent en traversant certains cristaux, *Mém. de la prem. classe de l'Inst.*, XIII, 1re partie. 1.

1812. BIOT, Sur une nouvelle application de la théorie des oscillations de la lumière, *Mém. de la prem. classe de l'Inst.*, XIII, 2e partie, 1.

1812. BIOT, Mémoire sur les propriétés physiques que les molécules lumineuses acquièrent en traversant les cristaux doués de la double réfraction, *Mém. de la prem. classe de l'Inst.*, XIII, 2e partie, 31.

1813. BREWSTER, *Treatise on New Philosophical Instruments*, Edinburgh, p. 336.

1813. BIOT, Sur une manière d'imiter artificiellement les phénomènes de couleurs produits par l'action des lames minces de mica sur les rayons polarisés, *Mém. d'Arcueil*, III, 106.

1813. BIOT, Sur une loi remarquable qui s'observe dans les oscillations des particules lumineuses lorsqu'elles traversent obliquement des lames minces de chaux sulfatée ou de cristal de roche taillées parallèlement à l'axe de cristallisation, *Mém. d'Arcueil*, III, 132.

1814.   Biot, *Recherches expérimentales et mathématiques sur le mouvement des molécules de la lumière autour de leur centre de gravité*, Paris.

1814.   Young, Sur l'explication des couleurs que présentent les lames cristallines par la théorie des interférences, *Quarterly Review*, XI, 42. — *Miscell. Works*, t. I, p. 269.

1814.   Brewster, On the Affections of Light Transmitted through Crystallized Bodies, *Phil. Trans.*, 1814, p. 185.

1815.   Brewster. Experiments on the Depolarisation of Light as Exhibited by Various Mineral, Animal and Vegetal Bodies, *Phil. Trans.*, 1815, p. 29.

1816.   Fresnel, Mémoire sur l'influence de la polarisation dans l'action que les rayons lumineux exercent les uns sur les autres, *OEuvres complètes*, t. I, p. 394, 427.

1817.   Fresnel, Mémoire sur les modifications que la réflexion imprime à la lumière polarisée. *OEuvres complètes*, t. I, p. 455, 495.

1817.   Fresnel, Lettre à Arago sur l'influence de la chaleur dans les couleurs développées par la polarisation, *Ann. de chim. et de phys.*, (2), IV, 298,

1818.   Brewster, On the Laws of Polarisation and Double Refraction in Regularly Crystallized Bodies, *Phil. Trans.*, 1818, p. 199.

1820.   W. Herschel, On the Action of Crystallized Bodies on Homogeneous Light and on the Cause of Deviation from Newton's Scale in the Teints which Many of them Developpe as Exposed to a Polarized Ray, *Phil. Trans.*, 1820, p. 45.

1821.   Fresnel, Note sur les couleurs que la polarisation développe dans les lames cristallisées parallèles à l'axe, *OEuvres complètes*, t. I, p. 533.

1821.   Fresnel. Note sur la théorie des couleurs que la polarisation développe dans les lames minces cristallisées, *OEuvres complètes*, t. I, p. 523.

1821.   Fresnel, Note sur l'expérience des franges produites par deux rhomboèdres de chaux carbonatée, *OEuvres complètes*, t. I, p. 538.

1821.   Fresnel, Note sur la polarisation mobile, *OEuvres complètes*, t. I, p. 542.

1821.   Fresnel, Note sur les interférences des rayons polarisés, *OEuvres complètes*, t. I, p. 545. (Expérience des rhomboèdres.)

1821.   Fresnel, Note sur l'application du principe des interférences à l'explication des couleurs des lames minces cristallisées, *OEuvres complètes*, t. I, p. 551.

1821.   Arago, Rapport sur un Mémoire de M. Fresnel relatif aux couleurs des lames minces cristallisées douées de la double réfraction, *Ann.*

de chim. et de phys., (2), XVII, 80. — *OEuvres complètes d'Arago*, t. X, p. 402. — *OEuvres complètes de Fresnel*, t. I, p. 553.

1821.   Biot, Remarques sur le rapport précédent, *Ann. de chim. et de phys.*, (2), XVII, 225.

1821.   Arago, Examen des remarques de M. Biot, *Ann. de chim. et de phys.*, (2), XVII, 258.

1821.   Fresnel, Note sur les remarques de M. Biot, *Ann. de chim. et de phys.*, (2), 393.

1821.   Fresnel, Note sur le calcul des teintes que la polarisation développe dans les lames cristallisées, *Ann. de chim. et de phys.*, (2), XVII, 102, 167, 312. — *OEuvres complètes*, t. I, p. 609.

1821.   W. Herschel, On Certain Remarkable Instances of Deviation of Newton's Scale in the Teints developped by Crystals with on Axe of Double Refraction on Exposure to Polarized Light, *Cambr. Trans.*, I. 21.

1821.   W. Herschel, On a Remarkable Peculiarity in the Law of the Extraordinary Refraction of Different Coloured Rays Exhibited by Certains Varieties of Apophyllit, *Cambr. Trans.*, I, 341.

1823.   Fresnel, Note sur la polarisation circulaire, *OEuvres complètes*, t. I, p. 763.

1824.   Arago, Notice sur la polarisation de la lumière, *OEuvres complètes*, t. VII, p. 291.

1826.   Marx, Ueber die Form der isochromatischen Curven in den ein- und zweiaxigen Krystallen und ueber einige Vorrichtungen sie zu beobachten, *Schweigger's Journ.*, XLIX, 167.

1831.   Airy, On the Nature of the Light in the Two Rays Produced by the Double Refraction of Quartz, *Cambr. Trans.*, IV, 79, 198.

1832.   Airy, On a New Analyser and its Use in Experiments of Polarisation, *Cambr. Trans.*, IV. — *Pogg. Ann.*, XXVI, 140.

1833.   Hachette, Description de l'appareil de M. Nörremberg, *Bulletin de la Société Philomathique*, janvier 1833.

1834.   Neumann, Ueber die optischen Axen und die Farben zweiaxiger Krystalle im polarisirten Licht, *Pogg. Ann.*, XXXIII, 257.

1834.   Joh. Müller, Erklärung der isochromatischen Curven welche einaxige parallel mit der Axe geschnittene Krystalle im homogenen Licht zeigen, *Pogg. Ann.*, XXXIII, 282.

1835.   Joh. Müller, Ueber die isochromatischen Curven der einaxigen Krystalle, *Pogg. Ann.*, XXXV, 95.

1835.   Dove, Beschreibung eines Apparats für geradlinige, elliptische und circulare Polarisation des Lichtes, *Pogg. Ann.*, XXXV, 596.

1835.   Delezenne, Notes sur la polarisation, *Mém. de la Soc. des sciences de Lille*, 1835.

1837.   Dove, Ueber den Unterschied positiver und negativer Crystalle bei circulare und bei elliptischer Polarisation. *Pogg. Ann.*, XL, 457.

1837. Dove, Erscheinungen zweiaxiger Krystalle in circular polarisirten Lichte, *Pogg. Ann.*, XL, 442.

1838. Joh. Müller. Berechnung der hyperbolischen dunkeln Büschel, welche die farbigen Ringe zweiaxiger Krystalle durchschneiden, *Pogg. Ann.*, XLIV, 273.

1840. Cauchy, Sur les relations qui existent entre l'azimut et l'anomalie d'un rayon simple doué de la polarisation elliptique. *Exerc. d'anal. et de phys. mathém.*, t. I, p. 260.

1840. Langberg, Analyse der isochromatischen Curven und der Interferenzerscheinungen in combinirten einaxigen Krystallen, *Pogg. Ann.*, Ergänzungs Band I.

1842. Guérard, Nouvel appareil de polarisation, *Inst.*, X, 274.

1846. W. Thomson, Note on the Rings and Brushes in the Spectra produced by biaxial Crystals. *Glascow's Mathem. Journ.*, janvier 1846.

1846. Fizeau et Foucault. Mémoire sur la polarisation chromatique produite par les lames épaisses cristallisées, *Ann. de chim. et de phys.*, (3), XXVI, 138; XXX, 146.

1846. Joh. Müller. Prismatische Zerlegung der Interferenzfarben. *Pogg. Ann.*, LXIX, 98; LXXI, 91.

1846. Erman, Bemerkungen zu J. Müller's optische Versuche. *Pogg. Ann.*, LXIX, 417.

1847. Dove. Ueber die optischen Erscheinungen welche in rotirende Polarisationsapparaten sich zeigen, *Pogg. Ann.*, LXXI, 97.

1850. Cauchy. Note sur la différence de marche entre deux rayons lumineux qui émergent d'une plaque doublement réfringente à faces parallèles. *C. R.*, XXX, 97.

1850. E. Wilde, Berechtigung der von Rudberg berechneten Axenwinkel der zweiaxigen Krystalle, *Pogg. Ann.*, LXXX, 225.

1850. E. Zamminer, Ueber den Winkel der optischen Axen zweiaxiger Krystalle. *Liebig's Ann.*, LXXVI, 121.

1850. C. Page, A New Figure in Mica and other Phænomena of polarized Light. *Silliman's Journ.*, (2), XI, 39. — *Phil. Mag.*, (4), I, 261.

1851. Dove. Ueber die Anwendung des Reversionsprisma zur Darstellung der elliptischen und circularen Polarisation. *Berl. Monatsber.*, 1851, p. 492. — *Inst.*, XX, 64.

1852. Fürst zu Salm-Horstmar. Ueber das optische Verhalten eines aus Bergkrystall geschnittenen Prismas, dessen eine Axe rechtwinklig zur Krystallaxe ist, *Pogg. Ann.*, LXXXV, 318.

1852. Fürst zu Salm-Horstmar. Ueber das optische Verhalten von Prisma aus Doppelspath und aus Beryll die so geschnitten sind das eine

Fläche rechtwinklig zur optischen Axe ist, *Pogg. Ann.*, LXXXVI, 145.

1853.   Ohm, Erklärung aller in einaxigen Krystallplatten zwischen geradlinig polarisirten Lichte wahrnehmbaren Interferenzerscheinungen, *Münchner Abh.*, VII, 43,2 65. — *Pogg. Ann.*, XC, 327.

1853.   Fürst zu Salm-Horstmar, Ueber das optische Verhalten von Prismen aus Doppelspath, aus Beryll, aus Quartz und aus Arragonit, *Pogg. Ann.*, LXXXVIII, 591.

853.   E. Wilde, Ueber die epoptischen Farben der einaxigen Krystallplatten und der dünnen Krystallblättchen im linear polarisirten Licht. *Pogg. Ann.*, LXXXIX, 234, 402.

1853.   Crookes, On the Application of Photography to the Study of certain Phænomena of Polarisation, *Phil. Mag.*, (4), VI, 73. — *Cosmos*, III, 325.

1853.   Stokes. On the Cause of the Occurence of abnormal Figures in the photographic Impression of polarized Rings. *Phil. Mag.*, (4), VI, 107. — *Cosmos*, III, 327.

1854.   Veiss, Entwickelung der Phasengleichung bei einaxigen Krystalle, *Pogg. Ann.*, XCI. 495.

1854.   Reusch, Abgeändertes Polarisationsapparat, *Pogg. Ann.*, XCII, 336;

1855.   H. Soleil, Note sur quelques phénomènes offerts par la lumière polarisée circulairement. — Nouvel appareil de polarisation circulaire et nouveau compensateur, *C. R.*, XL, 1058.

1856.   P. Desains, Description d'un appareil de polarisation, *C. R.*, XLIII, 435.

1856.   Zech, Ueber die Ringsysteme der zweiaxigen Krystalle, *Pogg. Ann.*, XCVII, 129; CII, 359.

1858.   Nörremberg, Sein Polarisationsapparat verbessert, *Bericht über die Naturforscher Versammlung zu Carlsruhe*, 1858, p. 152.

1858.   Schlagdenhauffen et Reyss, Essai sur la marche générale des franges dans les lames minces de quartz et de spath taillées sous une inclinaison quelconque à l'axe optique, *C. R.*, XLVI, 1136. — *Pogg. Ann.*, CXII, 15.

1859.   Bertin, Sur les franges que produit dans la pince à tourmalines un spath perpendiculaire placé entre deux micas d'un quart d'onde, *C. R.*, XLVIII, 458. — *Ann. de chim. et de phys.*, (3), LVII, 257.

1859.   Pierre, Ueber das neue Nörrembergische Polarisationsapparat, *Prager Ber.*, 1859, p. 13.

1861.   Bertin, Mémoire sur la surface isochromatique, *C. R.*, LIII, p. 1213. — *Ann. de chim. et de phys.*, (3), LXIII, 57.

1863.   Lommel, Die Interferenzerscheinungen zweiaxiger, senkrecht zur Axe geschnittener Krystallplatten im homogenen polarisirten Licht, *Pogg. Ann.*, CXX. 69.

CONSTITUTION DE LA LUMIÈRE NATURELLE ET DE LA LUMIÈRE PARTIELLEMENT POLARISÉE.

1841.   Brewster, Sur les compensations de la lumière polarisée, *Inst.*, IX, 386.

1847.   Dove, Ueber Erscheinungen welche polarisirtes Licht zeigt dessen Polarisationsebene gedreht wird, *Berl. Monatsber.*, 1846, p. 70. — *Pogg. Ann.*, LXXI, 97.

1852.   Stokes, On the Composition and Resolution of Streams of polarized Light from different Sources, *Cambr. Trans.*, IX, 399. — *Phil. Mag.*, (4), II, 316.

1852.   Billet, Sur la constitution de la lumière polarisée et la vraie cause des changements qui s'introduisent dans la différence de phase de deux rayons polarisés issus d'un rayon naturel, *Archives de Genève*, XIX, 296. — *Inst.*, XX, 234.

1863.   Lippich, Ueber die Natur der Ætherschwingungen in unpolarisirten und in theilweise polarisirten Lichte, *Wien. Ber.*, XLVIII, 146.

1864.   J. Stefan, Ein Versuch über die Natur des unpolarisirten Lichtes, *Wien. Ber.*, L, 380. — *Pogg. Ann.*, CXXIV, 623. — *Inst.*, XXXIII, 71.

1865.   Verdet, Étude sur la constitution de la lumière non polarisée et de la lumière partiellement polarisée, *Ann. de l'Ec. Norm.*, II, 291.

APPLICATIONS POLARISCOPIQUES DE LA POLARISATION CHROMATIQUE.

1840.   Petrina, Das Kaleïdopolariscop, *Pogg. Ann.*, XLIX, 236.

1847.   Jamin, Mémoire sur la réflexion métallique, *Ann. de chim. et de phys.*, (3), XIX, 296.

1850.   Jamin, Mémoire sur la réflexion à la surface des corps transparents, *Ann. de chim. et de phys.*, (3), XXIX, 263.

1850.   De Senarmont, Description d'un nouveau polariscope, *Ann. de chim. et de phys.*, (3), XXXVIII, 279.

1851.   Bravais, Description d'un nouveau polariscope, *C. R.*, XXXII, 112.

1851.   Stokes, On a new Analyser, *21th Rep. of Brit. Assoc.*, 14. — *Phil. Mag.*, (4), II, 420.

1855.   Bravais, Description d'un nouveau polariscope et recherches sur les doubles réfractions peu énergiques, *Ann. de chim. et de phys.*, (3), XLIII, 129.

APPLICATIONS DE LA POLARISATION CHROMATIQUE À L'ÉTUDE DES CRISTAUX
BIRÉFRINGENTS. — DISPERSION DES AXES.

1812. Biot, Mémoire sur la découverte d'une propriété nouvelle dont jouissent les forces polarisantes de certains cristaux, *Mém. de la prem. classe de l'Inst.*, XIII. (Cristaux attractifs et répulsifs.)

1812. Biot, Sur les deux genres de polarisation exercés par les cristaux doués de la double réfraction, *Mém. de la prem. classe de l'Inst.*, XIII.

1816. Biot, Sur l'utilité des lois de la polarisation de la lumière pour reconnaître l'état de combinaison ou de cristallisation, *Mém. de l'Acad. des sc.*, I, 275. — *Ann. de chim. et de phys.*, (2), VIII, 438.

1818. Brewster, On the Laws of Polarisation and double Refraction in crystallized Bodies, *Phil. Trans.*, 1818, p. 199.

1819. Biot, Mémoire sur les lois générales de la double réfraction et de la polarisation dans les corps régulièrement cristallisés, *Mém. de l'Acad. des sc.*, III, 177.

1821. Brewster, On the Connexion between the prismatic Forms of Crystals and the Number of their Axes of double Refraction, *Mém. of the Wernerian Soc.*, III, 50, 337.

1826. Mitscherlisch, Ueber die Veränderung der doppelten Strahlenbrechung durch die Wärme, *Pogg. Ann.*, VIII, 126. (Variation du plan des axes optiques dans le gypse par l'action d'une élévation de température.)

1831. Brewster, Account of a remarkable Peculiarity in the Structure of Glauberit, which has one Axe of double Refraction for violet and two for red Light, *Edinb. Trans.*, XI, 273. — *Pogg. Ann.*, XXI, 607.

1832. W. Herschel, Lettre à M. Quetelet sur les propriétés des axes optiques du borax, *Correspond. mathém. et phys.*, VII, 77.

1832. Rüdberg, Ueber die Veränderung welche die Doppelbrechung in Krystallen durch Temperaturerhöhung erleidet, *Pogg. Ann.*, XXVI, 291.

1833. Neumann, Die thermischen, optischen und cristallographischen Axen des Krystallsystems des Gypses, *Pogg. Ann.*, XXVII, 240.

1833. Brewster, On the Action of Heat in changing the Number and Nature of the optical Axes of Glauberit, *Phil. Mag.*, (3), I, 417.

1833. Quetelet, Sur les propriétés optiques en minéralogie (Exposé des travaux de Brewster), *Supplément à la traduction du Traité de la lumière de W. Herschel*, t. II. p. 349.

1833. Marx, Ueber die Veränderung der optischen Axen des Topazes durch die Wärme, *Schweigger's Journ.*, LXIX, 140.

1835. Neumann, Ueber die optischen Eigenschaften der hemiprismatischen oder zwei- und eingliedrigen Krystalle, *Pogg. Ann.*, XXXV, 81, 303.

1835. Dove, Ueber die optischen Eigenschaften hemi- und tetartoprismatischer Krystalle, *Pogg. Ann.*, XXXV, 380.

1835. Joh. Müller, Notiz über die optischen Eigenschaften des arsenicsauren Kupferoxyds, *Pogg. Ann.*, XXXV, 472.

1835. Rudberg, Sur la double réfraction de l'apophyllite, *Corresp. mathém. et phys.*, VIII, 221. — *Pogg. Ann.*, XXXV, 522.

1835-42. Miller, On the Position of the Axes of optical Elasticity in Crystals belonging to the oblic-prismatic System, *Cambr. Trans.*, V et VII. — *Pogg. Ann.*, XXXVII, 366; LV, 624; LVI, 174.

1835. Quetelet, Exposé des travaux de M. Nörremberg sur la variation du plan des axes optiques avec la couleur, *Inst.*, III, 205.

1836. Talbot, Observations faites avec le microscope polarisant sur les cristaux de borax, *C. R.*, II, 472.

1837. Babinet, Mémoire sur les propriétés optiques des minéraux, *C. R.*, IV, 758. — *Inst.*, V, 214.

1839. Babinet, Recherches d'optique minéralogique, *C. R.*, VIII, 762.

1840. Miller, On the Form and optical Constants of Nitre, *Phil. Mag.*, (3), XVII, 38.

1842. Miller, On the Form and optical Constants of Anhydrite, *Phil. Mag.*, XIX, 178.

1842. Brewster, On the Polarisation Microscop, 10th *Rep. of Brit. Assoc.*, 10.

1842. Miller, On the optical Constants of Tourmaline, Dioptas and Anastas, *Phil. Mag.*, (3), XXI, 277.

1843. Mac Cullagh, On the Dispersion of the optical Axes in biaxial Crystals, *Phil. Mag.*, (3), XXI, 293.

1844. Amici, Note sur un appareil de polarisation. — Description du petit microscope achromatique de M. Amici, *Ann. de chim. et de phys.*, (3), XIII, 114.

1844. Babinet, Note sur le microscope polarisant d'Amici, *C. R.*, XIX, 36.

1845. Biot, Sur les propriétés optiques de la cymophane, *Ann. de chim. et de phys.*, (3), XIII, 355. (Méthode pour déterminer le plan des axes et leur angle.)

1848. Aug. Beer, *De situ axium opticorum in crystallis biaxibus*, Thèse inaug., Bonn.

1850. Moigno et Soleil, Note sur un nouveau caractère distinctif entre les cristaux à un axe positifs et négatifs, *C. R.*, XXX, 361.

1850. Angström, Mémoire sur les constantes moléculaires des cristaux du système monoclinoédrique, *Mém. de l'Acad. de Stockholm*, 1850. — *Ann. de chim. et de phys.*, (3), XXXVIII, 119.

1851.   De Senarmont, Observations sur les propriétés optiques des micas et
          leur forme cristalline, *C. R.*, XXXIII, 684. — *Ann. de chim. et
          de phys.*, (3), XXXIV, 171.

1851.   De Senarmont, Recherches sur les propriétés optiques biréfringentes
          des corps isomorphes, *C. R.*, XXXIII, 447. — *Ann. de chim. et
          de phys.*, (3), XXXIII, 391.

1851.   Blacke, On a Method for distinguishing between biaxial and uniaxial
          Crystals when in thin Plates and the Results of the Examination
          of several supposed uniaxial Crystals, *Sillim. Journ.*, (2), XII, 6.

1852.   Grailich, Bestimmung des Winkels der optischen Axen mittelst die
          Farbenringe angewendet auf den Bleibaryt, *Wien. Ber.*, IX,
          934.

1853.   E. Wilde, Ueber die Berechnung der Axenwinkel der zweiaxigen
          Krystalle, *Pogg. Ann.*, XC, 183.

1853.   Grailich, Untersuchungen ueber den ein- und zweiaxigen Glimmer,
          Wien. Ber., XI, 46.

1853.   Heusser, Vergleichung der Werthe der Winkel der optischen Axen
          die aus directen Messungen der scheinbaren Axen folgen mit den
          aus den Brechungscoefficienten berechneten für Arragonit und
          Schwerspath, *Pogg. Ann.*, LXXXIX, 532.

1854.   De Senarmont, Remarques sur les propriétés optiques de quelques
          cristaux, *Ann. de chim. et de phys.*, (3), XLI, 336.

1854.   Beer, Ueber die Dispersion der Hauptschnitte zweiaxigen Krystall-
          platten sowie über die Bestimmung der optischen Axen durch
          Beobachtung der Hauptschnitte, *Pogg. Ann.*, XCI, 279.

1854.   Kobell, Stauroskop. — Stauroskopische Beobachtungen, *Münchner
          gelehrte Anzeige*, XL, 145; XLI, 60; XLII, 78; XLIII, 1. —
          Pogg. Ann., XCV, 320. — *Inst.*, XXIII, 146; XXV, 45.

1854.   Soleil fils, Note sur la direction de l'axe optique dans le cristal de
          roche déterminée par un petit nombre de faces naturelles, *C. R.*,
          XXXVIII, 507.

1854.   Heusser, Ueber die Dispersion der Elasticitätsaxen in zwei und
          eingliedrigen Krystallen, *Pogg. Ann.*, XCI, 497.

1854.   Zamminer, Ueber die Berechnung der Axenwinkel zweiaxigen Krys-
          talle, *Liebig's Ann.*, XC, 90.

1856.   Haidinger, Ein optisch-mineralogisches Aufschraubegoniometer,
          Wien. Ber., XVIII, 110. — *Pogg. Ann.*, XCVII, 590.

1857-59. Descloiseaux, Sur l'emploi des propriétés optiques biréfringentes
          pour la détermination des espèces cristallisées, *C. R.*, XLIV,
          322. — *Ann. des Mines*, (3), XI, 261; XIV, 339.

1857.   Descloiseaux, *De l'emploi des propriétés optiques biréfringentes en
          minéralogie*, Thèse. Paris.

1858.   Grailich, *Krystallographisch-optische Untersuchungen*, Wien.

1858. Grailich und Von Lang, Untersuchungen über die physikalischen
        Verhältnisse krystallisirter Körper. — Orientirung der optischen
        Elasticitätsaxen der Krystalle des rhombischen Systems, *Wien.
        Ber.*, XXVII, 3; XXXI, 85. — *Inst.*, XXVI, 433.

1858. Handl, Von Lang und Murman. Krystallographische Untersuchungen,
        Wien. Ber., XXVII, 171.

1859. Murman und Von Rotter, Untersuchungen über die physikalischen
        Verhältnisse krystallisirter Körper. — Orientirung der Schwin-
        gungsaxen des Lichtes in Krystallen des monoklinoedrischen Sys-
        tems. *Wien. Ber.*, XXXIV, 135.

1859. Descloiseaux, Nouvelles recherches sur les propriétés biréfringentes
        des corps cristallisés, *C. R.*, XLVIII, 264. — *Inst.*, XXVII, 33.

1859. Jenzsch. Bemerkungen über optisch zweiaxige Turmaline, *Pogg.
        Ann.*, CVIII, 645.

1860. Schrauf. Bestimmung der optischen Constanten krystallisirten
        Körper. *Wien. Ber.*, XLI, 769; XLII, 107. — *Pogg. Ann*,
        CXII, 588.

1860. Kirchhoff, Ueber die Messung der Winkel der optischen Axen des
        Arragonits. *Pogg. Ann.*, CVIII, 567. — *Ann. de chim. et de phys.*,
        (3), LIX, 488.

1861-62. Descloiseaux, Note sur les modifications temporaires et sur une mo-
        dification permanente que l'action de la chaleur apporte à quelques
        propriétés optiques du feldspath orthose et de quelques autres
        corps cristallisés. *C. R.*, LIII. 64. LV. 651. — *Inst.*, XXIX,
        234; XXX, 350. — *Ann. de chim. et de phys.*, (3), LXVIII,
        191.

1861. Descloiseaux. Mémoire sur un nouveau procédé propre à mesurer
        l'indice moyen et l'écartement des axes optiques dans certaines
        substances où cet écartement est très-grand. *C. R.*, LII, 784.

1861. Ditscheiner, Ueber die Anwendung der optischen Eigenschaften in
        der Naturgeschichte der unorganischen Naturproducte. *Wien.
        Ber.*, XLIII, 229.

1861. Schrauf, Erklärung des Vorkommens optisch zweiaxigen Substanzen
        in rhomboedrischen Systeme, *Pogg. Ann.*, CXIV, 221.

1861. P. Desains. Photographie des résultats obtenus en faisant tomber
        sur une lame de spath d'Islande une nappe conique de rayons lu-
        mineux, *Inst.*, XXIX, 187.

1862. Von Lang, Ueber einen Apparat zur Messung des Winkels der opti-
        schen Axen, *Wien. Ber.*, XLV, 587.

1862. Von Lang. Orientirung der optischen Elasticitätsaxen in den Krys-
        tallen des rhomboïschen Systems, *Wien. Ber.*, XLV, 103.

1863. Bertin, Note sur le microscope polarisant de Nörremberg. *Ann. de
        chim. et de phys.*, (3), LXIX, 87.

1864. Ditscheiner, Revision der vorhandener Beobachtungen an krystallinischen Körpern, *Wien. Ber.*, XLVIII, 370.

1864. Bertin, Sur les propriétés optiques de la glace, *Ann. de chim. et de phys.*, (4), I, 240.

1864. Breithaupt, Ueber den Quarz von Cuba und über optische Zweiaxigkeit tetragonaler und hexagonaler Krystalle, *Pogg. Ann.*, CXXI, 326.

1864. Dove, Ueber die optischen Eigenschaften des Quarzes von Cuba, *Berl. Monatsber.*, 1864, p. 239. — *Pogg. Ann.*, CXXII, 457. — *Ann. de chim. et de phys.*, (4), III, 505.

1864. Hoffmann, Polarimicroscope, *Mondes*, IV, 423.

1865. Pfaff, Ueber eine eigenthümliche Structur des Beryll und die angeblich optisch zweiaxigen Krystalle des quadratischen und hexagonalen Systems, *Pogg. Ann.*, CXXIV, 448.

1866. Descloiseaux, Nouvelles recherches sur les propriétés optiques des cristaux naturels et artificiels et sur les variations que ces propriétés éprouvent sous l'action de la chaleur, *Mém. des sav. étrang.*, XVIII.

1866. Brejina, Ueber eine neue Modifikation des Kobell'schen Stauroskops und des Nörremberg'schen Polarisationsmikroscops, *Pogg. Ann.*, CXXVIII, 246.

SIXIÈME PARTIE.

LEÇONS

SUR LA POLARISATION ROTATOIRE.

I.

LOIS EXPÉRIMENTALES DE LA POLARISATION ROTATOIRE
DANS LE QUARTZ.

247. Découverte de la polarisation rotatoire par Arago.
— La polarisation rotatoire fut découverte par Arago en 1811, en
même temps que la polarisation chromatique[1]. En étudiant l'action
de la lumière polarisée sur les lames cristallines, il reconnut qu'une
lame de quartz perpendiculaire à l'axe présente des propriétés tout
à fait spéciales. Tandis qu'en général une lame d'un cristal à un
axe taillée perpendiculairement à l'axe ne modifie en aucune façon
l'état de polarisation des rayons qui la traversent normalement et ne
donne pas de colorations dans l'analyseur, une lame de quartz perpendiculaire à l'axe, lorsqu'elle est traversée normalement par des
rayons polarisés parallèles entre eux, fait apparaître dans l'analyseur
deux images teintes de couleurs très-vives et complémentaires entre
elles. Ces colorations se distinguent de celles qu'on observe dans la
polarisation chromatique par deux caractères spéciaux :

1° Les teintes des deux images ne changent pas quand on fait
tourner la lame de quartz autour d'une droite parallèle à l'axe.

2° Si l'on fait varier l'angle formé par la section principale de

[1] *Mém. de la prem. classe de l'Inst.*, t. XII, p. 93.

l'analyseur avec le plan primitif de polarisation, chaque image passe par une série de teintes qui varient d'une manière continue. Ces teintes se reproduisent lorsqu'on fait tourner l'analyseur de 180 degrés, et les couleurs des deux images s'échangent par une rotation de 90 degrés.

Arago remarqua que ces phénomènes s'expliquent en admettant que chaque rayon simple reste polarisé rectilignement après son passage dans la lame de quartz, mais que le plan de polarisation tourne d'un angle variable avec la couleur; de là la dénomination de *polarisation rotatoire,* qui fut donnée à l'action exercée par le quartz sur la lumière polarisée.

248. Lois expérimentales établies par Biot. — C'est à Biot qu'on doit d'avoir établi, par de longues séries d'expériences poursuivies avec la plus grande persévérance, les lois expérimentales de la polarisation rotatoire [1]. Il opérait sur les rayons médiocrement homogènes que fournit la décomposition prismatique de la lumière solaire; pour mesurer la rotation du plan de polarisation des rayons d'une certaine couleur, il plaçait l'analyseur de façon à éteindre complétement l'image extraordinaire en l'absence de la lame de quartz; cette lame étant ensuite placée sur le trajet de la lumière polarisée, il suffisait de mesurer l'angle dont il fallait faire tourner la section principale de l'analyseur pour éteindre de nouveau l'image extraordinaire. Cet angle n'était autre que celui dont avait tourné le plan de polarisation. Biot arriva ainsi aux lois suivantes :

1° La rotation du plan de polarisation produite par une lame de quartz perpendiculaire à l'axe est proportionnelle à l'épaisseur de cette lame : elle est la même pour des lames de même épaisseur taillées dans des cristaux différents et ne change pas quand on retourne la lame face pour face.

2° Parmi les cristaux de quartz il y en a qui font tourner le plan de polarisation vers la droite (pour un observateur qu'on suppose couché dans le rayon, les pieds tournés du côté d'où vient ce rayon), et d'autres qui font tourner ce plan vers la gauche. Les premiers

[1] *Mém. de l'Acad. des Sc.,* t. II, p. 41.

sont dits *dextrogyres* et représentés par le signe ⟋; les seconds sont appelés *lévogyres* et représentés par le signe ⟍. A épaisseur égale, des lames de ces deux espèces de cristaux produisent des rotations égales mais de sens contraires.

Pour vérifier ces deux lois, il faut se servir de lames assez minces pour que la rotation soit inférieure à 180 degrés, sans quoi on serait exposé à se tromper sur le sens et sur la valeur de la rotation. Pour se faire une idée de l'épaisseur des lames qu'on doit employer, il suffit de savoir que, pour les rayons rouges transmis par le verre coloré au moyen de l'oxyde de cuivre, la rotation produite par une lame de quartz d'un millimètre est d'environ 18 degrés. En employant des lames dont l'épaisseur croît graduellement, on peut du reste s'assurer que la rotation reste proportionnelle à l'épaisseur, même lorsqu'elle dépasse une demi-circonférence.

Le sens de la rotation est en général le même pour les lames taillées dans le même cristal de quartz. Cependant il existe des exceptions à cette règle, surtout dans la variété de quartz qu'on désigne sous le nom d'*améthyste*. Ces anomalies s'expliquent par la complexité de la cristallisation. Si un cristal de quartz est formé de cristaux de signes contraires accolés par les faces parallèles à l'axe, une lame taillée dans le cristal perpendiculairement à l'axe donnera dans l'analyseur deux images dont chacune sera formée de plusieurs parties teintes de couleurs complémentaires; les régions différemment colorées de chaque image seront limitées par des triangles équilatéraux ou par des hexagones réguliers. Un tel cristal pourra du reste présenter une transparence et une limpidité parfaites, de sorte qu'il serait impossible de reconnaître autrement que par les phénomènes de la polarisation rotatoire qu'il est formé du groupement de plusieurs cristaux.

Les phénomènes se compliquent encore lorsque les cristaux de signes contraires s'accolent par des faces inclinées à l'axe. Dans ce cas, en effet, la lame, entre les régions entièrement dextrogyres et les régions entièrement lévogyres, doit être considérée comme formée par la superposition de deux lames de signes contraires variant d'épaisseur d'un point à un autre. Il en résulte que dans chacune des images de l'analyseur, entre deux régions colorées de teintes plates et complémentaires, on trouve une région où la coloration varie d'une manière continue. MM. Gustave Rose et Descloizeaux[1] ont donné de nombreux exemples de pareils groupements par des faces inclinées à l'axe, dans leurs travaux sur les propriétés optiques du quartz..

3° La troisième loi démontrée par Biot consiste en ce que la rotation du plan de polarisation va en croissant du rouge au violet et varie *à peu près* en raison inverse du carré de la longueur d'ondulation. Cette sorte de dispersion est beaucoup plus marquée que la dispersion prismatique, et il est impossible de tailler des lames assez minces pour ne pas donner des colorations sensibles dans la lumière blanche; il résulte en effet de la loi précédente que la rotation des rayons violets est environ trois fois plus grande que celle des rayons rouges. Biot obtint les nombres suivants pour les rotations produites par une plaque de quartz de 1 millimètre d'épaisseur.

NOMS DES COULEURS.	VALEURS DE λ.	ROTATION DU PLAN DE POLARISATION.
Rouge extrême	645	17° 29′ 47″
Verre rouge	628	18° 25′ 0″
Limite du rouge et de l'orangé	596	20° 28′ 47″
Limite de l'orangé et du jaune	571	22° 18′ 49″
Jaune moyen	550	24° 0′ 0″
Limite du jaune et du vert	532	25° 40′ 31″
Limite du vert et du bleu	492	30° 2′ 45″
Limite du bleu et de l'indigo	459	34° 34′ 18″
Limite de l'indigo et du violet	439	37° 51′ 58″
Violet extrême	406	44° 4′ 58″

249. Mesure de la dispersion rotatoire. — Lors des premières expériences de Biot, les raies de Frauenhofer n'étaient pas encore connues, et il n'existait par conséquent aucun moyen de définir exactement les différentes régions du spectre. Plus tard Biot, pour déterminer la loi de la dispersion rotatoire, se servit de rayons définis par les raies du spectre et fit usage des longueurs d'ondulation trouvées par Frauenhofer; mais, comme il mesurait toujours la rotation du plan de polarisation par le même procédé, ses résultats ne présentent pas une rigueur suffisante.

[1] *Mém. des Sav. étrang.*, t. XV, p. 404.

Plus récemment M. Broch[1], et après lui M. Wiedemann, ont appliqué à la mesure de la déviation du plan de polarisation la méthode de MM. Fizeau et Foucault; les résultats ainsi obtenus sont beaucoup plus exacts que lorsqu'on cherche à isoler une portion du spectre. Dans ces expériences, les rayons solaires étaient introduits dans la chambre noire par une fente étroite, et polarisés par un prisme de Nicol placé derrière la fente; ils traversaient ensuite normalement la plaque de quartz et étaient reçus sur un analyseur formé par un second prisme de Nicol. Le faisceau émergent était décomposé par un prisme dont les arêtes étaient parallèles à la fente; on obtenait ainsi un spectre dans lequel on distinguait les raies de Frauenhofer. M. Broch observait ce spectre à l'aide d'une lunette de Galilée; M. Wiedemann, pour plus de précision, se servait d'une lunette astronomique munie d'un réticule.

Lorsque la section principale de l'analyseur est parallèle au plan de polarisation des rayons d'une certaine couleur, ces rayons manquent dans l'image extraordinaire, et par suite le spectre présente dans la région qui correspond à ces rayons une bande noire plus ou moins large. Si la plaque de quartz est suffisamment mince pour que la différence des déviations que subissent les plans de polarisation des rayons correspondant aux deux extrémités du spectre (ou, comme on dit pour abréger, *l'arc de dispersion*) soit inférieure à 180 degrés, il n'y a qu'une seule bande noire dans le spectre, parce qu'il n'y a qu'une seule espèce de rayons dont le plan de polarisation soit parallèle à la section principale de l'analyseur, et cette bande se déplace de façon à parcourir toutes les régions du spectre lorsqu'on fait tourner la section principale de l'analyseur. Si l'arc de dispersion est compris entre n et $n+1$ demi-circonférences, il y aura $n+1$ bandes noires qui se déplaceront dans le spectre par la rotation de l'analyseur.

Pour mesurer la déviation du plan de polarisation des rayons qui correspondent à une raie de Frauenhofer, on choisit une plaque assez mince pour que l'arc de dispersion soit inférieur à 180 degrés; on fait coïncider la raie avec le fil vertical du réticule et on fait tourner l'analyseur de façon que le milieu de la bande noire se trouve

[1] *Ann. de chim. et de phys.*, (3), XXXIV, p. 119.

sur cette raie : l'angle que forme la section principale de l'analyseur avec le plan primitif de polarisation est alors égal à la déviation cherchée. Pour que la bande noire ne fasse pas disparaître la raie et pour qu'on puisse observer la coïncidence, il faut que la plaque de quartz ne couvre qu'une moitié de la fente, de sorte qu'une moitié du spectre ne soit pas modifiée par le quartz.

A mesure que l'épaisseur de la lame de quartz augmente, l'arc de dispersion devient plus grand, et par suite les rayons qui sont presque complétement éteints sont compris entre des limites moins étendues, de sorte que la bande devient plus étroite; mais, d'un autre côté, plus la plaque est épaisse et moins la bande se déplace dans le spectre pour une même rotation de l'analyseur; la sensibilité du procédé augmente donc d'une part parce que la bande se rétrécit, et diminue de l'autre parce qu'elle se déplace moins vite; il faudra déterminer par l'expérience l'épaisseur qu'on doit donner à la lame de quartz pour obtenir les résultats les plus précis.

Le tableau suivant contient les valeurs trouvées par M. Broch pour les rotations des principales raies du spectre produites par une lame de quartz d'une épaisseur égale à 1 millimètre.

RAIES.	ROTATIONS.	PRODUITS de la rotation par λ^2.
B.	$15°18'$	7238
C.	$17°15'$	7429
D.	$21°40'$	7511
E.	$27°28'$	7596
F.	$32°30'$	7622
G.	$42°12'$	7842

Les nombres contenus dans la dernière colonne du tableau montrent que la loi de la raison inverse du carré de la longueur d'ondulation n'est qu'approximative. Le produit de la rotation par le carré de la longueur d'ondulation varie dans le rapport de 12 à 13 et va en croissant du rouge au violet, ce qui avait déjà été indiqué par Biot.

250. Phénomènes produits par la lumière blanche. — Il est facile de se rendre compte des phénomènes que présente le quartz dans la lumière blanche. Les plans de polarisation des différents rayons simples dont cette lumière est composée éprouvent des rotations inégales et font par suite des angles inégaux avec la section principale de l'analyseur; or, l'intensité de chaque couleur dans l'image ordinaire s'obtient en multipliant l'intensité de cette couleur dans la lumière incidente par le carré du cosinus de l'angle que fait le plan de polarisation des rayons de cette couleur avec la section principale de l'analyseur. Les intensités des différentes couleurs simples dans l'image ordinaire ne sont pas proportionnelles à ce qu'elles sont dans la lumière incidente, et par suite l'image ordinaire est colorée et sa teinte dépend de l'angle que fait la section principale de l'analyseur avec le plan primitif. Il en est évidemment de même de l'image extraordinaire, et, comme la somme des intensités d'une couleur simple dans l'image ordinaire et dans l'image extraordinaire est égale à l'intensité de cette couleur dans la lumière incidente, on voit que les teintes des deux images doivent toujours être complémentaires.

Lorsque l'épaisseur de la lame de quartz est assez grande pour que l'arc de dispersion comprenne un grand nombre de circonférences, il manque dans chacune des images des rayons correspondant aux différentes régions du spectre, et par suite l'intensité moyenne de chaque couleur est à peu près proportionnelle à ce qu'elle est dans la lumière incidente. Dans ce cas les images ne présentent plus de colorations sensibles.

On peut calculer approximativement la teinte que doit présenter chacune des images lorsqu'on connaît l'angle α que forme la section principale de l'analyseur avec le plan primitif et les angles de rotation moyens des plans de polarisation des sept couleurs principales du spectre. Soient, en effet, a l'intensité d'une de ces couleurs dans la lumière incidente, x l'angle moyen de rotation correspondant à cette couleur, elle aura pour intensité dans l'image ordinaire

$$a \cos^2 (x - \alpha).$$

et dans l'image extraordinaire

$$a \sin^2 (x - \alpha).$$

Les intensités des sept couleurs dans l'une des images étant ainsi déterminées, la règle de Newton permet d'en calculer la teinte. Biot a fait un grand nombre de vérifications expérimentales de ce genre, et les résultats du calcul ont toujours été confirmés par l'observation.

251. Teinte sensible ou de passage. — Lorsque l'épaisseur de la lame de quartz ne dépasse pas 5 millimètres, parmi les teintes que présente l'image extraordinaire lorsqu'on fait tourner la section principale de l'analyseur, il s'en trouve une particulièrement remarquable qui a été observée pour la première fois par Biot et désignée par lui sous le nom de *teinte sensible* ou *teinte de passage*. Cette teinte est d'un gris violacé ou gris de lin qui n'a pas d'analogue dans le spectre; elle se distingue par deux caractères spéciaux : en premier lieu, l'image extraordinaire en passant par cette teinte présente un minimum d'intensité très-marqué, et ensuite un très-petit déplacement de l'analyseur dans un sens ou dans un autre suffit pour la faire passer soit au rouge, soit au bleu. C'est cette dernière propriété qui lui a fait donner le nom de teinte sensible.

L'expérience montre que, lorsque l'image extraordinaire présente la teinte sensible, la section principale de l'analyseur est parallèle au plan de polarisation des rayons jaunes moyens; ces rayons, qui sont de beaucoup les plus intenses parmi tous ceux du spectre, manquent alors dans l'image extraordinaire, qui par suite doit présenter un minimum d'intensité très-marqué. Pour déterminer la teinte que doit présenter cette image, il faut chercher les angles des plans de polarisation des rayons de différentes couleurs avec la section principale de l'analyseur, c'est-à-dire avec le plan de polarisation des rayons jaunes moyens. Il suffit pour cela de retrancher la déviation du plan de polarisation des rayons jaunes des déviations qui correspondent aux autres couleurs. En supposant que la lame de quartz ait 1 millimètre d'épaisseur et en se servant des nombres trouvés par Biot (248), on obtient pour ces différences les valeurs suivantes :

Rouge extrême. . . . .   6°30′
Rouge du verre de Biot. . . . .   5°35′
Limite du rouge et de l'orangé. . . . .   3°31′
Limite de l'orangé et du jaune. . . . .   1°41′
Jaune moyen. . . . .   0° 0′
Limite du jaune et du vert. . . . .   —   1°40′
Limite du vert et du bleu. . . . .   —   6° 3′
Limite du bleu et de l'indigo. . . . .   — 10°34′
Limite de l'indigo et du violet. . . . .   — 13°52′
Violet extrême. . . . .   — 20° 5′

Les intensités des différentes couleurs dans l'image extraordinaire
s'obtiennent en multipliant leurs intensités primitives par les carrés
des sinus des angles contenus dans ce tableau. On voit donc que la
teinte sensible se composera surtout de violet et de bleu mêlés d'un
peu de rouge et d'orangé. Si le quartz est dextrogyre et si l'on fait
tourner la section principale de l'analyseur d'une petite quantité
vers la droite, l'intensité de la lumière bleue deviendra très-faible
dans l'image extraordinaire, parce que la section principale se rapprochera du plan de polarisation des rayons de cette couleur, et par
suite le rouge deviendra prédominant; si au contraire on tourne
l'analyseur vers la gauche, la teinte virera au bleu. Avec une lame
lévogyre les résultats seront inverses.

La composition de la teinte sensible varie évidemment avec l'é-
paisseur de la lame de quartz, mais, tant que cette épaisseur ne dépasse pas 5 millimètres, la déviation de la teinte sensible, ou, pour
parler plus exactement, la rotation du plan de polarisation des rayons
dont l'extinction dans l'image extraordinaire produit la teinte sensible, est proportionnelle à l'épaisseur. On peut donc, à l'aide de la
teinte sensible, sans être obligé de se servir d'une lumière homogène,
mesurer la rotation du plan de polarisation des rayons d'une certaine couleur, Biot ayant constaté que le rapport entre la rotation
des plans de polarisation des rayons transmis par un verre rouge et
des rayons dont l'extinction produit la teinte sensible est égal à $\frac{23}{30}$.
Il est facile, en effet, de calculer, en se servant de la loi de la raison
inverse du carré de la longueur d'ondulation et en prenant la teinte

sensible comme point de repère, la rotation du plan de polarisation d'une couleur quelconque.

Il faut remarquer que, si la lumière incidente est colorée ou si le quartz lui-même présente une coloration, le maximum d'intensité ne correspond plus au jaune moyen, et par suite la teinte sensible diffère de ce qu'elle est dans la lumière blanche.

252. Applications polariscopiques. — Quartz à deux rotations de M. Soleil. — Une plaque de quartz placée en avant d'un analyseur peut servir à faire reconnaître la lumière polarisée par les colorations auxquelles elle donne naissance. Pour déterminer la position du plan de polarisation, on commence par déterminer l'angle que doit former la section principale de l'analyseur avec le plan primitif de polarisation, pour que la lame donne la teinte sensible. Cet angle étant connu, il suffit dans un cas donné de faire tourner l'analyseur jusqu'à ce qu'on obtienne la teinte sensible.

M. Soleil a imaginé un procédé qui permet de déterminer avec la plus grande exactitude la position du plan de polarisation. La plaque de quartz a la forme d'un disque circulaire et se compose de deux moitiés demi-circulaires réunies suivant un diamètre vertical. Ces deux demi-disques sont l'un dextrogyre, l'autre lévogyre, et ont chacun une épaisseur égale à $3^{mm},75$, de sorte qu'ils font chacun tourner de 90 degrés le plan de polarisation des rayons jaunes moyens, l'un vers la droite et l'autre vers la gauche. Il résulte de là que, si la section principale de l'analyseur est perpendiculaire au plan primitif de polarisation, les deux moitiés de l'image extraordinaire présenteront la teinte de passage et auront une coloration identique comme s'il n'y avait qu'une seule lame. Mais, si l'on vient à tourner l'analyseur même d'un angle très-petit, l'une des moitiés de l'image passera au rouge et l'autre moitié au bleu; l'opposition des tons rendra très-sensible ce changement de coloration. Pour déterminer la position du plan de polarisation il suffit donc de faire tourner la section principale de l'analyseur jusqu'à ce que les deux moitiés de l'image extraordinaire présentent des teintes identiques. On est alors certain que cette section principale est rigoureusement perpendiculaire au plan de polarisation.

L'appareil de Soleil peut servir à reconnaître les substances qui possèdent la propriété de faire tourner le plan de polarisation. Si en effet on place une de ces substances en avant de la double lame, son effet s'ajoute à celui de la lame qui fait tourner le plan de polarisation dans le même sens, et se retranche de l'effet produit par l'autre lame. Les choses se passent donc comme si les deux lames n'avaient pas la même épaisseur, et il est impossible de trouver une position de la section principale de l'analyseur pour laquelle les deux moitiés de l'image extraordinaire présentent des teintes identiques.

II.

EXPLICATION THÉORIQUE DE LA POLARISATION ROTATOIRE.

253. Principes de la théorie de Fresnel. — Peu de temps
après la découverte des phénomènes de la polarisation rotatoire,
Fresnel en trouva l'interprétation théorique dans l'hypothèse des
ondulations [1]. L'explication donnée par Fresnel repose sur ce fait,
qu'un rayon polarisé circulairement traverse sans altération une
plaque de quartz dans la direction de l'axe. Un rayon polarisé circulairement peut en effet toujours être considéré comme résultant
de la superposition de deux rayons polarisés rectilignement à angle
droit, et présentant une différence de marche égale à un quart de
longueur d'ondulation : la lame de quartz fait tourner d'une même
quantité le plan de polarisation de chacun de ces deux rayons; ils
sont, par suite, encore polarisés à angle droit au sortir de la lame;
leur différence de marche n'est pas altérée, puisqu'ils traversent la
lame dans la direction de l'axe; ils constituent donc encore, par leur
superposition après avoir traversé la lame, un rayon polarisé circulairement ou, comme nous dirons pour abréger, un *rayon circulaire*.
On voit d'après cela que les rayons circulaires se comportent comme
les rayons les plus simples par rapport à une lame de quartz perpendiculaire à l'axe. Or, il existe deux espèces de rayons circulaires, les
uns polarisés de gauche à droite, que nous appellerons *rayons circulaires droits*, et les autres polarisés circulairement de droite à gauche,
que nous appellerons *rayons circulaires gauches*.

Pour rendre compte des principales particularités que présentent
les phénomènes de la polarisation rotatoire, il suffit, ainsi que l'a
montré Fresnel, d'admettre que ces deux espèces de rayons circulaires traversent la lame de quartz avec des vitesses différentes dans
le sens de l'axe, et que la vitesse du rayon circulaire droit est plus
grande que celle du rayon circulaire gauche dans une lame dextrogyre, tandis que c'est l'inverse dans une lame lévogyre.

[1] *Ann. de chim. et de phys.*, (2), XXVIII, 147.

254. Explication géométrique de la rotation du plan de polarisation. — En admettant l'hypothèse que nous venons d'énoncer. on peut expliquer soit géométriquement, soit analytiquement, la rotation du plan de polarisation. L'explication géométrique est fondée sur ce fait qu'un rayon polarisé rectilignement peut toujours être regardé comme résultant de la superposition de deux rayons circulaires de sens contraires ayant même période. Supposons en effet que deux molécules M et M' (fig. 3₂) se meuvent sur la même circonférence. en sens contraire, avec la même vitesse, et que ces deux molécules se trouvent simultanément sur l'axe des y; les positions M et M' occupées par les deux molécules au même instant seront toujours symétriques par rapport à l'axe des y. Si l'on décompose chacun de ces deux mouvements parallèlement aux deux axes, les composantes parallèles à l'axe des x se détruisent et les composantes parallèles à l'axe des y s'ajoutent. On voit donc que deux rayons polarisés circulairement en sens contraire, de même période

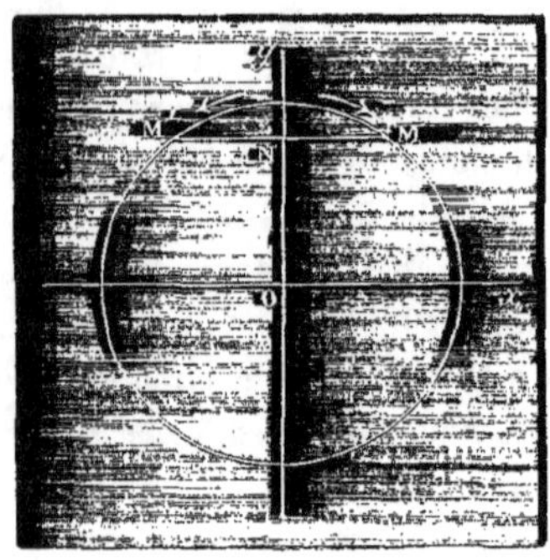

Fig. 3₂.

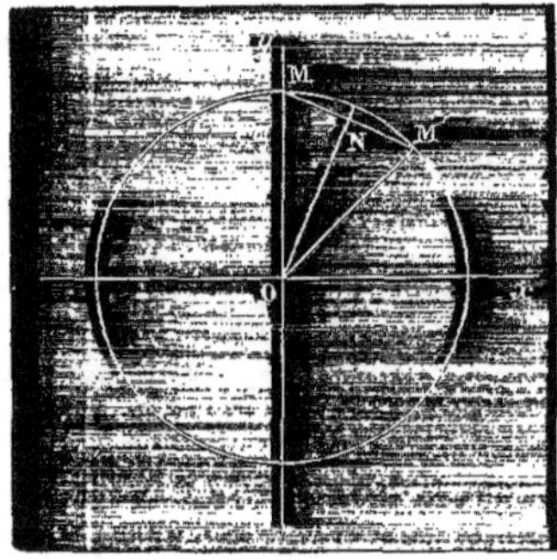

Fig. 33.

et de même amplitude, équivalent à un rayon polarisé rectilignement ayant même période que les deux rayons circulaires et une amplitude double. et que la direction des vibrations sur ce rayon rectiligne n'est autre que la droite par rapport à laquelle les positions des molécules vibrantes au même instant sont symétriques sur les rayons circulaires. Supposons maintenant que ces deux rayons circulaires qui peuvent remplacer un rayon polarisé rectilignement traversent une lame de quartz dextrogyre dans le sens de son axe: d'après l'hypothèse admise, le rayon circulaire gauche, se transmettant avec une vitesse moins grande, sera en retard sur le rayon circulaire droit. La molécule M', qui tourne de droite à gauche, sera donc dans une phase moins avancée de son mouvement que la molécule M qui tourne de gauche à droite. Quand la molécule M sera sur l'axe des y (fig. 33), la molécule M' se trouvera en M à droite de l'axe des y : la superposition des deux rayons circulaires donnera encore un rayon polarisé rectilignement ; mais les vibrations sur ce rayon seront dirigées suivant la bissectrice ON de l'angle MOM', d'où il résulte que le plan de polarisation aura tourné vers la droite d'un angle égal à la moitié de l'angle MOM'. Cet angle est évidemment proportionnel au retard du rayon gauche par rapport au rayon droit, et par suite à l'épaisseur de la lame. On verrait de même que, si le rayon circulaire gauche se propage plus vite que le rayon circulaire droit, le plan de polarisation doit tourner vers la gauche d'un angle proportionnel à l'épaisseur de la lame.

255. Explication analytique de la rotation du plan de polarisation. — Supposons que le rayon polarisé rectilignement qui pénètre dans la lame de quartz ait son plan de polarisation perpendiculaire à l'axe des x ; le mouvement vibratoire sur ce rayon sera parallèle à l'axe des x et pourra être représenté par

$$x = a \sin 2\pi \frac{t}{T};$$

ce mouvement peut être considéré comme résultant de la superposition de deux déplacements égaux ξ et ξ', si l'on pose

$$\xi = \frac{a}{2} \sin 2\pi \frac{t}{T},$$

$$\xi' = \frac{a}{2} \sin 2\pi \frac{t}{T}.$$

Sans rien changer au mouvement, on peut ajouter deux déplacements η et η', égaux et de sens contraires, s'effectuant parallèlement à l'axe des y, ces déplacements ayant même amplitude que les déplacements ξ et ξ' et présentant avec ξ et ξ' une différence de marche égale à un quart de longueur d'ondulation; on aura alors

$$\eta = \frac{a}{2} \cos 2\pi \frac{t}{T},$$

$$\eta' = -\frac{a}{2} \cos 2\pi \frac{t}{T}.$$

Si l'on groupe deux à deux ces quatre déplacements, le déplacement ξ combiné avec le déplacement η donnera un rayon circulaire droit, et le déplacement ξ' combiné avec le déplacement η' un rayon circulaire gauche. Supposons maintenant que δ et γ soient les épaisseurs des lames d'air que traverse un rayon lumineux pendant des temps égaux à ceux que le rayon circulaire droit et le rayon circulaire gauche emploient respectivement pour se transmettre à travers la lame de quartz, parallèlement à l'axe : au sortir de la lame les quatre composantes pourront être représentées, en choisissant convenablement l'origine du temps et en appelant λ la longueur d'ondulation dans le vide, par les expressions suivantes :

$$\xi = \frac{a}{2} \sin 2\pi \left(\frac{t}{T} - \frac{\delta}{\lambda} \right), \qquad \eta = \frac{a}{2} \cos 2\pi \left(\frac{t}{T} - \frac{\delta}{\lambda} \right),$$

$$\xi' = \frac{a}{2} \sin 2\pi \left(\frac{t}{T} - \frac{\gamma}{\lambda} \right), \qquad \eta' = -\frac{a}{2} \cos 2\pi \left(\frac{t}{T} - \frac{\gamma}{\lambda} \right).$$

Le déplacement réel de la molécule vibrante sur le rayon émergent est la résultante de ces quatre déplacements; en appelant x' et y' les coordonnées de cette molécule, on a

$$x' = \xi + \xi' = a \sin 2\pi \left(\frac{t}{T} - \frac{\delta + \gamma}{2\lambda} \right) \cos \pi \frac{\delta - \gamma}{\lambda},$$

$$y' = \eta + \eta' = a \sin 2\pi \left(\frac{t}{T} - \frac{\delta + \gamma}{2\lambda} \right) \sin \pi \frac{\delta - \gamma}{\lambda},$$

d'où l'on tire

$$\frac{y'}{x'} = \tan g \,\pi \frac{\delta - \gamma}{\lambda}.$$

On voit que le rayon émergent est polarisé rectilignement et que le plan de polarisation a tourné d'un angle égal à $\pi \dfrac{\delta - \gamma}{\lambda}$ vers la gauche ou vers la droite, suivant que δ est plus grand ou plus petit que γ, c'est-à-dire suivant que le rayon circulaire droit est en retard ou en avance sur le rayon circulaire gauche. L'angle dont tourne le plan de polarisation est proportionnel à $\delta - \gamma$, et par suite à l'épaisseur de la lame.

Quant à la relation qui existe entre la rotation du plan de polarisation et la longueur d'ondulation, la théorie de Fresnel ne permet pas de la prévoir *a priori*. On peut remarquer seulement que, la rotation étant égale à

$$\pi \frac{\delta - \gamma}{\lambda},$$

la loi établie expérimentalement par Biot exige que les quantités δ et γ varient en raison inverse de λ, et par suite que les vitesses de propagation des deux rayons circulaires qui se propagent dans la lame de quartz parallèlement à l'axe soient proportionnelles à λ.

256. Double réfraction circulaire du quartz suivant son axe. — Fresnel a confirmé par l'expérience le principe sur lequel s'appuie l'interprétation théorique qu'il donne de la polarisation rotatoire, et a démontré que la décomposition d'un rayon polarisé rectilignement en deux rayons circulaires de sens inverse n'est pas une simple hypothèse, en séparant, en matérialisant, pour ainsi dire, ces deux rayons. Pour réaliser cette séparation, Fresnel s'appuie sur ce principe que, si dans un milieu deux rayons se propagent suivant la même direction avec des vitesses inégales, ces rayons, en passant de ce milieu dans l'air, se réfractent suivant des directions différentes toutes les fois que la face de sortie est inclinée sur le rayon émergent. Si l'on taille un prisme de quartz ayant pour base un triangle rectangle, de façon que l'une des faces soit perpendiculaire à l'axe, et qu'on fasse tomber normalement sur cette face un rayon polarisé, ce rayon devra, en se réfractant à l'émergence sur la face hypoténuse, se décomposer en deux rayons circulaires suivant des directions différentes. Mais Fresnel, en calculant la différence des indices des deux rayons circulaires, reconnut que, pour rendre la séparation des deux rayons sensible, il faut donner à l'angle du prisme une valeur telle, qu'il y aurait réflexion totale sur la face hypoténuse. Pour faire disparaître cette difficulté, il

suffit d'accoler l'un à l'autre deux prismes triangulaires égaux ABC,
ACD (fig. 34), l'un dextrogyre, l'autre lévogyre, de façon que
l'ensemble forme un prisme à base rectangulaire. Si la face AB est
perpendiculaire à l'axe et si l'on fait tomber normalement sur cette
face un rayon polarisé SI, ce rayon se décomposera dans le premier

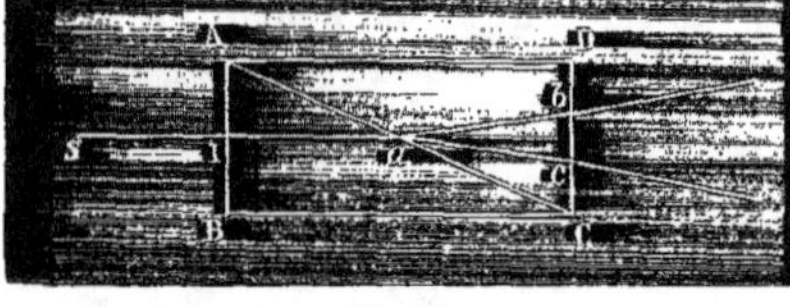

Fig. 34

prisme en deux rayons circulaires de sens contraire se
propageant avec des vitesses
inégales. Le rayon circulaire,
qui va plus vite dans le premier prisme, va moins vite

dans le second; ce rayon se réfractera donc en *a* suivant *ab*, en se
rapprochant de la normale; l'autre rayon circulaire se réfracte au
contraire suivant *ac*, en s'écartant de la normale. La séparation des
deux rayons se trouve encore un peu augmentée lorsqu'ils passent
du second prisme dans l'air.

Fresnel s'est servi d'abord d'un appareil un peu plus compliqué
et composé de trois prismes triangulaires, dont l'un ABC (fig. 35),
très-obtus et d'un angle égal à 152 degrés, est compris entre deux

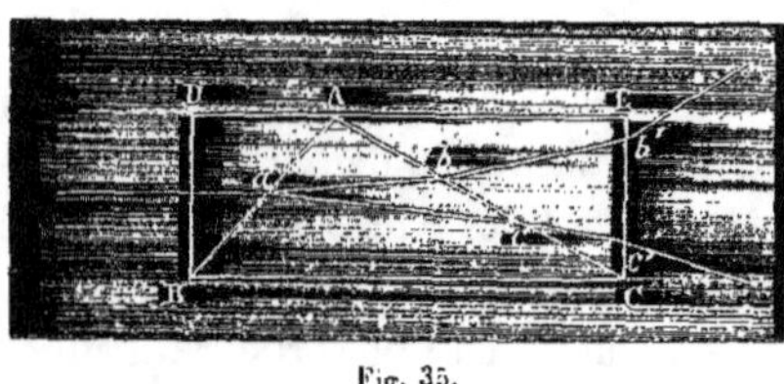

Fig. 35.

autres prismes ABD et ACE,
qui possèdent une rotation inverse de celle du prisme ABC,
et qui complètent avec le
prisme ABC un prisme à
base rectangulaire. Si la face
BD est perpendiculaire à

l'axe et si l'on fait tomber normalement sur cette face un rayon
polarisé, les deux rayons circulaires se séparent en passant du premier prisme dans le second, et cette séparation devient encore
plus accusée lorsqu'ils passent du second dans le troisième.

On peut s'assurer qu'il y a deux rayons émergents en regardant à
travers le prisme composé une mire très-éloignée, et en constatant
qu'il se forme deux images distinctes. Chacun de ces rayons donne
du reste dans un analyseur deux images de même intensité, quelle
que soit l'orientation de la section principale de l'analyseur, et, si
l'on interpose sur le trajet de ces rayons une lame d'un quart d'onde,

ils se transforment en rayons polarisés rectilignement, dont les plans de polarisation sont perpendiculaires entre eux et font des angles de 45 degrés avec la section principale de la lame, ce qui prouve que les rayons sont polarisés circulairement et en sens inverse.

Il importe que les rayons traversent le prisme composé dans la direction de l'axe; car, pour peu qu'ils s'écartent de cette direction, ils éprouvent la double réfraction ordinaire, qui les décompose en deux rayons polarisés rectilignement et qui est beaucoup plus énergique que la double réfraction circulaire.

Les faces d'entrée et de sortie étant parallèles, il semble qu'il ne doive pas y avoir de dispersion, et cependant les rayons émergents sont colorés; ce résultat est dû à ce que la double réfraction circulaire agit inégalement sur les rayons des différentes couleurs simples; la différence des indices des deux rayons circulaires est bien plus considérable pour les rayons violets que pour les rayons rouges, comme on devait s'y attendre, puisque la déviation du plan de polarisation augmente avec la réfrangibilité.

257. Différence des vitesses des deux rayons circulaires. — Il est utile de se faire une idée de la différence qui existe entre les vitesses des deux rayons circulaires de sens inverse qui peuvent se propager dans le quartz parallèlement à l'axe.

Pour calculer cette différence, remarquons qu'une plaque de quartz d'un millimètre fait tourner de 24 degrés le plan de polarisation des rayons jaunes moyens, d'où il résulte qu'une plaque de 15 millimètres fait tourner ce plan de 360 degrés. On a donc alors, en désignant par λ la longueur d'ondulation des rayons jaunes moyens,

$$\pi \frac{\delta - \gamma}{\lambda} = 2\pi.$$

D'ailleurs, en appelant V la vitesse des rayons jaunes dans l'air, D et G les vitesses des rayons circulaires droit et gauche de cette couleur dans le quartz, les valeurs des quantités δ et γ sont

$$\delta = 15 \frac{V}{D}, \qquad \gamma = 15 \frac{V}{G}.$$

En portant ces valeurs dans l'équation précédente, il vient

$$\frac{15}{\lambda}\left(\frac{V}{D}-\frac{V}{G}\right)=2.$$

Si nous supposons que la plaque soit lévogyre, on a $G > D$, et on peut poser

$$G = D + \varepsilon,$$

ε étant une quantité très-petite; on a donc très-approximativement

$$\frac{V}{G}=\frac{V}{D\left(1+\frac{\varepsilon}{D}\right)}=\frac{V}{D}\left(1-\frac{\varepsilon}{D}\right)=\frac{V}{D}-\frac{V\varepsilon}{D^2},$$

et par suite

$$\frac{15}{\lambda}\frac{V\varepsilon}{D^2}=2.$$

Le rapport $\frac{V}{D}$ est sensiblement égal à l'indice ordinaire du quartz, qui est $1,508$, ou $\frac{3}{2}$ en chiffres ronds. L'équation précédente devient par conséquent

$$\frac{\varepsilon}{D}=\frac{4\lambda}{45}.$$

La longueur d'ondulation λ est égale à $\frac{1}{2000}$ de millimètre environ, et l'on a par suite

$$\frac{\varepsilon}{D}=\frac{4}{90000},$$

d'où l'on conclut que la différence des vitesses des deux rayons circulaires est moindre que la vingt-millième partie d'une de ces vitesses, et que le rapport des indices de ces deux rayons est inférieur à $1,00005$, c'est-à-dire moindre que l'indice de réfraction des gaz les moins réfringents.

258. Expérience de M. Babinet. — M. Babinet[1] a démontré l'inégalité de vitesse des deux rayons circulaires dans le quartz au moyen d'une expérience qui avait déjà été indiquée par

[1] *C. R.*, IV, 900.

Fresnel. Cette expérience consiste à interposer une lame de quartz
perpendiculaire à l'axe sur le trajet des rayons incidents qui tombent
sur les miroirs de Fresnel. Si la lumière incidente est polarisée et
traverse normalement la lame de quartz, le faisceau qui tombe sur
chaque miroir se compose de deux espèces de rayons circulaires. Le
système ordinaire des franges est formé par la superposition de deux
systèmes, dus l'un à l'interférence des rayons circulaires droits qui
tombent sur les deux miroirs, et l'autre à l'interférence des rayons
circulaires gauches. Mais il existe en outre deux autres systèmes de
franges dus à l'interférence des rayons droits qui tombent sur l'un
des miroirs avec les rayons gauches qui tombent sur l'autre miroir.
Ces deux systèmes sont latéraux et leurs franges centrales se trouvent
l'une à droite, l'autre à gauche de la frange centrale du premier
système. Ces deux groupes de franges latérales ne sont pas visibles
à l'œil nu, car la différence de marche qui s'établit entre deux
rayons polarisés circulairement en sens inverse ne change pas l'intensité du rayon résultant, mais seulement la position du plan de
polarisation de ce rayon qui est toujours polarisé rectilignement. Si
la différence de marche est nulle, ce rayon est polarisé dans le
même plan que la lumière incidente; si cette différence est égale à
$\frac{\lambda}{2}$, le plan de polarisation est à 90 degrés du plan primitif, et,
lorsque la différence de marche varie de zéro à $\frac{\lambda}{2}$, l'angle du plan
de polarisation avec le plan primitif varie de zéro à 90 degrés.
L'interférence des rayons droits réfléchis par l'un des miroirs avec
les rayons gauches réfléchis par l'autre donne donc naissance à une
série de rayons polarisés alternativement à angle droit et séparés par
des rayons polarisés dans des plans intermédiaires. En plaçant au-
devant de l'œil un analyseur biréfringent, on apercevra dans la lumière homogène deux systèmes latéraux de franges alternativement
brillantes et obscures. Ces franges sont complémentaires dans les
deux images; elles se déplacent quand on fait tourner l'analyseur
et échangent leurs positions quand la rotation est de 90 degrés.

III.

POLARISATION ROTATOIRE DANS LA LUMIÈRE CONVERGENTE.

259. Action du quartz sur la lumière polarisée lorsque les rayons sont inclinés sur l'axe. — Fresnel n'a étudié l'action exercée par une plaque de quartz sur la lumière polarisée rectilignement que dans le cas où les rayons polarisés qui traversent une lame de quartz sont parallèles à l'axe. Il restait à examiner les phénomènes que produit le quartz dans la lumière convergente et à en rendre compte. C'est ce qu'a fait pour la première fois M. Airy en 1831 [1]. Dans les travaux de M. Airy la théorie a presque toujours précédé l'expérience; nous suivrons donc ici le même ordre et nous ferons connaître en premier lieu les hypothèses que M. Airy a admises en se laissant guider par l'analogie, hypothèses qui ont trouvé jusqu'à un certain point leur confirmation dans l'expérience.

Pour analyser les phénomènes produits dans la lumière convergente par une plaque de quartz taillée perpendiculairement à l'axe, il faut évidemment connaître l'action exercée par cette plaque sur un rayon polarisé rectilignement qui la traverse dans une direction inclinée sur l'axe. M. Airy, partant de ce fait que dans une direction perpendiculaire à l'axe il n'y a pas de différence appréciable entre les propriétés du quartz et celles d'un cristal quelconque à un axe, fut conduit à supposer que le passage des vibrations circulaires aux vibrations rectilignes a lieu par l'intermédiaire des vibrations elliptiques, c'est-à-dire que, de même que dans la direction de l'axe le quartz ne peut transmettre sans altération que des rayons polarisés circulairement, et dans une direction perpendiculaire à l'axe que des rayons polarisés rectilignement, dans une direction inclinée il ne transmet sans altération que des rayons polarisés elliptiquement. En regardant ainsi le phénomène qui se produit dans une direction inclinée comme intermédiaire entre ceux qui ont lieu dans une direction parallèle à l'axe et dans une direction perpendiculaire, il

[1] *Cambr. Trans.*, IV, part. 1, p. 79, 198.

faut admettre que tout rayon polarisé rectilignement qui pénètre dans le quartz suivant une direction inclinée sur l'axe se décompose en deux rayons polarisés elliptiquement en sens contraire et se propageant avec des vitesses inégales. Le quartz étant un cristal attractif, si la plaque que l'on considère est dextrogyre, le rayon polarisé elliptiquement de gauche à droite correspond au rayon ordinaire, et celui qui est polarisé elliptiquement de droite à gauche correspond au rayon extraordinaire; c'est l'inverse si la plaque est lévogyre.

Dans les cristaux qui ne jouissent pas du pouvoir rotatoire, les vibrations du rayon ordinaire sont perpendiculaires à la fois à l'axe du cristal et à la normale à l'onde; celles du rayon extraordinaire sont parallèles à la projection du rayon sur le plan de l'onde. Tout étant symétrique dans le cristal par rapport à ces deux directions, il est naturel d'admettre que dans le quartz les grands axes des ellipses de vibration des deux rayons polarisés en sens contraire leur sont parallèles, et par suite que les grands axes de ces ellipses sont à angle droit.

Les phénomènes particuliers au quartz cessant d'être sensibles dès que le rayon forme avec l'axe un angle même peu considérable, il faut admettre que les ellipses de vibration, qui se confondent avec des cercles lorsque le rayon est parallèle à l'axe, s'aplatissent rapidement de manière à se confondre presque avec deux droites perpendiculaires l'une à l'autre dès que le rayon fait avec l'axe un angle tant soit peu considérable. M. Airy, en s'appuyant sur ce que dans le quartz la différence des indices ordinaire et extraordinaire est très-faible, supposa de plus que la transition se fait de la même manière pour les deux rayons polarisés en sens contraire, c'est-à-dire que les ellipses de vibration des deux rayons polarisés elliptiquement en sens contraire qui proviennent d'un même rayon incident sont toujours semblables.

Quant à la différence de marche entre les deux rayons, on ne peut plus admettre qu'elle soit la même que dans les cristaux soumis aux lois générales de Huyghens, du moins pour les directions voisines de l'axe, puisque cette différence ne se réduit pas à zéro lorsque le rayon est parallèle à l'axe. M. Airy supposa que dans le quartz la différence de marche entre les deux rayons polarisés elliptiquement

en sens contraire est égale à la différence de marche déduite de la
loi de Huyghens pour les cristaux à un axe, augmentée d'une quantité indépendante de la direction du rayon incident, mais variant
en raison inverse de la longueur d'ondulation, de même que la différence de marche des deux rayons circulaires de sens contraire
qui se propagent parallèlement à l'axe, ce qui revient à admettre
que dans le quartz la surface d'onde se compose, comme dans les
cristaux ordinaires à un axe, d'une sphère et d'un ellipsoïde de révolution, mais que la sphère et l'ellipsoïde ne sont pas tangents. Il faut
remarquer que cette hypothèse doit toujours être très-approximativement conforme à la vérité dans le voisinage de l'axe, ce qui est suffisant puisque, dans les directions qui font avec l'axe des angles un
peu considérables, le pouvoir rotatoire du quartz est négligeable vis-
à-vis de la double réfraction régulière.

En admettant la similitude des ellipses de vibration et la constance de la différence de marche en excès due au pouvoir rotatoire,
on peut rendre compte des phénomènes que présente le quartz dans
la lumière convergente.

A. — LUMIÈRE CONVERGENTE POLARISÉE RECTILIGNEMENT.

**260. Formules générales pour les intensités des images
dans l'analyseur.** — Nous allons nous proposer de déterminer
les principales particularités que présentent les images fournies dans
un analyseur biréfringent par une plaque de quartz *taillée perpendiculairement à l'axe* et placée dans la lumière convergente. Nous supposerons en premier lieu que la lumière convergente soit *polarisée
rectilignement*. Les appareils qui serviront à observer ces phénomènes
seront les mêmes que ceux que nous avons décrits à propos de la
polarisation chromatique, c'est-à-dire que tous les rayons qui traversent la plaque dans une direction déterminée iront converger en
un même foyer réel ou virtuel, et c'est l'intensité que présentent en
ce foyer les rayons d'une couleur déterminée qu'il s'agira de calculer.
Comme nous n'aurons à considérer que des rayons traversant la
plaque dans une direction voisine de l'axe, nous pourrons, au lieu
de considérer des rayons tombant obliquement sur une lame perpendiculaire à l'axe, supposer que les rayons tombent normalement

sur une lame inclinée par rapport à l'axe. Il n'en résultera aucune erreur sensible et le calcul sera simplifié, parce qu'il suffira de tenir compte de la différence de marche produite par le passage à travers la lame.

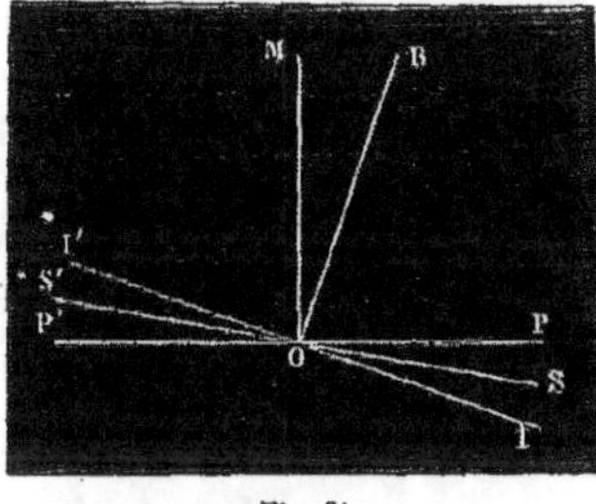

Fig. 36.

Soient (fig. 36) PP', SS' et II' les traces, sur un plan perpendiculaire au rayon incident, du plan primitif de polarisation, de la section principale de l'analyseur et de la section principale de la lame de quartz; désignons par ι et s, comme dans la théorie de la polarisation chromatique, les angles formés par ces sections principales avec le plan primitif de polarisation.

Représentons par $\sin 2\pi \dfrac{t}{T}$ l'un des mouvement vibratoires dont la superposition constitue la lumière blanche, ce qui revient à prendre pour unité, abstraction faite de la réflexion qui s'exerce à la première face de la lame de quartz, l'amplitude de ce mouvement vibratoire qui est dirigé suivant OM perpendiculairement à PP', et posons pour abréger

$$2\pi \frac{t}{T} = \varphi.$$

Le rayon, en pénétrant dans le quartz, se décompose en deux rayons elliptiques de sens contraires. Si nous supposons le quartz dextrogyre, le rayon ordinaire est polarisé de gauche à droite et le rayon extraordinaire de droite à gauche.

En représentant par ξ et ξ' les composantes du mouvement parallèles à II', par η et η' les composantes perpendiculaires à II', et en désignant par k une quantité comprise entre zéro et l'unité et dépendant de l'angle que fait le rayon incident avec l'axe, on aura, en tenant compte de ce que les deux ellipses de vibration doivent être semblables et avoir leurs axes perpendiculaires à l'entrée du cristal pour le mouvement vibratoire du rayon ordinaire,

$$(1) \qquad \begin{cases} \eta = m \sin(\varphi + \mu), \\ \xi = -mk \cos(\varphi + \mu) : \end{cases}$$

et pour le mouvement vibratoire du rayon extraordinaire,

$$(2) \quad \begin{cases} \eta' = n \sin(\varphi+v), \\ \xi' = \dfrac{n}{k} \cos(\varphi+v). \end{cases}$$

Ces quatre mouvements devant reproduire le mouvement du rayon incident égal à $\sin\varphi$ et dirigé suivant OM, la somme de leurs projections sur OM doit être égale à $\sin\varphi$ et la somme de leurs projections sur OP doit être nulle. Ces deux conditions donnent les équations

$$(3) \quad \begin{cases} (\eta+\eta')\cos i - (\xi+\xi')\sin i = \sin\varphi, \\ (\eta+\eta')\sin i + (\xi+\xi')\cos i = 0. \end{cases}$$

Ces deux équations doivent être satisfaites quel que soit le temps, c'est-à-dire quel que soit φ. On aura donc quatre équations de condition en remplaçant dans les équations (3) les quantités ξ, ξ', η, η' par leurs valeurs tirées des équations (1) et (2), et en égalant à zéro dans chacune d'elles les coefficients de $\sin\varphi$ et de $\cos\varphi$, ce qui donne

$$(m\cos\mu + n\cos v)\cos i - \left(mk\sin\mu - \frac{n}{k}\sin v\right)\sin i = 1,$$

$$(m\sin\mu + n\sin v)\cos i + \left(mk\cos\mu - \frac{n}{k}\cos v\right)\sin i = 0,$$

$$(m\cos\mu + n\cos v)\sin i + \left(mk\sin\mu - \frac{n}{k}\sin v\right)\cos i = 0,$$

$$(m\sin\mu + n\sin v)\sin i + \left(mk\cos\mu - \frac{n}{k}\cos v\right)\cos i = 0.$$

De ces quatre équations on tire d'abord

$$m\cos\mu + n\cos v = \cos i, \qquad mk\cos\mu - \frac{n}{k}\cos v = 0,$$

$$m\sin\mu + n\sin v = 0, \qquad mk\sin\mu - \frac{n}{k}\sin v = -\sin i,$$

et enfin

$$m\cos\mu = \frac{\cos i}{1+k^2}, \qquad m\sin\mu = -\frac{k\sin i}{1+k^2},$$

$$n\cos v = \frac{k^2\cos i}{1+k^2}, \qquad n\sin v = \frac{k\sin i}{1+k^2}.$$

En substituant ces valeurs dans les équations (1) et (2) on a, pour les composantes des vibrations elliptiques,

$$\eta = \frac{1}{1+k^2}(\cos i \sin \varphi - k \sin i \cos \varphi),$$

$$\xi = -\frac{k}{1+k^2}(\cos i \cos \varphi + k \sin i \sin \varphi),$$

$$\eta' = \frac{1}{1+k^2}(k^2 \cos i \sin \varphi + k \sin i \cos \varphi),$$

$$\xi' = \frac{1}{1+k^2}(k \cos i \cos \varphi - \sin i \sin \varphi).$$

Les deux rayons elliptiques traversent la lame de quartz avec des vitesses inégales, et, si l'on désigne par G et D des épaisseurs d'air telles, que la lumière emploie à les traverser des temps respectivement égaux à ceux que mettent les rayons polarisés de droite à gauche et de gauche à droite pour se transmettre à travers la lame de quartz, il faudra à la sortie du cristal remplacer φ dans l'expression des composantes du rayon ordinaire par $2\pi\left(\dfrac{t}{T}-\dfrac{D}{\lambda}\right)$, et dans celle des composantes du rayon extraordinaire par $2\pi\left(\dfrac{t}{T}-\dfrac{G}{\lambda}\right)$. Si l'on pose pour abréger

$$2\pi\frac{G}{\lambda} = \gamma, \qquad 2\pi\frac{D}{\lambda} = \delta,$$

il suffira de remplacer φ par $\varphi - \gamma$ pour le rayon extraordinaire et par $\varphi - \delta$ pour le rayon ordinaire.

Le mouvement vibratoire du rayon ordinaire dans l'analyseur est représenté par

$$(\eta + \eta')\cos(i-s) - (\xi + \xi')\sin(i-s),$$

en ayant soin de substituer, dans les valeurs de ξ et de η, $\varphi - \delta$ à φ, et, dans celles de ξ' et de η', $\varphi - \gamma$ à φ. On obtient ainsi pour ce mouvement vibratoire l'expression suivante :

$$\frac{1}{1+k^2}\Big\{\big[\cos i \sin(\varphi-\delta) - k \sin i \cos(\varphi-\delta) + k^2 \cos i \sin(\varphi-\gamma)$$
$$+ k \sin i \cos(\varphi-\gamma)\big]\cos(i-s)$$
$$+ \big[k \cos i \cos(\varphi-\delta) + k^2 \sin i \sin(\varphi-\delta) - k \cos i \cos(\varphi-\gamma)$$
$$+ \sin i \sin(\varphi-\gamma)\big]\sin(i-s)\Big\}.$$

La plaque étant dextrogyre, on peut poser

$$\varphi - \delta = \varphi - \gamma + \gamma - \delta.$$

En faisant cette substitution dans l'expression précédente et en prenant la somme des carrés des coefficients de $\cos(\varphi-\gamma)$ et de $\sin(\varphi-\gamma)$, on a l'intensité ω^2 de l'image ordinaire dans l'analyseur : il vient ainsi

$$\begin{aligned}
(1+k^2)^2\,\omega^2 = {} & \big\{\cos(i-s)\,[\cos i\cos(\gamma-\delta)+k\sin i\sin(\gamma-\delta)+k^2\cos i] \\
& + \sin(i-s)\,[-k\cos i\sin(\gamma-\delta)+k^2\sin i\cos(\gamma-\delta)+\sin i]\big\}^2 \\
& + \big\{\cos(i-s)\,[\cos i\sin(\gamma-\delta)-k\sin i\cos(\gamma-\delta)+k\sin i] \\
& + \sin(i-s)\,[k\cos i\cos(\gamma-\delta)+k^2\sin i\sin(\gamma-\delta)-k\cos i]\big\}^2
\end{aligned}$$

En ordonnant par rapport à $\cos(\gamma-\delta)$ et à $\sin(\gamma-\delta)$, on a

$$\begin{aligned}
(1+k^2)^2\,\omega^2 = {} & \big\{[\cos i\cos(i-s)+k^2\sin i\sin(i-s)]\cos(\gamma-\delta) \\
& + k\sin s\sin(\gamma-\delta)+k^2\cos i\cos(i-s)+\sin i\sin(i-s)\big\}^2 \\
& + \big\{-k\sin s\cos(\gamma-\delta)+[\cos i\cos(i-s) \\
& + k^2\sin i\sin(i-s)]\sin(\gamma-\delta)+k\sin s\big\}^2,
\end{aligned}$$

d'où, en développant,

$$\begin{aligned}
(1+k^2)^2\,\omega^2 = {} & [\cos i\cos(i-s)+k^2\sin i\sin(i-s)]^2+2k^2\sin^2 s \\
& + [k^2\cos i\cos(i-s)+\sin i\sin(i-s)]^2 \\
& + 2\big\{[\cos i\cos(i-s)+k^2\sin i\sin(i-s)] \\
& \times [k^2\cos i\cos(i-s)+\sin i\sin(i-s)]-k^2\sin^2 s\big\} \\
& \times \cos(\gamma-\delta)+2k(1+k^2)\sin s\cos s\sin(\gamma-\delta).
\end{aligned}$$

En remplaçant $2\cos(\gamma-\delta)$ par $2-4\sin^2\dfrac{\gamma-\delta}{2}$, la somme des termes indépendants de $\gamma-\delta$ se réduit à $(1+k^2)^2\cos^2 s$, et il vient

$$\begin{aligned}
(1+k^2)^2\,\omega^2 = {} & (1+k^2)^2\cos^2 s + 2k(1+k^2)\sin s\cos s\sin(\gamma-\delta) \\
& - 4\big\{[\cos i\cos(i-s)+k^2\sin i\sin(i-s)] \\
& \times [k^2\cos i\cos(i-s)+\sin i\sin(i-s)] \\
& - k^2\sin^2 s\big\}\sin^2\dfrac{\gamma-\delta}{2}.
\end{aligned}$$

En développant le troisième terme du second membre et en divisant les deux membres par $(1 + k^2)^2$, il vient, toutes réductions faites,

$$(4) \quad \left\{ \begin{aligned} \omega^2 = {}& \cos^2 s + \frac{k}{1 + k^2} \sin 2 s \sin (\gamma - \delta) \\ & - \frac{4 k^2}{(1 + k^2)^2} \cos 2 s \sin^2 \frac{\gamma - \delta}{2} \\ & - \frac{(1 - k^2)^2}{(1 + k^2)^2} \sin 2 i \sin 2 (i - s) \sin^2 \frac{\gamma - \delta}{2}. \end{aligned} \right.$$

La formule se simplifie en remplaçant les deux premiers termes du second membre par

$$\cos^2 s \left(\cos^2 \frac{\gamma - \delta}{2} + \sin^2 \frac{\gamma - \delta}{2} \right) + \frac{4 k}{1 + k^2} \sin s \cos s \sin \frac{\gamma - \delta}{2} \cos \frac{\gamma - \delta}{2},$$

ce qui donne après réduction

$$\omega^2 = \left(\cos s \cos \frac{\gamma - \delta}{2} + \frac{2 k}{1 + k^2} \sin s \sin \frac{\gamma - \delta}{2} \right)^2$$
$$+ \left(\frac{1 - k^2}{1 + k^2} \right)^2 \left[\cos^2 s - \sin 2 i \sin 2 (i - s) \right] \sin^2 \frac{\gamma - \delta}{2}.$$

Enfin, en remarquant que l'on a

$$\cos^2 s - \sin 2 i \sin 2 (i - s) = \cos^2 s - \frac{1}{2} \left[\cos 2 s - \cos (4 i - 2 s) \right]$$
$$= \frac{1}{2} \left[1 + \cos (4 i - 2 s) \right]$$
$$= \cos^2 (2 i - s),$$

il vient définitivement

$$(5) \quad \left\{ \begin{aligned} \omega^2 = {}& \left(\cos s \cos \frac{\gamma - \delta}{2} + \frac{2 k}{1 + k^2} \sin s \sin \frac{\gamma - \delta}{2} \right)^2 \\ & + \left(\frac{1 - k^2}{1 + k^2} \right)^2 \cos^2 (2 i - s) \sin^2 \frac{\gamma - \delta}{2}. \end{aligned} \right.$$

On peut soumettre cette formule à deux vérifications en cherchant ce qu'elle devient dans les deux cas extrêmes où l'on a $k = 0$ ou

$k = 1$. Lorsque k est nul, on doit retrouver la formule qui convient aux cristaux dépourvus de pouvoir rotatoire: il vient en effet dans ce cas

$$\omega^2 = \cos^2 s \cos^2 \frac{\gamma - \delta}{2} + \cos^2 (2i - s) \sin^2 \frac{\gamma - \delta}{2}$$

$$= \cos^2 s + \left[\cos^2 (2i - s) - \cos^2 s \right] \sin^2 \frac{\gamma - \delta}{2}$$

$$= \cos^2 s - \sin 2i \sin 2 (i - s) \sin^2 \frac{\gamma - \delta}{2}$$

$$= \cos^2 s - \sin 2i \sin 2 (i - s) \sin^2 \pi \frac{G - D}{\lambda}.$$

Si l'on fait $k = 1$, on doit obtenir la formule qui représente la propriété rotatoire du quartz dans la direction de son axe : la formule générale se réduit effectivement, dans cette hypothèse, à

$$\omega^2 = \left(\cos s \cos \frac{\gamma - \delta}{2} + \sin s \sin \frac{\gamma - \delta}{2} \right)^2 = \cos^2 \left(s - \frac{\gamma - \delta}{2} \right),$$

expression qui est maximum lorsqu'on a

$$s = \frac{\gamma - \delta}{2},$$

ce qui indique que le rayon, au sortir de la lame de quartz, est polarisé rectilignement dans un plan faisant à droite du plan primitif un angle égal à $\frac{\gamma - \delta}{2}$ ou à $\pi \frac{G - D}{\lambda}$.

La formule (5) montre que généralement il n'y a pas de lignes incolores, car, s étant quelconque, il n'existe aucune relation entre les angles i et s qui rende l'expression de l'intensité indépendante de $\gamma - \delta$, c'est-à-dire de la longueur d'ondulation.

Quant aux lignes isochromatiques, elles sont d'une forme plus complexe que dans le cas des cristaux dépourvus de pouvoir rotatoire. Pour en déterminer rigoureusement la forme, il faudrait connaître la manière dont k varie avec l'incidence, c'est-à-dire savoir comment se fait la transition entre la forme circulaire et la forme rectiligne des vibrations quand on passe d'une direction parallèle à l'axe à une direction perpendiculaire. On peut cependant, comme nous allons le voir, déterminer approximativement la forme de ces courbes sans posséder cette donnée.

261. Section principale de l'analyseur parallèle ou perpendiculaire au plan primitif de polarisation. — Absence de croix au centre de l'image. — Anneaux circulaires. — Le cas le plus simple est évidemment celui où la section principale de l'analyseur est parallèle ou perpendiculaire au plan primitif de polarisation. Si l'on suppose s égal à zéro, c'est-à-dire la section principale de l'analyseur parallèle au plan primitif, la formule (4) se réduit à

$$\omega^2 = 1 - \left[\frac{4\,k^2}{(1+k^2)^2} + \left(\frac{1-k^2}{1+k^2} \right)^2 \sin^2 2\,i \right] \sin^2 \frac{\gamma-\delta}{2},$$

et par suite on a pour l'intensité de l'image extraordinaire

$$\varepsilon^2 = \left[\frac{4\,k^2}{(1+k^2)^2} + \left(\frac{1-k^2}{1+k^2} \right)^2 \sin^2 2\,i \right] \sin^2 \frac{\gamma-\delta}{2}.$$

Si s est égal à $\frac{\pi}{2}$, les deux images échangent leurs intensités.

Nous allons considérer en premier lieu l'image extraordinaire dans le cas où s est égal à zéro. Rien, dans l'expression de l'intensité de cette image, n'indique l'existence de lignes incolores, car pour aucune valeur de i elle ne devient indépendante de la longueur d'ondulation. Mais, si l'on suppose k très-petit, c'est-à-dire si l'on considère les phénomènes à une certaine distance de l'axe qui n'est pas nécessairement considérable, d'après ce que nous avons dit sur la manière dont se fait le décroissement de k à partir de l'axe, il pourra apparaître des lignes incolores. Dans ce cas, en effet, on a approximativement

$$\varepsilon^2 = \sin^2 2\,i \, \sin^2 \frac{\gamma-\delta}{2},$$

expression qui s'annule, quelle que soit la longueur d'ondulation, lorsque l'angle i est égal à zéro ou à 90 degrés. Il suit de là que dans l'image extraordinaire, lorsque la section principale de l'analyseur est parallèle au plan primitif, on aura à une certaine distance u centre une croix obscure dont les branches seront l'une parallèle, l'autre perpendiculaire au plan primitif; mais les branches de cette croix ne se prolongeront pas jusqu'au centre, et de plus elle ne sera pas complétement noire, parce que k ne peut pas être supposé entièrement nul pour une direction inclinée sur l'axe; ces deux caractères distinguent cette croix de celle que donnent les cristaux à un axe dépourvus de pouvoir rotatoire. Quant au centre de l'image, il ne pourra jamais être complétement obscur dans la lumière blanche, parce que la quantité $\sin^2 \frac{\gamma - \delta}{2}$ ne peut pas s'annuler simultanément pour toutes les couleurs. On aura donc, au centre de l'image, une plage colorée dont la teinte dépendra de l'épaisseur de la lame, et la croix ne sera visible qu'en dehors des limites de cette plage.

Il est évident que l'image ordinaire présentera des apparences complémentaires et par suite une croix à peu près blanche. Lorsque la section principale de l'analyseur est perpendiculaire au plan primitif, les phénomènes sont renversés : la croix est blanche dans l'image extraordinaire et obscure dans l'image ordinaire.

Quant aux lignes isochromatiques, les valeurs trouvées pour les intensités des deux images, lorsque la section principale est parallèle ou perpendiculaire au plan primitif, montrent qu'elles sont dans ce cas de forme circulaire. On aura donc dans la lumière homogène, à partir d'une certaine distance du centre, des anneaux alternativement brillants et obscurs, et dans la lumière blanche des anneaux colorés. Les maxima correspondant à une couleur déterminée sont donnés par la condition

$$\frac{\gamma - \delta}{2} = (2N + 1)\frac{\pi}{2},$$

et les minima par la condition

$$\frac{\gamma - \delta}{2} = 2N\frac{\pi}{2},$$

N étant un nombre entier quelconque, si l'on considère l'image extraordinaire dans le cas où s est égal à zéro. Mais, comme on a

$$\gamma - \delta = 2\pi\frac{G - D}{\lambda},$$

ces conditions se réduisent à

$$G - D = (2N + 1)\frac{\lambda}{2}$$

et à

$$G - D = 2N\frac{\lambda}{2}.$$

Si le cristal ne possédait pas le pouvoir rotatoire, la différence de marche serait donnée, comme nous l'avons vu dans la théorie de la polarisation chromatique (217), par l'expression

$$\frac{\varepsilon}{b}\left(b^2 - a^2\right)\frac{x^2 + y^2}{d^2},$$

$x^2 + y^2$ étant le carré du rayon de la ligne isochromatique et d la distance focale principale de la lentille qui fait converger les rayons. L'hypothèse de M. Airy consiste à ajouter à cette différence de marche une quantité indépendante de la direction du rayon incident, proportionnelle à l'épaisseur de la lame et en raison inverse de la longueur d'ondulation: si l'on désigne par H une constante. on pourra donc écrire

$$G - D = \frac{\varepsilon}{b}\left[\left(b^2 - a^2\right)\frac{x^2 + y^2}{d^2} + \frac{H}{\lambda}\right],$$

et, suivant que cette quantité sera égale à un nombre impair ou pair de demi-longueurs d'ondulation, la ligne isochromatique correspondra à un maximum ou à un minimum. Il résulte de là une loi simple pour les diamètres des anneaux brillants et obscurs correspondant à une même couleur: les différences entre les carrés de ces diamètres sont constantes.

En résumé on voit que, lorsque la section principale de l'analyseur est parallèle ou perpendiculaire au plan primitif, chaque image se compose d'une plage centrale colorée et d'une série d'anneaux circulaires colorés qui sont coupés par une croix obscure ou blanchâtre : les branches de cette croix ne s'étendent pas jusqu'au centre et sont l'une parallèle, l'autre perpendiculaire au plan primitif, et chaque anneau conserve la même teinte sur tout son contour.

262. Section principale de l'analyseur dans une position quelconque. — Courbes quadratiques et tache centrale en croix. — Si la section principale de l'analyseur fait avec le plan primitif un angle quelconque, la formule (5) ne se simplifie pas; il n'y a plus alors de lignes incolores, et les courbes isochromatiques sont beaucoup plus compliquées que dans le cas que nous venons d'examiner. On peut néanmoins se faire une idée de la forme de ces courbes, par les considérations suivantes.

Posons

$$\frac{2k \tan g\, s}{1 + k^2} = \tan g\, \psi,$$

d'où

$$\cos s = \frac{2k}{\sqrt{4k^2 + (1 + k^2)^2 \tan g^2 \psi}}, \qquad \sin s = \frac{(1 + k^2) \tan g\, \psi}{\sqrt{4k^2 + (1 + k^2)^2 \tan g^2 \psi}}.$$

En substituant ces valeurs dans l'équation (5), il vient

$$\omega^2 = \frac{4k^2}{4k^2 + (1 + k^2)^2 \tan g^2 \psi} \left[\cos \frac{\gamma - \delta}{2} + \tan g\, \psi \sin \frac{\gamma - \delta}{2} \right]^2 + \left(\frac{1 - k^2}{1 + k^2} \right)^2 \cos^2 (2i - s) \sin^2 \frac{\gamma - \delta}{2},$$

d'où

$$\omega^2 = \left[\cos^2 s + \frac{4k^4}{(1 + k^2)^2} \sin^2 s \right] \cos^2 \left(\frac{\gamma - \delta}{2} - \psi \right) + \left(\frac{1 - k^2}{1 + k^2} \right)^2 \cos^2 (2i - s) \sin^2 \frac{\gamma - \delta}{2},$$

et enfin

$$\omega^2 = \left[\cos^2 s + \frac{4k^2}{(1 + k^2)^2} \sin^2 s \right] \times \frac{1 + \cos (\gamma - \delta - 2\psi)}{2} + \left(\frac{1 - k^2}{1 + k^2} \right)^2 \cos^2 (2i - s) \times \frac{1 - \cos (\gamma - \delta)}{2}.$$

Si l'on suppose que les différents points d'une même courbe isochromatique ne sont pas à des distances très-différentes du centre, on pourra regarder k comme sensiblement constant sur cette courbe, et il suffira, pour avoir l'équation approchée des courbes isochromatiques, de prendre la dérivée par rapport à $\gamma - \delta$ du second membre de l'équation précédente, en y regardant k comme constant. On obtient ainsi pour les courbes isochromatiques l'équation

$$(6) \quad \operatorname{tang}(\gamma - \delta - \psi) = \operatorname{tang}\psi \, \frac{(1 + k^2)^2 \cos^2 s + 4k^2 \sin^2 s + (1 - k^2)^2 \cos^2 (2i - s)}{(1 + k^2)^2 \cos^2 s + 4k^2 \sin^2 s - (1 - k^2)^2 \cos^2 (2i - s)},$$

ce qui montre que $\operatorname{tang}(\gamma - \delta - \psi)$ est toujours plus grand que $\operatorname{tang}\psi$. Si la différence de ces deux tangentes était constante, $\gamma - \delta$ conserverait la même valeur quel que soit l'angle i, et les courbes isochromatiques seraient circulaires. Mais l'équation (6) montre que cette différence varie avec l'angle i; il faut en conclure que les différents points de la courbe isochromatique sont à des distances inégales du centre; les plus éloignés sont ceux qui correspondent aux valeurs de i pour lesquelles la différence entre $\operatorname{tang}(\gamma - \delta - \psi)$ et $\operatorname{tang}\psi$ est maximum, et les plus rapprochés ceux qui correspondent aux valeurs de i pour lesquelles cette différence est minimum. Or l'équation (6) montre que la différence est maximum lorsqu'on a

$$2i - s = 0$$

ou

$$2i - s = \pi,$$

c'est-à-dire

$$i = \frac{s}{2}$$

ou

$$i = \frac{\pi}{2} + \frac{s}{2};$$

et minimum lorsqu'on a

$$2i - s = \frac{\pi}{2}$$

ou

$$2i - s = \frac{3\pi}{2},$$

d'où

$$i = \frac{\pi}{4} + \frac{s}{2}$$

ou

$$i = \frac{3\pi}{4} + \frac{s}{2}.$$

Pour obtenir la forme des courbes isochromatiques, il faudra donc décrire un cercle de rayon OR (fig. 37) et ajouter aux rayons de ce

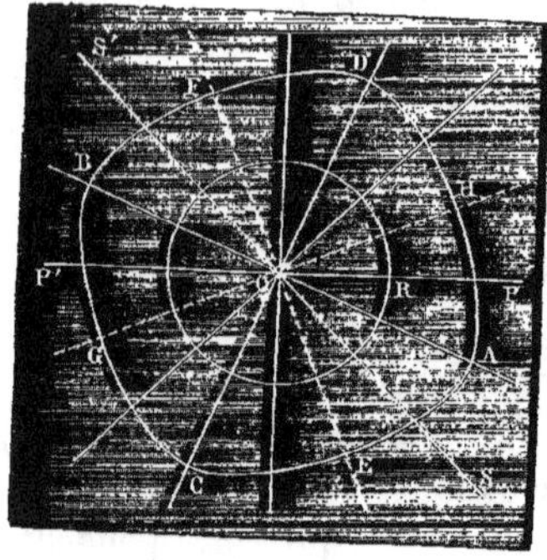

Fig. 37.

cercle une quantité variable qui sera maximum suivant les droites AB et CD, c'est-à-dire suivant les bissectrices des angles formés par la direction du plan primitif et de la section principale de l'analyseur, et minimum suivant les droites EF et GH, qui font des angles de 45 degrés avec les précédentes. On obtient ainsi une sorte de carré à angles émoussés, que l'on désigne sous le nom de *courbe quadratique*.

C'est là, en effet, la forme que présentent les courbes isochromatiques, du moins à une distance sensible du centre.

Si l'on suppose, comme dans la figure, le plan primitif de polarisation horizontal et la section principale de l'analyseur faisant, à droite de ce plan, un angle s compris entre zéro et 90 degrés, on voit que l'angle le plus élevé de la courbe quadratique se trouve à droite de la verticale et à une distance angulaire de cette verticale inférieure à 45 degrés. Si l'angle s est compris entre 90 degrés et 180 degrés, cet angle étant toujours supposé compté vers la droite, l'angle ψ est aussi compris entre 90 degrés et 180 degrés, et, en désignant par ψ' un angle plus petit que 90 degrés, on peut poser

$$\psi = 90° + \psi';$$

le second membre de l'équation (6) est alors négatif et représente par conséquent, la tangente d'un angle plus grand que 90 degrés en désignant cet angle par $90° + \psi''$, on a

$$\mathrm{tang}\,(\gamma - \delta - \psi) = \mathrm{tang}\,(90° + \psi''),$$

et par suite

$$\gamma - \delta = 180° + \psi' + \psi''.$$

L'angle ψ' est une constante et l'angle ψ'' diminue quand le facteur de tang ψ dans le second membre de l'équation (6) augmente; la différence entre $\gamma - \delta$ et ψ sera donc d'autant plus grande que ce facteur sera plus petit, d'où il résulte que les maxima seront donnés par les mêmes conditions que dans le cas précédent et que le phénomène n'aura pas changé d'aspect. L'angle le plus élevé de la courbe quadratique se trouvera encore à droite de l'observateur. On voit que, si l'on place la section principale de l'analyseur perpendiculairement au plan primitif, de manière à obtenir des courbes isochromatiques circulaires, et si l'on fait tourner ensuite cette section principale vers la droite ou vers la gauche d'un angle plus petit que 45 degrés, l'angle le plus élevé de la courbe quadratique se trouvera à la droite de l'observateur. Nous avons supposé, dans ce qui précède, la lame de quartz dextrogyre; si cette lame était lévogyre, l'angle le plus élevé de la courbe quadratique se trouverait, au contraire, à gauche, dans les conditions que nous venons d'indiquer.

Cherchons maintenant à déterminer la forme de la tache centrale. Pour avoir l'intensité de la lumière au centre de l'image ordinaire, il faut, dans la formule (5), faire $k = 1$, ce qui donne

$$\omega^2 = \cos^2\left(s - \frac{\gamma - \delta}{2}\right),$$

ou, en désignant par ρ l'angle $\frac{\gamma - \delta}{2}$, qui est égal à la rotation qu'éprouve le plan de polarisation des rayons qui traversent la lame parallèlement à l'axe,

$$\omega^2 = \cos^2\left(s - \rho\right):$$

cette expression est nulle pour la couleur considérée, lorsqu'on a

$$s = \frac{\pi}{2} + \rho.$$

Pour voir la manière dont varie l'intensité sur un cercle ayant pour centre le centre du phénomène, il faut avoir recours à la formule (5). Comme sur ce cercle les quantités k et $\gamma - \delta$ restent constantes, on voit que l'intensité sera minimum lorsqu'on aura

$$\cos\left(2i - s\right) = 0,$$

c'est-à-dire

$$i = \frac{s}{2} + \frac{\pi}{4}$$

ou

$$i = \frac{s}{2} + \frac{3\pi}{4}.$$

Il résulte de là que, lorsque, pour une couleur déterminée, la tache centrale est obscure, l'obscurité se prolonge sur les lignes EF et GH, c'est-à-dire sur les bissectrices des diagonales des courbes quadratiques : la tache centrale forme donc alors une sorte de croix, dont les branches sont dirigées suivant ces bissectrices. Lorsqu'on opère avec la lumière blanche, si le centre de l'image ordinaire correspond à l'intensité minimum de la lumière jaune, la croix centrale présente la teinte sensible. Pour un cristal dextrogyre, cette teinte sensible de la croix centrale dans l'image ordinaire correspond à une valeur de s égale à $90° + \rho$, c'est-à-dire à une rotation vers la gauche de $90° - \rho$, à partir de la position où la section principale de l'analyseur est parallèle au plan primitif. Donc, si on opère avec une lame suffisamment mince, on verra la tache centrale présenter la teinte de passage en faisant tourner la section principale de l'analyseur vers la gauche d'un angle plus petit que 90 degrés, à partir de la position où elle est parallèle au plan primitif. Si, au contraire, le cristal est lévogyre, il faut faire tourner l'analyseur vers la droite pour trouver la teinte de passage. De là un moyen simple de distinguer les cristaux dextrogyres et lévogyres.

B. — Lumière convergente polarisée circulairement.

263. Calcul des intensités des images dans l'analyseur. — Lorsque la lumière convergente qui tombe sur une plaque de quartz perpendiculaire à l'axe est polarisée circulairement, il faut, pour obtenir les intensités des images dans l'analyseur, effectuer un calcul dont la marche est la même que dans le cas où la lumière est polarisée rectilignement. Nous supposerons que la plaque de quartz est dextrogyre et que la lumière incidente est polarisée circulairement de gauche à droite: enfin, comme dans le cas précédent, au lieu de considérer des rayons tombant obliquement sur une plaque

de quartz perpendiculaire à l'axe, nous supposerons la lame inclinée
à l'axe et les rayons incidents normaux à la lame, ce qui nous con-
duira aux mêmes résultats. Si l'on prend pour unité l'amplitude du
rayon circulaire incident, abstraction faite de la réflexion qui s'exerce
à la première face de la lame de quartz, on aura pour les composantes du mouvement vibratoire sur ce rayon

$$\eta = \frac{1}{\sqrt{2}} \sin \varphi,$$

$$\xi = -\frac{1}{\sqrt{2}} \cos \varphi,$$

η désignant la composante perpendiculaire à la section principale de
la lame de quartz et ξ la composante parallèle à cette section principale. En pénétrant dans la lame de quartz, le rayon circulaire incident se décompose en deux rayons elliptiques polarisés en sens
contraire. Les composantes du mouvement vibratoire, perpendiculairement et parallèlement à la section principale de la lame de
quartz, sont pour le rayon ordinaire

$$\eta' = m \sin (\varphi + \mu),$$
$$\xi' = -km \cos (\varphi + \mu),$$

et pour le rayon extraordinaire

$$\eta'' = n \sin (\varphi + v),$$
$$\xi'' = \frac{n}{k} \cos (\varphi + v).$$

Les constantes m, n, μ et v sont déterminées par les deux conditions

$$\eta' + \eta'' = \eta,$$
$$\xi' + \xi'' = \xi,$$

qui doivent être satisfaites quel que soit φ : on obtient ainsi les quatre
équations

$$m \cos \mu + n \cos v = \frac{1}{\sqrt{2}},$$

$$m \sin \mu + n \sin v = 0,$$

$$-km \cos \mu + \frac{n}{k} \cos v = -\frac{1}{\sqrt{2}},$$

$$km \sin \mu - \frac{n}{k} \sin v = 0,$$

d'où l'on tire

$$\mu = 0.$$
$$\nu = 0,$$
$$m = \frac{1+k}{\sqrt{2(1+k^2)}},$$
$$n = -\frac{k(1-k)}{\sqrt{2(1+k^2)}}.$$

En conservant à γ et à δ les mêmes significations que dans le cas où la lumière incidente est polarisée rectilignement, on voit qu'au sortir du cristal le mouvement vibratoire est représenté sur le rayon ordinaire par

$$\eta' = \frac{1+k}{\sqrt{2(1+k^2)}} \sin(\varphi - \delta),$$
$$\xi' = -\frac{k(1+k)}{\sqrt{2(1+k^2)}} \cos(\varphi - \delta),$$

et sur le rayon extraordinaire par

$$\eta'' = -\frac{k(1-k)}{\sqrt{2(1+k^2)}} \sin(\varphi - \gamma),$$
$$\xi'' = -\frac{1-k}{\sqrt{2(1+k^2)}} \cos(\varphi - \gamma).$$

Si l'on désigne par α l'angle que fait la section principale de l'analyseur avec celle de la lame de quartz, le mouvement vibratoire du rayon ordinaire dans l'analyseur a pour expression

$$(\eta' + \eta'')\cos\alpha + (\xi' + \xi'')\sin\alpha,$$

c'est-à-dire

$$\frac{\cos\alpha}{\sqrt{2(1+k^2)}}\left[(1+k)\sin(\varphi-\delta) - k(1-k)\sin(\varphi-\gamma)\right]$$
$$-\frac{\sin\alpha}{\sqrt{2(1+k^2)}}\left[k(1+k)\cos(\varphi-\delta) + (1-k)\cos(\varphi-\gamma)\right].$$

Pour avoir l'intensité de l'image ordinaire il faut remplacer $\varphi - \delta$ par $\varphi - \gamma + \gamma - \delta$ et faire la somme des carrés des coefficients de

$\sin(\varphi - \gamma)$ et de $\cos(\varphi - \gamma)$; on trouve ainsi

$$
\begin{aligned}
\omega^2 &= \frac{1}{2(1+k^2)^2}\Big\{\Big[\cos\alpha\big[(1+k)\cos(\gamma-\delta)-k(1-k)\big]\\
&\qquad +k(1+k)\sin\alpha\sin(\gamma-\delta)\Big]^2\\
&\qquad +\Big[(1+k)\cos\alpha\sin(\gamma-\delta)\\
&\qquad\qquad -\sin\alpha\big[k(1+k)\cos(\gamma-\delta)-1+k\big]\Big]^2\Big\}\\
&= \frac{1}{2(1+k^2)^2}\Big\{\cos^2\alpha\Big[(1+k)^2+k^2(1-k)^2-2k(1-k^2)\cos(\gamma-\delta)\Big]\\
&\qquad +\sin^2\alpha\Big[k^2(1+k)^2+(1-k)^2-2k(1-k^2)\cos(\gamma-\delta)\Big]\\
&\qquad +2\sin\alpha\cos\alpha\Big[\big[(1+k)\cos(\gamma-\delta)\\
&\qquad\qquad -k(1-k)\big]k(1+k)\sin(\gamma-\delta)\\
&\qquad\qquad -\big[k(1+k)\cos(\gamma-\delta)-1+k\big](1+k)\sin(\gamma-\delta)\Big]\Big\}\\
&= \frac{1}{2(1+k^2)^2}\Big\{(1+k^2)^2+2k(1-k^2)(\cos^2\alpha-\sin^2\alpha)\big[1-\cos(\gamma-\delta)\big]\\
&\qquad -2(1+k^2)(1-k^2)\sin\alpha\cos\alpha\sin(\gamma-\delta)\Big\}\\
&= \frac{1}{2}+\frac{k(1-k^2)}{(1+k^2)^2}\cos2\alpha-\frac{k(1-k^2)}{(1+k^2)^2}\cos2\alpha\cos(\gamma-\delta)\\
&\qquad -\frac{1-k^2}{2(1+k^2)}\sin2\alpha\sin(\gamma-\delta).
\end{aligned}
$$

Si dans cette valeur de l'intensité on fait $k=1$, l'expression de ω^2 devient indépendante de $\gamma-\delta$ et par suite de la couleur, et se réduit à $\frac{1}{2}$, d'où il faut conclure que les deux images de l'analyseur présentent dans la lumière blanche une tache centrale incolore. Ce résultat était du reste facile à prévoir, car nous avons vu (253) qu'un rayon polarisé circulairement traverse une lame de quartz parallèlement à l'axe sans éprouver aucune modification. La formule que nous venons d'obtenir montre de plus qu'avec la lumière polarisée circulairement les images ne présentent plus de lignes incolores.

264. Courbes isochromatiques. — Spirales quadratiques. — Pour obtenir approximativement la forme des courbes isochromatiques, posons

$$\frac{1+k^3}{2k}\,\tang 2\alpha = \tang 2\psi;$$

nous aurons ainsi pour l'intensité de l'image ordinaire

$$\omega^2 = \frac{1}{2} + \frac{k\,(1-k^2)}{(1+k^2)^2}\cos 2\alpha - \frac{k\,(1-k^2)\cos(\gamma-\delta-2\psi)}{(1+k^2)\sqrt{(1+k^2)^2\cos^2 2\psi + 4k^2\sin^2 2\psi}}.$$

Si l'on donne à α une valeur déterminée, cela revient à considérer les points situés sur une droite passant par le centre du phénomène et faisant avec la section principale de l'analyseur un angle égal à cette valeur particulière de α. Si l'on considère sur une telle droite des points peu éloignés les uns des autres, on peut regarder k comme conservant une valeur sensiblement invariable, et l'on voit alors sur cette droite l'intensité passer par un maximum lorsqu'on a

$$\gamma - \delta - 2\psi = (2\mathrm{N}+1)\pi,$$

N étant un nombre entier quelconque, et par un minimum lorsqu'on a

$$\gamma - \delta - 2\psi = 2\mathrm{N}\pi.$$

Ces conditions, étant les mêmes quelle que soit la valeur de α, représentent les équations des courbes isochromatiques pourvu qu'on y regarde ψ comme une fonction de α.

Nous avons vu précédemment (261) que la quantité $\gamma-\delta$ est égale à la somme de deux termes dont l'un est constant et dont l'autre est proportionnel au carré de la distance du centre de l'image au point où le rayon pour lequel on prend la différence $\gamma-\delta$ rencontre le plan du tableau, c'est-à-dire à la quantité que nous avons désignée par x^2+y^2; comme, pour le rayon qui traverse le cristal parallèlement à l'axe, $\gamma-\delta$ est égal au double de la rotation ρ, le terme constant est égal à 2ρ et l'on a, en représentant par v^2 la quantité x^2+y^2 et par h une constante,

$$\gamma - \delta = 2\rho + hv^2.$$

L'équation des courbes isochromatiques correspondant aux minima prend donc la forme

$$2\rho + hv^2 - 2\psi = 2N\pi,$$

v désignant le rayon vecteur de la courbe et ψ étant une fonction de l'angle α que fait ce rayon vecteur avec la trace de la section principale de l'analyseur sur le plan du tableau.

Pour les points qui ne sont pas trop éloignés du centre du phénomène, k a une valeur peu différente de l'unité, et par suite l'angle ψ est sensiblement égal à α. En admettant l'égalité des deux angles, l'équation polaire des courbes isochromatiques se réduit à

$$hv^2 = 2\,(\alpha - \rho) + 2N\pi ;$$

si l'on fait $N = 0$, cette équation devient

$$hv^2 = 2\,(\alpha - \rho)$$

et représente une spirale partant du centre O et tangente en O à une droite qui fait avec la trace de la section principale de l'analyseur un angle égal à ρ, c'est-à-dire à la rotation que la lame de quartz fait subir au plan de polarisation d'un rayon qui la traverse parallèlement à l'axe. La figure 38, où SS′ désigne la trace de la section principale de l'analyseur, montre que cette spirale OAB s'enroule de droite à gauche.

En faisant $N = 1$, on obtient une seconde spirale OCD qui n'est autre que la première à qui on aurait fait subir une rotation de 180 degrés. Pour les valeurs de N supérieures à l'unité, on retrouve alternativement les deux mêmes spirales.

En réalité les courbes isochromatiques présentent une forme plus complexe, ce qui tient à ce que l'angle ψ est toujours supérieur à α; la différence entre ces deux angles est maximum ou minimum pour des valeurs de α qui correspondent à la direction de la section principale de l'analyseur, à une direction perpendiculaire et à deux directions faisant des angles de 45 degrés avec les précédentes. Il en résulte que les deux spirales présentent des *ressauts*, c'est-à-dire des angles droits émoussés qui sont situés sur la trace de la section principale de l'analyseur et sur une droite perpendiculaire, ainsi que le montre la figure 39. De là le nom de spirales quadratiques, qui leur a été donné. Il est évident d'ailleurs que l'intensité de la tache centrale blanche fait disparaître complétement les parties des deux

spirales voisines du centre et qu'il est impossible de vérifier expérimentalement la direction de leur premier élément.

Lorsque la lame de quartz est dextrogyre et la lumière incidente
polarisée de gauche à droite, les spirales s'enroulent de droite à

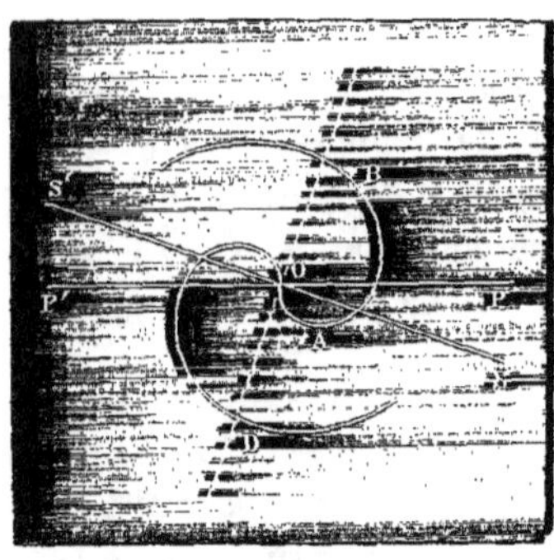

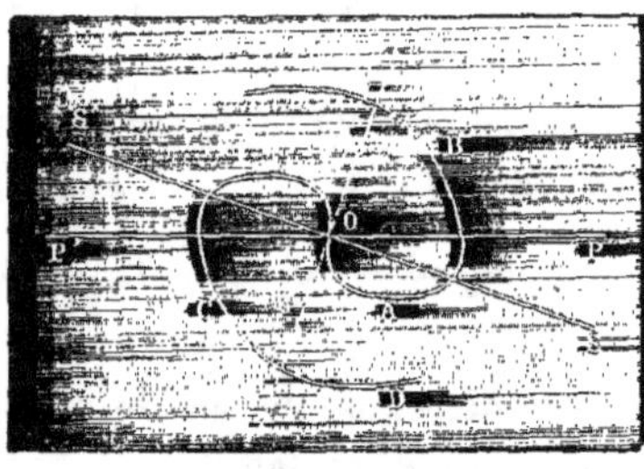

Fig. 38.   Fig. 39.

gauche; elles s'enroulent au contraire de gauche à droite lorsque, la
lame restant dextrogyre, la lumière incidente est polarisée de droite
à gauche. Avec une lame lévogyre ces résultats sont renversés.

**265. Action du quartz sur un rayon elliptique incliné
à l'axe.** — Dans l'hypothèse d'Airy les formes des ellipses de vibration varient, sur les deux rayons réfractés elliptiques auxquels
donne naissance un rayon incident, avec l'inclinaison de ce rayon
sur l'axe. Il en résulte que, si la lumière incidente est polarisée elliptiquement, il pourra exister dans le cristal une direction pour laquelle un des rayons réfractés est polarisé elliptiquement de la même
manière que les rayons incidents; suivant cette direction l'autre
rayon réfracté aura une intensité nulle. Il ne pourra donc y avoir
interférence, ou en d'autres termes le rayon elliptique se propagera
sans altération suivant cette direction, de même qu'un rayon circulaire se propage sans altération parallèlement à l'axe. Les images de
l'analyseur présenteront alors une zone incolore qui indiquera la
direction où dans le quartz la polarisation elliptique est identique à
celle des rayons incidents. On conçoit qu'en opérant avec de la lumière elliptique de composition connue on puisse ainsi se faire une

idée de la manière dont varie la polarisation elliptique, dans le quartz
à mesure qu'on s'écarte de l'axe. Ce procédé, mis en pratique par
M. Airy, est médiocrement exact; il a cependant pu servir à reconnaître que la polarisation elliptique est très-sensible tant que l'inclinaison des rayons incidents sur l'axe ne dépasse pas 10 degrés.

C. — Lumière convergente, polarisée rectilignement, qui traverse deux lames
de quartz égales et de signes contraires.

266. Calcul des intensités des images dans l'analyseur.
— M. Airy a encore traité par le calcul un cas plus compliqué que
les précédents : c'est celui où un faisceau convergent de lumière
polarisée rectilignement traverse successivement deux plaques de
quartz perpendiculaires à l'axe, ayant même épaisseur et de signes
contraires.

La marche du calcul est la même que dans le cas d'une seule
plaque : le rayon polarisé rectilignement qui tombe sur la première
plaque se divise en deux rayons polarisés elliptiquement, et chacun
de ces deux rayons elliptiques se divise de nouveau en pénétrant
dans la seconde plaque.

On a ainsi quatre rayons elliptiques, dont il faut prendre les
composantes parallèlement et perpendiculairement à la section principale de l'analyseur. Si l'on suppose la première plaque de quartz
dextrogyre et la seconde lévogyre, et si la section principale de
l'analyseur est perpendiculaire au plan primitif, on obtient, en désignant par i l'angle que fait le plan primitif avec la section principale de la première lame de quartz, pour le mouvement vibratoire
du rayon ordinaire dans l'analyseur,

$$\frac{1}{(1+k^2)^2}\Big\{(1-k^4)\sin i\cos i\cos[\varphi-2(\gamma-\delta)]$$
$$+k(1-k^2)\cos 2\alpha\sin[\varphi-2(\gamma-\delta)]$$
$$-(1-k^4)\sin i\cos i\cos\varphi+k(1-k^2)\cos 2i\sin\varphi$$
$$-2k(1-k^2)\cos 2i\sin[\varphi-(\gamma-\delta)]\Big\}$$
$$=\frac{1}{(1+k^2)^2}\Big\{(1-k^4)\sin 2i\sin(\gamma-\delta)\sin[\varphi-(\gamma-\delta)]$$
$$+2k(1-k^2)\cos 2i\cos(\gamma-\delta)\sin[\varphi-(\gamma-\delta)]$$
$$-2k(1-k^2)\cos 2i\sin[\varphi-(\gamma-\delta)]\Big\}.$$

Pour obtenir l'intensité de l'image ordinaire, il suffit d'élever au carré le coefficient de $\sin[\varphi-(\gamma-\delta)]$, ce qui donne

$$\omega^2 = \frac{(1-k^2)^2}{(1+k^2)^4}\Big[(1+k^2)\sin 2i \sin(\gamma-\delta)$$
$$+ 2k\cos 2i\cos(\gamma-\delta) - 2k\cos 2i\Big]^2$$
$$= \frac{(1-k^2)^2}{(1+k^2)^4}\Big[(1+k^2)\sin 2i \sin(\gamma-\delta) - 4k\cos 2i\sin^2\frac{\gamma-\delta}{2}\Big]^2$$
$$= \frac{4(1-k^2)^2}{(1+k^2)^4}\sin^2\frac{\gamma-\delta}{2}\Big[(1+k^2)\sin 2i\cos\frac{\gamma-\delta}{2} - 2k\cos 2i\sin\frac{\gamma-\delta}{2}\Big]^2,$$

et enfin

$$\omega^2 = \Big(\frac{1-k^2}{1+k^2}\Big)^2\sin^2\frac{\gamma-\delta}{2}\Big[\frac{4k}{1+k^2}\cos 2i\sin\frac{\gamma-\delta}{2} - 2\sin 2i\cos\frac{\gamma-\delta}{2}\Big]^2.$$

Si la première lame était lévogyre et la seconde dextrogyre, il faudrait remplacer par le signe $+$ le signe $-$ qui précède le second terme entre crochets.

267. Courbes isochromatiques. — Spirales d'Airy. — La valeur obtenue pour l'intensité de l'image ordinaire dans l'analyseur montre qu'il existe dans le cas actuel deux séries de minima entièrement nuls, et par suite deux espèces de courbes isochromatiques. Les courbes de la première série sont données par l'équation

$$\sin\frac{\gamma-\delta}{2} = 0$$

ou

$$\frac{\gamma-\delta}{2} = n\pi,$$

qui représente des anneaux circulaires.

Comme on a

$$\frac{\gamma-\delta}{2} = \pi\frac{G-D}{\lambda},$$

l'équation des cercles peut s'écrire

$$G-D = 2N\frac{\lambda}{2};$$

ces cercles sont donc définis par cette condition que la différence de

marche corresponde à un nombre pair de demi-longueurs d'ondulation.

Enfin, si ρ désigne la rotation produite par l'une des deux lames,
on peut poser, comme nous l'avons vu (264),

$$\frac{\gamma - \delta}{2} = \rho + H v^2,$$

H étant une constante et v désignant le rayon du cercle auquel correspond une valeur donnée de $\frac{\gamma - \delta}{2}$. L'équation des cercles noirs
peut donc aussi prendre la forme

$$(1) \qquad \rho + H v^2 = N \pi,$$

ce qui montre que la différence entre les carrés des rayons de ces
cercles est constante. La seconde série de courbes d'intensité minimum est donnée par l'équation

$$\operatorname{tang} \frac{\gamma - \delta}{2} = \frac{1 + k^2}{2k} \operatorname{tang} 2i,$$

obtenue en égalant à zéro le second des deux facteurs qui entrent
dans l'expression de l'intensité. Si nous considérons les phénomènes à une petite distance de l'axe, c'est-à-dire dans les points où
ils ont le plus de netteté, le facteur $\frac{1 + k^2}{2k}$ diffère peu de l'unité, et,
par suite, on a approximativement

$$\operatorname{tang} \frac{\gamma - \delta}{2} = \operatorname{tang} 2i,$$

d'où

$$\frac{\gamma - \delta}{2} = 2i + N\pi,$$

N étant un nombre entier quelconque.

Si l'on fait N égal à zéro et si l'on remplace $\frac{\gamma - \delta}{2}$ par $\rho + H v^2$, on
obtient pour équation d'une première courbe

$$(2) \qquad \rho + H v^2 = 2i$$

ou

$$v^2 = \frac{2i - \rho}{H}.$$

Comme le rayon vecteur v croît indéfiniment avec l'angle i, cette équation représente une spirale. Pour $v = 0$, on a

$$i = \frac{\rho}{2};$$

donc la tangente à la courbe menée par le centre fait, avec la trace du plan primitif, un angle égal à la moitié de la rotation, correspondant à l'épaisseur d'une des lames.

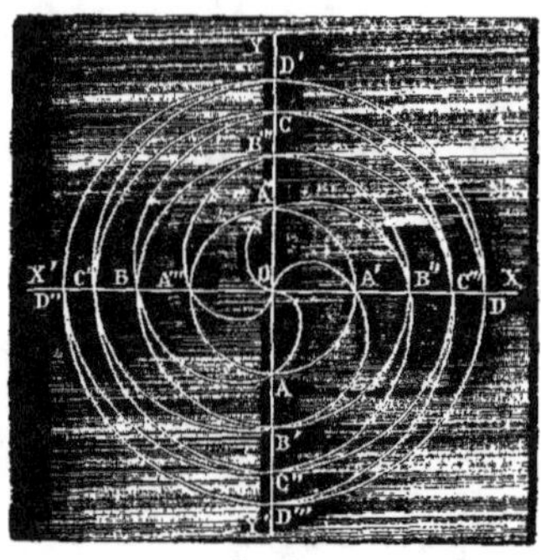

F g. 4o.

Pour mieux définir la forme de la spirale, menons par le centre deux droites OX et OY (fig. 4o), dont la première représente la trace du plan primitif et la seconde une perpendiculaire à cette trace, et cherchons les points où la spirale coupe ces deux droites. Si l'on fait $i = 90$ degrés, c'est-à-dire si l'on cherche le point où la spirale rencontre la droite OY, on voit que la valeur de v^2 donnée par l'équation (2) est identique à celle qu'on tire de l'équation (1) en y faisant $N = 1$, d'où il faut conclure que la spirale rencontre la droite OY au point A, où cette droite est coupée par le premier cercle obscur. En faisant $i = 180$ degrés, c'est-à-dire en cherchant le point où la spirale rencontre la droite OX', on obtient une valeur de v^2 égale à celle que donne l'équation (2) quand on y fait $N = 2$; donc la spirale rencontre la droite OX' au point B, où cette droite est coupée par le deuxième cercle obscur. En continuant de même on voit que la spirale rencontre les droites OY' et OX aux points C et D, où ces droites sont respectivement coupées par le troisième et par le quatrième cercle obscur, et ainsi de suite.

Nous n'avons considéré jusqu'à présent que la spirale obtenue en faisant, dans l'équation

$$\frac{\gamma - \delta}{2} = 2i + N\pi,$$

N égal à zéro : en donnant successivement à N les valeurs 1, 2, 3, on obtient trois autres spirales qui sont identiques à la première qu'on aurait fait tourner respectivement de 90, de 180 et de 270 degrés. Si l'on donne à N des valeurs supérieures à 3, on retombe sur les spirales déjà obtenues; il n'y a donc en tout que quatre spirales distinctes.

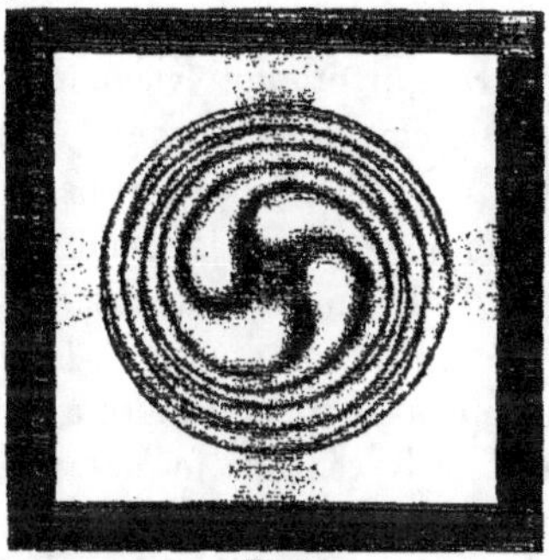

Ces spirales s'enroulent, comme on le voit sur la figure, de gauche à droite quand le premier quartz est dextrogyre; mais le sens de l'enroulement est renversé quand on intervertit l'ordre des lames.

La figure 41 montre l'aspect général du phénomène : les quatre spirales, en se croisant au centre, forment une sorte de croix dont les bras sont contournés en S: à une certaine distance du centre, on aperçoit la croix noire qui se montre dans les cristaux à un axe dépourvus de pouvoir rotatoire. Dans la lumière homogène les spirales sont complétement noires, mais dans la lumière blanche elles sont colorées ainsi que les cercles, et présentent une teinte d'un rouge orangé du côté concave, et une teinte verte du côté convexe. Les colorations sont ici très-intenses, parce que les minima correspondant aux différentes couleurs sont absolument nuls, ce qui donne un grand éclat au phénomène. Il est à remarquer que la teinte qui colore le bord concave d'une branche de spirale telle que AB (fig. 40), se continue sur la partie concave du cercle BB'', situé dans le quadrant suivant; de même, la teinte qui existe sur le bord convexe d'un arc de cercle tel que AA''' se continue sur la partie convexe de la branche de spirale A''' B''' située dans le quadrant suivant. Les parties situées entre les quatre branches de la croix, dans l'intérieur du premier cercle, présentent des colorations peu intenses, parce que la longueur d'ondulation influe peu sur les modifications éprouvées par les rayons qui y aboutissent, et qu'ainsi aucune portion du spectre n'est prédominante.

La manière la plus simple d'observer le phénomène que nous venons de décrire consiste à employer l'appareil de Norremberg (221).

Fig. 41.

On pose simplement une lame de quartz perpendiculaire à l'axe sur le miroir horizontal qui se trouve à la partie inférieure de l'appareil. La lumière polarisée réfléchie par la glace inclinée traverse la lame de quartz, se réfléchit sur le miroir inférieur et traverse de nouveau la lame en sens contraire, ce qui produit évidemment le même effet que si elle traversait successivement deux lames de même épaisseur et de signes contraires. Par cet artifice on est dispensé de se procurer deux lames de quartz ayant exactement la même épaisseur, condition qui ne laisse pas que d'être difficile à réaliser.

L'expérience fournit de plus le moyen de reconnaître si la lame avec laquelle on opère est rigoureusement perpendiculaire à l'axe : il en est ainsi toutes les fois que la croix centrale formée par les quatre spirales est parfaitement nette et symétrique.

En résumé, on voit que dans un assez grand nombre de cas, dont quelques-uns fort compliqués, l'expérience s'accorde d'une manière remarquable avec les résultats de la théorie basée sur les hypothèses admises par M. Airy. On peut donc regarder comme démontré expérimentalement que, dans une direction inclinée sur l'axe, la polarisation circulaire se change dans le quartz en polarisation elliptique; que sur les deux rayons réfractés les ellipses sont semblables et ont leurs grands axes perpendiculaires entre eux, et enfin que la différence de marche s'obtient en ajoutant une quantité constante à celle qui existe dans les cristaux à un axe dépourvus de pouvoir rotatoire. Mais il faut remarquer que ces conclusions ne s'appliquent qu'aux directions peu inclinées sur l'axe, car, pour les directions qui font avec l'axe un angle considérable, la polarisation rotatoire est entièrement masquée par la double réfraction ordinaire.

IV.

GÉNÉRALISATION DES PROPRIÉTÉS ROTATOIRES DU QUARTZ.

268. Découverte de la polarisation rotatoire dans les liquides. — La propriété que possèdent certains liquides, de faire tourner comme le quartz le plan de polarisation d'un rayon polarisé rectilignement, a été découverte par Biot en 1815 d'une manière tout à fait fortuite [1]. Biot, se laissant guider par la théorie de la polarisation mobile, se proposait de rechercher s'il ne pourrait pas faire varier les colorations des lames minces cristallisées, en changeant d'une façon notable l'indice du milieu extérieur. En opérant avec l'essence de térébenthine, il remarqua que les teintes des images étaient altérées d'une façon singulière et changeaient avec l'orientation de l'analyseur. Il était naturel, d'après cela, de s'assurer si l'essence de térébenthine n'exerçait pas par elle-même une action sur la lumière polarisée. Ayant retiré la lame cristallisée, Biot reconnut qu'en recevant sur un analyseur un faisceau de lumière polarisée qui a traversé une colonne d'essence de térébenthine on a deux images teintes de couleurs complémentaires variables avec l'orientation de l'analyseur. Il retrouva la teinte sensible, et, en opérant avec la lumière homogène, il put s'assurer que l'essence de térébenthine agit absolument comme une lame de quartz perpendiculaire à l'axe. Ce liquide dévie le plan de polarisation vers la gauche d'un angle proportionnel à la longueur de la colonne liquide, et sensiblement en raison inverse du carré de la longueur d'ondulation.

Il fallut donc admettre, si étrange que pût paraître cette conclusion au premier abord, qu'il existe des liquides qui agissent sur la lumière polarisée de la même façon qu'une lame cristalline. Il est

[1] Les observations de Biot sur l'essence de térébenthine ont été communiquées à l'Académie des sciences le 23 et le 30 octobre 1815, et publiées dans le *Bulletin de la Société Philomathique* de décembre 1815. Seebeck paraît avoir découvert les mêmes faits, sinon avant Biot, du moins simultanément.

évident d'ailleurs que dans les liquides toutes les directions doivent jouir de propriétés identiques.

269. Définition du pouvoir rotatoire. — Corps positifs et négatifs. — Mélanges des corps actifs et inactifs. — Biot ne tarda pas à découvrir que l'essence de térébenthine n'est pas le seul liquide qui jouisse de la propriété de faire tourner le plan de polarisation, et qu'un grand nombre de liquides organiques, appartenant surtout à la classe des essences, possèdent également le pouvoir rotatoire. Parmi ces corps, les uns dévient le plan de polarisation vers la droite, les autres vers la gauche : on est convenu de donner aux premiers la qualification de *positifs* et aux seconds celle de *négatifs*. En faisant varier la longueur de la colonne liquide traversée par la lumière et en cherchant de quel côté la déviation du plan de polarisation est proportionnelle à cette longueur, il est toujours facile de reconnaître dans quel sens s'exerce le pouvoir rotatoire.

Pour définir le pouvoir rotatoire d'un corps par un nombre, il faut indiquer le sens et la valeur de la rotation qu'éprouve le plan de polarisation d'un rayon lumineux qui traverse une colonne de ce corps ayant pour longueur l'unité. Dans ses nombreuses expériences, Biot prenait pour unité de longueur le décimètre et, pour définir la couleur des rayons sur lesquels il opérait, il se servait d'un verre coloré en rouge par l'oxyde de cuivre. On représente ordinairement le pouvoir rotatoire, défini comme nous venons de le faire, par ρ, et, quand on dit que pour l'essence de térébenthine on a

$$\rho = -29°,6,$$

cela indique qu'une colonne d'essence de térébenthine de 1 décimètre de longueur dévie le plan de polarisation des rayons rouges vers la gauche d'un angle égal à 29°,6.

Le pouvoir rotatoire est très-variable suivant les liquides, mais il est toujours plus faible que dans le quartz et, pour le mettre en évidence, il faut opérer sur une colonne de plusieurs centimètres de longueur.

Les corps sont dits *actifs* ou *inactifs* suivant qu'ils agissent ou n'agissent pas pour dévier le plan de polarisation. Biot, en mélangeant différents liquides organiques, fut amené à reconnaître les lois suivantes :

1° Le mélange d'un liquide actif et d'un liquide inactif est actif pourvu que les éléments de ce mélange n'exercent aucune action chimique l'un sur l'autre, et l'angle de rotation du plan de polarisation est proportionnel à la quantité de liquide actif qui se trouve sur le trajet de la lumière, de sorte que l'on peut calculer cet angle lorsqu'on connaît le pouvoir rotatoire du liquide actif et la densité du mélange. Si α désigne la déviation produite par l'unité de longueur du liquide actif ayant pour densité δ, p et p' les poids des deux liquides mélangés, D la densité du mélange et L la longueur de la colonne du mélange traversée par la lumière, on aura, pour la déviation produite x,

$$x = \frac{\mathrm{LD}\,\alpha\,p}{\delta\,(p + p')}.$$

2° Si l'on mélange deux liquides actifs qui n'exercent aucune action chimique l'un sur l'autre, l'action rotatoire du mélange sera égale à la somme algébrique des actions exercées par chacun des liquides composants, celles-ci étant évaluées en tenant compte de la diminution de densité que le mélange fait éprouver à chacun des liquides. Ainsi, soient α et α' les déviations produites par l'unité de longueur des deux liquides ayant les densités δ et δ'; p, p' les poids de ces liquides et D la densité du mélange; soit enfin L la longueur de la colonne du mélange traversée par la lumière, on aura, pour la déviation x,

$$x = \frac{\mathrm{LD}}{p + p'}\left(\frac{\alpha}{\delta}p \pm \frac{\alpha'}{\delta'}p'\right).$$

La conservation du pouvoir rotatoire dans le mélange de deux liquides a conduit nécessairement à rechercher l'existence du pouvoir rotatoire dans les substances organiques solides, en les faisant dissoudre dans l'eau, dans l'alcool ou dans un liquide inactif quelconque. C'est ainsi qu'on a pu reconnaître les propriétés rotatoires d'un grand nombre de substances organiques parmi lesquelles il faut citer les sucres, les gommes, les matières mucilagineuses, la dextrine, le camphre en dissolution alcoolique, un grand nombre d'acides et de sels organiques, en particulier l'acide tartrique et les tartrates, enfin les alcaloïdes végétaux, spécialement étudiés par M. Bouchardat [1] et qui se montrent tous actifs lorsqu'ils sont en dissolution dans un liquide convenablement choisi. La dextrine a, comme on sait, précisément tiré son nom de la grandeur et du sens de son pouvoir rotatoire. Quant aux substances sucrées, leur pouvoir rotatoire peut, suivant leur nature, changer non-seulement de grandeur, mais encore de sens. Ainsi le sucre de canne. qui fait dévier le plan de polarisation à droite, est interverti par l'action des acides, c'est-à-dire changé en sucre de raisin qui est lévogyre.

Lorsqu'un solide actif est dissous dans un liquide inactif, l'action se montre encore proportionnelle à la quantité de substance active qui se trouve sur le passage de la lumière, et l'on peut appliquer la formule donnée plus haut pour le cas du mélange de deux liquides, l'un actif, l'autre inactif.

270. Valeurs numériques des pouvoirs rotatoires d'un certain nombre de substances. — Le tableau suivant donne les valeurs déterminées, pour les pouvoirs rotatoires d'un certain nombre de substances organiques, par plusieurs observateurs et surtout par Biot. Il est à remarquer que pour les essences le pouvoir rotatoire peut varier très-sensiblement d'un échantillon de la substance à l'autre. Cela tient à ce que les essences sont souvent formées par un mélange de plusieurs corps isomères ayant même composition chimique, mais possédant des pouvoirs rotatoires différents : c'est ce qui a été démontré pour l'essence de térébenthine par les travaux de M. H. Sainte-Claire Deville [2]. Les pouvoirs rotatoires sont supposés rapportés, comme nous l'avons dit plus haut, au décimètre adopté comme unité de longueur, et mesurés, pour les rayons rouges transmis, à l'aide d'un verre coloré par l'oxyde de cuivre.

[1] *Ann. de chim. et de phys.*, (3), IX, 213.
[2] *C. R.*, LX, 823.

Essence de térébenthine.............. — 29°,6
——— de citron................... + 55°,3
——— de bergamote.... .... + 19°,08
——— de bigarade.............. + 78°,94
——— d'anis .... — 0°,70
——— de fenouil............... + 13°,16
——— de carvi................. + 65°,79
——— de lavande.............. + 2°,02
——— de menthe............... — 16°,14
——— de romarin .... + 3°,29
——— de marjolaine............. + 11°,84
——— de sassafras.............. + 3°,53
Eau sucrée (contenant 50 p. o/o de
　　sucre de canne)............... + 33°,64
Morphine (5 parties en dissolution dans
　　100 parties d'une solution faible de
　　soude)...................... — 11°,5
Strychnine (5 parties en dissolution
　　dans 400 parties d'alcool)....... — 6°,6
Brucine (5 parties en dissolution dans
　　100 parties d'alcool)........... — 12° à — 16°
Cinchonine (1 partie en dissolution dans
　　175 parties d'alcool)........... — 5°,75
Quinine (6 parties en dissolution dans
　　100 parties d'alcool)........... — 30°

Les nombres relatifs aux alcaloïdes végétaux sont tirés des observations de Bouchardat. La narcotine n'a pas donné de résultats
constants, ce qui tient probablement à ce qu'elle est altérée par le
dissolvant.

271. Pouvoir rotatoire moléculaire. — De l'ensemble des
faits que nous venons d'exposer il résulte que, lorsque le pouvoir
rotatoire, comme cela a lieu dans les liquides et en général dans les
corps amorphes, n'est dû qu'à l'action individuelle des molécules sur
la lumière polarisée et non à leur mode de groupement, comme
dans le quartz, la déviation du plan de polarisation est proportionnelle au nombre de molécules actives que le rayon lumineux rencontre sur son chemin, ou, ce qui revient au même, au poids de la
substance active contenue dans l'unité de volume. Aussi, pour com-

parer l'action moléculaire des différents corps, Biot a-t-il été conduit à diviser le pouvoir rotatoire, défini comme nous l'avons fait plus haut, par la densité : le quotient ainsi obtenu a été appelé par lui *pouvoir rotatoire moléculaire*, et désigné par la notation $[\rho]$.

S'il s'agit d'un liquide actif, il est facile de calculer son pouvoir rotatoire moléculaire, connaissant la déviation α produite par une colonne de ce liquide ayant pour longueur l et la densité δ du liquide : on aura en effet

$$[\rho] = \frac{\alpha}{l\delta}.$$

S'il s'agit d'une substance active en dissolution dans un liquide inactif, en supposant qu'un poids ε de la substance active soit en dissolution dans un poids $1 - \varepsilon$ du liquide inactif et que δ soit la densité de la dissolution, il est évident que $\delta\varepsilon$ sera la densité du corps actif dans la dissolution, et, si α est la déviation produite par une colonne de cette dissolution ayant pour longueur l, on aura

$$[\rho] = \frac{\alpha}{l\delta\varepsilon}.$$

Biot a fait de nombreuses expériences pour démontrer l'invariabilité du pouvoir rotatoire moléculaire lorsqu'on fait simplement varier la distance des molécules. Ainsi il a constaté que le pouvoir rotatoire moléculaire de l'essence de térébenthine reste sensiblement constant pour les températures comprises entre -10 et 100 degrés. En dissolvant dans l'eau distillée des proportions de sucre égales à 0.3, 0.4, 0.5, ... et mesurant la densité du mélange, il a encore obtenu pour $[\rho]$ des valeurs sensiblement égales. Pour montrer qu'il en est de même lorsqu'on dissout l'essence de térébenthine dans des liquides inactifs, Biot mesura la rotation produite par une certaine quantité d'essence, puis la versa dans un tube plus long qu'il acheva de remplir avec de l'éther, et constata que la rotation n'était pas changée. Enfin il s'assura que les essences de citron et de térébenthine, qui font tourner le plan de polarisation en sens inverse, constituent, lorsqu'on les mélange dans les proportions indiquées par les formules précédentes, un liquide complétement inactif.

Il faut remarquer cependant que la loi de la conservation du pouvoir moléculaire spécifique est en quelque sorte une loi limite qui ne se vérifie jamais d'une manière absolue; en général le pouvoir rotatoire moléculaire augmente un peu avec la proportion du dissolvant, excepté pour le camphre, qui donne une diminution.

272. Importance des propriétés rotatoires en chimie. — Le parti que peut tirer la chimie des propriétés rotatoires se conçoit facilement. Les variations du pouvoir rotatoire moléculaire indiquent des modifications survenues dans la structure des molécules, modifications qui échapperaient à tout autre moyen d'investigation. C'est ainsi que Biot a pu reconnaître que les modifications produites sur les substances organiques par certains dissolvants demandent quelquefois un temps très-long pour être complètes : lorsqu'on fait dissoudre, par exemple, de l'essence de térébenthine dans l'alcool ou dans les huiles, le pouvoir rotatoire moléculaire augmente encore sensiblement au bout de plusieurs mois. C'est par la même méthode que M. Bouchardat a étudié l'action des acides sur les alcaloïdes végétaux : ainsi, tandis que la morphine mélangée aux acides possède le même pouvoir moléculaire que lorsqu'elle est dissoute dans l'eau, ce qui porte à admettre que ses molécules ne sont pas altérées, la narcotine, lévogyre avec l'eau, l'alcool et l'éther, devient dextrogyre lorsqu'on la traite par les acides, ce qui prouve que ses molécules sont modifiées par le contact des acides; de plus, cette modification est permanente, car, si on chasse l'acide au moyen de l'ammoniaque, la dissolution filtrée est bien lévogyre, mais elle possède un pouvoir moléculaire plus faible qu'auparavant.

Enfin, c'est à l'aide des méthodes fondées sur les propriétés rotatoires que l'on peut suivre les changements que subissent les fécules, les gommes, les sucres, sous l'influence des acides étendus, et les transformations qu'éprouvent les liquides contenus dans les végétaux pendant les différentes phases de la végétation.

Une des applications les plus intéressantes de ces méthodes a été faite par M. Pasteur lorsqu'il a démontré que, dans l'action des divers acides sur les tartrates, le partage des acides entre les bases ne se fait pas suivant les lois de Berthollet.

Cependant il ne faut pas nécessairement conclure de l'invariabilité du pouvoir rotatoire que l'action chimique est nulle : on serait ainsi en contradiction avec certains faits observés sur l'essence de térébenthine.

273. Conservation du pouvoir rotatoire quand les corps changent d'état physique. — Pour les corps qui possèdent l'activité rotatoire moléculaire, l'état liquide, s'il est le plus favorable à la manifestation des propriétés rotatoires, n'est cependant pas le seul où ces propriétés puissent se montrer. Ainsi Biot a constaté la conservation du pouvoir rotatoire sur le sucre amené à l'état vitreux et amorphe, et a reconnu que ce pouvoir est le même que celui qu'on peut déduire par le calcul de la déviation produite par des dissolutions contenant des proportions connues de sucre. Il en est de même pour l'acide tartrique anhydre, lorsqu'il est préparé à l'état amorphe et vitreux, en observant les précautions indiquées par M. Laurent. L'essence de térébenthine reste également active lorsqu'on la solidifie en la soumettant à l'action d'un mélange réfrigérant. Il faut éviter dans ces expériences tout ce qui pourrait donner une structure cristalline à la matière solidifiée, sans quoi la double réfraction ordinaire pourrait masquer complétement les effets dus à la propriété rotatoire. C'est probablement pour cette raison que le camphre, si actif lorsqu'il est en dissolution, n'a jamais pu montrer d'une manière certaine, à l'état solide, la propriété rotatoire.

La première expérience tentée en vue de montrer la conservation du pouvoir rotatoire dans les vapeurs a été faite en 1818 par Biot, dans l'orangerie du Luxembourg, sur l'essence de térébenthine. Il fallait opérer sur une colonne d'une grande longueur, à cause de la diminution de densité qu'éprouve le liquide en se réduisant en vapeur. L'appareil de Biot se composait d'une série de cylindres en fer-blanc formant un tube de 15 mètres de long, fermé à ses extrémités par des glaces et entouré d'un tube de plomb faisant office de manchon.

À l'une des extrémités se trouvait un miroir vertical de verre noir qui renvoyait dans le tube la lumière d'une lampe en la polarisant, et à l'autre extrémité l'analyseur disposé de façon à éteindre l'image extraordinaire. La vapeur d'essence provenant d'une petite chaudière fut introduite d'abord dans le manchon, puis dans le tube intérieur. Dès que ce tube en s'échauffant eut repris sa transparence, Biot vit reparaître l'image extraordinaire et constata, en faisant tourner l'analyseur, que les deux images étaient teintes de couleurs variables et toujours complémentaires. Mais, au moment où il se disposait à mesurer la déviation du plan de polarisation, une fuite se déclara, l'essence s'enflamma et détermina un véritable incendie.

Cette expérience, demeurée incomplète, a été reprise dernièrement par M. Gernez[1]. Cet observateur a d'abord étudié les variations du pouvoir rotatoire moléculaire des essences avec la température. Il a reconnu que pour les essences d'orange, de bigarade et de térébenthine ce pouvoir diminue d'une manière continue et peut être représenté par une formule de la forme.

$$[\rho] = a - bt - ct^2,$$

t désignant la température, a, b, c trois constantes qui vont en décroissant rapidement : ainsi, pour l'essence d'orange, on a

$$a = 115{,}91, \qquad b = 0{,}1237, \qquad c = 0{,}000016.$$

Pour constater le pouvoir rotatoire des vapeurs, il employait un tube d'une longueur de 4 mètres, enveloppé d'un manchon rempli d'huile et chauffé par une série de becs de gaz. Les rotations du plan de polarisation étaient mesurées pour chaque raie par la méthode de MM. Fizeau et Foucault (249). Il trouva que les pouvoirs moléculaires des vapeurs du camphre, des essences d'orange, de bigarade et de térébenthine étaient identiques à ceux qu'on obtiendrait en calculant, à l'aide de la formule donnée plus haut, le pouvoir rotatoire moléculaire des liquides résultant de leur condensation à la même température.

Lorsque le pouvoir rotatoire est dû à la structure cristalline, comme cela a lieu pour le quartz, le changement d'état, en détruisant cette structure, fait disparaître en même temps le pouvoir rota-

<hr>

[1] *C. R.*, LXII, 1277. — *Ann. de l'Éc. Norm.*, I, 1.

toire. Ainsi, le quartz fondu ou dissous dans l'acide fluorhydrique n'agit plus sur la lumière polarisée. Il en est de même, comme nous le verrons plus loin, du chlorate de soude, qui à l'état cristallisé présente les mêmes propriétés que le quartz, mais dont la dissolution est complétement inactive. Enfin, un cas intermédiaire entre les cas extrêmes, où le pouvoir rotatoire est dû uniquement à la cristallisation, comme dans le quartz, ou uniquement à l'action individuelle des molécules, comme dans l'essence de térébenthine, nous est offert par le sulfate de strychnine, qui possède, d'après M. Descloiseaux, un pouvoir rotatoire moléculaire vingt-quatre ou vingt-cinq fois plus grand à l'état solide qu'à l'état de dissolution.

274. Dispersion rotatoire des liquides. — La loi approximative de la dispersion rotatoire est la même dans les liquides que dans le quartz, c'est-à-dire que la rotation du plan de polarisation est à peu près en raison inverse du carré de la longueur d'ondulation. Biot a prouvé que cette loi n'est pas rigoureusement vraie, en montrant que la dispersion ne se fait pas de la même manière pour les différents liquides. A cet effet, il a employé un procédé analogue à celui dont s'est servi Despretz pour montrer que les différents gaz ne suivent pas exactement la loi de Mariotte.

Si la dispersion suit exactement la même loi pour tous les liquides et qu'on introduise dans un tube deux colonnes de liquides possédant des rotations contraires et équivalentes pour une certaine couleur, l'équivalence aura lieu pour toutes les couleurs, et par suite, le plan de polarisation n'étant dévié pour aucune couleur, les images de l'analyseur devront rester incolores.

Or, l'expérience a montré à Biot que, dans ces conditions, il y a toujours coloration des images, d'où il faut conclure que, pour l'un des liquides au moins, la loi de la raison inverse du carré de la longueur d'ondulation n'est pas satisfaite, ce qui porte à croire que cette loi n'est rigoureusement vraie pour aucun liquide.

D'ailleurs, les écarts qui existent entre les déviations réelles et celles calculées d'après la loi de la dispersion sont très-variables: ils sont faibles en général pour les essences et beaucoup plus considérables pour la dissolution alcoolique du camphre. Dans ce dernier liquide, la déviation du plan de polarisation des rayons violets surpasse de plus d'un quart la valeur calculée en partant de la rotation observée pour les rayons rouges.

275. Anomalies de l'acide tartrique. — L'acide tartrique dissous dans l'eau ou dans l'alcool présente des anomalies singulières qui ont été reconnues pour la première fois par Biot et étudiées plus récemment par M. Arndtsen à l'aide de la méthode de MM. Fizeau et Foucault[1]. Le pouvoir rotatoire de cette dissolution ne varie pas d'une façon continue d'une extrémité du spectre à l'autre. Si l'on fait, par exemple, dissoudre 5o parties d'acide tartrique cristallisé dans 5o parties d'eau, on obtient, d'après M. Arndtsen, les nombres suivants pour les rotations produites à 25 degrés par une colonne ayant une longueur de 1 décimètre :

$$
\begin{aligned}
&\text{Raie C} \ldots\ldots\ldots\ldots\ldots\ldots\ldots\ldots\ldots\ldots\quad 11°,9\\
&\text{Raie D} \ldots\ldots\ldots\ldots\ldots\ldots\ldots\ldots\ldots\ldots\quad 13°\\
&\text{Raie E} \ldots\ldots\ldots\ldots\ldots\ldots\ldots\ldots\ldots\ldots\quad 14°\\
&\text{Raie } b \ldots\ldots\ldots\ldots\ldots\ldots\ldots\ldots\ldots\ldots\quad 13°,7\\
&\text{Raie F} \ldots\ldots\ldots\ldots\ldots\ldots\ldots\ldots\ldots\ldots\quad 13°,3\\
&\text{Raie } e \ldots\ldots\ldots\ldots\ldots\ldots\ldots\ldots\ldots\ldots\quad 10°,3
\end{aligned}
$$

On voit que la rotation va en croissant du rouge au vert moyen, puis décroît de manière à devenir plus faible pour les rayons violets que pour les rayons rouges. Il résulte de là que, dans les images de l'analyseur, les couleurs se succèdent dans un ordre particulier, et qu'on ne retrouve plus la teinte de passage telle que la montre le quartz.

Ce dernier résultat n'a rien de surprenant, car, un même azimut pouvant être simultanément parallèle aux plans de polarisation de deux couleurs, la teinte de passage peut fort bien ne plus correspondre à un minimum d'intensité pour les rayons les plus lumineux du spectre.

Si l'on divise la dissolution à laquelle correspondent les nombres donnés plus haut en deux parties, qu'on étende une de ces parties et qu'on concentre l'autre par une évaporation modérée, on trouve

[1] *Ann. de chim. et de phys.*, (3), LIV, 4o3.

que, pour ces dissolutions inégalement concentrées, les lois de la dispersion sont dissemblables et présentent toujours de grandes irrégularités.

Enfin, si l'on compare les déviations du plan de polarisation d'une même couleur simple pour des dissolutions inégalement étendues d'acide tartrique, on trouve que ces déviations ne sont plus proportionnelles à la quantité d'acide tartrique contenue dans la dissolution, ou, en d'autres termes, que le pouvoir rotatoire moléculaire varie d'une façon notable avec la concentration.

Biot a reconnu que pour la lumière rouge le pouvoir rotatoire moléculaire peut être représenté, lorsque la dissolution contient e pour 100 d'eau, par une expression linéaire de la forme

$$[\rho] = a + be,$$

a et b désignant deux constantes. Ce résultat a été vérifié et étendu aux différentes couleurs par M. Arndtsen, qui a déterminé les valeurs suivantes des constantes a et b pour les différentes raies du spectre :

$$\text{Raie C} \dots\dots\dots \quad [\rho] = + 2°,75 + 9°,45 e,$$
$$\text{Raie D} \dots\dots\dots \quad [\rho] = + 1°,95 + 13°,03 e,$$
$$\text{Raie E} \dots\dots\dots \quad [\rho] = 0°,15 + 17°,51 e,$$
$$\text{Raie } b \dots\dots\dots \quad [\rho] = 0°,83 + 19°,15 e,$$
$$\text{Raie F} \dots\dots\dots \quad [\rho] = - 3°,60 + 23°,98 e,$$
$$\text{Raie } e \dots\dots\dots \quad [\rho] = - 9°,61 + 31°,44 e.$$

De ce tableau on peut tirer plusieurs conséquences importantes. On voit en premier lieu que la rotation vers la droite augmente avec la proportion d'eau. Le coefficient de e augmentant rapidement du rouge au violet, si la dissolution est très-étendue, le second terme devient prédominant, et le pouvoir rotatoire va aussi en croissant du rouge au violet, de sorte que la dissolution paraît rentrer dans le cas général. Au contraire, plus la dissolution est concentrée, plus les anomalies de dispersion deviennent sensibles. Pour $e = 0$, c'est-à-dire pour l'acide tartrique anhydre, le pouvoir rotatoire ne s'exerce pas dans le même sens pour les différentes couleurs du spectre. Biot vérifia cette conséquence de la formule générale sur l'acide tartrique anhydre et vitreux préparé par Laurent; il reconnut

que ce corps solide est dextrogyre pour les rayons rouges et lévogyre pour les rayons violets [1].

Biot, pour expliquer les phénomènes anomaux que présente la
dissolution d'acide tartrique, supposait que cet acide peut con-
tracter des combinaisons avec l'eau dans des proportions variant
d'une façon continue depuis l'état anhydre. Mais il est bien difficile
de concevoir une combinaison à la fois assez énergique pour in-
fluencer d'une manière si notable les propriétés optiques et assez
faible pour présenter une si grande instabilité. Il est plus présu-
mable qu'il se forme simultanément plusieurs hydrates différents
doués de pouvoirs rotatoires distincts et contenus dans la dissolution
en proportions variables, suivant l'état de concentration de celle-ci.
Cependant il faut dire qu'aucun fait d'expérience ne vient confirmer
cette manière de voir.

Si l'on ajoute à la dissolution d'acide tartrique une certaine
quantité d'acide borique, il se forme ce que Biot appelle du tartrate
d'acide borique. Cette dissolution ne présente plus les mêmes anomalies de dispersion que la dissolution d'acide tartrique pur, mais
la variation du pouvoir rotatoire moléculaire avec l'état de concentration s'y fait sentir d'une manière encore plus caractérisée.

**276. Appareil de Biot pour la mesure des pouvoirs
rotatoires.** — La mesure des pouvoirs rotatoires est de la plus
grande importance au point de vue de la chimie, et l'on s'est longtemps préoccupé de la forme à donner aux appareils pour obtenir
une précision suffisante. L'appareil imaginé par Biot pour mesurer
la rotation produite par les liquides [2] a été employé presque exclusivement, du moins en France; mais, pour qu'il donne des résultats
exacts, il faut s'entourer de précautions minutieuses dans le but
d'exclure toute lumière extérieure et de conserver à l'œil toute sa
sensibilité. On n'opère jamais qu'à la lueur des nuées, et on choisit
un jour où le ciel est entièrement couvert, afin d'éviter toute lumière polarisée par l'atmosphère.

Dans l'appareil de Biot, la lumière est polarisée par une glace

<hr>

[1] *Ann. de chim. et de phys.*, (3), XXIX, 35, 341.
[2] *C. R.*, XI, 413. — *Ann. de chim. et de phys.*, (2), LXXV, 401.

noire à peu près horizontale, que l'on peut déplacer à l'aide d'une vis, de manière à obtenir l'inclinaison qui donne la polarisation complète. Cette glace est extérieure à une chambre obscure dont le volet est percé d'une ouverture qui laisse passer la lumière réfléchie. Cette lumière traverse un long tube, puis tombe sur un analyseur; on fait tourner cet analyseur de façon à obtenir l'extinction d'une des deux images. Le tube contient le liquide sur lequel on veut opérer : il est fermé à ses deux extrémités par deux glaces de verre et porte généralement à l'intérieur deux diaphragmes en argent, percés chacun d'un trou central afin d'arrêter la lumière qui pénétrerait accidentellement dans le tube. Pour régler l'appareil on remplace ce tube par un autre tube vide de même longueur et dont les parois sont noircies intérieurement, et on fait tourner l'analyseur de façon à produire l'extinction d'une des deux images si on opère avec de la lumière homogène, ou la teinte sensible si l'on se sert de lumière blanche; on enlève ensuite le tube vide et on le remplace par le tube rempli du liquide sur lequel on veut expérimenter. L'angle dont il faudra faire tourner l'analyseur pour rétablir l'extinction d'une des images ou la teinte sensible indiquera la rotation produite par la colonne de liquide qui remplit le tube.

Biot a toujours, sans aucun motif sérieux, employé comme analyseur, au lieu d'un prisme de Nicol, un prisme biréfringent achromatisé. Il opérait, soit avec la lumière blanche, en se repérant sur la teinte de passage, soit avec la lumière rouge, en interposant un verre coloré par l'oxyde de cuivre entre l'œil et l'analyseur. Dans les expériences de Biot, l'appareil était placé dans un petit cabinet dont les murs étaient noircis; ce cabinet avait trois ouvertures : le volet, dont toutes les jointures étaient bouchées soigneusement avec de la laine noire; la porte, qui était suivie d'un rideau noir pour ne laisser passer aucune lumière extérieure; et enfin une sorte de lucarne qui était à la disposition de l'observateur, et qu'il pouvait ouvrir pour faire ses lectures.

Si l'on se sert d'un verre rouge et qu'on obtienne l'extinction d'une des images, on reconnaît que la position de l'analyseur où a lieu cette extinction n'est pas bien définie, et qu'on peut faire tourner l'analyseur de plusieurs degrés sans que l'image reparaisse sensiblement. Pour arriver à une certaine exactitude, on commence par placer l'analyseur dans une position voisine de celle qui donne l'extinction, puis on le fait tourner lentement jusqu'au moment où on cesse d'apercevoir l'image; à ce moment on fait une première lecture. On continue à tourner dans le même sens et l'on dépasse la position pour laquelle l'image reparaît; on revient ensuite lentement en sens inverse et on fait une seconde lecture au moment où l'image disparaît de nouveau; la moyenne de ces deux lectures indiquera la position véritable du plan de polarisation, car l'intensité doit être la même à distance égale de part et d'autre de ce plan, si du moins on admet que, dans l'intervalle d'une des expériences à l'autre, l'intensité de la lumière extérieure n'ait pas varié et que l'œil ait conservé la même sensibilité. Comme rien ne garantit la réalisation de ces deux conditions, on fait un grand nombre d'observations et on détermine une série de moyennes. Si ces moyennes diffèrent peu, on peut se contenter de 8 ou 10 et prendre la moyenne résultante. Il n'est pas rare de trouver les valeurs des deux lectures consécutives différentes de 10 degrés, sans que pour cela les moyennes diffèrent de plus d'un quart de degré.

Avec la teinte de passage on emploie un artifice analogue. On déplace lentement l'analyseur et on fait une lecture au moment où apparaît la teinte sensible; on dépasse ensuite cette teinte, puis on y revient et on fait une seconde lecture lorsqu'elle commence à reparaître. La moyenne de ces deux lectures donne la direction du plan de polarisation. Les angles trouvés dans les deux lectures diffèrent encore notablement, mais beaucoup moins qu'avec la lumière homogène, et l'on peut obtenir avec la teinte sensible une précision beaucoup plus grande.

On peut d'ailleurs simplifier cet appareil en employant la lumière solaire, mais il faut alors polariser la lumière avec un Nicol, parce que les angles de polarisation sont trop différents pour les rayons rouges et pour les rayons violets. Dans ce cas on peut se dispenser de la plupart des précautions recommandées par Biot, et il suffit de placer un limbe de carton noir autour de l'analyseur : c'est l'appareil de M. Mitscherlich.

Toutefois les résultats donnés par cet appareil et par celui de Biot ne sont pas rigoureusement comparables, et les angles pour lesquels apparaît la teinte sensible ne sont pas identiques. Comme la plupart des observations, surtout celles des savants français, ont été faites à l'aide de l'appareil de Biot, c'est celui dont il faudra se servir pour vérifier les nombres rapportés dans les ouvrages et pour en déterminer d'autres qui leur soient comparables.

277. Saccharimètre de Soleil. — L'appareil de Biot a été modifié par M. Soleil dans le but spécial de le faire servir au titrage des dissolutions sucrées[1] : de là le nom de saccharimètre qui a été donné à l'instrument imaginé par M. Soleil. Le principe de cet appareil consiste à chercher à quelle épaisseur de quartz correspond une longueur donnée d'un liquide actif. Il est d'une grande sensibilité et d'un maniement beaucoup plus commode que celui de Biot.

Dans le saccharimètre de Soleil (fig. 42) la lumière est polarisée par un prisme de Nicol N rendu achromatique; elle est ensuite reçue sur une plaque de quartz p, représentée à part fig. 43, et formée de deux moitiés demi-circulaires, présentant des épaisseurs égales et possédant des pouvoirs rotatoires de sens contraire. L'épaisseur de cette plaque est telle que ses deux moitiés impriment l'une et l'autre une rotation de 90 degrés au plan de polarisation des rayons jaunes moyens; de cette façon la lumière transmise par les deux moitiés de la plaque, reçue ensuite sur un prisme de Nicol, développe la teinte de passage aussi bien dans l'une des moitiés de l'image que dans l'autre, lorsque la section principale de ce prisme est perpendiculaire au plan primitif de polarisation. Après la plaque p vient le tube T, qui est en cuivre, fermé à ses extrémités par deux plaques de verre, et dans lequel on place le liquide ou la dissolution que l'on veut étudier.

Fig. 42.

[1] *C. R.*, XXI, 426; XXIV, 973.

Après avoir traversé le tube T et avant d'arriver sur l'analyseur,
la lumière traverse une lame de quartz q, puis un système L dit
compensateur. Ce système est formé (fig. 44) de deux prismes de
quartz, à base de triangle rectangle très-allongé et où le grand
côté de l'angle droit est perpendiculaire à l'axe : ils sont d'une rotation contraire à celle de la plaque q. Comme ces deux prismes
sont mobiles l'un sur l'autre, le compensateur constitue une lame
perpendiculaire à l'axe et dont on peut faire varier l'épaisseur à
volonté. L'un des deux prismes est muni d'un vernier qui glisse le
long d'une règle divisée portée par l'autre prisme, et le déplacement

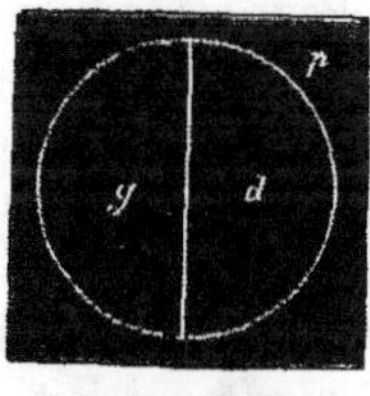

Fig. 43.

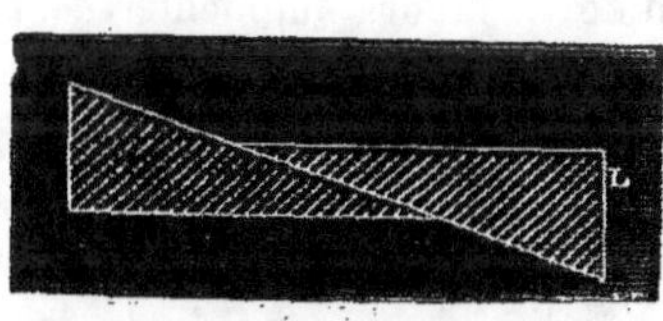

Fig. 44.

du vernier indique le changement d'épaisseur du système. Quand il
y a coïncidence entre les zéros du vernier et de la règle, cette épaisseur est rigoureusement égale à celle de la lame q, dont l'effet se
trouve ainsi complétement détruit. Ordinairement chaque division
de la règle correspond à une variation d'épaisseur d'un dixième
de millimètre de quartz; et, comme le vernier donne encore les
dixièmes, on peut évaluer ainsi jusqu'aux centièmes de millimètre.

Enfin l'appareil se termine par un analyseur biréfringent A, suivi
d'une petite lunette de Galilée G, dont on fait varier le point de manière à voir nettement l'image de la double plaque p.

Voyons maintenant comment on mesurera à l'aide de cet appareil
la rotation produite par une colonne d'un liquide déterminé ayant
la longueur du tube T. Pour régler l'appareil on y place le tube T
vide, ou mieux plein d'eau, afin qu'on ne soit pas obligé de changer
le point de la lunette lors de la seconde observation; en effet la colonne liquide qui se trouve dans le tube rapproche, à cause de son
pouvoir réfringent, l'image de la plaque p, et, pour la voir avec
netteté, la lunette ne doit pas être au même point que si le tube

était plein d'air. On fait ensuite coïncider le zéro du vernier et le
zéro de la règle dans le compensateur L, dont l'un des prismes est
rendu mobile à l'aide d'une vis, et on tourne l'analyseur jusqu'à ce
que les deux moitiés de l'une des images de la plaque *p*, de l'image
ordinaire par exemple, présentent la teinte sensible. Ensuite, sans
toucher au reste de l'appareil, on enlève le tube T, on le remplit du
liquide sur lequel on veut expérimenter, et on le replace. Si ce liquide est actif et s'il fait tourner le plan de polarisation dans le
même sens que la plaque de quartz *q*, son action s'ajoutera à celle
de cette plaque, et les deux moitiés de l'image vue dans la lunette
cesseront de présenter la teinte sensible. Pour neutraliser l'action du
liquide, il faudra augmenter l'épaisseur du compensateur : on fera
donc tourner la vis de ce compensateur jusqu'à ce que les deux
moitiés de l'image de l'analyseur reprennent la teinte sensible; le
déplacement du zéro du vernier sur la règle graduée indique en
centièmes de millimètre l'augmentation d'épaisseur du système L,
c'est-à-dire l'épaisseur de la lame de quartz qui fait équilibre à
l'action du liquide et qui possède, par conséquent, le même pouvoir
rotatoire que la colonne liquide contenue dans le tube T. Il est clair
que, si le liquide qui remplit le tube a un pouvoir rotatoire de sens
contraire à celui de la plaque *q*, il faut diminuer l'épaisseur du
compensateur en tournant la vis dans le sens opposé. En essayant
successivement de tourner la vis dans un sens ou dans l'autre, on
trouve facilement dans quel sens il faut la faire tourner pour rétablir
la teinte sensible, d'où l'on déduit le sens du pouvoir rotatoire du
liquide.

La méthode que nous venons de décrire est irréprochable quand
on opère avec la lumière blanche et que le liquide soumis à l'expérimentation est incolore; mais, si la lumière ou le liquide sont colorés, la teinte sensible ne correspondra plus aux mêmes rayons
du spectre et l'instrument n'aura plus la même sensibilité.

Pour remédier à cet inconvénient, M. Soleil a ajouté à son appareil une pièce qu'il a appelée *producteur des teintes sensibles*. Cette
pièce, qui se place en avant du saccharimètre, se compose d'un
prisme de Nicol N' (fig. 42) et d'une lame de quartz *l;* le tout est
renfermé dans une douille qui peut tourner sur elle-même au moyen

d'une roue dentée, d'un pignon et d'un bouton qui est placé près de la lunette G, à la portée de la main de l'observateur. La lumière incidente est polarisée par le Nicol N'; elle traverse ensuite la lame l, puis le Nicol N, qui sert d'analyseur et lui donne une certaine coloration. En faisant tourner le Nicol N', on trouve généralement une position pour laquelle la lame l donne une teinte complémentaire de celle du liquide ou de la lumière employée : cette dernière coloration se trouve ainsi neutralisée, et par suite la teinte sensible se rétablit dans les deux moitiés de l'image ordinaire de l'analyseur A. D'ailleurs, si on n'arrive pas à cette compensation exacte, l'appareil peut encore servir; on cherchera alors à rendre aussi identiques que possible les teintes des deux moitiés de l'image de la plaque p.

L'emploi du saccharimètre n'est pas d'une généralité absolue, car il suppose qu'on peut toujours détruire l'effet d'une colonne de liquide d'une certaine longueur par une certaine épaisseur de quartz, ce qui n'aura lieu qu'autant que la loi de la dispersion rotatoire est la même pour le liquide que pour le quartz, c'est-à-dire lorsque, pour le liquide comme pour le quartz, les rotations des plans de polarisation approchent d'être inversement proportionnelles aux carrés des longueurs d'ondulation. Or Biot a reconnu qu'il en est ainsi pour la dispersion rotatoire des dissolutions sucrées, et il en résulte que, pour cet usage spécial, l'emploi du saccharimètre est à l'abri de toute objection.

278. Double réfraction dans les liquides actifs. — Les liquides qui dévient le plan de polarisation possèdent la double réfraction circulaire, c'est-à-dire transforment un rayon polarisé rectilignement en deux rayons polarisés circulairement en sens contraire et se propageant avec des vitesses différentes. L'interprétation théorique de la polarisation rotatoire sera donc la même pour les liquides actifs que pour le quartz. Seulement le quartz ne jouit de cette propriété que suivant la direction de l'axe, et elle est modifiée dans les directions obliques à l'axe par un autre phénomène, celui de la double réfraction rectiligne, qui finit par la faire disparaître complétement dans les directions qui sont voisines d'être perpendiculaires à l'axe; dans les liquides actifs, au contraire, toutes les directions jouissent de la même propriété.

On peut démontrer la double réfraction circulaire des liquides actifs par des expériences analogues à celles qui ont été faites sur le quartz (256) :

1° Un rayon polarisé circulairement qui traverse un liquide actif n'éprouve aucune altération.

2° Si on interpose une colonne de liquide actif sur le trajet des rayons lumineux dans l'expérience des miroirs de Fresnel, on produit trois systèmes de franges qu'on peut apercevoir à l'aide d'un analyseur.

V.

RELATIONS ENTRE LE POUVOIR ROTATOIRE ET LA FORME CRISTALLINE.

279. Observations de John Herschell sur les faces plagièdres du quartz. — C'est une observation de John Herschell [1] sur le quartz qui est devenue le point de départ des importants travaux exécutés dans ces derniers temps sur les relations qui existent entre le pouvoir rotatoire des corps et leur forme cristalline. Ce savant remarqua que les cristaux de quartz présentent souvent des facettes irrégulières, inclinées d'un côté dans certains cristaux et du côté opposé dans d'autres, et que la direction de ces facettes a une relation constante avec le sens du pouvoir rotatoire des cristaux.

Pour comprendre l'origine de ces facettes, il faut se rappeler que le quartz appartient au système rhomboédrique et cristallise en prismes à six pans terminés par deux pyramides hexaédriques. Si l'on prend pour forme primitive le rhomboèdre, les sommets de chaque prisme de quartz ne sont identiques que de deux en deux, et les arêtes verticales (le prisme étant supposé placé debout) ne sont aussi identiques que de deux en deux. Si l'un des sommets du prisme vient à être modifié, il semble que ce doive être soit par une facette unique, également inclinée sur les deux faces latérales qui forment l'arête verticale, soit par deux facettes d'une inclinaison égale à droite et à gauche de l'arête.

Dans les cristaux de quartz, cette loi de symétrie que nous venons d'énoncer n'est pas toujours vérifiée : quelquefois une seule des deux facettes se développe sur l'angle modifié et, aux deux extrémités d'une même arête verticale, il y a deux facettes inclinées de côtés opposés. Ceci se voit sur la figure 45, où l'arête AB du prisme est modifiée à ses deux extrémités par deux facettes p et p', inclinées la première vers la droite et la seconde vers la gauche. Comme la modification ne porte que sur trois des arêtes, sur celles

[1] *Cambr. Trans.*, 1, 43.

qui sont identiques à l'arête AB, il y a en tout sur le cristal six facettes de ce genre. Ce sont ces facettes que Haüy a appelées *plagièdres.*
Cette troncature dissymétrique peut se présenter de deux manières

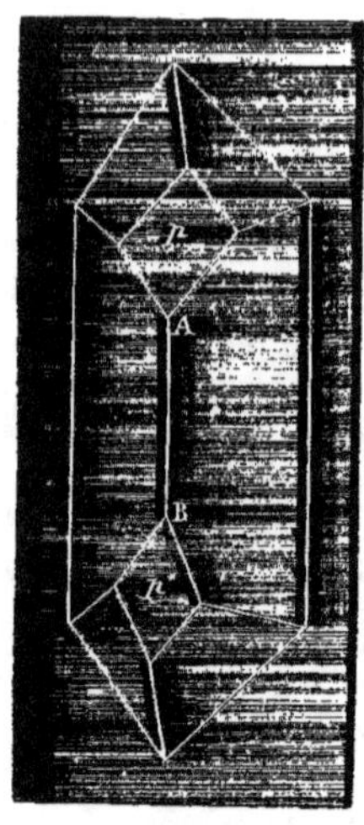

Fig. 45.

différentes, suivant que, pour l'observateur
qui place le prisme de quartz verticalement
en face de lui, la facette qui modifie l'extrémité supérieure de l'arête tournée vers lui est
plus inclinée à droite ou plus inclinée à gauche. Deux cristaux de quartz ainsi modifiés,
l'un par des facettes inclinées vers la droite,
l'autre par des facettes inclinées vers la gauche, ne sont pas superposables, et *c'est là le
point important à remarquer :* elles sont seulement symétriques, et l'une d'elles est l'image
de l'autre vue dans un miroir. Aussi ce genre
de modification constitue-t-il ce qu'on appelle
en cristallographie l'*hémiédrie non superposable.*
Si l'on prolonge les facettes plagièdres du
quartz jusqu'à leur rencontre, on obtient, suivant qu'elles sont inclinées vers la droite ou

vers la gauche, deux solides formés chacun de six quadrilatères irréguliers et portant le nom de *trapézoèdres trigonaux.* Ces deux solides ne sont pas superposables; ils sont symétriques et constituent
des formes hémiédriques non superposables.

Herschell a remarqué que, suivant que les facettes plagièdres du
quartz sont inclinées vers la droite ou vers la gauche, le cristal est
généralement dextrogyre ou lévogyre. La cristallisation serait donc
ainsi une traduction visible des phénomènes optiques qui se passent
dans l'intérieur du cristal. Il résulte en effet du pouvoir rotatoire du
quartz que, si un rayon polarisé circulairement traverse ce cristal
dans la direction de l'axe, les molécules d'éther ne subissent pas la
même action suivant qu'elles parcourent leur trajectoire dans un
sens ou dans l'autre. Les molécules du cristal sont donc elles-mêmes
dissymétriques et ne possèdent pas des propriétés identiques dans
tous les sens. De même dans les deux trapézoèdres trigonaux qui
peuvent dériver du quartz, si, en partant de deux points correspon-

dants dans les deux cristaux, on en fait le tour dans le même sens on rencontre les éléments cristallographiques disposés dans un ordre différent.

Ces dernières réflexions n'appartiennent pas à Herschell, qui s'est borné à indiquer la relation qui existe entre le sens de la rotation et celui de l'hémiédrie. Cependant Biot a montré que la relation empirique annoncée par Herschell entre la forme cristalline et le sens de la rotation n'est pas générale. Il a trouvé en effet des cristaux de quartz pourvus du pouvoir rotatoire qui ne présentaient aucune des faces hémièdres ou les possédaient toutes deux simultanément; d'autres cristaux de quartz avaient un pouvoir rotatoire de sens contraire à celui que semblait indiquer le sens de l'hémiédrie.

280. Généralisation de l'observation d'Herschell par M. Delafosse. — M. Delafosse a fait remarquer le premier [1] que la relation établie par Herschell entre le sens de la rotation et celui de l'hémiédrie n'est qu'un point secondaire et accessoire, mais que le point le plus important dans la découverte d'Herschell c'est d'avoir montré qu'il existe une dissymétrie moléculaire dans le quartz, et qu'il n'est pas indifférent que la lumière polarisée circulairement y voyage dans un sens ou dans l'autre. Cette dissymétrie physique existant, rien n'implique la nécessité qu'elle soit indiquée extérieurement sur le cristal : elle peut l'être d'ailleurs par des facettes inclinées à droite ou à gauche, et il n'y a aucune relation nécessaire entre la forme géométrique et le sens de la rotation.

M. Delafosse a beaucoup insisté sur le point de vue qu'il a généralisé théoriquement, et d'après lequel l'hémiédrie ne fait qu'accuser la dissymétrie moléculaire; mais, s'il a introduit cette idée dans la science, ses recherches expérimentales n'ont pas été heureuses, parce qu'il n'a pas compris que la véritable dissymétrie moléculaire ne peut exister qu'avec l'*hémiédrie non superposable,* et il a été conduit ainsi à chercher le pouvoir rotatoire dans l'apatite et dans la schéelite, cristaux qui ne donnent que des formes hémiédriques superposables [2].

[1] Mémoire sur la cristallisation, *Mém. des Sav. étrang.*, VIII.
[2] *Traité de minéralogie,* p. 140, 151, 414.

L'apatite cristallise en prisme hexagonal; dans ce système, chaque arête verticale peut être modifiée par deux troncatures également inclinées sùr les deux faces latérales, ce qui donne douze faces modifiantes. Mais il peut se présenter un cas d'hémiédrie : c'est quand chacune des arêtes n'est modifiée que par une seule troncature parallèle à l'axe et inégalement inclinée sur les deux faces latérales. Il semble, au premier abord, que dans ce cas le cristal devra posséder le pouvoir rotatoire. En effet, si, partant d'un point a (fig. 46) sur la face primitive, on fait le tour du cristal dans un sens ou dans l'autre, on ne rencontre pas les angles différents dans le même ordre. Mais, si on remarque qu'en retournant le cristal sommet pour sommet les angles se présentent en sens inverse, il faut admettre que la rotation aura lieu en sens inverse de celui qu'elle avait dans la première position. Donc, suivant que le cristal sera traversé dans un sens ou dans l'autre, le plan de polarisation sera dévié à droite ou à gauche. M. Delafosse avait en effet admis

Fig. 46.

que cette particularité pouvait se présenter. Mais on peut aller plus loin : rien ne distingue une des extrémités du cristal de l'autre extrémité, et rien au premier abord n'indique dans quel sens pourra se faire la rotation. Supposons cependant qu'elle s'effectue du côté où l'on rencontre d'abord le plus grand angle quand on part d'un point situé sur une des faces du cristal primitif. L'indétermination n'en est pas moins grande, car où est la face modifiante? où est la face modifiée? Comme il est impossible de trancher cette question et que le pouvoir rotatoire devra changer de sens suivant que l'une des faces sera considérée comme face modifiante ou comme face primitive, il en résulte que le pouvoir rotatoire n'a pas de raison d'être. Un raisonnement analogue démontrerait que la schéelite ne peut aussi donner lieu qu'à des formes hémiédriques évidemment superposables. Du reste, l'expérience a complétement démontré que dans les deux exemples de cristaux cités par M. Delafosse il n'y a pas trace de pouvoir rotatoire.

281. Liaison, entre le pouvoir rotatoire et l'hémiédrie non superposable. — Travaux de M. Pasteur. — C'est M. Pasteur qui, le premier, a véritablement compris la loi générale qui lie la polarisation rotatoire à la forme cristalline, et dont l'observation d'Herschell ne constitue qu'un cas particulier. L'hémiédrie qui donne naissance au pouvoir rotatoire doit produire deux formes non superposables. L'existence de ces deux formes non superposables est une condition indispensable pour que l'on puisse concevoir dans deux cristaux de même nature une action différente sur la lumière polarisée.

Cette hémiédrie non superposable peut se définir autrement, sans avoir recours à la forme primitive. Il suffit que la forme polyédrique sous laquelle se présente le cristal ne puisse pas avoir de plan de symétrie pour pouvoir affirmer que c'est une forme hémiédrique non superposable à la forme symétrique. En effet, le symétrique d'un polyèdre ne change pas, quel que soit le plan par rapport auquel il est pris; si donc le polyèdre a dans son intérieur un plan de symétrie, il en résulte qu'il est à lui-même son propre symétrique, et par suite qu'il est superposable à son symétrique. Ainsi l'absence d'un plan de symétrie dans un polyèdre ou l'impossibilité de le superposer à son symétrique ne forment qu'une seule et même condition.

C'est donc dans l'hémiédrie non superposable que nous devrons chercher l'explication du pouvoir rotatoire des cristaux, et c'est dans ce but que nous allons montrer comment ce genre d'hémiédrie peut se produire dans les différents systèmes cristallins.

282. Hémiédrie non superposable dans le système cubique. — Observations de M. Marbach. — Il semble difficile, au premier abord, de trouver dans le système cubique des formes hémiédriques non superposables. On rencontre en effet, dans ce système, deux sortes d'hémiédrie : l'une à faces parallèles, qui conduit au dodécaèdre de la pyrite; l'autre à faces inclinées, qu'on obtient en prolongeant la moitié des faces de l'octaèdre et qui donne naissance au tétraèdre; mais ces deux hémiédries ne peuvent évidemment produire que des formes superposables, et nous n'avons pas à nous en occuper pour le but que nous nous proposons. Depuis longtemps le cristallographe Möhs avait signalé, au point de vue purement théorique, l'existence d'une tétartoédrie non superposable dans le système cubique. Pour arriver à cette forme il convient de prendre pour point de départ la forme la plus générale du système cubique, c'est-à-dire le solide à quarante-huit faces formées de triangles scalènes.

On peut faire dériver ce solide de l'octaèdre en plaçant sur chaque arête deux facettes inégalement inclinées vers les extrémités de l'arête et vers les faces adjacentes. Si l'on fait seulement cette opé-ration pour quatre des faces de l'octaèdre, on obtient un solide à vingt-quatre faces; c'est la forme la plus générale de l'hémiédrie tétraédrique. Si dans ce solide, enfin, des six faces qui correspon-dent à chacune des faces de l'octaèdre on en conserve seulement trois de deux en deux, on obtiendra un dodécaèdre à faces pentago-nales, tout différent de celui de la pyrite. Ce dodécaèdre n'est pas su-perposable à son image, car les faces ne sont placées que sur quatre des huit angles du cube primitif, et dissymétriquement sur chacune des arêtes. Toutefois, c'est là une forme qui n'a jamais été observée.

Mais, si nous supposons que dans le dodécaèdre pentagonal que nous venons de décrire les faces deviennent symétriques par rapport aux arêtes, c'est-à-dire deviennent parallèles aux arêtes du cube primitif, nous retomberons sur le dodécaèdre de la pyrite; seule-ment, comme les huit angles réguliers continueront d'être dissymé-triques physiquement, il pourra arriver que la moitié seulement de ces huit angles soit modifiée par les faces du tétraèdre. C'est préci-sément sous cette forme que l'hémiédrie non superposable a été observée par M. Marbach dans les cristaux de chlorate de soude[1]. En résumé, la forme hémiédrique non superposable reconnue par M. Marbach sur les cristaux de chlorate de soude peut être consi-dérée comme un cas particulier d'un dodécaèdre tétartoédrique non superposable modifié par les faces du tétraèdre, et c'est de cette manière qu'elle est envisagée par les cristallographes allemands.

D'autre part, les minéralogistes français, ne voulant pas prendre

[1] *Pogg. Ann.*, XCI, 482; XCIV, 412; XCIX, 451; — *Ann. de chim. et de phys.*, (3), XLIII, 252; XLIV, 41.

pour point de départ une forme non observée, y voient la combinaison de deux hémiédries, celle du tétraèdre et celle du dodécaèdre de la pyrite.

Il reste à montrer maintenant comment M. Marbach est arrivé à distinguer les cristaux droits des cristaux gauches dans le chlorate de soude. Si l'on examine les faces du dodécaèdre de la pyrite, on voit que çe sont des pentagones irréguliers, formés de quatre côtés égaux et d'un cinquième côté qui n'est pas égal aux autres. Ce dernier côté s'appelle la base, et l'angle qui lui est opposé reçoit le nom de sommet principal; une perpendiculaire abaissée du sommet principal sur la base partage le pentagone en deux parties symétriques. Dans la formation des angles réguliers du dodécaèdre il n'entre aucun sommet principal ni aucun angle adjacent à une base. Nous allons, d'après cela, trouver dans le cristal deux groupes d'angles réguliers non superposables. En effet, supposons que l'on place devant soi une arête d'un sommet régulier; de part et d'autre de cette arête se trouveront deux pentagones, dont l'un aura son sommet principal sur l'arête considérée. Suivant que le pentagone qui a son sommet principal sur cette arête se trouvera à droite ou à gauche, le sommet régulier du cristal pourra être dit droit ou gauche, et il est évident que ces deux sortes de sommets ne sont pas superposables. Si, sur un cristal, les troncatures par les faces du tétraèdre portent sur les sommets droits, et si sur un autre ces mêmes troncatures atteignent les sommets gauches, les deux solides ainsi obtenus ne seront pas superposables et les cristaux hémiédriques seront dits droits ou gauches, suivant que les troncatures tétraédriques auront porté sur les sommets droits ou sur les sommets gauches.

M. Marbach a reconnu directement, par l'expérience, l'existence du pouvoir rotatoire dans un certain nombre de cristaux appartenant au système cubique.

Pour tous ces cristaux le pouvoir rotatoire reste le même, quelle que soit la direction suivant laquelle les rayons lumineux traversent le cristal, ce qu'aurait pu faire prévoir la symétrie du système cubique. De plus, le pouvoir rotatoire ne se conserve pas lorsqu'on met ces cristaux en dissolution; ainsi la dissolution de chlorate de soude est complétement inactive. Pour deux corps, le chlorate de soude et le sulfoantimoniate de sulfure de sodium hydraté, M. Marbach a pu reconnaître sur les cristaux les formes hémiédriques droites et gauches, et il a vérifié que la variété droite dévie à droite le plan de polarisation, et que la variété gauche le dévie à gauche. Deux autres corps cristallisant dans le système cubique, le bromate de soude et l'acétate double de soude et d'oxyde d'uranium, possèdent aussi le pouvoir rotatoire; mais on n'a pas observé sur leurs cristaux les formes hémiédriques, et par suite on n'a pu s'assurer si la relation trouvée par M. Marbach entre le sens de l'hémiédrie et celui de la rotation subsiste encore ici.

Le tableau suivant fait connaître, pour les cristaux cubiques jouissant du pouvoir rotatoire, les valeurs des rotations produites par une plaque de 1 millimètre d'épaisseur :

Chlorate de soude, NaO, ClO^5. . . . . $3°,66$
Bromate de soude, NaO, BrO^5. . . . . $2°,80$
Acétate double de soude et d'oxyde d'uranium,
    $NaO, 2Ur^2O^3, 3C^4H^3O^3$. . . . . $1°,76$
Sulfoantimoniate de sulfure de sodium hydraté,
    $3NaS, SbS^5 + 18HO$. . . . . $2°,44$

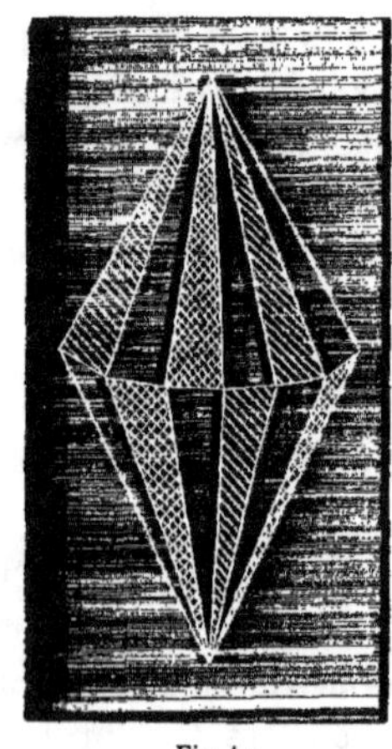

Fig. 47.

283. Hémiédrie non superposable dans le système hexagonal. — Pour étudier le système hexagonal il faut, comme nous l'avons fait pour le système cubique, partir de la forme la plus générale et chercher quelles sont les hémiédries qui peuvent donner des solides dissymétriques. La forme la plus complète du système hexagonal est l'ensemble de deux pyramides à bases de dodécagone, accolées par leurs bases (fig. 47). Le dodécagone qui forme la base commune des deux pyramides n'est pas régulier, mais ses sommets coïncident avec ceux de deux hexagones réguliers inégaux ayant même centre et où l'ensemble des diagonales formerait au centre une série d'angles égaux. On

peut considérer le solide à vingt-quatre faces que forme la double
pyramide comme composé de douze angles dièdres déterminés par des
plans passant par l'axe principal et par les arêtes de la double pyramide; tous ces angles sont de 30 degrés. On peut mieux encore diviser
le solide en six angles dièdres formés par des plans passant par l'axe
principal et par les sommets de la base correspondant à ceux d'un
hexagone régulier. Chacun de ces angles sera de 60 degrés et com-
prendra quatre faces. Le solide à vingt-quatre faces porte le nom de
didodécaèdre. On obtiendra une forme entièrement dissymétrique en
supprimant dans chacun des six angles dièdres que nous venons de définir deux faces opposées par le sommet, en ayant soin que dans deux
angles dièdres adjacents les faces conservées soient aussi opposées
par le sommet, ce qui revient en définitive à supprimer, en faisant
le tour de la base commune des deux pyramides, alternativement
une face au-dessus et une face au-dessous de cette base. Les faces
conservées, qui sont ombrées sur la figure, donnent, si on les prolonge, un solide à douze faces quadrilatères, qu'on nomme le *dodécaèdre trapézoïde*. En effet, chacune de ces faces est coupée par deux
faces voisines de la même pyramide et par les deux faces de la seconde pyramide qui lui sont opposées par le sommet. Le dodécaèdre
trapézoïde ainsi obtenu n'est pas superposable à celui qu'on obtiendrait en conservant l'autre série de faces. Ces formes hémiédriques
non superposables n'ont jamais été rencontrées dans la nature.

Nous avons indiqué plus haut (280) une hémiédrie présentée par
l'apatite, mais, comme cette hémiédrie ne conduit qu'à des formes
superposables, nous ne nous y arrêterons pas ici.

Enfin, si on combine l'hémiédrie du dodécaèdre trapézoïde avec
celle qui caractérise le système rhomboédrique, on trouvera un solide à six faces, dissymétrique, et qui sera une forme tétartoédrique.
Pour arriver à ce solide supprimons d'abord, comme nous l'avons fait
précédemment, la moitié des faces du solide à vingt-quatre faces,
puis, dans chacun des six angles dièdres en lesquels nous avons divisé
ce solide, supprimons encore alternativement, parmi les faces conservées, celles qui sont situées au-dessus et celles qui sont situées
au-dessous de la base commune des deux pyramides. On ne con-
servera ainsi que six faces; on en voit trois sur la figure : elles sont

ombrées par deux séries de traits croisés. Cela revient en définitive
à prendre, dans chacun des six angles dièdres en lesquels se trouve
partagé le solide à vingt-quatre faces, une seule des quatre faces, et
à choisir ces faces de façon que dans deux angles dièdres adjacents
elles soient ou le plus éloignées possible l'une de l'autre, ou bien
opposées par le sommet. Le polyèdre à six faces ainsi obtenu porte le
nom de *trapézoèdre tétartoédrique* ou *trigonal*. C'est ce solide qui constitue les facettes plagièdres du quartz, et c'est là seulement qu'il a
été observé.

M. Descloiseaux[1] a découvert le pouvoir rotatoire dans les cristaux
de cinabre. Ces cristaux se comportent comme ceux de quartz, c'est-
à-dire que le pouvoir rotatoire n'y est sensible que dans les directions voisines de l'axe. La rotation produite par le cinabre est environ
trois fois plus grande que celle qui est produite par le quartz. Pour
une épaisseur de 1 millimètre, elle varie entre 52 et 56 degrés. Les
observations sont du reste très-difficiles, à cause de l'opacité extrême
des cristaux de cinabre. On n'a aperçu d'ailleurs jusqu'ici sur ces
cristaux aucune trace de facettes hémiédriques.

**284. Hémiédrie non superposable dans le système
tétragonal.** — Le système tétragonal, ou du prisme droit à base
carrée, donne lieu à des considérations tout à fait analogues à celles
que nous venons de développer pour le système hexagonal. La
forme la plus générale du système tétragonal se compose de deux
pyramides à bases octogones, accolées par leurs bases. L'octogone
qui forme la base commune des deux pyramides n'est pas régulier,
mais ses sommets coïncident avec ceux de deux carrés inégaux
dont les diagonales forment des angles de 45 degrés entre elles.

Dans ce système, la double pyramide ou solide à seize faces peut
être considérée comme divisée, par des plans passant par l'axe et
par les arêtes prises de deux en deux, en quatre angles dièdres droits
ou en quatre quadrants.

Des modifications absolument analogues à celles que nous avons
décrites pour le système hexagonal conduiront à une hémiédrie

[1] *Ann. de chim. et de phys.*, (3), LI, 361.

superposable, à une hémiédrie non superposable et à une tétartoédrie.

L'hémiédrie non superposable s'obtient en ne prenant dans chacun des quatre quadrants que deux faces opposées par le sommet, ce qui produit un solide limité par huit faces qui ont la forme de trapèzes ; c'est le trapézoèdre à huit faces ou *trapézoèdre octaédrique,* et il est évident qu'en conservant l'une ou l'autre des deux séries de huit faces on arrive à deux trapézoèdres qui ne sont pas superposables. Ces formes hémiédriques n'ont pas été observées sur les cristaux du système tétragonal.

On peut supprimer quatre des huit faces du trapézoèdre en ne conservant alternativement dans chaque quadrant que la face qui est au-dessus et la face qui est au-dessous de la base commune. On obtient ainsi un tétraèdre d'un aspect très-irrégulier et complétement dissymétrique. Ces tétraèdres, qui sont, comme on voit, des formes tétartoédriques, n'ont pas encore été observés jusqu'ici sur les cristaux du système tétragonal.

Cependant il existe un cristal appartenant à ce système qui possède le pouvoir rotatoire : c'est le sulfate de strychnine, lorsqu'on l'a fait cristalliser entre 10 et 20 degrés avec 13 équivalents d'eau. Le pouvoir rotatoire a été reconnu par M. Descloiseaux [1] sur des échantillons de sulfate de strychnine préparés par M. Berthelot ; ces cristaux ne présentaient pas du reste de traces d'hémiédrie non superposable. Le sulfate de strychnine fait tourner le plan de polarisation vers la gauche ; la rotation est d'environ 9 à 10 degrés pour une lame de 1 millimètre d'épaisseur. Ce corps présente une particularité remarquable également observée par M. Descloiseaux : si on le fait dissoudre dans l'eau, le pouvoir rotatoire moléculaire de la dissolution se trouve être de vingt-quatre à vingt-cinq fois plus petit que le pouvoir rotatoire moléculaire du corps à l'état cristallisé. C'est là une anomalie dont il serait très-important de se rendre compte. Comme le pouvoir rotatoire des cristaux, sauf ceux du système cubique, n'est sensible que lorsque les rayons lumineux les traversent dans une direction voisine de celle de l'axe, il semble que l'on pourrait expliquer l'affaiblissement du pouvoir rotatoire

[1] *Ann. de chim. et de phys.,* (3), LI, 364.

moléculaire du sulfate de strychnine dans la dissolution par ce fait qu'il n'y aura qu'un petit nombre de molécules cristallines dont les axes seront peu inclinés sur la direction des rayons lumineux. Toutefois cette explication n'est pas suffisante; car, si le pouvoir rotatoire ne se manifeste pas pour les directions notablement inclinées sur l'axe, il n'en faut pas conclure qu'il n'existe pas suivant ces directions, mais bien qu'il y est masqué par la double réfraction ordinaire.

285. Hémiédrie non superposable dans les systèmes cristallins à deux axes optiques. — Dans les systèmes cristallins à deux axes optiques, la question de la polarisation rotatoire a été avancée dans un autre sens que pour les systèmes cubique et à un axe, et les connaissances s'y sont développées dans un ordre inverse. Les particularités que présente la double réfraction dans les cristaux à deux axes n'ont pas permis de reconnaître le pouvoir rotatoire sur ces cristaux, et l'on ne sait en quoi les propriétés des cristaux à deux axes qui possèdent le pouvoir rotatoire diffèrent de celles des cristaux qui ne possèdent pas ce pouvoir. Mais, d'autre part, on connaît un grand nombre de cristaux à deux axes qui présentent des formes hémiédriques non superposables et dont les dissolutions possèdent le pouvoir rotatoire. La question cristallographique est donc ici plus avancée que l'étude optique des phénomènes, tandis que c'est l'inverse pour les systèmes précédemment étudiés.

Il est du reste facile de voir que, dans les trois systèmes cristallins à deux axes qui nous restent à examiner, toute hémiédrie est nécessairement dissymétrique et non superposable.

Dans le système rhombique, dont la forme la plus générale est un octaèdre à base rhombe, on obtiendra une hémiédrie en conservant seulement quatre des faces de l'octaèdre, ce qui conduit à deux tétraèdres non superposables. On peut aussi obtenir dans ce système une tétartoédrie qui donne naissance à quatre formes constituant deux groupes de cristaux symétriques, mais non superposables; ces formes ont été observées.

Dans le système monoclinoédrique, la symétrie du cristal ne présente qu'un seul axe cristallographique bien défini, le choix des deux autres axes restant assez indéterminé. L'hémiédrie, dans ce système, consiste à supprimer deux des faces d'un prisme; si l'on conserve deux faces parallèles, on aura une hémiédrie superposable; pour que l'hémiédrie ne soit pas superposable, il faut donc conserver deux faces qui se coupent. Si l'on conserve en même temps ces deux faces et deux autres appartenant à un prisme différent, on obtiendra une forme hémiédrique tétraèdre.

Dans le système diclinoédrique, tout est dissymétrique, et l'on ne peut plus trouver que deux faces identiques entre elles; l'hémiédrie s'obtiendra par la suppression de l'une de ces faces et sera toujours non superposable.

286. Travaux de M. Pasteur sur l'acide tartrique et sur les tartrates. — Les beaux travaux de M. Pasteur ont mis entièrement dans son jour la relation qui existe entre le pouvoir rotatoire et les formes cristallines. Ses premières observations ont été faites sur l'acide tartrique et sur les tartrates[1]. Les chimistes connaissaient, outre l'acide tartrique ordinaire, dont les dissolutions font tourner le plan de polarisation à droite, un autre acide tartrique isomère du premier, mais dont la dissolution n'agit pas sur la lumière polarisée. Cet acide fut obtenu en 1819 par un fabricant de Thann, M. Karstner, en traitant les tartres déposés par des vins des Vosges, et sa formation ne s'est jamais reproduite depuis; on le nomme l'*acide paratartrique* ou *racémique*. Il se distingue de l'acide tartrique ordinaire par l'aspect de ses cristaux et forme une série de sels, les racémates, qui se distinguent également des tartrates formés par l'acide tartrique ordinaire. L'acide racémique est moins soluble dans l'eau que l'acide tartrique ordinaire; il cristallise avec 2 équivalents d'eau, tandis que l'acide tartrique ordinaire cristallisé est anhydre. Le tartrate de chaux est un peu soluble dans l'eau et très-soluble dans l'acide acétique; le racémate de chaux est au contraire très-soluble dans l'eau et insoluble dans l'acide acétique; ces deux corps ont exactement la même forme cristalline, mais la grosseur et

[1] *C. R.*, XXVI, 535; XXVIII, 477; XXXI, 480; XXXV, 176. — *Ann. de chim. et de phys.*, (3), XXIV, 442; XXXI, 67; XXXVIII, 437; L, 178. — Voir aussi les Leçons sur la dissymétrie moléculaire professées à la Société chimique de Paris en 1860.

l'aspect des cristaux permettent de les distinguer au premier abord.
Le racémate et le tartrate de chaux peuvent servir à préparer tous
les autres sels de ces deux acides. Biot avait reconnu que les dissolutions, non-seulement de l'acide racémique, mais encore des racémates, sont complétement inactives. En 1844, Mitscherlich, en
mélangeant des dissolutions de racémate de soude et de racémate
d'ammoniaque, obtint des cristaux de racémate double de soude et
d'ammoniaque : ces cristaux ont la même forme, les mêmes angles,
la même densité, les mêmes propriétés physiques que ceux de tartrate double de soude et d'ammoniaque: mais leur dissolution est
inactive, tandis que la dissolution du tartrate double de soude et
d'ammoniaque dévie le plan de polarisation à droite, comme le
font les dissolutions de tous les tartrates.

M. Pasteur, qui, pour vérifier d'anciens travaux cristallographiques de M. de la Provostaye, avait eu occasion d'examiner les cristaux de l'acide tartrique et des tartrates, et de reconnaître que tous
ces cristaux sont hémièdres vers la droite, soumit à un examen attentif les cristaux de racémate double de soude et d'ammoniaque obtenus par M. Mitscherlich. et trouva que ces cristaux étaient de deux
espèces; ils appartiennent les uns et les autres au système rhombique, mais ils sont modifiés, les uns par des facettes hémiédriques
inclinées vers la droite. et les autres par des facettes inclinées vers
la gauche : ce sont deux formes symétriques, mais non superposables. C'est un mélange de ces deux espèces de cristaux qui constitue les cristallisations de racémate double, et, si l'on sépare les
cristaux des deux espèces. on reconnaît que leurs poids sont égaux,
d'où il résulte que le racémate s'est dédoublé. pendant la cristallisation, en deux sels ayant même composition chimique, mais des
formes cristallographiques différentes. Il était naturel de chercher
si cette différence se manifesterait aussi dans les propriétés optiques
des deux espèces de cristaux. Si en effet on les fait dissoudre séparément et en poids égaux, on trouve que les dissolutions ont des
pouvoirs rotatoires égaux, mais de sens contraire.

M. Pasteur. ayant traité les deux sels provenant du dédoublement
du racémate double de soude et d'ammoniaque par l'azotate de
plomb, obtint deux tartrates de plomb et, en faisant agir sur ces

tartrates un léger excès d'acide sulfurique étendu, il en retira deux
acides tartriques dont les cristaux sont différents : l'un est l'acide
tartrique naturel avec ses faces hémiédriques inclinées vers la droite;
l'autre présente une forme symétrique de celle de l'acide naturel,
mais qui ne lui est pas superposable; ses faces hémiédriques sont
inclinées vers la gauche. Il y a lieu évidemment de se demander si
les dissolutions de ces deux acides se comportent optiquement de la
même manière. M. Pasteur reconnut, comme pour les deux sels, que
les deux acides, dissous à proportions égales, donnent deux dissolutions qui ont des pouvoirs rotatoires égaux et de sens contraire. En
conséquence. on a appelé acide tartrique droit celui dont la dissolution dévie le plan de polarisation à droite, c'est-à-dire l'acide
naturel, et acide tartrique gauche celui qui présente des formes
cristallines symétriques de celles de l'acide naturel et dont la dissolution dévie le plan de polarisation vers la gauche.

Si l'on mélange les deux acides tartriques droit et gauche à poids
égal dans l'eau, ils se combinent avec un dégagement sensible de
chaleur et reconstituent l'acide racémique, qui, par suite de la neutralisation des deux acides tartriques, est complétement inactif.

M. Pasteur a cherché ensuite à transformer l'acide tartrique droit
en acide gauche, de façon à pouvoir, en mélangeant cet acide gauche
avec l'acide naturel, reproduire l'acide racémique, qui jusqu'alors
n'avait été obtenu qu'accidentellement. Ce problème présente au
premier abord une difficulté sérieuse : en effet, les deux acides étant
symétriques l'un de l'autre, si l'on fait agir sur l'acide droit une
force capable de le transformer en acide gauche, il semble que cette
force sera aussi de nature à transformer l'acide gauche en acide droit
et que, par suite, la transformation deviendra impossible. M. Pasteur est parvenu à éluder cette difficulté en employant comme agent
un corps qui est lui-même dissymétrique et dont, par conséquent,
l'action sur les deux acides tartriques est différente. Il se servit à cet
effet des alcaloïdes végétaux dont les dissolutions sont douées du
pouvoir rotatoire et qui possèdent, par suite, la dissymétrie moléculaire.

En traitant par la chaleur le tartrate de cinchonine, il obtint deux
sels dont il put extraire deux acides tartriques; l'un de ces acides était

l'acide racémique, et l'autre un acide tartrique nouveau qu'il appela
l'acide tartrique inactif[1]. Ce dernier acide a toutes les propriétés
physiques de l'acide droit ordinaire, mais ses formes cristallines
sont holoédriques et sa dissolution est complétement inactive.

On voit par ce qui précède que l'acide tartrique peut se présenter
sous quatre formes différentes : 1° l'acide tartrique droit (acide naturel), 2° l'acide tartrique gauche, 3° l'acide racémique (combinaison à poids égaux d'acide droit et d'acide gauche), 4° l'acide
tartrique inactif. Tous les tartrates peuvent offrir ces quatre variétés.

Il est permis de généraliser ce point de vue et d'admettre que
tous les corps doués du pouvoir rotatoire peuvent présenter les
quatre variétés que nous venons d'énumérer : la variété droite, la
variété gauche, la variété neutre ou racémique, résultant du mélange
des variétés droite et gauche, et enfin la variété inactive. M. Pasteur
va même plus loin : il pense que tout corps peut exister sous ces
quatre variétés, et que, si on ne les a pas constatées encore pour la
plupart des corps, c'est qu'on n'a rencontré que la variété inactive,
laquelle peut être modifiée par différents agents et fournir les variétés actives. Cette conjecture, du reste, ne s'appuie pas seulemen
sur l'étude de l'acide tartrique et des tartrates; on a trouvé un certain nombre d'exemples analogues qui suffisent pour lui faire acquérir une grande importance. Nous allons faire connaître les principaux de ces exemples.

Les variations de pouvoir rotatoire qu'on observe dans les essences
tiennent probablement à ce qu'elles sont formées de différentes substances isomères chimiquement, mais douées de pouvoirs rotatoires
différents, de sens inverse, et dont certaines peuvent même être
complétement inactives. Les seules expériences qu'on ait sur ce sujet
sont celles de M. H. Sainte-Claire Deville sur l'essence de térébenthine[2]. Il a pu en retirer divers carbures d'hydrogène, les uns doués,
les autres dépourvus de pouvoir rotatoire; mais il n'a pas trouvé de
variété racémique, ni de variété à pouvoir rotatoire inverse.

L'*asparagine* naturelle présente l'hémiédrie non superposable à

<hr>

[1] *C. R.*, XXXV, 613. — *Ann. de chim. et de phys.*, (3), XXXVI, 405.
[2] *C. R.*, IX, 823.

gauche, et sa dissolution dans l'eau dévie le plan de polarisation dans le même sens.

L'*acide aspartique*, que l'on obtient en traitant l'asparagine par les acides, possède également le pouvoir rotatoire, lorsqu'il est en dissolution dans l'eau. L'acide malique, qu'on extrait d'un grand nombre de fruits, est aussi doué du pouvoir rotatoire dans sa dissolution.

Or, en 1850, M. Dessaignes ayant fait agir l'acide chlorhydrique sur le fumarate d'ammoniaque, corps complétement inactif, en tira de l'acide aspartique, et M. Piria, en traitant cet acide aspartique par l'acide azotique, le transforma en acide malique. M. Pasteur a reconnu que les acides aspartique et malique ainsi obtenus sont complétement inactifs [1]. Chacun de ces deux acides présente donc deux variétés : l'une, qui est active, s'extrait directement de certains végétaux; l'autre, qui est inactive, s'extrait de l'acide fumarique, qui est lui-même inactif.

L'*acide camphorique* droit s'obtient par l'action de l'acide azotique sur le camphre des laurinées, tandis que l'action de l'acide azotique sur le camphre de la matricaire produit un acide camphorique gauche, possédant le même pouvoir rotatoire que l'acide droit, mais en sens inverse. En mélangeant ces deux acides camphoriques, comme l'a fait M. Chautard, on obtient la variété racémique [2].

On a toujours constaté des différences entre les propriétés physiques de la variété racémique et celles des variétés actives; mais les variétés actives ne présentent entre elles aucune différence physique : elles se distinguent par leur action sur la lumière polarisée et sur les corps actifs, sur les alcaloïdes végétaux, par exemple.

287. Liste des cristaux appartenant aux systèmes cristallins à axes obliques et possédant l'hémiédrie non superposable. — Nous terminerons ce chapitre en donnant la liste à peu près complète des cristaux qui, dans les systèmes cristallins à axes obliques, présentent des formes hémiédriques non superposables. Les dissolutions de ces cristaux sont généralement actives; il faut cependant en excepter le sulfate de magnésie cristallisé avec

[1] *C. R.*, XXXIII, 217. — *Ann. de chim. et de phys.*, XXXIV, 30.
[2] *C. R.*, XXXVII, 166; LVI, 698.

7 équivalents d'eau et le formiate de strontiane anhydre, dont les dissolutions sont inactives bien que les cristaux présentent des formes hémiédriques non superposables. M. Pasteur a fait remarquer que dans ces cristaux il suffirait de changer les angles de quelques minutes, pour que l'hémiédrie devînt superposable : il semble donc que, si le pouvoir rotatoire existe, il doit être trop faible pour être observable.

Les cristaux doués de l'hémiédrie non superposable sont :

DANS LE SYSTÈME RHOMBIQUE.

Le sulfate de magnésie. $Mg\,O, SO^3 + 7HO$.
Le formiate de strontiane anhydre. $SrO . C^2HO^3$.
Le bitartrate de potasse.
Le bitartrate de soude.
Le bitartrate d'ammoniaque.
Les tartrates doubles à base de potasse ou d'ammoniaque.
Les émétiques de potasse et d'ammoniaque.
Le tartrate de cinchonine.
La tartramide.
L'acide tartramique (système douteux).
Le bimalate d'ammoniaque.
Le bimalate de chaux.
La malamide.
L'asparagine.
L'aspartate de soude.
Le chlorhydrate d'acide aspartique.
Le valérianate de morphine.
Le glucosate de sel marin.

DANS LE SYSTÈME MONOCLINOÉDRIQUE.

Le sucre de canne.
L'acide tartrique.
Le tartrate de potasse.
Le tartrate d'ammoniaque.

Le tartrate d'ammoniaque mérite une attention particulière en ce qu'il est dimorphe. Si on le dissout dans l'eau et qu'on le fasse cristalliser en ajoutant à la dissolution un peu de malate d'ammoniaque actif ou inactif, ou bien encore de l'acide tartrique gauche ou droit, les cristaux qui se forment appartiennent au système

rhombique et présentent quatre formes hémiédriques différentes.
Les deux genres de cristaux qui forment l'octaèdre dans le système
monoclinoédrique sont devenus égaux, mais continuent à donner
leurs hémiédries séparément. On obtient ainsi quatre formes qui
peuvent se réunir en deux groupes symétriques.

VI.

ESSAIS DE THÉORIE DE LA POLARISATION ROTATOIRE.

288. Considérations générales. — Après avoir étudié les
principaux phénomènes de la polarisation rotatoire, il nous reste
maintenant à parler des tentatives qui ont été faites en vue de les
embrasser tous dans une même théorie mathématique.

On donne souvent le nom de théorie aux calculs d'Airy, que
nous avons fait connaître plus haut à propos de l'action d'une lame
de quartz sur la lumière convergente. Mais il n'y a là, à proprement
parler, qu'une analyse expérimentale poussée plus loin à l'aide de
quelques hypothèses sur la nature des vibrations dans un cristal à
un axe, doué du pouvoir rotatoire, quand le rayon se propage dans
une direction voisine de l'axe. Il ne se trouve d'ailleurs dans le travail d'Airy aucune trace d'une explication mécanique des phénomènes.

A ce dernier point de vue les recherches que nous allons exposer
dans ce chapitre n'ont pas été plus heureuses. Elles ont néanmoins
un mérite réel, c'est d'avoir ramené les phénomènes de la polarisation rotatoire à des équations différentielles analogues à celles
qu'on déduit des phénomènes de la double réfraction, mais présentant certaines particularités qui permettent de rendre compte
des propriétés spéciales qui se manifestent dans les cristaux doués
du pouvoir rotatoire. Le pas qui reste encore à faire serait de trouver
la raison mécanique de ces changements dans les équations différentielles. Mac Cullagh a le premier, en 1836 [1], examiné les modifications à apporter dans les équations différentielles de la double
réfraction pour tenir compte du pouvoir rotatoire, et ce sont surtout
ses travaux que nous allons exposer. Cauchy a publié très-peu de
chose à ce sujet; nous aurons cependant à donner quelques idées
sommaires sur ses intentions de théorie.

Nous allons examiner successivement le cas des cristaux à un

[1] *Ir. Trans.*, XVII. part III, 461. — *Proceed. of the Ir. Acad.*, I. 383.

axe, celui des cristaux à deux axes, et enfin nous nous occuperons des dissolutions actives.

A. — CRISTAUX À UN AXE.

289. Équations différentielles du mouvement vibratoire dans un cristal à un axe doué du pouvoir rotatoire, lorsque l'onde incidente est perpendiculaire à l'axe. — Nous examinerons en premier lieu le cas où un rayon polarisé traverse dans la direction de l'axe un cristal à un axe doué du pouvoir rotatoire.

D'après ce que nous avons vu dans la théorie de la dispersion (171), si le cristal ne jouissait pas du pouvoir rotatoire, en négligeant l'influence de la dispersion, c'est-à-dire en ne conservant que les coefficients différentiels du second ordre, les équations différentielles du mouvement vibratoire d'une molécule d'éther sur un rayon polarisé se propageant dans la direction de l'axe seraient les suivantes, en supposant qu'on prît pour axe des z la normale à l'onde, c'est-à-dire l'axe du cristal, et en désignant par x, y, z les coordonnées de la molécule considérée, par ξ, η, ζ les projections du déplacement de cette molécule sur les trois axes, et par b la vitesse de propagation de la lumière suivant l'axe du cristal :

$$(1) \quad \begin{cases} \dfrac{d^2\xi}{dt^2} = b^2 \dfrac{d^2\xi}{dz^2}, \\[2mm] \dfrac{d^2\eta}{dt^2} = b^2 \dfrac{d^2\eta}{dz^2}. \end{cases}$$

Ces équations ont pour solution la plus simple

$$(2) \quad \begin{cases} \xi = \alpha \sin(kz - st + \varphi), \\[2mm] \eta = \beta \sin(kz - st + \chi), \end{cases}$$

les quantités α, β, φ et χ étant des indéterminées. Quant aux quantités k et s, leur rapport est déterminé, et pour l'obtenir il suffit de substituer dans les équations (1) les valeurs de ξ et de η données par les équations (2). On trouve, en substituant la valeur de ξ dans la première des équations,

$$- s^2 \xi = - k^2 b^2 \xi.$$

d'où l'on tire

$$s^2 = b^2 k^2 \qquad \text{et} \qquad \frac{s}{k} = b.$$

Ainsi le rapport $\frac{s}{k}$ est égal à la vitesse de propagation de la lumière dans la direction de la normale à l'onde.

Pour représenter toutes les propriétés d'une lame de quartz dans la direction de son axe, il suffit de modifier les équations différentielles (1) par l'addition de deux termes de signes contraires. On ajoute à la première équation un terme proportionnel à la dérivée troisième de η par rapport à z, et à la seconde équation un terme composé avec ξ comme le précédent l'est avec η, et affecté d'un signe contraire. Les équations (1) deviennent alors

$$(3) \qquad \begin{cases} \dfrac{d^2\xi}{dt^2} = b^2 \dfrac{d^2\xi}{dz^2} + c \dfrac{d^3\eta}{dz^3}, \\[2mm] \dfrac{d^2\eta}{dt^2} = b^2 \dfrac{d^2\eta}{dz^2} - c \dfrac{d^3\xi}{dz^3}, \end{cases}$$

c désignant une quantité constante. Il faut bien remarquer que cette modification que l'on fait subir aux équations différentielles est tout à fait arbitraire et ne s'appuie sur aucune raison mécanique : elle ne sera justifiée que lorsque nous aurons montré que les conséquences qu'on en tire s'accordent avec l'expérience.

Le seul aspect des équations (3) indique qu'il n'est plus possible, comme cela avait lieu pour les équations (1), de déterminer les quantités ξ et η indépendamment l'une de l'autre, ce qui indique que le mouvement vibratoire de la molécule d'éther doit être curviligne et s'effectuer suivant une courbe déterminée. Nous allons faire voir que ce mouvement est nécessairement circulaire et que deux mouvements circulaires de sens contraire se propagent avec des vitesses différentes.

Intégrons en premier lieu les équations (3); les solutions exponentielles ne pouvant évidemment pas convenir à cause de la périodicité du mouvement vibratoire, nous prendrons encore pour intégrales les équations

$$\xi = \alpha \sin (kz - st + \varphi),$$
$$\eta = \beta \sin (kz - st + \chi).$$

les quantités α, β, φ, χ étant des indéterminées. On en déduit

$$\frac{d^2\xi}{dt^2} = -s^2\xi, \qquad \frac{d^2\eta}{dt^2} = -s^2\eta,$$

$$\frac{d^2\xi}{dz^2} = -k^2\xi, \qquad \frac{d^2\eta}{dz^2} = -k^2\eta,$$

$$\frac{d^3\xi}{dz^3} = -k^3\alpha\cos(kz - st + \varphi), \qquad \frac{d^3\eta}{dz^3} = -k^3\beta\cos(kz - st + \chi).$$

En substituant ces valeurs dans les équations différentielles (3), il vient

$$(4) \quad \begin{cases} \alpha s^2 \sin(kz - st + \varphi) = b^2 k^2 \alpha \sin(kz - st + \varphi) \\ \qquad\qquad + ck^3\beta\cos(kz - st + \chi), \\ \beta s^2 \sin(kz - st + \chi) = b^2 k^2 \beta \sin(kz - st + \chi) \\ \qquad\qquad - ck^3\alpha\cos(kz - st + \varphi). \end{cases}$$

z et t étant des variables indépendantes, il faut que ces équations soient satisfaites pour toute valeur de z et de t, et par suite aussi pour toute valeur de $kz - st$. Les coefficients de $\sin(kz - st)$ et de $\cos(kz - st)$ doivent donc être nuls dans les équations (4), ce qui conduit à quatre équations de condition :

$$(5) \quad \begin{cases} \alpha s^2 \cos\varphi = \alpha b^2 k^2 \cos\varphi - ck^3\beta\sin\chi, \\ \alpha s^2 \sin\varphi = \alpha b^2 k^2 \sin\varphi + ck^3\beta\cos\chi, \\ \beta s^2 \cos\chi = \beta b^2 k^2 \cos\chi + ck^3\alpha\sin\varphi, \\ \beta s^2 \sin\chi = \beta b^2 k^2 \sin\chi - ck^3\alpha\cos\varphi. \end{cases}$$

On peut choisir arbitrairement la phase d'un rayon, ce qui revient à changer l'origine du temps; faisons donc $\varphi = 0$, et les équations de condition vont nous permettre de déterminer χ. La première devient

$$\alpha s^2 = \alpha b^2 k^2 - ck^3\beta\sin\chi,$$

la deuxième devient

$$0 = ck^3\beta\cos\chi.$$

Cette dernière condition peut être satisfaite en posant

$$\beta = 0$$

ou

$$\cos\chi = 0.$$

L'hypothèse $\beta = 0$ n'est pas admissible, car, si on annule β dans la dernière des équations (5), α devrait aussi être égal à zéro, et alors le mouvement serait nul. Il faut donc prendre la solution

$$\cos\chi = 0,$$

d'où

$$\chi = \frac{\pi}{2}.$$

Alors la première des équations (5) devient

$$\alpha s^2 = \alpha b^2 k^2 - ck^3\beta,$$

et la quatrième

$$\beta s^2 = \beta b^2 k^2 - ck^3\alpha ;$$

d'où l'on tire

$$\frac{\alpha}{\beta} = -\frac{ck^3}{s^2 - b^2 k^2},$$

$$\frac{\beta}{\alpha} = -\frac{ck^3}{s^2 - b^2 k^2},$$

d'où

$$\frac{\beta}{\alpha} = \frac{\alpha}{\beta},$$

et par suite

$$\alpha^2 = \beta^2$$

et

$$\alpha = \pm\beta.$$

Suivant que l'on prendra l'une ou l'autre de ces deux valeurs de α, on obtiendra une valeur différente pour $\frac{s}{k}$, rapport qui représente, comme nous l'avons vu plus haut, la vitesse de propagation du mouvement vibratoire suivant la normale à l'onde.

Les équations du mouvement satisfaisant aux équations différentielles (1) deviennent, en y faisant, d'après ce que nous venons de trouver,

$$\varphi = 0, \qquad \chi = \frac{\pi}{2} \qquad \text{et} \qquad \beta = \pm\alpha,$$

$$(6) \qquad \begin{cases} \xi = \alpha \sin(kz - st), \\ \eta = \pm\alpha \cos(kz - st). \end{cases}$$

Il faut joindre à ces deux équations la condition

$$(7) \qquad s^2 = b^2 k^2 \mp c k^3,$$

qui résulte des conditions (5) en y portant les valeurs de φ, de χ et de β.

Le signe $-$ dans l'équation (7) correspond au signe $+$ dans la seconde des équations (6), et réciproquement.

Les équations (6) représentent, comme on le voit, deux rayons polarisés circulairement en sens contraire et se propageant avec des vitesses différentes. Toutes les lois expérimentales de la polarisation rotatoire peuvent en être déduites.

Nous allons maintenant chercher comment la valeur de la rotation est liée aux constantes.

L'équation (7) peut s'écrire

$$s^2 = k^2 (b^2 \mp ck)$$

ou

$$s = bk \left(1 \mp \frac{ck}{b^2} \right)^{\frac{1}{2}}.$$

La différence des vitesses de propagation des deux rayons circulaires étant très-petite, il faut que l'équation qui donne $\frac{s}{k}$ ait deux racines très-peu différentes, ce qui exige que la constante c soit très-petite. On peut donc développer s en série convergente suivant les puissances croissantes de k, et réciproquement nous pouvons nous proposer de déterminer k en fonction de s : c'est le problème du retour des suites. Supposons donc k développé en série suivant les puissances de s, et bornons-nous aux deux premiers termes en posant

$$(8) \qquad k = ms + ns^2;$$

le résultat final justifiera cette restriction. En substituant cette valeur de k dans l'équation (7) qui doit toujours être satisfaite, on obtiendra les valeurs de m et de n en égalant à zéro les coefficients de s^2 et de s^3, pourvu qu'on néglige les termes d'un ordre supérieur à s^3. En prenant le signe supérieur, l'équation (7) devient ainsi

$$s^2 = b^2 (m^2 s^2 + 2mns^3) - cm^3 s^3,$$

tous les termes qui contiennent s à une puissance supérieure à la troisième étant supprimés. Cette équation devant être satisfaite pour toutes les valeurs de s, il faut que les coefficients de s^2 et de s^3 soient nuls, ce qui donne

$$1 = m^2 b^2,$$
$$2 mn b^2 = c m^3.$$

On tire de là

$$m = \frac{1}{b},$$
$$n = \frac{c m^2}{2 b^2} = \frac{c}{2 b^3}.$$

En remplaçant m et n par leurs valeurs dans l'équation (8), il vient

$$k = \frac{s}{b} + \frac{c s^2}{2 b^3}.$$

En prenant le signe inférieur dans l'équation (7), on obtiendra

$$k' = \frac{s}{b} - \frac{c s^2}{2 b^3}.$$

De ce qui précède on peut déduire la valeur de la rotation produite par une plaque perpendiculaire à l'axe d'un cristal doué du pouvoir rotatoire. Supposons, pour plus de simplicité, que le plan de polarisation du rayon polarisé rectilignement qui tombe sur la plaque soit perpendiculaire à l'axe des x. Ce rayon, en pénétrant dans le cristal, se décompose en deux rayons qui sont polarisés circulairement en sens contraire. Les mouvements vibratoires sur ces deux rayons circulaires sont représentés, pour le premier, par les équations

$$\xi = \alpha \sin st.$$
$$\eta = \alpha \cos st.$$

et pour le second, par les équations

$$\xi' = -\alpha \sin st,$$
$$\eta' = -\alpha \cos st.$$

On voit que le premier de ces rayons est polarisé de droite à gauche et le second de gauche à droite. Après que le rayon a traversé une épaisseur z du cristal, les équations du mouvement vibratoire deviennent, pour le premier rayon circulaire,

$$\xi = \alpha \sin(kz - st),$$
$$\eta = \alpha \cos(kz - st),$$

et pour le second,

$$\xi' = \alpha \sin(k'z - st),$$
$$\eta' = -\alpha \cos(k'z - st).$$

Si l'on suppose la constante c positive, k' sera plus petit que k, et on voit que le rayon polarisé circulairement de droite à gauche est alors celui qui se propage le plus lentement, c'est-à-dire que le cristal est dextrogyre. Si la constante c est négative, cela indique que le cristal est au contraire lévogyre.

Les composantes du mouvement vibratoire suivant les axes des x et des y seront, lorsque le rayon aura traversé un cristal d'épaisseur z,

$$\xi + \xi' = \alpha \left[\sin(kz - st) + \sin(k'z - st) \right],$$
$$\eta + \eta' = \alpha \left[\cos(kz - st) - \cos(k'z - st) \right],$$

d'où

$$\xi + \xi' = 2\alpha \sin\left(\frac{k + k'}{2} z - st \right) \cos \frac{k - k'}{2} z,$$
$$\eta + \eta' = -2\alpha \sin\left(\frac{k + k'}{2} z - st \right) \sin \frac{k - k'}{2} z,$$

et enfin

$$\frac{\eta + \eta'}{\xi + \xi'} = -\tan \frac{k - k'}{2} z.$$

Les vibrations du rayon émergent sont donc rectilignes et dirigées à droite de l'axe des x, avec lequel elles font un angle égal à $\frac{k - k'}{2} z$. Par suite, le plan de polarisation a été dévié à droite d'un angle égal à $\frac{k - k'}{2} z$, et le cristal est dextrogyre, ce qu'il s'agissait de vérifier.

Pour une épaisseur de cristal égale à l'unité, la valeur de la rotation est

$$\rho = \frac{k - k'}{2},$$

ou, d'après les valeurs trouvées plus haut pour k et k',

$$\rho = \frac{cs^2}{2b^4}.$$

Or, en désignant par T la durée de la vibration et par λ la longueur d'ondulation dans le cristal, les équations (2) du mouvement vibratoire montrent immédiatement qu'on a

$$T = \frac{2\pi}{s},$$

et par suite

$$s = \frac{2\pi}{T} = \frac{2\pi V}{\lambda},$$

V désignant la vitesse de propagation du rayon dans le cristal. En remplaçant s par sa valeur dans l'expression de la rotation, il vient

$$\rho = \frac{2\pi^2 c V^2}{b^4 \lambda^2}.$$

Si on suppose V constant pour tous les rayons, c'est-à-dire si on néglige la dispersion, on voit que la rotation du plan de polarisation est en raison inverse du carré de la longueur d'ondulation. Si cette loi n'est vraie que d'une manière approchée, cela vient précisément de ce que nous avons négligé les termes qui tiennent compte du pouvoir dispersif du quartz.

Si l'on n'avait pas voulu retrouver la loi qui lie la rotation avec la longueur d'ondulation, on aurait pu introduire dans les équations différentielles, au lieu des dérivées troisièmes de η et de ξ par rapport à z, une dérivée quelconque d'ordre impair telle que

$$\frac{d\eta}{dz} \quad \text{et} \quad \frac{d\xi}{dz} \quad \text{ou} \quad \frac{d^5\eta}{dz^5} \quad \text{et} \quad \frac{d^5\xi}{dz^5};$$

on serait arrivé alors aux mêmes résultats généraux pour la rotation du plan de polarisation, mais non pas à la relation entre la rotation et la longueur d'ondulation que donne l'expérience, au moins d'une manière approchée.

D'ailleurs, rien ne prouve que ces dérivées d'ordre impair autre que le troisième ne doivent pas réellement figurer dans les équations différentielles. La seule chose que l'analyse précédente montre, c'est que la dérivée troisième a un coefficient beaucoup plus grand que les autres, en supposant qu'elles existent dans les équations.

290. Équations différentielles du mouvement vibratoire dans un cristal à un axe doué du pouvoir rotatoire, lorsque l'onde incidente est oblique à l'axe. — Nous pouvons maintenant généraliser la méthode précédente et considérer le cas où l'onde incidente est inclinée sur l'axe du cristal, c'est-à-dire où le rayon ne se propage plus suivant la direction de l'axe. Remarquons à cet effet que, dans un cristal à un axe dépourvu du pouvoir rotatoire, pour qu'une onde plane incidente ne donne qu'une seule onde réfractée, il faut qu'elle soit polarisée parallèlement ou perpendiculairement à la projection de l'axe du cristal sur le plan de l'onde. Quelle que soit la direction du plan de polarisation du rayon incident, on peut toujours le supposer décomposé à son entrée dans le cristal en deux rayons polarisés, l'un parallèlement, l'autre perpendiculairement à la projection de l'axe sur le plan de l'onde, et on pourra appliquer au mouvement vibratoire de ces rayons, qui sont le rayon ordinaire et le rayon extraordinaire, les équations différentielles que nous avons établies dans la théorie de la dispersion (171). Si l'on prend pour axe des z la normale à l'onde, pour axe des y la projection de l'axe du cristal sur le plan de l'onde, et pour axe des x la perpendiculaire à l'axe des y tracée dans le plan de l'onde, les équations différentielles du mouvement vibratoire seront, pour le rayon ordinaire,

$$\frac{d^2\xi}{dt^2} = A\,\frac{d^2\xi}{dz^2},$$

et pour le rayon extraordinaire,

$$\frac{d^2\eta}{dt^2} = B\,\frac{d^2\eta}{dz^2}.$$

A et B sont les carrés des vitesses de propagation du rayon ordinaire et du rayon extraordinaire, et par conséquent on a, d'après ce que nous avons vu dans la théorie de la double réfraction (142),

$$A = b^2,$$
$$B = b^2 - (b^2 - a^2) \sin^2 \theta,$$

θ étant l'angle de la normale à l'onde avec l'axe du cristal, a et b ayant la même signification que dans la théorie de la double réfraction.

L'hypothèse de Mac Cullagh pour rendre compte de la polarisation rotatoire consiste à compléter les deux équations différentielles comme dans le cas précédent, en ajoutant au second membre de chacune d'elles un terme formé de la dérivée troisième par rapport à z de la variable qui entre dans l'autre équation, ces deux termes étant d'ailleurs affectés de coefficients égaux en valeur absolue, mais de signe contraire dans les deux équations. On obtient ainsi les deux équations différentielles suivantes :

$$(1) \quad \begin{cases} \dfrac{d^2\xi}{dt^2} = A\,\dfrac{d^2\xi}{dz^2} + c\,\dfrac{d^3\eta}{dz^3}, \\[2mm] \dfrac{d^2\eta}{dt^2} = B\,\dfrac{d^2\eta}{dz^2} - c\,\dfrac{d^3\xi}{dz^3}. \end{cases}$$

Les intégrales de ces équations seront donc encore de la forme

$$\xi = \alpha \sin (kz - st + \varphi),$$
$$\eta = \beta \sin (kz - st + \chi).$$

En substituant ces valeurs dans les équations (1) nous obtenons, comme dans le cas précédent, quatre équations de condition de la forme

$$(2) \quad \begin{cases} m \cos \varphi = n \cos \varphi + p \sin \psi, \\[2mm] m' \sin \varphi = n' \cos \varphi + p' \cos \psi, \\[2mm] \cdots\cdots\cdots\cdots\cdots\cdots\cdots \end{cases}$$

On peut disposer arbitrairement de la phase d'un des mouvements et poser $\varphi = 0$, d'où résultera, comme nous l'avons vu dans le cas précédent,

$$\cos \psi = 0.$$

Il y a donc entre les deux mouvements composants une différence de phase d'un quart de circonférence, et on peut écrire

$$\xi = \alpha \sin (kz - st),$$
$$\eta = \pm \beta \cos (kz - st).$$

Au lieu de conserver le double signe, nous allons introduire dans ces équations le rapport $\dfrac{\beta}{\alpha}$ que nous désignerons par h, cette lettre pouvant avoir les deux signes. Elles deviennent ainsi

$$(3) \qquad \left\{ \begin{aligned} \xi &= \alpha \sin (kz - st), \\ \eta &= h\alpha \cos (kz - st). \end{aligned} \right.$$

La première et la quatrième des quatre équations de condition prennent alors la forme

$$\alpha s^2 = Ak^2\alpha - chk^3\alpha,$$
$$h\alpha s^2 = Bk^2 h\alpha - ck^3\alpha,$$

d'où l'on tire

$$(4) \qquad \left\{ \begin{aligned} s^2 &= Ak^2 - chk^3, \\ s^2 &= Bk^2 - \frac{ck^3}{h}. \end{aligned} \right.$$

De ces dernières équations il est facile de déduire séparément les valeurs de h et de k. Le rapport $\dfrac{s}{k}$ donnera la vitesse de propagation et la valeur de h indiquera la forme du mouvement elliptique représenté par les équations (3).

En égalant les valeurs de h tirées des deux équations (4), on obtient une nouvelle équation ne contenant plus que k et qui est

$$\frac{s^2 - Ak^2}{ck^3} = \frac{ck^3}{Bk^2 - s^2}$$

ou

$$(5) \qquad (s^2 - Ak^2)(s^2 - Bk^2) = c^2 k^6.$$

On a ensuite, pour déterminer h, en retranchant la seconde des équations (4) de la première,

$$o = (A - B)k^2 - ck^3 \left(h - \frac{1}{h} \right),$$

d'où

$$h - \frac{1}{h} = \frac{A - B}{ck}$$

et enfin

$$(6) \qquad h^2 - \frac{A - B}{ck} h - 1 = 0.$$

Il faudrait bien se garder de traiter les équations (5) et (6) par la méthode générale, car on serait conduit à des solutions tout à fait étrangères à la question. En effet, la constante c étant très-petite, l'équation (5) diffère très-peu de celle qu'on obtiendrait en remplaçant le second membre par zéro. Il suit de là que, bien que cette équation soit du troisième degré en k^2, nous ne devons y considérer que les deux racines voisines de $\frac{s^2}{A}$ et de $\frac{s^2}{B}$. Chacune de ces valeurs portée dans l'équation (6) déterminera le rapport h. Mais à chaque valeur de k doit correspondre une seule valeur de h, tandis que l'équation en donne deux; il importe donc de savoir choisir entre les deux racines de l'équation (6). Remarquons qu'à cause de la forme du dernier terme du premier membre de l'équation (6), si l'une des racines donne le rapport $\frac{\beta}{\alpha}$, l'autre racine sera égale à $-\frac{\alpha}{\beta}$.

Revenons maintenant aux équations (4) : nous aurons une valeur approchée de h en négligeant d'abord dans une de ces équations le terme en c et en tirant de là une valeur approchée de k qui servira à déterminer h au moyen de l'autre équation. Si l'on fait dans la première équation

$$k^2 = \frac{s^2}{A},$$

la seconde donne

$$(7) \qquad s^2 \left(1 - \frac{B}{A} \right) = - \frac{ck^3}{h}.$$

Or, pour le quartz, qui est un cristal attractif, on a $B < A$ et par suite $1 - \frac{B}{A} > 0$. Pour que le second membre de l'équation (7) soit positif, il faut que h soit négatif si c est positif, c'est-à-dire si le cristal est dextrogyre (289).

Donc, pour la valeur de k^2 voisine de $\frac{s^2}{A}$ il faudra prendre pour h

la racine négative de l'équation (6) si le cristal est dextrogyre, et la racine positive de cette même équation si le cristal est lévogyre. La valeur de k^2 voisine de $\dfrac{s^2}{B}$ correspond au contraire à une valeur de h positive pour les cristaux dextrogyres et négative pour les cristaux lévogyres. Il ne peut donc jamais y avoir d'incertitude.

Revenons maintenant à l'équation (6) et supposons que la valeur de k soit voisine de $\dfrac{s}{\sqrt{A}}$; il faudra prendre la racine négative, qui est

$$(8) \qquad h = \frac{A - B}{2ck} - \sqrt{\frac{(A - B)^2}{4c^2 k^2} + 1}\ .$$

Si nous portons cette valeur de h dans l'une des équations (4), par exemple dans la première, on aura entre s et la valeur de k voisine de $\dfrac{s}{\sqrt{A}}$ une relation qui sera

$$s^2 - Ak^2 = -\frac{A - B}{2} k^2 + ck^3 \sqrt{\frac{(A - B)^2}{4c^2 k^2} + 1}$$

$$= -\frac{A - B}{2} k^2 + k^2 \sqrt{\frac{(A - B)^2}{4} + c^2 k^2},$$

d'où l'on tire

$$(9) \qquad s^2 = \frac{A + B}{2} k^2 + \frac{k^2}{2} \sqrt{(A - B)^2 + 4c^2 k^2}.$$

A ces deux équations (8) et (9) on peut joindre les suivantes, que l'on trouve par des raisonnements analogues et qui donnent h' et k',

$$(10) \qquad h' = \frac{A - B}{2ck'} + \sqrt{\frac{(A - B)^2}{4c^2 k'^2} + 1}\ ,$$

$$(11) \qquad s^2 = \frac{A + B}{2} k'^2 - \frac{k'^2}{2} \sqrt{(A - B)^2 + 4c^2 k'^2}.$$

Ces formules générales doivent être discutées dans différents cas particuliers. Examinons d'abord le cas le plus simple, celui où la normale à l'onde est très-écartée de l'axe du cristal. Dans ces conditions la différence $A - B$ a une valeur très-grande par rapport au second terme du radical, et ce radical peut alors se développer suivant la méthode ordinaire. Il en résulte que h' est très-grand et que

h diffère peu de zéro. Cette petite valeur de h montre qu'à une distance sensible de l'axe les vibrations du rayon ordinaire ont lieu sur une ellipse très-allongée dont le grand axe est perpendiculaire à la section principale du cristal. Quant aux vibrations du rayon extraordinaire, la grande valeur de h' fait voir qu'elles ont lieu également sur une ellipse très-allongée, dont le grand axe est dans la section principale.

Développons maintenant la valeur de s^2 donnée par l'équation (9), en prenant la valeur approchée du radical; il viendra

$$s^2 = \frac{A+B}{2}\,k^2 + \frac{k^2}{2}\left(A - B + \frac{2c^2\,k^2}{A-B}\right),$$

d'où

$$s^2 = Ak^2 + \frac{c^2\,k^4}{A-B}.$$

On trouvera de même, en partant de l'équation (11),

$$s^2 = Bk'^2 - \frac{c^2\,k'^4}{A-B}.$$

Il suit de là qu'on peut développer k et k' en fonction des puissances ascendantes de s par la méthode du retour des suites. En se bornant aux deux premiers termes, les expressions de k et de k' seront de la forme

$$k = \frac{s}{\sqrt{A}} + ms^2.$$

$$k' = \frac{s}{\sqrt{B}} + m's^2,$$

les facteurs m et m' étant de signes contraires, et l'un composé avec A comme l'autre avec B. En retranchant l'une de l'autre ces deux équations on a

$$k - k' = s\left(\frac{1}{\sqrt{A}} - \frac{1}{\sqrt{B}}\right) + (m - m')\,s^2 :$$

m et m' étant d'ailleurs proportionnels à la constante c, il en résulte que la différence $k - k'$ est composée de deux termes dont le premier est indépendant du pouvoir rotatoire et dont la valeur augmente à mesure qu'on s'écarte de l'axe, et dont l'autre, très-petit par rapport au précédent, est une fonction du pouvoir rotatoire. Il suit encore de ce que nous venons de voir qu'à mesure qu'on s'éloigne de l'axe les effets de la double réfraction masquent de plus en plus ceux du pouvoir rotatoire, de sorte que, dans le cas où l'inclinaison de la normale à l'onde sur l'axe du cristal est un peu considérable, il est inutile de développer davantage les calculs, car il ne serait pas possible de comparer les conséquences de la théorie avec les résultats de l'expérience. Le cas le plus intéressant est celui où la normale à l'onde fait avec l'axe un angle très-peu considérable. Dans ce cas $(A - B)^2$ et $4c^2 k^2$ ont des valeurs comparables, et on ne peut plus avoir recours aux approximations précédentes. A et B différant très-peu, il en sera de même de k et de k', et la différence de ces deux dernières quantités sera de l'ordre de la constante c.

Nous pouvons maintenant établir un principe important, vérifié d'ailleurs par des expériences dont nous avons déjà parlé à propos des effets d'une lame de quartz sur la lumière convergente. Dans l'équation (6), le coefficient du terme en h varie très-peu par rapport à lui-même, quand on y remplace k par k'; la racine positive de l'équation (6) et la racine négative de l'équation qu'on obtient par la substitution de k' à k ont donc entre elles à peu près les mêmes relations que les deux racines de l'équation (6), c'est-à-dire que leur produit est, sinon égal à — 1, du moins très-voisin de — 1. Si ce produit était égal à — 1, cela signifierait que les axes de l'ellipse relative à k seraient inversement proportionnels aux axes de l'ellipse relative à k', ou, en d'autres termes, que les deux ellipses seraient géométriquement semblables et qu'elles seraient parcourues en sens inverse, sur les deux rayons, par les molécules d'éther. Il n'y a donc pas lieu de s'étonner que les calculs d'Airy, fondés sur la similitude absolue des deux ellipses, l'aient conduit à des résultats peu différents de ceux de l'expérience. Quant à la différence de sens des mouvements sur les deux ellipses, elle subsiste toujours à cause de la différence de signe des deux valeurs de h. Le rayon ordinaire est polarisé de gauche à droite, et le rayon extraordinaire de droite à gauche.

Pour trouver la valeur du rapport h, nous pouvons, dans une première approximation, négliger la variation de k et poser alors

$$k = \frac{2\pi}{l},$$

l étant la longueur d'ondulation du rayon ordinaire dans le cristal, comme nous l'avons vu dans la théorie de la dispersion (171). L'équation (6) devient, en remplaçant A, B et k par leurs valeurs respectives,

$$h^2 - \frac{l(b^2 - a^2)\sin^2\theta}{2\pi c} h - 1 = 0,$$

et en prenant, comme il convient, la racine négative de cette équation, on obtient

$$h = \frac{l}{4\pi c}(b^2 - a^2)\sin^2\theta - \sqrt{\frac{l^2}{16\pi^2 c^2}(b^2 - a^2)^2 \sin^4\theta + 1}.$$

Il faudra pour chaque valeur de θ calculer la valeur numérique de h, et on aura ainsi tous les éléments nécessaires pour vérifier expérimentalement la valeur de ce rapport des axes de l'ellipse.

Cherchons maintenant des valeurs plus approchées pour les quantités k et k'. De l'équation (9) on tire

$$\frac{2s^2}{A+B} = k^2 \left[1 + \frac{1}{A+B}\sqrt{(A-B)^2 + 4c^2 k^2} \right];$$

le radical étant très-petit, on peut extraire la racine carrée des deux membres de l'équation et prendre par approximation celle du second membre, ce qui donne

$$\frac{s\sqrt{2}}{\sqrt{A+B}} = k\left[1 + \frac{1}{2(A+B)}\sqrt{(A-B)^2 + 4c^2 k^2} \right].$$

On trouverait une relation analogue entre k' et s, et l'on a définitivement

$$k = \frac{s\sqrt{2}}{\sqrt{A+B}} \cdot \frac{1}{1 + \dfrac{1}{2(A+B)}\sqrt{(A-B)^2 + 4c^2 k^2}},$$

$$k' = \frac{s\sqrt{2}}{\sqrt{A+B}} \cdot \frac{1}{1 - \dfrac{1}{2(A+B)}\sqrt{(A-B)^2 + 4c^2 k^2}}.$$

Le dénominateur du second facteur du second membre, dans chacune de ces équations, différant très-peu de l'unité, on peut faire d'une façon approchée la division de l'unité par ce dénominateur, et il vient ainsi

$$k = \frac{s\sqrt{2}}{\sqrt{A+B}}\left[1 - \frac{1}{2(A+B)}\sqrt{(A-B)^2 + 4c^2 k^2}\right],$$

$$k' = \frac{s\sqrt{2}}{\sqrt{A+B}}\left[1 + \frac{1}{2(A+B)}\sqrt{(A-B)^2 + 4c^2 k'^2}\right].$$

Dans la quantité qui est sous le radical on peut commettre sur l'un des termes une erreur très-petite par rapport à ces termes mêmes; on peut remplacer k^2 et k'^2 par la quantité $\frac{s^2}{A}$ qui en est, comme nous l'avons vu, une valeur approchée. En remplaçant, dans les deux équations précédentes, k^2 et k'^2 par $\frac{s^2}{A}$, on en tire aisément la valeur de $k - k'$, c'est-à-dire de la différence de phase des deux rayons elliptiques pour une épaisseur du cristal égale à l'unité. Il vient ainsi

$$k' - k = \frac{s\sqrt{2}}{(A+B)^{\frac{3}{2}}}\sqrt{(A-B)^2 + \frac{4c^2 s^2}{A}}.$$

Pour tirer de là une expression vérifiable par l'expérience, il faut introduire les données du problème. Remplaçons A par b^2, $A - B$ par $(b^2 - a^2)\sin^2\theta$, ainsi que cela résulte des valeurs de A et de B; prenons pour $A + B$ la valeur approchée $2b^2$ et pour s la valeur trouvée plus haut $\frac{2\pi}{T}$, nous aurons

$$(k' - k)^2 = \frac{\pi^2}{2b^6 T^2}\left[(b^2 - a^2)^2 \sin^4\theta + \frac{16c^2\pi^2}{b^2 T^2}\right],$$

d'où. en remarquant que l'on a

$$bT = l,$$

$$(k' - k)^2 = \frac{\pi^2}{2b^4 l^2}\left[(b^2 - a^2)^2 \sin^4\theta + \frac{16\pi^2 c^2}{l^2}\right],$$

formule vérifiable par l'expérience.

Il faut remarquer que, dans ces valeurs approchées de h et de $k' - k$, l'approximation sera toujours suffisante pour toutes les va-

leurs de θ avec lesquelles les expériences peuvent se réaliser, c'est-
à-dire pour toutes les valeurs très-petites de cet angle.

291. Vérifications expérimentales de M. Jamin. — Les
formules que nous venons de calculer ont été données en 1839 par
Mac Cullagh. Elles diffèrent très-peu, quant aux résultats expérimentaux, de celles que Cauchy a fournies à M. Jamin sur sa de-
mande. M. Jamin ne connaissait nullement le mémoire de Mac
Cullagh, et il voulait vérifier s'il est possible de rendre compte des
phénomènes que produisent les cristaux doués du pouvoir rotatoire,
en supposant que dans ces cristaux le rayon vecteur de l'ellipsoïde
de Huyghens est diminué d'une longueur constante [1].

Dans ses expériences de vérification, M. Jamin opérait avec une
lame de quartz perpendiculaire à l'axe, qu'il inclinait d'une quantité
variable sur la direction des rayons incidents; l'angle θ pouvait ainsi
se calculer à chaque observation. La lumière, au sortir de la lame,
était reçue sur un compensateur de Babinet (209), qui servait à
mesurer la différence de phase entre les composantes polarisées
parallèlement et perpendiculairement à la section principale; c'est
par l'observation de cette différence de phase que M. Jamin a cherché
à vérifier les conséquences de la théorie; les nombres qu'il a obtenus coïncident parfaitement avec ceux qu'il a déduits des formules
de Cauchy. On peut donc regarder la théorie précédente comme ex-
pliquant d'une manière complète les phénomènes de la polarisation
rotatoire dans les cristaux à un axe.

B. — CRISTAUX À DEUX AXES.

292. Méthode de Mac Cullagh. — On est loin de connaître
aussi bien les lois qui régissent la marche de la lumière dans les
cristaux à deux axes dont les dissolutions jouissent du pouvoir rotatoire. Il est évident que dans ces cristaux la polarisation doit être
en général elliptique. La question a été abordée successivement par
Mac Cullagh et par Cauchy, mais ces géomètres n'ont donné que
des indications de théorie sans développer leurs calculs.

---

[1] *C. R.*, XXX, 99. — *Ann. de chim. et de phys.*, (3), XXX, 55.

La méthode de Mac Cullagh[1] est très-remarquable : c'est un bel exemple de ce qu'on peut faire quand on est réduit à de simples conjectures. Pour faire comprendre en quoi consiste cette méthode, il faut rappeler certains principes de mécanique et, en premier lieu, celui qui porte le nom de d'Alembert. Ce principe nous apprend que, dans le mouvement d'un système de points soumis à des liaisons quelconques et sollicités par des forces quelconques, il y a équilibre à chaque instant, au moyen de ces liaisons, entre ces forces et des forces égales et directement opposées à celles qui produiraient sur chaque point matériel supposé libre le mouvement qu'il suit réellement.

Si on considère un point en état de mouvement dont les coordonnées sont x, y, z, et dont le déplacement a pour projections sur les axes ξ, η, ζ, et si, de plus, ce corps est sollicité par une force totale dont les composantes suivant les axes sont X, Y et Z, il faut que l'on ait, d'après le principe des vitesses virtuelles combiné avec celui de d'Alembert,

$$\left(X - m\frac{d^2\xi}{dt^2}\right)\delta x + \left(Y - m\frac{d^2\eta}{dt^2}\right)\delta y + \left(Z - m\frac{d^2\zeta}{dt^2}\right)\delta z = 0,$$

quels que soient les déplacements virtuels δx, δy, δz.

S'il y a un système de points liés entre eux, il faut que la somme des moments virtuels relatifs à chaque point soit nulle pour tous les déplacements compatibles avec les liaisons. Si les points sont infiniment rapprochés, cette somme se change en intégrale, et l'équation devient

$$\int\left[\left(X - m\frac{d^2\xi}{dt^2}\right)\delta x + \left(Y - m\frac{d^2\eta}{dt^2}\right)\delta y + \left(Z - m\frac{d^2\zeta}{dt^2}\right)\delta z\right] = 0.$$

Si, au lieu des forces motrices X, Y, Z, nous introduisons les forces accélératrices, et si nous remplaçons la masse m par $\rho\,dx\,dy\,dz$, ρ désignant la densité, nous avons

$$\iiint \rho\,dx\,dy\,dz\left[\left(X - \frac{d^2\xi}{dt^2}\right)\delta x + \left(Y - \frac{d^2\eta}{dt^2}\right)\delta y + \left(Z - \frac{d^2\zeta}{dt^2}\right)\delta z\right] = 0.$$

Toutes les fois que les forces qui agissent sur le système sont

[1] *Proceed. of the Ir. Acad.*, I, 383.

uniquement des forces moléculaires ne dépendant que de la distance des molécules entre elles, la somme $X\delta x + Y\delta y + Z\delta z$ peut être considérée comme la différentielle totale d'une fonction V des coordonnées x, y, z, que l'on désigne sous le nom de *fonction des forces* [1]. En remplaçant cette fonction par dV, l'équation précédente peut s'écrire

$$\iiint \rho\, dx\, dy\, dz\, dV = \iiint \rho\, dx\, dy\, dz \left(\frac{d^2\xi}{dt^2}\, \delta x + \frac{d^2\eta}{dt^2}\, \delta y + \frac{d^2\zeta}{dt^2}\, \delta z \right).$$

Quand la fonction des forces est connue, le problème ne présente plus que des difficultés d'analyse, et on voit que, pour les mouvements vibratoires moléculaires, tout se réduit à la recherche de la fonction des forces.

Dans les milieux biréfringents dépourvus du pouvoir rotatoire, l'expérience montre que la lumière est toujours polarisée. Les phénomènes, et par suite la fonction des forces, ne dépendent que des déplacements relatifs des molécules du milieu. Mais de ces déplacements relatifs il est impossible de rien déduire qui puisse donner lieu aux phénomènes rotatoires.

Mac Cullagh a reconnu que, si l'on introduit dans la fonction des forces l'*aire relative* d'une molécule par rapport aux autres molécules, l'équation contiendra des termes proportionnels aux dérivées troisièmes et pourra rendre compte du pouvoir rotatoire.

Quand une molécule se meut dans l'espace, l'aire décrite par sa projection sur le plan des xy est

$$\frac{1}{2}(x\, dy - y\, dx);$$

mais si, au lieu de rapporter le mouvement de cette molécule à l'origine des coordonnées, on le rapporte à une autre molécule également mobile, on pourra considérer l'aire relative de la première par rapport à la seconde. Pour obtenir cette aire relative, il suffit de remplacer dans l'expression précédente x et y par les déplacements relatifs. Soient donc η et ξ les projections, sur les axes des y et des x, du déplacement d'une des molécules: $\eta + \frac{d\eta}{dz}\, dz$, $\xi + \frac{d\xi}{dz}\, dz$ les pro-

_____
[1] Voir, pour la démonstration de ce théorème, le tome VII du présent ouvrage, p. 7.

jections du déplacement de la seconde molécule. En considérant le mouvement d'une onde plane perpendiculaire à l'axe des z, la considération des aires relatives introduira dans la fonction des forces des termes de la forme

$$\frac{d\xi}{dz}\frac{d^2\eta}{dz^2} - \frac{d\eta}{dz}\frac{d^2\xi}{dz^2},$$

$$\cdots\cdots\cdots,$$

et l'équation définitive où entre dV contiendra des dérivées troisièmes.

Si l'on fait cette hypothèse dans la théorie de Mac Cullagh sur les cristaux à un axe, on peut expliquer toutes leurs propriétés rotatoires. On est donc conduit à penser que la même hypothèse dans les fonctions des forces pour les cristaux à deux axes rendra compte aussi des phénomènes de la polarisation rotatoire. L'introduction des aires relatives dans la théorie de la propagation de la lumière dans les cristaux à deux axes montre que la polarisation y est généralement elliptique, mais que, suivant les directions des axes optiques, elle devient circulaire, ce qui tendrait à faire penser que les cristaux à deux axes possèdent le pouvoir rotatoire suivant les directions de leurs axes optiques. Cette conséquence de la théorie de Mac Cullagh serait très-importante, mais elle n'a pu encore être vérifiée expérimentalement. D'abord, il est rare de rencontrer des cristaux à deux axes assez transparents et assez purs pour se prêter à des expériences de ce genre, et qu'on puisse tailler perpendiculairement à la direction d'un axe optique. Mais, quand même cette difficulté serait surmontée, il en resterait une autre inhérente aux propriétés mêmes des cristaux à deux axes. Dans les cristaux à un axe, le rayon ordinaire a une vitesse constante et le rayon extraordinaire acquiert sa vitesse maximum ou minimum lorsqu'il se meut dans la direction de l'axe. Il en résulte que les phénomènes varient très-lentement au voisinage de l'axe. Dans les cristaux à deux axes, au contraire, l'axe optique est une direction suivant laquelle les vitesses des deux rayons sont fortuitement égales; aucune d'elles n'y est maximum ni minimum, et elles varient rapidement dès qu'on s'en écarte. On conçoit donc que les propriétés rotatoires suivant les axes optiques seraient très-difficiles à mettre en évidence.

293. Travaux de Cauchy. — Cauchy a fait connaître en 1847 [1] des équations hypothétiques qui expliquent les phénomènes de la polarisation rotatoire dans les cristaux à deux axes. Le mouvement vibratoire moléculaire dans les cristaux à deux axes dépourvus de pouvoir rotatoire peut se représenter par des équations de la forme

$$\frac{d^2\xi}{dt^2} = \sum \mu m \left(\Delta x + \Delta \xi\right) f\left(v+\rho\right),$$

et deux autres analogues pour $\frac{d^2\eta}{dt^2}$ et $\frac{d^2\zeta}{dt^2}$. Dans ces équations, m et μ sont les masses des molécules qui occupent les positions ayant pour coordonnées x, y, z et $x+\Delta x$, $y+\Delta y$, $z+\Delta z$; ξ, η, ζ sont les déplacements de la première molécule dans l'état de mouvement, $\xi+\Delta\xi$, $\eta+\Delta\eta$, $\zeta+\Delta\zeta$ les déplacements de la seconde molécule, v leur distance initiale et $\rho+v$ leur distance pendant le mouvement.

Pour tenir compte du pouvoir rotatoire, Cauchy complète ces équations en leur ajoutant un terme de la forme suivante :

$$\frac{d^2\xi}{dt^2} = \sum \mu m \left(\Delta x + \Delta \xi\right) f\left(v+\rho\right) + \sum \mu m \left(\Delta z \Delta\eta + \Delta y\, \Delta z\right) f_1\left(v\right).$$

Les termes ainsi ajoutés sont du genre de ceux qui représentent les aires relatives. Mais, au lieu d'introduire dans la fonction des forces des dérivées secondes, et par suite des dérivées troisièmes dans l'équation définitive, les formules de Cauchy introduisent dans l'expression du mouvement vibratoire les dérivées premières du déplacement, d'où il résulte qu'avec l'approximation que nous avons employée précédemment on arrivera à des résultats indépendants de la longueur d'ondulation. Cette théorie paraît donc inférieure en probabilité à celle de Mac Cullagh. Cauchy a vainement essayé de rendre compte de la polarisation rotatoire par une hypothèse sur la constitution mécanique du milieu et sur l'arrangement des molécules. Il avait cru y arriver en supposant aux molécules une forme dissymétrique, mais Mac Cullagh lui fit observer que son hypothèse le conduirait à introduire dans les équations différentielles des

[1] *C. R.*, XXV, 331.

termes à coefficients de même signe, tandis que les signes de ces coefficients doivent être contraires pour qu'il y ait pouvoir rotatoire.

294. Travaux de M. Clebsch. — Un mathématicien allemand, M. Clebsch [1], a développé les formules de Cauchy et cherché à en déduire les propriétés des cristaux pourvus du pouvoir rotatoire. La méthode de M. Clebsch est souvent fort arbitraire; il identifie dans le cours des calculs des constantes distinctes, de sorte qu'on peut élever des doutes sur l'exactitude de ses résultats. En étudiant les cristaux à deux axes, il a trouvé que leurs propriétés suivant les directions de leurs axes optiques sont comparables à celles des cristaux à un axe suivant la direction de l'axe. Il a cherché ensuite à donner une explication mécanique des termes ajoutés par Cauchy. Suivant lui, on retrouve les termes introduits par Cauchy en admettant qu'outre les actions ordinaires qui s'exercent entre deux molécules il en existe une autre, variable avec la distance et dirigée perpendiculairement au plan qui passe par les deux molécules et par la direction de la vitesse relative de l'une d'elles par rapport à l'autre. Mais ce qui est plus extraordinaire encore, c'est que M. Clebsch admet que cette force persiste indéfiniment, c'est-à-dire qu'à chaque instant elle est représentée par l'intégrale de toutes celles qui ont existé depuis le commencement du mouvement; toutefois cette intégrale ne peut être indéfiniment croissante. On voit que toutes ces hypothèses sont peu d'accord avec ce qui s'observe généralement [2].

C. — Pouvoir rotatoire des dissolutions actives.

295. Considérations générales. — Laissant de côté les considérations théoriques que nous venons d'exposer, il y a intérêt

---

[1] *Journal de Crelle*, LVII, 319.

[2] Postérieurement à l'époque où ces leçons ont été professées, M. Briot, dans son *Essai sur la théorie mathématique de la lumière*, a donné une théorie complète de la polarisation rotatoire. Il prend pour point de départ les inégalités que, dans les milieux dissymétriques, l'éther éprouve dans sa distribution, et suppose que dans ces milieux les files de molécules d'éther sont tordues en hélices elliptiques. Ces inégalités introduisent dans les équations différentielles des mouvements vibratoires des dérivées d'ordre impair dont la présence indique le pouvoir rotatoire. Nous renvoyons le lecteur à l'ouvrage de M. Briot, l'étendue de sa théorie ne nous permettant pas de la reproduire ici.

à envisager la question à un autre point de vue et à chercher ce
qu'il y aurait à faire pour passer de l'étude des cristaux doués du
pouvoir rotatoire à celle des dissolutions actives. On peut regarder
comme établi par la théorie et par l'expérience que, dans les cristaux
à un ou à deux axes doués du pouvoir rotatoire, la polarisation
rectiligne se change en polarisation elliptique; de plus, à cause de
la petitesse des termes à ajouter aux équations différentielles, les
ellipses de l'onde ordinaire et de l'onde extraordinaire seront toujours à peu près semblables. Pour se rendre compte des propriétés
des dissolutions actives, il faudra résoudre le problème suivant :
Quel est l'effet produit sur un rayon polarisé rectilignement par un
nombre immense de molécules douées de la propriété de transformer ce rayon en deux rayons elliptiques de sens contraire, et
disséminées de toutes les manières possibles dans un milieu inactif?
Il est nécessaire de poser ainsi la question, à cause des nombreuses
expériences qui prouvent que la structure moléculaire se conserve
dans les dissolutions, et que par conséquent la dissolution d'un cristal
doué du pouvoir rotatoire dans un liquide inactif doit être considérée
comme un mélange de molécules actives et de molécules inactives.

Nous allons d'abord chercher à rendre compte de cette première
loi, qui consiste en ce que la rotation du plan de polarisation
produite par une dissolution est proportionnelle à l'épaisseur de
la colonne liquide traversée. Pour cela nous remarquerons que,
l'ordre dans lequel se succèdent les molécules étant indifférent,
on peut grouper ensemble toutes celles dans lesquelles le rayon
lumineux fait les mêmes angles avec les axes de cristallisation; la
section principale des molécules ainsi définies est encore indéterminée, et elle pourra prendre toutes les directions compatibles avec
la première condition. Nous allons nous proposer de démontrer que
l'effet d'un pareil système sera de faire tourner le plan de polarisation d'un angle déterminé, et, pour y arriver, nous allons d'abord
examiner l'effet d'une lame unique douée du pouvoir rotatoire.

**296. Action d'une lame mince unique, douée du pou-
voir rotatoire, sur la lumière polarisée rectilignement.**
— Supposons qu'un rayon polarisé rectilignement tombe sur une

lame cristalline mince, douée du pouvoir rotatoire, et que cette lame soit oblique à l'axe s'il s'agit d'un cristal à un axe, et dirigée d'une façon quelconque s'il s'agit d'un cristal à deux axes. Prenons

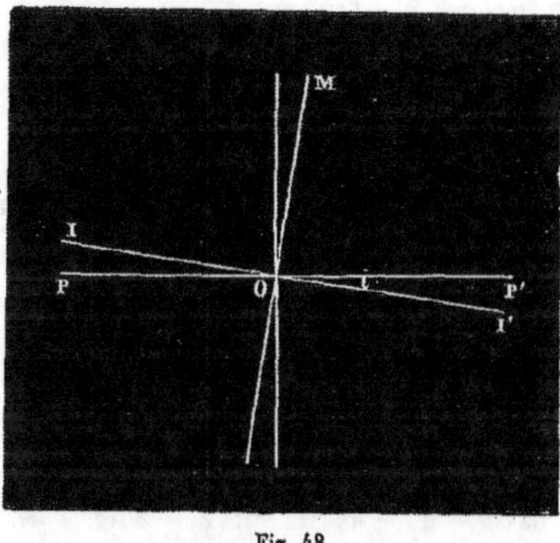

pour plan de figure un plan (fig. 48) parallèle à la surface de l'onde incidente supposée plane. Soient PP′ la trace du plan primitif de polarisation sur ce plan de figure et II′ celle de la section principale de la lame. Le mouvement vibratoire de la lumière incidente peut se décomposer en deux mouvements parallèles à II′, que nous prendrons pour axe

Fig. 48.

des ξ, et à la droite OM perpendiculaire à II′, qui sera l'axe des η. On obtient ainsi deux rayons polarisés dans des plans perpendiculaires, que l'on peut, comme nous l'avons vu (260), remplacer par deux rayons polarisés elliptiquement en sens contraire. En désignant par i l'angle de la section principale de la lame avec le plan primitif de polarisation, par k une quantité comprise entre zéro et l'unité et variable avec la direction du rayon par rapport aux axes du cristal, en posant enfin

$$\frac{2\pi t}{T} = \varphi,$$

nous avons trouvé que les mouvements vibratoires sur les deux rayons polarisés elliptiquement sont exprimés (260), pour le rayon polarisé elliptiquement de gauche à droite, par les équations

$$\eta = \frac{1}{1+k^2}(\cos i \sin \varphi - k \sin i \cos \varphi),$$

$$\xi = -\frac{k}{1+k^2}(\cos i \cos \varphi + k \sin i \sin \varphi),$$

et pour le rayon polarisé elliptiquement de droite à gauche, par les équations

$$\eta' = \frac{1}{1+k^2}\,(k^2\cos i\sin\varphi + k\sin i\cos\varphi),$$

$$\xi' = \frac{1}{1+k^2}\,(k\cos i\cos\varphi - \sin i\sin\varphi).$$

Les deux rayons elliptiques, en traversant la lame, y acquièrent une certaine différence de phase. et. pour obtenir les expressions des mouvements vibratoires au sortir de la lame, il faut, pour le rayon polarisé de gauche à droite, remplacer φ par $\varphi-\delta$, et, pour le rayon polarisé de droite à gauche, remplacer φ par $\varphi-\gamma$, δ et γ étant définis comme il a été dit plus haut (261). Il vient ainsi

$$\eta = \frac{1}{1+k^2}\,[\cos i\sin(\varphi-\delta) - k\sin i\cos(\varphi-\delta)].$$

$$\xi = -\frac{k}{1+k^2}\,[\cos i\cos(\varphi-\delta) + k\,\mathrm{sni}\,i\sin(\varphi-\delta)].$$

$$\eta' = \frac{1}{1+k^2}\,[k^2\cos i\sin(\varphi-\gamma) + k\sin i\cos(\varphi-\gamma)],$$

$$\xi' = \frac{1}{1+k^2}\,[k\cos i\cos(\varphi-\gamma) - \sin i\sin(\varphi-\gamma)].$$

Pour déterminer l'état du mouvement vibratoire à la sortie du cristal, prenons pour axe des x la trace du plan primitif de polarisation et pour axe des y une droite perpendiculaire; nous aurons

$$y = (\eta+\eta')\cos i - (\xi+\xi')\sin i,$$
$$x = (\eta+\eta')\sin i + (\xi+\xi')\cos i.$$

En remplaçant dans ces équations ξ, ξ'. η, η' par leurs valeurs, il vient

$$
\begin{aligned}
(1+k^2)y = {} & \cos^2 i\,[\sin(\varphi-\delta) + k^2\sin(\varphi-\gamma)]\\
& -\sin i\cos i\,[k\cos(\varphi-\delta) - k\cos(\varphi-\gamma)]\\
& +\sin i\cos i\,[k\cos(\varphi-\delta) - k\cos(\varphi-\gamma)]\\
& +\sin^2 i\,[k^2\sin(\varphi-\delta) + \sin(\varphi-\gamma)],
\end{aligned}
$$

d'où

$$
\begin{aligned}
(1+k^2)y = {} & \cos^2 i\,[\sin(\varphi-\delta) + k^2\sin(\varphi-\gamma)]\\
& +\sin^2 i\,[k^2\sin(\varphi-\delta) + \sin(\varphi-\gamma)].
\end{aligned}
$$

De même on trouve

$$(1+k^2)\,x = \sin i \cos i \,[\sin(\varphi-\delta)+k^2\sin(\varphi-\gamma)]$$
$$-\sin^2 i\,[k\cos(\varphi-\delta)-k\cos(\varphi-\gamma)]$$
$$-\cos^2 i\,[k\cos(\varphi-\delta)-k\cos(\varphi-\gamma)]$$
$$-\sin i \cos i\,[k^2\sin(\varphi-\delta)+\sin(\varphi-\gamma)],$$

d'où l'on tire

$$(1+k^2)\,x = k\cos(\varphi-\gamma)-k\cos(\varphi-\delta)$$
$$+\sin i \cos i\,[(1-k^2)\sin(\varphi-\delta)-(1-k^2)\sin(\varphi-\gamma)],$$

et enfin

$$(1+k^2)\,x = -\,2k\sin\frac{\delta-\gamma}{2}\sin\left(\varphi-\frac{\delta+\gamma}{2}\right)$$
$$-(1-k^2)\sin 2i \sin\frac{\delta-\gamma}{2}\cos\left(\varphi-\frac{\delta+\gamma}{2}\right).$$

Reprenons maintenant la valeur de $(1+k^2)\,y$ et écrivons-la de la manière suivante :

$$(1+k^2)\,y = \frac{\cos^2 i}{2}\left\{(1+k^2)\,[\sin(\varphi-\delta)+\sin(\varphi-\gamma)]\right.$$
$$\left.+(1-k^2)\,[\sin(\varphi-\delta)-\sin(\varphi-\gamma)]\right\}$$
$$+\frac{\sin^2 i}{2}\left\{(1+k^2)\,[\sin(\varphi-\gamma)+\sin(\varphi-\delta)]\right.$$
$$\left.+(1-k^2)\,[\sin(\varphi-\gamma)-\sin(\varphi-\delta)]\right\}.$$

En simplifiant cette expression et en lui adjoignant celle de $(1+k^2)\,x$, on a définitivement pour les deux composantes du mouvement vibratoire au sortir de la lame

$$(1+k^2)\,y = (1+k^2)\cos\frac{\delta-\gamma}{2}\sin\left(\varphi-\frac{\delta+\gamma}{2}\right)$$
$$-(1-k^2)\cos 2i \sin\frac{\delta-\gamma}{2}\cos\left(\varphi-\frac{\delta+\gamma}{2}\right),$$
$$(1+k^2)\,x = -\,2k\sin\frac{\delta-\gamma}{2}\sin\left(\varphi-\frac{\delta+\gamma}{2}\right)$$
$$-(1-k^2)\sin 2i \sin\frac{\delta-\gamma}{2}\cos\left(\varphi-\frac{\delta+\gamma}{2}\right).$$

Ces rayons forment un système facile à définir. En effet, chacune des valeurs de x et de y est la somme de deux termes dont les deux premiers ont la même phase, ainsi que les deux seconds, et la phase des deux premiers termes diffère de celle des deux seconds termes de $\frac{\pi}{2}$. L'ensemble du mouvement peut donc être considéré comme étant celui de deux rayons polarisés rectilignement et dont les phases diffèrent de $\frac{\pi}{2}$.

Le rayon représenté par les deux derniers termes a pour amplitude

$$\frac{1-k^2}{1+k^2}\sin\frac{\delta-\gamma}{2};$$

il est polarisé dans l'azimut $2i$.

Si nous supposons que l'on ait $\delta > \gamma$, c'est-à-dire que le rayon polarisé elliptiquement de gauche à droite aille moins vite dans la lame cristalline que le rayon polarisé de droite à gauche, les deux composantes du rayon que nous venons de considérer sont négatives et sa phase est représentée par

$$\varphi - \frac{\delta+\gamma}{2} - \frac{\pi}{2};$$

son intensité est

$$\left(\frac{1-k^2}{1+k^2}\right)^2 \sin^2\frac{\delta-\gamma}{2}.$$

Les deux premiers termes représentent aussi un rayon polarisé rectilignement, dont la phase est

$$\varphi - \frac{\delta+\gamma}{2},$$

et l'intensité

$$\frac{1}{(1+k^2)^2}\left[(1+k^2)^2\cos^2\frac{\delta-\gamma}{2} + 4k^2\sin^2\frac{\delta-\gamma}{2}\right].$$

Pour trouver son azimut de polarisation, il suffit de remarquer que le rapport du terme en x avec le terme en y représente la tangente de l'angle que forme ce plan de polarisation avec le plan primitif. En désignant cet angle par ρ, on a

$$\tan\rho = \frac{2k}{1+k^2}\tan\frac{\delta-\gamma}{2}.$$

En résumé, l'effet produit sur un rayon polarisé par une lame
douée du pouvoir rotatoire peut s'énoncer de la façon suivante : le
rayon, à la sortie de cette lame, est remplacé par deux autres polarisés rectilignement, l'un polarisé dans l'azimut $2i$, ayant pour
phase $\varphi - \dfrac{\delta + \gamma}{2} - \dfrac{\pi}{2}$ et pour intensité $\left(\dfrac{1 - k^2}{1 + k^2}\right)^2 \sin^2 \dfrac{\delta - \gamma}{2}$, l'autre
polarisé dans un plan qui fait avec le plan primitif de polarisation
un angle ayant pour tangente $\dfrac{2k}{1 + k^2}$ tang $\dfrac{\delta - \gamma}{2}$, ayant pour phase
$\varphi - \dfrac{\delta + \gamma}{2}$ et pour intensité

$$\frac{1}{(1 + k^2)^2} \left[(1 + k^2)^2 \cos^2 \frac{\delta - \gamma}{2} + 4 k^2 \sin^2 \frac{\delta - \gamma}{2} \right].$$

Si nous supposons que l'épaisseur de la lame soit très-petite, les
angles ρ et $\dfrac{\delta - \gamma}{2}$ seront aussi très-petits, et par suite sensiblement
proportionnels à leurs tangentes. On pourra donc écrire

$$\rho = \frac{2k}{1 + k^2} \cdot \frac{\delta - \gamma}{2}.$$

En outre, $\dfrac{\delta - \gamma}{2}$ étant très-petit, on voit que l'intensité du rayon
polarisé dans l'azimut ρ sera sensiblement égale à l'unité et que
celle du rayon polarisé dans l'azimut $2i$ sera très-près d'être nulle.
Donc une lame mince ne produit, sur un rayon rectilignement polarisé, d'autre effet que de faire tourner le plan de polarisation, et le
pouvoir rotatoire de cette lame est représenté par $\dfrac{2k}{1 + k^2}$, quantité
dont la plus grande valeur correspond à $k = 1$.

**297. Action d'un grand nombre de lames cristallines
minces également épaisses et diversement orientées. —**
Nous allons maintenant examiner le cas où un rayon polarisé rectilignement traverse un grand nombre de lames douées du pouvoir
rotatoire, toutes de même épaisseur et ayant leurs axes de cristallisation également inclinés sur le rayon incident, mais dont les sections principales peuvent avoir des directions quelconques. Supposons qu'il y ait n de ces lames de même épaisseur et représentons

par i_1 l'angle de la section principale de la première lame avec le
plan primitif de polarisation, par i_2 l'angle de la section principale
de la seconde lame avec la section principale de la première, par i_3
l'angle de la section principale de la troisième lame avec la section
principale de la seconde, et ainsi de suite jusqu'à i_n, tous ces angles
étant comptés vers la droite.

En traversant la première lame, le rayon se divise, comme nous
venons de le voir (296), en deux rayons polarisés rectilignement,
l'un polarisé dans l'azimut $2i$ et le second polarisé dans l'azimut ρ;
si l'on désigne par b^2 l'intensité du premier de ces rayons et par a^2
l'intensité du second, on a

$$b = \frac{1-k^2}{1+k^2} \sin \frac{\delta - \gamma}{2},$$

$$a = \frac{1}{1+k^2} \sqrt{(1+k^2)^2 \cos^2 \frac{\delta - \gamma}{2} + 4k^2 \sin^2 \frac{\delta - \gamma}{2}}.$$

En traversant la seconde lame, chacun de ces deux rayons se comportera comme le rayon unique incident, ce qui donnera quatre
rayons. De même il y aura huit rayons au sortir de la troisième lame,
et en général 2^p rayons à la sortie de la $p^{ième}$ lame, ce qui donne
2^n rayons quand toutes les lames formant le système que nous
considérons auront été traversées.

Parmi ces 2^n rayons considérons celui qui, en traversant toutes
les n lames, a toujours subi la modification qui correspond à la
lettre a. Le plan de polarisation de ce rayon aura tourné de $n\rho$, son
amplitude sera devenue a^n et sa phase

$$\varphi - n \frac{\delta + \gamma}{2}.$$

Il y a ensuite des rayons qui ont subi la modification a dans
$n - 1$ lames, et la modification b, c'est-à-dire le passage à l'azimut
$2i$, dans une lame seulement : leur amplitude sera $a^{n-1}b$, et, comme
la modification b a pu s'effectuer dans chacune des n lames, il y
aura n rayons de cette nature.

De même la modification b a pu se produire 2 fois et la modification a a pu se produire $n - 2$ fois : le nombre des rayons de cette

nature sera égal au nombre des combinaisons de n objets pris deux à deux, c'est-à-dire à $\dfrac{n(n-1)}{1\cdot 2}$.

En général, un rayon qui aura subi $n-q$ fois la rotation du plan de polarisation égale à ρ, et q fois la rotation égale à $2i$, aura pour amplitude $a^{n-q}b^q$, et le nombre des rayons de cette nature sera

$$\frac{n(n-1)\cdots(n-q+1)}{1\cdot 2\cdot 3\cdots q}.$$

En résumé, il y a donc

	D'AMPLITUDE	DE PHASE
1 rayon	a^n	$\varphi - n\dfrac{\delta+\gamma}{2},$
$\dfrac{n}{1}$ rayons	$a^{n-1}b$	$\varphi - (n-1)\dfrac{\delta+\gamma}{2} - \dfrac{\delta+\gamma}{2} - \dfrac{\pi}{2},$
. . . .		
. . . .		
$\dfrac{n(n-1)(n-2)\cdots(n-q+1)}{1\cdot 2\cdot 3\cdots q}$	$a^{n-q}b^q$	$\varphi - n\dfrac{\delta+\gamma}{2} - q\dfrac{\pi}{2},$
. . . .		
. . . .		
$\dfrac{n}{1}$	ab^{n-1}	$\varphi - n\dfrac{\delta+\gamma}{2} - (n-1)\dfrac{\pi}{2},$
1 rayon	b^n	$\varphi - n\dfrac{\delta+\gamma}{2} - n\dfrac{\pi}{2}.$

Les rayons qui ont pour amplitude $a^{n-1}b$ ont tous même phase $\varphi - n\dfrac{\delta+\gamma}{2}$, mais leur azimut de polarisation varie d'un rayon à l'autre. Pour un rayon qui a d'abord traversé p lames en subissant la modification a, l'azimut du plan de polarisation est $p\rho$, et il rencontre la $(p+1)^{i\text{ème}}$ plaque dont la section principale fait avec le plan primitif de polarisation l'angle

$$i_1 + i_2 + \cdots + i_{p+1},$$

de sorte que l'angle de la section principale de la $(p+1)^{i\text{ème}}$ lame avec le plan de polarisation du rayon qui la traverse est

$$(i_1 + i_2 + \cdots + i_{p+1}) - p\rho.$$

A la sortie de cette lame le rayon a subi la modification b et son plan de polarisation a tourné de

$$2\left(i_1 + i_2 + \cdots + i_{p+1}\right) - 2p\rho,$$

de sorte que son azimut est devenu

$$2\sum_1^{p+1} i - 2p\rho + p\rho = 2\sum_1^{p+1} i - p\rho,$$

en posant

$$i_1 + i_2 + \cdots + i_{p+1} = \sum_1^{p+1} i.$$

En traversant les $n - (p+1)$ lames restantes, le rayon subit de nouveau la modification a et son plan de polarisation tourne de

$$n - (p+1)\rho,$$

de sorte que l'azimut de ce plan de polarisation, lorsque le rayon a traversé toutes les lames, est devenu

$$2\sum_1^{p+1} i + \left[n - (2p+1)\right]\rho;$$

p pouvant prendre toutes les valeurs depuis 1 jusqu'à n, il est évident que cette expression pourra prendre n valeurs différentes et que la valeur du second terme sera toujours comprise entre $(n-1)\rho$ et $-(n-1)\rho$.

Le second groupe des rayons, dont le nombre est $\dfrac{n(n-1)}{1\cdot 2}$, l'amplitude commune $a^{n-2}b^2$ et la phase commune $\varphi - n\dfrac{\delta+\gamma}{2} - \dfrac{2\pi}{2}$, donnera lieu à des considérations analogues. L'azimut sera également variable d'un rayon à l'autre.

Ceci posé, remarquons que le rayon qui a subi la modification a dans toutes les lames et qui a pour intensité a^n est polarisé dans l'azimut $n\rho$. Il s'agit de démontrer que, si n est très-grand, le rayon polarisé dans l'azimut $n\rho$ est le seul qui ait une intensité sensible au sortir des n lames.

Pour cela, projetons les mouvements vibratoires de tous les rayons sur deux axes, l'un parallèle et l'autre perpendiculaire à l'azimut $n\rho$. Sur la droite perpendiculaire à cet azimut nous avons d'abord la vibration entière du rayon

$$a^n \sin\left(\varphi - n\frac{\delta+\gamma}{2}\right);$$

puis il faudra y ajouter un grand nombre d'autres termes qu'on obtiendra en multipliant par un cosinus, c'est-à-dire par un nombre compris entre -1 et $+1$, les vibrations de chacun des rayons des différents groupes. Tous ces rayons ont des phases qui varient de $\frac{\pi}{2}$ quand on passe d'un groupe à l'autre. La somme de leurs projections est évidemment moindre que celle que nous obtiendrons en leur supposant à tous même phase. En outre, comme les cosinus par lesquels il faut multiplier les mouvements vibratoires des rayons d'un même groupe pour les projeter ont des valeurs très-nombreuses comprises indifféremment entre -1 et $+1$, la somme réelle est encore très-petite par rapport à celle qu'on obtiendrait en remplaçant chacun de ces cosinus par l'unité. Comme il y a n rayons d'amplitude $a^{n-1}b$, $\frac{n(n-1)}{1\cdot2}$ rayons d'amplitude égale à $a^{n-2}b^2$, la somme obtenue dans l'hypothèse que nous venons de faire est égale à

$$na^{n-1}b + \frac{n(n-1)}{1\cdot2}a^{n-2}b^2 + \ldots,$$

c'est-à-dire, d'après la formule du binôme, à

$$(a+b)^n - a^n.$$

En résumé, la composante du mouvement vibratoire suivant une direction perpendiculaire à l'azimut $n\rho$ est donc formée de deux termes, dont l'un est égal à

$$a^n \sin\left(\varphi - n\frac{\delta+\gamma}{2}\right),$$

et dont l'autre est très-petit par rapport à la quantité

$$(a+b)^n - a^n.$$

Si donc nous faisons voir d'abord que la quantité $(a+b)^n - a^n$ a une limite finie quand n augmente indéfiniment, et ensuite que la limite de a^n dans la même condition est l'unité, nous aurons démontré que, pour une valeur très-considérable de n, l'intensité du rayon polarisé dans le plan dont l'azimut est np est très-voisine de l'unité, et que, par suite, ce rayon est très-près d'être seul à subsister.

Cherchons d'abord la limite de a^n quand n croît indéfiniment. On a

$$a = \frac{1}{1 + k^2} \sqrt{(1 + k^2)^2 \cos^2 \frac{\delta - \gamma}{2} + 4k^2 \sin^2 \frac{\delta - \gamma}{2}},$$

d'où

$$a^2 = \frac{1}{(1 + k^2)^2} \left[(1 + k^2)^2 \cos^2 \frac{\delta - \gamma}{2} + 4k^2 \sin^2 \frac{\delta - \gamma}{2} \right],$$

et, en remplaçant dans la parenthèse $\cos^2 \frac{\delta - \gamma}{2}$ par $1 - \sin^2 \frac{\delta - \gamma}{2}$,

$$a^2 = 1 - \frac{(1 - k^2)^2}{(1 + k^2)^2} \sin^2 \frac{\delta - \gamma}{2}.$$

D'ailleurs, k étant compris entre zéro et l'unité, on a

$$0 < \frac{(1 - k^2)^2}{(1 + k^2)^2} < 1,$$

et par suite

$$a^2 < 1.$$

Si nous élevons à la puissance n l'expression de a^2, il vient

$$a^{2n} = \left(1 - \frac{(1 - k^2)^2}{(1 + k^2)^2} \sin^2 \frac{\delta - \gamma}{2} \right)^n.$$

Si nous remplaçons le sinus par l'arc, le résultat sera trop petit : donc

$$a^{2n} > \left[1 - \frac{(1 - k^2)^2}{(1 + k^2)^2} \left(\frac{\delta - \gamma}{2} \right)^2 \right]^n.$$

Si nous changeons le signe du second terme de la parenthèse, le résultat sera trop grand; donc

$$a^{2n} < \left[1 + \frac{(1 - k^2)^2}{(1 + k^2)^2} \left(\frac{\delta - \gamma}{2} \right)^2 \right]^n.$$

Nous supposons n très-grand; mais il faut admettre en même temps que la différence de marche totale est une quantité finie; nous pouvons donc poser

$$n\,(\delta - \gamma) = \theta,$$

θ étant une quantité finie. En substituant à $\delta - \gamma$ sa valeur $\dfrac{\theta}{n}$, il vient

$$a^{2n} > \left[\, 1 - \frac{(1-k^2)^2}{(1+k^2)^2}\, \frac{\theta^2}{4n^2} \right]^n,$$

$$a^{2n} < \left[\, 1 + \frac{(1-k^2)^2}{(1+k^2)^2}\, \frac{\theta^2}{4n^2} \right]^n,$$

ou bien, en posant

$$\frac{(1-k^2)^2}{(1+k^2)^2}\, \frac{\theta^2}{4} = h,$$

$$a^{2n} > \left(1 - \frac{h}{n^2}\right)^n,$$

$$a^{2n} < \left(1 + \frac{h}{n^2}\right)^n.$$

Développons ces deux expressions par la formule du binôme, nous aurons un nombre de termes très-grand, mais fini; il vient ainsi

$$a^{2n} > 1 - n\,\frac{h}{n^2} + \frac{n\,(n-1)}{1\cdot 2}\,\frac{h^2}{n^4} - \cdots,$$

$$a^{2n} < 1 + n\,\frac{h}{n^2} + \frac{n\,(n-1)}{1\cdot 2}\,\frac{h^2}{n^4} + \cdots.$$

Si dans la première inégalité on prend tous les termes négativement à partir du second, l'inégalité subsistera *a fortiori* et l'on aura

$$a^{2n} > 1 - n\,\frac{h}{n^2} - \frac{n\,(n-1)}{1\cdot 2}\,\frac{h^2}{n^4} - \cdots,$$

$$a^{2n} < 1 + n\,\frac{h}{n^2} + \frac{n\,(n-1)}{1\cdot 2}\,\frac{h^2}{n^4} + \cdots.$$

Les deux inégalités subsisteront encore si l'on remplace tous les facteurs $\dfrac{n}{1}, \dfrac{n-1}{2}, \dfrac{n-2}{3}$, etc., par le facteur plus grand n, ce qui donne

$$a^{2n} > 1 - n\,\frac{h}{n^2} - n^2\,\frac{h^2}{n^4} - n^3\,\frac{h^3}{n^6} - \cdots,$$

$$a^{2n} < 1 + n\,\frac{h}{n^2} + n^2\,\frac{h^2}{n^4} + n^3\,\frac{h^3}{n^6} + \cdots.$$

ou bien

$$a^{2n} > 1 - \frac{h}{n} - \frac{h^2}{n^2} - \frac{h^3}{n^3} - \cdots,$$

$$a^{2n} < 1 + \frac{h}{n} + \frac{h^2}{n^2} + \frac{h^3}{n^3} + \cdots.$$

Si n augmente indéfiniment, on voit que la série des termes que dans ces deux inégalités on ajoute à l'unité ou que l'on retranche de l'unité a pour valeur

$$\frac{h}{n}\left(1 + \frac{h}{n} + \frac{h^2}{n^2} + \cdots\right) = \frac{h}{n}\,\frac{1}{1 - \dfrac{h}{n}},$$

quantité qui a pour limite zéro lorsque n augmente indéfiniment.

Les deux limites de a^{2n} ont donc pour valeurs l'unité, et par conséquent il en est de même de la limite de a^{2n}, et par suite aussi de la limite de a^n.

Il nous reste à démontrer que la quantité $(a+b)^n - a^n$ a une limite finie quand n augmente indéfiniment. Cette quantité est plus petite que

$$(1+b)^n - a^n,$$

dont la limite est

$$(1+b)^n - 1;$$

or

$$1 + b = 1 + \frac{1 - k^2}{1 + k^2}\sin\frac{\delta - \gamma}{2};$$

la limite cherchée est donc plus petite que

$$\left(1 + \frac{1 - k^2}{1 + k^2}\,\frac{\theta}{2n}\right)^n - 1,$$

ou, en posant

$$\frac{1 - k^2}{1 + k^2}\,\frac{\theta}{2} = g,$$

que

$$\left(1 + \frac{g}{n}\right)^n - 1.$$

Or l'expression $\left(1 + \dfrac{g}{n}\right)^n$ a pour limite e^g quand n augmente indéfiniment. Donc $e^g - 1$ est une limite supérieure de la quantité $(a+b)^n - a^n$, qui par suite reste toujours finie.

Il résulte de ce que nous venons de voir que, si un rayon polarisé rectilignement traverse un système de n plaques minces douées du pouvoir rotatoire, ces plaques étant toutes de même épaisseur, en nombre très-grand, toutes ayant leurs axes de cristallisation inclinés de la même façon par rapport au rayon incident, mais leurs sections principales étant orientées d'une manière quelconque, l'action de ce système sur le rayon se réduit à une rotation du plan de polarisation égale à $n\rho$. Or, d'après la valeur trouvée précédemment pour ρ, on a

$$ n\rho = \frac{2k}{1+k^2}\, n\, \frac{\delta-\gamma}{2} ; $$

la rotation produite par le système des n lames est donc égale au produit de la quantité $\dfrac{2k}{1+k^2}$ par la rotation que donnerait une lame unique douée de la polarisation circulaire et établissant entre les deux rayons la même différence de marche que le système des n lames minces.

Il ne serait probablement pas difficile de vérifier ce résultat par l'expérience, en faisant passer un rayon polarisé à travers un paquet de lames minces de quartz, dont les sections principales seraient orientées dans des plans différents et disposées au hasard.

M. Jamin, comme nous l'avons vu plus haut (291), a calculé les valeurs de $\delta - \gamma$ et de k, pour le cas où un rayon polarisé traverse une lame de quartz perpendiculaire à l'axe, inclinée d'un angle variable sur la direction du rayon incident. A l'aide des nombres qu'il a trouvés et de la formule que nous venons d'établir pour le cas où le rayon traverse un grand nombre de lames minces de même épaisseur et également inclinées sur la direction du rayon, nous pouvons calculer la rotation que subit, dans ce cas, le plan de polarisation. Cette rotation est en effet égale à $n\rho$, c'est-à-dire à

$$ \frac{2k}{1-k^2}\, n\, \frac{\delta-\gamma}{2} . $$

Les résultats qu'on obtient ainsi par le calcul de $n\rho$ montrent que la rotation du plan de polarisation produite par le système des lames est à peu près égale à celle que donnerait une lame de quartz perpendiculaire à l'axe, ayant la même épaisseur que le système des lames minces. Cette conclusion était tout à fait inattendue, car on était habitué à regarder le pouvoir rotatoire comme disparaissant rapidement à une petite distance de l'axe. Or, l'affaiblissement que subit le pouvoir rotatoire du sulfate de strychnine lorsqu'on le met en dissolution pouvait s'expliquer à l'aide de cette hypothèse de la disparition rapide du pouvoir rotatoire lorsqu'on s'éloigne de l'axe. Comme cette hypothèse est reconnue inexacte pour le quartz, il en résulte que l'observation de M. Descloiseaux présente une difficulté dont on n'a pas encore de solution.

La méthode de la superposition des lames permettrait de suivre le pouvoir rotatoire jusqu'à une distance de l'axe à laquelle le procédé de M. Jamin n'est plus applicable, et de déterminer sa valeur pour chacune des valeurs de l'angle θ que fait l'axe de cristallisation des lames avec le rayon incident, ou, ce qui revient au même, avec la normale à la surface de ces lames. Connaissant ensuite le pouvoir rotatoire en fonction de l'angle θ, on pourrait en déduire le pouvoir rotatoire des dissolutions.

En effet, quand un cristal se dissout, on peut admettre qu'il se divise en un nombre très-grand de lamelles orientées à peu près indifféremment dans toutes les directions, et il est facile de calculer le nombre relatif de lames dont la normale fait un angle θ avec l'axe de cristallisation. Pour cela, menons par un point quelconque O une parallèle OA à l'axe de cristallisation, et, de ce point O comme centre, décrivons une sphère avec un rayon égal à l'unité. Comme nous avons supposé les chances égales dans toutes les directions, chacun des rayons de cette sphère sera perpendiculaire à un même nombre de lames, ou, en d'autres termes, deux éléments égaux de la surface sphérique seront parallèles à un même nombre de lames cristallines. Le nombre de ces lames dont les normales font avec l'axe des angles compris entre θ et $\theta + d\theta$ est donc proportionnel à la surface d'une zone sphérique qui a pour expression $2\pi \sin\theta\, d\theta$.

Soit maintenant $\varphi\,(\theta)$ la valeur de la rotation pour l'angle θ : l'intégrale $\int_{0}^{\frac{\pi}{2}} \varphi\,(\theta) \sin\theta\, d\theta$ donnera la rotation produite par l'ensemble des lames, c'est-à-dire la rotation produite par la dissolution.

On voit que, si le pouvoir rotatoire est le même dans toutes les directions, $\varphi(\theta)$ est une constante c et l'intégrale se réduit à

$$c \int_0^{\frac{\pi}{2}} \sin\theta \, d\theta = c.$$

Dans ce cas particulier, la dissolution aura donc le même pouvoir rotatoire que le cristal lui-même dans la direction de l'axe.

BIBLIOGRAPHIE.

PHÉNOMÈNES GÉNÉRAUX DE LA POLARISATION ROTATOIRE.

1811. ARAGO, Sur une modification remarquable qu'éprouvent les rayons lumineux dans leur passage à travers certains corps diaphanes, *Mém. de la prem. classe de l'Inst.*, XII, 93. — *OEuvres complètes*, X, 36.

1812. ARAGO, Mémoire sur plusieurs nouveaux phénomènes d'optique, *OEuvres complètes*, X, 35.

1813. BIOT, Mémoire sur un nouveau genre d'oscillations que les molécules de la lumière éprouvent en traversant certains cristaux, *Mém. de la prem. classe de l'Inst.*, XIII, 218.

1815. BIOT, Découverte de la polarisation rotatoire dans les liquides, *Bullet. de la Soc. Philomath.*, décembre 1815, 190.

1815. BIOT, Comparaison du sucre et de la gomme arabique dans leur action sur la lumière polarisée, *Bull. de la Soc. Philomath.*, 1816. — *Ann. de chim. et de phys.*, (2), IV, 90.

1818. BIOT, Mémoire sur les rotations que certaines substances impriment aux axes de polarisation des rayons lumineux, *Mém. de l'Acad. des sc.*, II, 41.

1818. FRESNEL, Mémoire sur les couleurs développées dans des fluides homogènes par la lumière polarisée, *Mém. de l'Acad. des sc.*, XX, 163. — *OEuvres complètes*, I, 655. — *Ann. de chim. et de phys.*, (3), XVII, 172.

1821. W. HERSCHELL, On the Rotations Imprimed by Plates of Rock Crystal on the Planes of Polarisation of the Rays of Light as Connected with Certain Particularities in its Crystallization, *Cambr. Trans.*, I, 43.

1821. BREWSTER, On Circular Polarization as Exhibited in the Optical Structure of the Amethyst, *Edinb. Trans.*, IX, 139.

1822. Fresnel, Mémoire sur la double réfraction que les rayons lumineux éprouvent en traversant les aiguilles de cristal de roche suivant des directions parallèles à l'axe, *Ann. de chim. et de phys.*, (2), XXVIII, 147. — *OEuvres complètes*, I, 731.

1831. Airy, On the Nature of the two Rays Produced by the Double Refraction of Quartz, *Cambr. Trans.*, IV, part I, 79, 198.

1832. Biot, Mémoire sur la polarisation circulaire et ses applications à la chimie organique, *Mém. de l'Acad. des sc.*, XIII, 39.

1833. Biot, Sur un caractère optique à l'aide duquel on reconnaît immédiatement les sucs végétaux qui peuvent donner un sucre analogue au sucre de canne de ceux qui ne peuvent donner que du sucre analogue au sucre de raisin, *Ann. de chim. et de phys.*, (2), LII, 58.

1835. Biot, Sur le pouvoir rotatoire des acides tartrovinique et tartrométhylique, *C. R.*, II, 616.

1835. Biot, Mémoire sur les propriétés moléculaires de l'acide tartrique, *C. R.*, I, 457. — *Inst.*, III, 396.

1835. Biot, Sur une relation très-simple qui existe, dans les dissolutions d'acide tartrique, entre leurs proportions constituantes et leur densité, *C. R.*, I, 349, 365. — *Inst.*, III, 372.

1836. Biot, Méthodes mathématiques pour discerner les mélanges et les combinaisons chimiques définies ou non définies qui agissent sur la lumière, *Mém. de l'Acad. des sc.*, XV, 93. — *C. R.*, I, 66, 177, 457.

1836. Biot, Examen comparatif du sucre de canne et du sucre de betterave soumis aux expériences de la polarisation circulaire, *C. R.*, II, 384.

1837. Biot, Sur le pouvoir rotatoire de l'acide tartrique et de ses combinaisons, *C. R.*, V, 668, 767, 856. — *Inst.*, V, 390.

1837. Biot, Mémoire sur plusieurs points fondamentaux de mécanique chimique, *Mém. de l'Acad. des sc.*, XVI, 229.

1837. Babinet, Mémoire sur la double réfraction circulaire, *C. R.*, IV, 900. — *Inst.*, V, 249.

1837. Biot, Sur le pouvoir rotatoire de l'acide tartrique et de ses combinaisons, *C. R.*, V, 668, 767, 856. — *Inst.*, V, 390.

1837. Biot, Observations sur la différence physique qui existe entre l'amidon et la dextrine, *C. R.*, V, 905. — *Inst.*, VI, 26, 33.

1838. Biot, Sur l'emploi de la lumière polarisée pour manifester les différences des combinaisons isomériques, *C. R.*, VI, 663. — *Ann. de chim. et de phys.*, (2), LXIX, 22.

1838. Biot, Propriétés optiques des combinaisons ternaires formées par l'acide tartrique, l'eau et les terres, *C. R.*, VI, 153.

1839. Biot, Sur la cause physique qui produit le pouvoir rotatoire dans le quartz cristallisé, *C. R.*, VIII, 683. — *Inst.*, VII, 453.

1839. Babinet, Sur une propriété optique de la poussière de cristal de roche, *C. R.*, VIII, 762.

1839. Deville, Sur le pouvoir rotatoire du produit résultant de l'action du chlore sur l'essence de térébenthine, *C. R.*, IX, 823. — *Inst.*, VII, 453.

1839. Biot, Sur l'importance de l'étude de certains produits chimiques à l'aide des méthodes optiques, *C. R.*, IX, 824.

1840. Biot, Expériences sur le pouvoir rotatoire du camphre liquide de Bornéo, *C. R.*, IX, 824.

1840. Biot, Sur la construction et l'usage des appareils destinés à éprouver le pouvoir rotatoire des liquides, *C. R.*, XI, 413. — *Ann. de chim. et de phys.*, (2), LXXV. — *Inst.*, VIII, 301.

1840. Biot, Mémoire sur la chimie atomique, *C. R.*, XI, 603, 620. — *Inst.*, VIII, 66, 365.

1842. Biot, Sur un point de l'histoire de l'optique relatif aux phénomènes de polarisation, *C. R.*, XV, 962. — *Ann. de chim. et de phys.*, (3), LIX, 326.

1842. Biot, Sur l'emploi des propriétés optiques pour l'analyse quantitative des solutions qui contiennent des substances douées du pouvoir rotatoire, *C. R.*, XV, 619. — *Inst.*, X, 357.

1842. Powell, Appareil simplifié pour appliquer la polarisation circulaire aux recherches chimiques, *12th Rep. of Brit. Assoc.* — *Inst.*, X, 410.

1843. Biot, Sur l'identité des modifications imprimées par les corps fluides à la lumière polarisée dans l'état de repos ou de mouvement, *C. R.*, XVII, 1209.

1843. Biot, Indications fournies par les phénomènes de la polarisation circulaire et parti qu'on en peut tirer relativement à la composition de certaines solutions, *C. R.*, XVII, 519, 685.

1843. Earnshaw, Sur une nouvelle expérience d'optique, *Phil. Mag.*, (3), XXII, 92.

1843. Baden-Powell, Expérience de polarisation rotatoire montrant qu'un rayon polarisé circulairement et se réfléchissant sous l'incidence normale se polarise circulairement en sens contraire, *Phil. Mag.*, (3), XXII, 262.

1843. Biot, Sur le pouvoir rotatoire d'une matière sucrée recueillie sur les feuilles du tilleul, *Ann. de chim. et de phys.*, (3), VII, 351.

1843. Bouchardat, Sur les propriétés optiques des alcalis végétaux (suivi d'une note de Biot), *Ann. de chim. et de phys.*, (3), IX, 213.

1843. Baden-Powell, An Apparatus for the Circular Polarization of Light in Liquids, *Phil. Mag.*, (3), XXII, 241.

1843. Biot, Sur l'application des propriétés optiques à l'analyse quantitative des mélanges dans lesquels le sucre de canne cristallisé est associé à des sucres incristallisables, *C. R.*, XVI, 619.

1843. CLERGET, Sur un procédé expéditif pour obtenir à l'aide de la polarisation de la lumière l'analyse quantitative et qualitative des solutions sucrées, *C. R.,* XVI, 1000.

1844. BOUCHARDAT, Sur les propriétés optiques de la salicine et de la phloridzine, *C. R.,* XVIII, 298.

1844. BOUCHARDAT, Sur les propriétés optiques de l'amygdaline, de l'acide amygdalique et des produits résultant de l'action des bases sur la salicine, *C. R.,* XIX, 1174. — *Inst.,* XI, 398.

1844. BIOT, Sur l'emploi de la lumière polarisée pour étudier diverses questions de mécanique chimique, *Ann. de chim. et de phys.,* (3), X, 5, 175, 307, 385; XI, 82.

1845. BIOT, Sur les phénomènes optiques opérés dans le cristal de roche, *C. R.,* XXI, 643.

1845. BIOT, Sur les propriétés optiques des appareils à deux rotations, *C. R.,* XXI, 453.

1845. SOLEIL, Nouvel appareil propre à la mesure des déviations dans les expériences de polarisation rotatoire (Observations de Biot et d'Arago sur cet instrument), *C. R.,* XXI, 426.

1845. BIOT, Sur les propriétés optiques de l'essence de térébenthine, *C. R.,* XXI, 1.

1845. BIOT, Sur une modification de l'appareil de polarisation employé en Allemagne pour des usages pratiques (appareil de Mitscherlich), *C. R.,* XXI, 539. — *Inst.,* X, 317.

1845. BIOT, *Instructions pratiques sur l'observation et la mesure des propriétés qu'on appelle rotatoires,* Paris.

1845. SOLEIL, Note sur un moyen de faciliter les expériences de polarisation rotatoire et présentation d'un appareil imaginé dans ce dessein, *C. R.,* XX, 1805. — *Inst.,* XIII, 214.

1845. BIOT, Sur les moyens d'observation qu'on peut employer dans la mesure des pouvoirs rotatoires, *C. R.,* XX, 1747.—*Inst.,* XIII, 224.

1845. BIOT, Observations sur la note de M. Soleil, *C. R.,* XX, 1811. — *Inst.,* XIII, 237.

1845. SOLEIL, Notes sur la structure et le pouvoir rotatoire du quartz cristallisé, *C. R.,* XX, 435.

1845. BIOT, Remarques à l'occasion d'une communication de M. Ebelmen sur une production de silice diaphane, *C. R.,* XXI, 503.

1846. BROCH, Détermination du pouvoir rotatoire moléculaire du quartz par une méthode applicable à tous les phénomènes chromatiques, *Ann. de chim. et de phys.,* (3), XXXIV, 119. — *Répert. de phys.,* VII, 113.

1846. BIOT, Sur la manière de faire des mélanges liquides exerçant un pouvoir rotatoire d'intensité désignée, *Ann. de chim. et de phys.,* (3), XVIII, 81.

1846.   Clerget, Note relative au moyen de simplifier l'analyse des sucres et des liqueurs sucrées par l'action de ces substances sur la lumière polarisée, *C. R.*, XXII, 1138.

1846.   Clerget, Analyse des sucres, *C. R.*, XXIII, 256. — *Inst.*, XIV, 262. — *Bullet. de la Soc. d'encourag.*, octobre 1846.

1846.   Dubrunfaut, Note sur quelques phénomènes rotatoires et quelques propriétés des sucres, *C. R.*, XXIII, 38. — *Ann. de chim. et de phys.*, (3), XVIII, 99.

1846.   Biot, Sur les phénomènes rotatoires opérés par le cristal de roche, *C. R.*, XXII, 92.

1847.   Soleil, Sur un perfectionnement apporté au pointage du saccharimètre, *C. R.*, XXIV, 973.

1847.   Laurent, Action des alcalis chlorés sur la lumière polarisée, *C. R.*, XXIV, 219.

1847.   Bouchardat, Des propriétés optiques de l'inuline, *C. R.*, XXV, 274.

1847.   Dubrunfaut, Note sur le glucose, *Ann. de chim. et de phys.*, (3), XXI, 178.

1848.   Babinet, Rapport sur le saccharimètre de M. Soleil, *C. R.*, XXVI, 169. — *Inst.*, XVI, 45, 55.

1848.   Babinet, Rapport sur les recherches saccharimétriques de M. Clerget, *C. R.*, XXVI, 240.

1848.   Botzenhart, Ueber Vergrösserung der durch Flüssigkeiten bewirkten Drehung der Polarisationsebene, *Berichte der Freunde der Naturwissensch. in Wien*, II, 173.

1848.   Lespiau, Dosage du sucre dans l'urine des diabétiques par le saccharimètre de M. Soleil, *C. R.*, XXVI, 305.

1848.   Biot, Sur l'importance de l'examen optique des urines pour reconnaître à temps l'existence d'une affection diabétique, *C. R.*, XXVII, 617.

1849.   Clerget, Analyse des substances saccharifères au moyen des propriétés optiques de leurs dissolutions et évaluation de leur rendement industriel, *Ann. de chim. et de phys.*, (3), XXVI, 175. — *Inst.*, XVII, 66.

1849.   Bouchardat, Sur les propriétés optiques de l'acide camphorique, *C. R.*, XXVIII, 319. — *Inst.*, XVII, 73.

1849.   Becquerel, Recherches sur le pouvoir rotatoire moléculaire de l'albumine du sang et des liquides organiques, *C. R.*, XXIX, 625.

1849.   Biot, Sur la manifestation du pouvoir rotatoire moléculaire dans les corps solides, *C. R.*, XXIX, 681. — *Ann. de chim. et de phys.*, (3), XXVIII, 215, 351. — *Inst.*, XVII, 393.

1850.   Biot, Recherches expérimentales ayant pour but de savoir si l'eau, près de son maximum de densité ou près de son point de congé-

lation, mais encore liquide, exerce quelque action sur la lumière
polarisée, *C. R.,* XXX, 281.

1850.   DULONG et SOLEIL, Note sur un nouveau compensateur pour le saccharimètre, *C. R.,* XXXI, 248.

1850.   BIOT, Détermination générale des lois de variation du pouvoir rotatoire dans les systèmes liquides où un corps doué de ce pouvoir
se trouve en présence d'un ou de deux corps inactifs qui se combinent avec lui sans le décomposer, *C. R.,* XXXI, 101. — *Ann.
de chim. et de phys.,* (3), XXIX, 35, 341.

1850.   SALM-HERTZMAR, Ueber das Verhalten einiger Krystalle gegen polarisirtes Licht, *Pogg. Ann.,* LXXXIV, 515.

1850.   FREMY, Nouvelles observations sur les transformations que la chaleur
fait éprouver aux acides tartrique et paratartrique, *C. R.,* XXXI,
200.

1850.   WILHELMY, Ueber das Gesetz nach welchem die Einwirkung der
Säuren auf den Rohrzucker Statt findet, *Pogg. Ann.,* LXXXI,
413, 499.

1850.   WILHELMY, Ueber das molekulare Drehungsvermögen der Substanzen,
Pogg. Ann., LXXXI, 527.

1851.   CLERGET, Nouvelles observations sur le saccharomètre optique, *C. R.,*
XXXIII, 32.

1851.   MITSCHERLICH, Anleitung zum Gebrauch des Polarisationsapparats
für zuckerhaltige Flüssigkeiten, *Chemisches Centralblatt,* 1851,
p. 881.

1851.   BIOT, Remarques à l'occasion d'une note de M. Fremy, *C. R.,*
XXXII, 3.

1852.   BIOT, Expériences ayant pour but d'établir que les substances douées
de pouvoir rotatoire, lorsqu'elles sont en dissolution dans des
milieux inactifs qui ne les attaquent pas chimiquement, contractent avec eux une combinaison passagère sans proportions fixes,
C. R., XXXV, 233. — *Ann. de chim. et de phys.,* (3), XXXVI,
257.

1852.   BIOT, Sur l'application de la théorie de l'achromatisme à la compensation des mouvements angulaires que le pouvoir rotatoire imprime aux plans de polarisation des rayons lumineux d'inégale
réfrangibilité, *C. R.,* XXXV, 613. — *Ann. de chim. et de phys.,*
(3), XXXVI, 405. — *Inst.,* XX, 349, 361.

1852.   PELOUZE, Sur le pouvoir rotatoire de la sorbine, *Ann. de chim. et de
phys.,* (3), XXXV, 229. — *C. R.,* XXXIV, 377. — *Inst.,* XX, 81.

1852.   BIOT, Remarques sur la communication de M. Piria. Recherches sur
la populine, *C. R.,* XXXIV, 149. — *Inst.,* XX, 33.

1852.   BIOT et PASTEUR, Observations optiques sur la populine et la salicine
artificielles, *C. R.,* XXXIV, 66. — *Inst.,* XX, 129.

1852. BILLET, Sur les franges d'interférence qu'on peut obtenir par le concours des rayons polarisés circulairement, *Mém. de l'Acad. de Dijon.*

1853. A. LOËR, Sur le pouvoir rotatoire de l'acide camphométhylique, *Ann. de chim. et de phys.*, (3), XXXVIII, 483.

1853. BOUCHARDAT et BOUDET, Sur le pouvoir rotatoire de la quinidine, de la codéine, de la papavérine et de la picrotoxine, *Journ. de Pharm.*, avril 1853.

1853. BERTHELOT, Action de la chaleur sur l'essence de térébenthine, *Ann. de chim. et de phys.*, (3), XXXIX, 5; XL, 5. — *C. R.*, XXXVI, 425. — *Inst.*, XXI, 82.

1853. DOYÈRE et POGGIALE, Note sur la présence, dans le lait, d'un principe albuminoïde déviant à gauche la lumière polarisée, *C. R.*, XXVI, 430. — *Cosmos*, II, 391.

1855. H. SOLEIL, *Note sur un moyen de reconnaître si les faces parallèles entre elles d'une plaque de cristal de roche sont parallèles à l'axe du cristal ou inclinées sur cet axe*, Paris.

1855. BÉCHAMP, Note sur l'influence que l'eau pure et certaines dissolutions salines exercent sur le sucre de canne, *C. R.*, XL, 436. — *Inst.*, XXIII, 90.

1855. PASTEUR, Mémoire sur l'alcool amylique, *C. R.*, XLI, 296. — *Inst.*, XXIII, 294.

1855. BERTHELOT, Sur quelques matières sucrées, mélitose, eucalyne, pinite, *C. R.*, XLI, 292. — *Ann. de chim. et de phys.*, (3), XLVI, 66. — *Inst.*, XXIII, 306, 313.

1855. GUÉRARD, Étalement des couleurs de la polarisation rotatoire, *Cosmos*, VI, 454.

1855. LESTING, Ueber die Zuckerbestimmung im diabetischen Harn auf optischem Wege, *Liebig's Annal.*, XCVI, 93.

1855. RAMMELSBERG, Beiträge zur näheren Kenntniss der rechten und linken Doppelsalze und der Traubensäure, *Pogg. Ann.*, XCVI, 28.

1856. DUBRUNFAUT, Sur la variation du pouvoir rotatoire du sucre de lait, *C. R.*, XLII, 228. — *Inst.*, XXIV, 61.

1856. PASTEUR, Note sur le pouvoir rotatoire du sucre de lait, *C. R.*, XLII, 347. — *Inst.*, XXIV, 91.

1856. BÉCHAMP, Sur la variation du pouvoir rotatoire du sucre de fécule, *C. R.*, XLII, 640, 896. — *Inst.*, XXIV, 161.

1856. DUBRUNFAUT, Sur la rotation variable du glucose mamelonné de raisin, *C. R.*, XLII, 739. — *Inst.*, XXIV, 161.

1856. DUBRUNFAUT, Sur le pouvoir rotatoire du sucre interverti, *C. R.*, XLII, 901. — *Inst.*, XXIV, 260.

1856. E. ROBIQUET, Note sur le diabétomètre, *C. R.*, XLIII, 920. — *Inst.*, XXIV, 393.

1856.   E. Robiquet, *Instructions sur l'usage du diabétomètre*, Paris.

1856.   Béchamp, Mémoire sur les produits de la transformation de la fécule et du ligneux sous l'influence des alcalis, du chlorure de zinc et des acides, *Ann. de chim. et de phys.*, (3), XLVIII, 458.

1856.   De Senarmont, Note sur un moyen expérimental proposé par M. H. Soleil pour reconnaître si une plaque de cristal de roche est parallèle ou inclinée à l'axe, *Ann. de chim. et de phys.*, (3), XLVI, 89.

1856.   Dubrunfaut, Note sur l'acide tartrique, *C. R.*, XLII, 112. — *Inst.*, XXIV, 52.

1856.   Biot, Note sur l'emploi du mot *glucose*, *C, R.*, XLII, 351. — *Inst.*, XXIV, 92.

1856.   Dubrunfaut, Note sur l'inuline, *C. R.*, XLII, 803.

1856.   J. Jeanjean, Sur l'huile essentielle contenue dans l'alcool de garance, *C. R.*, XLII, 857. — *Inst.*, XXIV, 176.

1856.   Biot, Remarques à l'occasion de cette communication, *C. R.*, XLII, 859. — *Inst.*, XXIV, 176.

1856.   J. Jeanjean, Note sur le camphre de Bornéo retiré de l'alcool de garance, *C. R.*, XLIII, 103. — *Inst.*, XXIV, 260.

1856.   Pohl, Ueber die Verwendbarkeit des Mitscherlich'schen Polarisations-saccharometer zu chemisch technischen Proben, *Wien. Ber.*, XXI, 492.

1857.   Descloiseaux, Observations sur le pouvoir rotatoire des cristaux et des dissolutions de sulfate de strychine, *C. R.*, XLIV, 909. — *Ann. de chim. et de phys.*, (3), LI, 364. — *Inst.*, XXV, 149.

1857.   Mitscherlich, Ueber die Mykose, den Zucker des Mutterkorns, *Berl. Monatsber.*, 1857, p. 469. — *Ann. de chim. et de phys.*, (3), LIII, 232. — *Inst.*, XXVI, 112.

1857.   A. Würtz, Note sur l'acide caproïque. *Ann. de chim. et de phys.*, (3), LI, 358.

1858.   Brewster, On the Use of Amethyst Plates in Experiments on the Polarization of Light, 28th *Rep. of Brit. Assoc.*, 13. — *Inst.*, XXVI, 362.

1858.   Arndtsen, Note sur le pouvoir rotatoire de divers liquides (mesuré par le procédé de Fizeau et Foucault), *C. R.*, XLVII, 738. — *Ann. de chim. et de phys.*, (3), LIV, 403.

1858.   Berthelot, Sur le pouvoir rotatoire du camphre de Bornéo, *Ann. de chim. et de phys.*, (3), LVI, 84.

1858.   Berthelot, Sur la tréholose, nouvelle espèce de sucre, *C. R.*, XLVI, 1276.

1858.   Berthelot, Sur la mélézitose, nouvelle espèce de sucre, *C. R.*, XLVII, 224.

1859.   Descloiseaux, Étude du camphre ordinaire, *C. R.*, XLVII, 1064. — *Ann. de chim. et de phys.*, (3), LVI, 219.

1860. Biot, Introduction aux recherches de mécanique chimique dans lesquelles la lumière polarisée est employée auxiliairement comme réactif, *Ann. de chim. et de phys.*, (3), LIX, 206.

1860. H. W. Dove, Eine Bemerkung über Flüssigkeiten welche die Polarisationsebene des Lichts drehen, *Berl. Monatsber.*, 1860, p. 292. — *Pogg. Ann.*, CX, 290.

1860. C. Stammer, Ueber den Einfluss des Kalkgehalts in Zuckerlösungen auf deren specifisches Gewicht und Polarisation, *Dingler's Journ.*, CLVI, 40.

1860. Biot, Appendice sur un point de l'histoire de l'optique relatif aux phénomènes de la polarisation rotatoire, *Ann. de chim. et de phys.*, (3), LIX, 326.

1860. Luboldt, Drehungsvermögen flüchtiger Oele zusammengestellt nach den natürlichen Familien der Stammpflanzen, *Erdmann's Journ.*, LXXIX, 352.

1861. Buignet, Sur le pouvoir rotatoire de plusieurs substances employées en médecine, *C. R.*, LII, 1082. — *Journ. de Pharm.*, (3), XL, 252.

1861. H. Soleil, Note sur les déviations des plans de polarisation des couleurs résultantes dans une lame de quartz perpendiculaire à l'axe et traversée par la lumière blanche, *C. R.*, LIII, 640.

1861. Buignet, Recherches sur la matière sucrée contenue dans les fruits acides, *Ann. de chim. et de phys.*, (3), LXI, 233.

1861. F. Mahla, A Note of the Power of Polarisation of American Oil of Turpentine, *Silliman's Journ.*, XXXII, 107.

1862. Béchamp, Mémoire sur la xyloïdine et sur de nouveaux dérivés nitriques de la fécule, *Ann. de chim. et de phys.*, (3), LXIV, 311.

1862. L. Corvisart, Observations sur le suc gastrique, les peptones, et leur action sur la lumière polarisée, *C. R.*, LV, 62.

1863. D. Jellett, On a New Optical Saccharometer, *Proceed. of Ir. Acad.*, VIII, 279.

1863. F. Hoppe, Ueber die Circumpolarisationsverhältnisse der Gallensäure und ihre Zersetzungsproducte, *Erdmann's Journ.*, LXXXIX, 257.

1864. Jodin, Sur les modifications du pouvoir rotatoire des sucres produites par des substances inactives, *C. R.*, LVIII, 613. — *Inst.*, XXXII, 114.

1864. Wild, Ueber ein neues Saccharometer, *Pogg. Ann.*, CXXII, 626. — *Ann. de chim. et de phys.*, (4), III, 501.

1864. Gernez, Sur le pouvoir rotatoire des liquides actifs et de leurs vapeurs, *C. R.*, LVIII, 1108. — *Ann. de l'Éc. Norm.*, I, 1.

1864. De Vry et Alluard, Du pouvoir rotatoire de la quinine, *C. R.*, XIX, 201.

1865. Stephan, Ueber die Farbenzerstreuung durch Drehung der Polarisationsebene in Zuckerlösungen, *Pogg. Ann.*, CXXVI, 658.

1866. P. Desains, Recherches sur l'action rotatoire que le quartz exerce sur le plan de polarisation des rayons les moins réfrangibles, *C. R.*, LXII, 1277.

RELATIONS ENTRE LE POUVOIR ROTATOIRE ET LA FORME CRISTALLINE.

1821. W. Herschell, On the Rotation Impressed by Plates of Rock Crystal on the Planes of Polarization of the Rays of Light as Connected with Certain Peculiarities in its Crystallization, *Cambr. Trans.*, I, 43.

1821. Brewster, On Circular Polarization as Exhibited in the Optical Structure of the Amethyst, *Edinb. Trans.*, IX, 139.

1837. Dove, Ueber die Zusammensetzung der optischen Eigenschaften der Bergkrystalle mit ihren äusseren krystallographischen Kennzeichen, *Pogg. Ann.*, XL, 607. — *Inst.*, VI, 58.

1837. Delafosse, Mémoire sur la cristallisation, *Mém. des Sav. étrang.*, VIII.

1837. Delafosse, *Traité de Minéralogie*, p. 140, 151, 414.

1848. Pasteur, Sur la relation qui peut exister entre la forme cristalline et la composition chimique, et sur la cause de la polarisation rotatoire, *C. R.*, XXVI, 535; XXVIII, 477. — *Inst.*, XVII, 124.

1848. Biot, Rapport sur le mémoire précédent, *C. R.*, XXVII, 401.

1848. Pasteur, Recherches sur les relations qui peuvent exister entre la forme cristalline, la composition chimique et le sens de la polarisation rotatoire, *Ann. de chim. et de phys.*, (3), XXIV, 442.

1849. Pasteur, Recherches sur les propriétés spécifiques des deux acides qui composent l'acide racémique, *C. R.*, XXIX, 133. — *Ann. de chim. et de phys.*, (3), XXVIII, 56. — *Inst.*, XVII, 298.

1849. Biot, Rapport sur le mémoire précédent, *C. R.*, XXIX, 133. — *Ann. de chim. et de phys.*, (3), XXVIII, 99. — *Inst.*, XVIII, 337.

1850. Pasteur, Nouvelles recherches sur les relations qui peuvent exister entre la forme cristalline, la composition chimique et le phénomène de la polarisation rotatoire, *C. R.*, XXXI, 480. — *Ann. de chim. et de phys.*, (3), XXI, 67.

1850. Biot, Rapport sur le mémoire précédent, *C. R.*, XXXI, 601. — *Ann. de chim. et de phys.*, (3), XXVIII, 99. — *Mém. de l'Acad. des sc.*, XXIII, 67.

1851. Pasteur, Sur les acides aspartique et malique, *C. R.*, XXXIII, 217. — *Ann. de chim. et de phys.*, (3), XXXIV, 30.

1851. Biot, Rapport sur le mémoire précédent, *C. R.*, XXXIII, 549. — *Mém. de l'Acad. des sc.*, XXIII, 539.

1851.   Maskeline, On the Connexion of Chemical Forces with the Polarization of Light, *Phil. Mag.*, (4), I, 428.

1852.   Pasteur, Nouvelles recherches sur les relations qui peuvent exister entre la forme cristalline, la composition chimique et le pouvoir rotatoire moléculaire, *C. R.*, XXXV, 176. — *Ann. de chim. et de phys.*, (3), XXXVIII, 437.

1853.   De Senarmont, Rapport sur le mémoire précédent, *C. R.*, XXXVI, 757. — *Mém. de l'Acad. des sc.*, XXIV, 215.

1853.   Pasteur, Transformation des acides tartriques en acide racémique. Découverte de l'acide tartrique inactif. Nouvelle méthode de séparation de l'acide racémique en acides tartriques droit et gauche, *C. R.*, XXVII, 162. — *Inst.*, XXI, 257.

1853.   Pasteur, Sur le pouvoir rotatoire de la quinidine, *C. R.*, XXXVI, 26. — *Inst.*, XXI, 3.

1853.   Chautard, Sur l'acide camphorique gauche et le camphre gauche, *C. R.*, XXVII, 166. — *Inst.*, XXI, 258.

1853.   Ketzner, Nouveaux faits relatifs à l'histoire de l'acide racémique, *C. R.*, XXXVI, 17. — *Inst.*, XXI, 17.

1853.   Pasteur, Notice sur l'origine de l'acide racémique, *C. R.*, XXXVI, 19. — *Inst.*, XXI, 2.

1853.   Pasteur, Recherches sur les alcaloïdes des quinquinas, *C. R.*, XXXVII, 110. — *Inst.*, XXI, 249.

1854.   Pasteur, Sur le dimorphisme dans les substances actives. Tétartoédrie, *C. R.*, XXXIX, 20. — *Ann. de chim. et de phys.*, (3), XLII, 418.

1854.   Marbach, Die circulare Polarisation des Lichts durch chlorsaures Natron, *Pogg. Ann.*, XCI, 428. — *Ann. de chim. et de phys.*, (3), XLIII, 252. — *Inst.*, XXII, 233.

1855.   Marbach, Découverte de l'existence du pouvoir rotatoire dans plusieurs corps cristallisés du système cubique qui l'exercent en sens divers avec une égale intensité dans toutes les directions sans le posséder moléculairement (avec additions par Biot), *C. R.*, XL, 793. — *Ann. de chim. et de phys.*, (3), XLIV, 41.

1855.   Marbach, Ueber die Enantiomorphie und die optischen Eigenschaften von Krystallen des Tesseralsystems, *Pogg. Ann.*, XCIX, 451.

1855.   Descloiseaux, Recherches physiques et cristallographiques sur le quartz, *C. R.*, XL, 1019, 1132. — *Ann. de chim. et de phys.*, (3), XLV, 129. — *Inst.*, XXIII, 161, 182.

1855.   De Senarmont, Rapport sur le mémoire précédent, *C. R.*, XL, 1132.

1855.   Descloiseaux, Mémoire sur la cristallisation du quartz, *Mém. des Sav. étrang.*, XV, 404.

1856.   Pasteur, Isomorphisme entre des corps isomères, les uns actifs, les

autres inactifs, avec la lumière polarisée, *C. R.*, XLII, 1259.
— *Inst.*, XXIV, 243.

1856. Biot, Note sur un nouveau fait de formation cristalline découvert par M. Marbach, *C. R.*, XLIII, 705, 800. — *Inst.*, XXIV, 357.

1857. Pasteur, Études sur le mode d'accroissement des cristaux et sur les causes de variation de leurs formes secondaires, *C. R.*, XLIII, 795. — *Ann. de chim. et de phys.*, (3), XLIX, 5.

1857. Pasteur, Note sur la tétartoédrie non superposable, *Ann. de chim. et de phys.*, (3), L, 178.

1857. Descloiseaux, Note sur l'existence de la polarisation rotatoire dans le cinabre, *C. R.*, XLIV, 870. — *Ann. de chim. et de phys.*, (3), LI, 361. — *Inst.*, XXV, 145.

1857. Descloiseaux, Observations sur le pouvoir rotatoire des cristaux et des dissolutions de sulfate de strychnine, *C. R.*, XLIV, 909. — *Ann. de chim. et de phys.*, (3), LI, 364. — *Inst.*, XXV, 149.

1858. Pasteur, Mémoire sur la fermentation de l'acide tartrique, *C. R.*, XLVI, 615.

1859. Biot, Note sur la formation artificielle de l'acide tartrique, *C. R.*, XLIX, 377.

1859. Bohn, Sur les propriétés optiques de l'acide tartrique artificiel, *C. R.*, XLIX, 897. — *Liebig's Ann.*, CXIII, 19.

1860. Carlet, Production de l'acide racémique artificiel, *C. R.*, LI, 137.

1860. Pasteur, Note relative à l'action des spores de *Penicillum glaucum* sur une dissolution de paratartrate d'ammoniaque (ils décomposent l'acide droit en laissant intact l'acide gauche), *C. R.*, LI, 298.

1860. Pasteur, *Leçons sur la dissymétrie moléculaire, professées à la Société chimique de Paris*, Paris.

1861. Pasteur, Sur la transformation de l'acide succinique en acide tartrique, *Ann. de chim. et de phys.*, (3), LXI, 484.

1863. Descloiseaux, Relations entre les phénomènes de la polarisation rotatoire et les formes hémièdres ou hémimorphes des cristaux à un ou à deux axes, *32th Rep. of Brit. Assoc.*, part II, p. 19.

1863. Chautard, Sur les acides camphoriques inactifs, *C. R.*, LVI, 698.

1866. Gernez, Sur la séparation des tartrates gauches et des tartrates droits à l'aide des dissolutions sursaturées, *C. R.*, LIII, 843.

ESSAIS DE THÉORIE DE LA POLARISATION ROTATOIRE.

1837-40. Mac Cullagh, On the Laws of the Double Refraction of Quartz, *Ir. Trans.*, XVII, part. iii, 461. — *Proceed. of Ir. Acad.*, I, 383. — *Inst.*, VIII, 356.

1842.   Cauchy, Application de l'analyse mathématique à la recherche des lois de la polarisation circulaire, *C. R.*, XV, 910.

1844.   Cauchy, Mémoire sur la théorie de la polarisation chromatique, *C. R.*, XVIII, 961.

1844.   Laurent, Sur la rotation des plans de polarisation dans les mouvements infiniment petits d'un système de sphéroïdes, *C. R.*, XVIII, 936; XIX, 329, 482.

1845.   Laurent, Sur les mouvements vibratoires de l'éther, *C. R.*, XXI, 438, 529, 893, 1160.

1846.   Broch, Gesetze der Fortpflanzung des Lichts bei circularpolarisirenden Körpern, *Dove's Repertor.*, VII, 91.

1847.   Cauchy, Note sur la polarisation chromatique, *C. R.*, XXV, 331.

1850.   Bravais, Sur les systèmes dans lesquels les vibrations dextrogyres et lévogyres ne s'effectuent pas de la même manière, *C. R.*, XXXII, 186.

1850.   Cauchy, Mémoire sur les perturbations produites dans les mouvements vibratoires d'un système de molécules par l'influence d'un autre système, *C. R.*, XXX, 17.

1850.   Jamin, Mémoire sur la double réfraction elliptique du quartz, *C. R.*, XXX, 99. — *Ann. de chim. et de phys.*, (3), XXX, 55. — *Inst.*, XVII, 91.

1851.   Cauchy, Mémoire sur la réflexion et la réfraction de la lumière à la surface extérieure d'un corps transparent qui décompose un rayon simple doué de la polarisation rectiligne en deux rayons polarisés circulairement en sens contraire, *C. R.*, XXXI, 112.

1856.   W. Thompson, Dynamical Illustrations of the Magnetic und the Helicoïdal Rotatory Effects of Transparent Bodies on Polarized Light, *Proceed. of R. S.*, VIII, 150. — *Phil. Mag.*, (4), XIII, 198.

1860.   Briot, Théorie mathématique de la lumière, 2ᵉ partie, Polarisation rotatoire, *C. R.*, L, 141. — *Inst.*, XXVIII, 39.

1860.   Eisenlohr (F.), Ueber die Erklärung der Farbenzerstreuung und des Verhaltens des Lichtes in Krystallen, *Pogg. Ann.*, CIX, 215.

1860.   Clebsch, Theorie der circularpolarisenden Medien, *Journ. de Crelle*, LVII, 319.

1863.   V. von Lang, Zur Theorie der Circularpolarisation, *Pogg. Ann.*, CXIX, 74.

1863.   Verdet, Recherches sur les propriétés optiques développées sur les corps transparents par l'action du magnétisme, 4ᵉ partie, *C. R.*, LVI, 630; LVII, 670. — *Ann. de chim. et de phys.*, (3), LXIX, 415. — *Inst.*, XXXI, 106, 341.

1864.   J. Stephan, Ein Versuch über die Natur des unpolarisirten Lichtes und die Doppelbrechung des Quarzes in der Richtung seiner optischen Axe, *Wien. Ber.*, L, (2), 380. — *Pogg. Ann.,* CXXIV, 623. — *Inst.,* XXXIII, 71.

1864.   J. Stephan, Ueber die Dispersion des Lichtes durch Drehung der Polarisationsebene im Quartz, *Wien. Ber.,* L, (2), 88. — *Pogg. Ann.,* CXXII, 631.— *Ann. de chim. et de phys.,* (4), III, 501. — *Inst.,* XXXII, 406.

1864.   Briot, *Essai sur la théorie mathématique de la lumière,* p. 97.

SEPTIÈME PARTIE.

LEÇONS

SUR LA DOUBLE RÉFRACTION ACCIDENTELLE[1].

298. Considérations générales. — Lorsque, par l'action de diverses forces, la constitution homogène des corps uniréfringents se trouve altérée, il peut se produire dans ces corps une double réfraction artificielle, que nous désignerons d'une manière générale sous le nom de *double réfraction accidentelle*.

Il y a, dans la production de la double réfraction accidentelle, deux classes de phénomènes à distinguer :

1° Les phénomènes provenant des changements permanents ou temporaires produisant des inégalités d'élasticité et des modifications de l'arrangement moléculaire dans la matière pondérable. Tels sont ceux qui naissent de l'application de forces mécaniques aux corps, c'est-à-dire de la pression; tels sont encore ceux qui ont pour origine la trempe ou la cristallisation s'opérant d'une façon irrégulière. La double réfraction due aux forces mécaniques est passagère; la trempe ou la cristallisation irrégulière donne lieu à une double réfraction permanente. Nous réunirons néanmoins ces deux espèces de phénomènes dans une même classe, parce qu'ils sont accompagnés les uns et les autres d'une modification de la matière pondérable au point de vue de son arrangement moléculaire et de

---

[1] Ces leçons, de même que les leçons sur la polarisation chromatique et les leçons sur la polarisation rotatoire, ont été professées en 1861 dans le cours de troisième année, à l'École Normale, et rédigées par M. Mascart.

son élasticité. Les phénomènes de la polarisation chromatique sont évidemment propres à révéler l'existence d'une double réfraction même très-faible, qui se développe dans les corps uniréfringents sous l'action des forces que nous venons d'indiquer. C'est ainsi que Biot, en excitant des vibrations longitudinales dans une lame de verre de 2 mètres de longueur, placée entre un polariseur et un analyseur, s'assura que cette lame, à chaque friction, présentait des propriétés biréfringentes dans le voisinage des lignes nodales : il voyait reparaître celle des images de l'analyseur qui était éteinte lorsque la lame était en repos.

2° Les phénomènes provenant de l'influence de l'électricité ou du magnétisme. Ces phénomènes, découverts par Faraday, diffèrent des précédents en ce que la matière pondérable paraît ne subir aucune modification sensible; car les expériences réussissent également avec les liquides et avec les solides. Il en résulte que l'électricité et le magnétisme doivent, soit agir directement et uniquement sur les molécules d'éther, soit agir sur la matière pondérable sans qu'il y ait dans celle-ci aucun dérangement de symétrie, et cette hypothèse est presque impossible à concevoir.

Nous ne nous occuperons, dans ce chapitre, que de la première classe des phénomènes de la double réfraction accidentelle [1].

I.

PHÉNOMÈNES EXPÉRIMENTAUX
DE LA DOUBLE RÉFRACTION ACCIDENTELLE.

A. — DOUBLE RÉFRACTION PRODUITE PAR LA PRESSION.

299. Expériences de Brewster. — Les premières observations sur la double réfraction produite par la pression sont dues à

---

[1] Les lois expérimentales et la théorie de la polarisation rotatoire magnétique sont exposées tout au long dans les mémoires originaux de Verdet contenus dans le tome Ier du présent ouvrage.

Brewster; il les communiqua à la Société Royale de Londres le
19 janvier 1815 [1]. Le procédé qu'il employa d'abord est assez
grossier : il consiste à exercer des pressions faibles sur des matières
gélatineuses, comme la gelée de pied de veau ou la colle de poisson.
Ces matières, pâteuses et transparentes, solidifiées dans des conditions régulières, ne présentent aucune propriété biréfringente.
Mais, si on les taille en fragments réguliers que l'on comprime ensuite entre les doigts, cette légère compression suffit pour y développer une double réfraction très-énergique. Si on place ces fragments entre un polariseur et un analyseur, et si on les fait traverser
par un rayon lumineux, il se manifeste dans l'analyseur des images
vivement colorées et dont les teintes s'élèvent rapidement dans l'é-
chelle des couleurs de Newton à mesure que la compression augmente.

La compression produite par les doigts rapproche les molécules
dans le sens où elle s'exerce, et tout porte à croire que les molécules s'éloignent dans le sens perpendiculaire à celui de la compression. On doit donc présumer que le corps devient analogue à
un cristal à un axe, dont l'axe serait situé dans la direction de la
compression.

Il était utile de rechercher si les phénomènes dont nous nous occupons ne seraient pas sensibles dans des corps plus résistants.
Brewster a abordé cette question, et les résultats de ses expériences
sur la compression et la dilatation du verre furent publiés le 29 fé-
vrier 1816 [2]. Toutefois, la méthode dont il se servait comportait
peu de précision. Il employait une simple pince, dans laquelle il
pouvait saisir et comprimer les morceaux de verre. En portant ces
fragments ainsi comprimés sur le trajet d'un faisceau de rayons polarisés, et en faisant tomber la lumière émergente sur un analyseur,
il voyait se produire des colorations variant d'une façon tout à fait
irrégulière et correspondant aux différents points du fragment de
verre. Cette irrégularité, qui ne permet d'arriver à aucune loi précise, provient de la manière dont Brewster effectuait la compression.

[1] *Phil. Trans.*, 1815, p. 29, 60.
[2] *Phil. Trans.*, 1816, p. 46.

Supposons maintenant qu'on opère d'une manière plus régulière, que l'on exerce sur un parallélipipède rectangle en verre P (fig. 49), à l'aide d'une vis V, une pression normale aux deux bases et que l'on peut faire varier à volonté. Si l'on interpose le parallélipipède ainsi comprimé sur le trajet d'un faisceau lumineux polarisé, et si l'on reçoit la lumière émergente sur un Nicol dont la section principale est parallèle au plan primitif de polarisation, on voit dans l'image fournie par le Nicol une série de lignes colorées parmi lesquelles se trouvent des lignes noires qui correspondent aux points où la structure moléculaire n'a pas été altérée. Ces points séparent des régions qui ont subi des altérations différentes; d'un côté des points qui correspondent dans le verre à une ligne noire il y a eu contraction; de l'autre côté, dilatation. Or, si l'on compare les lignes colorées avec celles que produiraient des plaques cristallines, on reconnaît que la double réfraction change de signe quand on passe d'un côté à l'autre d'une ligne noire. D'où il faut conclure cette

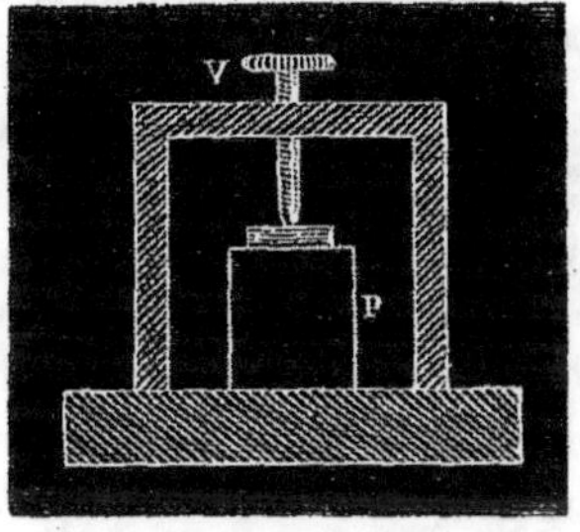

Fig. 49.

première loi, que la compression et la dilatation produisent des effets opposés de double réfraction. Les lignes qui séparent les régions comprimées et les régions dilatées et qui correspondent aux lignes noires doivent d'ailleurs évidemment être parallèles ou perpendiculaires à la direction suivant laquelle s'exerce la compression. Brewster a fait une seconde expérience, qui est demeurée célèbre, et dans laquelle l'inflexion d'une lame de verre permet d'établir une relation entre la compression ou la dilatation exercée et l'espèce de double réfraction produite. Dans cette expérience, une lame de verre AB (fig. 50) est maintenue dans une mâchoire métallique M; au milieu de la partie inférieure de cette mâchoire passe une vis V qui vient s'appuyer sur la lame AB et peut l'infléchir plus ou moins. Suivant les lois générales de l'inflexion, si la courbure de la lame est peu considérable, il y a dans l'intérieur de la lame une ligne, une file de molécules qui n'éprouve ni allongement ni raccourcissement; cette ligne s'appelle *ligne moyenne*, et elle passe sensiblement par les centres de gravité des sections de la lame. Les files de molécules situées au-des-

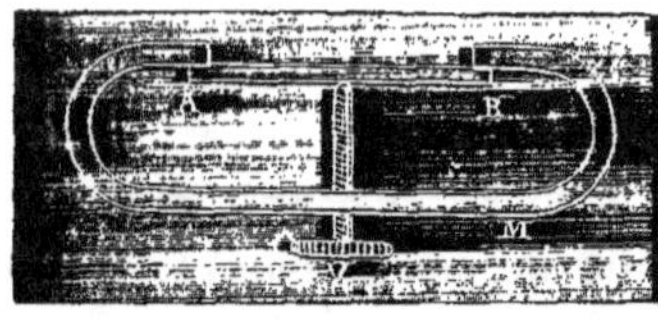

Fig. 50.

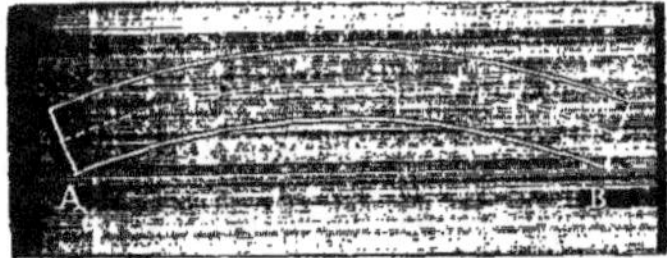

Fig. 51.

sous de la ligne moyenne se contractent, celles qui sont placées au-dessus s'allongent : c'est ce que montre la figure 51.

En faisant traverser cette lame infléchie par un faisceau de rayons parallèles polarisés qu'on reçoit ensuite sur un Nicol dont la section principale est parallèle au plan primitif de polarisation, on remarque dans l'image fournie par le Nicol une ligne noire parallèle aux côtés infléchis et présentant la même courbure. Cette ligne correspond à la file des molécules qui n'ont subi ni allongement ni raccourcissement. De part et d'autre de cette ligne noire on voit dans l'image des lignes colorées de formes différentes et courbées de part et d'autre.

Considérons une file de molécules correspondant à une ligne isochromatique de l'image : ces molécules éprouvent un rapprochement ou un écartement analogues à ceux qui seraient occasionnés par une compression ou une traction. Chacune de ces files peut donc être assimilée à un cristal à un axe, dont l'axe serait parallèle à la direction suivant laquelle s'exerce la compression ou la traction, c'est-à-dire à la tangente à la courbe, et l'on peut, par l'interposition d'une lame cristalline à un axe dont le signe est connu, reconnaître le signe de la double réfraction produite dans le verre suivant la file de molécules considérée.

C'est en opérant de cette manière que Brewster a pu démontrer que la compression développe dans le verre, et en général dans les corps uniréfringents, une double réfraction analogue à celle de cristaux *répulsifs* dont l'axe serait parallèle à la direction de la compression. Une dilatation produit des effets opposés aux précédents, c'est-à-dire une double réfraction *attractive*.

24.

Dans la théorie des ondulations, cette loi peut s'énoncer d'une autre manière. Dans un cristal à un axe la surface de l'onde extraordinaire est représentée par un ellipsoïde de révolution dont l'axe de révolution a pour longueur $2b$ et l'axe équatorial perpendiculaire à l'axe de cristallisation $2a$. De plus, b et a sont proportionnels aux forces élastiques qui se développent dans le cristal, b^2 à la force élastique développée par les vibrations perpendiculaires à l'axe du cristal, et a^2 à la force élastique produite par les vibrations parallèles à cet axe.

Pour les cristaux répulsifs on a $b^2 < a^2$, c'est-à-dire que l'élasticité optique est plus petite dans le sens perpendiculaire à l'axe que dans la direction qui est parallèle à cet axe. Il résulte de là, d'après ce que nous avons dit plus haut, que l'élasticité optique est augmentée dans la direction d'une compression et diminuée dans la direction d'une dilatation. C'est là la seconde loi démontrée par Brewster.

Brewster est d'ailleurs allé plus loin. En mesurant la courbure de la lame et sa longueur, il a pu estimer la dilatation ou la compression d'une file de molécules correspondant à une ligne isochromatique donnée. Comparant ensuite les teintes de ces lignes isochromatiques avec les compressions ou les dilatations, il a reconnu que ces teintes correspondent, dans la série des anneaux de Newton, à des épaisseurs proportionnelles aux compressions ou aux dilatations, ce qui veut dire que la différence de marche établie entre les deux rayons réfractés dans le verre, ou généralement dans le corps comprimé ou dilaté, est proportionnelle à la compression ou à la dilatation. Toutefois il ne faut admettre cette loi que comme approximative, parce qu'il est impossible de l'établir avec une rigueur bien grande.

Brewster a signalé cette loi comme pouvant donner lieu à des applications dynamométriques dans lesquelles on pourrait mesurer l'intensité de la compression ou de la dilatation appliquée à un corps par la nature des teintes produites par ce corps dans la lumière polarisée ; mais il n'a donné aucune suite à cette idée.

300. Expériences de Fresnel. — Avant d'arriver à l'examen des travaux les plus récents, il n'y a plus à citer, après les expériences de Brewster, que deux expériences dues à Fresnel. L'une de ces expériences a été réalisée par lui à l'aide de procédés que l'on ignore entièrement. Il l'a fait connaître aux membres de l'Académie des sciences en 1819, mais son mémoire a été oublié dans les papiers du secrétaire perpétuel Fourier, et n'a été publié qu'en 1846 [1]. Fresnel y annonce qu'il a pu exercer sur des corps uniréfringents des compressions régulières et obtenir des teintes plates dans la lumière polarisée.

La seconde expérience, qui est demeurée célèbre, a été publiée par lui en 1822 [2]; c'est celle par laquelle il a démontré directement l'existence de la double réfraction dans le verre comprimé. Fresnel place sur un plan, par leur face hypoténuse et à côté les uns des autres, quatre prismes rectangulaires de verre, a, b, c, d (fig. 52); on applique sur leurs bases antérieures et postérieures des feuilles de carton, puis des barres d'acier sur lesquelles on exerce, à l'aide de vis, une forte compression qui a pour effet de raccourcir les prismes. On place alors entre eux trois autres prismes m, n, o, et deux demi-prismes z et t, un peu plus courts que les premiers, auxquels on les soude avec du mastic en larmes pour éviter les pertes de lumière par réflexion. Si l'on regarde à travers les faces

Fig. 52.

t et z un trait placé à un mètre de distance, on le voit double et l'écart angulaire des deux images peut aller jusqu'à 6 ou 7 minutes. Les deux faisceaux de rayons qui donnent lieu à ces images ont les mêmes propriétés que s'ils étaient fournis par un prisme de spath d'Islande dont les arêtes seraient parallèles à l'axe du cristal. Les prismes z et t non comprimés sont destinés à détruire la déviation du rayon ordinaire et à corriger la dispersion du rayon extraordinaire.

[1] *Mém. de l'Acad. des sc.*, XX, 195.— *Œuvres complètes*, I, 691.
[2] *Ann. de chim. et de phys.*, (2), XX, 376. — *Œuvres complètes*, t. I, p. 713. — *Bulletin de la Société Philomathique*, 1822, p. 139.

301. Expériences de Wertheim. — En 1854, Wertheim[1]
a cherché à reproduire la première expérience de Fresnel, c'est-à-
dire à obtenir une compression ou une dilatation des corps uniréfringents assez régulière pour donner naissance à des teintes plates
dans la lumière polarisée. L'appareil employé par M. Wertheim
pour étudier la double réfraction produite par la compression est
représenté fig. 53. Le corps uniréfringent qui doit être soumis à
l'expérience est taillé en forme de parallé-
lipipède rectangle P et placé sur une plaque de fonte A très-solidement fixée au
mur. Ce support de fonte est percé de
deux trous cylindriques verticaux B et B',
dans lesquels passent deux tiges métalliques C, D, réunies à leur partie supérieure par une traverse E qui repose sur
le parallélipipède P, et à leur partie inférieure par une autre traverse F qui sup-
porte en son milieu un poids G que l'on
peut faire varier à volonté. Ce poids G

Fig. 53.

fait connaître la pression qui s'exerce sur la face supérieure du
parallélipipède P, et, pour que cette pression se distribue régulièrement sur toute cette face, le parallélipipède est séparé par des
feuilles de caoutchouc des plaques métalliques entre lesquelles il est
comprimé.

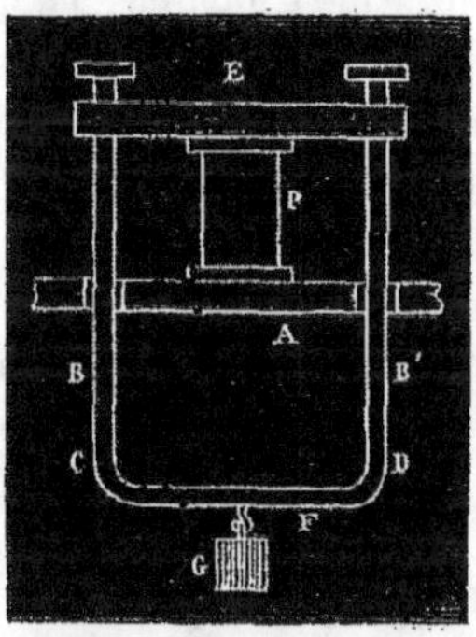

Avant de comprimer le corps qui doit servir à l'expérience, il
faut s'assurer qu'il est bien homogène et uniréfringent. A cet effet
on le fait traverser par un faisceau de rayons polarisés qu'on reçoit
ensuite sur un Nicol, et on constate qu'en donnant à cet analyseur
une position convenable l'image peut être entièrement éteinte. Si
le parallélipipède n'est pas tout à fait homogène, s'il est légèrement
trempé, il peut encore servir aux expériences, car il y a généralement au centre une région considérable complétement exempte de
trempe.

Lorsqu'on opère avec la lumière monochromatique, on fait traverser le corps soumis à l'expérience par un faisceau de rayons

[1] *Ann. de chim. et de phys.*, (3), XII, 136. — *Thèse de Paris*, 1855.

parallèles polarisés à 45 degrés d'un plan vertical perpendiculaire au plan de la figure, et on reçoit la lumière émergente sur un analyseur biréfringent dont la section principale fait aussi un angle de 45 degrés avec ce plan vertical, mais de l'autre côté. Lorsqu'on n'exerce aucune pression sur le parallélipipède, l'image extraordinaire existe seule, et, si l'on emploie un Nicol, cette image est à son maximum d'intensité. Si l'on commence à exercer une pression en suspendant des poids à la partie inférieure de l'appareil, l'image ordinaire reparaît, et, plus la pression augmente, plus son intensité devient considérable, tandis que celle de l'image extraordinaire diminue. On ajoute ainsi des poids jusqu'à ce que l'image extraordinaire ait disparu et que par conséquent l'image ordinaire ait acquis son maximum d'intensité. Le plan de polarisation a tourné alors de 90 degrés et la lumière émergente est polarisée dans un plan perpendiculaire au plan primitif. La plaque comprimée par le poids qui agit actuellement établit donc une différence de marche de $\frac{\lambda}{2}$ entre les deux rayons réfractés : λ est la longueur d'ondulation dans l'air de l'espèce de lumière dont on se sert. On augmente de nouveau la charge jusqu'à faire disparaître l'image ordinaire, ce qui correspond à une différence de marche de $\frac{2\lambda}{2}$, puis jusqu'à faire disparaître l'image extraordinaire, ce qui correspond à une différence de marche de $\frac{3\lambda}{2}$, et ainsi de suite. On a ainsi les éléments d'une comparaison entre les pressions et les différences de marche, et on trouve que les différences de marche sont non pas rigoureusement, mais approximativement proportionnelles aux pressions.

On ne peut du reste pousser bien loin ce genre d'expériences, car le parallélipipède finirait par s'écraser sous la pression.

On peut aussi opérer avec la lumière blanche en se repérant sur la teinte de passage qui, apparaissant dans l'image ordinaire ou dans l'image extraordinaire, indique l'extinction dans cette image des rayons les plus intenses du spectre. On trouvera ainsi la relation qui existe entre la pression et la différence de marche introduite par le corps comprimé pour les rayons les plus intenses, c'est-à-dire pour les rayons jaunes moyens.

Dans tous les cas, le signe de la double réfraction est facile à déterminer en interposant une lame cristalline de signe connu entre le corps comprimé et l'analyseur.

M. Wertheim a également étudié les effets de la dilatation. Il se servait d'un appareil analogue au précédent. Le parallélipipède était mastiqué par sa base supérieure sur une plaque fixe, et par sa base inférieure sur une plaque mobile qu'on pouvait charger d'un poids variable. Les limites de ce genre d'expériences sont encore bien plus restreintes que pour la compression, à cause du peu de résistance que présente la cohésion du mastic. Cependant M. Wertheim a pu constater que les effets produits par une dilatation sont égaux et de signe contraire à ceux que donne une compression de même valeur. Cette compensation entre les effets de la compression et de la dilatation est à peu près rigoureuse.

En examinant attentivement les résultats fournis par les expériences de M. Wertheim, on reconnaît que la proportionnalité existe bien plus entre les accroissements de pression et les accroissements de différence de marche à partir d'une certaine valeur de la pression qu'entre les pressions et les différences de marche elles-mêmes, ce qui s'explique soit par une faible double réfraction existant dans la plaque avant la compression, soit par l'inexactitude avec laquelle est évalué le premier poids.

D'ailleurs, cette proportionnalité elle-même est loin d'être absolue, et il y a lieu de penser que les différences de marche sont proportionnelles non pas aux forces comprimantes, mais aux compressions, c'est-à-dire au rapprochement des molécules comprimées. Ces compressions ne sont elles-mêmes proportionnelles aux forces comprimantes que dans des limites assez restreintes et qui ont pu être dépassées dans les expériences.

Toutes choses égales d'ailleurs, la différence de marche introduite par le corps comprimé est proportionnelle à l'épaisseur de ce corps traversée par la lumière. Mais si, la charge restant constante, l'épaisseur varie, il résulte de la loi que nous venons de poser que la différence de marche doit rester constante. En effet, supposons que l'épaisseur devienne double, la charge restant la même; cette charge se répartissant sur une épaisseur double, la compression devient en chaque point moitié moindre, et, d'après la loi précédente, la différence de marche devrait aussi être réduite à moitié; mais, comme d'un autre côté l'augmentation d'épaisseur tend à doubler la différence de marche, cette différence reste invariable. La constante de la différence de marche, quelle que soit l'épaisseur lorsque la charge demeure constante, prouve donc la proportionnalité de la différence de marche à l'épaisseur, lorsque la charge varie en même temps que l'épaisseur, de façon à maintenir une compression constante.

Dans ses premiers travaux, M. Wertheim avait cru trouver un rapport constant entre la double réfraction des corps comprimés ou dilatés et leur coefficient d'allongement ou de contraction; mais en poursuivant ses recherches sur le verre pesant, le spath fluor, l'alun, le sel gemme, il reconnut que cette loi n'est pas générale.

Enfin, un dernier résultat déduit des expériences de M. Wertheim consiste en ce que, dans les limites des expériences, les valeurs *absolues* des différences de marche entre les rayons réfractés par le corps comprimé ou dilaté sont indépendantes de la longueur d'ondulation. Il résulte de là que les différences de phase sont en raison inverse des longueurs d'ondulation, et que les effets de la dispersion sont rendus à peu près insensibles.

302. Effets de la compression sur les cristaux biréfringents. — Après avoir étudié les effets produits par la compression ou la dilatation sur les corps uniréfringents, on a dû nécessairement se demander quels sont ceux qu'éprouvent les cristaux biréfringents; les premières expériences faites à ce sujet sont encore dues à Brewster et datent de 1816 [1]. En comprimant une lame de quartz, il obtint des résultats identiques à ceux qui résulteraient de l'addition d'une lame cristalline de même nature ou d'une augmentation d'épaisseur, d'où il résulte que, comme pour les corps uniréfringents, l'élasticité optique augmente dans le sens de la compression (299).

Les résultats obtenus par Brewster ont été vérifiés par un minéralogiste allemand, Pfaff [2], à l'aide de procédés assez grossiers, mais

[1] *Edinb. Trans.*, VIII, 281.
[2] *Pogg. Ann.*, CVII, 333, CVIII, 596. — *Ann. de chim. et de phys.*, (3), LVII, 500.

qui l'ont conduit à quelques observations remarquables. En effet,
en comprimant convenablement un cristal de quartz, il a pu changer
la forme des courbes isochromatiques données par ce cristal et transformer les cercles en lemniscates; il avait donc réussi à donner au
quartz, par la compression, toutes les propriétés des cristaux à deux
axes.

B. — DOUBLE RÉFRACTION PRODUITE PAR LA TREMPE OU PAR LA STRUCTURE MOLÉCULAIRE
IRRÉGULIÈRE.

303. Expériences de Seebeck et de Brewster. — La
trempe donne lieu à des phénomènes tout à fait analogues à ceux
que produisent la compression et la dilatation, avec cette seule différence qu'ils sont permanents. Dans un corps trempé, en effet, les
différentes directions ne jouissent plus des mêmes propriétés : il y a
des tensions moléculaires irrégulières, et la double réfraction doit
s'y manifester comme cela a lieu toutes les fois qu'il y a quelque
trouble apporté à l'arrangement moléculaire dans un corps.

Les phénomènes produits par la trempe ont été observés pour la
première fois par Seebeck, en 1812, et publiés dans le Journal de
Schweigger en 1813, 1814 et 1815 [1]. Dans ces trois mémoires il
n'y a que la description de faits dont Seebeck n'a pu saisir la cause.

Il faisait chauffer au rouge des plaques de verre de diverses
formes, et les faisait ensuite refroidir assez rapidement en les agi-
tant dans l'air : lorsqu'il plaçait les plaques ainsi trempées dans la
lumière polarisée, il obtenait dans l'analyseur des figures vivement
colorées, dont la forme et les couleurs dépendent de l'orientation
de l'analyseur, du contour de la plaque et de la manière dont cette
plaque est tournée dans son propre plan. Seebeck a obtenu également des figures colorées avec des plaques de borax fondues et re-
froidies rapidement, de sel gemme rapidement desséchées et de
gomme arabique obtenues par une prompte évaporation. Seebeck
se contenta d'abord de donner un nom aux phénomènes qu'il avait
observés : il les appela *figures entoptiques*, croyant qu'ils étaient dus
à une modification éprouvée par la lumière dans l'intérieur du
corps soumis à l'épreuve. Toutefois, quelque temps après, il fut

[1] *Journal de Schweigger*, VII, 259, 382; XI, 471; XII, 1.

conduit à les rapporter à leur véritable cause, qui est la trempe du verre. Mais en ceci il avait été précédé par Brewster, qui, le premier, signala l'influence de la trempe, dans un mémoire sur les larmes bataviques communiqué en 1814 à la Société Royale de Londres[1]. Plus tard Brewster a généralisé ces faits à la suite d'une série d'expériences publiée en 1816[2], et les a rapportés à une double réfraction produite dans le verre par la trempe. Il a fait voir qu'un morceau de verre chauffé jusqu'au rouge, puis refroidi lentement, ne possède pas la double réfraction.

Brewster a encore fait une remarque importante, c'est que, lorsqu'un morceau de verre s'échauffe ou se refroidit, il jouit temporairement de la propriété biréfringente, quand la température devient stationnaire, ce qui provient évidemment de ce que l'équilibre moléculaire ne s'établit qu'au bout d'une certaine période pendant laquelle l'arrangement des molécules et la distribution des forces élastiques restent irrégulières.

La cristallisation peut souvent produire des effets analogues à ceux de la trempe, et, si on examine des lames de cristaux cubiques au moyen d'un polariscope très-sensible, comme celui de Bravais (210), il est très-rare d'en rencontrer qui soient complétement dépourvues de toute double réfraction : c'est ce qu'a constaté Bravais lui-même[3]. Il faut attribuer cette double réfraction à des irrégularités de cristallisation et de structure qn'il est rare de voir disparaître tout à fait.

304. Polarisation lamellaire. — C'est encore à une cause de même nature qu'il faut attribuer un ordre de phénomènes découverts par Biot, et désignés par lui sous le nom de *polarisation lamellaire*[4]. En examinant des cristaux d'alun qui appartiennent, comme on sait, au système cubique, il reconnut des indices de double réfraction. Il n'y a là rien de surprenant, car on trouve souvent des cristaux d'alun dont la cristallisation n'a pas été régulière

---

[1] *Phil. Trans.*, 1815, p. 1.
[2] *Phil. Trans.*, 1816, p. 46.
[3] *Ann. de chim. et de phys.*, (3), XLIII, 129.
[4] *C. R.*, XII, 1121, — *Mém. de l'Acad. des sc.*, XVIII, 541.

et qui présentent dans leur intérieur une série de lames dirigées dans différents sens. Si les surfaces de séparation de ces lames sont visibles, cela indique évidemment que, dans une direction perpendiculaire aux faces des lames, la distance moyenne des molécules est plus grande que dans une direction parallèle à ces surfaces : il y a donc là une cause suffisante pour produire la double réfraction.

Il est d'ailleurs permis de croire que la structure lamellaire et le défaut d'homogénéité qui en résulte peuvent exister sans être visibles et donner au cristal des propriétés biréfringentes.

C'est ainsi que Brewster a pu constater l'existence de la double réfraction dans plusieurs cristaux appartenant au système cubique, tels que le spath fluor, le sel gemme, l'analcime, le sel ammoniac [1].

Les tissus organiques, tels que les cristallins de l'homme et des animaux, les tuyaux de plumes, etc., présentent aussi des propriétés biréfringentes qu'on doit attribuer à leur structure lamellaire. Brewster s'en est assuré en plaçant ces corps dans un liquide contenu dans un vase présentant deux faces parallèles, et en les faisant traverser par un faisceau de lumière polarisée [2].

Les gelées organiques, les résines, et autres corps amorphes qui sont naturellement uniréfringents, peuvent aussi acquérir des propriétés biréfringentes, s'ils se sont solidifiés dans des conditions irrégulières qui leur donnent une sorte de trempe ou une structure lamellaire.

[1] *Phil. Trans.*, 1815, p. 29. — *Edinb. Trans.*, t. X.
[2] *Phil. Trans.*, 1816, p. 311. — *Ann. de chim. et de phys.*, (2), IV, 431. — *Phil. Trans.*, 1833, p. 323; 1836, p. 35; 1837, p. 253.

II.

THÉORIE DE LA DOUBLE RÉFRACTION ACCIDENTELLE.

305. Principes de la théorie de l'élasticité des corps solides. — Ellipsoïde des dilatations. — Dilatations principales. — Neumann [1] a voulu soumettre au calcul les phénomènes de la double réfraction due à des actions mécaniques exercées sur les corps solides. Mais il est inutile de le suivre ici dans les résultats auxquels il a été conduit, car il est parti d'un principe inexact, au moins dans la plupart des cas. Il a cherché à exprimer analytiquement les contractions et les dilatations qui se produisent dans l'intérieur des corps sous l'influence des forces mécaniques extérieures qui agissent sur eux. Pour mettre en évidence le défaut de rigueur de ses raisonnements, nous commencerons par rappeler ici les principes de l'élasticité des corps solides, tels qu'ils ont été établis par Cauchy. Nous supposerons qu'il s'agisse uniquement de corps solides dans lesquels toutes les directions jouissent de propriétés identiques, c'est-à-dire de ceux que Cauchy a nommés *corps isotropes*. Quant aux corps non isotropes, ce sont les cristaux, sauf ceux du système cubique, et les corps qui ont subi des modifications moléculaires accidentelles.

Considérons donc un corps solide isotrope : si, par une cause quelconque, les molécules de ce corps viennent à se déplacer de quantités inégales, il y aura dilatation ou compression. Pour simplifier le langage, nous comprendrons les deux phénomènes sous la même dénomination de dilatation, en admettant que cette dilatation peut être positive ou négative. Il y aura à considérer deux espèces de dilatations : la dilatation cubique et la dilatation linéaire; nous chercherons d'abord l'expression de cette dernière.

Soient, lorsque le corps est dans son état naturel, x, y, z les

---

[1] *Pogg. Ann.*, LIV, 499. — *Abhandlungen der Akademie von Berlin für 1841*, part. III, p. 3.

coordonnées d'une molécule, $x + \Delta x$, $y + \Delta y$, $z + \Delta z$ les coordonnées d'une molécule voisine. Désignons par ξ, η, ζ les projections, sur les trois axes, du déplacement que subit la première molécule quand le corps passe à son nouvel état; par $\xi + \Delta\xi$, $\eta + \Delta\eta$, $\zeta + \Delta\zeta$ les projections du déplacement de la seconde molécule. Si nous représentons par V la distance des deux molécules dans l'état naturel, on aura

$$V^2 = \Delta x^2 + \Delta y^2 + \Delta z^2.$$

En désignant par ε la dilatation linéaire rapportée à l'unité de longueur, on voit que la distance des deux molécules devient après le changement d'état $V(1 + \varepsilon)$, et que l'on a

$$(1) \qquad V^2 (1 + \varepsilon)^2 = (\Delta x + \Delta\xi)^2 + (\Delta y + \Delta\eta)^2 + (\Delta z + \Delta\zeta)^2.$$

Si l'on considère les deux molécules comme infiniment voisines, ainsi que cela arrive pour les molécules qui peuvent agir les unes sur les autres, on peut écrire

$$(2) \qquad \begin{cases} \Delta\xi = \dfrac{d\xi}{dx}\Delta x + \dfrac{d\xi}{dy}\Delta y + \dfrac{d\xi}{dz}\Delta z, \\[2mm] \Delta\eta = \dfrac{d\eta}{dx}\Delta x + \dfrac{d\eta}{dy}\Delta y + \dfrac{d\eta}{dz}\Delta z, \\[2mm] \Delta\zeta = \dfrac{d\zeta}{dx}\Delta x + \dfrac{d\zeta}{dy}\Delta y + \dfrac{d\zeta}{dz}\Delta z, \end{cases}$$

ce qui revient à négliger les puissances des quantités infiniment petites Δx, Δy, Δz supérieures à la première. Si maintenant on désigne par α, β, γ les angles que fait avec les axes la droite qui joint les molécules dans leur position primitive, on aura

$$(3) \qquad \begin{cases} \Delta x = V \cos\alpha, \\ \Delta y = V \cos\beta, \\ \Delta z = V \cos\gamma. \end{cases}$$

Si l'on remplace, dans l'équation (2), Δx, Δy, Δz par leurs valeurs tirées des équations (3), puis, dans l'équation (1), Δx, Δy, Δz; $\Delta\xi$, $\Delta\eta$, $\Delta\zeta$ par leurs valeurs tirées des équations (2) et (3), il vient, en supprimant le facteur commun V^2,

$$(4) \quad \begin{cases} (1+\varepsilon)^2 = \left(\cos\alpha + \dfrac{d\xi}{dx}\cos\alpha + \dfrac{d\xi}{dy}\cos\beta + \dfrac{d\xi}{dz}\cos\gamma\right)^2 \\[2mm] \quad + \left(\cos\beta + \dfrac{d\eta}{dx}\cos\alpha + \dfrac{d\eta}{dy}\cos\beta + \dfrac{d\eta}{dz}\cos\gamma\right)^2 \\[2mm] \quad + \left(\cos\gamma + \dfrac{d\zeta}{dx}\cos\alpha + \dfrac{d\zeta}{dy}\cos\beta + \dfrac{d\zeta}{dz}\cos\gamma\right)^2. \end{cases}$$

Considérons maintenant les angles α, β, γ comme définissant la direction du rayon vecteur d'une surface ayant pour centre le point dont les coordonnées sont x, y, z, la longueur de ce rayon vecteur étant égale à $\dfrac{1}{1+\varepsilon}$. Si nous représentons par X, Y, Z les coordonnées de l'extrémité du rayon vecteur rapportées au point (x, y, z) pris pour origine, on aura

$$X = \frac{1}{1+\varepsilon}\cos\alpha,$$
$$Y = \frac{1}{1+\varepsilon}\cos\beta,$$
$$Z = \frac{1}{1+\varepsilon}\cos\gamma,$$

d'où

$$\cos\alpha = (1+\varepsilon)\,X,$$
$$\cos\beta = (1+\varepsilon)\,Y,$$
$$\cos\gamma = (1+\varepsilon)\,Z.$$

En portant ces valeurs de $\cos\alpha$, $\cos\beta$ et $\cos\gamma$ dans l'équation (4), $(1+\varepsilon)^2$ disparaît comme facteur commun, et il reste

$$1 = \left(X + \frac{d\xi}{dx}X + \frac{d\xi}{dy}Y + \frac{d\xi}{dz}Z\right)^2$$
$$+ \left(Y + \frac{d\eta}{dx}X + \frac{d\eta}{dy}Y + \frac{d\eta}{dz}Z\right)^2$$
$$+ \left(Z + \frac{d\zeta}{dx}X + \frac{d\zeta}{dy}Y + \frac{d\zeta}{dz}Z\right)^2.$$

Le second membre, ne contenant que les carrés des quantités X, Y, Z et les produits de deux de ces quantités entre elles, représente un ellipsoïde ayant pour centre le point (x, y, z).

Donc, si autour d'un point du corps on prend, sur une direction quelconque, une longueur en raison inverse de $1 + \varepsilon$, ε représentant la dilatation de l'unité de longueur dans la direction considérée, le lieu des points ainsi obtenus dans les différentes directions formera la surface d'un ellipsoïde qu'on peut appeler l'*ellipsoïde de dilatation*. Si l'on considère, en particulier, les trois axes de symétrie de cet ellipsoïde, on voit que la connaissance de leurs longueurs respectives permet de calculer la longueur d'un rayon vecteur ayant une direction déterminée, d'où il résulte que, lorsqu'on connaît les dilatations qui s'exercent suivant trois directions rectangulaires particulières, on peut calculer la dilatation pour toute autre direction donnée. Les trois directions qui jouissent de cette propriété se nomment *directions principales*, et on appelle *dilatations principales* celles qui se manifestent suivant les directions principales.

306. Théorèmes du parallélipipède et du tétraèdre. — Pressions principales. — Représentation géométrique des pressions. — Nous avons maintenant à nous occuper des forces qui s'exercent dans l'intérieur du corps. On leur donne souvent la dénomination de pressions moléculaires, mais il est préférable de les appeler *tensions*, parce que ces forces peuvent être des tractions aussi bien que des pressions. Considérons un élément de surface passant par un point du corps : si nous supposons que toute la partie du corps qui est située d'un côté de cet élément soit supprimée, il faudra, pour rétablir l'équilibre, appliquer à cet élément une force qui remplace l'action de la partie supprimée; cette force peut être du reste normale ou oblique à l'élément de surface, et, suivant qu'elle tend à l'enfoncer dans la partie restante ou à l'en détacher, elle constitue une pression ou une traction. Ces forces varient avec la position du point considéré et avec la direction de l'élément de surface sur lequel elles agissent. Mais, comme pour les dilatations, on peut démontrer que la connaissance des pressions qui, à un point donné, s'exercent sur des éléments de surface ayant des directions quelconques, dépend uniquement de la connaissance de trois pressions principales, qui sont perpendiculaires aux éléments sur lesquels elles agissent.

Pour faire voir qu'il en est ainsi, menons par le point considéré m (fig. 54) trois axes rectangulaires mx, my, mz; prenons sur l'axe mx une longueur a, sur l'axe my une longueur b et sur l'axe mz une

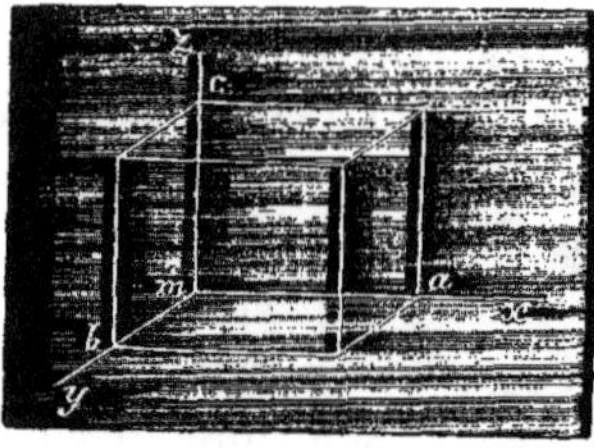

Fig. 54.

longueur c, et avec ces trois arêtes construisons un parallélipipède rectangle. Pour que l'équilibre existe dans le corps solide tout entier, il est nécessaire et suffisant qu'il y ait équilibre entre les forces qui agissent sur chacun des éléments parallélipipédiques dans lesquels on peut le supposer décomposé. Cette remarque va nous permettre d'établir une relation remarquable entre les composantes des pressions qui existent sur les éléments de surface passant par un point du corps.

Considérons les pressions qui agissent sur les différentes faces du parallélipipède, c'est-à-dire les forces par lesquelles il faudrait remplacer l'action de la partie du corps située du côté extérieur de ces faces, si cette partie du corps venait à être supprimée. Désignons par A, A′, A″ les composantes parallèles aux axes de la pression qui agit sur la face du parallélipipède perpendiculaire à l'axe des x, et passant par le point m, origine des coordonnées; par B′, B, B″ les composantes de la pression sur la face perpendiculaire à l'axe des y, et passant par l'origine; et enfin par C″, C′, C les composantes de la pression sur la face perpendiculaire à l'axe des z et passant par l'origine, A, B′ et C″ étant d'ailleurs les composantes parallèles à l'axe des x, A′, B, C′ les composantes parallèles à l'axe des y, A″, B″, C les composantes parallèles à l'axe des z.

En passant d'une face du parallélipipède à la face parallèle, les forces varient de quantités infiniment petites par rapport à elles-mêmes, et ces variations seront contre-balancées par les forces extérieures qui agissent sur le parallélipipède; ces forces extérieures sont des infiniment petits du troisième ordre, puisqu'elles agissent sur un élément solide infiniment petit, qui est lui-même un infiniment petit du troisième ordre. Les pressions sur les faces du parallélipipède étant du second ordre, leurs variations seront du troisième ordre et feront équilibre aux forces extérieures.

Il suffira donc de faire entrer dans les six équations qui expriment les conditions d'équilibre les forces agissant sur les faces du parallélipipède. Dans la première série de ces équations d'équilibre, série qui exprime que sur chaque axe la somme des composantes des forces est nulle, nous pourrons négliger les termes du troisième ordre. Mais il n'en est pas de même pour les trois dernières conditions, qui expriment que la somme des moments des forces, par rapport à chacun des trois axes, est nulle, et que, par conséquent, le corps ne peut tourner autour d'aucun de ces axes : ces moments, en effet, sont les produits des forces par leurs bras de leviers; ils sont donc du troisième ordre et on ne peut négliger que les termes du quatrième ordre.

Nous allons chercher à exprimer que la somme des moments des forces par rapport à l'axe des x est nulle, et pour cela nous pouvons supposer que la force qui agit sur chaque face est appliquée au centre de gravité de cette face. Des trois composantes qui agissent sur la face située dans le plan des xz, une seule, B, a, par rapport à l'axe des x, un moment dont la valeur est $\frac{Bc}{2}$; ce moment doit être pris avec le signe $-$, parce que cette force B tendrait à faire tourner le corps autour de l'axe des x de droite à gauche; donc $-\frac{Bc}{2}$ est le moment de la composante B par rapport à l'axe des x. Sur la face opposée à celle que nous venons de considérer, les deux composantes B et B″ ont pour moments, par rapport à l'axe des x, $\frac{Bc}{2}$ et $-$B″b, le premier de ces moments étant pris avec le signe $+$, parce que sur cette face la composante B tend à faire tourner le corps de gauche à droite. La somme des moments des forces qui agissent sur les deux faces du parallélipipède parallèles au plan des xz par rapport à l'axe des x se réduit donc à $-$B″b. Par raison de symétrie, on voit immédiatement que la somme des moments des forces appliquées aux deux faces du parallélipipède parallèles au plan des xy par rapport à l'axe des x est égale à C′c. Quant aux moments des forces qui agissent sur les faces perpendiculaires à l'axe des x, ils sont de signes contraires et se détruisent réciproquement. La condition pour que la somme des moments des forces appliquées sur les faces du parallélipipède par rapport à l'axe des x soit nulle est donc

$$C'c - B''b = 0.$$

Au lieu des composantes réelles des forces, nous allons introduire dans cette équation les rapports de ces composantes aux surfaces sur lesquelles elles s'exercent, c'est-à-dire les composantes des pressions rapportées à l'unité de surface. Nous désignerons le rapport d'une composante à la surface sur laquelle elle s'exerce par la même lettre que cette composante, mais en l'affectant de l'indice 1. Nous avons ainsi

$$B'' = B''_1 ac,$$
$$C' = C'_1 ab,$$

et, en substituant ces valeurs dans l'équation des moments, elle devient

$$C'_1 = B''_1.$$

On trouverait de même, en prenant les moments par rapport à l'axe des y et à l'axe des z,

$$A'_1 = B'_1,$$
$$A''_1 = C''_1.$$

On voit que, si l'on considère trois éléments rectangulaires passant par un même point, ces éléments ayant des surfaces égales, les neuf composantes parallèles aux axes des pressions qui agissent sur ces trois éléments se réduisent à six composantes distinctes. Désignons ces composantes distinctes par les six lettres A. B, C, D, E, F, et nous arriverons aux résultats qui sont contenus dans le tableau suivant :

	COMPOSANTE PARALLÈLE		
	à l'axe des x.	à l'axe des y.	à l'axe des z.
Face perpendiculaire à l'axe des x ...	A	F	E
Face perpendiculaire à l'axe des y ...	F	B	D
Face perpendiculaire à l'axe des z ...	E	D	C

Les pressions qui s'exercent sur trois éléments rectangulaires passant par un même point ne sont donc pas indépendantes les unes des autres.

Le théorème que nous venons de démontrer est dû à Cauchy. En considérant un tétraèdre au lieu d'un parallélipipède, il est arrivé à une seconde proposition qui porte le nom de *théorème du tétraèdre* et qui permet d'obtenir la représentation géométrique des pressions.

Menons encore par le point considéré m (fig. 55) trois axes rectangulaires : prenons sur l'axe des x une longueur a, sur l'axe des y une longueur b et sur l'axe des z une longueur c. Les trois points ainsi obtenus forment avec le point m les sommets d'un tétraèdre. En employant le même raisonnement que pour le parallélipipède,

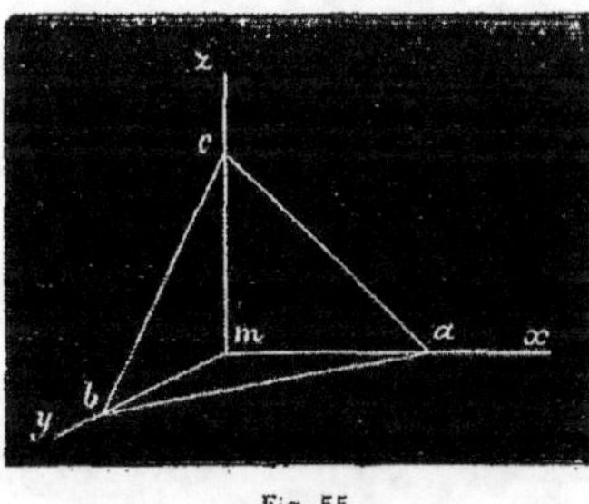

Fig. 55.

on fera voir que, pour que le corps soit en équilibre, il faut que les conditions générales de l'équilibre soient satisfaites pour les forces qui agissent sur les faces du tétraèdre. Désignons par ω la surface de la base du tétraèdre, c'est-à-dire de la face opposée au sommet m ; supposons qu'on fasse passer par le point m un élément de surface parallèle à cette base et ayant même superficie ω, et appelons $P\omega$ la pression qui s'exerce sur cet élément. P sera la pression rapportée à l'unité de surface, et la pression sur la base ω, qui s'exerce en sens contraire, sera sensiblement égale, si on la rapporte à l'unité de surface, à $-P$.

Soient ω', ω'', ω''' les surfaces des trois faces du tétraèdre respectivement perpendiculaires à l'axe des x, à l'axe des y et à l'axe des z, et appelons λ, μ, ν les angles que fait avec les axes la direction de la pression $-P$. La première condition d'équilibre, celle qui exprime que la somme des projections des forces sur l'axe des x est nulle, sera, en tenant compte des résultats obtenus pour le cas du parallélipipède,

$$- P\omega \cos \lambda + A\omega' + F\omega'' + E\omega''' = 0.$$

Si nous désignons par α, β, γ les angles que fait avec les axes la normale à la base du tétraèdre, nous aurons

$$\omega' = \omega \cos\alpha, \qquad \omega'' = \omega \cos\beta, \qquad \omega''' = \omega \cos\gamma.$$

et par conséquent l'équation précédente devient

$$(1) \qquad P \cos\lambda = A \cos\alpha + F \cos\beta + E \cos\gamma.$$

On trouvera de même, en projetant les forces sur l'axe des y et sur l'axe des z, les deux équations

$$(2) \qquad P \cos\mu = F \cos\alpha + B \cos\beta + D \cos\gamma,$$
$$(3) \qquad P \cos\nu = E \cos\alpha + D \cos\beta + C \cos\gamma.$$

Les trois autres équations d'équilibre, celles qui expriment que la somme des moments des forces par rapport aux trois axes est nulle, sont satisfaites identiquement; il n'y a donc pas à s'en occuper.

En élevant au carré les trois équations (1), (2), (3), et en les ajoutant, il vient

$$(4) \quad \begin{cases} P^2 = (A \cos\alpha + F \cos\beta + E \cos\gamma)^2 + (F \cos\alpha + B \cos\beta + D \cos\gamma)^2 \\ \qquad + (E \cos\alpha + D \cos\beta + C \cos\gamma)^2. \end{cases}$$

Considérons α, β, γ comme les angles que fait avec les axes le rayon vecteur d'une surface ayant pour centre l'origine, et donnons à ce rayon vecteur une longueur proportionnelle à $\frac{1}{P}$, c'est-à-dire à l'inverse de la pression qui agit sur l'élément perpendiculaire à ce rayon vecteur, et il résultera de l'équation précédente, comme nous l'avons vu à propos des dilatations (305), que la surface, lieu des extrémités des rayons vecteurs, sera celle d'un ellipsoïde qui est en général à trois axes inégaux.

Cet ellipsoïde est entièrement déterminé lorsqu'on connaît les longueurs de ses trois axes de symétrie, longueurs inversement proportionnelles aux pressions qui s'exercent sur les trois éléments de surface qu'on peut mener par l'origine perpendiculairement à ces axes. Il en résulte que, quelle que soit la distribution des dilatations et des compressions, les pressions qui s'exercent autour d'un point

du corps sur les différents éléments de surface qu'on peut faire
passer par ce point sont distribuées symétriquement par rapport à
trois axes rectangulaires passant par le point considéré; de plus,
on voit que l'on peut calculer la pression qui s'exerce sur un élément de surface passant par le point considéré et ayant une direction quelconque, pourvu qu'on connaisse les trois pressions exercées
sur les trois éléments menés par ce point perpendiculairement aux
axes de l'ellipsoïde; ces trois pressions, rapportées bien entendu à
l'unité de surface, reçoivent la dénomination de *pressions principales*.
Il est facile de montrer que ces pressions principales sont normales
aux éléments de surface sur lesquels elles s'exercent, ou, ce qui
revient au même, parallèles aux axes de l'ellipsoïde.

Cherchons en effet quelles sont les directions pour lesquelles les
angles λ, μ, ν sont égaux aux angles α, β, γ, c'est-à-dire pour lesquelles la pression est normale à l'élément sur lequel elle s'exerce.
Il suffit, pour cela, de remplacer, dans les équations (1), (2), (3),
λ, μ, ν par α, β, γ, ce qui donne les trois équations

$$P \cos\alpha = A \cos\alpha + F \cos\beta + E \cos\gamma,$$
$$P \cos\beta = F \cos\alpha + B \cos\beta + D \cos\gamma,$$
$$P \cos\gamma = E \cos\alpha + D \cos\beta + C \cos\gamma.$$

Or, ces équations sont précisément celles qui déterminent la direction des axes de l'ellipsoïde représenté par l'équation (4).

Si nous rapprochons ces résultats de ceux que nous avons obtenus
pour les dilatations, nous serons conduits à admettre que les axes
de l'ellipsoïde des pressions coïncident en un point donné du corps
avec les axes de l'ellipsoïde des dilatations, et que, par suite, les
pressions principales sont parallèles aux dilatations principales. Si
les dilatations sont petites, on peut admettre que les pressions principales et les dilatations principales sont liées par des relations linéaires, et on voit enfin que la pression en chaque point sur un
élément de surface donné peut se calculer si l'on connaît les trois
pressions principales, qui sont elles-mêmes des fonctions linéaires
des dilatations principales. Nous supposons qu'il s'agisse d'un corps
homogène et isotrope : pour un tel corps, les directions des axes de

l'ellipsoïde qui représente à la fois les dilatations et les pressions sont parallèles en tous les points du corps, et de plus les coefficients par lesquels s'exprime la dépendance mutuelle des pressions principales et des dilatations principales sont indépendants de la direction de ces axes.

Ceci posé, en désignant par p, p', p'' les pressions principales, par ε, ε', ε'' les dilatations principales, par k, k', k'' des coefficients constants pour tout le corps, on peut écrire

$$p = k\varepsilon + k'\varepsilon' + k''\varepsilon''.$$

On peut simplifier cette formule, car, ε étant la dilatation principale parallèle à la pression principale p, il est évident que le coefficient de ε doit être différent de ceux de ε' et de ε'', et que les coefficients de ε' et de ε'' doivent être égaux, puisque rien ne distingue l'une de l'autre les directions perpendiculaires à la pression p. L'équation précédente devient donc

$$p = k\varepsilon + h(\varepsilon' + \varepsilon'').$$

On trouverait de même

$$p' = k\varepsilon' + h(\varepsilon + \varepsilon''),$$
$$p'' = k\varepsilon'' + h(\varepsilon' + \varepsilon).$$

Introduisons dans ces équations la dilatation cubique au point considéré : en désignant cette dilatation cubique par v, on a

$$v = \varepsilon + \varepsilon' + \varepsilon'',$$

et les équations précédentes deviennent

$$p = (k-h)\varepsilon + hv,$$
$$p' = (k-h)\varepsilon' + hv,$$
$$p'' = (k-h)\varepsilon'' + hv.$$

Cauchy, dans ses calculs, désigne par h la quantité que nous avons appelée $k-h$, et par k celle que nous avons appelée h. Si nous nous conformons à ses notations, qui sont généralement employées, les équations précédentes deviennent

$$(1) \qquad p = h\varepsilon + kv,$$
$$(2) \qquad p' = h\varepsilon' + kv,$$
$$(3) \qquad p'' = h\varepsilon'' + kv.$$

La connaissance des coefficients h et k, ainsi définis, permet de résoudre les questions relatives à la compression ou à la dilatation d'un corps soumis à l'action de forces extérieures. Prenons pour exemple un cylindre comprimé ou dilaté dans le sens de sa longueur par une force égale à P agissant sur ses bases. Une des pressions principales sera évidemment parallèle au sens dans lequel s'exerce la compression ou la dilatation et égale à la force P, qui est supposée rapportée à l'unité de surface; les deux autres pressions principales, qui sont perpendiculaires à l'axe du cylindre, sont nécessairement nulles. On a donc

$$(4) \qquad P = h\varepsilon + kv.$$

De plus, par raison de symétrie, ε' et ε'' sont égaux : on peut donc poser

$$\varepsilon + 2\varepsilon' = v,$$

d'où

$$\varepsilon' = \frac{v - \varepsilon}{2}.$$

En remplaçant, dans l'équation (2), p' par zéro et ε' par sa valeur, il vient

$$(5) \qquad o = h\,\frac{v - \varepsilon}{2} + kv.$$

Si h et k sont connus, les équations (4) et (5) permettent de déterminer complétement ε et v. On en déduit en effet

$$(6) \qquad v = \frac{h\varepsilon}{h + 2k},$$

$$(7) \qquad P = h\varepsilon + \frac{kh\varepsilon}{h + 2k} = \frac{h(h + 3k)}{h + 2k}\,\varepsilon.$$

v est de même signe que ε si h et k sont de même signe, c'est-à-dire qu'à une compression correspond une diminution de volume et à une traction une augmentation de volume. Quant à la dilatation transversale $\frac{v-\varepsilon}{2}$, elle peut être positive ou négative. La théorie laisse donc indéterminée la question de savoir si à un allongement du cylindre correspond une dilatation ou une contraction du diamètre transversal du cylindre. Pour résoudre cette question il faut déterminer par l'expérience v et ε, ce qui fera connaître, au moyen des équations précédentes, les coefficients h et k.

Cagniard-Latour a fait des expériences dont il crut pouvoir conclure que, dans le cas d'un cylindre comprimé sur ses bases, on a toujours

$$\frac{v}{\varepsilon} = \frac{1}{2},$$

d'où, d'après l'équation (6),

$$\frac{h}{h+2k} = \frac{1}{2}$$

et

$$h = 2k.$$

Wertheim, au contraire, en expérimentant également sur des cylindres comprimés ou dilatés, trouva la relation

$$\frac{v}{\varepsilon} = \frac{1}{3},$$

d'où l'on déduit, au moyen de l'équation (6),

$$h = k.$$

Les expériences de Cagniard-Latour n'ont aucune valeur démonstrative à cause du peu de précision que comporte la méthode suivant laquelle elles ont été faites. Quant à celles de Wertheim, elles ont porté sur un petit nombre de corps jouissant de propriétés spéciales, et leurs résultats ne peuvent pas être généralisés. D'ailleurs, il est complétement impossible qu'il y ait entre les deux coefficients h et k une relation indépendante de la nature du corps. En effet, supposons que h soit très-petit; les équations (1), (2), (3) montrent que

les trois pressions principales sont alors très-près d'être égales entre
elles; par suite, l'ellipsoïde se rapprochera beaucoup d'être une
sphère, et les pressions seront presque normales à tous les éléments,
quelles que soient leurs directions. On voit que dans ce cas les propriétés du corps seront analogues à celles des liquides : ce sera un
liquide visqueux. Dans les corps réellement solides, au contraire,
les coefficients h et k ont des valeurs comparables entre elles, et,
puisque la nature offre toutes les transitions entre les liquides par-
faits et les solides proprement dits, il est impossible qu'il ne puisse
pas y avoir entre les coefficients h et k un très-grand nombre de
relations différentes suivant la nature du corps. C'est donc en vain
que Wertheim a cherché une relation constante entre ces deux coefficients. Quant au résultat de Cagniard-Latour, il est positivement
erroné; c'est ce qu'ont montré des expériences plus précises exécutées après lui sur les mêmes corps.

307. Travaux de Neumann. — A l'époque où Néumann a
exécuté son travail analytique sur la théorie de la double réfraction
accidentelle (1841), la théorie de l'élasticité était très-peu connue,
bien que Poisson et Cauchy eussent déjà publié, en 1828 et en
1829, des mémoires où se trouvaient exposés les principes de cette
théorie. Leurs mémoires n'étaient pas répandus à l'étranger, et Green
est le seul qui semble en avoir eu connaissance. Avant cette époque,
Poisson et Lamé avaient considéré la question de l'élasticité sous un
autre point de vue, en admettant qu'il s'exerce entre les molécules
des forces attractives ou répulsives proportionnelles à leurs variations
de distance. Cette théorie conduit à des formules qui ne contiennent
qu'une seule constante et qui, par suite, sont certainement inexactes.

Or Neumann a pris pour point de départ de ses calculs les formules établies par Lamé, Navier et Clapeyron. De là une première
cause d'erreur qu'il est impossible de corriger aujourd'hui. Il serait
donc complétement inutile de déterminer par l'expérience les constantes qui entrent dans les formules de Neumann.

Nous pouvons, à l'aide des considérations qui précèdent, donner
une idée simple de la théorie de Neumann. Nous avons vu, dans la

théorie de la double réfraction (124), que, dans un milieu homogène quelconque, il existe toujours un ellipsoïde tel, qu'en faisant
une section par le centre on obtient une ellipse dont les axes ont
des longueurs inversement proportionnelles aux vitesses des ondes
planes qui ont leurs vibrations parallèles à ces axes. L'hypothèse de
Neumann consiste à supposer que, dans un corps homogène et primitivement isotrope, mais déformé par la compression ou la dilatation, les trois forces élastiques principales sont des fonctions
linéaires des trois dilatations principales. On peut par conséquent
écrire. en désignant par A, B, C les forces élastiques principales et
par G le rapport de la vitesse de propagation du mouvement dans
le milieu considéré à sa vitesse de propagation dans le vide, les
équations suivantes :

$$A = G + p\varepsilon + q\,(\varepsilon' + \varepsilon''),$$
$$B = G + p\varepsilon' + q\,(\varepsilon + \varepsilon''),$$
$$C = G + p\varepsilon'' + q\,(\varepsilon' + \varepsilon).$$

A, B et C, étant les forces élastiques principales, ont des valeurs
proportionnelles aux carrés des vitesses suivant les axes de l'ellipsoïde, et par suite inversement proportionnelles aux carrés des longueurs des axes de cet ellipsoïde.

C'est de ces trois équations que Neumann prétend déduire les
phénomènes qui se passent dans un corps uniformément comprimé
ou dilaté. Mais ici se présente une grande difficulté; c'est qu'on ne
peut pas faire d'expériences sur un parallélipipède dont toutes les
faces sont soumises à l'action de forces normales. On ne peut opérer
qu'avec des corps comprimés dans une seule direction, ou tout au
plus dans deux directions rectangulaires. Il est donc impossible de
déterminer expérimentalement les constantes p et q.

Quoi qu'il en soit, il n'est pas sans intérêt d'indiquer ici les deux
méthodes expérimentales employées par Neumann. Dans la première
il observa les lignes isochromatiques d'une lame de verre courbée.
La ligne noire correspond au filet des molécules qui n'ont été ni
éloignées ni rapprochées, et on peut calculer les différences de
marche qui correspondent aux autres lignes isochromatiques. Neumann, en assimilant ces filets de molécules à un fil allongé ou

comprimé, et en admettant la loi posée par Cagniard-Latour (306),
a pu établir une relation entre la différence de marche et les coefficients p et q. D'après lui, on a pour le verre

$$\frac{p-q}{G} = 0,126,$$

la valeur de G étant $0,654$.

Dans une seconde série d'expériences, Neumann plaça la lame
de verre courbée au devant de deux ouvertures très-rapprochées et
éclairées de manière à pouvoir produire des phénomènes d'interférence. Il s'arrangeait de façon qu'un des faisceaux interférents traversât la lame dans une région où il y a dilatation, et l'autre dans
une région où il y a compression. Les apparences sont assez con-
fuses; mais, en les étudiant avec un analyseur, Neumann a pu
prendre des mesures et arriver ainsi aux relations suivantes :

$$\frac{p}{G} = -0,131,$$

$$\frac{q}{G} = -0,213,$$

qui déterminent des valeurs négatives pour p et pour q.

Malgré l'incertitude qui règne dans toute la théorie de Neumann,
on peut regarder les signes des coefficients p et q comme parfaitement établis. En effet, si on introduit dans les calculs de Neumann
la relation donnée par Wertheim et qui est très-approchée de la
vérité, du moins pour le verre, on trouve le même signe négatif
pour les coefficients p et q.

Il résulte de là une conséquence remarquable, c'est que, si l'on
comprime un morceau de verre d'une manière uniforme, la vitesse
de propagation doit augmenter dans l'intérieur de la substance, et
par suite l'indice de réfraction doit diminuer. Une dilatation, au
contraire, produit une diminution de la vitesse de propagation, et
par conséquent un accroissement de l'indice de réfraction. Ce résultat ne peut pas être vérifié directement par l'expérience, mais on
en déduit une conjecture très-plausible sur ce qui se passe quand
les corps éprouvent une faible variation de température. Si cette variation est très-petite, on peut admettre qu'elle n'a d'autre effet que

de dilater le corps et par suite d'augmenter son indice de réfraction. Cet accroissement de l'indice par un léger échauffement a été vérifié expérimentalement par Neumann [1].

308. Polarisation rotatoire produite par la torsion. — La théorie de Neumann fait voir que, si un rayon polarisé traverse dans la direction de l'axe une tige de verre soumise à une certaine torsion, le plan de polarisation de ce rayon éprouve une rotation proportionnelle à la longueur de la tige et à l'angle de torsion. Il est extrêmement probable que les choses se passent réellement ainsi, mais il est très-difficile de le vérifier par l'expérience. En effet, la rotation étant très-faible, il faudrait ou employer des tiges très-longues, ou soumettre les tiges à une torsion très-forte. Le premier moyen ne peut être employé, car les tiges de verre un peu longues présentent toujours une trempe sensible, et alors les phénomènes de la double réfraction viennent complétement masquer ceux de la polarisation rotatoire. Le second moyen n'est pas non plus praticable, parce qu'on arrive rapidement à la rupture du verre. Aussi Neumann n'a-t-il pas obtenu de résultats et Drion n'a-t-il pas mieux réussi lorsqu'il a voulu reprendre ces expériences il y a quelques années.

309. Explication théorique de la double réfraction produite par les variations de température et par la trempe. — Neumann a essayé d'étendre sa théorie au cas où les corps acquièrent les propriétés biréfringentes par l'échauffement ou par la trempe. Quand un corps s'échauffe, il s'établit dans son intérieur des dilatations inégales d'où résultent des tensions variables d'un point à un autre. Neumann, en examinant successivement les différents points du corps, arrive, par une suite de raisonnements irréprochables, à déterminer pour ces points les directions et les grandeurs des dilatations principales en ces points. La seule erreur possible proviendrait de ce que la constante employée dans ces cal-

---

[1] Voir, sur ce sujet, les recherches de M. Fizeau sur les modifications que subit la vitesse de la lumière dans le verre et plusieurs autres corps solides sous l'influence de la chaleur, *C. R.*, LV, 1237. — *Ann. de chim. et de phys.*, (3), LXVI, 429 (1862).

culs varie d'un point à un autre ; mais, quand les différences de température sont peu considérables, cette variation peut être négligée sans inconvénient.

La trempe résulte en général d'un refroidissement brusque d'un corps fortement échauffé ; le refroidissement se fait alors inégalement vite dans les différentes parties du corps, et les molécules de certaines régions sont maintenues dans un état d'équilibre forcé, d'où résultent des tensions intérieures très-variables. Pour analyser la double réfraction produite par la trempe, Neumann considère un cylindre en train de subir le refroidissement : à un instant donné, la couche superficielle de ce cylindre est solide et entoure une autre couche concentrique qui est en train de se solidifier. Neumann admet que la couche extérieure exerce sur celle qui se solidifie une pression analogue à celle que produirait un fluide entourant le cylindre ; mais c'est là une hypothèse peu probable, et il est à penser que les phénomènes se passent autrement.

BIBLIOGRAPHIE.

DOUBLE RÉFRACTION ACCIDENTELLE.

1810.   Malus, Mémoire sur l'axe de réfraction des cristaux et des substances organisées, *Mém. de la prem. classe de l'Inst.*, XI, 142.

1811.   Malus, Expériences sur la double réfraction des substances animales et végétales, mentionnées dans l'Histoire de la classe des sciences mathématiques et physiques pendant l'année 1811, *Mém. de la prem. classe de l'Inst.*, XII, xxix.

1813.   Seebeck, Einige neue Versuche und Beobachtungen ueber Spiegelung und Brechung des Lichts, *Schweigger's Journ.*, VII, 252, 382.

1814.   Seebeck, Von den entoptischen Figuren, *Schweigger's Journ.*, XI, 71 ; XII, 1.

1814.   Brewster, Result of some Recent Experiments on the Properties Impressed upon Light by the Action of Glass Reased to Different Temperatures and Cooled under Different Circumstances, *Phil. Trans.*, 1814, p. 431.

1815.   Brewster, On the Effects of simple Pressure as Producing that Species of Crystallization which Forms two Oppositely Polarized Images and Exhibits the Complementary Colours of Polarized Light. *Phil. Trans.*, 1815, p. 60.

1815. BREWSTER, Additional Observations on the Optical Properties und Structure of Heated Glass and Unheated Glass Drops, *Phil. Trans.*, 1815, p. 1.

1815. BREWSTER, Experiments on the Depolarization of Light Exhibited by various Mineral, Animal and Vegetable Bodies. *Phil. Trans.*, 1815, p. 29.

1816. BREWSTER, On New Properties of Heat as Exhibited in its Propagation along Plates of Glass, *Phil. Trans.*, 1816, p. 46.

1816. BREWSTER, On the Communication of the Structure of Doubly Refracting Crystals to Glass, Muriat of Soda, Fluor Spar and other Substances by Mechanical Compression and Dilatation, *Phil. Trans.*, 1816, p. 156.

1817. BREWSTER, Effects of Compression and Dilatation in Altering the Polarized Structure of Doubly Refracting Crystals, *Edinb. Trans.*, VIII, 281.

1817. BREWSTER, Laws which Regulate the Distribution of the Depolarizating Forces in Plates, Tubes and Cylinders of Glass, *Edinb. Trans.*, VIII, 353.

1817. BIOT, Nouvelles expériences sur le développement des forces polarisantes par la compression dans tous les sens des cristaux, *Ann. de chim. et de phys.*, (2), III, 386.

1817. FRESNEL, Lettre à Arago sur l'influence de la chaleur dans les couleurs développées par la polarisation, *Ann. de chim. et de phys.*, (2), IV, 298.

1819. FRESNEL, Mémoire sur la réflexion de la lumière, *Mém. de l'Acad. des sc.*, XX, 195. — *OEuvres complètes*, I, 691.

1820. BIOT, Sur une nouvelle propriété physique qu'acquièrent les lames de verre lorsqu'elles exécutent des vibrations longitudinales, *Ann. de chim. et de phys.*, (2), XIII, 151.

1822. FRESNEL, Note sur la double réfraction du verre comprimé, *Bull. de la Soc. Philomath.*, 1822, p. 139. — *Ann. de chim. et de phys.*, (2), XX, 376. — *OEuvres complètes*, I, 713.

1830. BREWSTER, On the Production of Regular Double Refraction in the Molecules of Bodies by Simple Pressure, *Phil. Trans.*, 1830, p. 87.

1835. DOVE, Versuche über Circularpolarisation des Lichts, *Pogg. Ann.*, XXXV, 579.

1836. GUÉRARD, Double réfraction du verre ordinaire, *C. R.*, II, 471. — *Inst.*, IV, 156.

1841. NEUMANN, Die Gesetze der Doppelbrechung des Lichts in comprimirten oder ungleichförmig erwärmten unkrystallischen Körpern,

Pogg. Ann., LIV, 449. — *Abhandlungen der Akademie von Berlin für 1841,* part. ii, 3. — *Inst.,* X, 163.

1844.   Moriz, Polarisation mit einem blossen Glasswürfel, *Pogg. Ann.,* LXIII, 49.

1850.   Arago, Influences qui agissent sur la réfraction des corps, *OEuvres complètes,* X, 581.

1850.   Splitgeber, Ueber die Erscheinung des schwarzen Kreuzes welche nicht durch schnelles Erkalten im Glass hervorgerufen ist, *Pogg. Ann.,* LXXIX, 297.

1850.   Moigno et Soleil, Note sur un nouveau caractère distinctif entre les cristaux à un axe positifs ou négatifs, *C. R.,* XXX, 361.

1851.   Wertheim, Sur les effets optiques de la compression du verre, *C. R.,* XXXII, 141.

1851.   Wertheim, Mémoire sur la polarisation chromatique produite par le verre comprimé, *C. R.,* XXXII, 289. — *Inst.,* XX, 65.

1851-52.   Wertheim, Note sur la double réfraction artificiellement produite dans les cristaux du système régulier, *C. R.,* XXXIII, 576; XXXV, 276. — *Inst.,* XX, 270.

1853.   Brewster, Production of Crystalline Structure in Crystallized Powders by Compression and Traction, *Edinb. Trans.,* XX, 555. — *Inst.,* XXII, 35.

1854.   Wertheim, Mémoire sur la double réfraction temporairement produite dans les corps isotropes, *Thèse de Paris,* 1854; *Ann. de chim. et de phys.,* (3), XII, 96.

1855.   Bravais, Description d'un nouveau palariscope et recherches sur les doubles réfractions peu énergiques. — *Ann. de chim. et de phys.,* (3), XLIII, 129.

1859.   Pfaff, Versuche über den Einfluss des Drucks auf die optischen Eigenschaften doppelbrechender Krystalle, *Pogg. Ann.,* CVII, 333; CVIII, 598. — *Ann. de chim. et de phys.,* (3), LVII, 506.

1864.   Kundt, Ueber die Doppelbrechung des Lichts in tönenden Stäben, *Berl. Monatsber.,* 1864, p. 659. — *Pogg. Ann.,* CXXIII, 541. — *Inst.,* XXXIII, 125.

1864.   Pfaff, Ueber den Einfluss der Temperatur auf die Doppelbrechung, *Pogg. Ann.,* CXXIII, 179.

1865.   De la Rive, Sur les propriétés optiques développées dans différentes espèces de verre par le passage d'une décharge électrique, *C. R.,* LX. — *Phil. Mag.,* (4), XXX, 160.

POLARISATION LAMELLAIRE ET SES APPLICATIONS À L'ÉTUDE DES CRISTAUX ET DES CORPS ORGANISÉS.

1813.   Brewster, *Treatise on New Philosophical Instruments,* Edinburgh, p. 321.

1813.   Brewster, On the Affection of Light Transmitted through Crystallized
           Bodies (Agate), *Edinb. Trans.*, VI.

1816.   Brewster, On the Structure of the Crystalline Lenses in Fishes and
           Quadrupedes as Ascertained by its Action on Polarized Ligth,
           Phil. Trans., 1816, p. 311. — *Ann. de chim. et de phys.*, (2),
           IV, 431.

1817.   Brewster, On the Optical Properties of Muriat of Soda, Fluate of
           Lime and Diamond as Exhibited in their Action upon Polarized
           Light, *Edinb. Trans.*, VIII, 157.

1821.   Brewster, Account of a Remarkable Structure in Apophyllit with
           Observations on the Optical Peculiarities of that Mineral, *Edinb.
           Trans.*, IX, 317.

1826.   Brewster, On a New Species of Double Refraction Accompanying a
           Remarkable Structure in the Mineral Called Analcim, *Edinb.
           Trans.*, X.

1826.   Mark, Ueber die optischen Eigenschaften der Knochenlamellen und
           des Zuckers, *Kastner's Ann.*, VIII. — *Phil. Mag.*, (3), XV, 192.

1833-36.   Brewster, On the Anatomical and Optical Structure of the Cristalline
           Lenses of Animals, *Phil. Trans.*, 1833, p. 323; 1836, p 35.

1835.   Talbot, Anwendung des polarisirten Lichts zu mikroscopischen
           Beobachtungen, *Pogg. Ann.*, XXV, 330. — *Inst.*, III, 34.

1837.   Brewster, On the Development and Extinction of Regular Doubly
           Refracting Structure in the Crystalline Lenses of Animals after
           Death, *Phil. Trans.*, 1837. p. 253.— *Phil. Mag.*, (4), III, 192.

1841.   Biot, Mémoire sur la polarisation lamellaire, *Mém. de l'Acad. des sc.*,
           XVIII, 541.

1841.   Biot, Sur l'influence de l'état lamellaire dans les phénomènes de po-
           larisation et de double réfraction produits par certains corps cris-
           tallisés, *C. R.*, XII, 1121.

1842.   Goddard, Ueber Depolarisation des Lichts durch lebende Thiere.
           Pogg. Ann., Ergänzungsband, I, 190.

1844.   Biot, Note sur des phénomènes de polarisation produits à travers les
           globules féculacés, *C. R.*, XVIII, 735.

1844.   Jamin, De l'action que les bélemnites exercent sur la lumière pola-
           risée, *C. R.*, XVIII, 680.

1846.   Brewster, On the Modification of the Doubly Refracting and Phy-
           sical Structure of Topaz by Elastic Forces Emanating from Mi-
           nute Cavities, *Edinb. Trans.*, XVI, part i, p. 7. — *Phil. Mag.*,
           (4), XXXI, 101.

1847.   Von Erlach, Mikroscopische Beobachtungen über Organische Ele-
           mentartheile bei polarisirtem Lichte, *Müller's Archiv.*, 1847.
           p. 413.

1848.   Ehrenberg, Ueber eine neue einflussreiche Anwendung des polarisirten Lichts für mikroscopische Auffassung des Organischen und Anorganischen, *Berl. Monatsber.,* 1848, p. 238.

1849.   HAIDINGER, Ueber den Antigonit, *Pogg. Ann.,* LXXVIII, 91.

1849.   EHRENBERG, Anwendung des chromatisch polarisirten Lichts für mikroscopische Verhältnisse, *Berl. Monatsber.,* 1849, p. 55, 211. — *Inst.,* XVII, 254.

1850.   THOMAS, Beobachtungen über gewisse Erscheinungen die sich an den Krystallinsen verschiedener Thiere beobachten lassen, *Wien. Ber.,* VI, 286.

1852.   STELLWART VON CARION, Ueber Doppelbrechung und davon abhängiger Polarisation des Lichts im menschlichen Auge, *Wien. Ber.,* VIII, 82.

1854.   VOLGER, Ueber die Erscheinungen der Aggregatspolarisation im Boracit, *Pogg. Ann.,* XCII, 77; XCIII, 450.

1859.   VALENTIN, Neue Untersuchungen über die Polarisationserscheinungen der Krystallinsen des Menschen und der Thiere, *Arch. für Ophtalm.,* (4), I, 227.

1859.   MOHL, Ueber die Einrichtung des Polarisationsmikroscops zum Behufe der Untersuchung organischer Körper, *Pogg. Ann.,* CVIII, 178.

1860.   STEEG, Ueber die Beobachtungen einiger Polarisationserscheinungen in organischen Substanzen, *Pogg. Ann.,* CXI, 511.

1861.   VALENTIN, *Die Untersuchung der Pflanzen und der Thiergewebe im polarisirten Lichte,* Leipzig, 1861.

1861.   VALENTIN, Abänderung des Charakters der Doppelbrechung in Krystallinsen, *Arch. für Ophtalm.,* (4), VIII, 81.

1864.   VON LANG, Ueber das Kreuz das gewisse organische Körper im polarisirten Lichte zeigen, *Pogg. Ann.,* CXXII, 140.

1864.   NAGELI, *Die Anwendung des Polarisationsmikroscops auf die Untersuchung der organischen Elementartheile,* Leipzig, 1864.

HUITIÈME PARTIE.

LEÇONS

SUR LES LOIS DE LA RÉFLEXION ET DE LA RÉFRACTION DE LA LUMIÈRE POLARISÉE [1].

Les lois géométriques de la réflexion et de la réfraction ne font connaître que la direction des rayons réfléchis ou réfractés. Il reste à déterminer les proportions de lumière réfléchie et réfractée, et les modifications que subissent la constitution et la polarisation des rayons incidents par la réflexion et par la réfraction. Tel sera l'objet de ce qui va suivre.

I.

THÉORIE DE FRESNEL.

310. Premières tentatives d'Young. — Young a le premier abordé la détermination des quantités de lumière réfractée et réfléchie, mais il s'est borné à un cas tout à fait particulier. celui de l'incidence normale [2]. Il admet que l'éther est un fluide parfaitement élastique, dont les molécules ébranlées reviennent à leur position primitive sans conserver de traces du mouvement vibratoire.

[1] Ces leçons ont été professées dans le cours de troisième année, à l'École Normale en 1860, et rédigées par M. Raulin.
[2] Article *Chromatics* dans le Supplément à l'Encyclopédie britannique.

Il assimile la réflexion et la réfraction au choc de deux billes élastiques : le rayon incident est la bille choquante avant le choc, le rayon réfléchi cette même bille après le choc, et le rayon réfracté est la bille qui était primitivement en repos. Il suffira donc d'appliquer les principes d'après lesquels on résout les questions relatives au choc des corps élastiques. Parmi ces principes se trouve celui des forces vives, qui donne une équation où entre la masse, c'est-à-dire le produit de la densité par le volume. La vitesse de propagation d'un mouvement vibratoire dans un milieu homogène est toujours, comme on sait, égale à $\sqrt{\dfrac{e}{d}}$, e représentant l'élasticité du milieu et d sa densité. Or Young admet que, pour la lumière, la différence des vitesses de propagation dans les différents milieux provient uniquement de ce que la densité de l'éther n'est pas la même dans ces milieux, son élasticité restant constante. Il résulte de cette hypothèse que les densités de l'éther dans les différents milieux sont en raison inverse des carrés des vitesses de propagation de la lumière dans ces milieux, et par suite proportionnelles aux carrés des indices de réfraction. Quant aux volumes qu'il faut prendre, ce sont, d'une part, un volume arbitraire pour le mouvement incident; d'autre part, pour les deux mouvements réfléchi et réfracté, les deux volumes du premier et du second milieu, auxquels s'est transmis au bout d'un même temps le mouvement du volume pris dans le mouvement incident; ces volumes sont évidemment proportionnels aux vitesses de propagation dans les milieux, et par suite inversement proportionnels aux indices de réfraction, d'où l'on conclut que les masses, qui sont les produits des densités par les volumes, sont proportionnelles aux indices de réfraction.

Si l'on prend pour unité la masse du volume d'éther dans le milieu incident; si l'on prend également pour unité de vitesse la vitesse de vibration du rayon incident; si l'on désigne enfin par u et v les vitesses de vibration du rayon réfracté et du rayon réfléchi, et par n l'indice de réfraction du second milieu par rapport au premier, la théorie du choc des corps élastiques donne d'abord l'équation

$$1 = u - v,$$

et le principe des forces vives fournit, d'après ce que nous venons de dire sur la proportionnalité des masses aux indices, l'équation

$$1 = v^2 + nu^2.$$

De ces équations on tire facilement

$$v = \frac{1-n}{1+n};$$

l'intensité de la lumière réfléchie est donc

$$\frac{(n-1)^2}{(n+1)^2},$$

et celle de la lumière réfractée

$$1 - \frac{(n-1)^2}{(n+1)^2}.$$

Il n'y a dans cette théorie qu'un point important, c'est l'emploi du principe des forces vives; quant au résultat, il se retrouve comme cas particulier dans la théorie de Fresnel. C'est cette théorie que nous allons exposer maintenant, en la faisant suivre des vérifications expérimentales qu'elle a reçues, des compléments qui y ont été ajoutés et enfin de ses principales applications.

311. Principes fondamentaux admis par Fresnel. — Les lois de la réflexion et de la réfraction de la lumière polarisée ont été exposées par Fresnel pour la première fois en 1821 [1], puis plus complétement en 1823 [2]. Cette théorie n'est applicable qu'aux milieux isotropes ou uniréfringents. Elle s'appuie sur quatre principes que nous allons faire connaître successivement; les deux premiers sont incontestables, les deux derniers ont un caractère un peu hypothétique.

1° *Principe des forces vives.* — Fresnel admet le principe des forces vives sous la forme que lui a donnée Young. Il suppose un

[1] *Ann. de chim. et de phys.*, (2), XVII, 190, 312. — *OEuvres complètes*, t. I, p. 640.
[2] *Mém. de l'Acad. des sc.*, XI, 393. — *Ann. de chim. et de phys.*, (2), XLVI, 225. — *OEuvres complètes*, t. I, p. 767.

éther parfaitement élastique, dont les molécules après les vibrations sont ramenées au repos en cédant aux molécules suivantes tout le mouvement qu'elles ont reçu, d'où il résulte que toute la force vive du rayon incident doit se retrouver dans le rayon réfléchi et dans le rayon réfracté. En réalité ce principe n'est pas absolument vrai, car en l'établissant on néglige la présence de la matière pondérable qui retient une partie de la force vive. Cette absorption de la lumière produit dans la matière pondérable des changements permanents, tels que ceux qui se révèlent à nous sous la forme de la chaleur. Nous en ferons abstraction dans la théorie que nous allons exposer, c'est-à-dire que nous imaginerons un éther fictif, parfaitement élastique, dégagé de toute matière pondérable. Aussi verrons-nous que les résultats de cette théorie s'accordent parfaitement avec l'expérience quand les milieux sont transparents; approximativement seulement quand la transparence n'est pas complète, et qu'enfin, pour les milieux qui absorbent fortement la lumière, l'expérience s'écarte complétement de la théorie.

2° *Principe de continuité.* — Le second principe est celui de continuité, aussi évident que le premier. Voici en quoi il consiste : si on fait deux sections infiniment rapprochées de la surface de séparation des deux milieux, l'une dans le premier, l'autre dans le second milieu, les vitesses et les déplacements des molécules prises sur les deux sections et dont les distances sont infiniment petites ne diffèrent elles-mêmes que de quantités infiniment petites. Ces différences ne peuvent pas être nulles; car si, à un instant quelconque, les molécules infiniment voisines avaient même mouvement, le mouvement communiqué à l'une d'elles pendant cet instant ne se transmettrait pas aux autres, et la propagation du mouvement s'arrêterait. Les différences de vitesses et de déplacements ne peuvent pas non plus être du même ordre de grandeur que les déplacements et les vitesses, car alors il se développerait des forces élastiques infiniment grandes par rapport à celles qui mettent réellement les molécules en mouvement, et ces forces résistantes ramèneraient dans un temps infiniment court les différences à n'être plus qu'infiniment petites. Enfin, si les différences sont infiniment petites, les forces élastiques sont de même ordre que celles qui font mouvoir les molécules et ramènent ces molécules dans leur position d'équilibre. C'est ce qui a lieu non-seulement pour les molécules infiniment voisines d'un même milieu, mais encore pour les molécules de deux milieux différents et contigus, lorsqu'elles sont à des distances infiniment petites. Ce principe est soumis aux mêmes restrictions que le premier.

3° *Hypothèse des changements brusques à la surface de séparation.* — Le troisième principe ne se trouve qu'implicitement dans Fresnel; il admet que le changement de vitesse et de déplacement s'opère brusquement à la surface de séparation des deux milieux. L'expérience paraît au premier abord vérifier cette hypothèse, car, si près qu'on les prenne de la surface de séparation, le rayon réfléchi et le rayon réfracté possèdent les mêmes propriétés qu'à une grande distance de cette surface. Mais il faut dire que les distances de la surface de séparation auxquelles on peut expérimenter sur les rayons, même lorsqu'elles sont autant réduites que possible, sont toujours encore très-grandes par rapport à la longueur d'ondulation; or celle-ci est du même ordre de grandeur que la distance dans les limites de laquelle peuvent s'opérer les changements, s'ils se font graduellement. On ne commettra donc qu'une très-faible erreur en admettant que ces changements ont lieu brusquement à la surface de séparation.

4° *Hypothèse sur la constitution de l'éther.* — Fresnel admet comme quatrième principe que la différence des vitesses de propagation de la lumière dans les différents milieux isotropes tient uniquement à la différence des densités de l'éther dans ces milieux, tandis que l'élasticité de cet éther est la même dans tous les milieux isotropes. Ce principe est une simple hypothèse tant qu'on ne fait pas intervenir des considérations étrangères à l'ordre de questions dont nous nous occupons actuellement.

Il en résulte, comme nous l'avons vu plus haut, que les vitesses de propagation dans les différents milieux sont en raison inverse des racines carrées des densités de l'éther dans ces milieux, et cette relation nous permettra d'établir l'équation des forces vives en déterminant les masses qui entrent dans cette équation.

Les phénomènes de la polarisation rectiligne montrent simplement que les vibrations sont symétriques par rapport à ce qu'on est convenu d'appeler le plan de polarisation ; mais ils n'indiquent nullement si les vibrations d'un rayon polarisé rectilignement ont lieu parallèlement ou perpendiculairement à ce plan de polarisation. Fresnel, pour trouver des lois de la réflexion et de la réfraction conformes à l'expérience, a été obligé de supposer les vibrations perpendiculaires au plan de polarisation. Ainsi l'hypothèse de la constance de l'élasticité de l'éther entraîne celle de la perpendicularité des vibrations au plan de polarisation, et ces deux hypothèses n'en font en réalité qu'une.

Nous commencerons par étudier la réflexion et la réfraction de la lumière polarisée rectilignement, et nous traiterons en premier lieu les deux cas les plus simples, celui où la lumière incidente est polarisée dans le plan d'incidence et celui où elle est polarisée perpendiculairement au plan d'incidence.

312. Réflexion de la lumière polarisée dans le plan d'incidence. — Lorsque la lumière incidente est polarisée dans le plan d'incidence, les vibrations des rayons incidents sont perpendiculaires à ce plan ; tout est alors symétrique par rapport à ce plan, et par conséquent les vibrations des rayons réfléchis et réfractés doivent lui être perpendiculaires. Donc, lorsque les rayons incidents sont polarisés dans le plan d'incidence, les rayons réfléchis et les rayons réfractés sont polarisés dans le même plan.

Il reste à déterminer l'intensité de la lumière réfléchie. Le principe de la continuité du mouvement va nous fournir une première équation. Prenons pour unité l'amplitude du rayon incident ; le mouvement vibratoire sur le rayon incident sera représenté par $\sin 2\pi \frac{t}{T}$ au temps t, T étant la durée d'une vibration ; il s'agit, bien entendu, d'un mouvement simple, c'est-à-dire d'un rayon d'une couleur déterminée. Prenons dans le second milieu une molécule infiniment voisine de la surface de séparation : le mouvement de cette molécule, d'après le principe de continuité, aura même phase et même période que celui d'une molécule prise dans le premier milieu, mais l'amplitude sera différente. Si nous représentons cette amplitude par u et si nous remarquons que, d'après le troisième principe posé par Fresnel, l'amplitude u doit conserver une valeur constante dans le second milieu, nous verrons que sur le rayon réfracté le mouvement vibratoire est représenté par $u \sin 2\pi \frac{t}{T}$. De même, en désignant par v l'amplitude du mouvement réfléchi dans le premier milieu, le mouvement vibratoire sur le rayon réfléchi est représenté par $v \sin 2\pi \frac{t}{T}$. La résultante du mouvement incident et du mouvement réfléchi est $(1 + v) \sin 2\pi \frac{t}{T}$, puisque ces mouvements sont rectilignes et parallèles; et, d'après le principe de continuité, cette résultante doit être égale au mouvement vibratoire du rayon réfracté : on a donc

$$(1 + v) \sin 2\pi \frac{t}{T} = u \sin 2\pi \frac{t}{T},$$

d'où

$$1 + v = u.$$

Le principe des forces vives va nous fournir une seconde équation qui, avec la première, servira à déterminer les amplitudes v et u. A cet effet, cherchons à quelle portion de l'éther se transmet dans le mouvement réfléchi et dans le mouvement réfracté la force vive d'une portion déterminée de l'éther animée du mouvement incident. Fresnel considère à cet effet un prisme rectangulaire d'éther ayant pour dimensions dans la direction du rayon incident une longueur MN (fig. 56) égale à λ, dans le plan d'incidence une largeur quelconque MK que nous désignerons par d, et

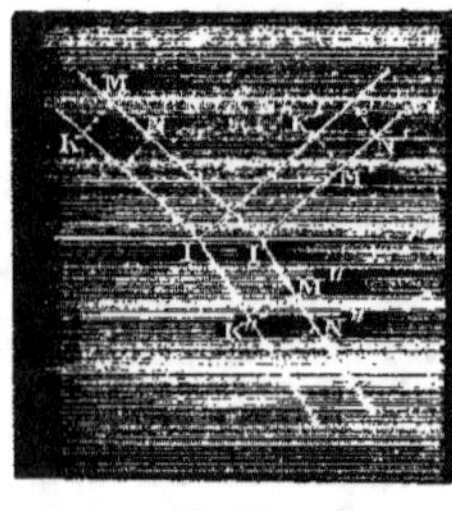

Fig. 56.

dans le sens perpendiculaire à ce plan une hauteur quelconque que nous nommerons h. Le volume du prisme est donc λdh. Si nous représentons par $\sin 2\pi \frac{t}{T}$ le mouvement vibratoire du point M au temps t, le mouvement vibratoire d'une section faite dans le prisme perpendiculairement au rayon incident et à une distance x du point M sera représenté à la même époque par $\sin 2\pi \left(\frac{t}{T} - \frac{x}{\lambda} \right)$, et la force vive de la tranche infiniment petite d'épaisseur dx correspondant à cette section aura pour expression, si l'on prend pour unité la densité de l'éther dans le milieu incident,

$$hd\,dx \sin^2 2\pi \left(\frac{t}{T} - \frac{x}{\lambda}\right).$$

Pour avoir la force vive de tout le prisme il suffit d'intégrer, par rapport à x, depuis zéro jusqu'à λ, ce qui donne

$$hd \int_0^\lambda \sin^2 2\pi \left(\frac{t}{T} - \frac{x}{\lambda}\right) dx.$$

Cherchons maintenant la force vive du mouvement réfléchi. Pendant que le mouvement de la molécule N vient en N', celui de la molécule M se transmet en un point M' tel que l'on ait

$$MN = M'N' = \lambda.$$

Le volume auquel est transmis le mouvement du prisme d'éther considéré dans le mouvement incident est donc encore $\lambda\,hd$; l'amplitude seule a changé dans le rapport de 1 à v, de sorte que la force vive du mouvement réfléchi est égale à

$$hdv^2 \int_0^\lambda \sin^2 2\pi \left(\frac{t}{T} - \frac{x}{\lambda}\right) dx.$$

Passons maintenant à la lumière réfractée. Lorsque le point N aura transmis son mouvement en N″, le point M aura transmis le sien en M″, et, comme dans ces deux trajets la partie NM″ est commune, M″N″ doit avoir été parcouru dans le même temps que MN; or $MN = \lambda$, donc $M''N'' = \lambda'$, λ' étant la longueur d'ondulation dans le second milieu. La dimension K″M″ a pour valeur $d\dfrac{\cos r}{\cos i}$, i et r désignant les angles d'incidence et de réfraction; la dimension h n'a pas changé. Quant à la densité de l'éther dans le second milieu, d'après le quatrième principe, elle est égale à $\dfrac{\lambda^2}{\lambda'^2}$; enfin l'amplitude du mouvement réfracté est représentée par u. On a ainsi pour valeur de la force vive du mouvement réfracté

$$\frac{\lambda^2}{\lambda'^2}\,hd\,\frac{\cos r}{\cos i}\,u^2 \int_0^{\lambda'} \sin^2 2\pi\left(\frac{t}{T}-\frac{x}{\lambda'}\right)\,dx.$$

L'équation des forces vives peut donc s'écrire

$$hd\int_0^\lambda \sin^2 2\pi\left(\frac{t}{T}-\frac{x}{\lambda}\right)\,dx = h\,dv^2\int_0^\lambda \sin^2 2\pi\left(\frac{t}{T}-\frac{x}{\lambda}\right)\,dx$$
$$+hd\,\frac{\lambda^2 u^2}{\lambda'^2}\frac{\cos r}{\cos i}\int_0^{\lambda'}\sin^2 2\pi\left(\frac{t}{T}-\frac{x}{\lambda'}\right)\,dx,$$

d'où

$$\left(1-v^2\right)\int_0^\lambda \sin^2 2\pi\left(\frac{t}{T}-\frac{x}{\lambda}\right)\,dx = \frac{\lambda^2 u^2}{\lambda'^2}\frac{\cos r}{\cos i}\int_0^{\lambda'}\sin^2 2\pi\left(\frac{t}{T}-\frac{x}{\lambda'}\right)\,dx.$$

Si l'on pose $\frac{x}{\lambda}=y$, on a

$$\int_0^\lambda \sin^2 2\pi\left(\frac{t}{T}-\frac{x}{\lambda}\right) = \lambda\int_0^1 \sin^2 2\pi\left(\frac{t}{T}-y\right)\,dy$$

et

$$\int_0^{\lambda'} \sin^2 2\pi\left(\frac{t}{T}-\frac{x}{\lambda'}\right) = \lambda'\int_0^1 \sin^2 2\pi\left(\frac{t}{T}-y\right)\,dy,$$

en sorte que l'équation des forces vives se réduit à

$$1-v^2 = \frac{\lambda}{\lambda'}\frac{\cos r}{\cos i}\,u^2,$$

d'où, en remplaçant $\frac{\lambda}{\lambda'}$ par $\frac{\sin i}{\sin r}$,

$$\left(1-v^2\right)\sin r\cos i = u^2 \sin i\cos r.$$

Cette équation, avec la première, détermine v et u; on en tire successivement

$$\left(1-v\right)\left(1+v\right)\sin r\cos i = u^2 \sin i\cos r.$$
$$\left(1-v\right)\sin r\cos i = u\sin i\cos r,$$

en tenant compte de la relation $1+v=u$, et enfin

$$\left(1-v\right)\sin r\cos i = \left(1+v\right)\sin i\cos r,$$

d'où

$$v = \frac{\sin r \cos i - \sin i \cos r}{\sin r \cos i + \sin i \cos r} = -\frac{\sin (i-r)}{\sin (i+r)}.$$

Telle est l'amplitude du rayon réfléchi. Quant à son intensité, si on la désigne par R, celle du rayon incident étant prise pour unité, on a

$$R = \frac{\sin^2 (i-r)}{\sin^2 (i+r)}.$$

On voit que le signe de la vitesse ed vibration v du rayon réfléchi est semblable ou contraire au signe de la vitesse de vibration du rayon incident, suivant que le second milieu est moins ou plus réfringent que le premier.

Supposons d'abord le second milieu plus réfringent que le premier, c'est-à-dire $i > r$, et cherchons comment varie v. Pour $i = 0$, c'est-à-dire pour l'incidence normale, la valeur de v se présente sous la forme $\frac{o}{o}$. On lève cette indétermination, soit en prenant le rapport des dérivées et en passant à la limite, soit en remarquant que, lorsque i tend vers zéro, les sinus des angles $i-r$ et $i+r$ tendent vers les arcs $i-r$ et $i+r$, de sorte que l'on a, dans le cas de l'incidence normale,

$$v = -\lim \frac{i-r}{i+r} = -\lim \frac{\dfrac{i}{r}-1}{\dfrac{i}{r}+1}.$$

Mais, comme

$$\frac{i}{r} = n,$$

n étant l'indice de réfraction du second milieu par rapport au premier, il vient

$$v = -\frac{n-1}{n+1}.$$

A mesure que l'angle d'incidence i croît, le numérateur augmente et le dénominateur croît pour décroître ensuite, en sorte que, pour voir comment varie v, il faut chercher le signe de la dérivée, qui est

$$- \frac{\cos(i-r)\left(1 - \dfrac{dr}{di}\right)\sin(i+r) - \cos(i+r)\left(1 + \dfrac{dr}{di}\right)\sin(i-r)}{\sin^2(i+r)},$$

ou, en remplaçant $\dfrac{dr}{di}$ par $\dfrac{\cos i}{n \cos r}$, ce qui résulte de la relation $\sin i = n \sin r$,

$$\frac{-\cos(i-r)\left(1 - \dfrac{\cos i}{n \cos r}\right)\sin(i+r) + \cos(i+r)\left(1 + \dfrac{\cos i}{n \cos r}\right)\sin(i-r)}{\sin^2(i+r)},$$

ou, plus simplement,

$$\frac{-\sin 2r + \dfrac{\cos i}{n \cos r}\sin 2i}{\sin^2(i+r)},$$

et, en remplaçant n par sa valeur,

$$\frac{-\sin 2r \sin i \cos r + \cos i \sin r \sin 2i}{\sin i \cos r \sin^2(i+r)},$$

ou

$$\frac{2\sin i\,(\cos^2 i - \cos^2 r)}{\dfrac{\sin i}{\sin r}\cos r \sin^2(i+r)},$$

et enfin

$$\frac{2\sin i\,(\cos^2 i - \cos^2 r)}{n \cos r \sin^2(i+r)}.$$

Cette expression est toujours négative; v décroît donc quand i augmente, et, comme v est négatif, sa valeur absolue augmente avec l'incidence. Donc, quand la lumière incidente est polarisée dans le plan d'incidence, l'intensité du rayon réfléchi augmente avec l'incidence. Sous l'incidence rasante, $i = 90$ degrés et l'on a $v = 1$; dans ce cas, le rayon réfléchi a même intensité que le rayon incident.

Tous les résultats précédents s'appliquent au cas où le second milieu est moins réfringent que le premier, seulement le signe de v est positif. De plus, n étant alors plus petit que l'unité, il arrive un moment où $\sin i$ devient égal à n. Si l'on dépasse cette limite, on a $\sin r > 1$, et l'angle r devient imaginaire. L'expression de v, qui contient cet angle, est donc aussi imaginaire et a besoin d'être interprétée, comme nous le ferons plus loin. Ainsi le cas de la réflexion totale se trouve écarté de la discussion précédente.

313. Réflexion de la lumière polarisée perpendiculairement au plan d'incidence. — Lorsque la lumière incidente est polarisée perpendiculairement au plan d'incidence, ses vibrations sont dans ce plan d'incidence, et, comme il n'y a pas de raison pour qu'elles en sortent, il doit en être de même des vibrations des rayons réfléchis et réfractés. Donc, quand les rayons incidents sont polarisés perpendiculairement au plan d'incidence, les rayons réfléchis et réfractés sont aussi polarisés perpendiculairement à ce plan.

Pour déterminer l'intensité de la lumière réfléchie, il faut suivre la même marche que dans le cas précédent. Le principe des forces vives, en désignant par u' et v' les amplitudes du rayon réfracté et du rayon réfléchi, conduit encore à l'équation

$$(1 - v'^2) \sin r \cos i = u'^2 \sin i \cos r.$$

Mais les vibrations des trois rayons, incident, réfléchi et réfracté, bien qu'étant contenues toutes trois dans le plan d'incidence, ne sont plus parallèles comme dans le cas précédent. Il faut donc deux équations pour appliquer le principe de continuité. On peut, par exemple, prendre dans le plan d'incidence deux axes, l'un parallèle à la surface de séparation, l'autre perpendiculaire, décomposer les vibrations suivant ces axes et écrire les équations qui résultent pour chaque axe du principe de continuité. On a ainsi deux équations incompatibles, et l'une d'elles doit être écartée. Fresnel a supposé qu'il suffisait d'appliquer le principe de continuité aux composantes des mouvements vibratoires parallèles à la surface de séparation. Cette hypothèse s'appuie sur la transversalité des vibrations lumineuses, d'où il résulte qu'il peut se produire, dans le sens longitudinal, une discontinuité quelconque, sans que les ondes cessent de se transmettre. C'est l'inverse de ce qui se produit pour le son. Pour la transmission d'un son d'un milieu dans un autre, de l'air dans l'eau par exemple, il importe peu que les molécules d'air glissent ou non sur la surface de l'eau; il suffit, pour que le son passe dans l'eau,

qu'il se produise sur la surface de l'eau une pression normale régulière et continue; le principe de continuité n'est nécessaire que pour
la composante verticale de la vitesse. Dans l'éther, c'est l'inverse, et
il doit suffire, pour la transmission de la lumière, que les vibrations
aient lieu d'une manière continue parallèlement à la surface de séparation.

En appliquant le principe de continuité aux composantes parallèles à la surface de séparation des trois rayons, incident, réfléchi
et réfracté, on a immédiatement l'équation

$$(1 - v') \cos i = u' \cos r.$$

v' devra être pris positivement ou négativement, suivant que sa composante parallèle à la surface de séparation tombera du côté opposé
à la composante de la vitesse du rayon incident, ou du même côté,
ce qui aura lieu suivant que la vitesse du rayon réfléchi et celle du
rayon incident coïncideront ou seront dans le prolongement l'une de
l'autre lorsqu'on fera tourner le rayon réfléchi de manière à l'amener sur le prolongement du rayon incident.

Nous avons donc, pour déterminer v' et u', les deux équations,

$$(1 - v'^2) \sin r \cos i = u'^2 \sin i \cos r,$$
$$(1 - v') \cos i = u' \cos r.$$

En remplaçant u' dans la première équation par sa valeur, tirée de
la seconde, il vient

$$(1 + v') \cos r \sin r = (1 - v') \cos i \sin i,$$

d'où

$$v' = \frac{\sin i \cos i - \sin r \cos r}{\sin i \cos i + \sin r \cos r} = \frac{\sin 2i - \sin 2r}{\sin 2i + \sin 2r}$$

et enfin

$$v' = \frac{\tang (i - r)}{\tang (i + r)}.$$

L'intensité R' du rayon réfléchi a donc pour expression, quand la
lumière est polarisée perpendiculairement au plan d'incidence,

$$R' = \frac{\tang^2 (i - r)}{\tang^2 (i + r)}.$$

Supposons le second milieu plus réfringent que le premier et considérons d'abord le cas de l'incidence normale, c'est-à-dire faisons $i = 0$. On aura encore $\lim v' = \lim \dfrac{i - r}{i + r} = \dfrac{n - 1}{n + 1}$. Dans ce cas particulier v' a la même valeur que la vitesse v qui correspond à la lumière polarisée dans le plan d'incidence. Cela se conçoit facilement, car, lorsque l'incidence est normale, le plan d'incidence n'a plus de direction déterminée, et tout plan normal à la surface peut être regardé comme plan d'incidence. Si les signes des valeurs de v et de v' sont différents, cela tient purement à une convention différente, et il est facile de vérifier que, dans un cas comme dans l'autre, la vitesse du rayon réfléchi est de signe contraire à celle du rayon incident.

A mesure que l'angle d'incidence i augmente, la vitesse v' diminue, comme on peut le prouver en prenant la dérivée de v', qui est toujours négative. C'est du moins ce qui a lieu, jusqu'à ce que l'on ait $i + r = 90$ degrés; la direction du rayon incident est alors donnée par la formule $\tang i = n$, et le rayon réfléchi est perpendiculaire au rayon réfracté. Mais, si l'on fait $i + r = 90$ degrés, la vitesse v' du rayon réfléchi devient nulle, et ce rayon est complétement éteint. Si l'angle d'incidence augmente au delà de la valeur qui correspond à $i + r = 90$ degrés, la vitesse v' change de signe et augmente en valeur absolue. Enfin, sous l'incidence rasante, on a $i = 90$ degrés, et la vitesse v' est égale et de signe contraire à la vitesse du rayon incident. L'angle d'incidence, donné par la formule $\tang i = n$, et pour lequel le rayon réfléchi s'éteint complétement, est ce qu'on appelle *l'angle de polarisation complète*.

Si le second milieu est moins réfringent que le premier, la vitesse v' change de signe. Dans ce cas, l'angle r atteint la valeur 90 degrés avant l'incidence rasante, lorsque l'on a $\sin i = n$. Si l'angle i dépasse cette valeur, r devient imaginaire; c'est l'angle de la réflexion totale. Nous laisserons de côté, pour le moment, tout ce qui est relatif à la réflexion totale.

Dans le cas où le second milieu est plus réfringent que le premier, nous avons trouvé que l'angle de polarisation complète était donné par la relation $\tang i = n$. Supposons maintenant que la lumière repasse du second milieu dans le premier : on aura de même pour l'angle de polarisation complète $\operatorname{tang} i'' = n'$, et, comme $n' = \dfrac{1}{n}$, on a $\operatorname{tang} i'' = \dfrac{1}{\operatorname{tang} i}$, d'où $i + i'' = 90$ degrés; mais comme $i + r = 90$ degrés, on a $i'' = r$. Si donc on fait tomber sur la surface de séparation de deux milieux un rayon sous l'angle de polarisation complète, le rayon réfracté dans le second milieu fera aussi avec cette surface l'angle de polarisation complète relatif au second milieu.

314. Réflexion de la lumière polarisée dans un plan quelconque. — Le cas où la lumière incidente est polarisée dans un plan quelconque se déduit immédiatement des deux cas que nous venons d'étudier. Les vibrations du rayon incident peuvent, en effet, se décomposer en deux composantes, l'une située dans le plan d'incidence, l'autre perpendiculaire à ce plan, ou, en d'autres termes, le rayon peut se décomposer en deux autres rayons polarisés, l'un perpendiculairement au plan d'incidence, l'autre dans ce plan d'incidence. Si l'on désigne par α l'angle du plan de polarisation avec le plan d'incidence, et qu'on prenne pour unité l'amplitude du rayon incident, celle du rayon polarisé dans le plan d'incidence a pour valeur $\cos \alpha$, et celle du rayon polarisé perpendiculairement à ce plan est représentée par $\sin \alpha$. Après la réflexion, les amplitudes de ces deux rayons sont représentées respectivement, d'après ce que nous venons de voir, par $-\cos \alpha \dfrac{\sin (i-r)}{\sin (i+r)}$ et par $\sin \alpha \dfrac{\operatorname{tang} (i-r)}{\operatorname{tang} (i+r)}$. Le rapport de ces deux amplitudes étant indépendant du temps, on voit qu'il n'y a qu'un seul rayon réfléchi polarisé rectilignement. L'amplitude de ce rayon est la résultante des amplitudes de ses deux composantes: on a donc

$$r = \sqrt{\cos^2 \alpha \, \frac{\sin^2 (i-r)}{\sin^2 (i+r)} + \sin^2 \alpha \, \frac{\operatorname{tang}^2 (i-r)}{\operatorname{tang}^2 (i+r)}},$$

et, par conséquent, l'intensité R'' du rayon réfléchi a pour expression

$$R'' = \cos^2 \alpha \, \frac{\sin^2 (i-r)}{\sin^2 (i+r)} + \sin^2 \alpha \, \frac{\operatorname{tang}^2 (i-r)}{\operatorname{tang}^2 (i+r)}.$$

Le rayon réfléchi n'est plus polarisé dans le même plan que le rayon incident. Si l'on désigne par β l'angle de polarisation du rayon réfléchi avec le plan d'incidence, on a

$$\operatorname{tang}\beta = -\ \frac{\sin\alpha\ \dfrac{\operatorname{tang}(i-r)}{\operatorname{tang}(i+r)}}{\cos\alpha\ \dfrac{\sin(i-r)}{\sin(i+r)}},$$

d'où

$$\operatorname{tang}\beta = -\operatorname{tang}\alpha\ \frac{\cos(i+r)}{\cos(i-r)}.$$

C'est cette dernière formule que nous avons à discuter. Le rapport de $\operatorname{tang}\beta$ à $\operatorname{tang}\alpha$ dépend de la valeur de la quantité $-\dfrac{\cos(i+r)}{\cos(i-r)}$. Cette quantité est toujours moindre que l'unité: cela est évident tant que $i+r$ est plus petit que 90 degrés; mais, si $i+r$ dépasse 90 degrés, $\cos(i+r)$ devient négatif, et l'expression $-\dfrac{\cos(i+r)}{\cos(i-r)}$ reste encore plus petite que l'unité. En effet, l'inégalité

$$-\frac{\cos(i+r)}{\cos(i-r)} < 1$$

équivaut à

$$-\cos(i+r) < \cos(i-r)$$

ou à

$$-\cos i \cos r + \sin i \sin r < \cos i \cos r + \sin i \sin r$$

ou enfin à

$$-2\cos i \cos r < 0,$$

ce qui est évident.

On voit par là que la réflexion a pour effet de rapprocher le plan de polarisation du plan d'incidence. Mais, dans la manière dont se fait ce rapprochement, il y a deux cas à considérer, suivant que l'angle d'incidence est plus petit ou plus grand que l'angle de la polarisation complète. Dans le premier cas, on a $i+r < 90$ degrés, et $\operatorname{tang}\beta$ est de signe contraire à $\operatorname{tang}\alpha$; le plan de polarisation du rayon réfléchi passe donc de l'autre côté du plan d'incidence. Si, au contraire, on a $i+r > 90$ degrés, les deux plans de polarisation du rayon réfléchi et du rayon incident sont du même côté du plan d'incidence. Dans le cas intermédiaire où l'angle i est celui de la polarisation complète, c'est-à-dire où l'on a $i + r = 90$ degrés, il vient $\beta = 0$, c'est-à-dire que le plan de polarisation du rayon réfléchi se confond avec le plan d'incidence.

Lorsque, le second milieu étant moins réfringent que le premier, l'angle d'incidence est celui de la réflexion totale, et que, par conséquent, on a $r = 90$ degrés, ou lorsque, le second milieu étant plus réfringent que le premier, on a $i = 90$ degrés, il vient

$$\text{tang } \beta = \text{tang } \alpha;$$

dans ces deux cas, le plan de polarisation du rayon n'est donc pas dévié par la réflexion.

Ce qui précède montre la marche du plan de polarisation du rayon réfléchi depuis l'incidence normale jusqu'à l'incidence de la réflexion totale, ou jusqu'à l'incidence rasante. Pour l'incidence normale, on a $\text{tang } \beta = - \text{tang } \alpha$; le plan de polarisation du rayon réfléchi fait donc avec le plan d'incidence et de l'autre côté de ce plan un angle égal à celui que fait le plan de polarisation du rayon incident avec ce même plan d'incidence. A mesure que l'incidence augmente, le plan de polarisation se rapproche du plan d'incidence; il se confond avec lui lorsque l'angle d'incidence est celui de la polarisation complète, et vient se confondre avec le plan de polarisation du rayon incident lorsque l'angle d'incidence est celui de la réflexion totale, dans le cas où le second milieu est moins réfringent que le premier, ou lorsque l'incidence est rasante, dans le cas contraire.

Après une première réflexion, on a, en désignant par α_1 l'angle du plan de polarisation du rayon réfléchi avec le plan d'incidence,

$$\text{tang } \alpha_1 = - \text{tang } \alpha \, \frac{\cos (i + r)}{\cos (i - r)}.$$

Si l'on fait réfléchir une seconde fois la lumière, en conservant le même plan d'incidence et la même valeur de l'angle d'incidence i, on aura

$$\text{tang } \alpha_2 = - \text{tang } \alpha_1 \frac{\cos (i + r)}{\cos (i - r)} = \text{tang } \alpha \frac{\cos^2 (i + r)}{\cos^2 (i - r)},$$

et, en général, après n réflexions successives, s'opérant toujours dans les mêmes conditions, on a

$$\tang \alpha_n = \pm \tang \alpha \, \frac{\cos^n (i+r)}{\cos^n (i-r)}.$$

Il faut prendre le signe $+$ si n est pair, le signe $-$ si n est impair. La quantité $\left(\frac{\cos(i+r)}{\cos(i-r)} \right)^n$ tend vers zéro quand n augmente indéfiniment. Le plan de polarisation du rayon réfléchi tend donc, lorsque le nombre des réflexions augmente, à se confondre avec le plan d'incidence.

315. Réflexion de la lumière polarisée circulairement ou elliptiquement. — Un rayon polarisé circulairement ou elliptiquement peut toujours être considéré comme résultant de la superposition de deux rayons polarisés rectilignement, l'un dans le plan d'incidence, l'autre dans le plan perpendiculaire, et ayant des phases différentes. Si on applique à chacun de ces rayons polarisés rectilignement les formules que nous avons trouvées pour les deux cas dont il s'agit, nous aurons les composantes du rayon réfléchi suivant le plan d'incidence et suivant un plan perpendiculaire, et on en déduira facilement la nature et l'intensité du rayon réfléchi. La discussion des formules auxquelles on arrive ainsi sans aucune difficulté ne présente guère d'intérêt, et nous nous bornerons à examiner un seul cas, c'est celui où un rayon polarisé circulairement se réfléchit sous l'incidence normale. Dans ce cas, le rayon réfléchi est encore polarisé circulairement, mais le sens de la polarisation est renversé : le rayon réfléchi est polarisé de gauche à droite si le rayon incident est polarisé de droite à gauche, et réciproquement. En effet, la vibration circulaire du rayon incident peut être considérée comme la résultante de deux vibrations rectilignes s'effectuant, l'une dans le plan d'incidence, l'autre dans le plan perpendiculaire. Après la réflexion, les vitesses de chacun de ces mouvements ont avec les vitesses du mouvement incident un rapport qui ne dépend pas du temps. Les vibrations du rayon réfléchi seront donc encore circulaires ; seulement, comme, parmi les deux vitesses des mouvements rectilignes, l'une aura changé de signe dans la réflexion, le sens dans lequel le cercle est parcouru sur le rayon

réfléchi résultant sera également changé. Cette conséquence de la
théorie, déduite par Earnshaw, a été vérifiée expérimentalement par
Powell [1].

316. Réflexion de la lumière naturelle. — Nous avons vu
précédemment (189) quelle est la constitution de la lumière naturelle. Nous allons ici donner aux conditions que doit remplir un
système de vibrations elliptiques pour constituer de la lumière naturelle une forme qui nous sera plus commode pour étudier la
réflexion et la réfraction de la lumière naturelle. Ce qui caractérise
cette lumière, c'est qu'elle donne, dans un analyseur biréfringent,
deux images de même intensité, quelle que soit la position de cet
analyseur. Soient a et b les axes d'une vibration elliptique à un
instant donné, et ω l'angle de l'axe b avec la section principale de
l'analyseur. Les équations du mouvement vibratoire rapportées à ces
axes seront

$$\xi = a \sin 2\pi \frac{t}{T}, \qquad \eta = b \cos 2\pi \frac{t}{T}.$$

Pour avoir le mouvement vibratoire sur les deux rayons dans lesquels se décompose le rayon incident en pénétrant dans le prisme,
il faut décomposer le mouvement qui se fait suivant chacun des
axes de l'ellipse en deux autres, l'un parallèle et l'autre perpendiculaire à la section principale de l'analyseur, ce qui donne, pour
le rayon ordinaire,

$$a \cos\omega \sin 2\pi \frac{t}{T} - b \sin\omega \cos 2\pi \frac{t}{T},$$

et pour le rayon extraordinaire,

$$a \sin\omega \sin 2\pi \frac{t}{T} + b \cos\omega \cos 2\pi \frac{t}{T}.$$

D'après les règles connues des interférences les intensités de ces deux
rayons seront, pour le rayon ordinaire,

$$a^2 \cos^2\omega + b^2 \sin^2\omega,$$

[1] *Phil. Mag.*, (3), XXII, 92, 262.

et pour le rayon extraordinaire,

$$a^2 \sin^2 \omega + b^2 \cos^2 \omega.$$

Telles sont les valeurs de ces intensités pendant une première période où les quantités a, b et ω restent constantes, c'est-à-dire où les vibrations elliptiques ne changent pas. Pendant une seconde période, a, b, ω changent de valeur et deviennent a', b', ω', et ainsi de suite.

Nous avons vu que chacune de ces périodes, quoique très-courte, peut comprendre un grand nombre de durées de vibrations. Dans un temps très-court par rapport à nous, il y a un grand nombre de ces périodes, et la sensation produite pendant ce temps, que nous supposerons toujours le même sans le préciser davantage, sera la moyenne des intensités qui correspondent à chaque période.

Pour que les images données par l'analyseur soient de même intensité, il faut donc qu'on ait pour le temps considéré

$$(1) \qquad \sum \left(a^2 \cos^2 \omega + b^2 \sin^2 \omega \right) = \sum \left(a^2 \sin^2 \omega + b^2 \cos^2 \omega \right).$$

Cette équation doit être satisfaite, non-seulement pour une valeur particulière de ω, mais encore pour toute position de l'analyseur, c'est-à-dire pour toute valeur de ω.

En désignant par θ un angle quelconque, on doit donc avoir

$$\sum \left[a^2 \cos^2 (\omega - \theta) + b^2 \sin^2 (\omega - \theta) \right]$$
$$= \sum \left[a^2 \sin^2 (\omega - \theta) + b^2 \cos^2 (\omega - \theta) \right].$$

En développant le premier membre il vient

$$\sum \left[a^2 (\cos \omega \cos \theta + \sin \omega \sin \theta)^2 + b^2 (\sin \omega \cos \theta - \cos \omega \sin \theta)^2 \right]$$

ou

$$\cos^2 \theta \sum \left(a^2 \cos^2 \omega + b^2 \sin^2 \omega \right) + \sin^2 \theta \sum \left(a^2 \sin^2 \omega + b^2 \cos^2 \omega \right)$$
$$+ 2 \sin \theta \cos \theta \sum \left(a^2 - b^2 \right) \sin \omega \cos \omega,$$

On trouve de même, pour le second membre,

$$\cos^2\theta \sum (b^2\cos^2\omega + a^2\sin^2\omega) + \sin^2\theta \sum (b^2\sin^2\omega + a^2\cos^2\omega)$$
$$- 2\sin\theta\cos\theta \sum (a^2 - b^2)\sin\omega\cos\omega.$$

En tenant compte de l'équation (1) il reste

$$\sum (a^2 - b^2)\sin\omega\cos\omega = - \sum (a^2 - b^2)\sin\omega\cos\omega,$$

d'où

$$\sum (a^2 - b^2)\sin\omega\cos\omega = 0.$$

Donc, pour qu'un système de vibrations elliptiques donne de la lumière naturelle, les deux conditions suivantes doivent être satisfaites :

$$\sum (a^2\cos^2\omega + b^2\sin^2\omega) = \sum (a^2\sin^2\omega + b^2\cos^2\omega),$$
$$\sum (a^2 - b^2)\sin\omega\cos\omega = 0.$$

Ceci posé, revenons à la réflexion de la lumière naturelle et cherchons d'abord à calculer l'intensité de la lumière réfléchie. Représentons par ι l'intensité de la lumière incidente, par a et b les axes de la vibration elliptique et par ω l'angle du petit axe avec le plan d'incidence. Le rayon elliptique incident peut se décomposer en deux rayons polarisés rectilignement, l'un dans le plan d'incidence, l'autre dans un plan perpendiculaire. Le calcul que nous venons de faire donne pour les intensités de ces rayons pendant un temps très-court, pris pour unité,

$$\sum (a^2\cos^2\omega + b^2\sin^2\omega) \qquad \text{et} \qquad \sum (a^2\sin^2\omega + b^2\cos^2\omega).$$

Si la lumière est naturelle, d'après ce qui a été dit plus haut, ces deux quantités doivent être égales, et par conséquent l'intensité de chacun des rayons polarisés rectilignement est égale à $\frac{1}{2}$. Les intensités des rayons réfléchis correspondants seront, d'après les formules trouvées précédemment,

$$\frac{1}{2}\frac{\sin^2(i-r)}{\sin^2(i+r)}$$

et

$$\frac{1}{2}\frac{\tan^2(i-r)}{\tan^2(i+r)}.$$

On a donc pour l'intensité du rayon résultant, c'est-à-dire du rayon réfléchi,

$$R''' = \frac{1}{2}\frac{\sin^2(i-r)}{\sin^2(i+r)} + \frac{1}{2}\frac{\tan^2(i-r)}{\tan^2(i+r)}.$$

On arriverait au même résultat en remplaçant le rayon de lumière naturelle par deux rayons égaux en intensité et polarisés à angle droit, l'un dans le plan d'incidence, l'autre dans un plan perpendiculaire. Ce peut être là un moyen de se rappeler la formule, mais en réalité ces rayons polarisés à angle droit n'existent pas, car il faudrait les supposer indépendants l'un de l'autre, incapables de se combiner pour ne donner qu'un seul mouvement, et de tels rayons n'existent pas.

317. Polarisation totale ou partielle de la lumière naturelle par la réflexion. — Étudions maintenant les propriétés qu'acquiert la lumière naturelle lorsqu'elle a été réfléchie.

Lorsqu'on a $i + r = 90$ degrés, la quantité $\frac{\tan(i-r)}{\tan(i+r)}$ s'annule, et il ne reste plus que la composante polarisée parallèlement au plan d'incidence; la lumière réfléchie est donc dans ce cas particulier complétement polarisée dans le plan d'incidence.

Dans tous les autres cas, les vibrations sont encore elliptiques après la réflexion, et ces ellipses ont été modifiées d'une manière qui n'est plus la même pour toutes, mais qui agit toujours dans le même sens. En effet, le rapport de $\frac{\tan(i-r)}{\tan(i+r)}$ à $\frac{\sin(i-r)}{\sin(i+r)}$ est $\frac{\cos(i+r)}{\cos(i-r)}$, quantité plus petite que l'unité. La composante de l'amplitude parallèle au plan d'incidence a donc été diminuée par la réflexion plus que la composante perpendiculaire à ce plan; ces deux composantes n'étant plus égales, la lumière réfléchie ne peut être de la lumière naturelle; elle ne peut être que partiellement polarisée.

Pour vérifier qu'il en est bien ainsi. cherchons l'effet produit sur cette lumière réfléchie par un analyseur biréfringent. Pour plus de simplicité, supposons la section principale de cet analyseur dans le plan d'incidence. Alors le rayon polarisé dans le plan d'incidence donnera seul le rayon ordinaire, et le rayon polarisé perpendiculairement à ce plan donnera seul le rayon extraordinaire, de sorte qu'en désignant par O l'intensité du rayon ordinaire, par E celle du rayon extraordinaire, on a

$$O = \frac{1}{2} \frac{\sin^2 (i - r)}{\sin^2 (i + r)}, \qquad E = \frac{1}{2} \frac{\tan^2 (i - r)}{\tan^2 (i + r)}.$$

L'image ordinaire étant plus intense que l'image extraordinaire. ce résultat s'accorde bien avec l'expérience.

On peut écrire l'identité

$$O = \frac{1}{2} \frac{\sin^2 (i - r)}{\sin^2 (i + r)} = \frac{1}{2} \frac{\tan^2 (i - r)}{\tan^2 (i + r)} + \frac{1}{2} \left[\frac{\sin^2 (i - r)}{\sin^2 (i + r)} - \frac{\tan^2 (i - r)}{\tan^2 (i + r)} \right],$$

d'où

$$O = E + \frac{1}{2} \left[\frac{\sin^2 (i - r)}{\sin^2 (i + r)} - \frac{\tan^2 (i - r)}{\tan^2 (i + r)} \right].$$

En ne prenant que le premier terme de l'expression de O et en le combinant avec le rayon extraordinaire, on a de la lumière naturelle, et il reste en plus le second terme de O qui représente de la lumière complétement polarisée dans le plan d'incidence. On peut donc regarder la lumière réfléchie provenant de la lumière naturelle comme composée d'une certaine proportion de lumière naturelle et d'une autre proportion de lumière complétement polarisée dans le plan d'incidence. Mais ce n'est là qu'une convention utile pour abréger les raisonnements, car ces deux mouvements, s'ils existaient, se composeraient aussitôt en un seul.

Lorsqu'on fait arriver sur un analyseur biréfringent un rayon de lumière partiellement polarisée, on trouve deux positions de la section principale de l'analyseur pour lesquelles les intensités des

deux images sont égales et deux autres pour lesquelles la différence
d'intensité est un maximum. On dit que le *plan de polarisation partielle* est parallèle à la section principale de l'analyseur lorsque cette
section occupe la position pour laquelle l'image ordinaire est maximum. Entre ces quatre positions, les intensités des deux images
varient d'une manière continue.

Sur un rayon de lumière partiellement polarisée, les conditions
nécessaires pour que la lumière soit naturelle ne sont pas réalisées.
On peut donc poser, en appelant a et b les axes de la vibration elliptique et ω l'angle que fait l'axe b avec la section principale de l'analyseur pour une certaine position de cette section, celle où elle est
parallèle au plan d'incidence,

$$\sum (a^2 \cos^2 \omega + b^2 \sin^2 \omega) = A^2,$$

$$\sum (a^2 \sin^2 \omega + b^2 \cos^2 \omega) = B^2,$$

$$\sum (a^2 - b^2) \sin \omega \cos \omega = C.$$

Considérons maintenant une autre position de la section principale faisant avec la première un angle θ; si on désigne par A'^2 et
par B'^2 les intensités du rayon ordinaire et du rayon extraordinaire,
on aura

$$A'^2 = A^2 \cos^2 \theta + B^2 \sin^2 \theta + 2C \sin \theta \cos \theta,$$
$$B'^2 = A \sin^2 \theta + B^2 \cos^2 \theta - 2C \sin \theta \cos \theta.$$

Chacune de ces expressions est essentiellement positive et n'est
jamais ni nulle ni infinie : elles ont donc chacune un maximum et
un minimum. Appelons plan de polarisation partielle la position de
la section principale de l'analyseur pour laquelle A'^2 est un maximum. On a, en égalant à zéro la dérivée de A'^2,

$$2(B^2 - A^2) \sin \theta \cos \theta + 2C \cos 2\theta = 0.$$
d'où

$$\tan 2\theta = \frac{2C}{A^2 - B^2}.$$

On a ainsi pour θ deux valeurs différentes de 180 degrés, ce qui donne deux plans rectangulaires dont l'un est le plan de polarisation partielle et l'autre le plan correspondant au minimum de l'image ordinaire. θ est l'angle dont il faut faire tourner la section principale de l'analyseur pour la faire coïncider avec le plan de polarisation partielle. Si donc $C = 0$, on a aussi $\theta = 0$, et la section principale de l'analyseur coïncide avec le plan de polarisation partielle.

Revenons maintenant à la lumière réfléchie provenant de la lumière naturelle. Il est facile de voir que C est nul. En effet, l'intensité du rayon réfléchi polarisé dans le plan d'incidence, au lieu d'être $\sum \left(a^2 \cos^2 \omega + b^2 \sin^2 \omega \right)$ comme dans la lumière incidente, est $\dfrac{\sin^2 (i-r)}{\sin^2 (i+r)} \sum \left(a^2 \cos^2 \omega + b^2 \sin^2 \omega \right)$. Si l'on change ω en $\omega - \theta$, le multiplicateur de $\sin \theta \cos \theta$, au lieu d'être, comme dans la lumière partiellement polarisée, $\sum \left(a^2 - b^2 \right) \sin \omega \cos \omega$, facteur qui a été désigné par C, sera $\dfrac{\sin (i-r)}{\sin (i+r)} \sum \left(a^2 - b^2 \right) \sin \omega \cos \omega$. Ce terme sera encore nul puisque la lumière incidente est naturelle, et, par suite, le terme qui dans la lumière réfléchie est représenté par C est nul, d'où il résulte que le plan de polarisation partielle de la lumière réfléchie provenant de la lumière naturelle est le plan d'incidence.

En résumé, lorsque des rayons de lumière naturelle se réfléchissent, la lumière réfléchie est toujours partiellement polarisée dans le plan d'incidence, sauf le cas où l'angle d'incidence est celui de la polarisation complète, et, dans ce cas, la lumière réfléchie est entièrement polarisée dans le plan d'incidence.

L'intensité de la lumière réfléchie est égale à

$$\frac{1}{2} \frac{\sin^2 (i-r)}{\sin^2 (i+r)} + \frac{1}{2} \frac{\tan^2 (i-r)}{\tan^2 (i+r)},$$

et cette lumière réfléchie peut être considérée comme composée d'une certaine proportion de lumière polarisée complétement dans le plan d'incidence, dont l'intensité est égale à

$$\frac{1}{2} \left(\frac{\sin^2 (i-r)}{\sin^2 (i+r)} - \frac{\tan^2 (i-r)}{\tan^2 (i+r)} \right),$$

ou à

$$\frac{1}{2} \frac{\sin^2 (i-r)}{\sin^2 (i+r)} \left[1 - \frac{\cos^2 (i+r)}{\cos^2 (i-r)} \right],$$

et d'une certaine proportion de lumière naturelle dont l'intensité est égale à

$$\frac{\tang^2 (i-r)}{\tang^2 (i+r)}.$$

En désignant par m^2 la proportion de lumière naturelle contenue dans la lumière réfléchie et par n^2 la proportion de lumière polarisée dans le plan d'incidence, on a

$$A^2 = n^2 + \frac{m^2}{2}, \qquad B^2 = \frac{m^2}{2}.$$

Supposons maintenant que ces premiers rayons réfléchis se réfléchissent une seconde fois sous la même incidence et dans le même plan, on aura, après la seconde réflexion,

$$A_2^2 = \left(n^2 + \frac{m^2}{2} \right) \frac{\sin^2 (i-r)}{\sin^2 (i+r)}, \qquad B_2^2 = \frac{m^2}{2} \frac{\tang^2 (i-r)}{\tang^2 (i+r)}.$$

C'est donc encore de la lumière partiellement polarisée dans le plan d'incidence.

L'intensité totale de la lumière réfléchie est, après deux réflexions,

$$\left(n^2 + \frac{m^2}{2} \right) \frac{\sin^2 (i-r)}{\sin^2 (i+r)} + \frac{m^2}{2} \frac{\tang^2 (i-r)}{\tang^2 (i+r)}.$$

La proportion de lumière naturelle a pour intensité

$$m^2 \frac{\tang^2 (i-r)}{\tang^2 (i+r)},$$

et la proportion de lumière complétement polarisée dans le plan d'incidence

$$n^2 \frac{\sin^2 (i-r)}{\sin^2 (i+r)} + \frac{m^2}{2} \left[\frac{\sin^2 (i-r)}{\sin^2 (i+r)} - \frac{\tang^2 (i-r)}{\tang^2 (i+r)} \right].$$

On voit que par la seconde réflexion la quantité de lumière naturelle diminue, tandis que celle de lumière complétement polarisée augmente; il en sera de même si on fait réfléchir la lumière une troisième, une quatrième fois. Donc, par une série de réflexions successives, la lumière naturelle tendra à être complétement polarisée dans le plan d'incidence.

318. Réfraction de la lumière polarisée dans le plan d'incidence. — L'étude de la réfraction de la lumière polarisée est tout à fait analogue à celle de la réflexion. Considérons d'abord le cas le plus simple, celui où la lumière incidente est polarisée dans le plan d'incidence. Le rayon réfracté sera alors également polarisé dans le plan d'incidence. Pour déterminer son amplitude u, nous pouvons nous servir des deux équations que, dans le cas de la réflexion, nous avons déduites du principe de continuité et du principe des forces vives et qui sont

$$1 + v = u,$$
$$(1 - v^2)\sin r \cos i = u^2 \sin i \cos r.$$

En éliminant v entre ces deux équations, il vient successivement

$$(1 - v)\sin r \cos i = u \sin i \cos r,$$
$$(2 - u)\sin r \cos i = u \sin i \cos r,$$

et enfin

$$u = \frac{2\sin r \cos i}{\sin(i+r)}.$$

Sous l'incidence normale, c'est-à-dire pour $i = 0$, l'amplitude u se présente sous la forme $\frac{0}{0}$; mais en remplaçant les sinus par les arcs, comme nous l'avons fait plus haut, on voit que la vraie valeur de u pour l'incidence normale est

$$u = \frac{2}{n+1}.$$

Si le second milieu est plus réfringent que le premier, pour l'incidence rasante, $i = 90$ degrés et u devient nul; par conséquent il n'y a plus de rayon réfracté. Si le second milieu est moins réfringent que le premier, lorsque l'angle d'incidence a la valeur limite qui correspond à la réflexion totale, on a $r = 90$ degrés, et par suite

$$u = 2.$$

Pour une incidence supérieure à cette limite, il n'y a plus de rayon réfracté.

Pour avoir l'intensité du rayon réfracté, il ne suffit plus d'élever u au carré; u^2 ne mesurerait l'intensité du rayon réfracté qu'autant que l'éther aurait la même densité dans les deux milieux, ce qui n'a pas lieu. Si nous nous reportons aux prismes d'éther qui nous ont servi à établir les formules dans le cas de la réflexion, si nous prenons pour unité la masse du prisme qui se trouve dans le premier milieu, et si nous désignons par m la masse du prisme situé dans le second milieu auquel se sera transmis le mouvement au bout d'un temps donné, l'intensité du rayon réfracté sera évidemment mu^2. Or l'équation

$$\left(1 - v^2\right) \sin r \cos i = u^2 \sin i \cos r,$$

qui contient les carrés des vitesses multipliés par les masses, montre que les masses des deux prismes dont nous venons de parler sont entre elles comme $\sin r \cos i$ est à $\sin i \cos r$, c'est-à-dire que l'on a

$$m = \frac{\sin i \cos r}{\sin r \cos i}.$$

Il vient par conséquent pour l'intensité R_1 du rayon réfracté

$$R_1 = mu^2 = \frac{\sin i \cos r}{\sin r \cos i} \frac{4 \sin^2 r \cos^2 i}{\sin^2(i+r)},$$

d'où

$$R_1 = \frac{\sin 2i \sin 2r}{\sin^2(i+r)}.$$

On aurait pu du reste arriver à cette expression en mettant l'équation des forces vives sous la forme

$$1 - v^2 = mu^2,$$

et en remplaçant v par sa valeur $\dfrac{\sin(i-r)}{\sin(i+r)}$, ce qui donne

$$mu^2 = 1 - \frac{\sin^2(i-r)}{\sin^2(i+r)} = \frac{\sin^2(i+r) - \sin^2(i-r)}{\sin^2(i+r)}$$

$$= \frac{\left[\sin(i+r) + \sin(i-r)\right]\left[\sin(i+r) - \sin(i-r)\right]}{\sin^2(i+r)}$$

$$= \frac{4 \sin i \cos r \cos i \sin r}{\sin^2(i+r)} = \frac{\sin 2i \sin 2r}{\sin^2(i+r)},$$

expression identique à la précédente.

Nous pouvons ainsi discuter plus facilement la valeur de R_1; car, connaissant les variations de r, nous en déduirons immédiatement celles de $1 - v^2$, ou de mu^2, c'est-à-dire de l'intensité R_1. Ainsi, pour $i = 0$, on a

$$r = \frac{n-1}{n+1},$$

donc

$$R_1 = mu^2 = 1 - \left(\frac{n-1}{n+1}\right)^2 = \frac{4n}{n+1^2}.$$

Telle est la valeur de l'intensité du rayon réfracté sous l'incidence normale.

Lorsque le second milieu est plus réfringent que le premier, pour l'incidence rasante, l'intensité devient nulle et il n'y a plus de rayon réfracté. Il en est de même, si le second milieu est moins réfringent que le premier, lorsque l'angle d'incidence atteint la valeur limite de la réflexion totale, car alors on a $r = 90$ degrés. Il semble au premier abord contradictoire que le rayon réfracté soit nul dans ce dernier cas, puisque nous avons trouvé pour son amplitude une valeur égale à 2; mais si l'intensité est nulle, cela tient à ce que la masse m du prisme d'éther du second milieu est nulle dans ce cas.

319. Réfraction de la lumière polarisée perpendiculairement au plan d'incidence. — Lorsque le rayon incident est polarisé perpendiculairement au plan d'incidence, il est évident, par raison de symétrie, que le rayon réfracté sera également polarisé perpendiculairement à ce plan. Pour déterminer l'amplitude de ce rayon réfracté, reprenons les deux équations qui nous ont servi pour le cas analogue de la réflexion : ces deux équations sont

$$(1 + v')\cos i = u'\cos r,$$
$$(1 - v'^2)\sin r \cos i = u'^2 \sin i \cos r.$$

On en déduit, en divisant la seconde équation par la première,

$$(1 - v')\sin r = u'\sin i,$$

et, en remplaçant v' par sa valeur tirée de la première équation,

$$\left(2 - u'\frac{\cos r}{\cos i}\right)\sin r = u'\sin i,$$

d'où

$$u' = \frac{2 \sin r \cos i}{\sin i \cos i + \sin r \cos r} = \frac{4 \sin r \cos i}{\sin 2i + \sin 2r}$$

et enfin

$$u' = \frac{2 \sin r \cos i}{\sin (i+r) \cos (i-r)}.$$

Dans le cas où la lumière incidente est polarisée dans le plan d'incidence, nous avons trouvé pour l'amplitude du rayon réfracté

$$u = \frac{2 \sin r \cos i}{\sin (i+r)}.$$

On voit que le rapport $\dfrac{u'}{u}$ est très-simple et a pour valeur $\dfrac{1}{\cos (i-r)}$.

Ici encore l'intensité du rayon réfracté est égale à mu'^2 : elle a donc pour expression

$$R'_1 = \frac{\sin i \cos r}{\sin r \cos i} \frac{4 \sin^2 r \cos^2 i}{\sin^2 (i+r) \cos^2 (i-r)},$$

d'où

$$R'_1 = \frac{\sin 2i \sin 2r}{\sin^2 (i+r) \cos^2 (i-r)}.$$

On peut encore obtenir cette expression au moyen de l'équation

$$1 - r'^2 = mu'^2,$$

qui donne

$$mu'^2 = 1 - \frac{\tan^2 (i-r)}{\tan^2 (i+r)},$$

d'où, par des transformations faciles,

$$mu'^2 = \frac{\sin 2i \sin 2r}{\sin^2 (i+r) \cos^2 (i-r)}.$$

La discussion de la valeur de R'_1 se réduit donc à celle de la quantité $\dfrac{\tan^2 (i-r)}{\tan^2 (i+r)}$.

Pour l'incidence normale, c'est-à-dire lorsque $i = 0$, on a, en remplaçant les tangentes par les arcs pour la quantité $\dfrac{\tan^2 (i-r)}{\tan^2 (i+r)}$, la valeur $\dfrac{(n-1)^2}{(n+1)^2}$, et par suite, pour mu'^2 ou R'_1, la valeur $\dfrac{4n}{(n+1)^2}$ que nous avons déjà trouvée dans le cas où la lumière incidente est polarisée dans le plan d'incidence.

Lorsque l'angle d'incidence i croît depuis zéro jusqu'à la valeur pour laquelle on a $i + r = 90$ degrés, la quantité $\dfrac{\tan^2(i-r)}{\tan^2(i+r)}$ va en décroissant, et par suite l'intensité du rayon réfracté va en croissant. Lorsque l'angle i varie depuis cette valeur jusqu'à 90 degrés, si le second milieu est plus réfringent que le premier, ou jusqu'à la valeur pour laquelle $r = 90$ degrés si c'est l'inverse, la quantité $\dfrac{\tan^2(i-r)}{\tan^2(i+r)}$ va en croissant, et par suite l'intensité du rayon réfracté va en diminuant, et elle s'annule pour $i = 90$ degrés ou pour $r = 90$ degrés, suivant la nature des deux milieux. On voit donc que, lorsque la lumière incidente est polarisée perpendiculairement au plan d'incidence, le rayon réfracté a son intensité maximum quand l'incidence est celle de la polarisation complète. Cette intensité est égale à l'unité et le rayon réfléchi est complétement éteint.

320. Réfraction de la lumière polarisée dans un plan quelconque. — Le cas de la lumière polarisée dans un plan quelconque se ramène aux deux précédents. On décompose le rayon incident en deux rayons polarisés l'un dans le plan d'incidence, l'autre perpendiculairement à ce plan, et dont les amplitudes sont, en prenant pour unité l'amplitude du rayon incident et désignant par α l'angle du plan de polarisation avec le plan d'incidence, $\cos\alpha$ et $\sin\alpha$. Les composantes de l'amplitude du rayon réfracté sont donc respectivement $u\cos\alpha$ et $u'\sin\alpha$: comme le rapport de ces composantes est indépendant du temps, le rayon réfracté est polarisé rectilignement et l'angle de son plan de polarisation avec le plan d'incidence, angle que nous appellerons γ, est donné par l'équation

$$\tan\gamma = \frac{u'}{u}\tan\alpha = \frac{\tan\alpha}{\cos(i-r)}.$$

$\tan\gamma$ est de même signe que $\tan\alpha$, car $i - r$ est toujours compris entre -90 et $+90$ degrés, et par suite $\cos(i-r)$ est toujours positif: donc le plan de polarisation du rayon réfracté est toujours du même côté du plan d'incidence que le plan de polarisation du rayon incident, et, comme tang γ est plus grand que tang α, on voit que par l'effet de la réfraction le plan de polarisation s'éloigne du plan d'incidence et se rapproche du plan perpendiculaire. C'est l'inverse de ce qui a lieu pour la réflexion.

Sous l'incidence normale, on a $i = 0$ et $r = 0$ et par suite $\gamma = \alpha$: le plan de polarisation n'est pas dévié.

Quand l'incidence i augmente depuis zéro jusqu'à 90 degrés. si le second milieu est plus réfringent que le premier; jusqu'à la valeur correspondante à la réflexion totale, dans le cas inverse, $\cos(i - r)$ diminue et tang γ augmente. La déviation du plan de polarisation du rayon réfracté va donc en augmentant avec l'incidence et atteint sa valeur maximum pour l'incidence rasante ou pour celle qui correspond à la limite de la réflexion totale, suivant la nature des milieux.

L'angle γ ne peut jamais, par une seule réfraction, devenir droit, car, pour aucune valeur de i. on n'a $i - r = 90$ degrés; la lumière, après une seule réfraction, ne peut donc jamais être polarisée dans un plan perpendiculaire au plan d'incidence. Mais, si on fait passer la lumière à travers une série de milieux à faces parallèles, par exemple à travers une pile de glaces, l'angle γ_n que fait le plan de polarisation du rayon réfracté qui a traversé n glaces avec le plan d'incidence est donné par la relation

$$\tan\gamma_n = \frac{\tan\alpha}{\cos^n(i - r)};$$

donc l'angle γ_n tend vers 90 degrés quand le nombre des glaces augmente. Cette remarque est utile pour expliquer l'action des piles de glaces sur la lumière polarisée dans un plan quelconque.

Cherchons maintenant l'amplitude U et l'intensité R''_n du rayon réfracté. On aura évidemment

$$U = \sqrt{u^2\cos^2\alpha + u'^2\sin^2\alpha},$$

d'où, d'après les valeurs trouvées plus haut pour u et u'.

$$U = 2\sin r\cos i\sqrt{\frac{\cos^2\alpha}{\sin^2(i + r)} + \frac{\sin^2\alpha}{\sin^2(i + r)\cos^2(i - r)}}.$$

Quant à l'intensité, elle est représentée par $m\mathrm{U}^2$, ce qui donne

$$\mathrm{R}''_1 = \frac{\sin i \cos r}{\sin r \cos i}\, 4\sin^2 r \cos^2 i \left[\frac{\cos^2\alpha}{\sin^2(i+r)} + \frac{\sin^2\alpha}{\sin^2(i+r)\cos^2(i-r)} \right],$$

et, en réduisant,

$$\mathrm{R}''_1 = \sin 2r \sin 2i \left[\frac{\cos^2\alpha}{\sin^2(i+r)} + \frac{\sin^2\alpha}{\sin^2(i+r)\cos^2(i-r)} \right].$$

321. Réfraction de la lumière naturelle. — Les cas de la lumière naturelle et de la lumière partiellement polarisée peuvent se traiter comme les cas correspondants pour la réflexion. Toutefois, d'après les résultats déjà obtenus, on peut simplifier la marche du calcul. Nous avons vu, en effet, que la constitution de la lumière naturelle et de la lumière partiellement polarisée dépend uniquement de trois constantes A, B. C: de sorte que, si ces quantités restent invariables, les propriétés du système demeurent les mêmes.

Pour la lumière naturelle on a $A = B$ et $C = o$. c'est-à-dire qu'il y a égalité entre les sommes des composantes des amplitudes suivant deux axes, l'un parallèle et l'autre perpendiculaire au plan d'incidence. On peut donc concevoir le rayon naturel comme remplacé par deux autres polarisés, l'un dans le plan d'incidence et l'autre dans un plan perpendiculaire, égaux en intensité et se succédant à des intervalles très-rapprochés. Les intensités des rayons polarisés rectilignement par lesquels on remplace le rayon naturel sont égales à $\frac{1}{2}$; les intensités de ces mêmes rayons après la réfraction deviennent. d'après les formules établies plus haut,

$$\frac{1}{2}\frac{\sin 2i \sin 2r}{\sin^2(i+r)}$$

et

$$\frac{1}{2}\frac{\sin 2i \sin 2r}{\sin^2(i+r)\cos^2(i-r)}.$$

Donc, quand la lumière naturelle se réfracte. l'intensité de la lumière réfractée a pour expression

$$\mathrm{R}_1 = \frac{1}{2}\frac{\sin 2i \sin 2r}{\sin^2(i+r)} + \frac{1}{2}\frac{\sin 2i \sin 2r}{\sin^2(i+r)\cos^2(i-r)}$$

ou bien

$$R''_j = \frac{1}{2} \frac{\sin 2i \sin 2r}{\sin^2(i+r)} \left[1 + \frac{1}{\cos^2(i-r)} \right].$$

Les valeurs des intensités des deux composantes de la lumière réfractée montrent qu'elle peut être considérée comme composée d'une proportion de lumière naturelle ayant pour intensité

$$\frac{\sin 2i \sin 2r}{\sin^2(i+r)}$$

et d'une proportion de lumière polarisée perpendiculairement au plan d'incidence ayant pour intensité

$$\frac{1}{2} \frac{\sin 2i \sin 2r}{\sin^2(i+r)\cos^2(i-r)} - \frac{1}{2} \frac{\sin 2i \sin 2r}{\sin^2(i+r)}.$$

Il résulte de là que la lumière réfractée est partiellement polarisée et qu'elle a pour plan de polarisation partielle un plan perpendiculaire au plan d'incidence. L'expression qui représente la proportion de lumière naturelle ne pouvant jamais devenir nulle, il faut en conclure que la lumière naturelle ne peut jamais être polarisée complétement par une seule réfraction.

Il n'en est plus de même si la lumière naturelle se réfracte à travers une série de milieux à faces parallèles, par exemple à travers une pile de glaces. Après n réfractions, en effet, on a pour l'intensité de la lumière polarisée dans le plan d'incidence

$$\frac{1}{2} \left[\frac{\sin 2i \sin 2r}{\sin^2(i+r)} \right]^n,$$

et pour l'intensité de la lumière polarisée perpendiculairement au plan d'incidence..

$$\frac{1}{2} \left[\frac{\sin 2i \sin 2r}{\sin^2(i+r)\cos^2(i-r)} \right]^n.$$

Le rapport de la première intensité à la seconde est $\cos^{2n}(i-r)$ et tend vers zéro quand n augmente indéfiniment, d'où l'on conclut que la lumière naturelle transmise à travers une pile de glaces se rapproche d'autant plus d'être complétement polarisée perpendiculairement au plan d'incidence que le nombre des glaces est plus considérable.

L'intensité de la portion de la lumière réfractée qu'on peut considérer, après une seule réfraction, comme polarisée perpendiculairement au plan d'incidence, est

$$\frac{1}{2}\,\frac{\sin 2i\,\sin 2r}{\sin^2(i+r)\cos^2(i-r)} - \frac{1}{2}\,\frac{\sin 2i\,\sin 2r}{\sin^2(i+r)},$$

ce qui peut s'écrire

$$\frac{1}{2}\,\frac{\sin 2i\,\sin 2r}{\sin^2(i+r)}\left[\frac{1}{\cos^2(i-r)} - 1\right].$$

ou enfin

$$\frac{1}{2}\,\frac{\sin 2i\,\sin 2r\,\sin^2(i-r)}{\sin^2(i+r)\cos^2(i-r)}.$$

Dans le cas de la réflexion de la lumière naturelle, nous avons trouvé, pour l'expression de l'intensité de la lumière qu'on peut considérer comme polarisée dans le plan d'incidence,

$$\frac{1}{2}\left[\frac{\sin^2(i-r)}{\sin^2(i+r)} - \frac{\operatorname{tang}^2(i-r)}{\operatorname{tang}^2(i+r)}\right],$$

ce qui peut s'écrire

$$\frac{1}{2}\,\frac{\sin^2(i-r)}{\sin^2(i+r)}\left[1 - \frac{\cos^2(i+r)}{\cos^2(i-r)}\right]$$

ou

$$\frac{1}{2}\,\frac{\sin^2(i-r)}{\sin^2(i+r)}\left[\frac{\cos^2(i-r)-\cos^2(i+r)}{\cos^2(i-r)}\right],$$

ou encore

$$\frac{1}{2}\,\frac{\sin^2(i-r)}{\sin^2(i+r)}\,\frac{[\cos(i-r)+\cos(i+r)]\,[\cos(i-r)-\cos(i+r)]}{\cos^2(i-r)},$$

ou enfin

$$\frac{1}{2}\,\frac{\sin 2i\,\sin 2r\,\sin^2(i-r)}{\sin^2(i+r)\cos^2(i-r)},$$

expression identique à celle que nous venons de trouver pour l'intensité de la partie polarisée de la lumière réfractée. Ainsi, quand la lumière naturelle tombe sur la surface de séparation de deux milieux, les quantités absolues de lumière polarisée qui se trouvent dans la lumière réfléchie et dans la lumière réfractée sont égales, mais il y en a relativement moins dans l'une que dans l'autre, car les quantités totales de lumière réfléchie et de lumière réfractée ne sont pas égales. Cette remarque nous sera souvent utile par la suite.

322. Réflexion totale. — Dans le cas où le second milieu est moins réfringent que le premier, nous avons laissé de côté le cas de la réflexion totale. Lorsqu'en effet l'angle d'incidence devient supérieur à la valeur pour laquelle on a $r = 90$ degrés, on trouve pour $\sin r$ une valeur supérieure à l'unité; cet angle devient donc imaginaire, et les formules qui donnent les amplitudes et les intensités de la lumière réfractée et réfléchie sont inapplicables.

Examinons d'abord le cas où la lumière incidente est polarisée dans le plan d'incidence. L'expérience nous montre alors que, toutes les fois que l'angle i dépasse la valeur pour laquelle r est égal à 90 degrés, il n'y a plus de rayon réfracté, et le rayon réfléchi est égal en intensité au rayon incident et polarisé comme lui dans le plan d'incidence. La théorie confirme ce résultat : le principe de Huyghens montre que dans le second milieu les mouvements vibratoires se détruisent tous à partir d'une très-petite distance de la surface de séparation. Le principe des forces vives exige que le rayon réfléchi soit égal en intensité au rayon incident, du moment qu'il n'y a plus de rayon réfracté; et enfin, par raison de symétrie, le rayon réfléchi doit être polarisé dans le plan d'incidence.

Cependant la formule que nous avons établie pour déterminer l'amplitude du rayon réfléchi dans le cas où la lumière incidente est polarisée dans le plan d'incidence, formule qui est

$$v = -\frac{\sin(i-r)}{\sin(i+r)},$$

donne une valeur imaginaire pour v quand, le second milieu étant moins réfringent que le premier, i dépasse la valeur pour laquelle $r = 90$ degrés, c'est-à-dire lorsqu'il y a réflexion totale, car alors on a, en remplaçant $\sin r$ par sa valeur $n \sin i$,

$$v = -\frac{\sin i \sqrt{1 - n^2 \sin^2 i} - n \sin i \cos i}{\sin i \sqrt{1 - n^2 \sin^2 i} + n \sin i \cos i}.$$

Pour les valeurs de i supérieures à celle qui donne $r = 90$ degrés, on a $n \sin i > 1$; donc les quantités placées sous les radicaux sont négatives et l'expression de v devient imaginaire. On peut même donner à cette expression la forme ordinaire des expressions algébriques imaginaires : il suffit d'écrire

$$r = \frac{n \sin i \cos i - \sin i \sqrt{n^2 \sin^2 i - 1}\sqrt{-1}}{n \sin i \cos i + \sin i \sqrt{n^2 \sin^2 i - 1}\sqrt{-1}}.$$

Puisqu'il y a là une contradiction entre l'expérience et les conséquences déduites de la théorie, il faut que les principes sur lesquels s'appuie cette théorie aient quelque chose d'inexact, du moins dans le cas qui nous occupe. Le premier et le second principe ne sont pas attaquables et ne peuvent être en défaut. On ne peut non plus toucher au quatrième principe, qui regarde la constitution de l'éther, sans renverser toute la théorie de Fresnel, car si ce principe était inexact dans le cas de la réflexion totale, il devrait l'être dans tous les autres cas.

Reste donc le troisième principe, qui suppose que les changements de vitesse ont lieu brusquement à la surface de séparation, de sorte que les trois rayons incident, réfléchi et réfracté ont pour vitesses, au point d'incidence et au temps t,

$$\sin 2\pi \frac{t}{T}, \qquad v \sin \frac{2\pi}{T}, \qquad u \sin 2\pi \frac{t}{T},$$

v et u ayant les mêmes valeurs au point d'incidence qu'à une distance finie de la surface de séparation dans les deux milieux, et alors le second principe nous donne la relation

$$1 + r = u.$$

En particulier, pour le cas que nous traitons, l'amplitude u devient nulle à une petite distance de la surface de séparation dans le second milieu, et, si nous admettons que cette amplitude soit aussi nulle à la surface même, nous aurons $v = -1$, c'est-à-dire que la vitesse de vibration du rayon réfléchi au point d'incidence est à chaque instant égale et de signe contraire à celle du rayon incident. Mais cette supposition, que l'amplitude v est nulle jusque sur la surface de séparation, dépasse les données de la théorie; le principe de Huyghens nous apprend seulement que le mouvement réfracté resse à une petite distance de la surface, mais rien ne prouve qu'il soit nul à la surface même. Admettons donc que le mouvement réfracté ne soit pas nul à la surface de séparation, et alors les équations que nous avons posées seront inexactes.

La vitesse du rayon réfléchi n'est plus égale à la vitesse du rayon incident, mais bien à la différence entre la vitesse du rayon incident et celle du rayon réfracté au point d'incidence. D'ailleurs, la force vive du rayon incident, qui, dans le cas général, se partage entre le rayon réfléchi et le rayon réfracté, devra, dans le cas particulier que nous examinons. revenir tout entière au rayon réfléchi, puisque le mouvement réfracté s'arrête à très-peu de distance de la surface, d'où l'on conclut que l'intensité du rayon réfléchi doit être égale à celle du rayon incident. Mais, si le rayon réfléchi et le rayon incident ont même intensité et par suite même amplitude, pour qu'au point d'incidence leurs vitesses de vibration ne soient pas égales au même moment, comme cela a lieu dans la supposition que nous avons faite. il faut que leurs phases soient différentes, que le mouvement vibratoire, étant représenté au point d'incidence sur le rayon incident par $\sin 2\pi \frac{t}{T}$, soit représenté en ce même point sur le rayon réfléchi par $\sin 2\pi \left(\frac{t}{T} - \frac{\varphi}{\lambda} \right)$.

Dans le cas ordinaire de la réflexion, c'est le contraire qui a lieu; les amplitudes sur le rayon réfléchi et sur le rayon incident ne sont pas égales, mais la phase est la même sur les deux rayons au point d'incidence. et les deux mouvements vibratoires sont représentés au point d'incidence par $\sin 2\pi \frac{t}{T}$ et par $v \sin 2\pi \frac{t}{T}$. C'est de ces nouvelles données qu'il faudrait partir pour rendre compte des phénomènes de la réflexion totale.

323. Interprétation conjecturale des expressions imaginaires. — Au lieu d'aborder ainsi à nouveau l'étude de la réflexion dans le cas particulier de la réflexion totale et de chercher à déterminer la différence de phase entre les rayons incident et réfléchi au point d'incidence, Fresnel a cherché à tirer parti des formules obtenues pour le cas ordinaire de la réflexion [1].

[1] Ann. de chim. et de phys., (2), XXIX, 175. — Œuvres complètes, I, 253.

Dans le cas de la réflexion totale, l'amplitude c du rayon réfléchi prend la forme $a + b\sqrt{-1}$. Or, dans un grand nombre de problèmes géométriques, quand on trouve sous une pareille forme la solution d'un problème dont l'énoncé a été trop restreint, on arrive à un résultat exact en interprétant cette solution de la manière suivante : les quantités a et b ne doivent pas être portées à la suite l'une de l'autre comme si on avait à construire une ligne égale à $a + b$, mais on doit prendre un point O, mener par ce point une droite quelconque sur laquelle on prend, à partir du point O, une longueur a, puis, par le même point, une seconde droite perpendiculaire à la première, sur laquelle on prend à partir du même point O une longueur égale à b, et $a + b\sqrt{-1}$ représente la longueur de la ligne qui joint les deux points ainsi obtenus, c'est-à-dire l'hypoténuse d'un triangle rectangle dont a et b sont les côtés. D'après cela le résultat $a + b\sqrt{-1}$ indique que, si on avait rectifié convenablement les données du problème, on aurait trouvé pour solution $\sqrt{a^2 + b^2}$.

Fresnel a appliqué ce mode d'interprétation à la question qui nous occupe. Il a remarqué que, le mouvement vibratoire sur le rayon incident étant représenté par $\sin 2\pi \frac{t}{T}$, le mouvement vibratoire sur le rayon réfléchi peut toujours être représenté par

$$A \sin 2\pi \frac{t}{T} + B \cos 2\pi \frac{t}{T}.$$

A et B étant deux constantes. L'amplitude du rayon réfléchi est alors égale à $\sqrt{A^2 + B^2}$. D'autre part les formules générales nous conduisent, pour l'expression de cette amplitude, à une solution de la forme $a + b\sqrt{-1}$; nous interpréterons cette solution en faisant $a = A$ et $b = B$, c'est-à-dire en supposant que $a + b\sqrt{-1}$ soit équivalent à $\sqrt{a^2 + b^2}$.

Il n'y a là en réalité qu'une analogie avec un résultat géométrique, résultat qui lui-même n'est pas nécessaire et qui souvent ne donne aucune solution répondant à la question. En un mot ce n'est qu'une conjecture; mais nous ne devons pas moins nous assurer si elle conduit à des conséquences vérifiables par l'expérience, et si ces conséquences sont en effet vérifiées, auquel cas la conjecture serait justifiée.

Commençons par mettre l'expression de v sous la forme $a + b\sqrt{-1}$: nous aurons

$$r = \frac{n \sin i \cos i - \sin i \sqrt{n^2 \sin^2 i - 1} \sqrt{-1}}{n \sin i \cos i + \sin i \sqrt{n^2 \sin^2 i - 1} \sqrt{-1}},$$

ou, en faisant disparaître le radical du dénominateur,

$$r = \frac{n^2 \sin^2 i \cos^2 i - n^2 \sin^4 i + \sin^2 i - 2n \sin^2 i \cos i \sqrt{n^2 \sin^2 i - 1} \sqrt{-1}}{n^2 \sin^2 i \cos^2 i + \sin^2 i (n^2 \sin^2 i - 1)},$$

d'où

$$r = \frac{n^2 + 1 - 2n^2 \sin^2 i - 2n \cos i \sqrt{n^2 \sin^2 i - 1} \sqrt{-1}}{n^2 - 1},$$

et enfin

$$v = \frac{n^2 + 1 - 2n^2 \sin^2 i}{n^2 - 1} - \frac{2n \cos i \sqrt{n^2 \sin^2 i - 1}}{n^2 - 1} \sqrt{-1}.$$

D'autre part, l'expression

$$A \sin 2\pi \frac{t}{T} + B \cos 2\pi \frac{t}{T}$$

peut s'écrire

$$\sqrt{A^2 + B^2} \sin \left(2\pi \frac{t}{T} + \text{arc tang} \frac{B}{A} \right).$$

$\sqrt{A^2 + B^2}$ représente l'amplitude v du rayon réfléchi et arc tang $\dfrac{B}{A}$ est la différence de phase entre le rayon réfléchi et le rayon incident au point d'incidence.

Si l'on admet que, pour avoir l'intensité du rayon réfléchi, il faille prendre la somme des carrés de la partie réelle et du coefficient de $\sqrt{-1}$ dans la partie imaginaire de l'expression de v, ce qui revient à remplacer $a + b\sqrt{-1}$ par $\sqrt{a^2 + b^2}$, on aura pour cette intensité R

$$R = \frac{(n^2 + 1 - 2n^2 \sin^2 i)^2 + 4n^2 \cos^2 i (n^2 \sin^2 i - 1)}{(n^2 - 1)^2},$$

d'où

$$R = \frac{(n^2 + 1)^2 + 4n^4 \sin^2 i - 4n^2 (n^2 + 1) \sin^2 i - 4n^2 \cos^2 i}{(n^2 - 1)^2}.$$

et enfin

$$R = \frac{(n^2+1)^2 - 4n^2}{(n^2-1)^2} = 1.$$

Nous trouvons donc ainsi que l'intensité du rayon réfléchi est égale à celle du rayon incident, comme le prouvent l'expérience et la théorie.

Quant à la différence de phase du rayon incident et du rayon réfléchi au point d'incidence, si on représente le mouvement vibratoire sur le rayon réfléchi par $\sin 2\pi\left(\frac{t}{T} - \frac{\varphi}{\lambda}\right)$, elle est égale à $2\pi\frac{\varphi}{\lambda}$. On a donc

$$2\pi\frac{\varphi}{\lambda} = \text{arc tang}\frac{B}{A}, \qquad \text{tang}\,2\pi\frac{\varphi}{\lambda} = \frac{B}{A},$$

d'où

$$\text{tang}\,2\pi\frac{\varphi}{\lambda} = -\frac{2n\cos i\sqrt{n^2\sin^2 i - 1}}{1 + n^2 - 2n^2\sin^2 i}.$$

Telle est la formule que l'expérience doit vérifier quand le rayon incident est polarisé dans le plan d'incidence.

Tout ce qui vient d'être dit peut s'appliquer au cas où le rayon réfléchi est polarisé perpendiculairement au plan d'incidence; seulement il faut prendre v' au lieu de v. Par un calcul analogue à celui que nous avons fait pour v, nous pouvons mettre v' sous la forme

$$v' = \frac{\sin i\cos i - n\sin i\sqrt{n^2\sin^2 i - 1}\sqrt{-1}}{\sin i\cos i + n\sin i\sqrt{n^2\sin^2 i - 1}\sqrt{-1}}$$

ou

$$v' = \frac{1 + n^2 - (n^2+1)\sin^2 i}{(n^2-1)[(n^2+1)\sin^2 i - 1]} - \frac{2n\cos i\sqrt{n^2\sin^2 i - 1}}{(n^2-1)[(n^2+1)\sin^2 i - 1]}\sqrt{-1}.$$

Les quantités représentées par A et B ont donc ici pour valeur

$$A = \frac{1 + n^2 - (n^2+1)\sin^2 i}{(n^2-1)[(n^2+1)\sin^2 i - 1]}, \qquad B = -\frac{2n\cos i\sqrt{n^2\sin^2 i - 1}}{(n^2-1)[(n^2+1)\sin^2 i - 1]}.$$

L'intensité de la lumière réfléchie sera encore égale à $A^2 + B^2$, ce qui donnera, tous calculs faits, une valeur égale à l'unité.

Si l'on désigne par $2\pi \dfrac{\varphi'}{\lambda}$ la différence de phase entre le rayon incident et le rayon réfléchi au point d'incidence, on aura

$$\operatorname{tang} 2\pi \frac{\varphi'}{\lambda} = \frac{B}{A} = - \frac{2n\cos i \sqrt{n^2\sin^2 i - 1}}{1 + n^2 - (n^3 + 1)\sin^2 i}.$$

Ainsi, les différences de phase sont données, lorsque la lumière incidente est polarisée dans le plan d'incidence, par la relation

$$\operatorname{tang} 2\pi \frac{\varphi}{\lambda} = - \frac{2n\cos i \sqrt{n^2\sin^2 i - 1}}{1 + n^2 - 2n^2\sin^2 i},$$

et, lorsque cette lumière est polarisée perpendiculairement au plan d'incidence, par la relation

$$\operatorname{tang} 2\pi \frac{\varphi'}{\lambda} = - \frac{2n\cos i \sqrt{n^2\sin^2 i - 1}}{1 + n^2 - (n^4 + 1)\sin^2 i}.$$

324. Polarisation elliptique ou circulaire produite par la réflexion totale. — La difficulté qu'il y a à mesurer les différences de phase empêche de vérifier directement par l'expérience les formules que nous venons de trouver ; mais elles peuvent trouver une vérification indirecte si l'on fait réfléchir totalement de la lumière polarisée dans un plan faisant avec le plan d'incidence un angle quelconque α. Un rayon de cette lumière peut se décomposer en deux rayons, l'un polarisé dans le plan d'incidence et l'autre dans un plan perpendiculaire. Les rayons réfléchis correspondant à ces deux rayons auront pour amplitude $\cos \alpha$ et $\sin \alpha$, et présenteront avec les rayons incidents dont ils proviennent des différences de phase égales respectivement à $2\pi \dfrac{\varphi}{\lambda}$ et à $2\pi \dfrac{\varphi'}{\lambda}$. Le rayon réfléchi résultant de la combinaison de ces deux rayons sera donc polarisé elliptiquement, puisque les deux composantes rectangulaires de ce rayon sont inégales en amplitude et ont une différence de phase.

La différence de phase entre les deux composantes du rayon réfléchi est égale à $2\pi \dfrac{\varphi - \varphi'}{\lambda}$, et nous allons chercher à la déterminer.

Posons

$$\operatorname{tang} 2\pi \frac{\varphi}{\lambda} = \frac{a}{b}, \qquad \operatorname{tang} 2\pi \frac{\varphi'}{\lambda} = \frac{a}{b}.$$

nous aurons

$$\cos 2\pi \frac{\varphi}{\lambda} = \frac{b}{\sqrt{a^2+b^2}}, \qquad \sin 2\pi \frac{\varphi}{\lambda} = \frac{a}{\sqrt{a^2+b^2}},$$

$$\cos 2\pi \frac{\varphi'}{\lambda} = \frac{b'}{\sqrt{a^2+b'^2}}, \qquad \sin 2\pi \frac{\varphi'}{\lambda} = \frac{a}{\sqrt{a^2+b'^2}},$$

et

$$\cos 2\pi \frac{\varphi-\varphi'}{\lambda} = \frac{a^2+bb'}{\sqrt{a^2+b^2 \cdot a^2+b'^2}},$$

d'où, en remplaçant a, b, b' par leurs valeurs,

$$\cos 2\pi \frac{\varphi-\varphi'}{\lambda} = \frac{4n^2\cos^2 i(n^2\sin^2 i-1)+(1+n^2-2n^2\sin^2 i)[1+n^2-(n^4+1)\sin^2 i]}{\sqrt{[4n^2\cos^2 i(n^2\sin^2 i-1)+(1+n^2-2n^2\sin^2 i)^2]\{4n^2\cos^2 i(n^2\sin^2 i-1)+[1+n^2-(n^4+1)\sin^2 i]^2\}}}.$$

Toutes réductions faites, on trouve

$$\cos 2\pi \frac{\varphi-\varphi'}{\lambda} = \frac{1-(1+n^4)\sin^2 i+2n^2\sin^4 i}{(1+n^2)\sin^2 i-1}.$$

On a donc dans le plan d'incidence et dans le plan perpendiculaire deux rayons polarisés à angle droit, ayant des intensités proportionnelles à $\sin^2 \alpha$ et à $\cos^2 \alpha$ et ayant pour différence de phase la quantité $2\pi \frac{\varphi-\varphi'}{\lambda}$, dont nous venons de déterminer le cosinus. Le rayon réfléchi qui résulte de la composition de ces deux rayons sera polarisé elliptiquement, à moins que la différence de phase ne soit nulle, auquel cas la lumière serait polarisée rectilignement dans le plan primitif.

On a dans ce cas

$$\cos 2\pi \frac{\varphi-\varphi'}{\lambda} = 1,$$

d'où

$$1-(1+n^2)\sin^2 i+2n^2\sin^4 i = (n^2+1)\sin^2 i-1,$$

d'où encore

$$n^2\sin^4 i-(1+n^2)\sin^2 i+1 = 0.$$

On tire de cette équation

$$\sin^2 i = \frac{n^2+1}{2n^2} \pm \sqrt{\frac{(n^2+1)^2}{4n^4}-\frac{1}{n^2}},$$

d'où

$$\sin^2 i = \frac{n^2+1}{2n^2} \pm \frac{n^2-1}{2n^2} \cdot$$

Les deux valeurs de $\sin^2 i$ sont 1 et $\frac{1}{n^2}$, et par suite les deux valeurs de $\sin i$ sont 1 et $\frac{1}{n}$; donc la lumière réfléchie totalement est polarisée rectilignement sous l'incidence rasante et sous l'incidence limite de la réflexion totale. Il n'y a pas lieu de chercher ce qui arrive quand $\cos 2\pi \frac{\varphi-\varphi'}{\lambda} = -1$, c'est-à-dire quand $2\pi \frac{\varphi-\varphi'}{\lambda}$ est égal à une demi-circonférence, car chacun des arcs $2\pi \frac{\varphi}{\lambda}$ et $2\pi \frac{\varphi'}{\lambda}$ est moindre qu'une demi-circonférence.

La lumière réfléchie totalement n'est donc polarisée rectilignement qu'aux deux limites de la réflexion totale; dans ces deux cas la différence de phase $2\pi \frac{\varphi-\varphi'}{\lambda}$ est nulle; dans l'intervalle elle croît pour décroître ensuite : elle passe donc par un maximum. Ce maximum correspond à un minimum de $\cos 2\pi \frac{\varphi-\varphi'}{\lambda}$. En annulant la dérivée de cette dernière expression, on obtient la relation

$$(1 + n^2)\sin^2 i - 2 = 0,$$

d'où

$$\sin^2 i = \frac{2}{1+n^2} \cdot$$

Sous cette incidence on a

$$\cos 2\pi \frac{\varphi-\varphi'}{\lambda} = \frac{1 - \dfrac{2(1+n^2)}{(1+n^2)} + 2n^2 \dfrac{4}{(1+n^2)^2}}{(1+n^2)\dfrac{2}{1+n^2} - 1},$$

d'où

$$\cos 2\pi \frac{\varphi-\varphi'}{\lambda} = \frac{-(1+n^2)^2 + 8n^2}{(1+n^2)^2} \cdot$$

Pour le verre, $n = \frac{3}{2}$; c'est sous l'incidence représentée par $\sin^2 i = \frac{8}{13}$ que la différence de phase est un maximum; elle a alors pour cosinus $\frac{119}{169}$, qui est un peu plus petit que $\frac{\sqrt{2}}{2}$, cosinus de 45 degrés.

La différence de phase maximum dépasse un peu $\frac{\pi}{4}$ et la différence de marche $\varphi - \varphi'$ est un peu plus grande que $\frac{\lambda}{8}$.

Si l'on a $2\pi\,\frac{\varphi - \varphi'}{\lambda} = \frac{\pi}{2}$ ou $\cos 2\pi\,\frac{\varphi - \varphi'}{\lambda} = 0$, les axes de l'ellipse sont dans le plan d'incidence et dans le plan perpendiculaire. On a alors, pour déterminer l'incidence i, l'équation

$$2n^2 \sin^4 i - (1 + n^2) \sin^2 i + 1 = 0.$$

d'où

$$\sin^2 i = \frac{(1 + n^2) \pm \sqrt{(1 + n^2)^2 - 8n^2}}{4\,n^2}.$$

Si, sous cette incidence, l'angle α du plan de polarisation de la lumière incidente avec le plan d'incidence est de 45 degrés, la lumière réfléchie totalement sera polarisée circulairement. C'est là un moyen de vérifier expérimentalement les formules.

Pour le verre, il est évident que la polarisation circulaire ne peut avoir lieu, puisque la différence de phase, lorsqu'elle est à sa valeur maximum, dépasse à peine $\frac{\pi}{4}$.

D'ailleurs, la formule qui donne i montre que, pour que la polarisation circulaire puisse avoir lieu. il faut que l'on ait

$$(1 + n^2)^2 - 8n^2 > 0$$

ou

$$n^4 - 6n^2 + 1 > 0.$$

ce qui a lieu si l'on a

$$n^2 > 3 + \sqrt{8}.$$

car on ne peut avoir $n^2 = 3 - \sqrt{8}$, qui est la plus petite des racines. Pour toutes les substances monoréfringentes, comme le verre, n est moindre que $\sqrt{3 + \sqrt{8}}$. Le plus grand indice est celui du diamant, qui surpasse de très-peu $\sqrt{3 + \sqrt{8}}$, mais ce corps ne peut être employé pour d'autres motifs. Pour trouver un indice notablement supérieur à $\sqrt{3 + \sqrt{8}}$, il faut aller jusqu'au réalgar. qui a pour indice 2,8, mais qui est fortement coloré et auquel la théorie de Fresnel ne s'applique pas.

La vérification qui consisterait à constater la production de la lumière polarisée circulairement par une seule réflexion totale n'est donc pas possible : mais elle peut conduire à d'autres vérifications possibles. La différence de phase des rayons réfléchis ne dépendant que de l'angle d'incidence, on peut choisir cet angle de façon que la différence de phase des deux rayons réfléchis soit égale à $\frac{\pi}{4}$, et si alors on fait réfléchir une seconde fois la lumière sous la même incidence et dans le même milieu, on aura après la seconde réflexion, entre les deux rayons réfléchis, une différence de phase égale à $\frac{\pi}{2}$, et, si l'angle α est égal à 45 degrés, la lumière deux fois réfléchie sera polarisée circulairement. On peut aussi produire une différence de phase égale à $\frac{\pi}{6}$ et faire réfléchir trois fois la lumière, ou une différence de phase de $\frac{\pi}{8}$ et faire réfléchir quatre fois la lumière, et ainsi de suite.

Pour que la différence de phase soit égale à $\frac{\pi}{4}$, il faut que l'on ait

$$\cos 2\pi \frac{\varphi - \varphi'}{\lambda} = \frac{\sqrt{2}}{2},$$

d'où

$$2 - 2(1 + n^2)\sin^2 i + 4n^2 \sin^4 i = \sqrt{2}(1 + n^2)\sin^2 i \cdot \sqrt{2},$$

et en simplifiant.

$$4n^2 \sin^4 i - (2 + \sqrt{2})(1 + n^2)\sin^2 i + 2 + \sqrt{2} = 0.$$

On tire de là

$$\sin^2 i = \frac{2 + \sqrt{2} \cdot 1 + n^2 \pm \sqrt{(2 + \sqrt{2})^2(1 + n^2)^2 - 16 n^2(2 + \sqrt{2})}}{8 n^2}$$

ou

$$\sin^2 i = \frac{\left(1 + \frac{\sqrt{2}}{2}\right)1 + n^2 \pm \sqrt{\left(1 + \frac{\sqrt{2}}{2}\right)^2(1 + n^2)^2 - 8n^2\left(1 + \frac{\sqrt{2}}{2}\right)}}{4 n^2}.$$

Cette expression est réelle pour le verre et pour les milieux analogues, dont l'indice varie de 1,4 à 1,6.

Pour une différence de phase égale à $\dfrac{\pi}{6}$, on a

$$\cos 2\pi \frac{\Phi - \varphi}{\lambda} = \frac{\sqrt{3}}{2},$$

ce qui donne

$$\sin^2 i = \frac{\left(1 + \dfrac{\sqrt{3}}{2}\right)(1 + n^2) \pm \sqrt{\left(1 + \dfrac{\sqrt{3}}{2}\right)^2 (1 + n^2)^2 - 8n^2\left(1 + \dfrac{\sqrt{3}}{2}\right)}}{4n^2}.$$

Si la différence de phase est $\dfrac{\pi}{8}$, on a

$$\cos 2\pi \frac{\Phi - \varphi}{\lambda} = \frac{\sqrt{2 + \sqrt{2}}}{2},$$

et ainsi de suite.

On a donc là une série de vérifications expérimentales très-simples. On trouve deux valeurs pour l'incidence i, ce qui tient à ce que, de part et d'autre de la valeur de l'incidence qui correspond à la différence de phase maximum, il y a deux valeurs de l'incidence qui correspondent à des différences de phase égales entre elles.

II.

VÉRIFICATIONS EXPÉRIMENTALES DE LA THÉORIE DE FRESNEL.

325. Classification des vérifications expérimentales.
— Jusqu'ici nous avons exposé la théorie de la réflexion et de la
réfraction de la lumière polarisée et de la lumière naturelle sans
indiquer les vérifications expérimentales. Nous allons maintenant
faire connaître les principaux procédés qui peuvent servir à reconnaître l'exactitude des lois dérivées de la théorie de Fresnel. On
remarque dans ces vérifications, les unes antérieures, les autres
postérieures à Fresnel, deux périodes bien distinctes; dans la première, on trouva un accord satisfaisant entre la théorie et l'expérience; dans la seconde, on montra que cet accord n'est pas absolu,
mais seulement approché. Il y a là quelque chose d'analogue à ce
que des observations très-rigoureuses ont appris sur l'inexactitude
des lois de Képler et de la loi de Mariotte.

Nous diviserons ces vérifications en trois catégories. La première
comprend tout ce qui est relatif aux modifications qu'éprouve la
polarisation de la lumière dans la réflexion et la réfraction, c'est-
à-dire les changements de plan de polarisation, la polarisation
complète ou partielle de la lumière naturelle, la transformation de
la lumière polarisée rectilignement en lumière polarisée circulairement ou elliptiquement, et réciproquement. La seconde catégorie se
compose des mesures photométriques qui peuvent servir à déterminer les intensités de la lumière réfléchie ou réfractée dans diverses
conditions. L'imperfection des procédés photométriques rend ce
genre de mesures peu précises, et il est utile d'y joindre des mesures calorimétriques. Les phénomènes calorifiques et lumineux
doivent en effet, on le sait, être considérés comme des effets d'un
même agent, et toutes les lois établies pour la lumière sont applicables aux rayons calorifiques. Enfin, la troisième catégorie comprend les expériences polarimétriques destinées à reconnaître la
proportion de lumière polarisée qui existe dans la lumière réfléchie
provenant de la lumière naturelle.

A. — Modifications de la polarisation de la lumière.

326. Loi de Malus. — La loi expérimentale posée par Malus[1] doit être énoncée en premier lieu. Elle consiste en ce que l'angle A de polarisation complète par réflexion, lorsque le rayon passe d'un milieu dans un autre, et l'angle B de polarisation complète, quand le rayon passe du second milieu dans le premier, sont entre eux dans le même rapport que l'angle d'incidence et l'angle de réfraction du premier milieu dans le second, c'est-à-dire que l'on a

$$\frac{\sin A}{\sin B} = n.$$

Cette loi, bien qu'ayant été découverte avant la théorie de Fresnel, peut lui servir de vérification. En effet, dans cette théorie on voit qu'il y a polarisation complète lorsque la condition

$$\cot(A + R) = 0$$

est satisfaite, A étant l'angle d'incidence et R l'angle de réfraction, et l'on a de plus

$$\frac{\sin A}{\sin R} = n.$$

Inversement, lorsque la lumière repasse du second milieu dans le premier, sous l'angle de polarisation complète dans le second milieu, on a

$$\cot(B + R') = 0. \qquad \frac{\sin R'}{\sin B} = n;$$

d'où il résulte que l'on a

$$A = R', \qquad R = B,$$

et

$$\frac{\sin A}{\sin B} = n.$$

327. Loi et expériences de Brewster. — La seconde loi expérimentale, par ordre chronologique, est celle qui a été décou-

---

[1] *Mém. de la Soc. d'Arcueil*, II, 143. — *Mém. de la prem. classe de l'Inst.*, XI, 112.

verte par Brewster, en 1815 [1], et qui porte son nom. Elle consiste en ce que la tangente de l'angle d'incidence qui correspond à la polarisation complète est égale à l'indice de réfraction.

On déduit immédiatement cette loi des deux équations

$$\cot(A + R) = 0$$

et

$$\sin A = n \sin R,$$

d'où l'on tire

$$A + R = \frac{\pi}{2}$$

et

$$\tang A = n.$$

La condition $A + R = \frac{\pi}{2}$ indique que, pour l'incidence de la polarisation complète, le rayon réfracté est perpendiculaire au rayon réfléchi.

L'importance de cette loi rend nécessaire une vérification expérimentale très-exacte: tel n'a pas été le caractère du premier travail de Brewster, qui est imparfait et qui ne pourrait être considéré comme une vérification si d'autres expériences plus rigoureuses ne lui avaient succédé. Brewster a opéré sur dix-huit substances, et les erreurs de ses résultats s'élèvent jusqu'à 32 minutes en plus et 25 minutes en moins. Cependant, avec des appareils même ordinaires, on peut mesurer l'angle d'incidence à bien moins d'un demi-degré.

Mais en parcourant la liste des substances soumises aux expériences on reconnaît facilement qu'il est impossible de tirer de ces divergences une conclusion contre l'exactitude de la loi. Cette liste est la suivante :

Air.	Verre opalin.	Spinelle.
Eau.	Gypse.	Zircon.
Spath fluor.	Topaze.	Verre d'antimoine.
Obsidienne.	Nacre de perle.	Soufre.
Glace.	Spath d'Islande.	Diamant.
Quartz.	Verre orangé.	Chromate de plomb.

Phil. Trans., 1815, p. 125.

A la tête de ces substances figure l'air, sur lequel il est impossible de faire une observation directe; Brewster en fixe l'angle de polarisation à 45 degrés. C'est l'angle qu'il trouvait en recevant un faisceau lumineux de rayons solaires réfléchis sur les dernières couches de l'atmosphère: de la direction de ce faisceau et de l'épaisseur de l'atmosphère il déduisait l'angle sous lequel le faisceau s'était réfléchi et cherchait à quel angle de réflexion correspondait le maximum de polarisation : il trouva ainsi la valeur de 45 degrés. Mais il faut remarquer que la polarisation n'est jamais complète dans ces conditions; de plus, certains rayons peuvent avoir été réfléchis plusieurs fois: enfin la réfraction intervient d'une façon complexe, et les résultats sont influencés par la réflexion et la réfraction sur les vésicules de vapeur d'eau. Ce premier résultat n'a donc aucune importance.

Parmi les substances qui viennent ensuite, l'obsidienne, qui est opaque, le verre opalin, la glace, la nacre de perle, qui ne sont pas transparents, n'ont pas pu fournir des mesures exactes de leurs indices de réfraction. Le gypse, le quartz, la topaze, le spath d'Islande, le zircon, le soufre, le chromate de plomb sont des cristaux biréfringents pour lesquels l'indice de réfraction et la loi de Brewster n'ont pas de sens. Le diamant, étudié aussi par Brewster, n'a pas d'angle de polarisation complète, comme il résulte des expériences de Biot. Enfin sur les cinq autres substances, l'eau, le spath fluor, le spinelle, le verre orangé, le verre d'antimoine, Brewster considère les résultats comme inexacts pour les deux premières. Il ne reste donc, en somme, que trois substances pour lesquelles on peut compter sur les résultats.

Incidemment, Brewster a constaté qu'on ne peut pas toujours polariser complétement la lumière à la surface de séparation de deux milieux, par exemple sur le verre recouvert d'une couche d'eau. En effet, le plus grand angle que puisse faire avec la normale un rayon réfracté dans l'eau est donné par la relation

$$\sin r = \frac{1}{n} .$$

Soit n' l'indice de réfraction du verre par rapport à l'eau, on aura pour l'angle A de polarisation sur le verre recouvert d'eau

$$\tan A = n'.$$

Si donc on a $r < A$, la polarisation complète ne pourra avoir lieu. On a ainsi la condition

$$\frac{1}{n} < \frac{n}{\sqrt{1 + n'^2}},$$

d'où

$$n'^2 > 1 + \frac{1}{n'^2},$$

et il est facile de s'assurer que cette condition est remplie pour le verre et pour l'eau.

L'appareil dont s'est servi Brewster se composait d'un cercle métallique gradué, disposé horizontalement, au centre duquel était placée verticalement la lame réfléchissante. Un tube amenait sur cette lame un faisceau lumineux, qu'on recevait, après sa réflexion, sur un prisme biréfringent porté par une alidade mobile autour du centre du cercle. On plaçait la section principale de ce prisme dans le plan d'incidence et on cherchait, en faisant mouvoir le tube et l'alidade, la position pour laquelle l'image extraordinaire avait son intensité minimum. Le principal défaut de cet appareil, c'est qu'on perd de vue l'image à chaque instant, et qu'il faut s'en rapporter à la mémoire pour trouver la position exacte du minimum, car l'image ne disparaît jamais complétement.

Pour les liquides, le cercle était disposé verticalement.

328. Expériences d'Auguste Seebeck. — En 1830, Auguste Seebeck [1], reprenant les expériences faites pour vérifier la loi de Brewster, est arrivé à des résultats très-satisfaisants par un meilleur choix des substances et par l'emploi d'un appareil plus précis. Il s'est attaché à éviter l'inconvénient que nous venons de signaler dans l'appareil de Brewster.

L'appareil de Seebeck se compose d'un cercle vertical C (fig. 57), portant sur un de ses diamètres un tube horizontal T, qui traverse un diaphragme D, derrière lequel se trouve une lampe P. Au

[1] *Thèse inaugurale*, Berlin, 1830. — *Pogg. Ann.*, XX, 27.

centre est un cadre E, perpendiculaire au plan du cercle; ce cadre est destiné à recevoir la lame réfléchissante L. Du côté du cercle opposé à celui par lequel arrive la lumière, est un Nicol N, destiné à recevoir le rayon réfléchi. Le mouvement du prisme et celui de la lame réfléchissante dépendent l'un de l'autre. A cet effet, le prisme N est porté par un arc denté A, concentrique au cercle, qui lui-même est denté par la partie située en face de cet arc. Entre l'arc et le cercle se trouve une vis hélicoïdale V, qui engrène avec l'un et l'autre. Les dents du cercle et celles de l'arc correspondent à des angles au centre égaux, de sorte que, lorsqu'on fait tourner la vis V, le prisme N et l'arc A qui le porte se déplacent d'un certain angle par rapport à cette vis, et la vis elle-même se déplace du même

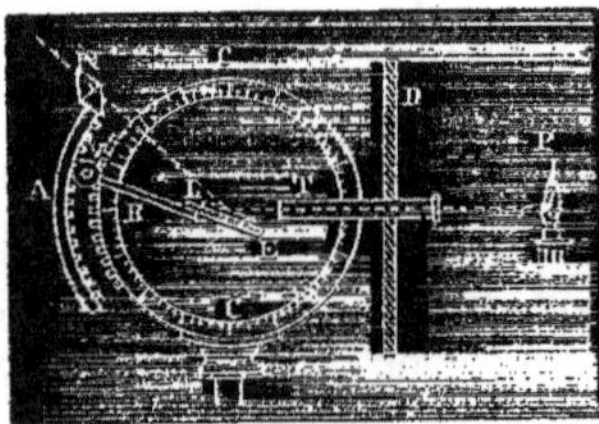

Fig. 57.

angle par rapport au cercle C, qui est fixe, entraînant dans son mouvement le cadre E, sur lequel est fixée la lame réfléchissante, et qui est relié à la vis par une alidade B. Si donc on a primitivement disposé l'appareil de manière que le prisme, la lame réfléchissante et le tube T soient en ligne droite, et si l'on fait ensuite tourner la vis, la lame réfléchissante tournera d'un certain angle α par rapport à la direction du tube T, et le prisme N tournera d'un angle 2α par rapport à cette même direction. Le Nicol se trouvera donc toujours sur le passage du rayon réfléchi, et on ne cessera pas d'apercevoir l'image.

Seebeck opérait du reste de la même manière que Brewster; le soir, lorsque les yeux sont très-sensibles à la lumière, en se servant d'une lampe dans un lieu bien clos, il obtenait des résultats ne différant que de 3 à 4 minutes des nombres donnés par la théorie.

Quant aux indices de réfraction, ils étaient mesurés avec les lames mêmes qui avaient servi à déterminer l'angle de polarisation, et avec la lumière de la même lampe, afin d'opérer sur les mêmes rayons, qui étaient les rayons jaunes. Pour corriger les erreurs dues au défaut d'homogénéité de la substance réfléchissante, à ce que la lame n'était pas rigoureusement perpendiculaire au plan du cercle, et à ce que la graduation de ce cercle n'était pas parfaite, Seebeck retournait la plaque de 180 degrés dans son plan et faisait ainsi deux observations sur chaque face de la plaque : il prenait ensuite la moyenne des quatre observations.

Seebeck a opéré de cette façon sur des substances monoréfringentes susceptibles de donner des mesures exactes et diversement colorées. Le spath fluor incolore et coloré, l'opale commune, cinq verres différant de composition et de couleur, la pyrope, la blende, soumis à ces expériences, donnèrent des écarts qui allaient jusqu'à un demi-degré. Ces substances ayant été polies par un opticien, Seebeck pensa qu'un séjour prolongé dans le laboratoire pouvait avoir altéré la surface des lames[1]. C'est à cela qu'il attribua les erreurs de ses résultats, erreurs qui étaient considérables eu égard au soin avec lequel étaient faites les expériences et à la concordance des quatre observations qu'il faisait sur chaque lame. Il polit alors lui-même les lames et les employa quelques minutes après ; les erreurs devinrent ainsi inférieures à la limite qu'on pouvait assigner à celles que comportait l'appareil.

Voici le tableau des principaux résultats obtenus par Seebeck :

NOMS DES SUBSTANCES.	ANGLE de polarisation observé.	ANGLE de polarisation calculé.	DIFFÉRENCE.
Spath fluor incolore..	55° 6'.7	55° 6',7	0°0',0
Spath fluor bleu.....	55° 3'.8	55° 7'	− 0°3'.2
Opale commune. ...	55°29'.3	55°26',3	+ 0°3'.0
Verre A...........	56°36'	56°32'.2	+ 0°3'.8
——— B...........	56° 45'.5	56°46',4	− 0°0'.9
——— C...........	56°50'.2	56°52'	− 0°1'.8
——— D...........	57°12',6	57°12',6	0°0'.0
——— E...........	57°41'	57°38',5	+ 0°2',5
——— F.	58°16'.6	58°19',4	− 0°2'.8
Pyrope	61° 4'	61° 7'.7	− 0°3'.7
Blende	67° 8'.2	67° 7'	+ 0°1'.2

[1] Cette altération est mise en évidence par le phénomène des *images de Moser*. Un corps placé en face d'une surface polie finit par y imprimer son image, ce qui tient à l'évaporation de matières grasses et autres qui émanent de ce corps. Ce phénomène a sa plus grande intensité pour le verre, dont on connaît le grand pouvoir de condensation pour les liquides et pour les gaz.

329. Mesures de la rotation du plan de polarisation. — Expériences de Fresnel et de Brewster. — Lorsque la lumière incidente n'est plus naturelle, comme nous l'avons supposé dans les vérifications dont nous avons parlé jusqu'ici, mais bien polarisée rectilignement, la lumière réfléchie et réfractée est aussi polarisée rectilignement, mais le plan de polarisation subit, en général, une déviation. Les lois théoriques de cette déviation du plan de polarisation peuvent facilement être soumises au contrôle de l'expérience. On emploie à cet effet un cercle gradué vertical, au centre duquel est placée horizontalement une plaque de la substance sur laquelle on veut opérer. Deux alidades portant chacune un prisme de Nicol se meuvent autour du centre. L'un de ces prismes sert de polarisateur, et l'on place sa section principale dans une position déterminée par rapport au plan d'incidence. La seconde alidade est placée de manière à recevoir le rayon réfléchi; on tourne le Nicol qui y est adapté de manière à obtenir l'extinction, puis, amenant ce prisme sur le prolongement du rayon incident après avoir enlevé la plaque, on le tourne jusqu'à ce que l'extinction se produise de nouveau. L'angle dont on a tourné la section principale de ce second prisme, angle qui doit pouvoir être mesuré par une graduation, indique la déviation du plan de polarisation. Si la lumière est intense, on peut obtenir une approximation de 4 ou 5 minutes. Fresnel et Brewster, qui opéraient avec la lumière des nuées, avaient des erreurs variant d'un degré à un degré et demi.

La mesure de la déviation du plan de polarisation par réfraction est encore plus facile; on place au centre du cercle une lame à faces parallèles et on reçoit sur le second Nicol le rayon réfracté au sortir de la lame. Comme il y a deux réfractions, le rapport des tangentes des angles que font avec le plan d'incidence les plans de polarisation du rayon deux fois réfracté et le plan de polarisation primitif doit, d'après la théorie de Fresnel, être égal à $\dfrac{1}{\cos^2(i-r)}$.

Fresnel a exécuté sur le verre et sur l'eau deux séries de mesures[1]; il faisait varier la position du plan primitif de polarisation par rapport au plan d'incidence. Les écarts allaient jusqu'à un degré

[1] *Ann. de chim. et de phys.*, (2), XVII, 314. — *Œuvres complètes*, I, 640.

et demi avec la lumière diffuse; ils n'étaient pas supérieurs aux erreurs que comporte l'appareil.

Brewster a fait des expériences analogues[1]. Il a opéré sur plusieurs espèces de verre en laissant le plan primitif de polarisation à 45 degrés du plan d'incidence et en faisant varier l'angle d'incidence. Il a aussi essayé d'expérimenter sur le diamant et a trouvé des résultats assez concordants, mais qui ont peu d'importance, car la théorie de Fresnel, comme nous le verrons plus loin, ne s'applique pas à ce corps. Il a étudié le quartz sous l'incidence de 70 degrés, l'azimut du plan de polarisation variant de zéro à 70 degrés. Cette substance était mal choisie parce qu'elle est biréfringente; mais comme les deux indices sont peu différents l'un de l'autre dans le quartz, les lois de Fresnel y sont vérifiées approximativement.

Dans les deux cas, Brewster a reconnu que l'hétérogénéité de la lumière blanche nuit à l'exactitude des observations. Il est probable que l'altération de la surface agit ici comme dans les expériences de Seebeck.

330. Vérification des formules relatives à la réflexion totale. — Parallélipipède de Fresnel.

— Brewster a fait quelques expériences sur le cas de la réflexion totale; il a vu que la

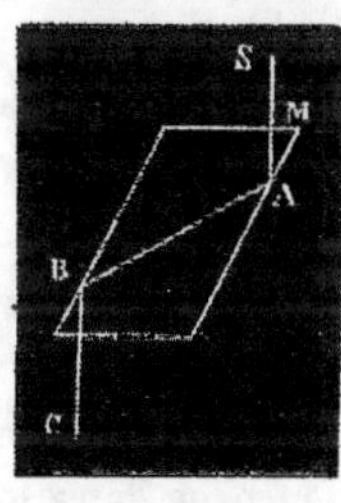

Fig. 58.

lumière polarisée peut se dépolariser en tout ou en partie par la réflexion totale, mais il n'a donné aucun résultat précis. Fresnel[2], pour vérifier les résultats de sa théorie (324), a cherché à transformer la lumière polarisée rectilignement en lumière polarisée circulairement au moyen de réflexions multiples sous un angle déterminé, l'azimut du plan de polarisation par rapport au plan d'incidence étant de 45 degrés. Pour rendre plus facile la construction des appareils, il a toujours fait subir à la lumière un nombre pair de réflexions.

Supposons un parallélipipède droit, en verre, à base de parallélo-

---

[1] *Phil. Trans.*, 1830, p. 69, 133, 145.

[2] *Bullet. de la Soc. Philomath.*, 1823, p. 29. — *Ann. de chim. et de phys.*, (2), XXIX. 175. — *OEuvres complètes*, I, 753.

gramme très-allongé. Un rayon SA (fig. 58) tombe normalement sur le petit côté de la base; il pénètre dans le verre sans modification et se réfléchit totalement en A, si l'angle M est assez voisin de 90 degrés; il se réfléchit de nouveau en B, si le parallélogramme de base est suffisamment allongé, et émerge normalement du verre suivant BC. En augmentant convenablement la longueur des grands côtés du parallélogramme, on peut faire en sorte que le rayon n'émerge qu'après 2, 4, 6, 8, ... réflexions totales, qui se font toutes sous le même angle. Or, si l'angle d'incidence est celui qui produit une différence de phase égale à $\frac{\pi}{4}, \frac{\pi}{8}, \frac{\pi}{12}, \frac{\pi}{16}, \ldots$ 2, 4, 6, 8.... réflexions donneront une différence totale de phase égale à $\frac{\pi}{2}$, et, si le rayon incident est polarisé à 45 degrés du plan d'incidence, la lumière émergente sera circulaire.

Tel est le principe du parallélipipède de Fresnel. Une fois qu'on a constaté que le rayon émergent est polarisé circulairement, on peut vérifier que le sens de cette polarisation circulaire change si le plan de polarisation passe de l'autre côté du plan d'incidence.

Réciproquement, si on fait arriver sur cet appareil un rayon polarisé circulairement, c'est-à-dire un rayon dont la composante parallèle et la composante perpendiculaire au plan d'incidence ont même intensité et une différence de phase égale à $\frac{\pi}{2}$, les deux composantes, au sortir du parallélipipède, auront une différence de phase égale à π: la lumière émergente sera donc polarisée rectilignement dans un plan faisant avec le plan d'incidence un angle de 45 degrés à droite ou à gauche, suivant le sens de la polarisation de la lumière incidente.

Le parallélipipède peut aussi transformer en lumière polarisée elliptiquement, ayant ses axes dans le plan d'incidence et dans le plan perpendiculaire, la lumière polarisée rectilignement, dont le plan de polarisation est à 45 degrés du plan d'incidence, et réciproquement.

Le parallélipipède de Fresnel a, comme on voit, toutes les propriétés d'une lame d'un quart d'onde, et il doit lui être préféré pour les expériences sur la lumière blanche, parce que la différence de marche est peu considérable dans le verre pour les rayons des différentes couleurs. Au contraire, on doit employer plutôt la lame d'un quart d'onde quand la lumière sur laquelle on opère est monochromatique. Mais le principal inconvénient du parallélipipède de Fresnel est que le faisceau ne conserve plus sa direction et se meut quand le parallélipipède tourne, de sorte qu'il faut que les autres parties de l'appareil suivent ce mouvement.

331. Vérifications portant sur les rayons calorifiques. — Comme nous l'avons déjà dit, les rayons de chaleur, même obscure, suivent exactement les mêmes lois que les rayons lumineux. Ils peuvent interférer entre eux, subir la double réfraction et se polariser dans les mêmes conditions que les rayons lumineux. On peut donc vérifier sur les rayons calorifiques, tout aussi bien que sur les rayons lumineux, les conséquences de la théorie de Fresnel.

Bérard a, le premier, en 1821[1], démontré que les rayons calorifiques peuvent se polariser par réflexion, comme les rayons lumineux. Il recevait la chaleur sur un miroir de verre; une seconde réflexion servait à reconnaître l'état de polarisation de la chaleur réfléchie; un petit miroir métallique concave recevait les rayons après leur seconde réflexion et les concentrait sur la boule d'un thermomètre très-sensible. Bérard trouva que l'angle de polarisation complète est le même pour la chaleur que pour la lumière. Plus tard, Knoblauch, en se servant du thermo-multiplicateur de Melloni, a fait des expériences plus précises[2] et reconnu que l'égalité des angles de polarisation de la lumière et de la chaleur n'est pas rigoureuse, ce qui n'a rien d'étonnant puisque les rayons de chaleur obscure sont moins réfrangibles que les rayons lumineux de l'extrémité rouge du spectre.

B. — Mesures photométriques et calorimétriques.

332. Remarques de Neumann sur le degré d'importance de ces mesures. — Nous allons maintenant aborder les vérifications des lois de Fresnel au moyen de la mesure des intensités de la lumière réfléchie et réfractée. Nous remarquerons d'abord

[1] Mem. d'Arcueil, III, 5.
[2] Pogg. Ann., LXXIV, 161, 170, 177. — Inst., XVII, 123.

avec Neumann que ces vérifications ne sont pas absolument nécessaires, parce que, de la vérification des lois sur la déviation du plan de polarisation, peut se conclure celle des lois sur les intensités qu'on peut déduire des premières.

Le principe des forces vives est en effet un principe incontestable. et que l'on peut poser *a priori*. En désignant par R^2 et R'^2 les forces vives ou les intensités du rayon réfléchi et du rayon réfracté, on a, en prenant pour unité l'intensité du rayon incident. dans le cas où la lumière incidente est polarisée parallèlement au plan d'incidence,

$$1 = R^2 + R'^2,$$

et. dans le cas où la lumière incidente est polarisée perpendiculairement au plan d'incidence,

$$1 = R_1^2 + R_1'^2,$$

R_1^2 et $R_1'^2$ étant les intensités des rayons réfléchi et réfracté.

D'ailleurs, si on regarde les lois de la déviation du plan de polarisation comme vérifiées par les expériences de Brewster, on a

$$\frac{R_1}{R} = - \frac{\cos(i + r)}{\cos(i - r)}$$

et

$$\frac{R_1}{R'} = \frac{1}{\cos(i + r)},$$

d'après les valeurs que ces lois donnent pour les tangentes des angles des plans de polarisation des rayons réfléchi et réfracté avec le plan d'incidence. De ces quatre équations il est facile de déduire R^2. R'^2, R_1^2 et $R_1'^2$, et on retrouve les valeurs déterminées par la théorie de Fresnel.

333. Expériences de Bouguer. — Il n'est pas inutile de remonter jusqu'aux expériences de Bouguer sur l'intensité de la lumière réfléchie, parce qu'elles sont plus exactes que ne pourrait le faire supposer l'état de la science à l'époque où elles ont été faites, et que, même comme vérification des lois sur les intensités, elles l'emportent sur des expériences postérieures en ce qu'elles sont plus simples et plus directes.

Bouguer choisissait un jour où la lumière du ciel était bien homogène : il la faisait arriver dans la chambre obscure par deux ouvertures rectangulaires. Ces lumières tombaient chacune sur une moitié d'une feuille de papier: les deux moitiés de cette feuille étaient séparées par un écran, et chacune d'elles ne recevait de lumière que par une ouverture. La lumière de l'une des ouvertures n'arrivait à la feuille de papier qu'après s'être réfléchie sur la substance qu'on voulait soumettre à l'expérience. On diminuait la largeur de l'ouverture par laquelle arrivait la lumière directe jusqu'à ce que les deux moitiés de la feuille de papier parussent également éclairées. L'intensité de la lumière envoyée par la plus petite ouverture est alors égale à celle de la lumière réfléchie qui provient de la grande ouverture, et le rapport de l'intensité de cette lumière réfléchie à l'intensité de la lumière directe fournie par la grande ouverture est égal au rapport des largeurs de ces deux ouvertures. En effet, deux points placés semblablement sur chaque moitié de la feuille reçoivent des cônes de lumière ayant pour bases les ouvertures. Ces quantités de lumière sont donc proportionnelles aux bases et par suite aux largeurs des ouvertures, si ces ouvertures ont même hauteur, et si de plus les chemins parcourus par la lumière sont égaux de part et d'autre.

Bouguer a étudié par ce moyen la réflexion sur le verre et sur l'eau sous des incidences variables. Il a pu ainsi construire des tables qui donnent les intensités correspondant aux différents angles d'incidence. A l'aide de ces résultats il a établi une formule empirique à trois termes, de la forme

$$I = a + bz + cz^3,$$

z étant le sinus verse de l'angle d'incidence, I l'intensité, a, b, c trois coefficients constants déterminés par les expériences. On peut, d'après cette formule, construire une table pour les diverses incidences et comparer les nombres de cette table avec ceux d'une autre table dressée d'après les formules de Fresnel.

Voici. placées en regard, ces deux tables pour l'eau, dont on prend l'indice égal à $\frac{4}{3}$.

INCIDENCES.	EXPÉRIENCES de Bouguer.	THÉORIE de Fresnel.
0°......................................	0,018	0,020
10°......................................	0,018	.....
20°......................................	0,018	.....
30°......................................	0,019	0,021
40°......................................	0,022	.....
50°......................................	0,034	.....
60°......................................	0,065	0,060
70°......................................	0,145	0,133
75°......................................	0,211	0,212
80°......................................	0,333	0,348
85°......................................	0,501	0,583
87°......................................	0,639	0,722
89°......................................	0,721	0,793

L'œil n'appréciant l'intensité de la lumière qu'à $\frac{1}{60}$ près, on peut, jusqu'à l'incidence de 80 degrés, considérer la concordance entre les nombres observés et les nombres calculés comme suffisante. Au delà, les écarts augmentent, mais aussi l'intensité varie très-vite, de sorte que les différences ne correspondent qu'à des angles inférieurs à un demi-degré: la vérification peut donc être regardée comme suffisante.

Le tableau précédent montre que jusqu'à 30 degrés l'intensité de la lumière réfléchie sur l'eau est à peu près constante, puis qu'elle croît lentement jusqu'à 80 degrés. et qu'au delà de cette incidence l'accroissement devient beaucoup plus rapide.

Pour le verre. Bouguer avoue avoir été obligé d'exécuter plusieurs séries de mesures qui ne sont pas très-concordantes; la cause d'erreur signalée par Seebeck avait sans doute une grande influence. On ne doit pas s'attendre par suite à une concordance très-grande : d'ailleurs on ne sait pas quel verre Bouguer a employé et quel était son indice. Néanmoins, l'indice des anciens verres s'écartant peu de 1,5, on a calculé les résultats de la théorie d'après cette valeur.

Voici les deux tables comparatives des résultats qui ont été obtenus par Bouguer et par Fresnel dans leurs expériences sur le verre :

INCIDENCES.	EXPÉRIENCES de Bouguer.	THÉORIE de Fresnel.
0°.	0,025	0,040
10°.	0,025	. . . . .
20°.	0,025	. . . . .
30°.	0,029	0,041
40°.	0,034	. . . . .
50°.	0,057	. . . . .
60°.	0,112	0,089
70°.	0,222	0,171
75°.	0,299	0,253
80°.	0,412	0,387
85°.	0,543	0,606
87°30′.	0,584	0,779

Les expériences anciennes ne contredisent donc pas la théorie de Fresnel, et il y a un accord suffisant dans les cas où elles ont été faites avec le plus de précision.

334. Expériences d'Arago. — Nous avons maintenant à parler des expériences qu'exécuta ou que fit exécuter Arago avec un instrument imaginé par lui, ingénieux sans doute, mais très-compliqué et qui n'a pas toute la certitude que l'auteur avait cru pouvoir lui attribuer [1].

Son procédé repose sur ce fait, que la lumière naturelle fournit, après avoir traversé un cristal biréfringent sous l'incidence normale, deux rayons égaux en intensité. L'expérience semble rendre ce fait évident tant qu'il ne s'agit que de l'approximation que la vue peut atteindre, mais il était nécessaire, pour le but que se proposait Arago, de démontrer rigoureusement ce principe. C'est ce qu'il fit de la manière suivante. Il recevait normalement la lumière naturelle sur une lame de cristal de roche parallèle à l'axe; cette lumière se divisait en deux faisceaux qui, à la sortie du cristal, avaient une grande différence de marche, mais qui, étant peu écartés, se recouvraient en partie. Cette portion commune des deux faisceaux devait

[1] *Œuvres complètes*, X, 150, 185, 217, 468. — *C. R.*, XXX, 365, 425. — *Inst.*, I, 106; XVIII, 105, 232.

avoir toutes les propriétés de la lumière naturelle si les intensités des deux faisceaux étaient égales, car on sait que le rayon résultant de deux rayons polarisés à angle droit, de même intensité et ayant une grande différence de marche, présente toutes les propriétés de la lumière naturelle. Cette partie commune des faisceaux ne devait donc donner au polariscope aucune trace de coloration : c'est ce que vérifia Arago. La moindre différence entre les intensités des deux faisceaux aurait donné lieu à des colorations sensibles. Les deux rayons émergents sont donc bien égaux en intensité, au moins sous l'incidence normale, car, sous une autre incidence, il pourrait ne pas en être de même. Ils sont encore égaux dans l'intérieur du cristal, car la portion qui se réfléchit à la surface d'émergence est la même pour l'un et pour l'autre. Chacun des faisceaux réfractés dans le cristal est donc la moitié de la quantité de lumière incidente qui pénètre dans le cristal.

C'est en se fondant sur ce principe qu'Arago a pu construire un petit appareil capable de donner des faisceaux lumineux dont les intensités sont dans le rapport de 1 à 2. Cet appareil n'est autre qu'un prisme de Rochon, formé de deux prismes trapézoïdaux de quartz dont les axes sont perpendiculaires l'un à l'autre. AB (fig. 59)

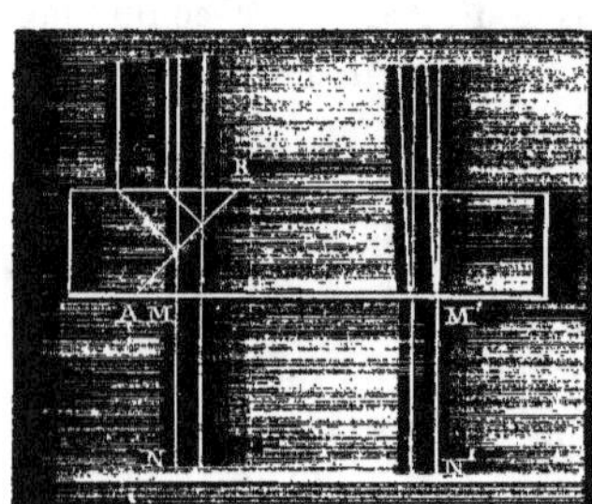

Fig. 59.

est la face de jonction. Un faisceau lumineux MN, qui tombe sur la face AB, se bifurque assez fortement et donne à l'émergence deux faisceaux complétement séparés, si l'épaisseur de la lame est assez grande et si le faisceau est assez mince. Les deux faisceaux ainsi séparés sont égaux en intensité, d'après ce que nous venons de voir. Un autre faisceau M'N', qui ne rencontre que l'un des prismes, donnera deux faisceaux émergents beaucoup moins divergents, et la partie commune de ces deux faisceaux aura une intensité double de celle de chacun des faisceaux émergents provenant du faisceau MN, si les deux faisceaux incidents MN et M'N' ont des intensités égales; car, le baume de Canada qui joint les deux prismes ayant même indice que le quartz, il n'y a pas de réflexion sur la face de jonction AB. Cet appareil sert, comme nous allons le voir, dans la mesure de l'intensité de la lumière réfléchie.

La lame de verre L sur laquelle opérait Arago était fixée perpendiculairement sur le plan d'un cercle horizontal gradué C (fig. 60), de manière que la surface réfléchissante passât par le centre et fût verticale. Autour du centre pouvait se mouvoir une alidade terminée par un tube T muni d'un diaphragme. C'est par ce tube que l'œil

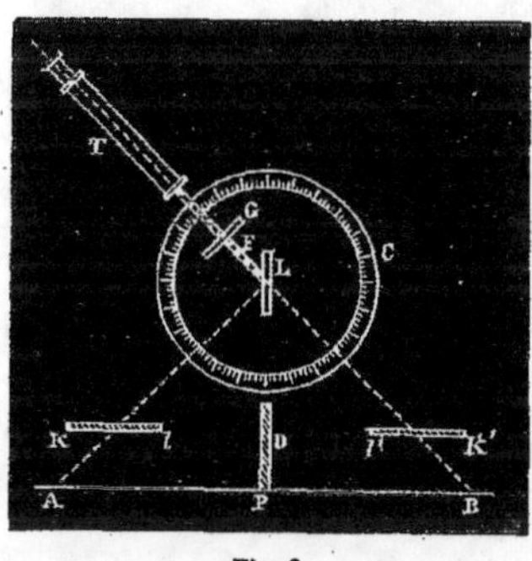

Fig. 60.

recevait la lumière. Cette lumière était envoyée sur la lame réfléchissante par une feuille de papier AB, bien homogène afin qu'elle diffusât également la lumière. Cette feuille, partagée en deux moitiés par un écran opaque D, avait en avant d'elle deux tiges noires kl et $k'l'$, horizontales et symétriques par rapport à la lame, de sorte que l'œil placé à l'extrémité du tube T voyait kl par réflexion et $k'l'$ par réfraction comme deux lignes noires se détachant sur un fond blanc. Ces lignes paraissaient d'autant plus noires que la moitié du papier sur laquelle elles se projetaient était plus fortement éclairée. Les tiges kl, $k'l'$ doivent être assez longues pour être rencontrées par les rayons qui, émis par la feuille de papier, suivent la direction du tube T après s'être réfléchis ou réfractés, quelle que soit la position qu'on donne à ce tube.

Les deux moitiés de la feuille de papier émettaient évidemment des quantités égales de lumière, et, par suite, le faisceau réfléchi provenant de la portion AP de la feuille de papier et le faisceau réfracté provenant de la partie PB de cette feuille avaient des intensités égales à celles d'un faisceau réfléchi et d'un faisceau réfracté provenant d'un même faisceau incident.

Dans une première expérience, on faisait mouvoir l'alidade jusqu'à ce que l'image réfléchie de kl parût identique à celle de $k'l'$ vue par réfraction. Les deux tiges devaient être placées à des hauteurs un peu inégales, de façon que toutes deux fussent vues du côté de $k'l'$, parallèles entre elles, distinctes, mais peu éloignées l'une de l'autre.

Les yeux en général apprécient l'intensité à $\frac{1}{66}$ près, et les yeux sensibles à $\frac{1}{120}$ près; la disposition de l'appareil permettait de bien comparer les deux images : l'approximation pouvait donc être assez grande. Pour diminuer encore les erreurs, on répétait les expériences de l'autre côté de la lame de verre. On corrigeait ainsi les erreurs dues au défaut de coïncidence de la lame avec le zéro de la graduation du cercle, au défaut de l'égalité des pouvoirs diffusants des deux moitiés de la feuille de papier, et enfin à l'inégalité du pouvoir réflecteur des deux faces de la lame de verre.

Arago a trouvé que les deux images sont également intenses lorsque l'alidade fait avec la normale à la surface un angle égal à $78° 52'$. Il faut en conclure que c'est sous une incidence de $78° 52'$ que doit se réfléchir la lumière sur le verre pour que les intensités de la lumière réfléchie et de la lumière réfractée soient égales entre elles.

On cherchait ensuite l'incidence sous laquelle l'intensité de la lumière réfléchie était double de celle de la lumière transmise. C'est à quoi servait le prisme que nous avons décrit plus haut. On plaçait ce prisme perpendiculairement à l'alidade, de façon à faire tomber le faisceau réfléchi sur la surface de séparation qui se trouve dans l'intérieur du prisme et le faisceau réfracté sur une partie latérale pour qu'il ne traversât qu'un seul des deux prismes. On avait ainsi deux images réfléchies et une transmise, et on cherchait la position où elles étaient égales en intensité. Mais il faut remarquer que, pour qu'il y ait égalité entre les deux images données par le prisme de quartz et correspondant à un même faisceau incident, il faut que la lumière qui tombe sur la première surface soit naturelle et non polarisée. C'est ce qui n'a lieu ici ni pour le faisceau réfléchi, ni pour le faisceau réfracté, qui sont l'un et l'autre polarisés partiellement. Il faut donc, avant de faire tomber les deux faisceaux sur le prisme, les dépolariser en altérant leurs intensités dans le même rapport. On emploie à cet effet une lame de cristal de roche que l'on place entre le prisme et la lame réfléchissante et dont l'axe est à 45 degrés du plan d'incidence; cette lame transforme les deux faisceaux en lumière naturelle. On peut donc ainsi mesurer exactement l'angle d'incidence pour lequel l'intensité de la lumière réfléchie est double de celle de la lumière réfractée.

De même on peut, après le passage des faisceaux à travers le prisme de quartz, les dépolariser de nouveau et les faire tomber sur un second prisme de quartz où chacun des deux faisceaux correspondant à la lumière réfléchie se trouve encore dédoublé : il y aura alors, en définitive, cinq images dont quatre provenant de la lumière réfléchie et une seule de la lumière transmise. Si l'on fait tourner l'alidade de façon à rendre toutes ces images égales en intensité, on aura l'incidence pour laquelle l'intensité de la lumière réfléchie est quadruple de celle de la lumière transmise.

Voici les principaux résultats de cette première série d'expériences : on prend pour unité la somme des intensités de la lumière réfléchie et de la lumière réfractée, c'est-à-dire celle de la lumière incidente.

ANGLES d'incidence.	PROPORTION de lumière réfléchie.
85° 28′	$0{,}8000 = \frac{4}{5}$
82° 59′	$0{,}6667 = \frac{2}{3}$
78° 52′	$0{,}5000 = \frac{1}{2}$
72° 43′	$0{,}3333 = \frac{1}{3}$
68° 41′	$0{,}2500 = \frac{1}{4}$
63° 22′	$0{,}2000 = \frac{1}{5}$

Les dernières expériences, dans lesquelles la proportion de lumière réfléchie est inférieure à $\frac{1}{2}$, ont été faites par un procédé inverse de celui que nous avons décrit, c'est-à-dire en faisant tomber le faisceau réfracté, au lieu du faisceau réfléchi, sur la partie du prisme de quartz qui donne deux faisceaux distincts. Telle est la première série des expériences d'Arago, ce qu'on peut appeler ses expériences directes. Mais ce procédé ne peut servir à déterminer l'intensité de la lumière réfléchie dans le voisinage de l'incidence normale. C'est pour avoir des résultats dans le voisinage de cette incidence qu'Arago entreprit, par un procédé un peu indirect, une seconde série d'expériences.

Il s'agit de mesurer l'intensité de la lumière réfléchie pour des incidences comprises entre 60 degrés et zéro. Pour cela, on interpose sur le chemin du faisceau lumineux émané de la partie PB de la feuille de papier et destiné à être transmis par la lame de verre une seconde lame identique à la première et à faces parallèles, et l'on place cette seconde lame de façon que l'angle d'incidence sous lequel les rayons émis par la surface PB tombent sur sa surface soit celui sous lequel on veut mesurer l'intensité. Puis, en faisant tourner la seconde lame de manière que l'incidence des rayons qui tombent sur cette lame demeure constante, on fera également tourner l'alidade jusqu'à ce que, sans l'emploi d'aucun prisme, les deux images correspondant au faisceau réfléchi et au faisceau réfracté aient même intensité. A ce moment, l'intensité de la lumière réfractée est égale à celle de la lumière réfléchie. Les nombres obtenus dans la première série d'expériences donneront facilement par interpolation le rapport qui aurait existé entre les intensités de la lumière réfractée et de la lumière réfléchie si la seconde lame n'existait pas. En divisant l'unité par ce rapport, on aura le rapport des quantités de lumière transmise quand il y a une lame secondaire et quand il n'y en a pas, c'est-à-dire le rapport de la quantité de lumière transmise par la seconde lame à la quantité de lumière incidente, d'où l'on déduit immédiatement le rapport de la quantité de lumière réfléchie par cette seconde lame sous l'incidence qu'on a choisie à la quantité de lumière incidente.

On peut également, dans cette seconde série d'expériences, se servir d'un ou de plusieurs prismes, tout en conservant la seconde lame de verre. Lorsqu'on aura obtenu l'égalité des images, l'intensité de la lumière réfléchie sera alors deux, quatre,... fois plus grande que celle de la lumière transmise, suivant le nombre des prismes, c'est alors le rapport $\frac{1}{2}$, $\frac{1}{4}$, $\cdots$ qu'il faudra diviser par le rapport qu'aurait l'intensité de la lumière réfractée avec celle de la lumière réfléchie si la seconde lame n'existait pas, pour avoir le rapport de l'intensité de la lumière transmise par la seconde lame à l'intensité de la lumière incidente.

Voici les résultats obtenus dans cette seconde série d'expériences :

ANGLES d'incidence.	PROPORTION de lumière réfléchie.
53°24′	0,1595
43°38′	0,1423
33°43′	0,1280
19°34′	0,1028
0°34′	0,0810

335. Discussion des expériences d'Arago. — La comparaison des nombres obtenus dans les expériences d'Arago avec ceux qu'on déduit de la théorie est moins simple que pour les expériences de Bouguer. Dans celles-ci, si l'on prenait la précaution de noircir la seconde face de la lame réfléchissante, il n'y avait qu'une seule réflexion, de sorte que l'intensité calculée s'obtenait au moyen de la formule

$$I = \frac{1}{2}\frac{\sin^2(i-r)}{\sin^2(i+r)} + \frac{1}{2}\frac{\tan^2(i-r)}{\tan^2(i+r)}.$$

Dans les expériences d'Arago, au contraire, il faut tenir compte, dans la lumière réfléchie, non-seulement des rayons réfléchis à la première surface, mais aussi de ceux qui, réfléchis à la seconde surface, viennent émerger à la première après avoir subi une, trois, cinq, ... réflexions intérieures.

Comme les intensités de ces rayons décroissent très-vite, elles forment une série rapidement convergente, et, puisqu'il y a une grande différence de marche entre ces différents rayons réfléchis, il suffit, pour avoir l'intensité totale d'un rayon réfléchi, de faire la somme des intensités de tous les rayons réfléchis qui, à l'émergence, suivent la même direction, sans tenir compte du phénomène de l'interférence qui ne peut avoir lieu.

Supposons la lumière polarisée dans le plan d'incidence, et, prenant pour unité l'intensité du rayon incident, représentons par u^2

l'intensité du rayon réfléchi à la première surface. L'intensité du rayon réfracté sera $1 - u^2$, celle du rayon réfléchi à la seconde surface $u^2(1 - u^2)$, et enfin celle du rayon émergent $u^2(1 - u^2)^2$. Ce rayon a été réfléchi une fois et réfracté deux fois. Le suivant sera réfléchi trois fois et réfracté deux fois : son intensité sera donc

$$u^6(1 - u^2)^2.$$

L'intensité du rayon qui a été réfléchi cinq fois sera

$$u^{10}(1 - u^2)^2,$$

et ainsi de suite.

On a donc à faire la somme des termes u^2, $u^2(1 - u^2)^2$, $u^6(1 - u^2)^2$, $u^{10}(1 - u^2)^2$,..... Ceux qui suivent u^2 forment une progression géométrique dont la raison est u^4; leur somme a donc pour limite

$$\frac{u^2(1 - u^2)^2}{1 - u^4} = \frac{u^2(1 - u^2)}{1 + u^2},$$

et l'intensité totale du rayon réfléchi est

$$\mathrm{I} = u^2 + \frac{u^2(1 - u^2)}{1 + u^2} = \frac{2u^2}{1 + u^2}.$$

Si le rayon incident était polarisé perpendiculairement au plan d'incidence, on trouverait de même pour l'intensité totale du rayon réfléchi

$$\mathrm{I}' = \frac{2u'^2}{1 + u'^2},$$

u'^2 étant l'intensité du rayon réfléchi à la première surface.

La lumière naturelle pouvant être considérée comme composée de deux faisceaux polarisés à angle droit et égaux en intensité, on a pour l'intensité totale du rayon réfléchi, quand le rayon incident est naturel,

$$\mathrm{R} = \frac{1}{2}\frac{2u^2}{1 + u^2} + \frac{1}{2}\frac{2u'^2}{1 + u'^2} = \frac{u^2}{1 + u^2} + \frac{u'^2}{1 + u'^2}.$$

Quant à l'intensité de la lumière transmise, elle s'obtient en retranchant de l'unité celle de la lumière réfléchie : elle a donc pour expression

$$T = \frac{1}{2}\frac{1-u^2}{1+u^2} + \frac{1}{2}\frac{1-u'^2}{1+u'^2}.$$

Les amplitudes u et u' étant des fonctions connues des angles i et r, on peut calculer les intensités R et T pour une valeur donnée de i.

Arago n'a pas vérifié par lui-même si ses résultats concordaient avec les nombres déduits de la théorie. Il n'a même pas donné l'indice de réfraction de la lame dont il s'est servi, ce qui serait nécessaire pour faire cette vérification.

Cependant on peut calculer cet indice en se servant du résultat de l'une des expériences d'Arago et des deux équations

$$\sin i = n \sin r$$

et

$$R = \frac{u^2}{1+u^2} + \frac{u'^2}{1+u'^2}.$$

Dans la dernière équation, R est l'intensité déterminée expérimentalement de la lumière réfléchie sous l'incidence i; u^2 et u'^2 ont respectivement pour valeurs $\dfrac{\sin^2(i-r)}{\sin^2(i+r)}$ et $\dfrac{\tan^2(i-r)}{\tan^2(i+r)}$.

Le résultat qui semble le plus propre à calculer cet indice, comme devant être le plus exact, est celui qui a été trouvé en cherchant pour quelle incidence la lumière réfléchie et la lumière transmise sont égales, car l'appareil est plus simple dans ce cas que dans tous les autres, et les quantités que l'on compare sont du même ordre de grandeur. On a trouvé $78°52'$ pour la valeur de l'angle d'incidence sous lequel, pour le verre, la lumière réfléchie a pour intensité $0,5$. L'équation à résoudre en substituant ces valeurs dans les deux équations posées plus haut serait du douzième degré; le calcul serait donc long et pénible. Mais on peut beaucoup l'abréger en remarquant que l'indice moyen des verres employés est $1,5$, ce qui donne une valeur approchée de la racine. On peut alors faire dans la seconde équation $i = 78°52'$, calculer r en donnant à n des valeurs peu différentes de $1,5$ en dessus et en dessous et chercher pour laquelle de ces valeurs R se rapproche le plus de $0,5$. On trouve ainsi pour l'indice de réfraction le nombre $1,496$.

En se servant de cet indice pour calculer les nombres déduits de
la théorie on obtient le tableau comparatif suivant :

ANGLES d'incidence.	VALEURS observées de R.	VALEURS observées de T.	VALEURS calculées de R.	DIFFÉRENCES.
85°28′.........	0,7500	0,2500	0,7747	+ 0,0247
82°59′.........	0,6667	0,3333	0,6917	+ 0,0250
78°52′.........	0.5000	0,5000	″	″
72°43′.........	0,3333	0,6667	0,3251	— 0,0082
68°21′.........	0.2500	0,7500	0,2428	— 0,0072
63°22′.........	0,2000	0.8000	0.1800	— 0,0200
53°24′.........	0,1595	0,8405	0,1145	— 0,0450
43°38′.........	0,1423	0,8577	0,0894	— 0,0529
33°43′.........	0,1280	0,8720	0,0789	-- 0,0491
19°34′.........	0.1028	0,8932	0,0765	— 0,0263
0°34′.	0,0810	0,9190	0,0760	— 0,0050

L'accord n'est pas très-satisfaisant. mais il n'y a pas là d'objection bien sérieuse, parce que les écarts les plus forts se manifestent
pour les expériences indirectes qui sont le moins susceptibles de
précision, car, dans ces expériences, la lumière était transmise par
deux lames de verre et l'angle d'incidence sur la lame oblique ne
pouvait se mesurer directement. De plus, ces expériences difficiles
n'ont été faites qu'une seule fois par deux observateurs, et il est probable qu'elles n'ont pas été bien faites.

Dans la première série des expériences, l'accord est suffisant pour
les expériences les plus simples; ce n'est que pour les cas plus
compliqués que les erreurs augmentent. Il serait utile de reprendre
ces expériences en polissant soi-même les lames de verre pour éviter les altérations de la surface.

Il est utile de remarquer que, pour les angles de 78°52′, 72°43′
et 68°41′, l'accord est satisfaisant, car ce sont ces trois résultats qui
ont servi à Arago pour vérifier une loi photométrique importante.

Arago a encore vérifié une loi simple découlant de la théorie de
Fresnel : c'est que l'intensité de la lumière réfléchie sous l'incidence
correspondant à la limite de la réflexion totale est égale à celle de
la lumière incidente. Arago se servait, pour faire cette vérification.
de l'appareil décrit plus haut. La lumière réfléchie traversait norma-

lement avant la réflexion un cube de verre, et la lumière destinée à
être transmise par la lame traversait un prisme de verre disposé de

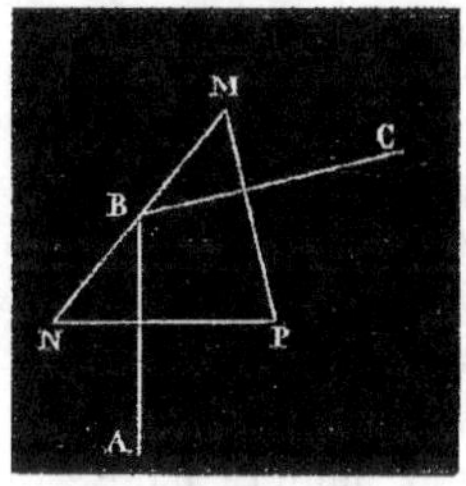

Fig. 61.

telle façon que les rayons arrivant sur l'une
des faces MN du prisme (fig. 61), sous
l'angle limite de la réflexion totale, étaient
normaux aux deux autres faces MP et NP.
Si la réflexion sur MN est réellement totale,
la modification éprouvée par les deux faisceaux, réfléchi et transmis, en traversant le
prisme et le cube, sera la même, et l'égalité
des deux images devra encore avoir lieu
sous une incidence de $78°52'$. L'expérience donne le nombre $78°51'$.

**336. Mesures calorimétriques de MM. de la Provostaye
et P. Desains.** — Le véritable moyen de vérifier les lois des intensités est d'avoir recours aux expériences calorimétriques. L'emploi du noir de fumée permet de donner à ces mesures une précision
très-grande, car on sait qu'une surface recouverte de cette substance absorbe intégralement la chaleur rayonnante qui tombe sur
elle et la transforme en chaleur à l'état statique. MM. de la Provostaye et P. Desains ont fait ces expériences [1], et la conformité des
résultats qu'ils ont obtenus avec la théorie est tellement satisfaisante
qu'on doit en conclure l'inexactitude des observations d'Arago.

Ces deux physiciens faisaient réfléchir sur une surface la chaleur
polarisée successivement dans le plan d'incidence et dans le plan
perpendiculaire, au moyen d'un prisme biréfringent. Ils avaient
choisi pour surface réfléchissante une lame de verre noircie à sa
seconde face pour éviter les réflexions secondaires. L'indice de
cette lame avait été mesuré au moyen de l'angle de polarisation
complète et trouvé égal à 1,52. Les intensités des faisceaux calorifiques étaient mesurées au moyen d'un thermo-multiplicateur.

Voici les principaux résultats obtenus pour le cas où la chaleur
est polarisée dans le plan d'incidence :

---

[1] *Ann. de chim. et de phys.*, (3), XXX, 276. — *C. R.*, XXXI, 512. — *Inst.*, XVIII,
422.

ANGLES d'incidence.	INTENSITÉS observées.	INTENSITÉS calculées.	DIFFÉRENCES.
20°..................	0,050	0,050	0.000
30°..................	0,061	· 0,061	0,000
40°..................	0,081	0,081	0,000
50°..................	0,117	0,117	0,000
60°..................	0,183	0,180	+ 0,003
70°..................	0,306	0,308	— 0,002
75°..................	0,407	0,408	— 0,001
80°..................	0,551	0,546	+ 0,005

Ces nombres sont les moyennes d'un grand nombre d'observations. De plus, les expériences pour les incidences voisines de l'incidence normale n'ont pas été faites directement, à cause du peu de précision que comporte toujours la mesure d'une quantité quand on la compare à une autre très-grande par rapport à elle, et parce qu'il y a des inconvénients à se servir du galvanomètre dans des régions très-différentes. C'est pourquoi on comparait le rayon réfléchi sous de petites incidences, non pas au rayon incident, mais à des rayons réfléchis sous des incidences plus grandes et déjà étudiés.

Pour la chaleur polarisée perpendiculairement au plan d'incidence, MM. de la Provostaye et P. Desains ont obtenu les résultats suivants :

ANGLES d'incidence.	INTENSITÉS observées.	INTENSITÉS calculées.	DIFFÉRENCES.
28°..................	0,030	0,027	+ 0,003
70°..................	0,043	0,042	+ 0,001
75°..................	0,110	0,106	+ 0,004
80°..................	0,240	0,236	+ 0,004

Une seconde série d'expériences de MM. de la Provostaye et Desains a pour objet la transmission de la chaleur par une pile de glaces [1].

Les formules de Fresnel suffisent pour calculer l'intensité du faisceau transmis par un certain nombre de glaces à faces parallèles, l'intensité du faisceau incident étant prise pour unité. Toutefois le nombre indéfini des réflexions qui ont lieu dans chaque lame semble

---

[1] *Ann. de chim. et de phys.*, (3). XXX, 159. — *C. R.*, XXXI, 19. — *Inst.*, XVIII, 27.

rendre la solution de ce problème inextricable. Mais on a remédié à cette confusion par un artifice qui consiste à supposer connue l'intensité de la chaleur transmise par $m-1$ lames et à chercher ce qu'elle devient quand on ajoute une lame de plus.

Prenons pour unité l'intensité de la chaleur incidente, et désignons par T_{m-1} et R_{m-1} les intensités de la chaleur transmise et de la chaleur réfléchie par $\dfrac{m-1}{2}$ lames et par conséquent par $(m-1)$ surfaces. Au lieu d'ajouter une lame, ajoutons seulement une surface, de façon à avoir m surfaces.

Le faisceau T_{m-1} est complexe, mais il se comporte comme un faisceau simple en arrivant sur la surface ajoutée, de sorte qu'en désignant par u^2 l'intensité de la chaleur réfléchie, celle de la chaleur incidente étant prise pour unité, on a pour l'intensité du faisceau transmis $T_{m-1}\,(1-u^2)$. Celle du faisceau réfléchi par la surface ajoutée est $T_{m-1}\,u^2$; ce faisceau retombe sur les $m-1$ premières surfaces, et une partie revient sur la surface ajoutée. Cette partie aurait pour intensité R_{m-1} si le faisceau avait pour intensité l'unité; mais l'intensité du faisceau étant T_{m-1}, la partie de ce faisceau qui revient sur la surface ajoutée a pour intensité

$$T_{m-1}\,R_{m-1}\,u^2.$$

Une partie encore de ce dernier faisceau émerge; elle a pour intensité

$$T_{m-1}\,R_{m-1}\,u^2\,(1-u^2).$$

L'autre partie du faisceau, celle qui se réfléchit sur la surface ajoutée, a pour intensité

$$T_{m-1}\,R_{m-1}\,u^4\,;$$

elle donne, en se réfléchissant sur les $m-1$ premières surfaces, un nouveau faisceau qui revient sur la surface ajoutée, et qui a pour intensité

$$T_{m-1}\,(R_{m-1})^2\,u^4.$$

La portion de ce dernier faisceau qui émerge de la surface ajoutée a pour intensité

$$T_{m-1}(R_{m-1})^2 u^4 (1 - u^2),$$

et ainsi de suite.

L'intensité de la lumière émergente de la surface ajoutée est donc la limite de la somme des termes de la série convergente

$$T_{m-1}(1-u^2), \quad T_{m-1}R_{m-1}u^2(1-u^2), \quad T_{m-1}(R_{m-1})^2 u^4(1-u^2), \ldots$$

Cette série est une progression géométrique dont la raison est $R_{m-1}u^2$ et la limite de la somme des termes est

$$T_m = \frac{T_{m-1}(1-u^2)}{1 - R_{m-1}u^2}.$$

Telle est l'expression de la chaleur transmise par un nombre m de surfaces en fonction de celle qui est transmise par $m-1$ surfaces.

Pour $m=1$, on a $T_m = 1 - u^2$.

Pour $m=2$, on a $T_m = \dfrac{(1-u^2)(1-u^2)}{1-u^4} = \dfrac{1-u^2}{1+u^2}$.

Pour $m=3$, on a $T_m = \dfrac{(1-u^2)\dfrac{1-u^2}{1+u^2}}{1-u^2+u^2\dfrac{1-u^2}{1+u^2}} = \dfrac{(1-u^2)^2}{1+u^2-2u^4} = \dfrac{1-u^2}{1+2u^2}$,

et en général

$$T_m = \frac{1-u^2}{1+(m-1)u^2},$$

et par suite

$$R_m = \frac{mu^2}{1+(m-1)u^2}.$$

Telles sont les formules que vérifièrent MM. de la Provostaye et P. Desains, et qui s'appliquent aussi bien à la chaleur polarisée dans le plan d'incidence qu'à celle qui est polarisée dans un plan perpendiculaire. Pour éviter l'absorption, ils faisaient passer les rayons, avant de les faire tomber sur les glaces, au travers d'une glace plus épaisse que la pile : la pile était alors aussi diathermane que possible pour les rayons qu'elle recevait. L'indice de réfraction du verre était 1.44.

Voici le tableau comparatif des résultats de ces expériences et de ceux qu'on déduit de la théorie.

1° CHALEUR POLARISÉE DANS LE PLAN D'INCIDENCE.

ANGLES d'incidence.	CHALEUR TRANSMISE observée.	CHALEUR TRANSMISE calculée.	DIFFÉRENCES.
Une lame, 60°.........	0,706	0,705	+ 0,001
Une lame, 70°.........	0,541	0,544	— 0,003
Deux lames, 60°......	0,542	0,544	— 0,002
Deux lames, 70°......	0,270	0,274	— 0,004
Trois lames, 50°......	0,586	0,583	+ 0,003
Trois lames, 60°......	0,439	0,444	— 0,005
Trois lames, 70°......	0,282	0,285	— 0,003
Quatre lames, 60°.....	0,396	0,374	+ 0,022

2° CHALEUR POLARISÉE PERPENDICULAIREMENT AU PLAN D'INCIDENCE.

Une lame, 75°........	0,802	0,806	— 0,004
Deux lames, 75°......	0,676	0,675	+ 0,001
Trois lames, 70°......	0,775	0,778	— 0,003
Trois lames, 75°......	0,583	0,583	0,000

3° CHALEUR NATURELLE SOUS L'INCIDENCE NORMALE.

Une lame...........	0,92	0,92	0,00
Deux lames.........	0,86	0,86	0,00
Trois lames.........	0,80	0,80	0,00
Quatre lames........	0,73	0,75	— 0,02

C.— MESURES POLARIMÉTRIQUES.

337. Expériences d'Arago sur l'égalité des quantités de lumière polarisée par réflexion et par réfraction. — Arago découvrit expérimentalement, dès 1815 [1], cette loi qui se retrouve dans la théorie de Fresnel, et qui consiste dans l'égalité des quantités absolues de lumière polarisée qui existent dans la lumière réfléchie et dans la lumière réfractée provenant de la lumière naturelle (321).

Cette loi peut facilement être vérifiée par le procédé suivant : au-dessus d'un écran de papier blanc AED (fig. 62) est une lame L de verre perpendiculaire à la surface du papier. Sur un prisme biré-

---

[1] *OEuvres complètes*, X, 468.

fringent P on reçoit deux faisceaux de lumière, l'un et l'autre diffusés par la feuille de papier, mais qui
ont été l'un réfléchi, l'autre transmis par
la lame L. Les deux images de la feuille
de papier qu'on voit à travers le prisme
sont égales en intensité, quelle que soit
la position de la section principale du
prisme. Cela prouve que les quantités de
lumière polarisée qui se trouvent dans le
faisceau réfléchi et dans le faisceau réfracté sont égales en intensité, car, ces
quantités de lumière étant polarisées dans

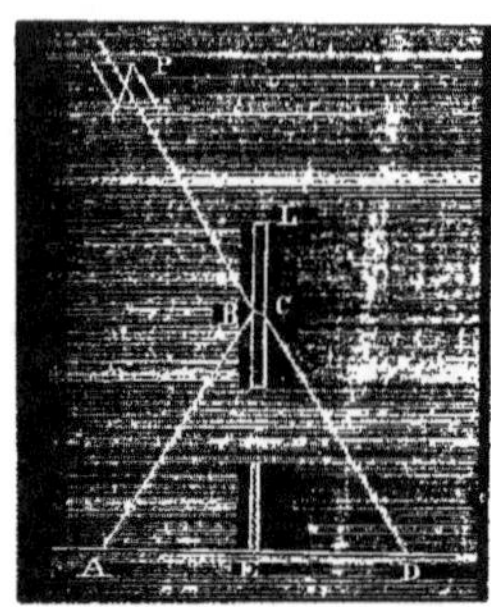
Fig. 62.

des plans rectangulaires, si elles sont égales, leur ensemble produit
les mêmes effets que la lumière naturelle.

Il est vrai que la théorie suppose qu'il n'y ait qu'une seule surface, une seule réfraction et une seule réflexion, tandis que, dans
l'expérience d'Arago, il y a un nombre indéterminé de rayons réfléchis et réfractés qui concourent au phénomène. Toutefois l'intensité de ces rayons décroît très-rapidement, de sorte que, si la
lame de verre n'est pas trop épaisse, au lieu d'en prendre un certain
nombre, on peut prendre la limite de leur somme. Dès lors, si l'on
désigne par $\frac{1}{2} u^2$ et par $\frac{1}{2} u'^2$ les intensités de la lumière réfléchie polarisée dans le plan d'incidence et dans le plan perpendiculaire, la
somme des intensités de tous les rayons réfléchis polarisés dans le
plan d'incidence a, comme nous l'avons vu plus haut (335), pour
expression $\frac{u^2}{1 + u^2}$, et la somme des intensités des rayons réfléchis polarisés perpendiculairement à ce plan $\frac{u'^2}{1 + u'^2}$. On trouve de même
pour la lumière réfractée que la somme des intensités des rayons
polarisés dans le plan d'incidence est $\frac{1}{2} \frac{1 - u^2}{1 + u^2}$, et la somme des intensités des rayons polarisés perpendiculairement à ce plan $\frac{1}{2} \frac{1 - u'^2}{1 + u'^2}$.

Nous avons donc dans la lumière réfléchie une certaine quantité
de lumière naturelle et une quantité de lumière polarisée dans le

plan d'incidence ayant pour intensité

$$\frac{u^2}{1+u^2} - \frac{u'^2}{1+u'^2} = \frac{u^2 - u'^2}{(1+u^2)(1+u'^2)} \cdot$$

De même, dans la lumière réfractée, il y a une certaine quantité de lumière naturelle, et une quantité de lumière polarisée dans le plan perpendiculaire au plan d'incidence qui a pour intensité

$$\frac{1}{2}\left(\frac{1-u'^2}{1+u'^2} - \frac{1-u^2}{1+u^2}\right) = \frac{u^2 - u'^2}{(1+u^2)(1+u'^2)} \cdot$$

Les deux quantités de lumière polarisée qui se trouvent dans la lumière réfléchie et dans la lumière réfractée sont donc encore égales, malgré les réflexions multiples. et l'objection faite plus haut, et qui est de Brewster, est sans force.

Brewster substitua à l'expérience d'Arago une autre expérience qui paraît fort simple, mais qui est inexacte. Le rayon transmis était reçu normalement sur la face AB (fig. 63) d'un prisme et venait émerger en DE, suivant la même direction que le rayon réfléchi sur

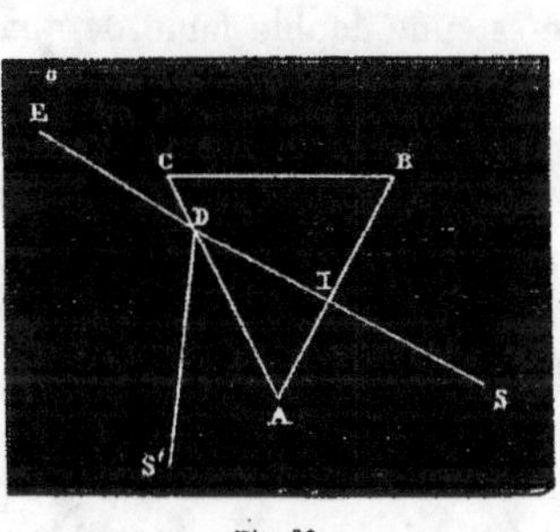

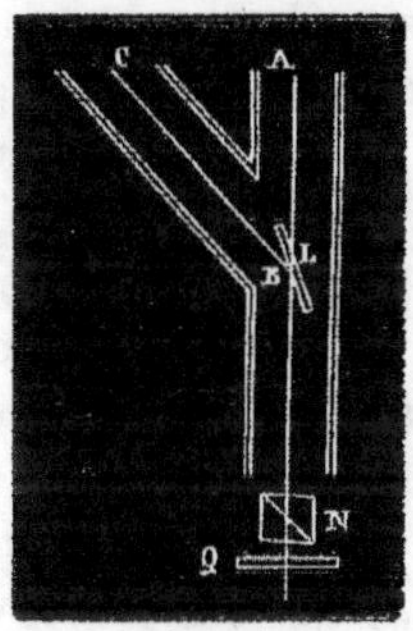

Fig. 63.   Fig. 64.

la face AC. Il n'y avait pas à tenir compte des réflexions et des réfractions secondaires qui donnaient des rayons très-écartés de DE. Le phénomène était donc beaucoup plus simple que dans l'expérience d'Arago. Mais l'affaiblissement de la lumière transmise par suite de la réfraction normale, et la dispersion du prisme, ôtent à cette expérience toute précision.

La loi posée par Arago est applicable à une pile de glaces; la démonstration expérimentale s'en fait de la même manière que pour une lame unique.

338. Application photométrique de la loi d'égalité entre les quantités de lumière polarisée dans la lumière réfléchie et dans la lumière réfractée. — La loi de l'égalité entre les quantités de lumière polarisée dans la lumière réfléchie et dans la lumière réfractée a été appliquée à la construction d'un photomètre, attribué à tort à M. Babinet, et fabriqué par M. Duboscq. Ce photomètre (fig. 64) sert à comparer les intensités de deux lumières naturelles ou ramenées à être telles par des lames de quartz d'un quart d'onde dont les axes font avec les plans de polarisation des angles de 45 degrés. Les deux faisceaux lumineux sont reçus dans deux tubes AB et CB; à la bifurcation en B se trouve une glace à faces parallèles, dirigée suivant la bissectrice de l'angle ABC qui est de 6o degrés. Le faisceau AB traverse la glace et le faisceau CB se réfléchit dans la même direction; l'ensemble de ces deux faisceaux est reçu en N sur un prisme biréfringent qui donne deux images. Derrière le prisme est une double lame de quartz de Soleil Q, dont l'une des moitiés est dextrogyre et l'autre lévogyre. Si le faisceau BN est partiellement polarisé, chacune des deux images que donne cette lame est divisée en deux moitiés teintes de couleurs complémentaires. Si au contraire la lumière est naturelle, chaque image a une teinte uniforme lorsque les faisceaux AB et CB sont égaux en intensité. S'il n'en est pas ainsi, on peut faire varier les distances des lumières ou les dimensions des ouvertures des diaphragmes qui laissent pénétrer les rayons dans les tubes jusqu'à ce que l'égalité des faisceaux AB et CB soit obtenue, ce qu'on reconnaît à la teinte uniforme de chaque image, et alors les distances ou les dimensions des ouvertures servent à calculer le rapport des intensités des deux lumières.

339. Application de la loi précédente à la vérification de la loi de Malus. — La même loi de l'égalité entre les quantités de lumière polarisée dans la réflexion et dans la réfraction a servi en 1832 à Arago [1] pour vérifier la loi de Malus, qui consiste en ce que, si un rayon de lumière polarisée tombe sur un prisme biréfringent dont la section principale fait avec le plan de polarisation un angle ω, les intensités du rayon ordinaire et du rayon extraordinaire sont respectivement représentées par $\cos^2\omega$ et par $\sin^2\omega$, l'intensité du rayon incident étant prise pour unité.

Arago faisait tomber sur une lame cristalline biréfringente un rayon polarisé au moyen d'un Nicol. Après l'émergence, les deux faisceaux se confondaient si la lame était assez mince et donnaient un faisceau total. Supposons que l'on ait $\omega < 45$ degrés, et par suite $\cos^2\omega > \sin^2\omega$: le faisceau émergent de la lame peut être alors considéré comme formé d'une certaine quantité de lumière naturelle et d'une quantité de lumière polarisée dont l'intensité est égale à $\cos^2\omega - \sin^2\omega$, ou à $\cos 2\omega$. Pour vérifier cette conséquence de la loi de Malus, Arago recevait ce faisceau sur une pile de glaces, de façon que le plan d'incidence coïncidât avec le plan de polarisation partiel du faisceau. Il est facile de voir que, pour une incidence convenable, la lumière émergente redeviendra naturelle; car la lumière qui tombe sur la pile de glaces peut être considérée comme formée de deux faisceaux polarisés à angle droit et dont les intensités sont respectivement $\cos^2\omega$ et $\sin^2\omega$. A mesure que l'angle d'incidence augmente et se rapproche de l'angle de polarisation complète, la quantité de lumière du faisceau qui a pour intensité $\cos^2\omega$ s'affaiblit et tend à devenir nulle, et il n'en est pas de même pour l'intensité de la lumière transmise provenant du faisceau qui a pour intensité $\sin^2\omega$. Il arrivera donc un moment où les deux faisceaux transmis par la pile de glaces auront des intensités égales, et alors la lumière résultante sera naturelle. On reconnaît que la lumière transmise est naturelle au moyen du prisme et de la plaque de quartz décrits plus haut à propos du photomètre. On connaît ainsi par l'expérience l'incidence sous laquelle les intensités des deux faisceaux transmis par la pile de glaces sont égales. On peut déduire aussi cette incidence de la loi de Malus, connaissant l'angle ω. On a donc ainsi des vérifications de cette loi aussi nombreuses que l'on veut en faisant varier l'angle ω. Le prisme et la lame de quartz qui

[1] *Œuvres complètes*, X, 168. — *C. R.*, XXX, 305.

constituent l'analyseur sont placés à l'extrémité d'un tube qui porte
la pile de glaces à l'autre extrémité.

340. Polarimètre d'Arago. — Par la disposition que nous
venons d'indiquer, le faisceau transmis par la pile de glaces a la
direction de l'axe du tube. En fixant la pile de glaces sur une alidade
qui se meut sur un cercle gradué, on aura l'angle d'incidence sous
lequel la lumière tombe sur la pile. On pourra donc déterminer
pour quel angle d'incidence la lumière qui émerge de la pile de
glaces et qui tombe sur l'analyseur est naturelle.

Si, en faisant tomber sur la pile de glaces de la lumière partiellement polarisée de composition connue, on a gradué l'appareil,
c'est-à-dire noté les différents angles d'incidence qui correspondent
aux différentes proportions de lumière polarisée contenues dans la
lumière qui tombe sur la pile de glaces, on aura un véritable *pola-*

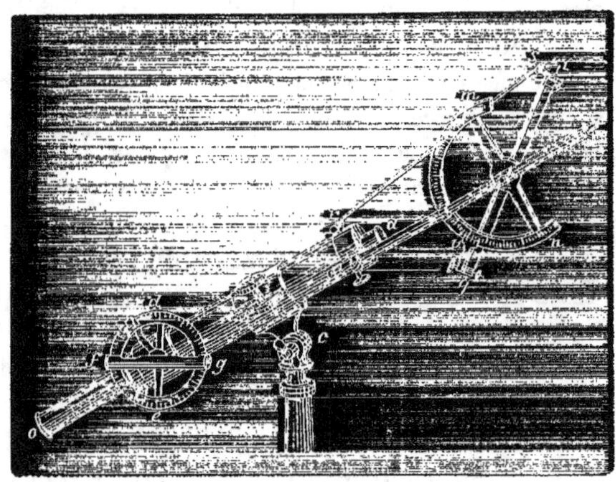

Fig. 65.

rimètre, c'est-à-dire un appareil qui permet de mesurer la proportion
de lumière polarisée contenue dans la lumière partiellement polarisée reçue sur la pile de glaces.

L'appareil ainsi constitué se nomme *polarimètre d'Arago* [1]; il est
représenté fig. 65. Il se compose, d'après ce que nous venons de

[1] *Œuvres complètes*, X, 270.

31.

voir, d'un tube *ao* mobile sur un pied qui forme ce qu'on nomme
la lunette polariscopique. A l'extrémité *a* de cette lunette est fixée
une tige parallèle à l'axe du tube et qui porte un demi-cercle
gradué *mn* dont le centre se trouve sur l'axe du tube et dont le diamètre passant par le point zéro de la graduation a la direction de ce
même axe. Autour du centre de ce cercle peut se mouvoir une alidade
portant un vernier *v* qui s'applique contre le cercle gradué. C'est cette
alidade qui porte la pile de glaces *pq*. La graduation du cercle fait
donc connaître à chaque instant l'angle que forme la surface de la
pile de glaces avec l'axe du tube, c'est-à-dire avec le rayon lumineux qui pénètre dans la lunette polariscopique en *a* : on a ainsi
l'angle d'incidence. On empêche les rayons réfléchis par la pile de
pénétrer dans le tube au moyen d'une bande de drap tendue en *sr*.
Enfin à l'extrémité *o* du tube se trouve l'analyseur, composé d'un
Nicol et d'une double lame de quartz. La lunette, mobile en *c* sur
son pied, prendra, par rapport à l'horizon, diverses positions angulaires qu'on pourra mesurer à l'aide du cercle gradué *de* entraîné
dans les mouvements de la lunette, le niveau à bulle d'air *fg* mar-
quant la ligne horizontale.

La graduation du polarimètre peut se faire de différentes manières. Un premier procédé consiste à faire tomber sur la pile de
glaces de la lumière transmise par deux tourmalines à axes croisés
de surfaces égales. Ce système laisse passer deux faisceaux polarisés
à angle droit qu'on reçoit sur une lentille et qu'on dirige sur la pile
de glaces. Si l'on couvre une fraction connue de la surface de l'une
des tourmalines, les intensités des deux faisceaux polarisés à angle
droit ne seront plus égales, mais bien dans le rapport de la surface
de l'une des tourmalines à la surface conservée de l'autre. On aura
donc ainsi de la lumière partiellement polarisée de composition
connue et variable à volonté. Il suffit alors, pour chaque composition de la lumière partiellement polarisée, de noter l'angle d'incidence que donne le cercle gradué lorsque la lumière qui tombe sur
l'analyseur est naturelle, c'est-à-dire lorsque les moitiés de chacune
des images données par le biquartz sont de même couleur.

Arago s'est encore servi d'un autre procédé pour graduer son
polarimètre. Il faisait tomber sur la pile de glaces un faisceau lumi-

neux réfléchi auparavant sur une lame de verre à faces parallèles,
de façon que les plans d'incidence sur cette lame et sur la pile de
glaces fussent parallèles. Le faisceau réfléchi contenait alors une
quantité q de lumière polarisée dans le plan d'incidence, i étant
l'intensité totale de la lumière réfléchie. On cherchait l'angle d'incidence sous lequel il fallait faire tomber le faisceau réfléchi sur la pile
de glaces pour avoir de la lumière naturelle. On répétait la même
opération en faisant transmetttre le faisceau par la lame, sous le
même angle, mais de manière que les plans d'incidence sur la lame
et sur la pile de glaces fussent perpendiculaires. La quantité de lumière polarisée dans le plan d'incidence de la pile, et par suite perpendiculairement au plan d'incidence de la lame, était encore q
d'après la loi d'Arago, mais la quantité de lumière transmise avait
une valeur i' différente de i. On avait donc dans le premier cas une
proportion de lumière polarisée dans le plan d'incidence égale à $\frac{q}{i}$
et neutralisée sous une certaine incidence du rayon réfléchi sur la
pile, incidence que nous désignerons par α, et dans le second cas
une proportion de lumière polarisée perpendiculairement au plan
d'incidence, égale à $\frac{q}{i'}$ et neutralisée sous un autre angle d'incidence
que nous appellerons α'. Arago choisissait pour angles d'incidence
sur la lame de verre quelques-uns de ceux pour lesquels il avait
déterminé, comme nous l'avons vu plus haut, le rapport de la lu-
mière réfléchie à la lumière transmise (335). Le rapport $\frac{q}{i} : \frac{q}{i'}$ était
donc connu. On enlevait ensuite la lame de verre réfléchissante et
on la remplaçait par un Nicol; le rayon polarisé donné par le Nicol
était reçu sur une lame cristallisée dont la section principale coïnci-
dait avec le plan d'incidence de la pile de glaces et, après avoir
traversé la lame, tombait sur la pile de glaces sous l'incidence α.
On faisait tourner le Nicol jusqu'à neutralisation complète de la lumière polarisée dans l'analyseur. Soit ω l'angle que forme alors la
section principale du Nicol avec celle de la lame cristallisée; le rayon
polarisé en traversant cette lame se divise en deux rayons polarisés
à angle droit parallèlement et perpendiculairement à la section principale de cette lame, et dont les intensités, d'après la loi de Malus,

sont $\cos^2\omega$ et $\sin^2\omega$. On aura donc, au sortir de la lame, un faisceau, partiellement polarisé dans le plan d'incidence, qui peut être regardé comme composé d'une certaine proportion de lumière naturelle et d'une proportion de lumière polarisée dans le plan d'incidence, et ayant pour intensité

$$\cos^2\omega - \sin^2\omega = \cos 2\omega.$$

On recommence l'expérience en faisant tomber le rayon sur la pile de glaces sous l'incidence α', et on trouve alors pour l'angle des sections principales du Nicol et de la lame une autre valeur ω', de sorte que, si la loi de Malus est exacte, la proportion de la lumière polarisée perpendiculairement au plan d'incidence sera représentée, en prenant pour unité la quantité totale de lumière transmise au travers de la pile, par $\cos 2\omega'$. Le rapport $\dfrac{\cos 2\omega}{\cos 2\omega'}$ représente donc le rapport des proportions de lumière polarisée dans le plan d'incidence et dans le plan perpendiculaire, prises par rapport à la quantité totale de lumière; on doit avoir par conséquent

$$\frac{\cos 2\omega}{\cos 2\omega'} = \frac{\dfrac{q}{i}}{\dfrac{q}{i'}} = \frac{i'}{i}.$$

Ce rapport $\dfrac{i'}{i}$ étant donné par les expériences sur les intensités, il est facile de vérifier si le rapport $\dfrac{\cos 2\omega}{\cos 2\omega'}$ lui est bien égal dans chaque cas particulier. Arago avait choisi celles de ces expériences dans lesquelles il avait eu $\dfrac{i'}{i} = \dfrac{1}{2}$, $\dfrac{i''}{i} = \dfrac{1}{3}$. Les nombres obtenus pour $\dfrac{\cos 2\omega}{\cos 2\omega'}$ sont $\dfrac{1}{1,85}$ et $\dfrac{1}{2,97}$. L'approximation est suffisante, d'autant plus que les nombres $\dfrac{1}{2}$ et $\dfrac{1}{3}$ ne sont probablement pas très-exacts eux-mêmes. Toutefois ce sont ceux qui ont le plus de chances d'être exacts parmi les nombres trouvés par Arago, parce que, dans les expériences qui ont servi à les déterminer, l'appareil était plus simple.

La série d'opérations que nous venons de décrire n'est autre chose qu'une vérification directe de la loi de Malus qui, à la rigueur, n'était pas nécessaire, car tous les phénomènes de la polarisation chromatique peuvent être déduits de cette loi et en sont une confirmation *a posteriori*.

En s'appuyant sur la loi de Malus, il sera facile de graduer très-simplement le polarimètre. On fera arriver sur la pile de glaces un faisceau lumineux ayant traversé un Nicol et une lame cristallisée. Ce faisceau sera partiellement polarisé dans le plan d'incidence qu'on fera coïncider avec la section principale de la lame cristallisée, et la proportion de la lumière polarisée par rapport à la lumière totale transmise par la lame sera égale à $\cos 2\omega$, ω étant l'angle des sections principales du Nicol et de la lame cristallisée. On cherchera l'inclinaison à donner à la pile de glaces pour que le faisceau émergent soit naturel, et on aura l'angle d'incidence correspondant à la proportion $\cos 2\omega$ de lumière polarisée. En faisant varier l'angle ω, on pourra ainsi graduer l'appareil.

341. Expériences d'Ed. Desains. — Édouard Desains [1] a gradué un polarimètre d'Arago par le procédé que nous venons d'indiquer en dernier lieu. Il a fait servir ensuite cet appareil à des expériences sur la lumière réfléchie par une glace noire dont l'indice obtenu par l'angle de polarisation était 1,425.

Voici les résultats auxquels il est parvenu :

ANGLES D'INCIDENCE.	PROPORTIONS DE LUMIÈRE POLARISÉE		DIFFÉRENCES.
	observées.	calculées.	
30°............	0,420	0,413	+ 0,007
35°............	0,555	0,563	− 0,008
40°............	0,707	0,719	− 0,012
70°............	0,698	0,708	− 0,010
75°............	0,539	0,536	+ 0,003

La concordance est très-satisfaisante.

Il est inutile de faire des expériences sur la lumière transmise puisque, d'après la loi d'Arago, démontrée par la théorie et par l'expérience, la quantité absolue de lumière polarisée par transmission est égale à celle de la lumière polarisée par réflexion.

Le polarimètre d'Arago une fois gradué peut du reste servir à

[1] *C. R.*, XXXI, 676. — *Ann. de chim. et de phys.*, (3), XXXI, 286.

vérifier les formules de Fresnel sur les intensités du rayon réfléchi et du rayon réfracté. On fait, à cet effet, arriver sur la pile de glaces un rayon réfléchi par une lame de la substance sur laquelle on veut opérer. L'incidence qu'il faut donner à la pile de glaces pour obtenir la neutralisation de la lumière polarisée, c'est-à-dire pour que les deux moitiés de chaque image dans l'analyseur aient une teinte uniforme, fera connaître par la graduation du polarimètre le rapport $\frac{q}{i}$ de l'intensité q de la lumière polarisée à l'intensité totale i de la lumière réfléchie. De même, si on fait tomber sur la pile de glaces la lumière transmise par la lame, l'angle d'incidence sous lequel on obtient la neutralisation de la lumière polarisée fait connaître par la graduation le rapport $\frac{q}{i'}$ de l'intensité de la lumière polarisée à l'intensité totale de la lumière transmise. La quantité q ayant la même valeur dans les deux cas, en vertu de la loi d'Arago, le rapport des quantités $\frac{q}{i}$ et $\frac{q}{i'}$ ainsi déterminées sera égal au rapport $\frac{i'}{i}$, c'est-à-dire à celui des intensités de la lumière transmise et de la lumière réfléchie. Arago a indiqué ce procédé, mais il ne s'en est pas servi.

III.

APPLICATIONS DE LA THÉORIE DE FRESNEL.

A. — Propriétés des piles de glaces.

Les propriétés des piles de glaces peuvent se déduire des lois de Fresnel sur la réflexion et la réfraction de la lumière, et elles vont nous en fournir de nouvelles vérifications.

Il y a deux cas à considérer : celui où le faisceau a des dimensions transversales très-petites, et celui où il a une largeur appréciable.

342. Cas d'un faisceau à dimensions transversales très-petites. — Si le faisceau lumineux qui traverse la pile de glaces est très-mince, les phénomènes sont simples. On peut alors, sans commettre d'erreur sensible, ne considérer à chaque surface qu'un seul rayon réfléchi et un seul rayon réfracté. Cherchons quelle est la polarisation du rayon transmis par la pile. Soit α l'angle que fait le plan de polarisation de la lumière incidente avec le plan d'incidence. Le rayon qui tombe sur la première glace peut se décomposer en deux rayons polarisés, l'un dans le plan d'incidence et l'autre dans le plan perpendiculaire, ayant respectivement pour amplitudes $\cos\alpha$ et $\sin\alpha$. Après une réfraction ces amplitudes deviennent $m\cos\alpha$ et $\dfrac{m\sin\alpha}{\cos(i-r)}$, d'après les formules établies pour la réfraction de la lumière (318). Lorsque le rayon a traversé un nombre de glaces égal à p, le nombre des réfractions est égal à $2p$ et on a pour les amplitudes des deux composantes $m^{2p}\cos\alpha$ et $\dfrac{m^{2p}\sin\alpha}{\cos^{2p}(i-r)}$.

La lumière qui émerge de la pile est donc polarisée rectilignement, et, si l'on désigne par β l'angle que son plan de polarisation fait avec le plan d'incidence, on a

$$\operatorname{tang}\beta = \operatorname{tang}\alpha\,\frac{1}{\cos^{2p}(i-r)}.$$

Cette formule est facile à vérifier.

Si la lumière qui tombe sur la pile de glaces est naturelle, les intensités relatives des deux composantes sont, au sortir de la pile, 1 et $\dfrac{1}{\cos^{4p}(i-r)}$, c'est-à-dire que, l'intensité de la composante suivant le plan perpendiculaire au plan d'incidence étant prise pour unité, l'intensité de la composante parallèle au plan d'incidence sera $\cos^{4p}(i-r)$. Le rapport de la quantité de lumière polarisée à la quantité totale de lumière transmise sera donc $\dfrac{1-\cos^{4p}(i-r)}{1+\cos^{4p}(i-r)}$.

On peut, au moyen du polarimètre, vérifier cette expression, qui a pour limite l'unité.

343. Cas d'un faisceau large. — Ce cas est un peu plus compliqué que le précédent, mais n'offre aucune difficulté. On décompose le rayon incident en deux rayons polarisés à angle droit dans le plan d'incidence et dans le plan perpendiculaire. On tient compte des rayons qui, réfléchis un nombre pair de fois, émergent après avoir traversé la pile. L'intensité de chacune des composantes du rayon émergent est donc la somme des intensités d'une série de rayons dont le premier traverse directement la pile, dont le second subit deux réflexions dans l'intérieur de la pile, le troisième quatre réflexions, le quatrième six réflexions, et ainsi de suite. La somme des intensités de ces deux composantes est égale à l'intensité du rayon émergent.

Lorsque les rayons incidents sont naturels, la lumière émergente est partiellement polarisée perpendiculairement au plan d'incidence. Mais lorsque la lumière incidente est polarisée rectilignement, il n'est pas exact de conclure, comme l'ont fait MM. de la Provostaye et P. Desains, que la lumière émergente est polarisée dans un plan faisant avec le plan d'incidence un angle dont la tangente est donnée par le rapport des amplitudes des deux composantes rectangulaires. Cela n'est pas exact à cause des réflexions multiples.

Le faisceau formé par les rayons réfléchis donne lieu à des considérations analogues, à moins que l'angle d'incidence ne soit l'angle de polarisation complète, car dans ce cas particulier tous les rayons réfléchis sont entièrement polarisés dans le plan d'incidence, et par conséquent il en est de même du faisceau réfléchi total.

B. — Houppes de Haidinger.

344. Description des houppes de Haidinger. — On peut rattacher aux modifications de la lumière polarisée par réfraction le phénomène découvert par le physicien allemand Haidinger [1] et qui porte le nom de *houppes de Haidinger*. Ce phénomène consiste en ce que, si l'on reçoit dans l'œil de la lumière blanche polarisée, on aperçoit une double aigrette jaune JJ' (fig. 66) dont l'axe est dans le plan de polarisation, et qui est limitée par deux courbes ayant la forme d'arcs d'hyperbole. Cette aigrette s'élargit à mesure qu'on s'éloigne du plan de la vision. Des deux côtés de la partie médiane de l'aigrette se montrent deux taches violettes, V et

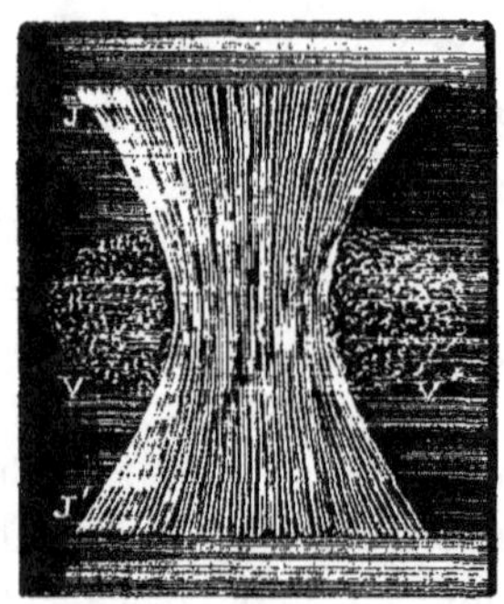

Fig. 66.

V', plus larges que les aigrettes jaunes, mais plus courtes.

Lorsqu'on a constaté une fois l'existence de ces houppes, il est facile de les reconnaître par la suite, et l'œil peut alors remplacer un polariscope et même servir à déterminer la direction du plan de polarisation.

Pour découvrir les houppes de Haidinger, on regarde un point du ciel à travers un prisme de Nicol un jour où le temps est couvert, et, si on ne les distingue pas à cause de leur peu de netteté, elles apparaissent lorsqu'on fait tourner le prisme de 90 degrés sans changer la direction de son axe : on les voit alors tourner avec le prisme. On peut aussi les distinguer à l'œil nu lorsque le ciel serein envoie lui-même de la lumière polarisée. Quand le soleil est près de l'horizon, on regarde successivement, dans un plan perpendiculaire au plan vertical qui passe par l'œil et le soleil, un point situé au zénith et un autre à l'horizon : on reçoit ainsi deux rayons polarisés à angle droit et on peut distinguer les houppes.

[1] *Pogg. Ann.*, LXIII, 29; LXVII, 435; LVIII, 73, 305; LXXV, 350; XCI, 314, 591.

345. Explication des houppes de Haidinger. — Ce phénomène a beaucoup attiré l'attention des physiciens. Plusieurs d'entre eux, et entre autres Haidinger lui-même, peu versés dans la connaissance des lois de l'optique, voulaient y voir les vibrations rectilignes de la lumière polarisée. Ces idées ont contribué à faire regarder le phénomène comme singulier, et beaucoup d'explications peu satisfaisantes en ont été données.

M. Jamin [1] a expliqué les houppes de Haidinger d'une manière simple, en se basant sur les effets des piles de glaces, et les a reproduites artificiellement. Lorsqu'un rayon polarisé dans un certain plan tombe sur une pile de glaces, on peut le décomposer en deux rayons polarisés, l'un dans le plan d'incidence, l'autre dans le plan perpendiculaire. Par l'effet de la pile, la composante parallèle au plan d'incidence perd plus de son intensité que l'autre, d'où il résulte que l'intensité du rayon transmis sera d'autant moindre qu'il est polarisé dans un plan plus voisin du plan d'incidence. Ceci posé, supposons qu'on fasse tomber sur une série de surfaces sphériques, concentriques et superposées un faisceau de rayons polarisés dans un certain plan. Si l'on mène par le centre commun des surfaces sphériques un plan parallèle au plan de polarisation du faisceau, les rayons compris dans ce plan, et pour qui par conséquent le plan d'incidence coïncidera avec le plan de polarisation, auront après l'émergence une intensité minimum. Ceux au contraire qui sont situés dans une section faite par le centre perpendiculairement au premier plan auront après l'émergence une intensité maximum.

Dans les azimuts intermédiaires, l'intensité croîtra de la première section à la seconde. Mais les rayons des différentes couleurs ont leurs intensités altérées d'une manière différente, puisque cette altération dépend des angles i et r, et par suite de l'indice de réfraction. Si donc la lumière est blanche, les maxima et les minima des différentes couleurs ne seront pas proportionnels aux intensités respectives de ces couleurs dans la lumière blanche; il y aura une couleur prédominante, et c'est celle-là qui apparaîtra. Si l'on fait pour les différentes couleurs le calcul de l'affaiblissement qu'éprouvent les intensités des rayons polarisés dans le plan d'incidence et

[1] *C. R.*, XXVI, 197. — *Inst.*, XVI, 53.

dans le plan perpendiculaire, on reconnaît que ce sont les rayons jaunes qui prédominent dans le premier cas, et les rayons violets, complémentaires des rayons jaunes, dans le second.

On peut reproduire artificiellement ce phénomène en faisant arriver de la lumière polarisée au moyen d'un Nicol sur une pile de 100 à 200 verres de montre placés dans un tube en cuivre.

La même série de phénomènes se passe dans l'œil, qui peut être assimilé à une pile de ce genre, car la cornée et le cristallin sont formés de couches sphériques inégalement réfringentes [1].

C. — Polarisation de la lumière par émission et par diffusion.

Le mode de polarisation de la lumière émise ou diffusée par les corps s'explique encore par les lois de Fresnel.

346. Polarisation par émission. — Il n'existe sur la polarisation par émission qu'un petit nombre d'expériences dues en partie à Arago [2]. La lumière rayonnée par un liquide ou par un solide incandescent dans une direction autre que la direction normale à la surface rayonnante est polarisée comme par réfraction, c'est-à-dire qu'elle est partiellement polarisée dans un plan perpendiculaire au plan d'émergence. Cela tient à ce que les molécules de la surface ne rayonnent pas seules; celles des couches intérieures rayonnent également, du moins jusqu'à une certaine profondeur, et les rayons émis par ces molécules intérieures viennent se réfracter à la surface.

Si la lumière émise par les gaz incandescents n'est jamais polarisée, cela s'explique par la faiblesse de la réfraction quand un rayon passe d'un gaz dans un autre ou même d'un gaz dans le vide.

La polarisation de la lumière émise par un corps peut donc nous renseigner sur la manière dont la lumière est émise par ce corps et

[1] M. Helmholtz (voir la traduction française par Javal et Klein, p. 553), dans son *Optique physiologique*, n'admet pas l'explication des houppes donnée par M. Jamin, et lui objecte, entre autres choses, que, si l'on opère avec de la lumière homogène, le bleu est la seule couleur pour laquelle les houppes sont visibles, et que l'étendue des houppes coïncide avec celle de la *tache jaune* de l'œil. Il en conclut qu'on peut expliquer la production des houppes en admettant que les éléments jaunes de la tache jaune sont faiblement biréfringents et qu'ils absorbent plus fortement le rayon extraordinaire que le rayon ordinaire pour la lumière bleue.   (L.)

[2] *Astronomie.populaire*, II, 95. — *OEuvres complètes*, VII, 403.

sur l'état du corps. C'est ainsi que l'on reconnaît que la lumière émise par la lune est polarisée, comme par réflexion, dans un plan qui passe par la lune et le soleil. La lune n'est donc pas un corps lumineux par lui-même, et la lumière qu'elle nous envoie doit être celle qui, émise par le soleil, se réfléchit sur sa surface. Cette expérience se fait en dirigeant un polariscope vers la lune.

On peut, par le même procédé, reconnaître si la lumière solaire est due à un solide ou à un liquide incandescent, ou bien à un gaz. Si la surface incandescente est solide ou liquide, la lumière du centre, émise normalement, ne doit pas être polarisée, mais un polariscope dirigé vers les bords du disque solaire doit donner des signes sensibles de polarisation. Or, jamais on n'a obtenu de traces de polarisation en dirigeant le polariscope sur un point quelconque du disque solaire. La lumière solaire est donc due à l'incandescence d'un gaz. Nous n'avons pas à parler ici des recherches ultérieures sur la constitution physique du soleil, qui ont confirmé le résultat obtenu par Arago.

347. Polarisation par diffusion. — La diffusion, comme la réflexion et la réfraction, modifie la polarisation de la lumière. Arago n'a fait que peu d'expériences à ce sujet. MM. de la Provostaye et P. Desains ont repris ces expériences sans être guidés par aucune vue théorique[1], de même qu'Arago. De là résulte un peu de confusion dans les résultats. Toutefois, on peut rendre un compte suffisant des effets de la diffusion observés par MM. de la Provostaye et P. Desains dans trois cas qu'ils étudièrent.

Le premier cas est celui des corps parfaitement polis; le second cas est celui des surfaces mates sans granules ou à granules opaques; le troisième, celui des surfaces à granules transparents.

Arago avait observé sur la porcelaine bien polie un phénomène singulier : des poussières et des substances étrangères adhérentes à la surface font qu'elle n'est pas entièrement dépourvue de pouvoir diffusif. Arago, en recevant sur un polariscope les rayons ainsi diffusés, trouva des traces de polarisation perpendiculairement au plan

---

[1] *Ann. de chim. et de phys.*, (3), XXXIV, 215.

de diffusion, c'est-à-dire au plan passant par le rayon diffusé et par la normale à la surface diffusante.

D'après cela la diffusion irrégulière polariserait comme la réfraction, phénomène dont on ne voit pas la raison.

MM. de la Provostaye et Desains ont reconnu que, si la lumière tombe normalement sur la plaque de porcelaine, la lumière diffusée est polarisée dans le plan de diffusion. Il en est de même quand l'incidence augmente, jusqu'à une certaine incidence pour laquelle il n'y a plus de polarisation; mais au delà la polarisation reparaît perpendiculairement au plan de diffusion et va en augmentant avec l'incidence. Cependant l'or, sur lequel les deux physiciens expérimentèrent également, donna pour toutes les incidences de la lumière polarisée dans le plan de diffusion. Il en fut de même pour les surfaces complétement dépolies, c'est-à-dire pour les surfaces qui diffusent la lumière au plus haut degré.

L'anomalie observée sur la porcelaine s'explique d'une manière satisfaisante par le phénomène de la *fluorescence*. La fluorescence est une sorte de phosphorescence de très-courte durée qui se manifeste lorsque certains corps ont été éclairés. Après que ces corps ont cessé de recevoir la lumière ils en émettent encore pendant quelques instants. Cette lumière ainsi émise doit être polarisée comme par réfraction, ainsi que nous l'avons vu plus haut (346), et par suite perpendiculairement au plan de réfraction. D'ailleurs, si on ne constate cette lumière émise par le corps qu'après qu'il a cessé d'être éclairé, elle n'en existe pas moins pendant l'éclairement, et alors elle se trouve associée à la lumière diffusée. Suivant que la lumière diffusée ou la lumière émise prédomine, la lumière renvoyée par le corps sera polarisée parallèlement ou perpendiculairement au plan de diffusion. Or, à mesure qu'on s'écarte de la normale, la quantité de lumière diffusée diminue, tandis que la quantité de lumière fluorisée ne change pas beaucoup. Il se peut donc que la lumière diffusée, d'abord prédominante, devienne, lorsque l'incidence augmente, égale à la lumière fluorisée, puis, au delà, moins intense que cette lumière. Ainsi se trouvent expliqués les phénomènes produits par la porcelaine.

Les substances dépolies diffusant fortement la lumière, il n'est pas étonnant qu'elles ne présentent jamais d'anomalies semblables à celles de la porcelaine, et, si l'or ne polarise pas la lumière perpendiculairement au plan de diffusion, cela tient à ce que l'or, comme tous les métaux, ne possède pas le pouvoir fluorescent.

MM. de la Provostaye et P. Desains expérimentèrent aussi sur les corps à surface non compacte, tels que le noir de fumée, le platine platiné, etc. Pour de telles substances il n'y a pas de fluorescence, et, puisqu'ils ne transmettent pas la lumière, le seul effet produit sera celui de la diffusion. La lumière sera donc polarisée partiellement dans le plan de diffusion. Cette diffusion pourra être considérée comme une réflexion à la surface de granules convexes, et par suite la proportion de lumière polarisée doit augmenter avec l'incidence, car, l'angle du rayon incident avec le rayon réfléchi ne pouvant surpasser 5o degrés, sous l'incidence normale l'angle d'incidence ne peut surpasser 45 degrés, angle moindre que celui de la polarisation complète. Or, jusqu'à cette incidence la quantité de lumière polarisée augmente en effet, et l'expérience vient vérifier ces conjectures.

Le dernier cas est celui des substances non compactes à granules transparents : tels sont le cinabre en grains, le papier, le soufre, le blanc de céruse, qui diffusent le plus de lumière. Dans ces substances la lumière pénètre à une profondeur plus ou moins grande, de sorte qu'on ne reçoit pas seulement les rayons qui se sont réfléchis une fois à la surface de ces granules, mais encore ceux qui se sont réfléchis un certain nombre de fois dans des plans différents, et surtout les rayons qui se sont réfléchis totalement dans l'intérieur du corps. Si donc la lumière incidente est naturelle, la lumière diffusée se composera de rayons polarisés dans tous les plans sans aucune régularité et sera de la lumière naturelle. Si la lumière incidente est polarisée, toutes ces réflexions tendent à changer le plan de polarisation d'un très-grand nombre de manières différentes, et la lumière diffusée sera encore plus ou moins dépolarisée. Ces résultats de la théorie ont été vérifiés par les expériences de MM. de la Provostaye et P. Desains.

Ces observations ont d'ailleurs constaté pour la chaleur les mêmes phénomènes de polarisation par diffusion que pour la lumière.

D. — Théorie complète des anneaux colorés.

348. Insuffisance de la théorie élémentaire des anneaux colorés. — La connaissance des lois de la réflexion et de la réfraction de la lumière va nous permettre de compléter la théorie des anneaux colorés par réflexion et par transmission. Dans cette théorie élémentaire on admet que les anneaux par réflexion proviennent uniquement de l'interférence des rayons réfléchis à la première surface de la lame mince avec ceux qui se réfléchissent sur la seconde surface de cette lame. Mais l'expérience montre que les anneaux obscurs produits par réflexion sont absolument noirs dans la lumière homogène, tandis que, d'après la théorie élémentaire, leur intensité devrait être seulement très-faible, car les deux rayons qu'on considère comme interférents ont des intensités inégales, celui qui se réfléchit à la seconde surface ayant son intensité affaiblie par deux réfractions. Ce désaccord entre la théorie et l'expérience provient de ce que, dans cette théorie simplifiée, on ne tient pas compte des rayons qui émergent après avoir subi 3, 5, 7,... et en général un nombre impair de réflexions dans l'intérieur de la lame, et qui cependant doivent nécessairement intervenir dans le phénomène.

La théorie de Fresnel va nous permettre de calculer toutes les apparences que doivent présenter les anneaux réfléchis et les anneaux transmis, puisqu'elle donne les formules nécessaires pour déterminer ce que devient un rayon après un nombre quelconque de réflexions ou de réfractions. Ces calculs ont été effectués pour la première fois par Airy[1]. Il est inutile d'introduire dans les calculs l'hypothèse de Young sur le changement de phase produit par la réflexion (38), puisque ce changement résulte des formules de Fresnel et qu'il y est compris.

349. Intensités des anneaux réfléchis et transmis lorsque la lumière incidente est polarisée dans le plan d'incidence. — Nous allons traiter en premier lieu le cas des anneaux par réflexion, lorsque la lumière incidente est polarisée dans

[1] *Cambr. Trans.*, IV, 219, 409. — *Phil. Mag.*, (2), X, 141; (3), II, 120.

le plan d'incidence. Nous supposerons, comme cela a lieu ordinairement, que la lame mince est le milieu le moins réfringent. Si le faisceau est un peu large, il interviendra dans le faisceau réfléchi suivant chaque direction une série de rayons qui ont subi 1, 3, 5,... réflexions, et, comme les intensités de ces rayons décroissent très-rapidement avec le nombre des réflexions, on pourra faire la somme de leurs intensités en considérant leur série comme indéfinie.

Si l'on représente par $\sin 2\pi \frac{t}{T}$ le mouvement vibratoire du rayon incident au point d'incidence et au temps t, le mouvement vibratoire du rayon réfléchi sur la première surface aura pour expression, au même point et à la même époque, $a \sin 2\pi \frac{t}{T}$. Quant au rayon qui s'est réfléchi sur la seconde surface de la lame, en désignant par e l'épaisseur de la lame et par i l'angle d'incidence, on voit que sa différence de marche avec le premier rayon réfléchi est $2e \cos i$, et que sur ce rayon le mouvement vibratoire est représenté par

$$A \sin 2\pi \left(\frac{t}{T} - \frac{2e \cos i}{\lambda} \right).$$

L'amplitude A peut être remplacée par le produit bcd, si, l'amplitude du rayon incident étant prise pour unité, b désigne l'amplitude du rayon réfracté à la première surface, c le rapport de l'amplitude de la lumière qui est réfléchie par la seconde surface à l'amplitude du rayon qui tombe sur cette surface, et enfin d le rapport de l'amplitude du rayon réfracté par la première surface à l'amplitude du rayon qui tombe sur cette surface. Le mouvement vibratoire du second rayon réfléchi aura donc pour expression

$$bcd \sin 2\pi \left(\frac{t}{T} - \frac{2e \cos i}{\lambda} \right).$$

Le troisième rayon réfléchi a été réfracté une fois du premier au second milieu, puis réfléchi trois fois à l'intérieur de la lame et réfracté une fois du second milieu au premier. Son amplitude sera donc devenue bc^3d. Quant à sa différence de marche avec le premier rayon réfléchi, elle est de deux fois la quantité $2e \cos i$. Il vient donc, pour le mouvement vibratoire de ce troisième rayon, l'expression

$$bc^3 d \sin 2\pi \left(\frac{t}{T} - 2\,\frac{2e\cos i}{\lambda}\right).$$

On a de même, pour le quatrième rayon,

$$bc^5 d \sin 2\pi \left(\frac{t}{T} - 3\,\frac{2e\cos i}{\lambda}\right),$$

et généralement, pour le $(n+1)^{ième}$ rayon réfléchi,

$$bc^{2n-1} d \sin 2\pi \left(\frac{t}{T} - n\,\frac{2e\cos i}{\lambda}\right).$$

On a d'ailleurs, d'après les formules de Fresnel, i étant l'angle d'incidence dans la lame mince,

$$a = -\frac{\sin(r-i)}{\sin(r+i)}, \qquad c = -a = -\frac{\sin(i-r)}{\sin(i+r)},$$

$$b = \frac{2\sin i \cos r}{\sin(i+r)}, \qquad d = \frac{2\sin r \cos i}{\sin(i+r)}.$$

Par suite, il vient

$$bd = \frac{4\sin i \cos i \sin r \cos r}{\sin^2(i+r)} = \frac{[\sin(i+r)+\sin(i-r)][\sin(i+r)-\sin(i-r)]}{\sin^2(i+r)}$$

$$= \frac{\sin^2(i+r)-\sin^2(i-r)}{\sin^2(i+r)} = 1 - \frac{\sin^2(i-r)}{\sin^2(i+r)} = 1 - c^2.$$

En posant

$$2\pi\frac{t}{T} = x, \qquad 2\pi\frac{2e\cos i}{\lambda} = y,$$

les expressions des mouvements vibratoires prennent les formes suivantes : pour le premier rayon réfléchi, $-c\sin x$; pour le second, $c(1-c^2)\sin(x-y)$; pour le troisième, $c^3(1-c^2)\sin(x-2y)$, et en général, pour le $(n+1)^{ième}$ rayon, $c^{2n-1}(1-c^2)\sin(x-ny)$.

En remplaçant les sinus par des exponentielles imaginaires, ces expressions deviennent, en laissant de côté pour le moment le premier rayon réfléchi,

$$\frac{c(1-c^2)}{2\sqrt{-1}}\left[e^{(x-y)\sqrt{-1}} - e^{-(x-y)\sqrt{-1}}\right],$$

$$\frac{c^3(1-c^2)}{2\sqrt{-1}}\left[e^{(x-2y)\sqrt{-1}} - e^{-(x-2y)\sqrt{-1}}\right],$$

et pour le $(n+1)^{ième}$ rayon réfléchi,

$$\frac{c^{2n-1}(1-c^2)}{2\sqrt{-1}}\left[e^{(x-ny)\sqrt{-1}}-e^{-(x-ny)\sqrt{-1}}\right].$$

Si l'on partage cette série d'expressions en deux groupes comprenant, l'un les termes dont l'expression générale est

$$\frac{c^{2n-1}(1-c^2)}{2\sqrt{-1}}e^{(x-ny)\sqrt{-1}}.$$

et l'autre les termes dont l'expression générale est

$$-\frac{c^{2n-1}(1-c^2)}{2\sqrt{-1}}e^{-(x-ny)\sqrt{-1}},$$

on aura deux progressions géométriques où l'on peut faire la somme des n premiers termes. Les raisons de ces progressions étant respectivement

$$c^2 e^{-y\sqrt{-1}} \qquad \text{et} \qquad c^2 e^{y\sqrt{-1}},$$

on a, pour la somme des n premiers termes de la première progression,

$$\frac{c(1-c^2)}{2\sqrt{-1}}\frac{c^{2n}e^{[x-(n+1)y]\sqrt{-1}}-e^{(x-y)\sqrt{-1}}}{c^2 e^{-y\sqrt{-1}}-1},$$

et pour la somme des n premiers termes de la seconde,

$$-\frac{c(1-c^2)}{2\sqrt{-1}}\frac{c^{2n}e^{-[x-(n+1)y]\sqrt{-1}}-e^{-(x-y)\sqrt{-1}}}{c^2 e^{y\sqrt{-1}}-1}.$$

La somme des deux progressions est donc

$$\frac{\dfrac{c(1-c^2)}{2\sqrt{-1}}}{1-2c^2\cos y+c^4}\left\{\begin{array}{l}c^{2(n+1)}\left[e^{(x-ny)\sqrt{-1}}-e^{-(x-ny)\sqrt{-1}}\right]\\[4pt]-c^{2n}\left[e^{[x-(n+1)y]\sqrt{-1}}-e^{-[x-(n+1)y]\sqrt{-1}}\right]\\[4pt]-c^2\left(e^{x\sqrt{-1}}-e^{-x\sqrt{-1}}\right)+e^{(x-y)\sqrt{-1}}-e^{-(x-y)\sqrt{-1}}\end{array}\right\}.$$

Le terme du dénominateur $c^2 \left(e^{y\sqrt{-1}} + e^{-y\sqrt{-1}} \right)$ a été remplacé par sa valeur $2c^2 \cos y$.

En remplaçant de même au numérateur les exponentielles imaginaires par les lignes trigonométriques, il vient, pour la somme des mouvements vibratoires des rayons réfléchis, sauf le premier, l'expression

$$c\left(1-c^2\right)\frac{c^{2(n+1)}\sin(x-ny)-c^{2n}\sin[x-(n+1)y]-c^2\sin x+\sin(x-y)}{1-2c^2\cos y+c^4}.$$

Cette expression est réelle et on peut y faire croître n indéfiniment. Si l'on passe à la limite vers laquelle elle tend quand n croît indéfiniment, on trouve

$$c\left(1-c^2\right)\frac{\sin(x-y)-c^2\sin x}{1-2c^2\cos y+c^4}.$$

Il faut, pour avoir le mouvement vibratoire total du rayon réfléchi, ajouter à cette limite le terme $-c\sin x$, qui représente le mouvement du premier rayon réfléchi et que nous avons négligé dans le calcul précédent, et on a alors pour expression définitive du mouvement vibratoire total du rayon réfléchi

$$c\left(1-c^2\right)\frac{\sin(x-y)-c^2\sin x}{1-2c^2\cos y+c^4}-c\sin x.$$

Pour avoir l'intensité totale du rayon réfléchi, il faut mettre cette expression sous la forme

$$A\sin 2\pi\left(\frac{t-\theta}{T}\right),$$

et alors A^2 représentera l'intensité; mais on sait aussi que l'on peut la mettre sous la forme

$$a\sin 2\pi\frac{t}{T}+b\cos 2\pi\frac{t}{T},$$

et qu'alors l'intensité est égale à a^2+b^2. C'est cette dernière forme que nous choisirons. On trouve ainsi successivement, pour l'expression du mouvement vibratoire,

$$\frac{c(1-c^2)\sin(x-\gamma)-c^3\sin x+2c^3\sin x\cos\gamma-c\sin x}{1-2c^2\cos\gamma+c^4}$$

$$= c\,\frac{(1-c^2)\sin(x-\gamma)-(1+c^2)\sin x+2c^2\sin x\cos\gamma}{1-2c^2\cos\gamma+c^4}$$

$$= c\,\frac{(1+c^2)(\cos\gamma-1)\sin x-(1-c^2)\sin\gamma\cos x}{1-2c^2\cos\gamma+c^4}.$$

On a donc pour l'intensité cherchée

$$I = \frac{c^2(1+c^2)^2(\cos\gamma-1)^2+c^2(1-c^2)^2\sin^2\gamma}{(1-2c^2\cos\gamma+c^4)^2}$$

$$= c^2\,\frac{2(1+c^4)+4c^2\cos^2\gamma-2(1+c^2)^2\cos\gamma}{(1-2c^2\cos\gamma+c^4)^2}$$

$$= 2c^2\,\frac{(1+c^4)(1-\cos\gamma)-2c^2(1-\cos\gamma)\cos\gamma}{(1-2c^2\cos\gamma+c^4)^2}$$

$$= 2c^2\,\frac{(1-2c^2\cos\gamma+c^4)(1-\cos\gamma)}{(1-2c^2\cos\gamma+c^4)^2},$$

et enfin

$$I = \frac{2c^2(1-\cos\gamma)}{1-2c^2\cos\gamma+c^4}.$$

En remplaçant y par sa valeur $2\pi\dfrac{2e\cos i}{\lambda}$, on arrive à l'expression définitive

$$I = \frac{4c^2\sin^2\pi\dfrac{2e\cos i}{\lambda}}{(1-c^2)^2+4c^2\sin^2\pi\dfrac{2e\cos i}{\lambda}}.$$

Telle est l'intensité des anneaux réfléchis lorsque la lumière est polarisée dans le plan d'incidence. Quant à celle des anneaux transmis, elle s'en déduit immédiatement en retranchant de l'unité l'intensité des anneaux réfléchis, ce qui donne

$$T = \frac{(1-c^2)^2}{(1-c^2)^2+4c^2\sin^2\pi\dfrac{2e\cos i}{\lambda}}.$$

La quantité c dans ces deux expressions est égale à $-\dfrac{\sin(i-r)}{\sin(i+r)}$.

350. Intensités des anneaux réfléchis et transmis lorsque la lumière incidente est polarisée perpendiculairement au plan d'incidence. — Les formules précédentes donnent encore les intensités des anneaux réfléchis et transmis quand la lumière est polarisée perpendiculairement au plan d'incidence; seulement la valeur de c est alors différente de ce qu'elle est dans le cas où la lumière est polarisée dans le plan d'incidence.

En effet, les sinus qui entrent dans l'expression du mouvement vibratoire de chaque rayon réfléchi sont les mêmes que dans le cas précédent; les coefficients de ces sinus contiennent toujours les facteurs a, b, c, d, mais la valeur de chacun de ces facteurs a changé. On a, dans le cas actuel,

$$a = \frac{\tang(r-i)}{\tang(r+i)}, \qquad c = \frac{\tang(i-r)}{\tang(i+r)},$$

d'où

$$c = - a;$$

$$b = \frac{2\sin i \cos r}{\sin(i+r)\cos(r-i)}, \qquad d = \frac{2\sin r \cos i}{\sin(i+r)\cos(i-r)},$$

d'où

$$bd = \frac{\sin 2i \sin 2r}{\sin^2(i+r)\cos^2(i-r)} = \frac{\sin(i+r+i-r)\sin(i+r+r-i)}{\sin^2(i+r)\cos^2(i-r)}.$$

Le numérateur de cette dernière expression étant égal au produit de

$$\sin(i+r)\cos(i-r) + \sin(i-r)\cos(i+r)$$

par

$$\sin(i+r)\cos(i-r) - \sin(i-r)\cos(i+r),$$

on a

$$bd = \frac{\sin^2(i+r)\cos^2(i-r) - \sin^2(i-r)\cos^2(i+r)}{\sin^2(i+r)\cos^2(i-r)},$$

et enfin

$$bd = 1 - \frac{\tang^2(i-r)}{\tang^2(i+r)} = 1 - c^2.$$

C'est la même relation que dans le cas précédent.

Les expressions trouvées pour les intensités des anneaux réfléchis et transmis sont donc applicables au cas où la lumière est polarisée perpendiculairement au plan d'incidence, à condition de faire dans ces expressions

$$c = \frac{\tang(i-r)}{\tang(i+r)}.$$

351. Maxima et minima des anneaux réfléchis et transmis.

— Considérons d'abord les anneaux réfléchis. Dans les deux cas où la lumière est polarisée dans le plan d'incidence ou perpendiculairement à ce plan, on voit que l'intensité I est nulle lorsqu'on a

$$\sin^2 \pi \frac{2e\cos i}{\lambda} = 0,$$

d'où

$$2e\cos i = 2n\frac{\lambda}{2}.$$

C'est là la condition donnée par la théorie des interférences, et l'on voit que les minima des anneaux réfléchis dans les deux cas que nous avons traités sont complétement nuls, et que par suite les anneaux qui correspondent aux minima sont absolument noirs, ce qui s'accorde avec l'expérience.

La valeur de I peut s'écrire

$$I = \frac{4c^2}{\dfrac{(1-c^2)^2}{\sin^2 \pi \frac{2e\cos i}{\lambda}} + 4c^2};$$

donc l'intensité est maximum en même temps que $\sin^2 \pi \frac{2e\cos i}{\lambda}$; ainsi les anneaux réfléchis, dans les deux cas que nous avons examinés, ont leurs intensités maxima lorsqu'on a

$$2e\cos i = (2n+1)\frac{\lambda}{2},$$

et l'intensité maxima a pour valeur

$$\frac{4c^2}{(1-c^2)^2+4c^2} = \frac{4c^2}{(1+c^2)^2}.$$

Puisque les intensités des anneaux transmis, ajoutées à celles des anneaux réfléchis, doivent donner une somme constante égale à l'unité, il en résulte que les anneaux transmis ont leur intensité maximum quand les anneaux réfléchis ont leur intensité minimum, et leur intensité minimum quand les anneaux réfléchis ont leur intensité maximum. Les anneaux transmis ont donc pour intensité maximum l'unité et pour intensité minimum $\frac{(1-c^2)^2}{(1+c^2)^2}$.

On voit que, pour les anneaux transmis, les minima ne sont jamais nuls, et que par conséquent ces anneaux ne peuvent jamais être complétement obscurs. Lorsque c^2 est très-petit, c'est-à-dire au voisinage de l'incidence normale, les minima des anneaux transmis diffèrent peu des maxima.

Quand la lumière est polarisée perpendiculairement au plan d'incidence, on a $c = \frac{\tan g\,(i-r)}{\tan g\,(i+r)}$. Si, dans ce cas, l'angle d'incidence est celui de la polarisation complète, on aura $i+r = 90$ degrés, et $c = 0$. d'où $I = 0$ et $T = 1$, c'est-à-dire que, lorsque la lumière est polarisée perpendiculairement au plan d'incidence, si l'angle d'incidence est celui de la polarisation complète, les anneaux réfléchis disparaissent complétement quelle que soit l'épaisseur de la lame, et les anneaux transmis ont pour intensité l'unité, ou plutôt, l'intensité étant indépendante de la couleur, on aura, à la place des anneaux transmis, une lumière blanche et uniforme.

352. Intensités des anneaux réfléchis et transmis lorsque la lumière incidente est polarisée dans un plan quelconque. — Le cas où la lumière incidente est polarisée dans un plan quelconque ne présente aucune difficulté, et les formules qui s'y rapportent se déduisent immédiatement des précédentes. Soit en effet α l'angle du plan de polarisation du rayon incident avec le plan d'incidence, et prenons pour unité l'intensité du rayon incident : on peut décomposer ce rayon en deux autres, l'un polarisé dans le plan d'incidence, l'autre polarisé perpendiculairement à ce plan, et les amplitudes de ces deux composantes seront respectivement $\cos\alpha$ et $\sin\alpha$. Si l'on applique à chacune de ces composantes les formules que nous avons trouvées plus haut, on aura les intensités des deux composantes du rayon réfléchi et des deux composantes du rayon transmis. Comme ces deux composantes sont polarisées à angle droit et sans différence de phase, il suffit, pour avoir l'intensité du rayon réfléchi ou du rayon transmis, d'ajouter les intensités des deux composantes, ce qui donne pour les anneaux réfléchis et transmis

$$I = \cos^2\alpha \frac{4c^2\sin^2\pi\frac{2e\cos i}{\lambda}}{(1-c^2)^2+4c^2\sin^2\pi\frac{2e\cos i}{\lambda}} + \sin^2\alpha \frac{4c'^2\sin^2\pi\frac{2e\cos i}{\lambda}}{(1-c'^2)^2+4c'^2\sin^2\pi\frac{2e\cos i}{\lambda}},$$

$$T = \cos^2\alpha \frac{(1-c^2)^2}{(1-c^2)^2+4c^2\sin^2\pi\frac{2e\cos i}{\lambda}} + \sin^2\alpha \frac{(1-c'^2)^2}{(1-c'^2)^2+4c'^2\sin^2\pi\frac{2e\cos i}{\lambda}}.$$

Dans ces expressions il faut prendre

$$c = -\frac{\sin(i-r)}{\sin(i+r)}, \qquad c' = \frac{\tang(i-r)}{\tang(i+r)}.$$

On voit donc que, dans le cas où la lumière est polarisée dans un plan quelconque, les maxima et les minima se produisent, pour les anneaux réfléchis et transmis, dans les mêmes conditions que lorsque la lumière est polarisée dans le plan d'incidence ou perpendiculairement à ce plan. Les minima des anneaux réfléchis sont encore nuls et les maxima égaux à

$$\frac{4c^2\cos^2\alpha}{(1+c^2)^2} + \frac{4c'^2\sin^2\alpha}{(1+c'^2)^2}.$$

Pour les anneaux transmis, les maxima sont égaux à l'unité et les minima à

$$\frac{(1-c^2)\cos^2\alpha}{(1+c^2)^2} + \frac{(1-c'^2)\sin^2\alpha}{(1+c'^2)}.$$

On voit de plus que, dans le cas actuel, il n'existe aucune incidence pour laquelle les anneaux disparaissent, quelle que soit l'épaisseur de la lame.

353. Polarisation des anneaux réfléchis et transmis lorsque la lumière incidente est naturelle. — Si l'on considère la lumière naturelle comme formée de deux faisceaux polarisés à angle droit et ayant chacun pour intensité $\frac{1}{2}$, on aura, pour la composante du rayon réfléchi polarisée parallèlement au plan d'incidence, l'intensité

$$\frac{2c^2\sin^2\pi\,\dfrac{2e\cos i}{\lambda}}{(1-c^2)^2+4c^2\sin^2\pi\,\dfrac{2e\cos i}{\lambda}},$$

et pour la composante polarisée perpendiculairement au plan d'incidence.

$$\frac{2c'^2\sin^2\pi\,\dfrac{2e\cos i}{\lambda}}{(1-c'^2)^2+4c'^2\sin^2\pi\,\dfrac{2e\cos i}{\lambda}}.$$

Il est facile de voir que le rayon réfléchi est partiellement polarisé dans le plan d'incidence, ce qui n'a pas lieu de nous surprendre puisque l'effet ordinaire de la réflexion est de polariser la lumière naturelle dans le plan d'incidence. En effet, la différence

$$\frac{2c^2\sin^2\pi\,\dfrac{2e\cos i}{\lambda}}{(1-c^2)^2+4c^2\sin^2\pi\,\dfrac{2e\cos i}{\lambda}}-\frac{2c'^2\sin^2\pi\,\dfrac{2e\cos i}{\lambda}}{(1-c'^2)^2+4c'^2\sin^2\pi\,\dfrac{2e\cos i}{\lambda}}$$

peut s'écrire sous la forme d'une fraction ayant pour numérateur

$$2c^2\sin^2\pi\,\frac{2e\cos i}{\lambda}\left[(1-c'^2)^2+4c'^2\sin^2\pi\,\frac{2e\cos i}{\lambda}\right]$$
$$-\,2c'^2\sin^2\pi\,\frac{2e\cos i}{\lambda}\left[(1-c^2)^2+4c^2\sin^2\pi\,\frac{2e\cos i}{\lambda}\right]$$
$$=2\sin^2\pi\,\frac{2e\cos i}{\lambda}\left[c^2\left(1-c'^2\right)^2-c'^2\left(1-c^2\right)^2\right];$$

c^2 étant plus grand que c'^2 et chacune de ces quantités étant moindre que l'unité, cette dernière quantité est positive, et par conséquent l'intensité de la lumière réfléchie est plus grande pour la composante polarisée parallèlement au plan d'incidence que pour la composante polarisée perpendiculairement à ce plan.

Pour la lumière transmise, ce sera l'inverse : ce sera la composante polarisée perpendiculairement au plan d'incidence qui aura la plus grande intensité, et par suite la lumière transmise sera polarisée partiellement et perpendiculairement au plan d'incidence.

Ce dernier résultat semble en contradiction avec une expérience d'Arago. Il recevait la lumière réfléchie ou transmise par la lame mince sur un prisme biréfringent dont la section principale était parallèle au plan d'incidence. Il obtenait ainsi deux systèmes d'anneaux, l'un dû aux rayons ordinaires, et l'autre aux rayons extraordinaires. Or il remarqua que, lorsque l'angle d'incidence était celui de la polarisation complète, les anneaux disparaissaient dans l'image extraordinaire, et on avait à la place absence de lumière pour le rayon réfléchi, lumière blanche plus intense pour le rayon transmis. Cela tient uniquement à ce fait que nous avons signalé plus haut (351), que si, la lumière étant polarisée perpendiculairement au plan d'incidence, l'angle d'incidence devient égal à celui de la polarisation complète, c'^2 est nul, et par conséquent l'intensité du rayon transmis ou réfléchi devient indépendante de l'épaisseur et de la couleur, nulle pour le rayon réfléchi, et égale à l'unité pour le rayon transmis.

354. Explication des expériences de Young sur les anneaux à centre blanc et à centre noir. — L'amplitude des différents rayons réfléchis dont la superposition constitue le rayon réfléchi total décroît rapidement; donc le signe de la somme des amplitudes de tous les rayons réfléchis, sauf le premier, est le même que le signe de l'amplitude du second rayon réfléchi. Or les amplitudes du premier et du second rayon réfléchi sont $-c$ et $c(1-c^2)$. Si le milieu intermédiaire est placé entre deux milieux semblables, comme nous l'avons supposé jusqu'ici, ces deux amplitudes sont toujours de signe contraire, et, par conséquent, il y aura toujours changement de signe dans la vitesse d'un des deux premiers rayons réfléchis, mais d'un rayon seulement, à la première ou à la seconde surface.

Supposons d'abord le milieu intermédiaire moins réfringent que les deux autres; si alors la lumière incidente est polarisée dans le plan d'incidence, c a pour valeur $-\dfrac{\sin(i-r)}{\sin(i+r)}$ et est positif; le changement de signe a donc lieu à la seconde surface; si la lumière est polarisée perpendiculairement au plan d'incidence. c a pour valeur $\dfrac{\tang(i-r)}{\tang(i+r)}$ et le changement de signe a lieu à la première ou à la seconde surface, suivant que $i+r$ est plus petit ou plus grand que 90 degrés, c'est-à-dire suivant que l'angle d'incidence est plus petit ou plus grand que l'angle de polarisation complète.

Si le milieu intermédiaire est plus réfringent que les deux autres et si la lumière incidente est polarisée dans le plan d'incidence, c est négatif, et le changement de signe a lieu à la première surface : si, dans le même cas, la lumière est polarisée perpendiculairement au plan d'incidence, le changement de signe aura lieu à la première ou à la seconde surface, suivant que l'angle d'incidence est plus grand ou plus petit que l'angle de polarisation complète.

En somme, lorsque le milieu intermédiaire est compris entre deux milieux semblables, il y a toujours changement de signe pour un seul des deux premiers rayons réfléchis. D'où il résulte que, dans ce cas, les anneaux réfléchis sont toujours à centre noir et les anneaux transmis à centre blanc.

Il n'en est plus de même quand les deux milieux entre lesquels se trouve la lame sont différents. Supposons d'abord que l'indice du milieu qui forme la lame soit intermédiaire entre les indices des deux milieux qui la comprennent. Les deux réflexions se font alors dans les mêmes conditions, et les deux premiers rayons doivent, ou ne pas changer de signe, ou changer de signe tous deux, l'un à la première et l'autre à la seconde surface. Dans l'un comme dans l'autre cas, la réflexion n'introduit pas de changement de phase et, par conséquent, les anneaux réfléchis doivent être à centre blanc, et les anneaux transmis à centre noir ; c'est ce qu'a vérifié Young (38).

Enfin considérons le cas où les deux milieux qui comprennent la lame mince sont tous deux plus réfringents ou tous deux moins réfringents que le milieu de la lame, tout en ayant des indices très-différents.

Supposons, pour fixer les idées, que les deux milieux aient des indices supérieurs à celui de la lame mince, et que la lumière incidente soit polarisée perpendiculairement au plan d'incidence. Le rayon réfléchi à la première surface a alors pour amplitude $+\dfrac{\tang(r-i)}{\tang(r+i)}$, l'amplitude du rayon incident étant prise pour unité. De même le rayon réfléchi à la seconde surface a pour amplitude $\frac{\tan(i-r')}{\tan(i+r')}$, l'amplitude du rayon qui tombe sur la seconde surface étant prise pour unité. On a, dans la supposition que nous avons faite, $i > r$ et $i > r'$; si, de plus, on suppose $r > r'$, c'est-à-dire le second milieu plus réfringent que le premier, le changement de signe aura lieu à la première surface et non à la seconde tant qu'on aura $i+r < 90°$, c'est-à-dire tant que l'angle d'incidence est inférieur à l'angle de polarisation complète pour le premier milieu : dans ce cas, les anneaux réfléchis sont à centre noir. Si l'on a $i+r > 90°$ et $i+r' < 90°$, c'est-à-dire si l'angle d'incidence a une valeur intermédiaire entre celles des deux angles de polarisation complète relatifs aux deux milieux, il n'y a de changement de signe ni à la première ni à la seconde surface, et alors les anneaux réfléchis sont à centre blanc. Enfin, si l'on a $i+r' > 90°$, c'est-à-dire si l'angle d'incidence surpasse l'angle de polarisation complète relatif au second milieu, le changement de signe a lieu seulement à la seconde surface, et les anneaux réfléchis sont de nouveau à centre noir.

Au lieu de faire tomber sur la lame de la lumière polarisée perpendiculairement au plan d'incidence, on peut y faire tomber de la lumière naturelle, et recevoir ensuite les rayons réfléchis sur un prisme biréfringent dont la section est parallèle au plan d'incidence : l'image extraordinaire donnée par le prisme ne se composera alors que de lumière polarisée perpendiculairement au plan d'incidence, et présentera, suivant la valeur de l'angle d'incidence, les différentes apparences que nous venons d'indiquer.

Ces apparences sont assez difficiles à vérifier, parce qu'il faut employer deux substances bien transparentes dont les indices soient très-différents. Airy les a vérifiées le premier en se servant de sulfure de zinc et de verre.

E. — POLARISATION PAR DIFFRACTION.

355. Rapports entre les phénomènes de la polarisation par diffraction et la direction des vibrations de la lumière polarisée. — C'est à M. Stokes qu'on doit les premières recherches

sur les modifications que la diffraction peut imprimer à la lumière
polarisée[1]. Il avait spécialement pour but de déterminer quelle est,
sur un rayon polarisé rectilignement, la véritable direction des
vibrations, si ces vibrations sont parallèles ou perpendiculaires au
plan de polarisation. Les phénomènes de l'interférence des rayons
polarisés laissaient, comme on sait, le choix entre ces deux hypothèses, sans rien décider en faveur de l'une d'elles. Fresnel, d'après
la théorie mécanique de la double réfraction qu'il donna, fut conduit à regarder les vibrations de la lumière polarisée comme perpendiculaires au plan de polarisation; mais cette théorie reposait,
comme nous l'avons vu (118), sur un grand nombre d'hypothèses,
dont plusieurs sont peu exactes. Les travaux de Poisson et de Cauchy
sur la théorie de la double réfraction montrèrent qu'en faisant sur
des coefficients constants des hypothèses également admissibles on
arrive à trouver les vibrations, soit parallèles, soit perpendiculaires
au plan de polarisation. Enfin Fresnel a donné de la réflexion et
de la réfraction de la lumière une théorie qui s'accorde avec l'expérience, et pour l'établissement de laquelle il s'appuie, d'une part,
sur ce que les vibrations sont perpendiculaires au plan de polarisation, et, d'autre part, sur trois principes (311), dont deux sont
évidents, savoir : la continuité du mouvement de l'éther et la conservation de la force vive. Mais le troisième de ces principes n'était, à
cette époque, qu'une hypothèse consistant à admettre que l'élasticité
de l'éther est constante dans tous les corps et que la densité de
l'éther dans un corps est d'autant plus grande que ce corps est plus
réfringent et proportionnelle au carré de l'indice de réfraction du
corps par rapport au vide. Ce qui n'était qu'une hypothèse a été
vérifié depuis par les expériences de M. Fizeau, qui consistent à
observer le déplacement que subissent les franges d'interférence
lorsqu'un des faisceaux qui produisent ces franges a à traverser un
milieu pondérable animé d'un mouvement dans la direction du
rayon. Dans ces expériences, il a reconnu que la vitesse de l'éther
dans le milieu en mouvement est bien celle qu'on peut déduire du

---

[1] *Cambr. Trans.*, IX, 1. — *Ann. de chim. et de phys.*, (3), LV, 491. — *Inst.*, XX,
59. — *Phil. Mag.*, (4), XIII, 159; (4), XVIII, 426.

principe de Fresnel[1]. Donc, en s'appuyant, dans la théorie de la réflexion et de la réfraction, sur des principes tous certains et sur cette hypothèse que les vibrations sont perpendiculaires au plan de polarisation, on arrive à des conclusions conformes à l'expérience. Si, au contraire, on admet que les vibrations sont parallèles au plan de polarisation, on arrive à des résultats diamétralement opposés à ceux que donne l'expérience.

Mais, en 1850, époque à laquelle M. Stokes fit ses observations, le principe sur lequel s'appuie Fresnel n'avait pas encore été vérifié par M. Fizeau, de sorte que sa théorie contenait encore quelque chose d'hypothétique.

Supposons qu'on produise les phénomènes de diffraction non plus avec de la lumière naturelle, mais avec de la lumière polarisée rectilignement. Prenons sur la surface de l'onde un élément très-petit : cet élément peut être considéré comme envoyant des rayons dans toutes les directions. Sur les rayons normaux à la surface de l'onde les vibrations sont parallèles aux vibrations primitives, mais, sur les rayons obliques, les vibrations ne peuvent rester parallèles aux vibrations primitives, car elles doivent être perpendiculaires au rayon, et ce rayon est oblique par rapport aux vibrations primitives. Le plan de polarisation des rayons diffractés doit donc avoir tourné d'un certain angle par rapport au plan de polarisation de la lumière incidente. On peut calculer cet angle en supposant successivement les vibrations parallèles ou perpendiculaires au plan de polarisation, et voir quels sont les résultats qui s'accordent le mieux avec l'expérience.

356. Théorème de M. Stokes sur la direction des vibrations de la lumière diffractée. — M. Stokes a traité mathématiquement cette question en considérant l'éther comme un milieu solide, en tant du moins que la résultante des pressions sur un élément n'est pas toujours normale sur cet élément, comme cela a.

[1] Pour ces expériences de M. Fizeau, et en général pour tout ce qui est relatif au mouvement communiqué à l'éther par le mouvement des corps pondérables et à l'influence du mouvement de la terre sur les phénomènes optiques, voir dans le présent ouvrage, t. IV (*Conférences de physique*), les Leçons sur la vitesse de la lumière.

lieu dans les fluides; de plus, il a supposé que les vibrations transversales, c'est-à-dire perpendiculaires à la direction du rayon, se transmettent seules, et que les vibrations longitudinales, c'est-à-dire parallèles à la direction du rayon, ne sont pas transmises. Il a trouvé ainsi que l'angle de la direction des vibrations sur le rayon diffracté avec la direction des vibrations sur le rayon incident est toujours le plus petit possible, ou, en d'autres termes, que si, par un point du rayon diffracté, on mène une parallèle à la direction des vibrations sur le rayon incident, la direction des vibrations sur le rayon réfracté est dans le plan passant par la droite ainsi menée et par le rayon diffracté : de plus, cette direction est perpendiculaire au rayon diffracté; elle est donc complétement déterminée.

Soient (fig. 67) ON la direction du rayon incident, OM la direction des vibrations sur ce rayon, OP la direction du rayon diffracté, OQ la direction des vibrations sur ce rayon, β et α les angles que OQ et OM font avec la perpendiculaire OZ au plan de diffraction, θ l'angle du rayon diffracté avec le rayon incident. D'après ce que nous venons de voir, OQ est compris dans le plan POM. Considérons l'angle trièdre formé par les trois droites OM, OQ, OZ; ce trièdre est rectangle suivant OQ, car OQ et OZ sont perpendiculaires à OP : donc OP est perpendiculaire au plan QOZ, et, par suite, le plan POM, ou, ce qui revient au même, le plan QOM est perpendiculaire au plan QOZ. On a donc, d'après une formule connue,

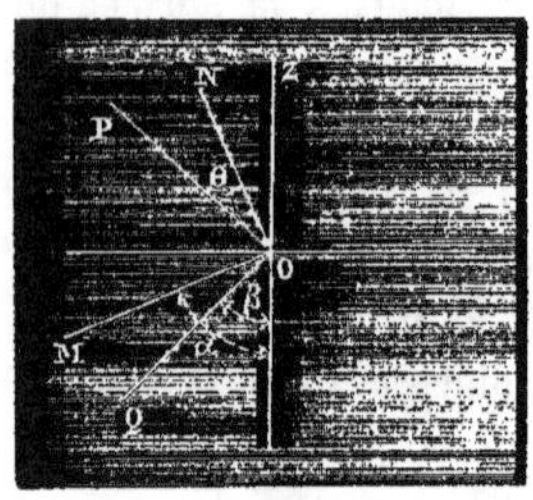

Fig. 67.

$$\tan g\,\beta = \tan g\,\alpha \cos \theta.$$

357. Démonstration élémentaire du théorème de M. Stokes par M. Holtzmann. — M. Holtzmann [1] a trouvé cette même formule d'une manière plus simple. Supposons d'abord que les vibrations soient perpendiculaires au plan de diffraction; d'après ce que nous avons dit plus haut, les vibrations sur le rayon diffracté

[1] *Pogg. Ann.*, XCIX, 446. — *Ann. de chim. et de phys.*, (3), LV, 531.

seront parallèles aux vibrations sur le rayon incident. Supposons maintenant les vibrations du rayon incident parallèles au plan de diffraction. Soient (fig. 68) OM l'amplitude de cette vibration, OP le rayon incident, OQ le rayon diffracté. θ l'angle de ces deux rayons. On peut décomposer la vibration OM en deux autres vibrations, l'une perpendiculaire au rayon diffracté et l'autre parallèle à ce rayon; la première se transmettra seule dans le rayon diffracté, et elle est égale à OM cos θ.

Prenons maintenant le cas général. Supposons que, dans le rayon incident, les vibrations fassent avec la perpendiculaire au plan de

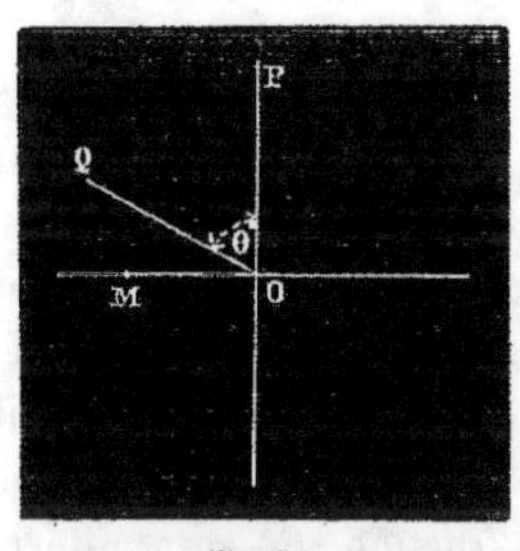

Fig 68.

diffraction un angle égal à α. On peut alors décomposer la vibration incidente en deux autres vibrations, l'une perpendiculaire au plan de diffraction et égale à OM cos α, qui donne dans le rayon diffracté une vibration perpendiculaire au plan de diffraction, égale à OM cos α: l'autre, OM sin α, dans le plan de diffraction, qui donne dans le rayon diffracté une vibration dans le plan de diffraction égale à OM sin α cos θ. Si l'on appelle β l'angle que fait la direction des vibrations sur le rayon diffracté avec une perpendiculaire au plan de diffraction, on aura

$$\operatorname{tang} \beta = \frac{\text{OM} \sin \alpha \cos \theta}{\text{OM} \cos \alpha} = \operatorname{tang} \alpha \cos \theta,$$

formule identique à celle qui a été trouvée par M. Stokes.

Cette formule montre que β est moindre que α. c'est-à-dire que par la diffraction les vibrations se rapprochent de la perpendiculaire au plan de diffraction. Donc si, comme le suppose Fresnel, le plan de polarisation est perpendiculaire aux vibrations, par la diffraction le plan de polarisation doit s'éloigner de la perpendiculaire au plan de diffraction, c'est-à-dire se rapprocher du plan de diffraction.

Si, au contraire, le plan de polarisation est parallèle aux vibrations, il doit, par la diffraction, se rapprocher de la perpendiculaire au plan de diffraction. c'est-à-dire s'éloigner du plan de diffraction.

Pour que la rotation du plan de polarisation soit sensible, il faut que θ ait une valeur considérable: il faut donc observer les rayons diffractés sous de grands angles, et, pour cela, produire la diffraction au moyen d'ouvertures très-petites et très-nombreuses. M. Stokes se servait d'un réseau construit en traçant avec un diamant, sur une lame de verre, des traits si rapprochés qu'il y en avait 50 par millimètre.

358. Difficultés des expériences. — Il faut remarquer que la diffraction n'est pas la seule cause qui tende à changer le plan de polarisation des rayons incidents. Il faut tenir compte aussi du changement de milieu et de la réfraction qui tend à rapprocher le plan de polarisation de la perpendiculaire au plan de réfraction, ou, ce qui revient au même, au plan de diffraction. La réfraction tend donc à éloigner le plan de polarisation du plan de diffraction, comme le ferait la diffraction dans l'hypothèse contraire à celle de Fresnel. Si on trouve que le plan de polarisation s'éloigne du plan de diffraction, on n'aura rien à en conclure; mais s'il arrive que le plan de polarisation se rapproche du plan de diffraction, on sera autorisé à en tirer une conclusion favorable à l'hypothèse de Fresnel.

Supposons d'abord le réseau à la seconde surface, c'est-à-dire supposons que le rayon traverse la lame de verre avant d'arriver au réseau. Si le rayon est normal à la lame de verre, il la traverse sans que son plan de polarisation change, et, à la seconde surface, il subit une diffraction et une réfraction. On peut faire deux hypothèses :

Ou bien la réfraction a lieu avant la diffraction, et alors, comme le rayon est normal, la déviation du plan de polarisation n'est due qu'à la diffraction, et on a par conséquent

$$\tan \beta = \tan \alpha \cos \theta,$$

β et α étant les angles des vibrations avec une perpendiculaire au plan de diffraction, ou, dans l'hypothèse de Fresnel, les angles des plans de polarisation du rayon diffracté et du rayon incident avec le plan de diffraction.

Si, au contraire, la diffraction a lieu avant la réfraction, on a un rayon qui se réfracte sous l'incidence θ. Le plan de polarisation de ce rayon fait avec le plan de diffraction un angle qui est donné par la relation

$$(1). \qquad \tan \beta' = \tan \alpha \cos \theta.$$

Or on sait que, lorsqu'un rayon se réfracte sous l'incidence θ, si l'on appelle θ' l'angle de réfraction correspondant à l'angle d'incidence θ, β' l'angle du plan de polarisation du rayon incident avec le plan de réfraction, β l'angle du plan de polarisation du rayon réfracté avec ce même plan, on a (320)

$$\tan \beta = \frac{\tan \beta'}{\cos(\theta' - \theta)},$$

d'où, d'après l'équation (1), β conservant la même signification,

$$(2) \qquad \tan \beta = \frac{\tan \alpha \cos \theta}{\cos(\theta' - \theta)}.$$

Considérons maintenant le cas où le réseau est à la première surface. On peut, comme dans le cas précédent, faire deux hypothèses :

Si l'on suppose que la réfraction a lieu avant la diffraction, le rayon qui tombe normalement sur le réseau y pénétrera sans que son plan de polarisation change de direction, puis il se diffractera, et, si on désigne par β' l'angle du plan de polarisation avec le plan de diffraction, on aura

$$\tan \beta' = \tan \alpha \cos \theta.$$

A la seconde surface, le rayon se réfractera sous l'incidence normale et, si l'on désigne par β l'angle du plan de polarisation du rayon émergent avec le plan de diffraction, on aura

$$(3) \qquad \tan \beta = \frac{\tan \alpha \cos \theta}{\cos(\theta' - \theta)},$$

formule identique à la formule (2) du cas précédent.

Enfin, si nous supposons que la diffraction ait lieu avant la réfraction, nous aurons, en appelant β'' l'angle du plan de polarisation du rayon diffracté avec le plan de diffraction, β' l'angle du plan de polarisation du rayon après la première réfraction à la première surface avec le plan de diffraction, β l'angle du plan de polarisation du rayon émergent avec le plan de diffraction,

$$\tan g\,\beta'' = \tan g\,\alpha \cos\theta, \qquad \tan g\,\beta' = \frac{\tan g\,\beta''}{\cos(\theta - \theta')},$$

$$\tan g\,\beta = \frac{\tan g\,\beta'}{\cos(\theta - \theta')},$$

d'où

$$(4) \qquad\qquad \tan g\,\beta = \frac{\tan g\,\alpha \cos\theta}{\cos^2(\theta - \theta')}.$$

Les formules (1), (2), (3), (4) supposent le plan de vibration perpendiculaire au plan de polarisation, car elles ont été établies en partant de la théorie de Fresnel.

359. Expériences de M. Stokes. — Les expériences de M. Stokes ont été faites, comme nous l'avons dit, avec un réseau très-fin. Le rayon incident était polarisé par un prisme de Nicol, et le rayon émergent analysé par un second Nicol. Les angles de diffraction étaient très-considérables, et ils variaient entre 50 et 65 degrés. On observait les spectres de première classe dans lesquels les couleurs ne sont pas nettement séparées.

M. Stokes trouva que la lumière diffractée n'était pas complétement polarisée, c'est-à-dire qu'il n'y avait pas de position de l'analyseur dans laquelle une image disparût complétement. Mais chaque image passe par un minimum, et alors elle est colorée. La coloration change dans le voisinage de ce minimum: cela conduit à penser que, par l'effet de la diffraction, les plans de polarisation des rayons des différentes couleurs tournent d'angles inégaux. Les expériences de M. Stokes n'ont pas donné des résultats très-réguliers, mais, prises dans leur ensemble, elles paraissent favorables à l'hypothèse de Fresnel.

Voici comment M. Stokes a effectué cette vérification. Il a remarqué d'abord que les formules (1), (2), (3), (4) sont de la forme $\tan g\,\beta = m \tan g\,\alpha$, m étant une fonction de θ. Il a pris pour abscisses les valeurs de θ, et pour ordonnées les valeurs de $\tan g\,\beta$ données par les expériences, et il a pu ainsi représenter les observations par des points. Il a ensuite construit trois courbes correspondant aux trois valeurs de m données par les formules (1), (2), (3), (4), qui, en admettant l'hypothèse de Fresnel, sont

$$m = \cos\theta, \qquad m = \frac{\cos\theta}{\cos(\theta'-\theta)}, \qquad m = \frac{\cos\theta}{\cos^2(\theta'-\theta)}.$$

Il a vu ainsi que la première courbe donnée par la formule $m = \cos\theta$ ne passe au voisinage d'aucun des points donnés par les expériences. La seconde courbe, donnée par la formule $m = \dfrac{\cos\theta}{\cos(\theta'-\theta)}$, passe près des points donnés par des expériences où le réseau était à la seconde surface. Enfin la troisième courbe, donnée par la formule $m = \dfrac{\cos\theta}{\cos^2(\theta'-\theta)}$, passe près des points donnés par des expériences où les réseaux étaient à la première surface.

Si, au contraire, on adopte l'hypothèse opposée à celle de Fresnel, c'est-à-dire si on admet que les vibrations soient parallèles au plan de polarisation, on a, pour les quatre cas que nous avons considérés, les formules

$$\tang\beta = \frac{\tang\alpha}{\cos\theta}, \qquad \tang\beta = \frac{\tang\alpha\cos(\theta'-\theta)}{\cos\theta},$$

$$\tang\beta = \frac{\tang\alpha\cos^2(\theta'-\theta)}{\cos\theta},$$

α et β étant toujours les angles des plans de polarisation du rayon incident et du rayon diffracté avec le plan de diffraction. Si on trace les courbes qui correspondent à ces formules, on trouve qu'elles passent loin des points donnés par l'expérience.

Les expériences de M. Stokes paraissent donc favorables à l'hypothèse de la perpendicularité des vibrations au plan de polarisation. Elles semblent, de plus, démontrer que la diffraction a lieu avant la réfraction. Néanmoins les résultats de M. Stokes sont peu réguliers, et il est probable que, dans ses expériences, les phénomènes étaient compliqués par des circonstances accessoires, comme par exemple la réflexion de la lumière sur les traits qui forment le réseau.

360. Expériences de M. Holtzmann. — Les expériences de M. Holtzmann ont été faites en recouvrant une lame de verre de noir de fumée et en enlevant cet enduit par bandes très-minces. Il a obtenu des résultats plus réguliers que M. Stokes, mais il a été conduit à une conclusion diamétralement opposée. Il a eu recours à des mesures de rotation du plan de polarisation et à des mesures d'intensité.

Supposons la lumière incidente polarisée à 45 degrés du plan de diffraction, et recevons la lumière émergente sur un analyseur dont la section principale est parallèle au plan de diffraction. Si l'hypothèse de Fresnel est exacte, le plan de polarisation doit, par la diffraction, se rapprocher du plan de diffraction, et, par suite, l'image ordinaire doit dépasser en intensité l'image extraordinaire. Dans l'hypothèse contraire à celle de Fresnel, le plan de polarisation s'éloigne du plan de diffraction, et, par conséquent, c'est l'image extraordinaire qui est la plus intense. L'expérience montre que c'est l'image extraordinaire qui a la plus grande intensité. Elle paraît donc favorable à l'hypothèse où l'on suppose les vibrations parallèles au plan de polarisation.

M. Holtzmann a effectué aussi des mesures de la rotation du plan de polarisation. Il n'a pas, comme M. Stokes, obtenu d'images colorées et, par suite, il a pu déterminer avec beaucoup de précision la position du plan de polarisation du rayon diffracté. Si l'on suppose le réseau à la seconde surface, en admettant l'hypothèse contraire à celle de Fresnel, en supposant de plus que la diffraction a lieu avant la réfraction, on a

$$\operatorname{tang}\beta = \frac{\operatorname{tang}\alpha \cos(\theta'-\theta)}{\cos\theta},$$

α et β étant les angles des plans de polarisation du rayon incident et du rayon diffracté avec le plan de diffraction. C'est par cette formule qu'ont été calculés les nombres inscrits dans la cinquième colonne du tableau suivant, tandis que les nombres contenus dans la dernière colonne ont été calculés, en admettant l'hypothèse de Fresnel, par la formule

$$\operatorname{tang}\beta = \frac{\operatorname{tang}\alpha \cos\theta}{\cos(\theta'-\theta)}.$$

NUMÉROS DES EXPÉRIENCES.	θ	α	β VALEURS observées par M. Holtzmann.	β VALEURS CALCULÉES par la formule $\tang\beta = \dfrac{\tang\alpha\cos(\theta'-\theta)}{\cos\theta}$	β VALEURS calculées par la formule de M. Eisenlohr.	β VALEURS calculées d'après l'hypothèse de Fresnel.
1	10°36′	45°36′	44°27′	45° 3′	44°34′	46° 2′
2	30°17′	44° 5′	40°32′	42° 4′	40°32′	45°42′
3	20°35′	45°36′	40°52′	43°39′	41°57′	47°16′
4	31°51′	45°	38° 6′	40° 2′	37°29′	48°53′
5	32°15′	45°36′	38° 4′	40°14′	38° 9′	50°26′

On voit que ces expériences paraissent contraires à l'hypothèse de Fresnel; mais il faut examiner si le principe de ces expériences est absolument incontestable, et nous allons faire voir qu'il n'en est pas ainsi. En effet, pour trouver les formules qui nous ont servi à comparer les résultats de l'expérience avec ceux qui sont donnés par l'une ou l'autre des hypothèses sur la direction des vibrations, nous avons admis que les vibrations longitudinales de l'éther sont de nul effet. Or, en admettant cette nullité d'action des vibrations longitudinales, il est impossible d'expliquer les phénomènes que présente la réflexion à la surface des métaux et aussi à la surface des corps transparents dans le voisinage de l'angle de polarisation complète. Cauchy admet que les vibrations longitudinales se transmettent en effet, mais s'affaiblissent très-rapidement.

361. Recherches de M. Eisenlohr. — M. Fr. Eisenlohr a appliqué l'hypothèse de Cauchy aux phénomènes dont nous nous occupons [1]. Il est arrivé à la formule suivante, en représentant par α et β les angles des plans de polarisation du rayon incident et du rayon diffracté *avec la normale au plan de diffraction*, par k^2 une constante proportionnelle au rapport des coefficients d'absorption des vibrations longitudinales dans les deux milieux, c'est-à-dire dans le verre et dans l'air, divisé par la longueur d'ondulation, et en admet-

[1] *Pogg. Ann.*, CIV, 337. — *Ann. de chim. et de phys.*, (3), LV, 504.

tant l'hypothèse de Fresnel,

$$\tang \beta = \frac{1 + k^2 \sin^2 \dfrac{\theta}{2}}{\cos(\theta - \theta')} \tang \alpha.$$

On peut comparer cette formule avec l'expérience. À cet effet, on déduit la valeur de k^2 de l'une des expériences. Dans le tableau précédent cette valeur a été calculée à l'aide de la seconde expérience. Puis on calcule à l'aide de cette valeur de k^2 la valeur de β dans les autres expériences. On voit dans le tableau que l'accord entre les nombres trouvés par la formule de M. Eisenlohr et ceux que donne l'expérience est satisfaisant. Le phénomène est donc en réalité plus complexe que nous ne l'avions supposé, et il est surtout remarquable en ce qu'il met en évidence mieux que tout autre l'existence des vibrations longitudinales.

Si la diffraction était produite dans un seul milieu, on pourrait calculer le coefficient d'absorption des vibrations longitudinales dans ce milieu. Ici on ne peut calculer qu'une moyenne entre les coefficients d'absorption dans l'air et dans le verre. On trouve ainsi qu'en traversant une épaisseur de $\frac{1}{10}$ de millimètre l'amplitude des vibrations longitudinales est réduite dans le rapport de 10^{315} à 1.

F. — Influence du mouvement de la terre sur la rotation du plan
de polarisation.

362. Déviation du plan de polarisation sous l'influence du mouvement de la terre. — Nous avons vu que, si l'on fait traverser à un rayon lumineux polarisé une série de lames à faces parallèles, en désignant par α et β les angles des plans de polarisation du rayon incident et du rayon transmis avec le plan d'incidence, et par p le nombre des lames, on a (**341**)

$$\tang \beta = \tang \alpha \frac{1}{\cos^{2p}(i - r)}.$$

L'angle β, qui dépend de i et de r, dépend par suite de l'indice de réfraction, de sorte que tout ce qui fait varier l'indice doit aussi changer la rotation du plan de polarisation.

Supposons qu'on fasse arriver sur une lame à faces parallèles un rayon parallèle à la direction du mouvement de la terre, la vitesse de la lumière sera altérée, et par suite aussi l'indice de réfraction, qui est égal au rapport des vitesses de la lumière dans les deux milieux. Il semble au premier abord qu'il faille ajouter la vitesse de la terre aux vitesses de la lumière dans les deux milieux ou l'en retrancher. Mais, en réalité, les choses se passent comme si on ajoutait à la vitesse de la lumière dans l'air la vitesse de la terre, et à la vitesse de la lumière dans la lame le produit de la vitesse de la terre par la puissance réfractive de la lame [1].

On est porté à croire, d'après cela, que l'on doit trouver une différence dans la direction du rayon réfracté, suivant que le rayon parallèle à la vitesse de la terre se propage dans le même sens que cette vitesse ou en sens opposé. Cependant il n'en est rien, car, à cause du phénomène de l'aberration, la direction que nous attribuons à un rayon lumineux n'est pas sa direction réelle, mais bien cette direction légèrement modifiée par le mouvement de la terre. Or, cette nouvelle altération de la direction du rayon réfracté compense la première, et la direction du rayon réfracté est la même que si la terre était immobile [2]. Mais il n'y a aucune compensation semblable pour la déviation du plan de polarisation, de sorte que, suivant le sens dans lequel marche le rayon parallèle au mouvement de la terre, il doit y avoir une différence entre les déviations du plan de polarisation.

363. Expériences de M. Fizeau. — M. Fizeau a vérifié par l'expérience cette conclusion de la théorie [3]. Il faisait arriver sur un polariseur et ensuite sur une pile de glaces un rayon parallèle au mouvement de la terre; ce rayon était reçu sur un analyseur. Il retournait l'appareil de façon à recevoir sur l'analyseur un rayon parallèle au premier, mais de sens contraire, et reconnaissait que la position du plan de polarisation avait changé.

---

[1] Voir, dans le tome IV du présent ouvrage (*Conférences de physique*), les Leçons sur la vitesse de la lumière.

[2] Voir *ibid.*

[3] C. R., XLIX, 717. — *Ann. de chim. et de phys.*, (3), LVIII, 129.

Cette expérience présente des difficultés, car l'indice de réfraction est altéré d'une quantité qui provient de l'addition, au numérateur et au dénominateur du rapport qui représente cet indice. de quantités moindres que $\frac{1}{10000}$ de la valeur de chacun de ces termes. Il faut donc. pour rendre le phénomène visible, employer des piles de glaces, mais alors la direction du plan de polarisation du rayon transmis tend à devenir perpendiculaire au plan d'incidence, et l'appareil devient de moins en moins sensible lorsqu'on augmente le nombre des glaces.

Pour lever cette difficulté, M. Fizeau disposait plusieurs piles de glaces à la suite les unes des autres', de façon que le plan d'incidence sur chaque pile fût successivement à 90 degrés du plan d'incidence sur la pile précédente: on obtient ainsi une rotation du plan de polarisation de plusieurs circonférences sur laquelle l'influence du mouvement de la terre est assez sensible. Par suite de cette disposition, il y a nécessairement une dispersion considérable de la lumière: aussi les piles de glaces étaient-elles achromatisées.

En constatant la différence entre les déviations du plan de polarisation du rayon réfracté suivant le sens dans lequel se propage le rayon, M. Fizeau a donné une nouvelle preuve physique du mouvement de translation de la terre; mais il est évident que le phénomène dépend du mouvement absolu de la terre. de son mouvement par rapport à l'éther. et non de son mouvement par rapport au soleil. Le mouvement réel de la terre nous est inconnu: il n'y a donc pas à chercher dans les expériences de M. Fizeau des vérifications numériques de la théorie.

L'importance de ces expériences, c'est de prouver, comme celles dont nous avons parlé plus haut, que les corps pondérables en se déplaçant n'entraînent avec eux qu'une partie de l'éther qu'ils contiennent, d'où l'on conclut nécessairement que la densité de l'éther n'est pas la même dans tous les corps, et ce dernier principe se relie intimement, par les lois de la réflexion et de la réfraction. à celui de la perpendicularité des vibrations au plan de polarisation.

G. — Comparaison de la théorie de Fresnel avec les théories de Neumann
et de Mac Cullagh.

364. Hypothèses de Neumann et de Mac Cullagh sur la constitution de l'éther. — Il semble que les vérifications qui précèdent soient une justification complète de la théorie de Fresnel. Cependant on n'a vérifié en réalité que des formules, et si des principes autres que ceux de Fresnel peuvent conduire aux mêmes formules, il y aura au moins incertitude sur l'exactitude de la théorie.

C'est là précisément ce qui est arrivé. Neumann[1] et Mac Cullagh[2] ont presque simultanément obtenu des formules identiques à celles de Fresnel, en partant de principes différents. Ce qui les a engagés à s'écarter de la théorie de Fresnel, c'est surtout la singularité de ce principe, qu'il y a identité entre les composantes du mouvement vibratoire parallèles à la surface de séparation, mais non entre les composantes perpendiculaires à cette surface. Ils ont préféré admettre l'identité du mouvement sans aucune restriction, ce qui conduit à trois équations incompatibles. Parmi les autres principes posés par Fresnel, il en est encore un auquel ils crurent pouvoir toucher : c'est celui qui admet que dans les différents milieux la densité de l'éther est différente et son élasticité constante. Neumann et Mac Cullagh partirent d'une hypothèse sur la constitution de l'éther opposée à celle de Fresnel: ils admirent que la densité de l'éther était constante dans tous les milieux et son élasticité variable.

En partant de ces bases, ils ont trouvé que les trois équations incompatibles dans le cas où la lumière est polarisée perpendiculairement au plan d'incidence se réduisent à deux : ce sont celles qu'a trouvées Fresnel pour le cas où la lumière est polarisée dans le plan d'incidence: et réciproquement les formules qu'ils obtinrent pour le cas de la lumière polarisée dans le plan d'incidence furent identiques à celles qu'avait trouvées Fresnel pour le cas de la lumière polarisée perpendiculairement à ce plan. Pour rétablir l'accord entre les résultats de l'expérience et ceux de leur théorie, ils furent donc obligés d'admettre, contrairement à l'hypothèse de Fresnel,

[1] *Abhandl. Berl. Akad.*, 1835, part. I, p. 1.
[2] *Phil. Mag.*, (3), VII, 295; X, 42. — *Ir. Trans.*, XXI, 17.

que les vibrations sont parallèles au plan de polarisation. On retrouve alors pour chaque cas des formules identiques à celles de Fresnel.

Ainsi, lorsque la lumière est polarisée dans le plan d'incidence, le principe de la continuité du mouvement de part et d'autre de la surface donne les deux équations

$$(1 - v) \cos i = u \cos r,$$
$$(1 + v) \sin i = u \sin r,$$

et le principe des forces vives fournit l'équation

$$(1 - v^2) \lambda \cos i = u^2 \lambda' \cos r,$$

d'où, en remarquant que $\dfrac{\lambda}{\lambda'} = \dfrac{\sin i}{\sin r}$.

$$(1 - v^2) \sin i \cos i = u^2 \sin r \cos r.$$

Cette troisième équation est compatible avec les deux autres, car, en la divisant par l'une des deux premières, on retrouve l'autre.

365. Comparaison entre la théorie de Fresnel et celle de Mac Cullagh et de Neumann. — On voit que, tant qu'on ne considère que les phénomènes de la réflexion et de la réfraction, il est impossible de se prononcer d'une manière décisive entre la théorie de Fresnel et celle de ses adversaires. Il est vrai que, lorsqu'on essaye d'établir la théorie de la double réfraction sur la propagation du mouvement vibratoire dans les milieux cristallisés, on est conduit à supprimer certains termes dans les équations différentielles de façon à les simplifier, et que cette suppression entraîne comme conséquence que les vibrations sont parallèles au plan de polarisation. Mais on peut obtenir le même résultat en établissant entre les coefficients certaines relations qui supposent les vibrations perpendiculaires au plan de polarisation. Il n'y a donc là aucun argument décisif en faveur de l'une ou l'autre des deux théories.

Remarquons que dans la théorie de Neumann et Mac Cullagh on n'arrive à des formules conformes à l'expérience qu'en admettant simultanément le parallélisme des vibrations au plan de polarisation et la constance de la densité de l'éther dans les différents milieux.

tandis que, dans la théorie de Fresnel, on admet simultanément la perpendicularité des vibrations au plan de polarisation et la variation de la densité de l'éther d'un milieu à l'autre. Il y a donc corrélation entre ces hypothèses prises deux à deux, et, si on peut démontrer expérimentalement que la densité de l'éther est variable d'un milieu à l'autre, on aura par là même prouvé que les vibrations sont perpendiculaires au plan de polarisation. Or, en admettant avec Neumann et Mac Cullagh la constance de la densité de l'éther dans les différents milieux, on rencontre des difficultés insurmontables pour expliquer l'aberration, et en général l'influence du mouvement des milieux pondérables sur les phénomènes optiques. Il faut admettre, en effet, si la densité de l'éther est constante, que l'éther reste en repos pendant le mouvement des milieux que traverse la lumière, ou qu'il se meut en entier avec ces milieux; or, l'une et l'autre de ces hypothèses sont en désaccord avec les expériences de M. Fizeau.

Toutes ces difficultés disparaissent si l'on admet que l'éther est inégalement dense dans les différents milieux, et que l'excès de la quantité d'éther qui existe dans un corps sur la quantité d'éther qui remplirait un espace vide de même volume se meut seul avec le corps. Nous sommes ainsi obligés de revenir à la théorie de Fresnel, et de continuer à admettre, comme nous l'avons fait jusqu'ici, que les vibrations de la lumière polarisée se font perpendiculairement au plan de polarisation.

IV.

RÉFLEXION DE LA LUMIÈRE A LA SURFACE DES CORPS CRISTALLISÉS
BIRÉFRINGENTS.

Nous ne nous sommes occupés jusqu'à présent, dans l'étude des lois de la réflexion et de la réfraction, que du cas où le milieu sur lequel se réfléchit la lumière est isotrope, c'est-à-dire où ce milieu est amorphe ou cristallisé dans le système cubique. Les phénomènes de la réflexion et de la réfraction pour un corps isotrope ne dépendent que de l'angle d'incidence et de la position du plan de polarisation des rayons incidents par rapport au plan d'incidence. Nous allons maintenant traiter le cas où l'un des milieux n'est plus isotrope, mais bien biréfringent et par conséquent cristallisé dans un système autre que le système cubique. Les phénomènes de la réflexion et de la réfraction à la surface du corps biréfringent dépendent alors de quatre éléments : l'angle d'incidence, la position du plan de polarisation des rayons incidents par rapport au plan d'incidence, la position du plan d'incidence par rapport à la face réfléchissante, et enfin la position de cette face réfléchissante par rapport aux axes du cristal.

366. Premières expériences de Brewster. — C'est en 1819 que Brewster[1] publia les premières lois expérimentales de la réflexion de la lumière sur la surface des corps cristallisés. Il opéra sur le spath et sur le bichromate de plomb : ce sont là deux cristaux très-fortement biréfringents, et les substances de cette nature sont rares. Des cristaux comme le quartz, le sulfate de chaux, qui sont peu biréfringents, ne donneraient que des effets peu marqués. De plus, les deux corps cristallisés qu'employait Brewster sont l'un et l'autre à un axe et répulsifs : on évite ainsi la complication qui a lieu pour les cristaux à deux axes, et les résultats sont plus comparables, les cristaux étant de même espèce.

Brewster est arrivé aux lois expérimentales suivantes.

[1] *Phil. Trans.*, 1819, p. 145.

1° L'angle de polarisation complète dépend de la position du plan d'incidence et de la face cristalline sur laquelle la réflexion s'effectue. Sur une même face, Brewster, en faisant varier la position du plan d'incidence, a reconnu que l'on a, en désignant par φ l'angle de polarisation complète, par ω l'angle du plan d'incidence avec la section principale du cristal, par α et β deux constantes,

$$\varphi = \alpha + (\beta - \alpha)\,\sin^2 \omega,$$

β étant plus grand que α.

Pour $\omega = 0$, on a $\varphi = \alpha$, et pour $\omega = \dfrac{\pi}{2}$, on a $\varphi = \beta$. Donc l'angle de polarisation complète est maximum ou minimum suivant que le plan d'incidence est perpendiculaire ou parallèle à la section principale. On peut présumer que le contraire a lieu pour les cristaux attractifs.

2° Tandis que dans les milieux isotropes la lumière réfléchie sous l'angle de polarisation complète est entièrement polarisée dans le plan d'incidence, pour les milieux cristallisés cette coïncidence n'a lieu que si le plan d'incidence est parallèle ou perpendiculaire à la section principale. Dans ce cas, en effet, tout est symétrique dans le cristal par rapport au plan d'incidence, et il n'y a aucune raison pour que le plan de polarisation de la lumière réfléchie soit plutôt d'un côté que de l'autre de ce plan. Mais, pour toute autre position du plan d'incidence, le plan de polarisation de la lumière réfléchie fait un certain angle avec le plan d'incidence : cet angle est généralement très-petit et ne dépasse pas 2 ou 3 degrés.

Pour rendre le procédé plus sensible, Brewster employait un artifice qui consistait à plonger la surface réfléchissante dans un liquide; la déviation du plan de polarisation de la lumière réfléchie augmente alors d'autant plus que l'indice du liquide se rapproche plus de celui du cristal. Avec l'essence de cannelle, dont l'indice est presque égal à l'indice ordinaire du spath, la déviation du plan de polarisation est presque de 90 degrés.

367. Expériences d'Auguste Seebeck. — En 1831, Auguste Seebeck [1] reprit le travail de Brewster. Il n'a pas examiné la

---

[1] *Pogg. Ann.*, XXI, 290; XXII, 126.

totalité des phénomènes: il s'est borné à déterminer l'angle de polarisation complète sur un grand nombre de faces cristallines et pour beaucoup de positions différentes du plan d'incidence.

L'appareil dont il se servit était celui qui a été décrit plus haut (328); seulement il était disposé de telle sorte qu'on pût faire tourner la face réfléchissante autour d'un axe perpendiculaire à cette face, de façon à avoir un grand nombre de positions différentes du plan d'incidence.

Il y a encore une autre cause de complication dans le mécanisme de l'appareil, c'est que, le plan de polarisation du rayon réfléchi changeant de direction, on est obligé de faire tourner un peu le Nicol pour l'amener à la position où il y a extinction de l'image extraordinaire. Malgré ces difficultés, Seebeck est arrivé à de bons résultats, et la concordance des observations avec les formules théoriques doit les faire regarder comme propres à représenter les phénomènes.

Il y avait encore dans ces expériences une difficulté d'un autre ordre. Nous avons vu que pour les corps isotropes il est nécessaire, en vue de l'exactitude des résultats, d'opérer sur des surfaces récemment polies. Seebeck crut donc devoir employer des faces cristallines récemment clivées ou récemment polies. Or, dans le spath dont se servait Seebeck, tous les phénomènes de la réfraction ont lieu d'une manière symétrique tout autour de l'axe du cristal; il doit donc en être de même pour la réflexion. Cependant des faces clivées et des faces polies, également inclinées sur l'axe, ne donnèrent pas le même angle de polarisation. Cette divergence se remarquait surtout sur les faces polies avec du colcothar; la déviation du plan de polarisation y était moindre que sur les faces naturelles. Seebeck pensa qu'il pouvait rester dans le colcothar un peu du sulfate de fer qui sert à le préparer et que sa réaction sur le carbonate de chaux du spath donnait du sulfate de chaux, de sorte que les propriétés du cristal devaient se rapprocher de celles du sulfate de chaux, moins biréfringent que le carbonate de chaux.

La substitution de l'oxyde d'étain au colcothar ne donna pas de meilleurs résultats : il se formait du stannate de chaux. Il fallut se servir d'une substance qui fût sans action chimique sur le spath, et en même temps très-fine; c'est pourquoi Seebeck employa pour polir les faces cristallines de la craie pulvérulente. Alors les résultats devinrent identiques pour les faces naturelles et pour les faces artificielles également placées par rapport à l'axe du cristal.

Seebeck exécuta six séries d'expériences sur le spath :

1° Sur des faces artificielles parallèles à l'axe et aux faces naturelles du prisme hexagonal;

2° Sur des faces artificielles inclinées sur l'axe de 27 degrés et parallèles aux faces du premier rhomboèdre aigu;

3° Sur des faces naturelles inclinées sur l'axe de 45°23'5" (faces du rhomboèdre fondamental);

4° Sur des faces artificielles de même inclinaison, mais de situation différente;

5° Sur des faces artificielles inclinées de 64 degrés sur l'axe et parallèles à celles du premier rhomboèdre obtus;

6° Sur des faces perpendiculaires à l'axe.

Il n'est pas possible d'opérer sur des faces naturelles parallèles à celles du premier rhomboèdre aigu et du premier rhomboèdre obtus, parce que ces faces ne s'obtiennent pas par le clivage.

Voici les principaux résultats expérimentaux obtenus par Seebeck.

1° Sur une même face la formule de Brewster,

$$\varphi = \alpha + (\beta - \alpha) \sin^2 \omega,$$

ne représente pas les phénomènes avec une approximation suffisante. Il est probable que la vraie loi s'exprime par une formule de la forme

$$f(\varphi) = f(\alpha) + [f(\beta) - f(\alpha)] \sin^2 \omega;$$

α et β sont les angles de polarisation complète dans la section principale du cristal et dans la section perpendiculaire, et varient eux-mêmes avec la position de la face réfléchissante par rapport à l'axe du cristal. Quant à la fonction f, c'est probablement une fonction trigonométrique simple et qui s'écarte peu de la proportionnalité à la variable entre certaines limites.

2° C'est pour déterminer α et β que Seebeck fit une série d'expériences dans la section principale sur des faces inclinées d'un angle variable θ sur une face perpendiculaire à l'axe, et il constata qu'en désignant par a et c les angles de polarisation complète pour une face parallèle à l'axe et pour une face perpendiculaire à l'axe, la formule, lorsque le plan d'incidence est la section principale, est

$$\alpha = a \sin^2 \theta + c \cos^2 \theta ,$$

dans laquelle les quantités a et c sont des constantes qui ne dépendent que du cristal, puisque ce sont les angles de polarisation complète, lorsque, le plan d'incidence coïncidant avec la section principale, la face réfléchissante est parallèle ou perpendiculaire à l'axe. De même, b et c étant les angles de polarisation complète, lorsque le plan d'incidence est perpendiculaire à la section principale, sur une face réfléchissante parallèle à l'axe et sur une face perpendiculaire à l'axe, on a

$$\beta = b \sin^2 \theta + c \cos^2 \theta.$$

La quantité c a ici la même valeur que dans l'expression de α, toute section étant principale pour une face perpendiculaire à l'axe.

Ces formules ne représentent les phénomènes qu'avec une approximation égale à celle des formules de Brewster. Il est donc probable que les vraies formules sont

$$f_1(\alpha) = f_1(a) \sin^2 \theta + f_1(c) \cos^2 \theta ,$$
$$f_1(\beta) = f_1(b) \sin^2 \theta + f_1(c) \cos^2 \theta ,$$

la fonction f_1 étant probablement de la même espèce que la fonction f.

On a employé une méthode expérimentale pour découvrir la forme des fonctions f et f_1. Ces fonctions doivent être exactement proportionnelles aux variables pour certaines valeurs de ces variables et approximativement proportionnelles pour les autres valeurs. Les fonctions doivent croître avec leurs variables et s'annuler avec elles; a, b, c sont des constantes qui ne peuvent dépendre que des indices de réfraction du cristal, et même b a probablement avec ces indices une relation assez simple. La quantité b, en effet, n'est autre que l'angle de polarisation complète pour une face parallèle à l'axe, quand le plan d'incidence est perpendiculaire à l'axe. Dans ce plan, les deux rayons réfractés se comportent comme des rayons ordinaires ayant des indices différents (141); il y a donc de l'analogie avec ce qui se passe pour les corps isotropes. Or, sur les milieux isotropes, lorsqu'un rayon polarisé perpendiculairement au plan d'incidence rencontre la surface sous l'angle de la polarisation complète, il ne se réfléchit pas, et la tangente de l'angle de polarisation complète est égale à l'indice de réfraction du second milieu par rapport au premier. Ici c'est le rayon polarisé perpendiculairement au plan d'incidence qui donne le rayon ordinaire, puisqu'il est polarisé dans la section principale; son indice est donc l'indice ordinaire du cristal n. Tout étant symétrique par rapport au plan d'incidence et à celui de la section principale, et les molécules du cristal étant placées symétriquement par rapport au rayon incident, ce rayon se comportera probablement comme un rayon tombant sur un milieu isotrope, et on peut admettre que l'on a

$$\tang b = n.$$

Quant aux deux autres angles a et c, ils ne se déterminent plus aussi simplement, car il n'y a plus de symétrie par rapport au plan de polarisation du rayon polarisé perpendiculairement à la section principale; aussi le rayon extraordinaire ne suit-il plus la loi de Descartes, comme dans le cas précédent. On a donc cherché empiriquement les expressions de a et de c. On a trouvé ainsi les deux formules

$$\tang a = n\sqrt{\frac{m^2-1}{n^2-1}}, \qquad \tang c = m\sqrt{\frac{n^2-1}{m^2-1}},$$

où n représente l'indice ordinaire du cristal et m l'indice extraordinaire.

Ces trois formules paraissent s'accorder assez bien avec l'expérience. On arrive en effet aux résultats suivants :

	VALEURS CALCULÉES par les formules.	VALEURS OBSERVÉES.
b	58°49′	58°56′
a	54° 3′,4	54° 3′,6
c	60°47′,1	60°33′,4

Seebeck a encore observé un certain nombre de phénomènes évidents par eux-mêmes, mais non ramenés à des lois par les expériences précédentes.

1° Sur une face perpendiculaire à l'axe tout se passe comme sur un corps isotrope. Tous les plans d'incidence étant alors identiques, la rotation du plan de polarisation du rayon incident ne dépend pas de la position du plan d'incidence.

2° Si le rayon incident est polarisé parallèlement ou perpendiculairement au plan d'incidence, le plan de polarisation de la lumière réfléchie ne coïncide plus avec celui de la lumière incidente, à moins que le plan d'incidence ne soit une section principale ou que, la face réfléchissante étant parallèle à l'axe, le plan d'incidence ne soit perpendiculaire à la section principale. En effet, sauf les deux exceptions signalées, les vibrations sont symétriques par rapport au plan d'incidence, mais non par rapport aux axes du cristal.

3° La rotation du plan de polarisation de la lumière incidente dépend de la position de la face réfléchissante par rapport aux axes du cristal, et aussi de la position du plan d'incidence.

4° Dans une section principale, les phénomènes sont symétriques de part et d'autre de la normale à la surface réfléchissante. Cela résulte des expériences et ne pouvait être prévu, car ici il n'y a plus nécessairement symétrie par rapport à l'axe du cristal.

368. Tentatives de Seebeck pour établir la théorie de la réflexion sur les corps cristallisés. — Seebeck, pour établir les lois de la réflexion sur les corps cristallisés biréfringents, a cherché à les déduire par extension des principes posés par Fresnel, au moyen de raisonnements analogues à ceux que l'on fait pour les corps isotropes, à cela près que dans les cristaux biréfringents l'indice de réfraction n'est pas constant. Cette analogie ne peut se justifier rigoureusement, mais elle lui a donné des formules s'accordant d'une manière suffisante avec les résultats des expériences.

Seebeck s'est borné au cas où le plan d'incidence coïncide avec la section principale du cristal. Il admet le principe de la continuité du mouvement restreint aux composantes parallèles à la surface de séparation des deux milieux, et le principe des forces vives.

Si la lumière incidente est polarisée perpendiculairement au plan d'incidence, c'est-à-dire perpendiculairement à la section principale,

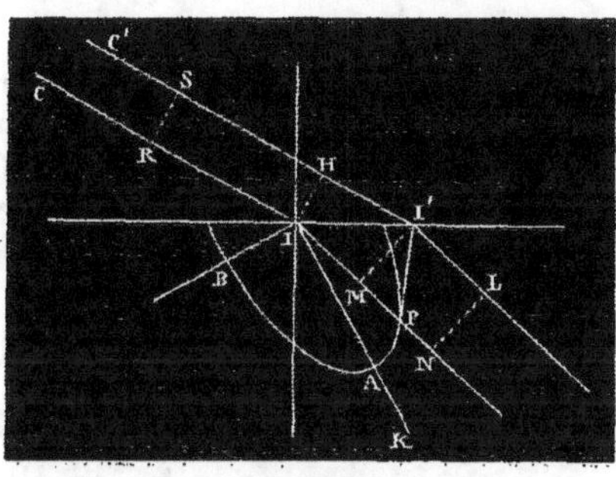

Fig. 69.

il n'y a qu'un rayon réfracté, le rayon extraordinaire. Le principe de continuité, appliqué comme dans le cas des milieux isotropes (313), donne l'équation

$$(1 - v)\cos i = u \cos r.$$

Mais il faut remarquer que pour les cristaux biréfringents cette équation n'est pas rigoureusement exacte, mais seulement approchée, car, les ondes n'étant pas sphériques dans le cristal, les vibrations des rayons réfractés sont obliques sur ces rayons.

Il faut maintenant appliquer aussi au cas actuel le principe des forces vives. Soit (fig. 69) CI un rayon incident; il n'y a dans le cas actuel qu'un rayon réfracté, le rayon extraordinaire, et, pour trouver la direction de ce rayon, nous n'avons qu'à appliquer la construction de Huyghens. Prenons sur l'intersection du plan d'incidence avec la face du cristal et à partir du point I une longueur II' égale à $\dfrac{1}{\sin i}$; menons par le point I une droite IK parallèle à l'axe du cristal et une droite perpendiculaire; sur ces deux droites prenons des longueurs IA et IB telles, que l'on ait IA $= \dfrac{1}{n}$, IB $= \dfrac{1}{m}$, n et m étant les indices ordinaire et extraordinaire du cristal; construisons une ellipse ayant pour demi-axes IA et IB; menons par le point I' une tangente I'P à cette ellipse et joignons le point P au point I; IP sera le rayon extraordinaire.

Soient IHRS et I'MNL les bases des prismes d'éther pris dans les deux milieux et tels que le mouvement du premier prisme se communique au bout d'un certain temps au second. Si nous désignons par V et U ces volumes, par v et u les amplitudes du rayon incident et du rayon réfracté, par Δ la densité de l'éther dans le second milieu.

la densité de l'éther dans le premier milieu étant prise pour unité.
le principe des forces vives donnera l'équation

$$V(1 - v^2) = \Delta U u^2.$$

La densité Δ n'est pas ici en raison inverse du carré de $\dfrac{\sin r}{\sin i}$,
car l'indice est variable et Δ est constant; mais, pour avoir une équation de même forme que dans les milieux homogènes, Seebeck n'en pose pas moins, en négligeant la variation de l'indice,

$$\Delta = \frac{1}{\Omega^2},$$

Ω étant égal à $\dfrac{\sin r}{\sin i}$.

Si l'on a pris $RI = I'H = II' \sin i = 1$, comme la largeur IH du prisme est égale à $II' \cos i = \dfrac{\cos i}{\sin i}$, le volume V sera représenté, en prenant pour unité la hauteur du prisme, par

$$V = \frac{\cos i}{\sin i}.$$

Quant au volume U, il a pour expression

$$I'M.MN.1 = \frac{\cos r}{\sin i}\frac{\sin r}{\sin i} = \frac{\cos r}{\sin i}\,\Omega.$$

Ω n'est pas une constante, mais bien une fonction de l'angle i et de la position de la face du cristal par rapport à l'axe.

L'équation des forces vives prend donc la forme

$$\cos i\,(1 - v^2) = \frac{u^2 \cos r}{\Omega},$$

et l'on a, entre les quantités $v,\ u,\ i,\ r,\ \theta,\ \varphi,\ \alpha,\ \beta,\ a,\ b,\ c,\ \omega.\ n$ et m, les équations suivantes :

$$f(\varphi) = f(\alpha)\cos^2\omega + f(\beta)\sin^2\omega,$$
$$f_1(\alpha) = f_1(a)\sin^2\theta + f_1(c)\cos^2\theta,$$
$$f_1(\beta) = f_1(b)\sin^2\theta + f_1(c)\cos^2\theta,$$
$$(1 - v)\cos i = u\cos r,$$
$$(1 - r^2)\cos i = \frac{u^2\cos r}{\Omega}.$$

Comme la quantité Ω a été supposée égale à $\frac{\sin r}{\sin i}$, les deux dernières équations sont celles qui ont lieu pour les milieux isotropes dans le cas où la lumière est polarisée perpendiculairement au plan d'incidence. On a donc

$$v = \frac{\tang (i - r)}{\tang (i + r)},$$

et, pour $i + r = 90$ degrés, il vient $v = 0$; i est alors l'angle de polarisation complète et égal à l'angle que nous avons désigné par φ. Cet angle φ peut être déterminé en fonction de θ, m, n. A cet effet, il suffit de remarquer que, en désignant par x_0 et y_0 les coordonnées du point P où la tangente menée par le point I' touche l'ellipse, on a

$$x_0 = y_0 \tang r,$$

et puisqu'ici l'angle i est égal à l'angle φ de la polarisation complète et que l'on a par conséquent $\varphi + r = 90$ degrés,

$$y_0 = x_0 \tang \varphi.$$

Or les coordonnées x_0, y_0 peuvent facilement se calculer en fonctions de θ, φ, m et n. En remplaçant dans l'équation précédente x_0 et y_0 par leurs valeurs, on aura entre φ, θ, m et n une relation qui peut se mettre sous la forme

$$\sin^2 \varphi = \frac{n^2 (m^2 - 1)}{m^2 n^2 - 1} \sin^2 \theta + \frac{m^2 (n^2 - 1)}{m^2 n^2 - 1} \cos^2 \theta.$$

On a d'ailleurs, du moins approximativement, d'après ce que nous avons vu plus haut,

$$\tang a = n \sqrt{\frac{m^2 - 1}{n^2 - 1}}, \qquad \tang c = m \sqrt{\frac{n^2 - 1}{m^2 - 1}},$$

d'où

$$\sin^2 a = \frac{n^2 (m^2 - 1)}{m^2 n^2 - 1}, \qquad \sin^2 c = \frac{m^2 (n^2 - 1)}{m^2 n^2 - 1}.$$

Nous pouvons donc écrire

$$\sin^2 \varphi = \sin^2 a \sin^2 \theta + \sin^2 c \cos^2 \theta.$$

En comparant cette équation avec celle qui a été posée précédemment, et qui est

$$f_1(\alpha) = f_1(a)\sin^2\theta + f_1(c)\cos^2\theta,$$

on voit que la fonction f_1 paraît devoir être un sinus au carré.

On doit se demander alors si, dans l'équation

$$f(\varphi) = f(\alpha)\cos^2\omega + f(\beta)\sin^2\omega,$$

la fonction f n'est pas de même forme que f_1, ce qui donnerait

$$\sin^2\varphi = \sin^2\alpha\cos^2\omega + \sin^2\beta\sin^2\omega.$$

En donnant aux fonctions f et f_1 la forme $\sin^2$, on satisfait du reste aux conditions que nous avons indiquées plus haut comme devant être remplies par ces fonctions. De plus, il se trouve que ces fonctions donnent les formules qui sont le mieux d'accord avec les expériences. On peut donc admettre que les formules où les fonctions f et f_1 ont reçu la forme $\sin^2$ ont la valeur de formules empiriques que toute théorie devra expliquer. Cela est vrai, du moins pour les cristaux peu biréfringents, comme le sont presque tous les cristaux connus; mais il est probable que, si les indices m et n différaient notablement l'un de l'autre, les formules cesseraient d'être applicables.

369. Théorie de Neumann. — Après Seebeck, Neumann a fait de son côté un travail qui est une véritable théorie de la réflexion sur les milieux cristallisés [1]. Mais cette théorie est fondée sur l'uniformité de densité de l'éther, sur la continuité absolue du mouvement, et par conséquent aussi sur le parallélisme des vibrations au plan de polarisation. Ces principes, comme nous l'avons vu précédemment (365), sont en contradiction complète avec les expériences de M. Fizeau. Quoi qu'il en soit des bases de la théorie de Neumann, nous allons néanmoins, sans entrer dans les détails des calculs, faire connaître les équations fondamentales auxquelles cette théorie l'a conduit et les vérifications expérimentales qu'il a faites de ces ré-

[1] *Ueber den Einfluss der Krystalflächen bei der Reflexion des Lichtes*, Berlin, 1835. — *Pogg. Ann.*, XL, 497.

sultats. Dans l'hypothèse de Neumann, les vibrations du rayon extraordinaire sont perpendiculaires à la section principale, et, par suite, leur direction est déterminée; quant aux vibrations du rayon ordinaire, elles sont dans le plan de la section principale et perpendiculaires au rayon : leur direction est donc aussi connue.

Comme les vibrations perpendiculaires ou parallèles au plan d'incidence n'y restent pas en général, il n'y aurait aucune simplification à supposer la lumière incidente polarisée parallèlement ou perpendiculairement au plan d'incidence. Nous prendrons donc immédiatement le cas général, et nous désignerons par θ l'angle du plan de polarisation avec le plan d'incidence. Le mouvement vibratoire du rayon incident peut se décomposer en deux, dont l'un est perpendiculaire au plan d'incidence et a pour amplitude $\sin\theta$, et l'autre est dans le plan d'incidence et a pour amplitude $\cos\theta$. Cette dernière composante peut elle-même se décomposer en deux autres : l'une parallèle à la surface réfléchissante et ayant pour amplitude $\cos\theta\cos i$, l'autre perpendiculaire à cette surface et ayant pour amplitude $\cos\theta\sin i$. Désignons par α et α' les angles des vibrations du rayon ordinaire et du rayon extraordinaire avec la normale au plan d'incidence, par β et β' les angles de ces mêmes vibrations avec la trace du plan d'incidence sur la surface réfléchissante, enfin par γ et γ' les angles des vibrations avec la normale à la surface réfléchissante. En appelant v et v' les amplitudes des composantes des vibrations du rayon réfléchi suivant le plan d'incidence et suivant une perpendiculaire à ce plan, u et u' les amplitudes des vibrations du rayon ordinaire et du rayon extraordinaire, le principe de la continuité du mouvement appliqué aux composantes suivant les trois axes, qui sont la normale au plan d'incidence, la trace du plan d'incidence sur la surface réfléchissante et la normale à cette surface, donne les équations suivantes :

$$(1) \qquad \sin\theta + v' = u\cos\alpha + u'\cos\alpha',$$

$$(2) \qquad (\cos\theta - v)\cos i = u\cos\beta + u'\cos\beta',$$

$$(3) \qquad (\cos\theta - v)\sin i = u\cos\gamma + u'\cos\gamma'.$$

Les angles α, β, γ, α', β', γ' contenus dans ces formules peuvent être déterminés en fonctions de certaines quantités, en s'appuyant sur la construction de Huyghens. En désignant par ψ l'angle de l'onde plane ordinaire avec la face réfringente, par ψ' l'angle de l'onde plane extraordinaire avec la face réfringente, par N l'angle de la normale à la face réfringente avec l'axe du cristal, par ω l'angle du plan d'incidence avec la section principale, par χ l'angle de la normale aux ondes ordinaires avec l'axe du cristal, par χ' l'angle de la normale aux ondes extraordinaires avec l'axe du cristal, on trouve

$$(4)\begin{cases} \cos\alpha = \dfrac{\sin N \sin\omega}{\sin\chi}, \quad \cos\alpha' = \dfrac{\cos N \sin\psi - \sin N \cos\psi' \cos\omega}{\sin\chi'}, \\[2ex] \cos\beta = -\dfrac{\cos\psi(\cos N \sin\psi - \sin N \cos\psi \cos\omega)}{\sin\chi}, \quad \cos\beta' = \dfrac{\sin N \cos\psi' \sin\omega}{\sin\chi'}, \\[2ex] \cos\gamma = \dfrac{\sin\psi(\cos N \sin\psi - \sin N \cos\psi \cos\omega)}{\sin\chi}, \quad \cos\gamma' = \dfrac{\sin N \sin\psi' \sin\omega}{\sin\chi'}. \end{cases}$$

En appelant V et V' les volumes des prismes d'éther pour les rayons ordinaires et les rayons extraordinaires dans lesquels se transporte au bout d'un certain temps le mouvement vibratoire d'un prisme d'éther d'un volume égal à l'unité pris dans le milieu incident. le principe des forces vives donne l'équation

$$1 - (v^2 + v'^2) = u^2 V + u'^2 V'.$$

L'expression de V est, d'après ce que nous avons vu plus haut, $\dfrac{\sin r}{\sin i}\dfrac{\cos r}{\sin i}$, i et r étant les angles d'incidence et de réfraction du rayon ordinaire, lesquels sont liés par la relation $\sin i = n \sin r$; on a de même $V' = \dfrac{\sin r'}{\sin i} \cdot \dfrac{\cos r'}{\sin i}$. Mais il s'agit ici du rayon extraordinaire, et il faudra calculer r' en s'appuyant sur la construction de Huyghens. En substituant à V et V' leurs valeurs, l'équation des forces vives devient

$$(5)\begin{cases} 1 - (v^2 + v'^2) = \dfrac{u^2 \sin\psi \cos\psi}{\sin i \cos i} \\[3ex] \qquad + \dfrac{u'^2 \sin\psi' \cos\psi'}{\sin i \cos i}\left[1 - \dfrac{(a^2 - b^2)\cos\chi'\left(\dfrac{\cos N}{\cos\psi'} - \cos\chi'\right)}{a^2 - (a^2 - b^2)\cos^2\chi'}\right], \end{cases}$$

les lettres a et b ayant la signification qu'on leur donne ordinairement dans la théorie de la double réfraction.

Si l'on réunit cette équation (5) aux trois équations (1), (2), (3) dans lesquelles on remplace $\cos\alpha$, $\cos\alpha'$, $\cos\beta$, $\cos\beta'$, $\cos\gamma$, $\cos\gamma'$ par leurs valeurs données par les équations (4), on aura quatre équations qui permettront de déterminer les composantes v et v' de l'amplitude du rayon réfléchi, et les amplitudes u et u' du rayon ordinaire et du rayon extraordinaire en fonctions des angles i, θ et N qui doivent être donnés dans chaque cas particulier, et des angles χ, χ', ψ, ψ' qui se déduisent des angles donnés par la construction de Huyghens.

370. Expériences de Neumann. — Neumann a vérifié par l'expérience les formules auxquelles il était parvenu. L'appareil dont il se servait (fig. 70) se compose d'un cercle horizontal gradué C qui porte un limbe vertical gradué L, mobile autour de son diamètre vertical. Le cercle C est concentrique à un cercle C' au centre duquel on place le cristal A : ce cercle C' peut tourner dans le cercle C, qui est gradué sur tout son contour. Un tube horizontal T, à l'extrémité B duquel on place une lampe, contient une tourmaline et amène ainsi un rayon polarisé rectilignement sur le cristal. Le rayon réflé-

Fig. 70.

chi ou réfracté est reçu dans un second tube T' qui peut tourner autour du centre et qui porte un analyseur N à son extrémité. Avant de se servir de l'appareil, il faut le régler. Il faut d'abord amener le limbe vertical à être parallèle à son axe de rotation. A cet effet, on place en son centre une lame réfléchissante et on reçoit sur une lunette horizontale l'image, réfléchie par cette lame, d'une mire verticale. Si le miroir, et par suite le limbe, est parallèle à l'axe, en faisant tourner le limbe l'image de la mire restera parallèle à elle-même; s'il en est autrement, on établit le parallélisme par une série de tâtonnements. On cherche ensuite pour quelle position la section principale de la lame cristalline placée au centre du limbe est horizontale. Pour cela on laisse à cette lame cristalline une arête naturelle que l'on place horizontalement : pour s'assurer que cette arête est bien horizontale, on se sert d'une mire horizontale comme dans le goniomètre de Wollaston; puis, sans déranger l'horizontalité de cette arête, on place la face du cristal qui doit réfléchir la lumière verticalement et parallèlement au plan du limbe vertical ; enfin on fait tourner la face du cristal autour d'un axe horizontal d'un angle égal à celui de la section principale avec l'arête naturelle, angle déterminé par la nature du cristal, et alors la section principale est horizontale.

Il faut voir aussi quelles sont les divisions auxquelles correspondent les positions verticales des sections principales de la tourmaline et de l'analyseur. Pour cela, on place horizontalement la section principale de la lame cristalline comme nous venons de l'expliquer, et on fait arriver un rayon incident horizontal : puis on dispose l'analyseur de façon à faire disparaître l'une des deux images. Comme le rayon incident est dans la section principale du cristal, la section principale de l'analyseur est alors parallèle ou perpendiculaire à celle du cristal, et, par suite, horizontale ou verticale. Enfin on éteint à l'aide de l'analyseur le rayon qui traverse la tourmaline, en plaçant celle-ci convenablement, et on note la position de la tourmaline à ce moment.

Il faut encore connaître la position pour laquelle la face verticale du cristal est perpendiculaire au rayon incident. Pour cela, on reçoit ce rayon d'abord directement dans une lunette, puis on le reçoit dans la même lunette après réflexion sur la lame cristalline, et la moitié de l'angle dont la lunette a tourné est égale à l'angle que fait le miroir avec la direction du rayon incident. On peut donc amener la lame dans une position où cet angle devient droit.

On voit que, par cette disposition, on pourra faire varier l'angle du plan de polarisation du rayon incident avec le plan d'incidence au moyen de la tourmaline; l'angle d'incidence en faisant tourner le limbe vertical autour de son axe vertical, et l'angle du plan de polarisation de la lumière incidente avec la section principale du cristal, en faisant tourner la face réfléchissante autour d'un axe horizontal.

C'est ainsi que Neumann exécuta sept séries d'expériences :

1° En touchant seulement à la tourmaline il a cherché pour diverses incidences quel était l'azimut du plan de polarisation du rayon incident lorsque l'image extraordinaire disparaissait dans l'analyseur. Il a trouvé ainsi que le plan de polarisation ne coïncide pas dans ce cas avec la section principale, mais fait avec elle un certain angle. La différence entre les angles observés et les angles calculés par les formules varie de $-8'$ à $+4',5$.

2° En cherchant de même quel est l'azimut du plan de polarisation du rayon incident quand l'analyseur éteint l'image ordinaire, on trouve des nombres dont les différences avec ceux qui sont déterminés par le calcul varient entre $-9'$ et $+5'$. Il est à remarquer que ces deux azimuts ne font pas entre eux un angle droit; la différence de l'angle des deux azimuts avec 90 degrés peut s'élever jusqu'à $2°5'$. Mais cette absence de perpendicularité des deux azimuts n'a jamais lieu que dans des conditions où le plan d'incidence fait avec la section principale un angle considérable, et où le rayon s'éloigne de la direction normale. Si le rayon incident tombe normalement sur la face réfringente, ou si le plan d'incidence coïncide avec la section principale, la perpendicularité est rigoureuse. Ainsi cette remarque n'enlève rien à la précision du prisme de Nicol, où le plan d'incidence coïncide avec la section principale, ni à celle du prisme biréfringent sur lequel on doit recevoir le rayon normalement.

3°-4° La troisième et la quatrième série d'expériences sont corrélatives et consistent à mesurer la rotation du plan de polarisation du rayon réfléchi, lorsque le rayon incident est polarisé dans le plan d'incidence ou dans le plan perpendiculaire, en excluant le cas où le plan d'incidence coïncide avec la section principale ou avec un plan perpendiculaire à cette section.

La rotation du plan de polarisation du rayon réfléchi est plus grande lorsque la lumière incidente est polarisée parallèlement au plan d'incidence, et la théorie montre que, dans ce cas, la rotation peut aller jusqu'à $11°45'$; les écarts entre les nombres observés et les nombres calculés varient entre $-5'$ et $+19'$. Lorsque la lumière incidente est polarisée perpendiculairement au plan d'incidence, la rotation du plan de polarisation du rayon réfléchi ne peut dépasser 4°8′, et les différences entre les nombres observés et calculés varient de — 6′ à + 8′.

5°-6° Réciproquement, si l'on veut que le rayon réfléchi soit polarisé dans le plan d'incidence ou dans le plan perpendiculaire, il faut que le rayon incident soit polarisé dans un plan différent de celui où doit être polarisé le rayon réfléchi. La rotation du plan de polarisation va, comme dans le cas précédent, jusqu'à 11°45′ quand le rayon réfléchi est polarisé dans le plan d'incidence, et alors les différences entre les nombres observés et les nombres calculés varient entre — 24′ et + 35′, et jusqu'à 4°8′ seulement si le rayon réfléchi est polarisé perpendiculairement au plan d'incidence, et alors les différences varient de — 5′ à + 8′.

7° Enfin la dernière série d'expériences consistait à déterminer l'azimut du plan de polarisation du rayon incident qui donne un rayon réfléchi polarisé dans un azimut donné. Les différences entre les nombres observés et les nombres calculés variaient alors de — 16′ à + 34′.

371. Expériences de De Senarmont sous l'incidence normale. — Lorsque l'incidence est normale, pour les corps isotropes, le rayon réfléchi reste polarisé dans le même plan que le rayon incident. Pour les cristaux biréfringents, il n'en est plus de même. Sauf le cas où la face réfléchissante est perpendiculaire à l'axe du cristal et où par suite tout plan d'incidence est une section principale, le rayon incident polarisé dans un plan qui n'est ni parallèle, ni perpendiculaire à la section principale, a son plan de polarisation dévié par la réflexion, même sous l'incidence normale. Car le mouvement vibratoire de ce rayon peut se décomposer en deux autres mouvements s'effectuant l'un dans la section principale, l'autre dans un plan perpendiculaire à cette section, et, l'intensité de ces deux composantes étant modifiée d'une manière différente par la réflexion, le plan de polarisation du rayon réfléchi fera un certain angle avec celui du rayon incident.

De Senarmont a constaté cette déviation du plan de polarisation sous l'incidence normale, sans la mesurer. Il se servait à cet effet d'un artifice dû à M. Fizeau, et qui permet de recevoir le rayon réfléchi normalement sans recevoir le rayon incident. On reçoit sur une lame de verre ST (fig. 71) un rayon polarisé AB, puis on fait ré-

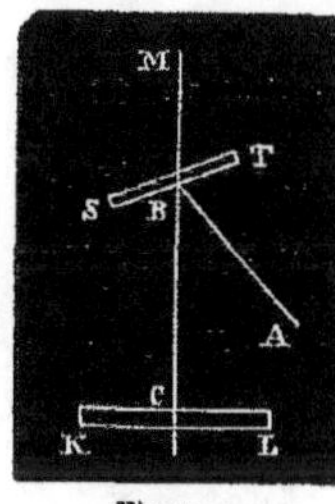

Fig. 71.

fléchir normalement le rayon réfléchi par cette lame ST sur une autre lame de verre KL. Le rayon réfléchi traverse la lame de verre ST et émerge suivant BM. On reçoit ce rayon émergent sur un Nicol et on cherche quelle position il faut donner au prisme pour éteindre le rayon BM. On place alors sur la lame KL une lame cristallisée, et on constate que l'image reparaît dans le Nicol et qu'on peut la faire disparaître de nouveau en tournant le Nicol de quelques degrés. Mais cette rotation du prisme ne mesure pas la rotation du plan de polarisation due à la réflexion, car le rayon BM a été modifié par sa réfraction à travers la lame ST.

V.

RÉFLEXION DE LA LUMIÈRE À LA SURFACE DES MÉTAUX
ET DES CORPS FORTEMENT RÉFRINGENTS.

A. — Lois expérimentales de la réflexion métallique.

Malus avait déjà reconnu que la lumière naturelle, en se réfléchissant sur la surface d'un métal, ne peut se polariser complétement sous aucune incidence. Les lois déduites de la théorie de Fresnel pour les corps isotropes ne sont donc pas applicables aux métaux; elles ne le sont pas non plus aux corps fortement réfringents. Nous allons étudier les phénomènes particuliers produits par ce genre de réflexion qui a lieu à la surface des métaux et des corps fortement réfringents.

372. Premières expériences de Brewster et de Biot. — Brewster, dès 1813, rectifia l'assertion inexacte de Malus, qui croyait que les métaux ne polarisaient pas du tout la lumière naturelle par la réflexion. Il montra qu'il y avait polarisation de la lumière réfléchie en plaçant sur le trajet de cette lumière un polariscope composé d'une lame cristallisée et d'un prisme biréfringent. Il résulte de ses expériences qu'il n'existe aucun angle d'incidence sous lequel la lumière naturelle réfléchie sur les métaux soit entièrement polarisée, que cette lumière réfléchie se comporte comme de la lumière partiellement polarisée dans le plan d'incidence, et qu'il existe un angle d'incidence pour lequel la proportion de lumière polarisée par réflexion atteint une valeur maximum. Si, pour cette incidence, la section principale de l'analyseur est parallèle au plan d'incidence, l'image ordinaire passe par un maximum; si cette section principale fait un angle de 45 degrés avec le plan d'incidence, les deux images sont incolores et d'égale intensité.

Biot vérifia les observations de Brewster et y ajouta la remarque suivante : «Si la polarisation est incomplète par suite d'une seule réflexion sur une surface métallique, elle peut devenir complète par un nombre suffisant de réflexions successives ayant toutes lieu sous le même angle. » Biot, détourné de la véritable voie par des idées préconçues, ne trouva aucun autre fait important.

Jusqu'en 1830 aucun fait nouveau ne vint s'ajouter à ces observations incomplètes, lorsque parut un nouveau travail de Brewster[1]. Il y faisait connaître un grand nombre de particularités intéressantes, ce qui est d'autant plus remarquable que les principes de la théorie lui étaient inconnus, et qu'il n'avait pour se guider dans ses recherches que l'instinct des phénomènes physiques. Ses nouvelles observations eurent pour objet l'action qu'exercent les surfaces métalliques sur la lumière incidente polarisée. Il étudia successivement les cas où la lumière est polarisée dans le plan d'incidence ou dans un plan perpendiculaire au plan d'incidence, ou dans un plan quelconque, et il trouva que, sauf les cas où la lumière incidente est polarisée parallèlement ou perpendiculairement au plan d'incidence, le rayon réfléchi est toujours partiellement dépolarisé, même sous l'angle de polarisation complète, mais que, quand l'incidence est égale à cet angle, la dépolarisation est minimum. Les métaux, en conclut-il, dépolarisent la lumière, excepté dans le cas où la lumière incidente est polarisée parallèlement ou perpendiculairement au plan d'incidence.

À ce travail vinrent s'ajouter, en 1841, celui de De Senarmont, et en 1847 celui de Jamin. Ces travaux furent aidés par certaines vues théoriques dont nous allons parler maintenant et qui, sans donner une explication rigoureuse des faits, montrent cependant dans quelle voie il faut diriger les recherches.

373. Vues théoriques de Neumann. — Neumann[2] admit, d'après les expériences de Brewster, que la lumière polarisée dans le plan d'incidence ou perpendiculairement à ce plan reste polarisée dans le même plan après réflexion sur une surface métallique. Le rayon qui se réfléchit dans l'un et l'autre de ces deux cas ne peut donc être modifié que dans l'amplitude et dans la phase de ses vi-

[1] *Phil. Trans.*, 1830, p. 287.
[2] *Pogg. Ann.*, XXVI, 89.

brations. et non dans leur direction. Un rayon incident polarisé dans un plan quelconque peut toujours se décomposer en deux autres polarisés l'un parallèlement, l'autre perpendiculairement au plan d'incidence, et il suffit de chercher comment chacune de ces composantes est modifiée par la réflexion métallique. Si les amplitudes seules de ces deux composantes étaient modifiées par réflexion, et cela d'une manière inégale pour les deux composantes, l'effet résultant de la réflexion serait simplement une rotation du plan de polarisation, et le rayon réfléchi serait encore polarisé rectilignement, ce qui est contraire à l'expérience. Il faut donc admettre que la réflexion métallique introduit entre les deux composantes du rayon réfléchi, polarisées parallèlement et perpendiculairement au plan d'incidence. une certaine différence de phase: d'où il résulte que, sur le rayon réfléchi, les vibrations seront elliptiques en général et circulaires dans des cas particuliers. Il suffira donc, pour connaître tous les effets de la réflexion métallique, de déterminer quelles sont les modifications d'amplitude et de phase que cette réflexion produit sur chacune des composantes du rayon incident. Si cette manière de voir est exacte, la dépolarisation observée par Brewster n'est autre chose qu'une polarisation elliptique. Nous allons faire connaître plusieurs expériences qui confirment cette opinion.

374. Expériences de De Senarmont et de Mac Cullagh. — De Senarmont[1] a cherché à reconnaître la polarisation elliptique de la lumière réfléchie par les surfaces métalliques au moyen d'une lame de mica d'un quart d'onde dont il dirigeait la section principale dans la direction présumée d'un des axes de l'ellipse qui est celle du plan de l'apparente polarisation partielle. En sortant de cette lame, la lumière doit être polarisée rectilignement (186) et doit pouvoir s'éteindre complétement à l'aide d'un Nicol. Ces expériences ont donné une vérification générale mais incomplète à cause de la dispersion très-sensible que produit la lame de mica; de là l'impossibilité de vérifications numériques. Mac Cullagh a fait des observations bien supérieures en précision en substituant le parallélipipède de

---

[1] *Ann. de chim. et de phys.*, (2), LXXIII, 337.

Fresnel (330) à la lame de mica[1]; car ce parallélipipède agit à peu près de la même manière sur les rayons des différentes couleurs.

Une autre vérification de la nature elliptique de la polarisation de la lumière réfléchie par les métaux se trouve dans le fait suivant, observé par Brewster en 1814 et interprété par De Senarmont : un rayon de lumière polarisé rectilignement et réfléchi deux fois sous le même angle sur deux surfaces métalliques identiques, mais dans deux plans rectangulaires, est polarisé rectilignement après ces deux réflexions.

Soit, en effet, α l'angle du plan de polarisation du rayon incident avec le plan d'incidence, et prenons pour unité l'amplitude du rayon incident. Ce rayon peut être décomposé en deux autres, l'un polarisé dans le plan d'incidence et ayant pour amplitude $\cos \alpha$, et l'autre olarisé dans le plan perpendiculaire, ayant pour amplitude $\sin \alpha$. La réflexion modifie la première composante dans le rapport de m à 1 et la seconde dans le rapport de n à 1; et, si l'on désigne par $2\pi \frac{\varphi}{\lambda}$ et $2\pi \frac{\psi}{\lambda}$ les changements de phase que fait subir la réflexion à ces deux composantes, le mouvement vibratoire sur les deux composantes du rayon réfléchi est représenté par

$$m \cos \alpha \sin 2\pi \left(\frac{t}{T} + \frac{\varphi}{\lambda} \right)$$

et par

$$n \sin \alpha \sin 2\pi \left(\frac{t}{T} + \frac{\psi}{\lambda} \right).$$

En tombant sur la seconde surface réfléchissante, comme ici le plan d'incidence est perpendiculaire au premier, la première composante a son amplitude réduite dans le rapport de n à 1, et la seconde composante dans le rapport de m à 1. De même le changement de phase est $2\pi \frac{\psi}{\lambda}$ pour la première composante et $2\pi \frac{\varphi}{\lambda}$ pour la seconde. Le mouvement vibratoire sur les deux composantes du

[1] *Proceed. of the Ir. Acad.*, I, 2, 159 ; II, 375. — *Ir. Trans.*, XXVIII, part. I. — *Inst.*, V, 223, 396.

rayon deux fois réfléchi est donc représenté par

$$nm \cos \alpha \sin 2\pi \left(\frac{t}{T} + \frac{\varphi + \psi}{\lambda} \right)$$

et par

$$nm \sin \alpha \sin 2\pi \left(\frac{t}{T} + \frac{\varphi + \psi}{\lambda} \right).$$

La phase étant la même pour les deux composantes, le rayon réfléchi deux fois est polarisé rectilignement, et de plus, comme le rapport des amplitudes des deux composantes est $\tang \alpha$, on voit que l'angle du plan de polarisation du rayon deux fois réfléchi avec le plan de la seconde réflexion est $90° - \alpha$, et par conséquent qu'il est polarisé dans le plan primitif.

Nous allons maintenant indiquer les principales méthodes qui peuvent servir à mesurer les changements d'amplitude ou d'intensité et les changements de phase produits par la réflexion métallique.

B. — MESURE DES CHANGEMENTS D'AMPLITUDE OU D'INTENSITÉ.

375. Expériences de Bouguer et de Potter. — Nous dirons d'abord quelques mots d'expériences déjà anciennes faites sur la réflexion de la lumière naturelle à la surface des métaux. Bouguer donne comme résultat de ses observations ce fait, que les métaux réfléchissent la lumière en proportion beaucoup plus grande que les corps transparents, et que leur pouvoir réflecteur varie peu avec l'incidence, ce qu'il est facile de vérifier en faisant réfléchir successivement la lumière sur une lame de verre et sur une glace étamée.

Des observations plus précises furent faites en 1831 par Potter[1]. Il employa pour mesurer l'intensité de la lumière réfléchie le procédé ordinaire fondé sur la loi des carrés des distances. Il éclairait deux parties différentes d'un écran par de la lumière directe et par de la lumière réfléchie, et faisait varier la distance du corps lumineux de façon à obtenir des éclairements égaux; le rapport inverse des carrés des distances de la source lumineuse et de son image à l'écran donnait alors le rapport des intensités. L'angle d'incidence

[1] *Edinb. Journ. of science*, (2), III, 278; IV, 53. — *Phil. Mag.*, (3), I, 56; IV, 6.

n'est pas très-bien déterminé dans ces expériences, mais on peut prendre l'angle moyen, c'est-à-dire celui que forme l'axe du cône lumineux qui tombe sur la surface réfléchissante avec la normale à cette surface. Potter étudia la réflexion sur le métal des miroirs, le cuivre poli, l'argent et l'acier. Il trouva que le pouvoir réflecteur des métaux diminue depuis l'incidence normale jusqu'à une incidence de 60 degrés environ, et qu'à partir de cette incidence il y a augmentation du pouvoir réflecteur jusqu'à l'incidence rasante, où il devient égal à l'unité. Il y a donc pour les métaux une incidence où le pouvoir réflecteur passe par un minimum.

376. Remarques de Mac Cullagh sur l'existence d'un minimum du pouvoir réflecteur pour les corps transparents très-réfringents. — Mac Cullagh fit remarquer l'analogie des résultats obtenus pour les métaux avec ceux que donne la théorie de Fresnel pour les corps transparents très-réfringents [1]. Cherchons d'abord si, dans le cas des corps transparents, on peut trouver pour l'indice de réfraction une valeur assez grande pour qu'il y ait un minimum du pouvoir réflecteur.

L'intensité d'un rayon provenant de la lumière naturelle réfléchie sur un corps transparent a pour expression, en prenant pour unité l'intensité du rayon incident (316),

$$\frac{1}{2}\left[\frac{\sin^2(i-r)}{\sin^2(i+r)} + \frac{\tan^2(i-r)}{\tan^2(i+r)}\right].$$

Cherchons la valeur de i qui annule la dérivée de cette expression, r étant considéré comme une fonction de i. Nous aurons, pour déterminer la valeur de i qui correspond à un maximum ou à un minimum, l'équation

$$\frac{\sin(i-r)}{\sin^3(i+r)}\left[\cos(i-r)\sin(i+r)\left(1-\frac{dr}{di}\right) - \cos(i+r)\sin(i-r)\left(1+\frac{dr}{di}\right)\right]$$
$$+ \frac{\tan(i-r)}{\tan^3(i+r)}\left[\frac{\tan(i+r)}{\cos^2(i-r)}\left(1-\frac{dr}{di}\right) - \frac{\tan(i-r)}{\cos^2(i+r)}\left(1+\frac{dr}{di}\right)\right] = 0.$$

[1] *Ir. Trans.*, XXVIII, part. I.

On a d'ailleurs

$$\sin i = n \sin r,$$

d'où

$$\frac{dr}{di} = \frac{\cos i}{n \cos r}.$$

En substituant cette valeur de $\dfrac{dr}{di}$ dans l'équation précédente et en simplifiant, il vient

$$\cos(i-r)\sin(i+r)(n\cos r - \cos i) - \cos(i+r)\sin(i-r)(n\cos r + \cos i)$$

$$+ \frac{\cos^3(i+r)}{\cos(i-r)}\left[\frac{\sin(i+r)}{\cos(i+r)\cos^2(i-r)}(n\cos r - \cos i)\right.$$

$$\left. - \frac{\sin(i-r)}{\cos(i-r)\cos^2(i+r)}(n\cos r + \cos i)\right] = 0,$$

d'où

$$n\cos r \sin 2r - \cos i \sin 2i$$

$$+ \frac{\cos(i+r)}{\cos^3(i-r)}\left(n\cos r \sin 2r \cos 2i - \cos i \sin 2i \cos 2r\right) = 0,$$

ou plus simplement, en remplaçant $\sin 2i$ et $\sin 2r$ par leurs valeurs, et remarquant que $\sin i = n \sin r$,

$$\sin i \left[\cos^2 r - \cos^2 i + \frac{\cos(i+r)}{\cos^3(i-r)}(\cos^2 r \cos 2i - \cos^2 i \cos 2r)\right] = 0.$$

En remplaçant $\cos^2 i$ et $\cos^2 r$ par leurs valeurs en fonction des sinus, $\cos 2i$ et $\cos 2r$ par leurs valeurs en fonction des arcs simples. il vient définitivement

$$\sin i \left(\sin^2 i - \sin^2 r\right)\left[1 - \frac{\cos(i+r)}{\cos^3(i-r)}\right] = 0.$$

Les deux premiers facteurs ne s'annulent que pour $i = 0$, d'où l'on conclut que l'incidence normale correspond à un maximum ou à un minimum.

Pour qu'il y ait un minimum pour une certaine valeur de l'incidence, il faut que l'intensité de la lumière réfléchie décroisse quand l'incidence augmente à partir de l'incidence normale; il faut donc que pour des valeurs de i très-petites la dérivée soit négative, et comme les facteurs $\sin i$ et $\sin^2 i - \sin^2 r$ sont toujours positifs, il faut que l'on ait

$$1 - \frac{\cos(i+r)}{\cos^3(i-r)} < 0$$

ou

$$\cos^3(i-r) < \cos(i+r).$$

Or, l'angle i étant très-petit, on a approximativement

$$i = nr, \qquad \cos(i+r) = 1 - \frac{1}{2}(i+r)^2, \qquad \cos^3(i-r) = 1 - \frac{3}{2}(i-r)^2.$$

La condition précédente devient donc

$$(i+r)^2 < 3(i-r)^2,$$

d'où

$$(n+1)^2 < 3(n-1)^2$$

et

$$n^2 - 4n + 1 > 0.$$

Les racines de l'équation

$$n^2 - 4n + 1 = 0$$

étant $2 \pm \sqrt{3}$ et toutes deux positives, le trinôme sera positif si n est plus grand que $2 + \sqrt{3}$ ou plus petit que $2 - \sqrt{3}$. Cette dernière condition doit être rejetée, car n est toujours plus grand que l'unité. Donc un corps transparent présentera sous une certaine incidence un minimum du pouvoir réflecteur si son indice de réfraction est plus grand que $2 + \sqrt{3}$. L'incidence correspondant au minimum est alors donnée par l'équation

$$\cos^3(i-r) = \cos(i+r).$$

377. Expériences de Brewster calculées par Neumann. — Neumann a indiqué [1] une méthode qui consiste à mesurer les intensités des deux composantes du rayon réfléchi polarisées parallèlement et perpendiculairement au plan d'incidence en cherchant l'intensité de la lumière naturelle réfléchie et le rapport des intensités des deux rayons polarisés à angle droit qui composent cette lumière réfléchie.

[1] *Pogg. Ann.*, XXVI, 89.

Brewster a montré que, sous certaines incidences, qui peuvent être fort nombreuses, un rayon polarisé, réfléchi plusieurs fois par des surfaces métalliques identiques et sous le même angle, se trouve après ces réflexions polarisé rectilignement (374), ce qui revient à dire que la différence de phase des deux composantes du rayon réfléchi est alors nulle ou égale à un nombre pair de demi-longueurs d'ondulation.

Soient donc α l'angle du plan de polarisation du rayon incident avec le plan d'incidence, β l'angle du plan de polarisation du rayon réfléchi p fois qui a repris sa polarisation rectiligne, et supposons qu'à chaque réflexion l'amplitude de la composante polarisée parallèlement au plan d'incidence soit réduite dans le rapport de m à 1, et celle de la composante polarisée perpendiculairement à ce plan dans le rapport de n à 1. Après la première réflexion les amplitudes des deux composantes du rayon réfléchi seront $m \cos\alpha$ et $n \sin\alpha$, et, après p réflexions, $m^p \cos\alpha$ et $n^p \sin\alpha$.

On aura donc

$$\operatorname{tang}\beta = \left(\frac{n}{m}\right)^p \operatorname{tang}\alpha.$$

d'où

$$\frac{n}{m} = \sqrt[p]{\frac{\operatorname{tang}\beta}{\operatorname{tang}\alpha}}.$$

Si l'on mesure par les moyens photométriques ordinaires le pouvoir réflecteur R de la surface métallique sous l'incidence qu'avaient les rayons pendant l'expérience que nous venons de décrire, on aura

$$R^2 = n^2 + m^2.$$

Les deux équations ainsi trouvées déterminent les quantités m et n.

Neumann a fait plusieurs déterminations de ce genre.

378. Expériences de M. Jamin. — M. Jamin[1] a employé, pour mesurer les intensités de la lumière réfléchie par les métaux,

---

[1] *C. R.*, XXI, 430; XXII, 477; XXIII, 1103. — *Ann. de chim. et de phys.*, (3). XIX, 296.

un procédé indirect qui n'est pas susceptible d'une grande perfection. Ce procédé consiste à comparer l'intensité de la lumière réfléchie sur un métal à celle de la lumière réfléchie à la surface d'une lame de verre. On détermine l'incidence sous laquelle ces intensités

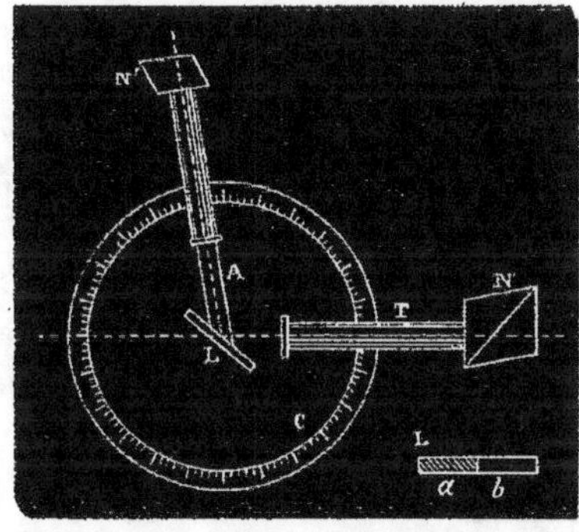

Fig. 72.

sont égales; puis, au moyen des formules de Fresnel, on calcule l'intensité de la lumière réfléchie par le verre et on obtient ainsi l'intensité de la lumière réfléchie par le métal.

L'appareil employé par M. Jamin (fig. 72) se compose d'un cercle gradué horizontal C, au centre duquel est fixée verticalement une lame L représentée à part. Cette lame est moitié en verre, moitié en métal, et la ligne qui sépare ces deux moitiés est verticale. Au moyen d'un tube T noirci intérieurement et muni d'un Nicol on fait tomber sur la lame un rayon polarisé de direction constante. Sur le cercle horizontal se meut une alidade A portant un prisme biréfringent et une petite lunette de Galilée.

Il faut d'abord placer la lame perpendiculairement au plan du cercle gradué, c'est-à-dire verticalement. Pour cela on dispose le premier Nicol, qui est muni d'un cercle gradué, de façon que le plan de polarisation du rayon incident soit horizontal; puis, avant de placer la lame réfléchissante, on amène l'analyseur sur le prolongement du rayon incident et on le fait tourner de manière à éteindre l'une des deux images. C'est alors que l'on place la lame et qu'on reçoit sur l'analyseur (qu'on déplace sur le cercle, mais sans le faire tourner sur lui-même) le rayon réfléchi. Si la lame est verticale, l'image qui était éteinte lors de la première observation doit l'être encore, car, le plan de polarisation et le plan d'incidence étant alors horizontaux, la réflexion ne doit pas modifier la direction du plan de polarisation. On répète ensuite cette vérification en donnant au plan de polarisation du rayon incident une direction verticale. La double lame doit être placée de façon que le faisceau incident tombe sur la ligne de séparation du verre et du métal : on a alors dans l'analyseur deux images, dont chacune est formée de deux moitiés réfléchies l'une par le verre, l'autre par le métal. On reconnaît en général la moitié qui provient du métal à la coloration de l'image réfléchie par le métal. Pour l'argent la coloration est faible; mais si on fait tomber la lumière sous une incidence voisine de l'incidence normale, l'image réfléchie par l'argent l'emportera de beaucoup en éclat sur l'image réfléchie par le verre, et on pourra facilement la reconnaître.

Prenons pour unité l'intensité de la lumière incidente et supposons cette lumière incidente polarisée dans le plan d'incidence. L'intensité de la lumière réfléchie par le verre sera alors

$$\frac{\sin^2(i-r)}{\sin^2(i+r)}$$

et l'intensité de la lumière réfléchie par le métal pourra être représentée par m^2.

Soit maintenant α l'angle de la section principale de l'analyseur avec le plan d'incidence: l'image ordinaire aura pour intensité dans la moitié fournie par le verre

$$\cos^2\alpha\,\frac{\sin^2(i-r)}{\sin^2(i+r)},$$

et dans la moitié fournie par le métal,

$$m^2\cos^2\alpha:$$

l'image extraordinaire aura pour intensité, dans la moitié fournie par le verre.

$$\sin^2\alpha\,\frac{\sin^2(i-r)}{\sin^2(i+r)},$$

et dans la moitié fournie par le métal,

$$m^2\sin^2\alpha.$$

On peut chercher l'incidence pour laquelle les deux moitiés de chaque image ont des intensités égales; pour cette incidence on a

$$m^2=\frac{\sin^2(i-r)}{\sin^2(i+r)}.$$

Mais, comme cette incidence peut ne pas exister, et que d'ailleurs on n'aurait ainsi la valeur de m que sous une seule incidence, il est préférable de choisir l'incidence sous laquelle on veut opérer et de faire tourner l'analyseur jusqu'à ce qu'il y ait égalité entre l'intensité de l'image ordinaire fournie par le verre et celle de l'image extra-ordinaire fournie par le métal. Ces deux intensités variant depuis zéro jusqu'à certaines valeurs maxima et en sens inverse, il y aura toujours une position du prisme dans laquelle cette égalité aura lieu. On a alors

$$m^2 \sin^2 \alpha = \cos^2 \alpha \frac{\sin^2(i-r)}{\sin^2(i+r)},$$

d'où

$$m^2 = \cot^2 \alpha \frac{\sin^2(i-r)}{\sin^2(i+r)}.$$

Comme vérification, on peut chercher l'angle α' que doit faire la section principale de l'analyseur avec le plan d'incidence pour qu'il y ait égalité d'intensité entre l'image ordinaire du métal et l'image extraordinaire du verre. On a alors

$$m^2 = \tang^2 \alpha' \frac{\sin^2(i-r)}{\sin^2(i+r)}.$$

Ainsi les deux angles α et α' devraient être complémentaires. En général on ne trouve pas pour ces angles des valeurs exactement complémentaires, et l'on prend la moyenne des deux valeurs de m^2.

Le même procédé s'applique au cas où la lumière est polarisée perpendiculairement au plan d'incidence. Une cause d'inexactitude se rencontre dans ces expériences : c'est la coloration des images fournies par le métal et la différence d'aspect des deux images qui empêchent d'apprécier exactement le moment où elles ont la même intensité. De plus, les deux images dont on compare les intensités ne sont pas adjacentes.

Pour calculer l'intensité m^2 par le procédé de M. Jamin, il faut connaître l'angle r et par conséquent l'indice de réfraction du verre. Il l'a mesuré par des expériences faites avec son appareil en utilisant la rotation du plan de polarisation. Un rayon polarisé à 45 degrés du plan d'incidence arrivait sur la lame de verre, et on mesurait l'azimut du plan de polarisation du rayon réfléchi.

Les intensités des deux composantes polarisées parallèlement et perpendiculairement au plan d'incidence du rayon réfléchi sont alors

$$\frac{\sin^2(i-r)}{\sin^2(i+r)} \quad \text{et} \quad \frac{\tan^2(i-r)}{\tan^2(i+r)},$$

et par suite on a, en désignant par β l'angle du plan de polarisation du rayon réfléchi avec le plan d'incidence.

$$\tan \beta = \frac{\cos(i+r)}{\cos(i-r)} = \frac{1 - \tan i \tan r}{1 + \tan i \tan r},$$

d'où

$$\tan i \tan r = \frac{1 - \tan \beta}{1 + \tan \beta} = \tan(45° - \beta)$$

et

$$\tan r = \frac{\tan(45° - \beta)}{\tan i}.$$

Cette équation détermine l'angle r et par suite l'indice n sous des incidences variables.

M. Jamin a pris la moyenne des résultats.

Le tableau suivant contient les résultats obtenus par M. Jamin.

ACIER.

ANGLES D'INCIDENCE.	POUVOIR réflecteur TOTAL.	LUMIÈRE POLARISÉE dans LE PLAN D'INCIDENCE.		LUMIÈRE POLARISÉE perpendiculairement AU PLAN D'INCIDENCE.		RAPPORT des INTENSITÉS.
		Amplitudes	Intensités.	Amplitudes.	Intensités.	
20°	0,600	0,780	0,608	0,770	0,593	0,975
30°	0,600	0,790	0,624	0,760	0,577	0,925
40°	0,540	0,780	0,608	0,688	0,473	0,778
50°	0,565	0,828	0,684	0,666	0,444	0,647
60°	0,600	0,897	0,805	0,630	0,397	0,493.
70°	0,567	0,905	0,837	0,545	0,297	0,355
80°	0,595	0,945	0,893	0,547	0,298	0,334
85°	0,710	0,951	0,904	0,719	0,517	0,572

MÉTAL DES MIROIRS.

(Composé de 2 parties de cuivre, 1 de zinc, et d'une faible proportion d'étain.)

ANGLE D'INCIDENCE.	POUVOIR réflecteur TOTAL.	LUMIÈRE POLARISÉE dans LE PLAN D'INCIDENCE.		LUMIÈRE POLARISÉE perpendiculairement AU PLAN D'INCIDENCE.		RAPPORT des INTENSITÉS.
		Amplitudes.	Intensités.	Amplitudes.	Intensités.	
20°	"	0,838	0,736	"	"	"
30°	0,705	0,845	0,724	0,828	0,686	0,947
40°	0,660	0,832	0,692	0,793	0,629	0,909
50°	0,722	0,880	0,774	0,819	0,671	0,867
60°	"	0,894	0,779	"	"	"
70°	0,644	0,869	0,755	0,688	0,473	0,627
80°	0,675	0,959	0,921	0,655	0,429	0,466
86°	0,753	0,968	0,937	0,754	0,569	0,607

Ces nombres prouvent que la précision des expériences n'est pas très-grande, car l'intensité de la lumière réfléchie, au lieu de croître ou de décroître régulièrement, présente de petites oscillations. Ainsi pour l'acier, la lumière étant polarisée dans le plan d'incidence, on a, pour l'intensité de la lumière réfléchie à 20 degrés, 0,608; à 30 degrés, 0,624; à 40 degrés, 0,608. Cependant la marche générale des phénomènes est évidente. Le pouvoir réflecteur total décroît jusqu'à 50 ou 60 degrés, puis croît de nouveau jusqu'à l'incidence rasante : il passe donc par un minimum. Le rapport des intensités des composantes du rayon réfléchi polarisées parallèlement et perpendiculairement au plan d'incidence décroît depuis l'incidence normale et atteint son minimum lorsque l'incidence est d'environ 80 degrés, puis il croît jusqu'à l'incidence rasante.

379. Expériences calorimétriques de Forbes et de MM. de la Provostaye et P. Desains. — Les observations calorimétriques sont susceptibles de plus de précision que les observations photométriques et ont confirmé les résultats généraux de ces dernières.

Forbes[1] a reconnu que le pouvoir réflecteur des métaux pour la chaleur décroît à partir de l'incidence normale et présente un certain minimum pour croître ensuite jusqu'à l'incidence rasante.

MM. de la Provostaye et P. Desains[2] ont trouvé des nombres qui se rapprochent de ceux de M. Jamin. Leurs expériences ne sont pas nombreuses, et voici leurs résultats pour l'acier. Ces résultats indiquent les intensités de la chaleur réfléchie.

| ANGLES d'incidence. | CHALEUR POLARISÉE | | POUVOIR réflecteur total. |
	dans le plan d'incidence.	perpendiculairement au plan d'incidence.	
30°............	0.640	0.566	0.603
50°............	0.694	0.468	0.581
76"..........	0.870	0.271	0.570
80°..........	0.900	0.290	0.595

L'incidence de 76 degrés a été choisie parce qu'elle correspond au maximum de polarisation. La chaleur employée était la chaleur solaire.

M. Jamin avait trouvé, pour le pouvoir réflecteur de l'acier :

Sous l'incidence 30° 0,600
——————— 50° 0.565
——————— 80° 0.595

Il y a donc une concordance assez satisfaisante. Les nombres qui dans le tableau représentent le pouvoir réflecteur total pour la chaleur ont été obtenus en prenant la demi-somme des intensités des composantes du rayon réfléchi polarisées parallèlement et perpendiculairement au plan d'incidence. En mesurant directement le pouvoir réflecteur total de l'acier pour la chaleur sous l'incidence de 30 degrés, MM. de la Provostaye et P. Desains ont trouvé le nombre 0.590.

L'important dans ces expériences est d'opérer sur des faisceaux de même composition calorifique. Or, les rayons de chaleur peuvent se modifier diversement en traversant le Nicol; le baume de Canada surtout peut avoir de l'influence. Aussi, quand on veut se servir de

[1] *Edinb. Trans.*, XIII. — *Phil. Mag.*, (3), VIII, 246.
[2] *C. R.*, XXXI, 512. — *Ann. de chim. et de phys.*, (3), XXX, 276.

chaleur polarisée, il faut prendre un prisme biréfringent assez épais pour séparer les deux faisceaux polarisés, et, quand on veut opérer avec la chaleur naturelle, il faut prendre un faisceau assez large pour qu'après avoir traversé le prisme les deux faisceaux se recouvrent en partie, et c'est alors la partie commune aux deux faisceaux qu'on emploie.

On pourrait aussi, pour recomposer de la chaleur naturelle, faire traverser aux rayons de chaleur naturelle un prisme de Nicol et une lame de spath d'un quart d'onde dont la section serait à 45 degrés de la section principale du Nicol. Mais, pour qu'il y ait identité dans toutes les circonstances des phénomènes, lorsqu'on opère soit avec la chaleur naturelle, soit avec la chaleur polarisée, il faudrait, dans les expériences sur la chaleur polarisée, laisser la lame de spath, mais en rendant sa section principale parallèle à celle du Nicol.

Pour le métal des miroirs, MM. de la Provostaye et P. Desains ont trouvé les nombres suivants :

ANGLES d'incidence.	CHALEUR POLARISÉE		POUVOIR réflecteur total.
	dans le plan d'incidence.	perpendiculairement au plan d'incidence.	
30°............	0,669	0,618	0,643
50°............	0,740	0,579	0,659
72°30'........	0,895	0,415	0,655
80°............	0,938	0,440	0,689

La loi de Potter est moins évidente ici ; cependant on voit qu'à partir de l'incidence normale les variations du pouvoir réflecteur sont très-faibles jusqu'à une certaine valeur de l'incidence assez considérable. Le pouvoir réflecteur total du métal des miroirs, mesuré directement sous l'incidence de 30 degrés, s'est trouvé égal à 0,656.

Quant au rapport des intensités des deux composantes, on tire des expériences de MM. de la Provostaye et P. Desains sur le métal des miroirs les résultats suivants :

Angles d'incidence......	30°	50°	72°,5	80°
Rapport des intensités...	0,921	0,782	0,464	0,469

Ces nombres ne sont guère d'accord avec ceux de M. Jamin ; mais il n'y a pas lieu de s'en étonner, car les alliages employés dans les deux séries d'expériences pouvaient être de composition différente.

Les résultats obtenus par MM. de la Provostaye et P. Desains pour le platine et pour l'argent sont moins exacts. La lame de platine avait été mal polie, et les nombres trouvés pour ce métal ne méritent aucune confiance. Pour l'argent, les variations du pouvoir réflecteur total avec l'incidence sont très-faibles. Lorsque la chaleur incidente est polarisée dans le plan d'incidence, le pouvoir réflecteur total de l'argent est 0,8 sous une incidence de 30 degrés et 0,95 sous une incidence de 80 degrés. Si la lumière est polarisée perpendiculairement au plan d'incidence, les variations du pouvoir réflecteur sont à peine sensibles.

Un autre point mis en évidence par MM. de la Provostaye et Desains, c'est l'influence de la nature de la chaleur, c'est-à-dire de son indice de réfraction, sur les phénomènes. Ils ont trouvé que l'or, le cuivre ont des pouvoirs réflecteurs différents suivant la région du spectre à laquelle correspondent les rayons calorifiques. Il en est de même pour l'argent, l'acier, le métal des miroirs, le platine et tous les métaux blancs : pour tous ces métaux la variation du pouvoir réflecteur avec l'indice de réfraction du rayon a lieu dans le même sens.

MM. de la Provostaye et Desains ont trouvé les nombres suivants pour l'incidence de 30 degrés :

POUVOIR RÉFLECTEUR TOTAL.

	Lampe de Locatelli.	Lampe devant laquelle était une lame de verre de 5^{mm} d'épaisseur.
Métal des miroirs.	0,835	0,740
Argent.	0,955	0,910
Platine.	0,790	0,655

En résumé, si la lumière incidente est naturelle, le pouvoir réflecteur des métaux décroît depuis l'incidence normale jusqu'à une incidence comprise entre 50 et 60 degrés, pour croître ensuite jusqu'à l'unité pour l'incidence rasante.

Si la lumière incidente est polarisée dans le plan d'incidence, le pouvoir réflecteur croît depuis l'incidence normale jusqu'à l'incidence rasante.

Si la lumière incidente est polarisée perpendiculairement au plan d'incidence, le pouvoir réflecteur décroît depuis l'incidence normale jusqu'à une certaine incidence qui donne un minimum très-différent de zéro, pour croître ensuite jusqu'à l'incidence rasante.

C. — MESURE DES CHANGEMENTS DE PHASE.

La mesure directe des changements de phase produits par la réflexion métallique sur chacune des composantes du rayon incident est très-difficile et n'a pas encore été réalisée.

380. Expériences de De Senarmont. — De Senarmont[1] a proposé et essayé, pour mesurer les changements de phase, un procédé qui en réalité est inapplicable. Il se servait d'un double miroir composé de deux lames juxtaposées, l'une métallique et l'autre de verre noir, dont la ligne de jonction était horizontale. On place ce miroir à une certaine distance de l'appareil de Fresnel pour la production des franges d'interférence. Les deux faisceaux réfléchis par les miroirs de Fresnel tombent d'abord sur la lame de verre, s'y réfléchissent et donnent des franges d'interférence ; on note la position de la frange centrale. Puis on fait arriver les faisceaux réfléchis par les miroirs de Fresnel à la fois sur la lame de métal et sur la lame de verre, en laissant l'angle d'incidence constant. Le métal produit dans la réflexion des changements de phase sur les deux composantes du rayon réfléchi, et il en résulte un déplacement de la frange centrale. Le changement de phase que produit le verre est connu et le déplacement de la frange centrale fait connaître la variation que subit ce changement de phase par l'addition du métal, c'est-à-dire la différence entre le changement de phase produit par le verre et le changement de phase produit par le métal. On peut donc connaître l'effet dû au métal.

Ce procédé n'est que théorique ; dans la réalité il est impraticable, car il suppose que les deux lames sont rigoureusement dans le même plan. Or, supposons qu'on ait réalisé cette condition : elle

[1] C. R., XXIV, 327. — Ann. de chim. et de phys., (3), XX, 397.

cessera d'exister dès que les rayons viendront frapper le miroir. Il faudrait que la distance des plans des deux lames fût très-petite par rapport à $\frac{1}{10000}$ de millimètre, et on ne peut répondre d'inégalités moindres que $\frac{1}{100}$ de millimètre. Ce procédé ne peut donc servir qu'à constater le déplacement de la frange, mais non à mesurer le changement de phase.

De Senarmont a employé une autre méthode, qui n'a pas non plus donné des résultats très-précis. Il recevait sur un analyseur biréfringent la lumière polarisée elliptiquement par réflexion sur un miroir métallique, et faisait tourner cet analyseur jusqu'à ce que les deux images fussent de même intensité. La section principale de l'analyseur se trouvait alors à 45 degrés des axes de l'ellipse. Le rapport des axes de l'ellipse se déterminait en faisant tomber la lumière polarisée elliptiquement sur une lame de mica d'un quart d'onde. Cette lumière sort de la lame polarisée rectilignement, et la tangente de l'angle que fait le plan de polarisation de la lumière transmise avec la section principale de la lame est égale au rapport des axes de l'ellipse de vibration. Connaissant la direction des axes de l'ellipse et leur rapport, il en déduisait par le calcul la différence de phase, et le rapport des intensités des deux composantes du rayon réfléchi polarisées parallèlement et perpendiculairement au plan d'incidence.

Ce procédé ne donna que des résultats peu précis, parce que la lame d'un quart d'onde agit d'une manière différente sur les rayons des différentes couleurs,

381. Méthode de Neumann. — Neumann a indiqué un procédé indépendant du rapport des intensités des deux composantes du rayon réfléchi. C'est une forme nouvelle donnée aux expériences de Brewster sur le rétablissement de la polarisation rectiligne après un nombre m de réflexions dans le même plan et sous la même incidence. De là on peut déduire la différence de phase produite par une réflexion unique entre les deux composantes.

En effet, pour que, après m réflexions opérées sous la même incidence et dans le même plan, la polarisation rectiligne soit rétablie, il faut que cette différence de phase soit égale à un nombre entier n de demi-longueurs d'ondulation, et, comme chaque réflexion produit le même changement de phase, le changement de phase introduit par une réflexion unique sera égal à $\dfrac{n}{m}\dfrac{\lambda}{2}$.

Pour les corps transparents, la composante polarisée dans le plan d'incidence change de signe par la réflexion; la composante polarisée perpendiculairement au plan d'incidence ne change pas de signe tant que l'angle d'incidence est inférieur à celui de la polarisation complète; mais si l'angle d'incidence est supérieur à cet angle de polarisation, elle change de signe. Lorsque l'incidence varie de zéro jusqu'à l'angle de polarisation complète, la différence de phase introduite par la réflexion entre les deux composantes est donc $\dfrac{\lambda}{2}$; lorsque l'incidence dépasse l'angle de polarisation complète, cette différence change brusquement et devient égale à zéro ou à $2\dfrac{\lambda}{2}$, valeur qu'elle conserve jusqu'à l'incidence de 90 degrés.

On sait que les métaux n'ont pas d'angle de polarisation complète, que la composante polarisée perpendiculairement au plan d'incidence est toujours en retard sur la composante polarisée dans ce plan: qu'enfin la différence de phase entre les deux composantes est égale à $\dfrac{\lambda}{2}$ sous l'incidence normale et nulle sous l'incidence rasante. A ces deux limites la différence de phase est la même que pour les corps transparents; mais dans l'intervalle la variation de la différence de phase est continue pour les métaux, tandis qu'elle se fait brusquement pour les corps transparents.

Ceci posé, prenons une incidence qui rétablisse la polarisation rectiligne après m réflexions sous le même angle, et qui par suite produise à chaque réflexion une différence de phase égale à $\dfrac{n}{m}\dfrac{\lambda}{2}$. Cette incidence n'est pas la seule qui produise cet effet, car, puisque pour une réflexion la différence de phase varie, comme nous venons de le voir, de $\dfrac{\lambda}{2}$ à zéro quand l'incidence varie de zéro à 90 degrés, elle doit passer par les valeurs $\dfrac{m-1}{m}\dfrac{\lambda}{2}, \dfrac{m-2}{m}\dfrac{\lambda}{2}, \ldots, \dfrac{2}{m}\dfrac{\lambda}{2}, \dfrac{1}{m}\dfrac{\lambda}{2}$ en partant de l'incidence normale, et alors les différences de phase pour m réflexions deviennent $(m-1)\frac{\lambda}{2}$, $(m-2)\frac{\lambda}{2}$, $\ldots$, $\frac{2\lambda}{2}$, $\frac{\lambda}{2}$. Il y a donc, en laissant de côté l'incidence normale, $m-1$ angles d'incidence pour lesquels la polarisation rectiligne sera rétablie après m réflexions. Réciproquement, si l'on détermine à partir de la normale les $m-1$ angles d'incidence pour lesquels la polarisation rectiligne est rétablie, les différences de phase produites sous ces $m-1$ incidences seront respectivement $\frac{m-1}{m}\frac{\lambda}{2}$, $\frac{m-2}{m}\frac{\lambda}{2}$, $\ldots$, $\frac{1}{m}\frac{\lambda}{2}$. En choisissant convenablement m on aura donc l'angle d'incidence qui donne une différence de phase égale à une fraction donnée de $\frac{\lambda}{2}$. Si l'on veut, par exemple, avoir une différence de phase égale à $\frac{4}{5}$ de $\frac{\lambda}{2}$, il faut faire réfléchir cinq fois le rayon et déterminer la valeur du premier angle d'incidence à partir de l'incidence normale pour lequel la polarisation rectiligne se rétablit.

Pour $m=2$, c'est-à-dire s'il y a deux réflexions, il n'y a qu'une seule incidence qui rétablisse la polarisation rectiligne. Cette incidence correspond à une différence de phase égale à $\frac{1}{2}\frac{\lambda}{2}$ ou à $\frac{\lambda}{4}$. L'expérience montre qu'elle est égale à l'angle de polarisation maximum, c'est-à-dire à l'incidence pour laquelle la composante du rayon réfléchi polarisée perpendiculairement au plan d'incidence a son intensité minimum.

On peut donc définir l'angle de polarisation maximum un angle tel, qu'il introduit entre les deux composantes du rayon réfléchi une différence de phase d'un quart de longueur d'ondulation.

382. Expériences de M. Jamin. — M. Jamin a fait des expériences sur la mesure des différences de phase introduites entre les deux composantes du rayon réfléchi par la réflexion métallique [1].

Au centre du cercle horizontal de l'appareil de M. Jamin (378) est un support pouvant tourner autour du centre dans le plan du cercle. Sur ce support deux lames du métal sur lequel on veut expérimenter sont placées vis-à-vis l'une de l'autre. Elles sont appliquées

[1] *Ann. de chim. et de phys.*, (3), XIX, 296.

avec de la cire sur deux lames de laiton parallèles et fixées verticalement sur le support.

L'une de ces lames de laiton est fixe, l'autre est mise en mouvement par une vis micrométrique qui la déplace parallèlement à elle-même, de façon que la distance des deux lames puisse varier à volonté. On s'assure d'abord du parallélisme des deux lames réfléchissantes en amenant ces lames au contact par le mouvement de la vis et en constatant qu'elles se touchent sur toute leur étendue. Pour mesurer les incidences correspondant à des valeurs données de la différence de phase, on opère de la manière suivante : on place un polariseur sur le trajet du rayon incident et un analyseur sur le trajet du rayon réfléchi. On met d'abord les deux lames à une distance assez grande pour que le rayon incident ne se réfléchisse que deux fois sur ces lames (fig. 73), et on fait tourner le support sur lequel sont fixées les lames jusqu'à ce qu'on trouve un angle d'incidence pour lequel la polarisation rectiligne est rétablie ; cet angle

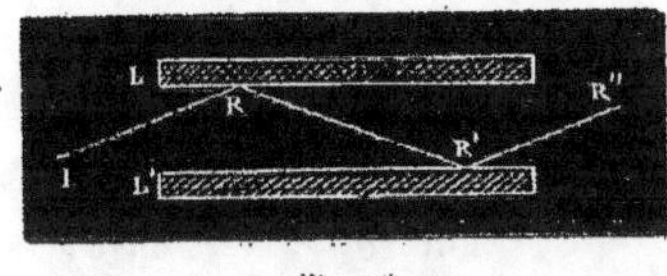

Fig. 73.

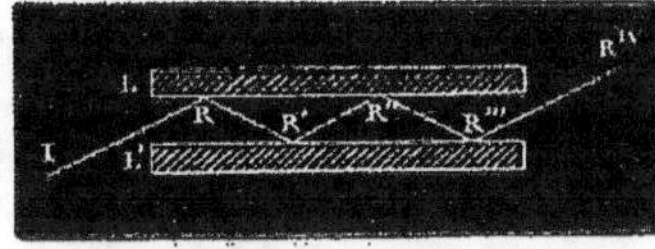

Fig 74.

correspond, comme nous l'avons vu, à une différence de phase égale à $\dfrac{\lambda}{4}$ entre les deux composantes du rayon réfléchi.

Pour avoir quatre réflexions (fig. 74) il faut. à l'aide de la vis, rapprocher les deux lames jusqu'à ce que le rayon réfléchi, ayant disparu. reparaisse de nouveau. On détermine alors, en faisant tourner graduellement le support des deux lames et en partant de l'incidence normale, les trois angles pour lesquels la polarisation rectiligne est rétablie. On a ainsi les incidences correspondant à des différences de phase égales à $\dfrac{3}{4}\dfrac{\lambda}{2}$, $\dfrac{2}{4}\dfrac{\lambda}{2}$ et $\dfrac{1}{4}\dfrac{\lambda}{2}$, ou à $\dfrac{3\lambda}{8}$, $\dfrac{\lambda}{4}$, $\dfrac{\lambda}{8}$.

En faisant encore avancer la lame mobile on pourra obtenir six réflexions et déterminer les cinq angles d'incidence qui rétablissent la polarisation rectiligne. Ces cinq angles, à partir de l'incidence normale, correspondent à des différences de phase égales à $\frac{5}{6}\frac{\lambda}{2}$, $\frac{4}{6}\frac{\lambda}{2}$, $\frac{3}{6}\frac{\lambda}{2}$, $\frac{2}{6}\frac{\lambda}{2}$, $\frac{1}{6}\frac{\lambda}{2}$, ou $\frac{5\lambda}{12}$, $\frac{\lambda}{3}$, $\frac{\lambda}{4}$, $\frac{\lambda}{6}$, $\frac{\lambda}{12}$.

Toutes les fois que le nombre des réflexions est pair, le rayon réfléchi est parallèle au rayon incident sous toutes les incidences, et par conséquent on n'a pas à déplacer l'analyseur. Il n'en est plus de même lorsque le nombre des réflexions est impair : dans ce cas la direction du rayon réfléchi varie avec l'incidence, et il faut déplacer l'analyseur en même temps que l'on fait tourner le support des deux lames. Remarquons d'ailleurs que la direction du rayon réfléchi varie d'un angle double de la variation de l'angle d'incidence; il suffira donc, pour maintenir l'analyseur sur le trajet du rayon réfléchi, de lier le mouvement de cet analyseur à celui du support des deux lames, de façon qu'il tourne d'un angle double de celui dont tourne le support.

Voici quelques-uns des résultats obtenus par M. Jamin :

DIFFÉRENCES DE PHASE en fractions de $\frac{\lambda}{2}$.	ANGLES D'INCIDENCE.		
	Acier.	Argent plaqué.	Zinc.
0.9	45°27′	37°10′	43°47′
0.8	58°37′	50°37′	60°49′
0,7	″	60°10′	69°5′
0,6	71°50′	66°29′	75°
0.5	76″	72°	79″13′
0.4	79″	76°42′	82°20′
0,3	″	80°20′	″
0.2	84″	80°50′	86°40′

Pour les différences de phase 0,9, 0.7, 0,3, on n'a fait qu'une détermination : pour les différences de phase 0.8, 0.6, 0,4, on a pris la moyenne de deux déterminations, et pour la différence de phase 0,5 on a fait cinq séries d'expériences avec 2, 4, 8 et 10 réflexions.

Ces résultats montrent que la différence de phase introduite entre les deux composantes du rayon réfléchi par la réflexion métallique est sensiblement constante et diffère peu de $\frac{\lambda}{2}$ jusqu'à une assez grande distance de l'incidence normale. Au voisinage de l'angle de polarisation maximum, les variations deviennent plus rapides, et à mesure qu'on se rapproche de l'incidence rasante la différence de phase tend vers zéro.

383. Influence de la couleur de la lumière sur les différences de phase des composantes du rayon réfléchi par les métaux. — L'influence de la couleur sur la différence de phase introduite par la réflexion métallique entre les deux composantes du rayon réfléchi est beaucoup plus sensible que l'influence qu'elle exerce sur les changements d'intensité de ces deux composantes.

M. Jamin a déterminé, pour un assez grand nombre de métaux, les angles de polarisation maximum des différents rayons du spectre en cherchant l'incidence sous laquelle deux réflexions rétablissent la polarisation rectiligne [1]. Il est arrivé à ce résultat que les angles de polarisation maximum, comptés à partir de la normale, vont en décroissant du rouge au violet. La relation tang $i = n$ montre que c'est précisément l'inverse pour les milieux transparents. La loi de Brewster (327) ne peut donc servir à mesurer l'angle de polarisation maximum à la surface des métaux.

Les variations trouvées par M. Jamin sont assez considérables. Pour les raies B et H du spectre, l'eau et le sulfure de carbone donnent les angles de polarisation maximum suivants :

	EAU.	SULFURE DE CARBONE.
Raie B	53°5′	58°17′
Raie H	53°21′	59°34′

Pour les métaux les différences sont beaucoup plus grandes, comme le montre le tableau suivant, qui donne les angles de polarisation maximum pour les différentes couleurs :

COULEURS.	ARGENT.	MÉTAL des cloches.	ACIER.	ZINC.	MÉTAL des miroirs.	CUIVRE.	LAITON.
Rouge extrême	75°45′	75°16′	77°52′	75°45′	76°45′	//	//
Rouge	75°	74°15′	77°4′	75°	76°14′	71°21′	71°31′
Jaune	72°15′	73°22′	76°26′	73°43′	73°36′	69°3′	69°38′
Bleu	68°11′	70°47′	75°23′	71°45′	72°	67°44′	66°11′
Violet	//	70°11′	74°3′	70°49′	71°22′	66°56′	64°16′
Violet extrême	65°	69°31′	73°19′	70°4′	70°42′	//	//

[1] *Ann. de chim. et de phys.*, (3), XXII, 311.

384. Explication de diverses expériences de Brewster.
— On peut, en partant de ce que nous venons de voir, donner l'explication de plusieurs phénomènes se rapportant à la réflexion métallique et découverts par Brewster, qui n'était guidé par aucune théorie.

Soit α l'angle du plan de polarisation du rayon incident avec le plan d'incidence : les amplitudes des composantes du rayon incident polarisées parallèlement et perpendiculairement au plan d'incidence seront $\cos\alpha$ et $\sin\alpha$, et les amplitudes des composantes du rayon réfléchi $m\cos\alpha$ et $n\sin\alpha$. D'autre part, la différence de phase introduite entre les deux composantes par la réflexion métallique varie de $\frac{\lambda}{2}$ à zéro depuis l'incidence normale jusqu'à l'incidence rasante, et l'incidence qui est égale à l'angle de polarisation maximum donne une différence de phase égale à $\frac{\lambda}{4}$; il est donc toujours possible de trouver deux incidences, l'une plus grande, l'autre plus petite que l'angle de polarisation maximum, qui produisent des différences de phase dont la somme est égale à $\frac{\lambda}{2}$, c'est-à-dire des différences de phase égales à $f\frac{\lambda}{2}$ et à $\left(1-f\frac{\lambda}{2}\right)$, f étant plus petit que l'unité.

Si l'on fait réfléchir le rayon polarisé dans l'azimut α une première fois sous l'incidence qui donne la différence de phase $f\frac{\lambda}{2}$, et une seconde fois dans le même plan sous l'incidence qui donne la différence de phase $1-f\frac{\lambda}{2}$, la différence totale de phase sera $\frac{\lambda}{2}$ et le rayon réfléchi sera polarisé rectilignement. Si l'on appelle β l'angle du plan de polarisation du rayon réfléchi deux fois avec le plan d'incidence, on a

$$\tan\beta = -\frac{nn'\sin\alpha}{mm'\cos\alpha} = -\frac{nn'}{mm'}\tan\alpha,$$

m' et n' se rapportant à la seconde réflexion. Si l'on a

$$\frac{m}{n} = \frac{m}{n'},$$

il viendra

$$(1) \qquad \tan\beta = -\left(\frac{n}{m}\right)^2\tan\alpha.$$

Cette dernière relation a été vérifiée par l'expérience, d'où l'on peut conclure que, sous les deux incidences telles qu'en se réfléchissant successivement sous l'une et sous l'autre le rayon réfléchi reprenne la polarisation rectiligne, le rapport des intensités des deux composantes du rayon réfléchi est le même.

M. Jamin a vérifié par l'expérience que les deux incidences qui donnent la polarisation rectiligne correspondent à des différences de phase dont la somme est $\frac{\lambda}{2}$.

Brewster a cherché une relation empirique entre la différence de phase et l'angle d'incidence; dans cette relation il a été conduit à introduire le rayon vecteur d'une ellipse, et ce qui est assez singulier, c'est que de là est venue l'expression de polarisation elliptique appliquée à la polarisation produite par la réflexion métallique, expression vérifiée plus tard sous l'influence d'idées plus exactes.

Une vérification assez ingénieuse est due à M. Jamin : il a cherché quelle position du plan de polarisation du rayon incident donne pour les vibrations du rayon réfléchi une ellipse ayant ses axes à 45 degrés du plan d'incidence. A cet effet le rayon réfléchi est reçu sur un prisme biréfringent et on fait varier l'azimut du plan de polarisation du rayon incident jusqu'à ce que les deux images soient égales; on a alors

$$m \cos \alpha = n \sin \alpha$$

et

$$\frac{m}{n} = \tan g \, \alpha.$$

C'est le moyen le plus précis de déterminer le rapport des intensités des deux composantes du rayon réfléchi sous une incidence donnée et de vérifier la relation (1) trouvée par Brewster.

Il est encore facile d'expliquer ce fait observé par Brewster, que si p réflexions rétablissent la polarisation rectiligne et si l'on fait réfléchir la lumière un nombre de fois égal à un multiple entier de p, le rayon réfléchi sera polarisé dans un plan qui se rapprochera de plus en plus du plan d'incidence à mesure que ce multiple augmentera. En effet, après p réflexions on aura, pour l'angle du plan de polarisation du rayon réfléchi avec le plan d'incidence :

$$\operatorname{tang} \beta = \pm \left(\frac{n}{m}\right)^{p} \operatorname{tang} \alpha :$$

après $2p$ réflexions cet angle devient β' et l'on a

$$\operatorname{tang} \beta' = \pm \left(\frac{n}{m}\right)^{2p} \operatorname{tang} \alpha.$$

et ainsi de suite. On voit que, $\frac{n}{m}$ étant plus petit que l'unité, le plan de polarisation se rapproche du plan d'incidence. Ce rapprochement est d'autant plus sensible que le rapport $\frac{n}{m}$ est plus petit, c'est-à-dire que l'angle d'incidence est plus voisin de l'angle de la polarisation maximum.

D. — Théorie de la réflexion métallique.

Nous allons maintenant faire connaître les tentatives faites en vue d'établir la théorie mathématique de la réflexion métallique. Ces tentatives sont dues surtout à Mac Cullagh et à Cauchy, qui n'ont ni l'un ni l'autre fait connaître leurs méthodes dans tous leurs détails. Mac Cullagh a donné les résultats qu'il a obtenus comme fournis par l'induction et par l'analogie ; il a établi deux groupes de formules, réductibles l'un à l'autre, en se fondant principalement sur l'analogie de la réflexion à la surface des métaux avec la réflexion totale.

385. Analogie de la réflexion métallique et de la réflexion totale. — Dans la réflexion métallique comme dans la réflexion totale, il n'y a pas de rayon réfracté, ou plutôt les rayons réfractés, quoique existant dans le second milieu, se détruisent à partir d'une distance si petite de la surface de séparation qu'ils restent inappréciables pour nos yeux.

Fresnel a prouvé expérimentalement que, pour les corps transparents, lorsqu'il y a réflexion totale, le mouvement vibratoire existe dans le second milieu jusqu'à une très-petite distance de la surface de séparation [1]. Il fait réfléchir totalement la lumière sur

[1] *Œuvres complètes*, I, 447, 767. — *Ann. de chim. et de phys.*, (2), XLVI, 225.

la face AB d'un prisme (fig. 75) et approché peu à peu de cette face, à l'aide d'une vis, une lame de verre CD parallèle à AB. Il voit alors la surface AB, qui en l'absence de la lame CD était brillante, se parsemer de taches obscures. On peut croire que ces taches sont dues au contact des deux surfaces AB et CD qui ne seraient pas bien

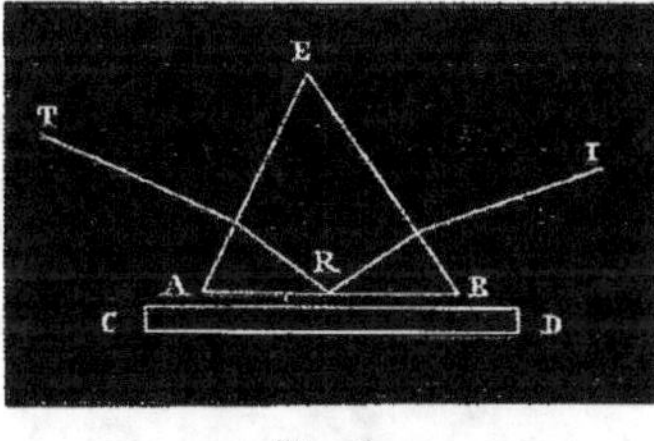

Fig. 75.

planes; mais il n'en est rien, car, si on incline moins le rayon incident, on voit bientôt, à la place de ces taches obscures, apparaître des taches colorées qui permettent de calculer l'épaisseur de la lame d'air interposée entre les deux lames en ces points. Il faut donc qu'il y ait un mouvement vibratoire entre les deux lames aux points où l'on voit les taches colorées; il y a en ces points un rayon réfracté, du moins jusqu'à une très-petite distance de la surface, et par suite l'intensité du rayon réfléchi se trouve diminuée, ce qui explique pourquoi la surface AB paraît moins brillante en ces points.

La même chose a lieu pour les métaux, car sous de très-petites épaisseurs ils laissent passer sensiblement la lumière, et l'on est autorisé à assimiler la réflexion métallique à la réflexion totale sur les corps transparents.

386. **Premières formules de Mac Cullagh.** — Fresnel a déduit le cas de la réflexion totale à la surface des corps transparents du cas où le rayon réfracté existe, en interprétant la forme imaginaire que prend alors l'amplitude du rayon réfléchi.

Si cette forme est $a + b\sqrt{-1}$, Fresnel admet que l'amplitude du rayon réfléchi est $\sqrt{a^2 + b^2}$ et que, si on désigne par $2\pi\frac{\varphi}{\lambda}$ la différence de phase entre le rayon réfléchi et le rayon incident au point d'incidence, cette différence est donnée par la relation

$$\tan 2\pi\frac{\varphi}{\lambda} = \frac{b}{a}.$$

De là Mac Cullagh[1] conclut que si, dans les formules de Fresnel sur la réfraction de la lumière, on met l'expression de l'amplitude du rayon réfracté sous une forme imaginaire semblable, dans laquelle entreront certaines quantités indéterminées, et si on peut ensuite fixer la valeur de ces quantités par une interprétation analogue à celle dont Fresnel s'est servi pour la réflexion totale, on trouvera probablement des résultats concordant avec l'expérience.

Il prit, pour représenter le sinus de l'angle de réfraction dans le cas de la réflexion métallique, une expression imaginaire de la forme

$$(1) \qquad \sin r = \frac{\sin i}{m} \left(\cos \chi + \sqrt{-1}\, \sin \chi \right),$$

en n'attribuant aucun sens aux quantités m et χ, qui sont alors des indéterminées. Il choisit cette forme de préférence à toute autre pour avoir une forme analogue à celle de la fonction qui représente l'angle de réfraction dans les milieux transparents, fonction qui est

$$\sin r = \frac{\sin i}{n},$$

et qui peut s'écrire

$$\sin r = \frac{\sin i}{n} \left(\cos^2 \chi + \sin^2 \chi \right).$$

Comme on a toujours, même lorsque l'angle r est imaginaire, $\cos^2 r + \sin^2 r = 1$, on en conclut que, dans la réflexion métallique, $\cos r$ est aussi imaginaire, et l'on pose

$$(2) \qquad \cos r = \frac{\cos i}{m'} \left(\cos \chi' + \sqrt{-1}\, \sin \chi' \right).$$

Dans le cas où la lumière incidente est polarisée dans le plan d'incidence, la théorie de Fresnel donne, pour l'amplitude v du rayon réfléchi, l'expression

$$v = -\frac{\sin(i-r)}{\sin(i+r)},$$

qu'on peut écrire .

$$v = -\frac{\sin i \cos r - \sin r \cos i}{\sin i \cos r + \sin r \cos i}.$$

[1] *Proceed. of Ir. Acad.*, I, 2, 159; II, 375. — *Ir. Trans.*, XXVIII, part. 1.

ou bien

$$r = -\frac{\dfrac{\cos r}{\cos i} - \dfrac{\sin r}{\sin i}}{\dfrac{\cos r}{\cos i} + \dfrac{\sin r}{\sin i}}.$$

En remplaçant, dans le cas de la réflexion métallique, $\dfrac{\sin r}{\sin i}$ et $\dfrac{\cos r}{\cos i}$ par leurs valeurs imaginaires (1) et (2), il vient

$$r = -\frac{\dfrac{1}{m'}(\cos\chi' + \sqrt{-1}\sin\chi') - \dfrac{1}{m}(\cos\chi + \sqrt{-1}\sin\chi)}{\dfrac{1}{m'}(\cos\chi' + \sqrt{-1}\sin\chi') + \dfrac{1}{m}(\cos\chi + \sqrt{-1}\sin\chi)},$$

d'où

$$r = \frac{(m'\cos\chi - m\cos\chi') + \sqrt{-1}\,(m'\sin\chi - m\sin\chi')}{(m'\cos\chi + m\cos\chi') + \sqrt{-1}\,(m'\sin\chi + m\sin\chi')}.$$

En multipliant les deux termes de la fraction qui forme le second membre par la différence des termes du dénominateur, on a

$$r = \frac{m'^2 - m^2 + 2mm'\sin(\chi - \chi')\sqrt{-1}}{m^2 + m'^2 + 2mm'\cos(\chi - \chi')}.$$

Cette expression est de la forme $a + b\sqrt{-1}$. En l'interprétant comme dans le cas de la réflexion totale et en désignant par R l'intensité du rayon réfléchi, par $2\pi\dfrac{\delta}{\lambda}$ la différence de phase du rayon réfléchi avec le rayon incident, on a

$$R = \frac{(m'^2 - m^2)^2 + 4m^2 m'^2 \sin^2(\chi - \chi')}{[m^2 + m'^2 + 2mm'\cos(\chi - \chi')]^2}$$

et

$$\operatorname{tang} 2\pi\frac{\delta}{\lambda} = \frac{2mm'\sin(\chi - \chi')}{m'^2 - m^2}.$$

En simplifiant l'expression de R, on trouve

$$R = \frac{m^4 + m'^4 + 2m^2 m'^2 - 4m^2 m'^2 \cos^2(\chi - \chi')}{[m^2 + m'^2 + 2mm'\cos(\chi - \chi')]^2}$$
$$= \frac{(m^2 + m'^2)^2 - 4m^2 m'^2 \cos^2(\chi - \chi')}{[m^2 + m'^2 + 2mm'\cos(\chi - \chi')]^2}$$
$$= \frac{[m^2 + m'^2 + 2mm'\cos(\chi - \chi')]\,[m^2 + m'^2 - 2mm'\cos(\chi - \chi')]}{[m^2 + m'^2 + 2mm'\cos(\chi - \chi')]^2},$$

et enfin

$$R = \frac{m^2 + m'^2 - 2mm' \cos(\chi - \chi')}{m^2 + m'^2 + 2mm' \cos(\chi - \chi')}.$$

Il reste à déterminer les valeurs des quantités m, m'. χ, χ'. D'après la relation

$$\sin^2 r + \cos^2 r = 1,$$

m' et χ' sont des fonctions de m et de χ; cherchons d'abord quelles sont ces fonctions. En élevant au carré les valeurs de $\sin r$ et de $\cos r$ et en les ajoutant, on obtient l'équation

$$\frac{\sin^2 i}{m^2} \cos 2\chi + \frac{\cos^2 i}{m'^2} \cos 2\chi' + \left(\frac{\sin^2 i}{m^2} \sin 2\chi + \frac{\cos^2 i}{m'^2} \sin 2\chi'\right)\sqrt{-1} = 1,$$

d'où l'on tire les deux équations

$$\frac{\sin^2 i}{m^2} \cos 2\chi + \frac{\cos^2 i}{m'^2} \cos 2\chi' = 1.$$

$$\frac{\sin^2 i}{m^2} \sin 2\chi + \frac{\cos^2 i}{m'^2} \sin 2\chi' = 0,$$

ou

$$m'^2 \sin^2 i \cos 2\chi + m^2 \cos^2 i \cos 2\chi' = m^2 m'^2,$$
$$m'^2 \sin^2 i \sin 2\chi + m^2 \cos^2 i \sin 2\chi' = 0.$$

On déduit de là

$$\sin 2\chi' = -\frac{m^2}{m'^2} \tang^2 i \sin 2\chi$$

et

$$\cos 2\chi' = \frac{m'^2(m^2 - \sin^2 i \cos 2\chi)}{m^2 \cos^2 i},$$

et par suite

$$\tang 2\chi' = -\frac{\sin^2 i \sin 2\chi}{m^2 - \sin^2 i \cos 2\chi}.$$

On a également, en remarquant que

$$\sin^2 2\chi' + \cos^2 2\chi' = 1.$$

$$1 = \frac{m'^4}{m^4 \cos^4 i}(m^4 + \sin^4 i - 2m^2 \sin^2 i \cos 2\chi)$$

et

$$m'^2 = \frac{m^2 \cos^2 i}{\sqrt{m^4 + \sin^4 i - 2m^2 \sin^2 i \cos 2\chi}}.$$

En posant

$$D^4 = m^4 + \sin^4 i - 2m^2 \sin^2 i \cos 2\chi,$$

il vient

$$m'^2 = \frac{m^2 \cos^2 i}{D^2};$$

d'autre part, l'expression de tang $2\pi\dfrac{\delta}{\lambda}$ contient le facteur $\sin(\chi-\chi')$; il faut donc calculer $\sin(\chi-\chi')$ en fonction de χ. On a

$$\operatorname{tang} 2(\chi-\chi') = \frac{\operatorname{tang} 2\chi - \operatorname{tang} 2\chi'}{1 + \operatorname{tang} 2\chi \operatorname{tang} 2\chi'} = \frac{\operatorname{tang} 2\chi + \dfrac{\sin^2 i \sin 2\chi}{m^2 - \sin^2 i \cos 2\chi}}{1 - \operatorname{tang} 2\chi \dfrac{\sin^2 i \sin 2\chi}{m^2 - \sin^2 i \cos 2\chi}},$$

d'où

$$\operatorname{tang} 2(\chi-\chi') = \frac{\sin 2\chi(m^2 - \sin^2 i \cos 2\chi) + \sin^2 i \sin 2\chi \cos 2\chi}{\cos 2\chi(m^2 - \sin^2 i \cos 2\chi) - \sin^2 i \sin^2 2\chi},$$

$$\operatorname{tang} 2(\chi-\chi') = \frac{m^2 \sin 2\chi}{m^2 \cos 2\chi - \sin^2 i}$$

et

$$\sin 2(\chi-\chi') = \frac{m^2 \sin 2\chi}{\sqrt{m^4 + \sin^4 i - 2m^2 \sin^2 i \cos 2\chi}} = \frac{m^2 \sin 2\chi}{D^2}.$$

En remplaçant, dans l'expression de l'intensité R, m' par sa valeur, on a

$$R = \frac{m^2 + m^2 \dfrac{\cos^2 i}{D^2} - 2m^2 \dfrac{\cos i \cos(\chi-\chi')}{D}}{m^2 + m^2 \dfrac{\cos^2 i}{D^2} + 2m^2 \dfrac{\cos i \cos(\chi-\chi')}{D}},$$

ou enfin

$$R = \frac{D^2 + \cos^2 i - 2D \cos i \cos(\chi-\chi')}{D^2 + \cos^2 i + 2D \cos i \cos(\chi-\chi')}$$

et

$$\operatorname{tang} 2\pi\frac{\delta}{\lambda} = \frac{2D \cos i \sin(\chi-\chi')}{\cos^2 i - D^2},$$

D et $\chi-\chi'$ étant des fonctions connues de m et de χ.

Pour le cas où la lumière incidente est polarisée perpendiculairement au plan d'incidence, les calculs se font comme dans le cas précédent. En désignant par v' l'amplitude du rayon réfléchi, la théorie de Fresnel donne

$$v' = \frac{\operatorname{tang}(i-r)}{\operatorname{tang}(i+r)},$$

d'où l'on déduit

$$r' = \frac{\sin 2i - \sin 2r}{\sin 2i + \sin 2r} = \frac{1 - \dfrac{\sin r \cos r}{\sin i \cos i}}{1 + \dfrac{\sin r \cos r}{\sin i \cos i}}.$$

et, en remplaçant $\sin r$ et $\cos r$ par leurs valeurs imaginaires,

$$r' = \frac{1 - \dfrac{1}{mm'}[\cos(\chi + \chi') + \sqrt{-1}\,\sin(\chi + \chi')]}{1 + \dfrac{1}{mm'}[\cos(\chi + \chi') + \sqrt{-1}\,\sin(\chi + \chi')]},$$

d'où

$$r' = \frac{mm' - \cos(\chi + \chi') - \sqrt{-1}\,\sin(\chi + \chi')}{mm' + \cos(\chi + \chi') + \sqrt{-1}\,\sin(\chi + \chi')}.$$

En multipliant les deux termes du second membre par

$$mm' + \cos(\chi - \chi') - \sqrt{-1}\,\sin(\chi + \chi'),$$

il vient

$$r' = \frac{m^2 m'^2 - 1 - 2mm'\sin(\chi + \chi')\sqrt{-1}}{m^2 m'^2 + 1 + 2mm'\cos(\chi + \chi')}.$$

On déduit de là, en désignant par R' l'intensité du rayon réfléchi,

$$R' = \frac{(m^2 m'^2 - 1)^2 + 4m^2 m'^2 \sin^2(\chi + \chi')}{[m^2 m'^2 + 1 + 2mm'\cos(\chi + \chi')]^2}$$
$$= \frac{m^2 m'^2 + 1 - 2mm'\cos(\chi + \chi')}{m^2 m'^2 + 1 + 2mm'\cos(\chi + \chi')},$$

et pour la différence de phase,

$$\tan 2\pi \frac{\delta}{\lambda} = -\frac{2mm'\sin(\chi + \chi')}{m^2 m'^2 - 1}.$$

En remplaçant m' par sa valeur et en donnant à D la même signification que dans le cas précédent, on a

$$R' = \frac{\dfrac{m'\cos^2 i}{D^2} + 1 - \dfrac{2m^2\cos i}{D}\cos(\chi + \chi')}{\dfrac{m'\cos^2 i}{D^2} + 1 + \dfrac{2m^2\cos i}{D}\cos(\chi + \chi')},$$

d'où

$$R' = \frac{m'\cos^2 i + D^2 - 2D m^2 \cos i \cos(\chi + \chi')}{m'\cos^2 i + D^2 + 2D m^2 \cos i \cos(\chi + \chi')}.$$

Quant à la différence de phase, elle est donnée par la relation

$$\tan 2\pi \frac{\delta'}{\lambda} = - \frac{2Dm^2 \cos i \sin(\chi+\chi')}{m^4 \cos^2 i - D^2}.$$

En résumé on a, pour le cas de la lumière polarisée parallèlement au plan d'incidence,

$$R = \frac{D^2 + \cos^2 i - 2D\cos i \cos(\chi-\chi')}{D^2 + \cos^2 i + 2D\cos i \cos(\chi-\chi')},$$

$$\tan 2\pi \frac{\delta}{\lambda} = \frac{2D\cos i \sin(\chi-\chi')}{\cos^2 i - D^2},$$

et pour le cas où la lumière est polarisée perpendiculairement au plan d'incidence,

$$R' = \frac{m^4 \cos^2 i + D^2 - 2Dm^2 \cos i \cos(\chi+\chi')}{m^4 \cos^2 i + D^2 + 2Dm^2 \cos i \cos(\chi+\chi')},$$

$$\tan 2\pi \frac{\delta'}{\lambda} = - \frac{2Dm^2 \cos i \sin(\chi+\chi')}{m^4 \cos^2 i - D^2}.$$

Dans ces expressions, D et χ' sont donnés en fonction de m et de χ par les relations

$$D^2 = m^4 + \sin^4 i - 2m^2 \sin^2 i \cos 2\chi,$$

$$\sin 2(\chi - \chi') = \frac{m^2 \sin 2\chi}{D^2}.$$

Telles sont les premières formules de Mac Cullagh. Celles qui donnent les intensités des rayons réfléchis coïncident avec les formules de Cauchy; mais il n'en est pas de même des formules relatives aux différences de phase.

387. Simplification des formules précédentes pour le cas de la réflexion métallique. — Les formules trouvées par Mac Cullagh peuvent se simplifier notablement dans le cas où la réflexion a lieu sur une surface métallique. Il est facile de prouver que pour les métaux la quantité m doit avoir une valeur très-grande. En effet, sous l'incidence normale on a $i = 0$, et par suite

$$D^2 = m^2$$

et
$$\sin 2(\chi - \chi') = \sin 2\chi.$$

d'où
$$2(\chi - \chi') = 2\chi$$

et
$$\chi' = 0.$$

En portant ces valeurs dans R et R'. on voit que ces deux intensités ont une valeur commune, qui est

$$\frac{m^2 + 1 - 2m\cos\chi}{m^2 + 1 + 2m\cos\chi}.$$

D'ailleurs, l'expérience montre que sous l'incidence normale le pouvoir réflecteur des métaux est très-voisin de l'unité ; le terme $2m\cos\chi$ doit donc être petit par rapport à $m^2 + 1$, ou m petit par rapport à m^2, c'est-à-dire que m doit être grand en valeur absolue.

De là résulte que χ' doit être très-petit, car, en remplaçant $\sin^2 r$ et $\cos^2 r$ par leurs valeurs dans l'équation

$$\sin^2 r + \cos^2 r = 1.$$

nous avons trouvé (386) les deux équations

$$\frac{\sin^2 i}{m^2}\cos 2\chi + \frac{\cos^2 i}{m'^2}\cos 2\chi' = 1.$$

$$\frac{\sin^2 i}{m^2}\sin 2\chi + \frac{\cos^2 i}{m'^2}\sin 2\chi' = 0.$$

Les deux premiers termes de ces deux équations sont très-petits puisque m est très-grand ; donc $\frac{\cos^2 i}{m'^2}\cos 2\chi'$ doit être peu différent de l'unité et $\frac{\cos^2 i}{m'^2}\sin 2\chi'$ doit être très-petit. La deuxième condition exige que m'^2 soit très-grand ou $\sin 2\chi'$ très-petit, mais la première n'est pas satisfaite si m'^2 est grand : donc $\sin 2\chi'$ est très-petit, et il en est de même de χ'.

Si l'on néglige χ', on a

$$\cos r = \frac{\cos i}{m'},$$

d'où l'on tire

$$m' = \frac{\cos i}{\cos r}.$$

En remplaçant m' par cette valeur dans les expressions des intensités et des changements de phase on a, pour le cas où la lumière est polarisée dans le plan d'incidence,

$$R = \frac{m^2 + \dfrac{\cos^2 i}{\cos^2 r} - 2m\dfrac{\cos i}{\cos r}\cos\chi}{m^2 + \dfrac{\cos^2 i}{\cos^2 r} + 2m\dfrac{\cos i}{\cos r}\cos\chi},$$

$$\tang 2\pi\frac{\delta}{\lambda} = \frac{2m\dfrac{\cos i}{\cos r}\sin\chi}{\dfrac{\cos^2 i}{\cos^2 r} - m^2},$$

et, pour le cas où la lumière est polarisée perpendiculairement à ce plan,

$$R' = \frac{m^2\dfrac{\cos^2 i}{\cos^2 r} + 1 - 2m\dfrac{\cos i}{\cos r}\cos\chi}{m^2\dfrac{\cos^2 i}{\cos^2 r} + 1 + 2m\dfrac{\cos i}{\cos r}\cos\chi},$$

$$\tang 2\pi\frac{\delta}{\lambda} = -\frac{2m\dfrac{\cos i}{\cos r}\sin\chi}{m^2\dfrac{\cos^2 i}{\cos^2 r} - 1}.$$

Ces dernières formules ont été données en second lieu par Mac Cullagh, et ce sont celles qui lui parurent les plus probables.

On peut du reste retrouver ces formules par un autre genre d'induction, moins mathématique, mais de même valeur que le précédent, et qui est dû également à Mac Cullagh. Cette induction consiste à chercher comment il serait le plus simple de modifier les formules relatives aux corps transparents, de manière à donner une signification plus étendue aux coefficients qui y entrent et à les rendre propres à expliquer les phénomènes de la réflexion métallique.

Dans le cas des corps transparents, si la lumière est polarisée dans le plan d'incidence. on a pour l'intensité R du rayon réfléchi

$$R = \frac{(\sin i \cos r - \cos i \sin r)^2}{(\sin i \cos r + \cos i \sin r)^2},$$

d'où, en développant et en divisant par $\sin^2 r \cos^2 r$,

$$R = \frac{\dfrac{\sin^2 i}{\sin^2 r} + \dfrac{\cos^2 i}{\cos^2 r} - 2\dfrac{\sin i \cos i}{\sin r \cos r}}{\dfrac{\sin^2 i}{\sin^2 r} + \dfrac{\cos^2 i}{\cos^2 r} + 2\dfrac{\sin i \cos i}{\sin r \cos r}}.$$

On a

$$\frac{\sin i}{\sin r} = n,$$

et en posant

$$\frac{\cos i}{\cos r} = \varphi,$$

il vient

$$R = \frac{n^2 + \varphi^2 - 2n\varphi}{n^2 + \varphi^2 + 2n\varphi}.$$

On trouve de même, pour le cas où la lumière est polarisée perpendiculairement au plan d'incidence,

$$R' = \frac{n^2\varphi^2 + 1 - 2n\varphi}{n^2\varphi^2 + 1 + 2n\varphi}.$$

L'induction de Mac Cullagh consiste à supposer que pour les métaux les coefficients de φ^2 et de φ ont des valeurs différentes de n^2 et de n. Soient M^2 et N ces coefficients ; Mac Cullagh suppose que leur rapport est encore égal à n, c'est-à-dire que l'on a

$$\frac{M^2}{N} = n.$$

Le cas des corps transparents ne sera plus alors qu'un cas particulier, celui où $M = N$. Les intensités R et R' prennent la forme

$$R = \frac{M^2 + \varphi^2 - 2N\varphi}{M^2 + \varphi^2 + 2N\varphi},$$

$$R' = \frac{M^2\varphi^2 + 1 - 2N\varphi}{M^2\varphi^2 + 1 + 2N\varphi}.$$

L'expression de R peut se mettre sous la forme

$$R = \frac{(M^2 + \varphi^2)^2 - 4N^2\varphi^2}{(M^2 + \varphi^2 + 2N\varphi)^2},$$

en multipliant les deux termes de la fraction par le dénominateur. En ajoutant et retranchant au numérateur le terme $4M^2\varphi^2$, on arrive à l'expression

$$R = \frac{(M^2 - \varphi^2)^2 + 4(M^2 - N^2)\varphi^2}{(M^2 + \varphi^2 + 2N\varphi)^2}.$$

Si l'on suppose $M^2 > N^2$, R est la somme de deux carrés, et par suite peut être considéré comme provenant d'une expression de la forme $a + b\sqrt{-1}$ interprétée à la manière de Fresnel, c'est-à-dire que R serait égal à $a^2 + b^2$ et que la différence de phase serait donnée par la relation

$$\operatorname{tang} 2\pi \frac{\delta}{\lambda} = \frac{b}{a}.$$

D'ailleurs, puisque M^2 est plus grand que N^2, on peut écrire

$$N = M \cos\chi.$$

et R devient alors

$$R = \frac{M^2 + \varphi^2 - 2M\varphi\cos\chi}{M^2 + \varphi^2 + 2M\varphi\cos\chi}.$$

Pour la différence de phase on a

$$\operatorname{tang} 2\pi \frac{\delta}{\lambda} = \frac{2M\varphi\sin\chi}{M^2 - \varphi^2}.$$

On trouve de même, pour le cas où la lumière est polarisée perpendiculairement au plan d'incidence,

$$R' = \frac{M^2\varphi^2 + 1 - 2M\varphi\cos\chi}{M^2\varphi^2 + 1 + 2M\varphi\cos\chi},$$
$$\operatorname{tang} 2\pi \frac{\delta'}{\lambda} = \frac{2M\varphi\sin\chi}{M^2\varphi^2 - 1}.$$

Ces formules sont tout à fait identiques à celles qui ont été trouvées plus haut.

On peut en déduire facilement l'expression de la différence de

phase des deux composantes du rayon réfléchi polarisées parallèlement et perpendiculairement au plan d'incidence.

On a en effet

$$\operatorname{tang} 2\pi \frac{\delta - \delta'}{\lambda} = \frac{\dfrac{2\mathrm{M}\varphi \sin \chi}{\mathrm{M}^2 - \varphi^2} - \dfrac{2\mathrm{M}\varphi \sin \chi}{\mathrm{M}^2\varphi^2 - 1}}{1 + \dfrac{4\mathrm{M}^2\varphi^2 \sin^2 \chi}{(\mathrm{M}^2 - \varphi^2)(\mathrm{M}^2\varphi^2 - 1)}},$$

d'où

$$\operatorname{tang} 2\pi \frac{\delta - \delta'}{\lambda} = \frac{2\mathrm{M}\varphi \sin \chi\,(\mathrm{M}^2 + 1)\,(\varphi^2 - 1)}{(\mathrm{M}^2 - \varphi^2)(\mathrm{M}^2\varphi^2 - 1) + 4\mathrm{M}^2\varphi^2 \sin^2\chi}.$$

Ces formules avaient d'abord été déduites par Mac Cullagh d'une
théorie qu'il n'a pas fait connaître. On peut cependant reconstruire
ce travail d'après quelques indications que l'auteur a conservées.
Mac Cullagh admettait qu'à la surface des métaux la lumière réfractée est absorbée à une très-petite profondeur, et pour exprimer
ce fait mathématiquement il donnait pour expression au mouvement
vibratoire du rayon réfracté le produit de $\sin 2\pi \frac{t}{\mathrm{T}}$ par une exponen-
tielle à exposant négatif très-grand, proportionnel à la distance à la
surface. Il admettait aussi le principe des forces vives; quant au
principe de la continuité, il le restreignait, sans expliquer pourquoi,
aux composantes du mouvement vibratoire parallèles à la surface de
séparation, ce qui était contraire à sa théorie des corps transparents.
Mais ce qui l'a surtout empêché de publier sa théorie de la réflexion
métallique, ce sont les difficultés qu'il a rencontrées pour expliquer
les propriétés du diamant; il aurait fallu lui attribuer un pouvoir
absorbant considérable pour rendre compte de l'analogie qu'il présente avec les métaux.

**388. Théorie de Cauchy. — Extension du principe de
continuité.** — Cauchy[1] a, de son côté, donné des formules
qui pour la plupart s'accordent avec celles de Mac Cullagh. Il n'a pas
publié sa théorie, mais il en a fait connaître les principes, et cela
suffit pour retrouver ses résultats dans tous les cas où ces principes
s'appliquent directement.

[1] *C. R.*, II, 427; VIII, 553, 658; IX, 727; XXVI, 86. — *Journ. de Liouville*, VII,
338. — *Inst.*, VII, 125, 142, 225.

Le principe sur lequel repose la théorie de Cauchy est celui de la continuité du mouvement, auquel il a donné plus d'extension que Fresnel. Fresnel et Mac Cullagh définissaient la continuité en admettant que deux molécules placées de part et d'autre de la surface de séparation à une distance infiniment petite ont des vitesses de vibration qui ne diffèrent que de quantités infiniment petites. Cauchy a développé ce principe de la manière suivante : considérons, tout le long d'une normale à la surface de séparation SS' (fig. 76), et à un

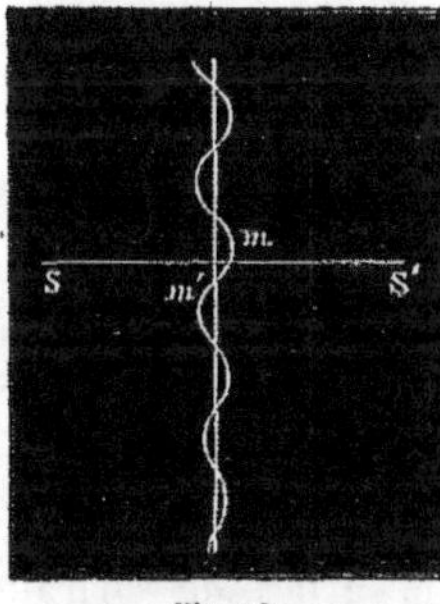

Fig. 76.

instant donné, les molécules les plus voisines de cette normale, et menons des ordonnées perpendiculaires à cette normale et proportionnelles aux composantes des vitesses suivant la normale; la courbe ainsi déterminée sera une courbe sinusoïde. Deux molécules qui sont à une distance infiniment petite l'une de l'autre ne peuvent avoir des vitesses dont les composantes parallèles à la normale diffèrent de quantités de même ordre que ces vitesses, car il en résulterait des forces infinies par rapport à celles qui font mouvoir les molécules, et ces forces détruiraient cet excès de vitesse ; mais ces vitesses composantes ne peuvent pas non plus être rigoureusement égales, car alors le mouvement vibratoire ne pourrait plus se propager. Les composantes des vitesses de deux molécules infiniment voisines diffèrent donc, mais de quantités infiniment petites par rapport à ces vitesses. Il doit en être de même pour deux molécules m et m' infiniment voisines situées de part et d'autre de la surface de séparation dans les deux milieux, c'est-à-dire que la courbe ne doit présenter aucune discontinuité au point où elle traverse la surface.

Cauchy va plus loin : pour lui il y a différence infiniment petite non-seulement entre les composantes des vitesses de deux molécules infiniment voisines, mais encore entre les dérivées de ces composantes, ou, ce qui revient au même, entre les composantes des forces parallèles à une direction donnée. Car, s'il en était autrement, ces forces varieraient de quantités finies en passant d'une molécule à une autre molécule infiniment voisine, ce qui est impossible.

On a donc deux équations pour exprimer la continuité du mouvement vibratoire suivant la normale, et, pour exprimer que le principe est complétement vrai, il faudra encore poser des équations semblables pour deux autres axes perpendiculaires au premier, c'est-à-dire parallèles à la surface de séparation et perpendiculaires entre eux.

389. Application de la théorie de Cauchy aux corps transparents. — Nous allons d'abord appliquer le principe de Cauchy aux corps transparents. Nous étudierons en premier lieu le cas où la lumière incidente est polarisée dans le plan d'incidence. Comme nous supposons les vibrations perpendiculaires au rayon et au plan de polarisation, il n'y aura à considérer qu'un seul système d'équations se rapportant à l'axe mené dans le plan de la surface de séparation perpendiculairement au plan de polarisation, c'est-à-dire au plan d'incidence.

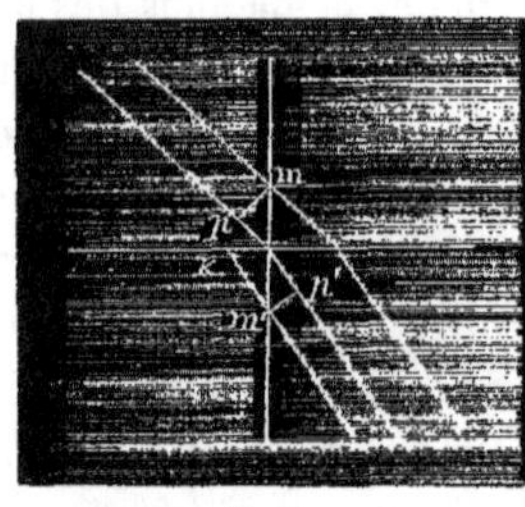

Fig. 77.

Considérons (fig. 77) deux points m et m', situés sur une même normale et à une même distance z de la surface. Supposons qu'au temps t la vitesse de vibration de la molécule qui se trouve au point I, où la normale rencontre la surface de séparation, vitesse due au mouvement du rayon incident, ait pour expression $\sin 2\pi \frac{t}{T}$.

La vitesse de vibration de la molécule qui se trouve en m, due au mouvement incident, sera la même que celle du point p obtenu en abaissant du point m une perpendiculaire sur le rayon incident qui passe par le point I. Or, on a

$$Ip = z \cos i;$$

donc la vitesse de vibration du point M au temps t dans le mouvement incident sera

$$\sin 2\pi \left(\frac{t}{T} + \frac{z \cos i}{\lambda} \right).$$

La vitesse de vibration du point m dans le mouvement réfléchi aura, à la même époque t, pour expression

$$v \sin 2\pi \left(\frac{t}{T} - \frac{z \cos i}{\lambda} \right).$$

Quant à la vitesse de vibration du point m', elle est égale à celle du point p' situé sur le rayon réfracté passant par le point I et pied de la perpendiculaire abaissée du point m' sur ce rayon. On a

$$I p' = - z \cos r;$$

par conséquent, la vitesse du point m' dans le mouvement réfracté est égale, à l'époque t, à

$$u \sin 2\pi \left(\frac{t}{T} + \frac{z \cos r}{\lambda'} \right).$$

Si z tend vers zéro, la somme des deux premières vitesses approche de plus en plus d'être égale à la troisième vitesse, et à la limite, c'est-à-dire pour $z = 0$, il y a égalité, ce qui donne l'équation

$$1 + v = u.$$

C'est celle que Fresnel déduit du principe de continuité.

Pour avoir la seconde équation, il faut écrire que la somme des dérivées par rapport à z des deux premières vitesses est égale à la dérivée de la vitesse du rayon réfracté quand $z = 0$, ce qui donne

$$\frac{2\pi \cos i}{\lambda} \cos 2\pi \frac{t}{T} - v \frac{2\pi \cos i}{\lambda} \cos 2\pi \frac{t}{T} = u \frac{2\pi \cos r}{\lambda'} \cos 2\pi \frac{t}{T},$$

d'où

$$\frac{\cos i}{\lambda} \left(1 - v \right) = \frac{u \cos r}{\lambda'},$$

et, en remplaçant $\frac{\lambda}{\lambda'}$ par $\frac{\sin i}{\sin r}$,

$$\left(1 - v \right) \sin r \cos i = u \sin i \cos r.$$

C'est l'équation que, dans la théorie de Fresnel, on déduit du principe des forces vives.

Ces formules ont reçu la sanction de l'expérience et confirment les idées théoriques de Cauchy sur la continuité du mouvement vibratoire. D'ailleurs, cette théorie est empreinte d'une rigueur à laquelle on ne peut guère échapper, et, comme les formules auxquelles elle conduit supposent les vibrations perpendiculaires au plan de polarisation, on a ainsi une nouvelle preuve en faveur de cette hypothèse. C'est là un point sur lequel Cauchy a beaucoup insisté.

Le deuxième cas, celui où la lumière est polarisée perpendiculairement au plan d'incidence, présente de grandes difficultés, dont on a bien indiqué la solution, mais d'une manière peu rigoureuse. Il faut dans ce cas décomposer les vibrations suivant deux axes, ce qui donne quatre équations incompatibles. Si l'on admet le principe dans toute sa rigueur, il ne reste qu'à conclure qu'on n'a pas tenu compte de quelque particularité. On regarde les vibrations comme perpendiculaires au rayon incident, au rayon réfléchi et au rayon réfracté, si près de la surface que soient les points de ces rayons que l'on considère. Il y aurait donc à la surface un changement brusque dans la direction des vibrations, ce qui est contraire à ce qui se passe ordinairement dans les phénomènes physiques. Aussi Cauchy, au lieu d'un changement brusque, admit un changement graduel, mais rapide, de sorte que le changement devient complet à une très-petite distance de la surface de séparation. Il exprima cette condition par l'introduction dans les calculs de deux nouvelles constantes indéterminées dont la valeur est fournie par deux des équations. Du reste, cette théorie n'a pas été développée par Cauchy, et nous n'y insisterons pas davantage.

390. Application de la théorie de Cauchy aux métaux. — L'application de la théorie de Cauchy aux métaux ne présente pas de difficultés nouvelles. Considérons d'abord le cas où la lumière incidente est polarisée dans le plan d'incidence. Les équations s'établissent comme pour les milieux transparents. La vitesse du point m (fig. 77) dans le mouvement vibratoire de la lumière incidente a pour expression $\sin 2\pi \left(\dfrac{t}{T} + \dfrac{z \cos i}{\lambda} \right)$. Dans le rayon réfléchi nous admettons une différence de phase due au fait de la réflexion; ce changement de phase est prouvé par l'expérience, et d'ailleurs, s'il était nul, il disparaîtrait dans la suite des calculs qui doivent en donner la valeur. La vitesse du mouvement vibratoire réfléchi est donc, au point m et au temps t,

$$v \sin 2\pi \left(\frac{t}{T} + \frac{\varphi - z \cos i}{\lambda} \right).$$

Quant au rayon réfracté, l'expérience montre que son intensité diminue très-rapidement dans le second milieu à partir de la surface de séparation et devient insensible à une très-petite distance de cette surface. Il est probable que le mouvement de l'éther se communique aux molécules pondérables et se change en chaleur. On sait que, lorsqu'un rayon pénètre dans un milieu absorbant, son intensité décroît en progression géométrique lorsque l'épaisseur du milieu croît en progression arithmétique. Si k est le point où le rayon réfracté qui passe en m' rencontre la surface de séparation, la vitesse du rayon réfracté devra donc contenir dans son expression un facteur de la forme $e^{-h.m'k}$, ou, comme

$$m'k = - \frac{z}{\cos r},$$

$e^{\frac{hz}{\cos r}}.$ On admet de plus que la réfraction introduit une différence de phase égale à ψ; la vitesse de vibration du rayon réfracté, au point m' et au temps t, sera donc représentée par

$$u e^{\frac{hz}{\cos r}} \sin 2\pi \left(\frac{t}{T} + \frac{\psi + z \cos r}{\lambda'} \right).$$

Pour $z = 0$, la somme des deux premières vitesses doit être égale à la troisième vitesse, ce qui donne

$$\sin 2\pi \frac{t}{T} + v \sin 2\pi \left(\frac{t}{T} + \frac{\varphi}{\lambda} \right) = u \sin 2\pi \left(\frac{t}{T} + \frac{\psi}{\lambda'} \right).$$

Il faut de plus que, pour $z = 0$, la somme des dérivées des deux premières vitesses prises par rapport à z soit égale à la dérivée de la troisième vitesse, également prise par rapport à z, ce qui donne la seconde équation

$$\frac{2\pi \cos i}{\lambda} \cos 2\pi \frac{t}{T} - \frac{2\pi v \cos i}{\lambda} \cos 2\pi \left(\frac{t}{T} + \frac{\varphi}{\lambda} \right)$$

$$= \frac{uh}{\cos r} \sin 2\pi \left(\frac{t}{T} + \frac{\psi}{\lambda'} \right) + \frac{2\pi u \cos r}{\lambda'} \cos 2\pi \left(\frac{t}{T} + \frac{\psi}{\lambda'} \right).$$

Ces équations doivent avoir lieu à une époque quelconque et par conséquent être indépendantes du temps.

En développant la première équation, on trouve

$$\sin 2\pi\frac{t}{T}\left(1 + v\cos 2\pi\frac{\varphi}{\lambda} - u\cos 2\pi\frac{\psi}{\lambda'}\right)$$
$$+ \cos 2\pi\frac{t}{T}\left(v\sin 2\pi\frac{\varphi}{\lambda} - u\sin 2\pi\frac{\psi}{\lambda'}\right) = 0.$$

Les deux coefficients de $\sin 2\pi\frac{t}{T}$ et de $\cos 2\pi\frac{t}{T}$ doivent être identiquement nuls, puisque l'équation a lieu quel que soit t; on a donc deux équations qui remplacent la première, et qui sont

$$(1) \qquad 1 + v\cos 2\pi\frac{\varphi}{\lambda} - u\cos 2\pi\frac{\psi}{\lambda'} = 0,$$

$$(2) \qquad v\sin 2\pi\frac{\varphi}{\lambda} - u\sin 2\pi\frac{\psi}{\lambda'} = 0.$$

On déduit de même de la seconde équation deux autres équations, qui sont

$$1 - v\cos 2\pi\frac{\varphi}{\lambda} - \frac{uh}{\cos r}\frac{\lambda}{2\pi\cos i}\sin 2\pi\frac{\psi}{\lambda'} - \frac{u\cos r}{\cos i}\frac{\lambda}{\lambda'}\cos 2\pi\frac{\psi}{\lambda'} = 0,$$
$$v\sin 2\pi\frac{\varphi}{\lambda} - \frac{uh\lambda}{2\pi\cos r\cos i}\cos 2\pi\frac{\psi}{\lambda'} + \frac{u\cos r}{\cos i}\frac{\lambda}{\lambda'}\sin 2\pi\frac{\psi}{\lambda'} = 0,$$

ou plus simplement, en posant

$$\gamma = \frac{h\lambda}{2\pi\cos r},$$

et en remarquant que l'on a

$$\frac{\lambda}{\lambda'} = \frac{\sin i}{\sin r},$$

$$(3) \qquad 1 - v\cos 2\pi\frac{\varphi}{\lambda} - \frac{u\gamma}{\cos i}\sin 2\pi\frac{\psi}{\lambda'} - u\frac{\sin i\cos r}{\sin r\cos i}\cos 2\pi\frac{\psi}{\lambda'} = 0.$$

$$(4) \qquad v\sin 2\pi\frac{\varphi}{\lambda} - \frac{u\gamma}{\cos i}\cos 2\pi\frac{\psi}{\lambda'} + u\frac{\sin i\cos r}{\sin r\cos i}\sin 2\pi\frac{\psi}{\lambda'} = 0.$$

Les équations (1), (2), (3), (4) permettent de déterminer les quantités v, u, φ et ψ: nous ne nous occuperons pas de u et de ψ, qui ne sont pas accessibles à l'expérience, et nous chercherons seulement les valeurs de v et de φ.

Des équations (1) et (2) tirons les valeurs de $u \cos 2\pi \frac{\psi}{\lambda}$ et de $u \sin 2\pi \frac{\psi}{\lambda}$, et portons-les dans les équations (3) et (4). Il vient ainsi

$$1 - v \cos 2\pi \frac{\varphi}{\lambda} = \frac{\gamma v}{\cos i} \sin 2\pi \frac{\varphi}{\lambda} + \frac{\sin i \cos r}{\sin r \cos i}\left(1 + v \cos 2\pi \frac{\varphi}{\lambda}\right),$$

$$v \sin 2\pi \frac{\varphi}{\lambda} = \frac{\gamma}{\cos i}\left(1 + v \cos 2\pi \frac{\varphi}{\lambda}\right) - \frac{\sin i \cos r}{\sin r \cos i} v \sin 2\pi \frac{\varphi}{\lambda}.$$

Ces deux équations peuvent se mettre sous la forme

$$\left(1 + \frac{\sin i \cos r}{\cos i \sin r}\right) v \cos 2\pi \frac{\varphi}{\lambda} + \frac{\gamma v}{\cos i} \sin 2\pi \frac{\varphi}{\lambda} = 1 - \frac{\sin i \cos r}{\sin r \cos i},$$

$$\left(1 + \frac{\sin i \cos r}{\cos i \sin r}\right) v \sin 2\pi \frac{\varphi}{\lambda} - \frac{\gamma v}{\cos i} \cos 2\pi \frac{\varphi}{\lambda} = \frac{\gamma}{\cos i}.$$

En résolvant ces deux dernières équations par rapport à $v \sin 2\pi \frac{\varphi}{\lambda}$ et à $v \cos 2\pi \frac{\varphi}{\lambda}$, on trouve

$$v \sin 2\pi \frac{\varphi}{\lambda}\left[\left(1 + \frac{\sin i \cos r}{\cos i \sin r}\right)^2 + \frac{\gamma^2}{\cos^2 i}\right] = \frac{2\gamma}{\cos i},$$

$$v \cos 2\pi \frac{\varphi}{\lambda}\left[\left(1 + \frac{\sin i \cos r}{\cos i \sin r}\right)^2 + \frac{\gamma^2}{\cos^2 i}\right] = 1 - \frac{\sin^2 i \cos^2 r}{\sin^2 r \cos^2 i} - \frac{\gamma^2}{\cos^2 i}.$$

En divisant la première de ces équations par la seconde, on trouve

$$\tan 2\pi \frac{\varphi}{\lambda} = \frac{\dfrac{2\gamma}{\cos i}}{1 - \dfrac{\sin^2 i \cos^2 r}{\sin^2 r \cos^2 i} - \dfrac{\gamma^2}{\cos^2 i}},$$

d'où

$$\tan 2\pi \frac{\varphi}{\lambda} = \frac{2\gamma \sin^2 r \cos i}{\sin^2 r \cos^2 i - \sin^2 i \cos^2 r - \gamma^2 \sin^2 r}$$

et

$$\tan 2\pi \frac{\varphi}{\lambda} = - \frac{2\gamma \cos i \sin^2 r}{\sin(i-r)\sin(i+r) + \gamma^2 \sin^2 r}.$$

En faisant la somme des carrés de $v \sin 2\pi \frac{\varphi}{\lambda}$ et de $v \cos 2\pi \frac{\varphi}{\lambda}$, on trouve

$$v^2 = \frac{\dfrac{4\gamma^2}{\cos^2 i} + \left(1 - \dfrac{\sin^2 i\, \cos^2 r}{\sin^2 r\, \cos^2 i} - \dfrac{\gamma^2}{\cos^2 i}\right)^2}{\left[\left(1 + \dfrac{\sin i\, \cos r}{\sin r\, \cos i}\right)^2 + \dfrac{\gamma^2}{\cos^2 i}\right]^2}.$$

En posant

$$\frac{\sin^2 i\, \cos^2 r}{\sin^2 r\, \cos^2 i} = x^2, \qquad \frac{\gamma^2}{\cos^2 i} = y^2,$$

cette expression devient

$$\frac{(1 - x^2 - y^2)^2 + 4y^2}{[(1 + x)^2 + y^2]^2}.$$

Elle peut s'écrire

$$\frac{(1 + x^2 + y^2)^2 - 4x^2}{[(1 + x)^2 + y^2]^2},$$

et enfin

$$\frac{(1 - x)^2 + y^2}{(1 + x)^2 + y^2}.$$

En remplaçant x et y par leurs valeurs, l'expression de v^2 devient

$$v^2 = \frac{\left(1 - \dfrac{\sin i\, \cos r}{\sin r\, \cos i}\right)^2 + \dfrac{\gamma^2}{\cos^2 i}}{\left(1 + \dfrac{\sin i\, \cos r}{\sin r\, \cos i}\right)^2 + \dfrac{\gamma^2}{\cos^2 i}}$$

ou

$$v^2 = \frac{\sin^2(i - r) + \gamma^2 \sin^2 r}{\sin^2(i + r) + \gamma^2 \sin^2 r},$$

et nous avons trouvé, pour déterminer la différence de phase, l'équation

$$\tang 2\pi \frac{\delta}{\lambda} = -\frac{2\gamma \cos i\, \sin^2 r}{\sin(i + r)\sin(i - r) + \gamma^2 \sin^2 r}.$$

391. Comparaison des formules de Cauchy avec celles de Mac Cullagh. — Il est naturel de supposer que le rayon réfracté dans le métal se comporte comme dans les milieux transparents, c'est-à-dire que le rapport $\dfrac{\sin i}{\sin r}$ est constant. Si l'on suppose que $\dfrac{\gamma}{\cos r}$ soit aussi une quantité constante, on pourra poser

$$\frac{\sin i}{\sin r} = M \cos \psi, \qquad \frac{\gamma}{\cos r} = M \sin \psi.$$

M et ψ étant deux constantes qui sont déterminées par les équations

$$M^2 = \frac{\sin^2 i}{\sin^2 r} + \frac{\gamma^2}{\cos^2 r},$$

$$\operatorname{tang} \psi = \frac{\gamma \sin r}{\sin i \cos r}.$$

Si, dans l'expression déduite de la théorie de Cauchy pour l'intensité de la lumière réfléchie lorsque la lumière incidente est polarisée dans le plan d'incidence, on multiplie les deux termes par $\frac{\cos i}{\cos r}$, qu'on remplace $\frac{\sin i}{\sin r}$ et $\frac{\gamma}{\cos r}$ par leurs valeurs, et qu'on pose

$$\frac{\cos i}{\cos r} = \mu,$$

cette expression devient

$$r^2 = \frac{(\mu - M\cos\psi)^2 + M^2\sin^2\psi}{(\mu + M\cos\psi)^2 + M^2\sin^2\psi} = \frac{M^2 + \mu^2 - 2\mu M\cos\psi}{M^2 + \mu^2 + 2\mu M\cos\psi}.$$

On retrouve ainsi la dernière formule de Mac Cullagh, qui est

$$R = \frac{M^2 + \varphi^2 - 2M\varphi\cos\chi}{M^2 + \varphi^2 + 2M\varphi\cos\chi};$$

les lettres seules sont changées : μ au lieu de φ et ψ au lieu de χ.

On peut aussi retrouver les premières formules de Mac Cullagh en donnant à $\frac{\sin i}{\sin r}$ et à γ d'autres valeurs. La première formule de Mac Cullagh pour l'intensité de la lumière réfléchie, lorsque la lumière est polarisée dans le plan d'incidence, est

$$R = \frac{D^2 + \cos^2 i - 2D\cos i\cos(\chi - \chi')}{D^2 + \cos^2 i + 2D\cos i\cos(\chi - \chi')}.$$

Elle s'applique aux corps transparents comme aux métaux.

La formule déduite de la théorie de Cauchy pour la même intensité peut s'écrire en multipliant les deux termes du second membre par $\cos^2 i$,

$$r^2 = \frac{\cos^2 i + \dfrac{\sin^2 i}{\sin^2 r}\cos^2 r - 2\dfrac{\sin i\cos i\cos r}{\sin r} + \gamma^2}{\cos^2 i + \dfrac{\sin^2 i}{\sin^2 r}\cos^2 r + 2\dfrac{\sin i\cos i\cos r}{\sin r} + \gamma^2}.$$

Pour faire coïncider ces deux formules, il faut poser

$$D^2 = \frac{\sin^2 i}{\sin^2 r}\cos^2 r + \gamma^2.$$

$$D\cos(\chi - \chi') = \frac{\sin i}{\sin r}\cos r.$$

On a d'ailleurs (386)

$$D^2 = \frac{m^2\sin 2\chi}{\sin 2(\chi - \chi')}$$

et

$$\tang 2(\chi - \chi') = \frac{m^2\sin 2\chi}{m^2\cos 2\chi - \sin^2 i}.$$

On peut déterminer $\frac{\sin i}{\sin r}$ et γ en fonction de χ et de m, car $\chi - \chi'$ est une fonction de χ. On trouve ainsi pour ces quantités des valeurs réelles. Il est donc possible de faire coïncider la formule de Cauchy avec celle de Mac Cullagh, mais ce n'est qu'au moyen d'une hypothèse dont on ne voit pas la signification physique. Il est probable que Cauchy a fait une hypothèse de ce genre, car la formule qu'il a donnée comme résultant de la théorie est de même forme que la première formule de Mac Cullagh.

On peut également faire coïncider les formules qui donnent la différence de phase.

La formule de Cauchy est, dans le cas où la lumière est polarisée dans le plan d'incidence,

$$\tang 2\pi\frac{\delta}{\lambda} = -\frac{2\gamma\cos i\sin^2 r}{\sin(i+r)\sin(i-r) + \gamma^2\sin^2 r},$$

et celle de Mac Cullagh,

$$\tang 2\pi\frac{\delta}{\lambda} = \frac{2D\cos i\sin(\chi - \chi')}{\cos^2 i - D^2}.$$

Or on a

$$D\sin(\chi - \chi') = \sqrt{D^2 - \frac{\sin^2 i}{\sin^2 r}\cos^2 r} = \sqrt{\gamma^2} = \gamma,$$

$$D^2 = \frac{\sin^2 i}{\sin^2 r}\cos^2 r + \gamma^2.$$

En substituant ces valeurs dans la formule de Mac Cullagh, elle devient

$$\tan 2\pi \frac{\delta}{\lambda} = \cfrac{2\gamma \cos i}{\cos^2 i - \dfrac{\sin^2 i}{\sin^2 r}\cos^2 r - \gamma^2}$$

$$= \frac{2\gamma \cos i \sin^2 r}{\cos^2 i \sin^2 r - \sin^2 i \cos^2 r - \gamma^2 \sin^2 r}$$

$$= - \frac{2\gamma \cos i \sin^2 r}{\sin(i+r)\sin(i-r) + \gamma^2 \sin^2 r}.$$

La difficulté de déterminer pour les métaux les quantités $\dfrac{\sin i}{\sin r}$ et γ tient à ce que l'énorme proportion de lumière absorbée ne permet pas d'appliquer aux métaux le raisonnement qui conduit à la loi des sinus. De plus, les métaux étant polis à la surface, leur densité n'est plus la même parallèlement et perpendiculairement à la surface, et il doit en être de même pour la densité de l'éther qu'ils contiennent. La même chose a lieu dans les corps transparents; mais pour ces corps l'épaisseur ou l'homogénéité n'existe pas ou est insignifiante par rapport au chemin que parcourt la lumière dans le milieu, tandis que pour les métaux ces deux quantités sont comparables.

Dans le cas de l'incidence normale, on a

$$\cos r = 1, \qquad \gamma = \frac{hl}{2\pi};$$

désignons cette valeur de γ par g, de façon qu'on ait

$$g = \frac{hl}{2\pi},$$

et substituons dans les deux équations qui font coïncider les formules de Mac Cullagh avec celles de Cauchy, nous aurons

$$(1) \qquad\qquad D^2 = n^2 + g^2,$$

$$(2) \qquad\qquad D \cos \chi = n;$$

car pour l'incidence normale χ' est nul et $\chi - \chi' = \chi$ (387). De la relation

$$D^2 = \frac{m^2 \sin 2\chi}{\sin 2(\chi - \chi')}$$

on tire pour l'incidence normale

$$D^2 = m^2,$$

et par suite. en tenant compte des équations (1) et (2),

$$m \cos \chi = n,$$
$$m \sin \chi = g.$$

On voit donc que cela revient à poser que le coefficient d'absorption est égal à $m \sin \chi$, et l'indice de réfraction à $m \cos \chi$, sous l'incidence normale.

Dans le cas où la lumière incidente est polarisée perpendiculairement au plan d'incidence. la question se complique davantage à cause de la difficulté d'appliquer le principe de continuité. D'ailleurs la formule donnée par Cauchy, pour l'intensité de la lumière réfléchie dans ce cas. est identique à la première formule de Mac Cullagh, qui est

$$R' = \frac{m^4 \cos^2 i + D^2 - 2 D m^2 \cos i \cos (\chi + \chi')}{m^4 \cos^2 i + D^2 + 2 D m^2 \cos i \cos (\chi + \chi')}.$$

Cauchy n'a donné, ni pour la lumière polarisée dans le plan d'incidence, ni pour la lumière polarisée perpendiculairement à ce plan, les valeurs de la différence de phase introduites par la réflexion: mais il a publié une formule qui représente la différence de phase entre les deux composantes du rayon réfléchi, polarisées l'une parallèlement. l'autre perpendiculairement au plan d'incidence.

Cette formule est

$$\tan 2\pi \frac{\Delta}{\lambda} = \tan 2\omega \sin (\chi - \chi').$$

où l'angle ω est déterminé par l'équation

$$\tan \omega = \frac{D \cos i}{\sin^2 i}.$$

On conclut de là

$$\tan 2\omega = \frac{2 D \cos i \sin^2 i}{\sin^4 i - D^2 \cos^2 i}$$

et

$$\tan 2\pi \frac{\Delta}{\lambda} = \frac{2 D \cos i \sin^2 i \sin (\chi - \chi')}{\sin^4 i - D^2 \cos^2 i}.$$

Cette formule ne coïncide pas avec celle qu'on déduit des premières formules de Mac Cullagh qui sont

$$\operatorname{tang} 2\pi \frac{\delta}{\lambda} = -\frac{2D \cos i \sin (\chi - \chi')}{D^2 - \cos^2 i}$$

et

$$\operatorname{tang} 2\pi \frac{\delta'}{\lambda} = -\frac{2Dm^2 \cos i \sin (\chi + \chi')}{m^4 \cos^2 i - D^2}.$$

Lorsque le coefficient m est très-grand, comme cela arrive pour les métaux (387), la formule de Cauchy coïncide à peu près avec celle qu'on déduit des formules de Mac Cullagh. En effet on a

$$D^2 = \sqrt{m^4 + \sin^4 i - 2m^2 \sin i \cos \chi},$$

et, si m est très-grand, on peut, sans commettre une grande erreur, prendre D^2 égal à m^2.

De même on voit par la formule

$$\operatorname{tang} 2 (\chi - \chi') = \frac{m^2 \sin 2\chi}{m^2 \cos 2\chi - \sin^2 i}$$

que $\chi - \chi'$ doit être approximativement égal à χ quand m est très-grand, et χ' approximativement nul.

Avec ce degré d'approximation la formule de Cauchy devient

$$\operatorname{tang} 2\pi \frac{\lambda}{\lambda} = -\frac{2\sin^2 i \sin \chi}{m \cos i} = -\frac{2\sin i \operatorname{tang} i \sin \chi}{m}.$$

Les formules de Mac Cullagh deviennent

$$\operatorname{tang} 2\pi \frac{\delta}{\lambda} = -\frac{2\cos i \sin \chi}{m}, \qquad \operatorname{tang} 2\pi \frac{\delta'}{\lambda} = -\frac{2\sin \chi}{m \cos i},$$

d'où

$$\operatorname{tang} 2\pi \frac{\delta - \delta'}{\lambda} = \frac{\dfrac{2\sin \chi}{m \cos i} - \dfrac{2\cos i \sin \chi}{m}}{1 + \dfrac{4\sin^2 \chi}{m^2}} = \frac{2m \sin^2 i \sin \chi}{(m^2 + 4\sin^2 \chi) \cos i}$$

ou approximativement

$$\operatorname{tang} 2\pi \frac{\delta - \delta'}{\lambda} = -\frac{2\sin i \operatorname{tang} i \sin \chi}{m},$$

formule identique à celle de Cauchy.

392. Expériences de Mac Cullagh, de M. Jamin, de MM. de la Provostaye et P. Desains. — Les premières expériences faites en vue de vérifier les résultats de la théorie sont dues à Mac Cullagh et remarquables par leur précision. Un rayon polarisé par un Nicol se réfléchit sur une surface métallique et se polarise elliptiquement: ce rayon réfléchi tombe sur un parallélipipède de Fresnel, et, si le plan de polarisation primitif est à 45 degrés du plan d'incidence, on pourra déterminer la direction des axes de l'ellipse de vibration de la lumière réfléchie et le rapport de ces axes.

Voici les résultats obtenus par Mac Cullagh en opérant sur le métal des miroirs, le rayon incident étant polarisé à 45 degrés du plan d'incidence :

ANGLE d'incidence.	ANGLES DE L'UN DES AXES DE L'ELLIPSE AVEC LE PLAN D'INCIDENCE		ANGLES DONT LES TANGENTES SONT ÉGALES AU RAPPORT DES AXES	
	Observés.	Calculés.	Observés.	Calculés.
65°.	27°55′	27°59′	28°6′	28°
70°.	15°41′	15°46′	33°7′	33°1′
75°.	— 8°45′	— 9°16′	34°10′	34°6′
80°.	— 30°15′	— 29°25′	27°	26°53′
86°.	— 37°22′	— 37°25′	16°47′	17°17′

Deux observations servaient à calculer au moyen des formules de Mac Cullagh les constantes m et χ: on en déduisait ensuite par le calcul les nombres correspondant aux observations faites sous d'autres incidences, et on comparait ces nombres à ceux qu'avait donnés l'expérience. Mac Cullagh a trouvé ainsi : $m = 2,94$, $\chi = 64°25′$.

D'après les définitions de Cauchy, l'indice de réfraction déduit de ces nombres aurait une valeur plus grande que l'unité, mais assez faible: d'après les définitions de Mac Cullagh, au contraire, l'indice aurait une valeur très-grande.

M. Jamin, dans ses expériences sur la réflexion métallique (378, 382), a donné en regard des résultats expérimentaux les nombres qui se déduisent des formules de Cauchy; la coïncidence est satisfaisante pour les changements de phase, mais non pour les intensités.

Les expériences calorimétriques de MM. de la Provostaye et Desains (379) ont aussi donné des résultats qui s'accordent avec ceux qu'on déduit des formules de Cauchy.

393. Recherches de M. Jamin sur la couleur des métaux.

— M. Jamin[1] a cherché d'autres vérifications dans l'influence de la couleur de la lumière incidente sur la réflexion métallique. Il détermina, pour divers métaux et pour les différents rayons du spectre, les angles de polarisation maximum, ou, ce qui revient au même, les angles d'incidence qui donnent une différence de phase égale à $\frac{\lambda}{4}$ entre les deux composantes du rayon réfléchi. Ces angles, nous l'avons vu, sont ceux pour lesquels, après deux réflexions, la polarisation rectiligne est rétablie. M. Jamin mesura, en outre, l'angle formé par le plan de polarisation du rayon réfléchi avec le plan d'incidence. Pour comparer ses résultats à ceux de la théorie, M. Jamin s'est servi des formules de Cauchy. Ces formules lui fournissaient deux équations contenant m et χ, et par conséquent il pouvait déterminer ces constantes au moyen d'une seule observation. Il pouvait ensuite employer les formules, en y remplaçant m et χ par leurs valeurs, à calculer d'autres résultats, et vérifier si ces résultats concordaient avec ceux de l'expérience.

C'est ainsi que M. Jamin a calculé les pouvoirs réflecteurs de différents métaux sous l'incidence normale, pour les différents rayons du spectre; la comparaison de ces intensités donne une explication complète de la couleur des métaux. Il a pu également vérifier d'anciennes expériences de Bénédict Prevost, qui ont montré que la couleur des métaux change lorsqu'on fait réfléchir plusieurs fois la lumière à leur surface. Il a calculé les intensités des rayons de différentes couleurs pour dix réflexions, et a trouvé des résultats concordant avec l'expérience.

M. Jamin a étudié la réflexion sur sept métaux qu'il a rangés en trois catégories. L'argent, le bronze des cloches, le laiton, le cuivre et le métal des miroirs ont donné un pouvoir réflecteur décroissant du rouge [au violet. Faible pour l'argent, cette variation est assez

[1] *Ann. de chim. et de phys.*, (3), XXII. 311. — *C. R.*, XXV, 714; XXVI, 83.

forte pour le bronze, le cuivre et le laiton. La seconde catégorie comprend l'acier, qui est blanc et où la variation est très-faible, et la troisième catégorie le zinc, pour lequel le pouvoir réflecteur va en croissant du rouge au violet. Voici le tableau des pouvoirs réflecteurs sous l'incidence normale après une seule réflexion.

POUVOIRS RÉFLECTEURS SOUS L'INCIDENCE NORMALE APRÈS UNE RÉFLEXION.

COULEURS.	ARGENT.	BRONZE des cloches.	LAITON.	CUIVRE.	MÉTAL des miroirs.	ACIER.	ZINC.
Rouge....	0.929	0,747	0,720	0,682	0.692	0,609	0.576
Orangé ...	0,909	0,724	0,682	0,623	0,654	0,600	0.594
Jaune.....	0.905	0,705	0,662	0,540	0,632	0,599	0,602
Vert......	0.902	0,630	0,619	0,470	0,625	0,593	0,616
Bleu......	0.878	0,591	0,528	0,434	0,606	0.608	0,628
Indigo....	0,875	0,578	0,456	0,423	0,599	0,604	0,635
Violet.....	0.867	0,566	0,498	0,405	0.599	0,599	0,636

On voit que pour l'argent la variation est faible, et que la couleur de ce métal, vu par réflexion, sera le blanc tirant légèrement sur le jaune. Pour le bronze, le laiton et surtout le cuivre, l'intensité des rayons de l'extrémité rouge du spectre est prédominante et leur couleur sera d'un jaune tirant sur le rouge. Pour l'acier, la variation est très-faible; ce métal doit donc être blanc. Enfin, pour le zinc, c'est l'intensité des rayons de l'extrémité violette du spectre qui domine; aussi ce métal a-t-il une coloration bleuâtre.

Les résultats relatifs à l'effet de dix réflexions successives sont plus marqués, et on peut en déduire des conséquences importantes.

POUVOIRS RÉFLECTEURS SOUS L'INCIDENCE NORMALE APRÈS DIX RÉFLEXIONS.

COULEURS.	ARGENT.	BRONZE des cloches.	LAITON.	CUIVRE.	MÉTAL des miroirs.	ACIER.	ZINC.
Rouge....	0,478	0,054	0,037	0,022	0,035	0,007	0,004
Orangé ...	0,388	0,039	0,022	0,009	0,014	0,006	0,005
Jaune.....	0,369	0,030	0.016	0,002	0,010	0,006	0.006
Vert......	0,357	0.010	0,008	0,000	0,009	0,007	0.008
Bleu......	0,273	0,005	0,001	0,000	0,006	0,007	0,009
Indigo....	0.264	0,004	0,000	0,000	0,005	0,006	0,010
Violet.....	0,242	0,003	0,000	0,000	0.006	0,006	0,011

On voit que pour l'argent le rouge prédomine : il y a un saut brusque du vert au bleu; le bleu et le violet n'entreront donc que pour une faible part dans la lumière réfléchie, et les couleurs complémentaires, le jaune et l'orangé, seront celles du métal.

Pour le bronze, le résultat est le même; le saut brusque a lieu du jaune au vert et du vert au bleu. Les couleurs prédominantes seront le rouge et l'orangé, et le métal paraîtra plus rouge que l'argent.

Pour le laiton, les rayons bleus et violets manquent; la teinte sera donc jaune orangé.

Le cuivre, pour lequel les rayons verts, bleus et violets font défaut, sera d'un rouge presque pur. Pour le métal des miroirs, il y a un saut brusque du rouge à l'orangé; les autres couleurs décroissent d'une façon continue; le métal doit donc être d'un rouge lavé de blanc. L'acier doit être blanc et le zinc doit présenter une teinte bleu violacé.

Pour calculer ces pouvoirs réflecteurs, M. Jamin s'est servi de formules simplifiées par Cauchy.

394. Tableau des indices de réfraction et des coefficients d'extinction des métaux sous l'incidence normale. — M. Beer [1] s'est servi des résultats obtenus par M. Jamin pour calculer les constantes m et χ, et il en a déduit les indices de réfraction et les coefficients d'extinction de différents métaux sous l'incidence normale. On sait qu'en général le coefficient d'extinction g est égal à $\dfrac{h\lambda}{2\pi \cos r}$; sous l'incidence normale il devient

$$g = \frac{H\lambda}{2\pi}.$$

Il doit donc être tel que e^{-Hz} représente l'amplitude des vibrations à une distance z de la surface: H doit par suite être très-grand, ce qui n'implique pas que g le soit aussi, car λ est très-petit.

Voici le tableau des nombres obtenus par M. Beer.

[1] *Pogg. Ann.*, XCII.

INDICES DE RÉFRACTION DES MÉTAUX SOUS L'INCIDENCE NORMALE.

COULEURS.	ARGENT.	BRONZE des cloches.	LAITON.	CUIVRE.	MÉTAL des miroirs.	ACIER.	ZINC.
Rouge..	0,2623	1,0332	0,8216	0,8865	1,2006	2,3679	1,9985
Orangé.	0,2615	1,0305	0,8062	0,9478	1,1631	2,2783	1,8683
Jaune..	0,2581	1,0189	0,8000	1,1140	1,1290	2,2194	1,7735
Vert...	0,2452	1,0855	0,8194	1,3057	1,1597	2,0391	1,4262
Bleu...	0,2229	1,1359	0,9235	1,3052	0,9876	1,8574	1,1901
Indigo.	0,2154	1,0942	1,0340	1,3151	0,9117	1,7520	1,0938
Violet..	0,2059	1,1507	1,0797	1,3090	0,9117	1,6001	1,0006

COEFFICIENTS D'EXTINCTION DES MÉTAUX SOUS L'INCIDENCE NORMALE.

COULEURS.	ARGENT.	BRONZE des cloches.	LAITON.	CUIVRE.	MÉTAL des miroirs.	ACIER.	ZINC.
Rouge..	3,4668	3,1349	2,5760	2,5265	3,6753	3,4684	2,9944
Orangé.	2,9285	3,0925	2,3828	2,2631	3,1901	3,3393	2,9780
Jaune..	2,8133	2,9197	2,2437	2,0456	2,9415	3,3033	2,7830
Vert...	2,6667	2,5034	2,0356	1,9675	2,8948	3,1370	2,7400
Bleu...	2,1269	2,3373	1,7097	1,7323	2,6297	3,1362	2,5057
Indigo..	2,0321	2,2150	1,5905	1,7123	2,5225	3,0240	2,4707
Violet..	1,8651	2,2223	1,4134	1,6336	2,5225	2,8700	2,3914

On voit que l'indice de l'argent, beaucoup plus petit que l'unité, décroît du rouge au violet. Pour le bronze, les résultats sont contraires; mais il y a d'abord une décroissance. Pour le laiton, il y a une légère décroissance du rouge au jaune, puis l'indice croît jusqu'au violet: il est plus petit que l'unité pour le rouge et plus grand que l'unité pour le violet. Ce dernier résultat est vrai pour le cuivre, dont l'indice croît du rouge au violet. Pour l'acier et le zinc l'indice est plus grand que l'unité et décroît du rouge au violet.

Les coefficients d'extinction sont plus grands que l'unité pour tous les métaux, et vont en décroissant du rouge au violet pour tous les métaux. En multipliant ces coefficients par $\frac{2\pi}{\lambda}$ on aura H qui sera très-grand. Ce résultat s'accorde avec la diminution rapide de l'amplitude du mouvement vibratoire dans les métaux.

Les valeurs des indices sont de nature à surprendre et à jeter du doute sur la théorie: car il semble étrange que dans des métaux l'indice de réfraction soit inférieur à l'unité, c'est-à-dire que la vitesse de propagation soit plus grande que dans le vide.

Cependant il ne faut pas attacher à cette remarque une trop

grande importance. Ce qui est la réalité, c'est que la force vive de l'éther se communique à la matière pondérable du métal, dans un très-petit espace, d'une manière qu'on ne connaît pas; car, dans cet espace, la matière n'a pas la même densité dans tous les sens, et c'est cet état qu'on se représente, d'une manière tout à fait fictive, par une propagation de la lumière suivant une certaine loi. Rien ne prouve donc que la quantité qu'on choisit pour représenter la vitesse de propagation de ce mouvement corresponde à une vitesse réelle.

395. Polarisation elliptique de la lumière réfractée par les métaux. — Mac Cullagh a fait remarquer que la réfraction par les métaux doit produire, comme la réflexion, une différence de phase variable suivant la position du plan de polarisation de la lumière incidente, d'où il résulte que, si la lumière incidente est polarisée rectilignement, le rayon réfracté sera polarisé elliptiquement.

Faraday, en appliquant sur une lame de verre de l'or, du platine, réduits en feuilles très-minces, a pu constater sur la lumière transmise des signes de dépolarisation partielle, ce qui annonce la polarisation elliptique [1]. Il est permis de croire que l'étude de cette lumière réfractée éclaircirait la théorie de la réflexion à la surface des métaux.

F. — Réflexion à la surface des métaux cristallisés dans un système
autre que le système cubique.

396. Expériences de De Senarmont. — De Senarmont a étudié la réflexion de la lumière à la surface des corps métalliques cristallisés dans un système autre que le système cubique [2]. On doit s'attendre à la même dissymétrie que pour les corps transparents biréfringents. Les phénomènes doivent varier avec la position de la face réfléchissante par rapport aux axes du cristal et avec celle du plan d'incidence; comme dans le cas des métaux non cristallisés, la lumière polarisée rectilignement doit se transformer en lumière elliptique par la réflexion, mais il n'y aura identité avec ce qui se

[1] *Phil. Trans.*, 1857, p. 145.
[2] *C. R.*, XXIV, 327. — *Ann. de chim. et de phys.*, (3), XX, 397.

passe dans la réflexion sur les métaux non cristallisés que si le plan
d'incidence est un plan de symétrie. De là une grande complication
dans les phénomènes, que De Senarmont est loin d'avoir étudiés dans
tous leurs détails.

De Senarmont, dans le long mémoire qu'il fit à ce sujet, n'a guère
constaté qu'un fait : la différence des phénomènes dans le plan de
symétrie et dans le plan perpendiculaire. Cette stérilité de résultats
est due en partie à ce qu'il a opéré avec la lumière blanche, et à ce
qu'il a étudié les effets produits au moyen de la polarisation chromatique. Nous nous bornerons à faire connaître le procédé qui lui
a paru le plus satisfaisant. Ce procédé consiste à faire passer le
rayon incident polarisé à travers une lame de quartz formée de deux
moitiés produisant des rotations égales et de sens contraire, à le
faire ensuite réfléchir sur un cristal métallique et à recevoir le
rayon réfléchi sur un analyseur. On a dans cet analyseur deux images
dont chacune présente deux moitiés de teintes différentes, du moins
dans le cas général. C'est de ces colorations que De Senarmont a
fait dépendre l'étude de la polarisation produite par la réflexion à la
surface des métaux cristallisés.

Tout s'est borné à examiner l'incidence sous laquelle la différence
de phase entre les deux composantes du rayon réfléchi est égale à
un quart de longueur d'ondulation, et celle sous laquelle les intensités du rayon polarisé dans le plan d'incidence et du rayon polarisé
dans le plan perpendiculaire sont modifiées par la réflexion dans
le même rapport, le plan d'incidence étant toujours un plan de
symétrie pour le cristal. Les observations n'ont porté que sur le sulfure d'antimoine, le seul corps métallique cristallisé qui donne des
cristaux nets et qui puisse fournir des lames d'une certaine étendue.
Le sulfure d'antimoine cristallise dans le système monoclinoédrique;
le premier axe est perpendiculaire au plan des autres, qui sont
obliques entre eux: tout plan perpendiculaire à l'axe principal est
donc un plan de symétrie par rapport au cristal.

Les expériences ont été faites sur des faces de clivage parallèles
à l'axe principal, et on a trouvé pour l'angle de polarisation maximum 78°3o', quand le plan d'incidence est parallèle à l'axe du
cristal, et 76 degrés quand il est perpendiculaire à cet axe. On a

ensuite déterminé l'incidence sous laquelle les deux composantes du rayon réfléchi sont modifiées dans le même rapport, le plan d'incidence étant parallèle à l'axe et la lame étant mise en contact avec des milieux différents. On a trouvé ainsi $18°30'$ pour l'air, $24°40'$ pour l'eau, $27°6'$ pour l'huile de faîne décolorée par le charbon.

La méthode de De Senarmont donne le moyen de reconnaître si, lorsque le plan d'incidence est un plan de symétrie par rapport au cristal, les choses se passent comme pour les métaux non cristallisés.

On commence par rendre le plan d'incidence parallèle au plan de polarisation des rayons incidents; après avoir traversé la double lame de quartz, le faisceau sera composé de deux parties polarisées dans des plans faisant le même angle α de part et d'autre du plan de polarisation primitif, et par conséquent aussi du plan d'incidence. Elles auront donc même teinte et, si le plan d'incidence est un plan de symétrie, les modifications apportées par la réflexion à la constitution des deux faisceaux seront identiques. et les deux moitiés de chacune des images de l'analyseur présenteront les mêmes teintes. Si. au contraire. le plan d'incidence n'est pas un plan de symétrie par rapport au cristal, deux rayons, dont les plans de polarisation font des angles égaux avec le plan d'incidence de part et d'autre, ne seront pas modifiés de la même manière par la réflexion, et chacune des images de l'analyseur aura ses deux moitiés teintes de couleurs différentes. C'est là un procédé d'observation commode, et c'est du reste le seul avantage de ce mode d'expérimentation compliqué.

Nous supposerons, dans les calculs qui vont suivre, que le plan d'incidence est un plan de symétrie par rapport au cristal, c'est-à-dire, si le cristal est à un axe. que ce plan est une section principale ou qu'il est perpendiculaire à l'axe. Alors la lumière polarisée dans ce plan ou dans le plan perpendiculaire devra, par la réflexion, subir les mêmes modifications que sur les métaux non cristallisés. Seulement ces modifications varieront avec la position du plan de symétrie et avec la direction de la face réfléchissante par rapport aux axes du cristal.

Soient α et α' les angles des plans de polarisation des deux faisceaux transmis par la lame de quartz avec le plan d'incidence. Les vibrations perpendiculaires au plan d'incidence auront pour amplitude, en prenant pour unité l'amplitude de la lumière incidente, $\cos \alpha$ et $\cos \alpha'$: les vibrations parallèles au plan d'incidence auront pour amplitudes $\sin \alpha$ et $\sin \alpha'$. Après la réflexion, ces composantes ont pour amplitudes $m \cos \alpha$ et $m \cos \alpha'$, $n \sin \alpha$ et $n \sin \alpha'$. D'ailleurs il s'est établi entre les deux composantes $m \cos \alpha$ et $n \sin \alpha$ une différence de phase θ, qui est la même pour les composantes $m \cos \alpha'$ et $n \sin \alpha'$. Le rayon réfléchi se composera donc de deux rayons polarisés elliptiquement d'une manière différente. Recevons-le sur un prisme biréfringent dont la section principale fasse avec le plan d'incidence un angle ω.

Le premier rayon elliptique, celui qui provient des composantes $m \cos \alpha$ et $n \sin \alpha$, donnera un rayon ordinaire dont le mouvement vibratoire sera représenté par

$$(1) \qquad m \cos \alpha \cos \omega \sin 2\pi \frac{t}{\mathrm{T}} + n \sin \alpha \sin \omega \sin 2\pi \left(\frac{t}{\mathrm{T}} + \frac{\theta}{\lambda} \right),$$

et un rayon extraordinaire dont le mouvement vibratoire sera représenté par

$$(2) \qquad m \cos \alpha \sin \omega \sin 2\pi \frac{t}{\mathrm{T}} - n \sin \alpha \cos \omega \sin 2\pi \left(\frac{t}{\mathrm{T}} + \frac{\theta}{\lambda} \right).$$

Les signes $+$ et $-$ peuvent varier suivant la valeur de ω, mais ils sont toujours contraires. On aura de même pour le rayon ordinaire provenant du second rayon elliptique, de celui qui correspond aux composantes $m \cos \alpha'$ et $n \sin \alpha'$, un mouvement vibratoire représenté par

$$(3) \qquad m \cos \alpha' \cos \omega \sin 2\pi \frac{t}{\mathrm{T}} + n \sin \alpha' \sin \omega \sin 2\pi \left(\frac{t}{\mathrm{T}} + \frac{\theta}{\lambda} \right),$$

et pour le rayon extraordinaire provenant du même rayon elliptique un mouvement vibratoire représenté par

$$(4) \qquad m \cos \alpha' \sin \omega \sin 2\pi \frac{t}{\mathrm{T}} - n \sin \alpha' \cos \omega \sin 2\pi \left(\frac{t}{\mathrm{T}} + \frac{\theta}{\lambda} \right).$$

Les intensités des quatre images de l'analyseur sont donc

$$(1) \qquad m^2 \cos^2 \alpha \cos^2 \omega + n^2 \sin^2 \alpha \sin^2 \omega$$
$$+ 2mn \sin \alpha \cos \alpha \sin \omega \cos \omega \cos 2\pi \frac{\theta}{\lambda},$$

$$(2) \qquad m^2 \cos^2 \alpha \sin^2 \omega + n^2 \sin^2 \alpha \cos^2 \omega$$
$$- 2mn \sin \alpha \cos \alpha \sin \omega \cos \omega \cos 2\pi \frac{\theta}{\lambda},$$

$$(3) \qquad m^2 \cos^2 \alpha' \cos^2 \omega + n^2 \sin^2 \alpha' \sin^2 \omega$$
$$+ 2mn \sin \alpha' \cos \alpha' \sin \omega \cos \omega \cos 2\pi \frac{\theta}{\lambda},$$

$$(4) \qquad m^2 \cos^2 \alpha' \sin^2 \omega + n^2 \sin^2 \alpha' \cos^2 \omega$$
$$- 2mn \sin \alpha' \cos \alpha' \sin \omega \cos \omega \cos 2\pi \frac{\theta}{\lambda}.$$

Supposons que l'incidence soit celle de la polarisation maximum; on aura

$$\theta = \frac{\lambda}{4},$$

et les valeurs des intensités deviennent alors

$$(1) \qquad m^2 \cos^2 \alpha \cos^2 \omega + n^2 \sin^2 \alpha \sin^2 \omega,$$
$$(2) \qquad m^2 \cos^2 \alpha \sin^2 \omega + n^2 \sin^2 \alpha \cos^2 \omega,$$
$$(3) \qquad m^2 \cos^2 \alpha' \cos^2 \omega + n^2 \sin^2 \alpha' \sin^2 \omega,$$
$$(4) \qquad m^2 \cos^2 \alpha' \sin^2 \omega + n^2 \sin^2 \alpha' \cos^2 \omega.$$

Si sous cette incidence nous cherchons la position de l'analyseur ou l'angle ω qui donne aux deux moitiés de l'image ordinaire la même intensité, nous trouverons, en égalant (1) et (3),

$$m^2 (\cos^2 \alpha - \cos^2 \alpha') \cos^2 \omega = n^2 (\sin^2 \alpha' - \sin^2 \alpha) \sin^2 \omega,$$

d'où

$$\tang^2 \omega = \frac{m^2}{n^2} \frac{\cos^2 \alpha - \cos^2 \alpha'}{\sin^2 \alpha' - \sin^2 \alpha} = \frac{m^2}{n^2}.$$

On trouve de même pour la valeur de ω qui rend égales les intensités des deux moitiés de l'image extraordinaire

$$\tang^2 \omega' = \frac{n^2}{m^2}.$$

Les deux valeurs de l'angle ω qui rendent égales les intensités des deux moitiés de l'image ordinaire et celles des deux moitiés de l'image extraordinaire sont donc complémentaires. Si l'on suppose

$\alpha = \alpha'$, c'est-à-dire si les angles des plans de polarisation des rayons transmis par le quartz avec le plan d'incidence sont égaux, ce qui arrive lorsque le plan de polarisation primitif de la lumière incidente coïncide avec le plan d'incidence, les expressions qui donnent $\tan 2\omega$ et $\tan 2\omega'$ sont indéterminées, et les deux moitiés de chaque image de l'analyseur auront même intensité dans la lumière homogène, même coloration dans la lumière blanche, quelle que soit la position de l'analyseur, comme cela était facile à prévoir.

Cherchons maintenant la position de l'analyseur qui rend uniforme la teinte des deux moitiés de l'image ordinaire sous une incidence quelconque, c'est-à-dire pour une valeur quelconque de θ. La valeur de ω est alors donnée par l'équation

$$m^2 \cos^2 \alpha \cos^2 \omega + n^2 \sin^2 \alpha \sin^2 \omega$$
$$+ 2mn \sin \alpha \cos \alpha \sin \omega \cos \omega \cos 2\pi \frac{\theta}{\lambda}$$
$$= m^2 \cos^2 \alpha' \cos^2 \omega + n^2 \sin^2 \alpha' \sin^2 \omega$$
$$+ 2mn \sin \alpha' \cos \alpha' \sin \omega \cos \omega \cos 2\pi \frac{\theta}{\lambda},$$

d'où

$$m^2 \left(\cos^2 \alpha - \cos^2 \alpha' \right) \cos^2 \omega + n^2 \left(\sin^2 \alpha - \sin^2 \alpha' \right) \sin^2 \omega$$
$$+ mn \cos 2\pi \frac{\theta}{\lambda} \left(\sin \alpha \cos \alpha - \sin \alpha' \cos \alpha' \right) \sin 2\omega = 0.$$

Cette équation, jointe à

$$\sin^2 \omega + \cos^2 \omega = 1,$$

déterminera ω.

Dans le cas où $m = n$, elle se simplifie et devient

$$\left(\cos^2 \alpha - \cos^2 \alpha' \right) \left(\cos^2 \omega - \sin^2 \omega \right)$$
$$+ \sin 2\omega \cos 2\pi \frac{\theta}{\lambda} \left(\sin \alpha \cos \alpha - \sin \alpha' \cos \alpha' \right) = 0,$$

d'où

$$\tan 2\omega = \frac{\cos^2 \alpha' - \cos^2 \alpha}{\left(\sin \alpha \cos \alpha - \sin \alpha' \cos \alpha' \right) \cos 2\pi \frac{\lambda}{\theta}}.$$

Si nous effectuons le même calcul pour l'image extraordinaire, nous trouverons pour ω' les deux mêmes équations. On voit donc que, lorsque la réflexion modifie dans le même rapport les deux composantes du rayon transmis par le quartz polarisées parallèlement et perpendiculairement au plan d'incidence, l'image ordinaire ne peut être de teinte uniforme sans qu'il en soit de même pour l'image extraordinaire; d'ailleurs ces deux images ont toujours des teintes complémentaires.

G. — ANNEAUX COLORÉS À LA SURFACE DES MÉTAUX.

397. Forme des anneaux colorés produits par réflexion sur les métaux. — On peut, par ce qui précède, se rendre compte de la forme des anneaux que l'on obtient en plaçant une lentille de verre sur une plaque de métal.

Si la lumière est polarisée dans le plan d'incidence ou si elle est naturelle, les anneaux diffèrent peu de ce qu'ils sont ordinairement. Ils sont plutôt à centre gris qu'à centre noir. Cependant, comme par la réflexion sur le métal il s'établit entre les deux composantes du rayon réfléchi une différence de phase, il doit y avoir une déformation des anneaux. Pour des incidences inférieures à 30 degrés ou 40 degrés, cette déformation est trop faible pour être appréciée par des mesures précises.

M. Jamin et De Senarmont ont essayé de déterminer d'une manière absolue, à l'aide des anneaux, les changements de phase des deux composantes, mais ils ne sont arrivés à rien de précis à cause de l'imperfection du poli des métaux et de l'imparfaite conservation de ce poli.

Si la lumière incidente est polarisée perpendiculairement au plan d'incidence, les phénomènes s'écartent d'une manière très-sensible de ceux que présentent les corps transparents. Près de l'incidence normale, l'écart est peu considérable, mais, à mesure qu'on s'en éloigne, la tache centrale noire disparaît; elle s'ouvre bientôt et se colore en son centre, de sorte qu'on n'a plus à la place de la tache noire qu'un anneau obscur entourant une tache colorée. L'épaisseur de cet anneau obscur diminue jusqu'à un certain maximum, après quoi elle augmente et, sous l'incidence rasante, la tache centrale noire reparaît. C'est sous l'angle de polarisation maximum, c'est-à-dire sous un angle d'incidence qui produit entre les deux composantes du rayon réfléchi une différence de phase égale à $\frac{\lambda}{4}$, que la tache centrale colorée devra avoir sa plus grande largeur et l'anneau obscur sa plus petite épaisseur, car sous cet angle il faudra que la lame mince donne une différence de phase égale à $\frac{\lambda}{8}$ pour que cette différence, doublée et ajoutée à celle qui est produite par la réflexion, donne une différence de phase égale à $\frac{\lambda}{2}$, et c'est le maximum d'épaisseur qu'on puisse avoir pour arriver à une bande noire.

398. Expériences d'Airy sur le diamant et la blende. — Airy a le premier[1] observé les phénomènes que nous venons de décrire, et c'est ainsi qu'il a été conduit à la découverte de la polarisation elliptique par réflexion à la surface de lames transparentes et très-réfringentes. Il a essayé de produire ces phénomènes nonseulement avec le crown et le flint, dont les indices sont assez petits, mais encore avec le diamant et la blende, dont les indices de réfraction sont très-grands. Il a trouvé que les phénomènes pour ces deux corps ressemblent à ceux qui ont lieu à la surface des métaux. On peut employer un diamant de petite dimension, sur une des faces duquel on place une lentille de verre convexe. On observe les anneaux avec un microscope à faible grossissement : on voit alors la tache centrale noire s'ouvrir pour une incidence inférieure de 3 ou 4 degrés à l'angle de polarisation maximum ; la tache colorée qui la remplace atteint son maximum d'étendue quand l'incidence est égale à l'angle de polarisation maximum. Si l'incidence dépasse cet angle, la tache colorée se resserre, et, lorsque l'angle d'incidence est supérieur de 5 ou 6 degrés à l'angle de polarisation, elle disparaît pour faire place à la tache noire. C'est donc dans un espace de 8 à 10 degrés que se trouve restreint pour le diamant un phénomène qui, pour les métaux, apparaît dans un intervalle de 40 à 50 degrés. La blende présente le même phénomène.

On voit que pour ces corps la composante du rayon réfléchi, polarisée perpendiculairement au plan d'incidence, n'éprouve pas

[1] *Cambr. Trans.*, IV, 219.

un changement de phase brusque lorsque l'incidence est égale à l'angle de polarisation, mais bien un changement de phase graduel, qui donne de la lumière réfléchie polarisée elliptiquement. La lumière réfractée doit aussi être polarisée elliptiquement, et ces corps se prêteraient mieux que les métaux à l'étude de la polarisation elliptique par réfraction.

VI.

POLARISATION ELLIPTIQUE PAR RÉFLEXION À LA SURFACE DE CORPS NON MÉTALLIQUES ET PEU RÉFRINGENTS.

399. Expériences de M. Jamin. — Les faits que nous venons de faire connaître relativement à la polarisation elliptique produite par la réflexion de la lumière sur des corps non métalliques, transparents et doués d'un fort pouvoir réfringent, ont conduit M. Jamin à penser que tous les corps transparents, même ceux qui sont peu réfringents, peuvent présenter des phénomènes du même genre dans le voisinage de l'angle de polarisation, c'est-à-dire polariser elliptiquement la lumière par réflexion lorsque l'angle d'incidence diffère peu de l'angle de polarisation.

La difficulté de constater la polarisation elliptique produite par la réflexion est beaucoup plus grande pour les corps transparents que pour les métaux, et cela tient à deux causes. En premier lieu l'intensité de la lumière réfléchie par les corps transparents est beaucoup plus faible que l'intensité de la lumière réfléchie par les métaux, et ensuite, les métaux ne polarisant jamais la lumière que partiellement, les intensités des deux composantes du rayon réfléchi, polarisées parallèlement et perpendiculairement au plan d'incidence, ont des intensités comparables, tandis que les corps transparents, surtout au voisinage de l'angle de polarisation, polarisent presque complétement la lumière, et qu'alors la composante polarisée perpendiculairement au plan d'incidence n'a plus qu'une intensité très-faible, et c'est précisément sur cette composante qu'on doit rechercher le phénomène de la polarisation elliptique par réflexion.

M. Jamin, dans ses expériences [1], est parvenu à tourner ce dernier obstacle. Il fait arriver sur la surface réfléchissante un rayon polarisé dans un plan presque perpendiculaire au plan d'incidence : la composante du rayon réfléchi, polarisée perpendiculairement au plan d'incidence, aura une intensité très-grande, et la composante pola-

[1] *Ann. de chim. et de phys.*, (3), XXIX, 263.

risée dans le plan d'incidence une intensité très-petite. En faisant varier l'incidence, l'intensité de la première composante peut. en s'affaiblissant beaucoup plus que la seconde, lui devenir comparable dans le voisinage de l'angle de polarisation, et, si alors la réflexion introduit une différence de phase entre les deux composantes, il y aura polarisation elliptique. Comme cette polarisation elliptique sera toujours très-faible, il faudra, pour la rendre sensible, se servir de la lumière solaire.

Pour reconnaître la polarisation elliptique de la lumière réfléchie, M. Jamin s'est servi du compensateur de M. Babinet, que nous avons décrit précédemment (208) et qui est représenté fig. 14. Ce compensateur se compose de deux prismes droits, égaux, taillés dans un cristal de quartz : ces prismes ont pour bases deux triangles rectangles très-allongés et sont accolés par leurs faces hypoténuses, de manière à constituer un prisme droit à base rectangulaire ABCD (fig. 14). Les faces latérales du prisme qui passent par AB et par CD contiennent l'axe, mais dans la première AB est parallèle à l'axe. tandis que dans la seconde CD est perpendiculaire à l'axe; d'où il résulte que, par rapport aux rayons qui tombent sur la face AB. les sections principales des deux prismes triangulaires dont se compose le compensateur sont rectangulaires. Si donc on fait arriver sur la face AB un rayon polarisé, ce rayon se décompose en deux autres rayons dont chacun traverse l'un des prismes triangulaires à l'état de rayon ordinaire, et l'autre à l'état de rayon extraordinaire.

Un rayon tel que MN, qui tombe au milieu du compensateur, traverse les deux prismes sous des épaisseurs égales et, par suite, chacun des rayons en lesquels il se décompose parcourt des chemins égaux à l'état de rayon ordinaire et à l'état de rayon extraordinaire, d'où il résulte que la polarisation du rayon MN n'est pas altérée par son passage à travers le compensateur. Mais il n'en est pas de même pour les rayons qui tombent de part et d'autre de MN. Considérons, par exemple, le rayon PQ, qui traverse le premier prisme sous une épaisseur égale à e et le second prisme sous une épaisseur égale à e'; les deux composantes de ce rayon, suivant les deux sections principales du compensateur, présenteront au sortir du compensateur une différence de marche égale à celle que produirait une lame de quartz ayant une épaisseur égale à $e - e'$ et dont la section principale serait parallèle à celle du prisme que le rayon traverse sous la plus grande épaisseur.

Supposons qu'on fasse tomber normalement sur la face AB du compensateur un faisceau de rayons parallèles, dont le plan de polarisation fasse un angle de 45 degrés avec chacune des sections principales du compensateur. Chaque rayon émergent sera alors composé de deux rayons polarisés à angle droit, égaux en intensité et présentant une certaine différence de phase. Cette différence de phase est nulle pour le rayon MN et sa valeur absolue croît pour les rayons situés de part et d'autre de MN, proportionnellement à la distance qui sépare ces rayons de MN.

Tous les rayons pour lesquels la différence d'épaisseur des deux prismes introduit une différence de phase égale à un multiple impair de $\frac{\lambda}{2}$ sont polarisés perpendiculairement au plan primitif; tous les rayons pour lesquels cette différence de phase est égale à un multiple pair de $\frac{\lambda}{2}$ sont polarisés parallèlement au plan primitif. Si donc on reçoit le faisceau émergent sur un analyseur dont la section principale est parallèle au plan primitif, on verra dans l'image extraordinaire une bande noire correspondant au rayon MN; de part et d'autre de cette bande noire seront deux franges blanches, puis viendront de chaque côté des franges colorées si la lumière est blanche, alternativement brillantes et obscures si l'on opère avec la lumière homogène. L'image ordinaire présente, au contraire, une frange centrale blanche bordée de deux franges noires.

M. Jamin a appliqué le compensateur de M. Babinet à l'étude de la polarisation elliptique et à la mesure des constantes qui caractérisent un rayon polarisé elliptiquement. Un tel rayon peut toujours être regardé comme formé de deux rayons polarisés à angle droit et présentant une certaine différence de phase. Si donc on fait tomber sur le compensateur un rayon polarisé elliptiquement, les deux composantes de ce rayon, suivant les deux sections principales du compensateur, présenteront déjà une certaine différence de phase avant l'entrée du rayon dans le compensateur, d'où il résulte que, dans les images données par l'analyseur, les franges seront déplacées latéralement et ne seront plus symétriques par rapport à celle qui correspond au rayon central MN.

On peut disposer l'appareil de façon à pouvoir mesurer la différence de phase entre les deux composantes. A cet effet le compensateur est monté dans une bonnette sur laquelle un des prismes de quartz est fixé, tandis que l'autre peut recevoir un mouvement très-lent à l'aide d'une vis micrométrique. Un fil très-fin permet de déterminer la position des franges. On fait d'abord tomber sur le compensateur un faisceau de lumière polarisée rectilignement à 45 degrés des sections principales du compensateur, et on reçoit le faisceau émergent sur un analyseur dont la section principale est parallèle au plan primitif de polarisation : la frange noire centrale dans l'image extraordinaire correspond alors au rayon central MN; on fait coïncider le fil avec cette frange, puis on tourne la vis de façon à amener sous le fil la frange qui correspond à une différence de phase égale à $\frac{\lambda}{2}$. Soit L la longueur dont il a fallu déplacer le prisme mobile; un déplacement L correspondant à une différence de phase égale à $\frac{\lambda}{2}$, un déplacement quelconque l correspondra à une différence de phase égale à $\frac{l}{L}\frac{\lambda}{2}$.

Ceci posé, il est facile de comprendre comment on peut appliquer le compensateur à l'étude de la lumière elliptique. On commence par faire tourner l'analyseur jusqu'à ce que la frange centrale de l'image extraordinaire soit aussi noire que possible. Soit alors OC la direction de la section principale de l'analyseur : le rayon qui correspond à la frange noire centrale a été décomposé en deux rayons polarisés suivant les sections principales du compensateur et présentant une certaine différence de phase δ; cette différence de phase a été détruite par le compensateur, et la polarisation rectiligne a été rétablie de façon que la vibration soit parallèle à OC. Pour connaître la différence de phase des deux composantes du rayon elliptique, il suffit de mesurer la différence de phase que produit le compensateur au point correspondant à la frange noire centrale, puisqu'elle est égale et contraire à la précédente. A cet effet ou ramène, à l'aide de la vis micrométrique, la frange noire sous le fil : si le déplacement est égal à l, la différence de phase cherchée sera, d'après ce que nous venons de dire, $\frac{l}{L}\frac{\lambda}{2}$.

Quant au rapport des amplitudes des deux composantes du rayon elliptique, il est égal à la tangente de l'angle que fait la section principale de l'analyseur avec une des sections principales du compensateur. On peut donc, à l'aide du compensateur, déterminer la différence de phase des deux composantes d'un rayon elliptique suivant deux directions rectangulaires quelconques et le rapport des amplitudes de ces composantes.

Si les sections principales du compensateur sont parallèles aux axes de la vibration elliptique, la différence de phase des deux composantes parallèles à ces sections est égale à $\frac{\lambda}{4}$. Il résulte de là que, si à l'aide de la vis micrométrique on déplace l'un des prismes du compensateur d'une quantité égale à $\frac{L}{2}$, de façon que le compensateur, dans la partie qui est en regard du fil, produise une différence de marche égale à $\frac{\lambda}{4}$, il suffira. pour déterminer les directions des axes de la vibration elliptique, de faire tourner le compensateur jusqu'à ce que la frange obscure. qui occupe le milieu de l'image extraordinaire, coïncide avec le fil. Les sections principales du compensateur sont alors parallèles aux axes de la vibration elliptique.

Pour déterminer le rapport de ces axes, on fait tourner l'analyseur sans toucher au compensateur, jusqu'à ce que la frange placée sous le fil soit aussi noire que possible. La tangente de l'angle que forme la section principale de l'analyseur avec l'une des sections principales du compensateur est égale alors au rapport des axes de la vibration elliptique.

Dans les expériences où il a appliqué le procédé que nous venons de décrire à la mesure de la polarisation elliptique produite par la réflexion sur les corps transparents, M. Jamin s'est servi du même appareil que pour ses expériences sur la réflexion métallique (378. 382).

La lame réfléchissante est fixée verticalement sur le support qui se trouve au centre du cercle. Une lunette fixe amène sur la lame réfléchissante un rayon qui est polarisé par un Nicol fixé dans cette lunette. Une seconde lunette mobile sur le cercle gradué et munie également d'un Nicol reçoit le rayon réfléchi. C'est en avant de cette lunette qu'on place le compensateur, de sorte que les rayons réfléchis traversent le compensateur avant d'arriver sur l'analyseur. Pour faire une observation, on se place sous une incidence voisine de l'angle de polarisation complète, et on dispose le polariseur de façon que la lumière soit polarisée dans un plan qui approche d'être perpendiculaire au plan d'incidence: les deux composantes du rayon réfléchi auront alors des intensités comparables, et on pourra, à l'aide du compensateur, déterminer, en opérant comme nous venons de l'expliquer, les directions des axes de la vibration elliptique sur le rayon réfléchi et le rapport de ces axes.

Tout sera donc connu, sauf l'intensité absolue de la lumière réfléchie: mais on sait qu'elle ne diffère que très-peu de la valeur donnée par la théorie de Fresnel.

400. Distinction des substances positives et des substances négatives. — Il nous reste à voir comment on détermine sans ambiguïté le signe de la différence de phase des deux composantes du rayon réfléchi.

Si nous partons de l'incidence rasante où le plan de polarisation du rayon réfléchi est du même côté du plan d'incidence que celui du rayon incident, on peut représenter le mouvement vibratoire de la composante du rayon réfléchi qui est polarisée dans le plan d'incidence par

$$m \sin 2\pi \left(\frac{t}{T} - \frac{\varphi}{\lambda} \right),$$

et le mouvement vibratoire de la composante polarisée perpendiculairement au plan d'incidence par

$$n \sin 2\pi \left(\frac{t}{T} - \frac{\psi}{\lambda} \right).$$

Recevons maintenant le rayon réfléchi sur le compensateur, et supposons que la section principale du premier prisme de ce compensateur coïncide avec le plan d'incidence, de sorte que la composante du rayon réfléchi polarisée dans le plan d'incidence, pénètre dans ce prisme à l'état de rayon ordinaire. Supposons que l'épaisseur du premier prisme traversée par les rayons réfléchis soit plus grande que l'épaisseur du second prisme que traversent ces mêmes rayons, et soit e cet excès d'épaisseur qui ramène la lumière à être polarisée rectilignement du même côté du plan d'incidence que le plan primitif de polarisation de la lumière incidente. Désignons par a et b les vitesses du rayon ordinaire et du rayon extraordinaire dans les deux prismes.

Les rayons parcourent l'espace e en des temps respectivement égaux à $\frac{e}{a}$ et à $\frac{e}{b}$; donc, si l'on pose

$$\frac{e}{aT} = \frac{\omega}{\lambda}, \qquad \frac{e}{bT} = \frac{\varepsilon}{\lambda},$$

les mouvements vibratoires des deux composantes auront pour expressions au sortir du compensateur

$$m \sin 2\pi \left(\frac{t}{T} - \frac{\varphi + \omega}{\lambda} \right)$$

et

$$n \sin 2\pi \left(\frac{t}{T} - \frac{\psi + \varepsilon}{\lambda} \right).$$

Or, pour que le rayon soit polarisé rectilignement, il faut que la différence de phase entre les deux composantes soit nulle à la sortie du compensateur, c'est-à-dire qu'on ait

$$\varphi + \omega = \psi + \varepsilon,$$

d'où

$$\varphi - \psi + \omega - \varepsilon = 0.$$

Comme dans le quartz la vitesse du rayon extraordinaire est plus petite que celle du rayon ordinaire, ω est plus petit que ε, et par suite la différence $\varphi - \psi$ est positive.

Comme d'ailleurs le déplacement que l'on donne à l'un des prismes du compensateur est toujours moindre que celui qui serait nécessaire pour faire prendre à un maximum la place d'un minimum, $\varepsilon - \omega$ est moindre que $\frac{\lambda}{2}$: $\varphi - \psi$ est donc positif et moindre que $\frac{\lambda}{2}$.

La composante du rayon réfléchi qui est polarisée dans le plan d'incidence est par conséquent en retard, sur la composante polarisée perpendiculairement au plan d'incidence, d'un temps moindre qu'une demi-durée de vibration. C'est là ce que M. Jamin appelle *réflexion positive*.

Les substances à réflexion positive sont donc celles qui exigent, pour que la polarisation redevienne rectiligne et que le plan de polarisation du rayon transmis par le compensateur soit du même côté du plan d'incidence que le plan primitif, une épaisseur plus grande de quartz traversée par le rayon dans le premier prisme que dans le second, lorsque l'incidence est comprise entre l'incidence rasante et celle de la polarisation complète.

Mais on trouve aussi des substances pour lesquelles, dans les mêmes conditions, c'est l'épaisseur du second prisme qui doit être plus grande que celle du premier pour le rétablissement de la polarisation rectiligne du même côté du plan d'incidence que le plan primitif; dans ce cas, c'est au contraire la composante du rayon réfléchi polarisée perpendiculairement au plan d'incidence qui est en retard sur la composante polarisée dans le plan d'incidence, et la réflexion est dite *négative*.

En partant de l'incidence normale on trouvera des conditions inverses, ce qui tient à ce que la différence de phase se rapproche alors de $\frac{\lambda}{2}$ et à ce que le plan de polarisation rétabli du rayon réfléchi est du côté du plan d'incidence opposé à celui où se trouve le plan de polarisation du rayon incident.

Il nous reste à voir maintenant quel est le sens physique des résultats obtenus par M. Jamin. A cet effet, considérons une substance à réflexion positive, et cherchons ce qui arrive lorsque l'incidence est égale à celle de la polarisation complète, c'est-à-dire lorsqu'on a

$$\varphi - \psi = \frac{\lambda}{4}.$$

Soient (fig. 78), en prenant pour plan de figure un plan perpendiculaire au rayon incident, Oy la trace du plan d'incidence sur ce plan, Ox une perpendiculaire menée à Oy, et OP la trace du plan de polarisation du rayon incident sur le plan de la figure : on voit que

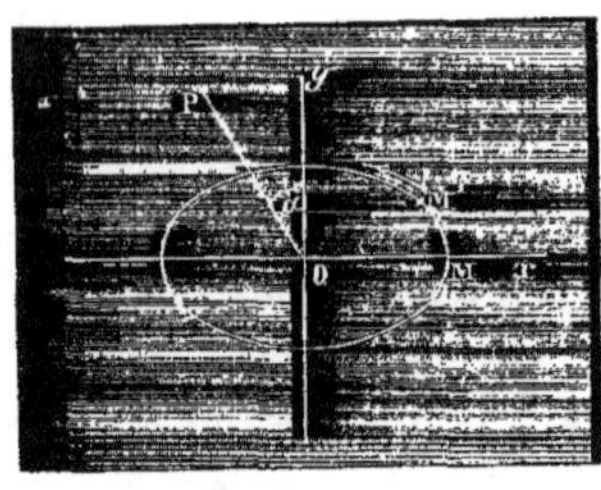

Fig. 78.

ce plan de polarisation se trouve à gauche du plan d'incidence; soit α l'angle du plan de polarisation du rayon incident avec le plan d'incidence. Les deux composantes du rayon incident auront pour amplitudes $\cos\alpha$ et $\sin\alpha$, et les deux composantes du rayon réfléchi auront des mouvements vibratoires représentés par

$$m \cos\alpha \sin 2\pi \left(\frac{t}{T} - \frac{\psi}{\lambda} - \frac{1}{4} \right)$$

suivant Ox, et par

$$n \sin\alpha \sin 2\pi \left(\frac{t}{T} - \frac{\psi}{\lambda} \right)$$

suivant Oy, ou par

$$+ m \cos\alpha \cos 2\pi \left(\frac{t}{T} - \frac{\psi}{\lambda} \right)$$

et

$$+ n \sin\alpha \sin 2\pi \left(\frac{t}{T} - \frac{\psi}{\lambda} \right).$$

Ces deux composantes donnent une ellipse ayant pour axes Ox et Oy. Si l'on fait

$$t = \frac{T\psi}{\lambda},$$

la composante parallèle à l'axe des x devient égale à $+ m \cos\alpha$, et la composante parallèle à l'axe des y est nulle. Si donc on considère en ce moment la molécule vibrante, elle se trouve en M sur la partie positive de l'axe des x. Si t augmente, la molécule passe dans l'angle xOy, et l'on voit que la rotation se fait de droite à gauche. Ce serait l'inverse si la substance était à réflexion négative.

On voit donc que les substances à réflexion positive polarisent elliptiquement de droite à gauche la lumière polarisée à gauche du plan d'incidence, et de gauche à droite la lumière polarisée à droite du plan d'incidence; les substances à réflexion négative agissent d'une façon inverse.

Les expériences ont donné les résultats suivants. Les substances à réflexion positive sont les plus nombreuses. Presque tous les corps solides dont l'indice de réfraction dépasse 1,4, les métaux, plusieurs liquides, parmi lesquels il y en a quelques-uns qui sont peu réfringents, comme l'acétate de méthyle dont l'indice est égal à 1,359, sont compris dans cette catégorie. Les substances à réflexion négative sont moins nombreuses; ce sont en général des corps dont l'indice de réfraction est inférieur à 1,4, tels que le spath fluor, le silex, le quartz hyalin, ainsi qu'un certain nombre de liquides parmi lesquels il faut compter l'eau. Enfin, un très-petit nombre de substances n'ont ni la réflexion positive ni la réflexion négative; elles ne polarisent pas elliptiquement la lumière polarisée, même lorsque l'incidence est voisine de l'angle de polarisation complète. M. Jamin a donné à ces substances la dénomination de *neutres*. Deux solides seulement ont été reconnus neutres : l'alun, pourvu que la polarisation lamellaire n'y soit pas sensible, ce qui exige que la face réfléchissante soit perpendiculaire à l'axe de l'octaèdre, et la méni- lite : la glycérine et plusieurs dissolutions salines sont également neutres. En général, l'indice des corps neutres est à peu près égal à 1,4. Ces corps peuvent polariser complétement la lumière natu- relle sous l'angle de polarisation complète.

Pour les substances à réflexion positive ou négative, si l'on ex- cepte les métaux, le diamant et quelques autres corps très-réfrin- gents, la polarisation elliptique par réflexion de la lumière incidente polarisée rectilignement n'est sensible que pour des incidences variant de 2 à 3 degrés de part et d'autre de l'angle de polarisation complète : en dehors de cet intervalle le rayon réfléchi est polarisé rectilignement lorsque la lumière incidente est elle-même polarisée rectilignement.

On voit, en définitive, que tous les corps, à l'exception de quel- ques substances que nous avons définies comme neutres, ne pola- risent pas complétement la lumière naturelle, même sous l'angle dit de polarisation complète, et changent la polarisation rectiligne en polarisation elliptique, lorsque la réflexion a lieu sous un angle peu différent de l'angle de polarisation.

Mais il faut ajouter que, sous l'angle de la polarisation complète, dans la lumière réfléchie elliptique, l'amplitude des vibrations polarisées perpendiculairement au plan d'incidence est beaucoup plus petite que l'amplitude des vibrations polarisées parallèlement à ce plan: la première amplitude est la 50ᵉ, souvent même la 100ᵉ partie de la seconde, d'où il résulte que l'intensité de la composante polarisée perpendiculairement au plan d'incidence n'est que la 2500ᵉ ou même la 10000ᵉ partie de l'intensité de la composante polarisée parallèlement au plan d'incidence, et qu'on peut, sans erreur sensible, admettre que, pour les corps transparents qui n'ont pas un trop grand pouvoir réfringent, la théorie de Fresnel donne des résultats exacts.

401. Théorie de Cauchy. — Cauchy [1] a cherché à rattacher les phénomènes que nous venons de décrire à une théorie dont le point de départ fût le même que celui de la théorie qu'il a donnée de la réflexion métallique. Il admet que, lorsque la réflexion s'opère sur la surface d'un corps transparent, il y a dans ce second milieu, outre les rayons réfractés proprement dits qui se propagent dans le second milieu, d'autres rayons qui s'éteignent à une très-petite distance de la surface: ce sont les rayons qu'on appelle *évanescents*. On est bien obligé d'admettre une hypothèse de ce genre; sans quoi le principe de continuité, appliqué dans toute sa rigueur au cas où la lumière incidente est polarisée perpendiculairement au plan d'incidence, conduit à des équations incompatibles, à moins qu'on ne le restreigne, comme l'a fait Fresnel, d'une façon arbitraire.

Cette hypothèse des rayons évanescents introduit dans les équations de nouvelles constantes qui sont les coefficients d'extinction de ces rayons dans les deux milieux, coefficients dont nous avons défini plus haut la signification à l'occasion de la réflexion métallique. En réalité ce ne sont pas les coefficients eux-mêmes qui entrent dans les équations, mais la différence de ces coefficients dans les deux milieux. On démontre que les phénomènes de polarisation elliptique sont d'autant plus sensibles que cette différence est plus grande : c'est d'elle que dépend le rapport des axes de l'ellipse de vibration:

[1] *C. R.*, XXX, 465; XXXI, 60, 255, 766. — *Mém. de l'Acad. des sc.*, XXII, 29.

de là la dénomination de *coefficient d'ellipticité,* que M. Jamin a donné
à cette différence.

On comprend que la différence des coefficients d'extinction dans
les deux milieux puisse être nulle pour les rayons évanescents; alors,
si l'un des milieux est l'air, l'autre sera une substance neutre, pour
laquelle les lois de Fresnel seront exactement vraies. Les substances
à réflexion positive sont celles où le coefficient d'extinction des rayons
évanescents est plus grand que dans le milieu avec lequel elles sont
en contact; c'est l'inverse pour les substances à réflexion négative.
Cela tient à ce que le signe de la différence de phase $\varphi - \psi$ dépend
de celui du coefficient d'ellipticité.

Si l'on désigne le coefficient d'ellipticité par ε et qu'on représente
par R l'intensité de la composante du rayon réfléchi polarisée dans
le plan d'incidence, par R' l'intensité de la composante polarisée
perpendiculairement à ce plan, en supposant la lumière incidente
polarisée à 45 degrés du plan d'incidence, on aura, suivant la théorie
de Cauchy, la formule

$$\frac{R'}{R} = \frac{\cos^2(i+r) + \varepsilon \sin^2(i+r)\sin^2 i}{\cos^2(i-r) + \varepsilon \sin^2(i-r)\sin^2 i}.$$

Cette formule diffère peu de celle de Fresnel.

La différence de phase entre les deux composantes est donnée
dans la théorie de Cauchy par l'expression

$$\tan 2\pi \frac{\Delta}{\lambda} = \frac{\varepsilon \sin i\,[\tan(i+r) + \tan(i-r)]}{1 - \varepsilon^2 \sin^2 i\,\tan^2(i+r)\,\tan^2(i-r)}.$$

On voit que la différence de phase Δ changera de signe lorsqu'on
aura $i+r = 90$ degrés, c'est-à-dire sous l'angle de polarisation complète. On remarque aussi que le signe de Δ change avec celui de ε.

Les nombres trouvés par M. Jamin paraissent assez bien vérifier
les formules de Cauchy. Mais la vérification de la première formule,
de celle qui est relative aux intensités, n'a que peu d'importance à
cause de la petitesse du terme correctif. La vérification de la formule
qui donne la différence de phase a, il est vrai, plus de valeur, mais
les limites étroites entre lesquelles est resserré le phénomène de la

polarisation ellipique par réflexion sur les corps transparents ne permettent qu'un petit nombre de vérifications distinctes.

Les formules de Cauchy doivent s'appliquer au cas de la réflexion sur le verre en contact avec l'eau; cependant, dans ce cas, elles n'ont pas été d'accord avec les expériences de M. Jamin.

Il est permis de se demander si les rayons évanescents ne s'ajoutent pas aux rayons proprement dits aussi bien dans la réflexion que dans la réfraction : il s'introduira alors de nouvelles constantes qui compliqueront les formules. Cette hypothèse devient probable si, comme plusieurs géomètres l'ont fait, on regarde les rayons évanescents comme des rayons à vibrations longitudinales. On aurait, en adoptant cette hypothèse, deux constantes dans les formules relatives aux métaux, et ce n'est qu'en donnant à la seconde constante une valeur très-petite qu'on retrouverait les formules de Mac-Cullagh.

On voit par là que les corps transparents ne doivent pas être considérés comme analogues à des métaux peu opaques, mais que les uns et les autres ne sont que des cas particuliers d'un cas plus général où les coefficients auraient des valeurs quelconques.

402. Propriétés des corps qui possèdent à la fois la réflexion métallique et la réflexion non métallique. — Expériences de Brewster, de Haidinger et de Stokes. — Il y a des substances qui paraissent tenir le milieu entre les corps transparents et les métaux, et qui participent à la fois des propriétés des uns et des autres. Ce sont des substances qui ont un éclat métallique imparfait, mais qui n'ont pas l'opacité des métaux. Le chrysammate de potasse est de ce nombre: les cristaux de ce sel, lorsqu'on les écrase, donnent une poudre qui a un reflet particulier. Brewster[1] reçut sur un prisme biréfringent les rayons réfléchis par cette poudre, et constata que la lumière polarisée dans le plan d'incidence était incolore, tandis que la lumière polarisée perpendiculairement au plan d'incidence était colorée fortement. Ce fait resta isolé jusqu'à ce que Haidinger[2] eût montré qu'il se produit pour un grand nombre de corps dont la poudre possède un reflet particulier : la

[1] *Phil. Trans.*, 1829, p. 187.
[2] *Wien. Ber.*, XXXVI, 183.

lumière réfléchie polarisée perpendiculairement au plan d'incidence est colorée et ne disparaît complétement pour aucune incidence; la lumière polarisée dans le plan d'incidence reste incolore sous toutes les incidences après la réflexion.

Si on opère avec la lumière homogène, comme l'a fait M. Stokes [1], toute complication disparaît. On reconnaît que les corps qui possèdent les propriétés que nous venons de décrire se comportent, vis-à-vis de rayons de certaines couleurs, comme s'ils étaient métalliques, c'est-à-dire communiquent à ces rayons la polarisation elliptique, et vis-à-vis des rayons d'autres couleurs comme des corps transparents, c'est-à-dire polarisent complétement la lumière naturelle sous l'angle de polarisation, lorsque les rayons ont ces couleurs. Ainsi la carthamine se comporte comme substance transparente vis-à-vis des rayons rouges, pour lesquels elle est réellement transparente, et comme un métal vis-à-vis des rayons verts ou bleus, pour lesquels elle est opaque.

M. Stokes a reconnu qu'un grand nombre de substances sont ainsi transparentes pour les rayons de certaines couleurs et réfléchissent les rayons des autres couleurs à la manière des métaux, ce qui produit une coloration par réflexion. Le fer oligiste paraît former la transition entre les métaux et les substances analogues à la carthamine; il donne à peine la polarisation elliptique aux rayons rouges, pour lesquels il est peu transparent, et l'imprime aux autres d'une manière d'autant plus prononcée qu'ils sont plus réfrangibles. On s'explique ainsi pourquoi le fer oligiste paraît bleu lorsqu'il réfléchit sous l'angle de polarisation des rayons polarisés perpendiculairement au plan d'incidence, les rayons rouges manquant alors presque complétement.

Le permanganate de potasse possède les mêmes propriétés que la carthamine.

403. **Expériences de M. Jamin sur la réflexion totale.**
— La réflexion totale dépend des mêmes circonstances que la réflexion ordinaire; les rayons évanescents doivent donc exercer de l'influence sur la réflexion totale, et les formules exactes doivent dif-

[1] Phil. Mag., (4), VI, 393. — Ann. de chim. et de phys., (3), XLVI, 504.

férer de celles de Fresnel par l'introduction du coefficient d'ellipticité. Cauchy a montré qu'elles n'en diffèrent que par un terme très-petit qui peut échapper aux expériences, de sorte que les formules de Fresnel sont très-approchées.

Le compensateur de M. Babinet est très-propre à l'étude expérimentale de la polarisation elliptique produite par la réflexion totale: mais, en opérant avec un prisme de verre ordinaire, on arrive à des résultats inadmissibles, ce qui tient à la modification que le verre subit par le poli. La densité des couches superficielles est altérée, ce qui rapproche le verre des corps biréfringents et introduit des différences de phase qui ne concordent avec aucune théorie.

M. Jamin[1] a écarté cette cause d'erreur par l'artifice suivant. Un prisme de verre ABCB', dont la base est un carré, est coupé en deux par un plan passant par AC. On accole les deux prismes triangulaires isocèles qui en résultent par leurs faces hypoténuses, en retournant l'un d'eux de façon que la face B'A (fig. 79) soit celle qui avant la section était parallèle à BC. On se sert, pour réunir les deux prismes, de baume du Canada, afin d'empêcher la réflexion totale

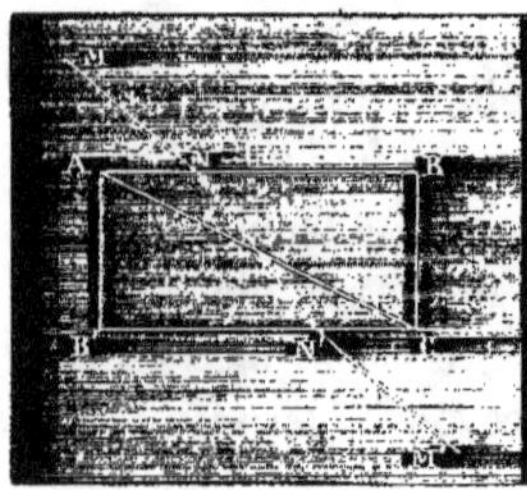

Fig. 79.

Fig. 80.

de se produire sur AC. On étudie alors les différences de phase des composantes du rayon transmis par le double prisme sous différentes incidences, puis l'on détache les deux prismes et on étudie la réflexion totale sur le premier prisme (fig. 80). Il est évident que les différences de phase introduites par le défaut d'homogénéité du verre seront les mêmes que dans les premières expériences, de sorte qu'on n'aura qu'à retrancher les différences de phase trouvées dans

[1] C. R., XXXI, 1. — Ann. de chim. et de phys., (3), XXX, 257.

les premières expériences de celles qui auraient été trouvées dans la seconde série, pour avoir les différences de phase uniquement dues à la réflexion totale. En prenant ces précautions, on trouve que les résultats expérimentaux s'accordent d'une manière très-satisfaisante avec les formules de Fresnel.

BIBLIOGRAPHIE.

POLARISATION PAR RÉFLEXION ET PAR RÉFRACTION SUR LES MILIEUX TRANSPARENTS ISOTROPES. — RÉFLEXION ET RÉFRACTION DE LA LUMIÈRE POLARISÉE PAR CES MILIEUX. — LOIS EXPÉRIMENTALES ET THÉORIE DE FRESNEL.

1808.   MALUS, Sur une propriété de la lumière réfléchie par les corps diaphanes, *Bulletin de la Société Philomathique*, I. n° 16. — *Mémoires d'Arcueil*, II, 113.

1809.   MALUS, Sur les phénomènes qui dépendent des forces des molécules de la lumière, *Bulletin de la Société Philomathique*, I, n° 20 et n° 21.

1809.   MALUS, Sur une propriété des forces répulsives qui agissent sur la lumière, *Mémoires d'Arcueil*, II, 254.

1810.   MALUS, Mémoire sur les phénomènes qui accompagnent la réflexion et la réfraction de la lumière, *Mém. de l'Acad. des sc.*, XI. 112. — *Bulletin de la Société Philomathique*, II, n° 47.

1810.   MALUS, Mémoire sur divers phénomènes d'optique, *Mém. de l'Acad. des sc.*, XI, 105.

1811.   MALUS, Mémoire sur la lumière, *Bulletin de la Société Philomathique*, II, n° 42.

1813.   BREWSTER, *A Treatise on New Philosophical Instruments*, Edinburgh.

1813.   TOBIE MEYER, De polaritate luminis, *Commentaires de Gœttingue* pour 1813, p. 1.

1814.   BIOT, Propriétés polarisantes de la tourmaline, *Bulletin de la Société Philomathique*, 1815, p. 26. — *Ann. de chim. et de phys.*, (1), XCII, 191.

1814.   BIOT, Sur un mode particulier de polarisation qui s'observe dans la tourmaline, *Ann. de chim. et de phys.*, (1), XCIV, 191.

1814.   BREWSTER, On the Polarization of Light by Oblique Transmission through all Bodies Crystallized or Uncrystallized, *Phil. Trans.*, 1814, p. 219.

1814.   ARAGO, Sur l'emploi des piles de glaces pour l'étude des lois de la polarisation. *OEuvres complètes*, X, 529.

1815.   Brewster. On the Laws which Regulate the Polarization of Light by
         Reflection from Transparent Bodies. *Phil. Trans.*, 1815, p. 125.
         (Loi de Brewster.)

1815.   Arago, Sur le rapport qui existe entre la lumière qui se polarise par
         réflexion et celle qui au même instant subit la polarisation con-
         traire. *OEuvres complètes*, X. 468.

1816.   Biot. Appareil à glaces. *Traité de physique*, IV, 355.

1817.   Young. Article *Chromatics* dans l'*Encyclopédie britannique*.

1817.   Fresnel. Mémoire sur les modifications que la réflexion imprime à
         la lumière polarisée. *OEuvres complètes*, I, 441.

1817.   Brewster, Description of a New Darkening Glass for Solar Observa-
         tions which as also the Property of Polarising the Whole of
         Transmitted Light. *Edinb. Trans.*, VIII, 25.

1819.   Fresnel, Mémoire sur la réflexion de la lumière, *Mém. de l'Acad. des
         sc.*, XX, 195.

1821.   Fresnel. Considérations mécaniques sur la polarisation de la lumière.
         Ann. de chim. et de phys., (2), XVII, 190, 312. — *OEuvres
         complètes*, I. 640.

1823.   Fresnel. Mémoire sur les lois des modifications que la réflexion im-
         prime à la lumière polarisée. *Mém. de l'Acad. des sc.*, XI, 393.
         — *Ann. de chim. et de phys.*, (2), XLVI, 225. — *OEuvres com-
         plètes*, I, 767.

1823.   Poisson, Sur le mouvement de deux fluides élastiques superposés.
         Mém. de l'Acad. des sc., X, 317.

1824.   Arago. Note sur la polarisation de la lumière, *OEuvres complètes*,
         VII. 291.

1826.   Mark, Ueber eine neue optische Eigenschaft des Dichroits. *Pogg.
         Ann.*, VIII, 248. — *Schweigger's Journ.*, XLVII. 368.

1830.   Brewster. On the Laws of Partial Polarization of Light by Reflection,
         Phil. Trans., 1830, p. 69.

1830.   Brewster, On the Laws of Polarization of Light by Refraction, *Phil.
         Trans.*, 1830, p. 133.

1830.   Brewster. On the Action of the Second Surface of Transparent
         Plates upon Light, *Phil. Trans.*, 1830, p. 145.

1830.   Aug. Seebeck, Ueber den Zusammenhang zwischen Brechungsver-
         mögen und Polarisationswinkel an Körper von einfacher Strah-
         lenbrechung, *Pogg. Ann.*, XX, 27. — *Thèse inaugurale* (en
         latin). Berlin.

1831.   Potter. An Account of Experiments to Determine the Reflective Power
         of Crown Plate and Flint Glass at Different Angles of Incidence
         and an Investigation towards Determining the Laws by which the
         Reflective Power Varies in Transparent Bodies Possessing the
         Property of Single Refraction, *Edinb. Journ. of Sc.*, (2). IV. 53.

1833. Arago, Mémoire sur les moyens de résoudre la plupart des questions de photométrie que la découverte de la polarisation fait naître, *OEuvres complètes*, X, 150. — *Inst.*, I, 106.

1834. Potter, On the Power of Glass of Antimony to Reflect Light, *Phil. Mag.*, (3), IV, 6.

1835. Neumann, Theoretische Untersuchung der Gesetze nach welchen das Licht an der Grenze zweier vollkommener durchsichtigen Medien reflectirt und gebrochen wird, *Abhandl. Berl. Akad.*, 1835. 1re partie, p. 1. — *Journ. de Liouville*, (1), VII, 369.

1836. Arago, Sur la visibilité des écueils, *OEuvres complètes*, IX, 77. — *Annuaire du bureau des longitudes pour 1836*.

1838. Forbes, Researches on Heat, *Edinb. Trans.*, XIII, XIV. — *Phil. Mag.*, (3), VIII, 246. — *Inst.*, VI, 177, 376, 399.

1839. Babinet, Sur la perte d'un demi-intervalle d'interférence qui a lieu dans la réflexion à la seconde surface d'un milieu réfringent. *C. R.*, VIII, 708. — *Inst.*, VII, 159.

1839. Cauchy, Sur la polarisation des rayons réfléchis ou réfractés par la surface de séparation de deux corps isophanes et transparents. *C. R.*, IX, 676.

1839. Forbes, On the Intensity of Reflexion of Heat and of Light, *Edinb. Trans.*, XIV. — *Inst.*, VIII, 120.

1839. Green, On the Laws of Reflection and Refraction of Light at the Common Surface of two not Crystallized Media, *Cambr. Trans.*, VII, part. I, p. 1.

1841. Arago, Sur un nouveau polarimètre. *C. R.*, XIII, 84, 967.

1845. Arago, Sur un nouveau photomètre. *C. R.*, XXI, 348.

1847. Knoblauch, Ueber die Polarisation der strahlenden Wärme durch Reflexion, durch einfache Brechung und Doppelbrechung, *Pogg. Ann.*, LXXIV, 161, 170, 177. — *Inst.*, XVII, 723.

1849. De la Provostaye et P. Desains, Mémoire sur la réflexion de la chaleur, *Ann. de chim. et de phys.*, (3), XXX, 272. — *C. R.*, XXXI, 512. — *Inst.*, XVIII, 512.

1850. Arago, Premier mémoire sur la photométrie : Démonstration expérimentale de la loi du carré du cosinus, *OEuvres complètes*, X, 168. — *C. R.*, XXX, 309. — *Inst.*, XVIII, 305.

1850. Arago, Deuxième mémoire sur la photométrie : Construction de la table des quantités de lumière réfléchie et des quantités de lumière transmise par une lame de verre à faces parallèles, *OEuvres complètes*, X, 185. — *C. R.*, XXX, 365. — *Inst.*, XVIII, 105.

1850. Arago, Troisième mémoire sur la photométrie : Évaluation des quantités de lumière réfléchie et de lumière transmise par une lame de verre sous les plus grands angles, *OEuvres complètes*, X, 217. — *C. R.*, XXX, 425. — *Inst.*, XVIII, 132.

1850.   Arago. Quatrième mémoire sur la photométrie : Constitution physique du soleil. *C. R.*, XXX, 449. — *OEuvres complètes*, X. 231. — *Inst.*, XVIII, 137.

1850.   Arago. Cinquième mémoire sur la photométrie : Intensité de la lumière atmosphérique dans le voisinage du soleil, *OEuvres complètes*, X, 251. — *C. R.*, XXX, 617. — *Inst.*, XVIII, 161.

1850.   Arago. Sixième mémoire sur la photométrie : Application de la photométrie à la solution de différentes questions d'astronomie et de météorologie. *OEuvres complètes*, X. 270. — *C. R.*, XXXI. 665. — *Inst.*, XVIII. 361.

1850.   Arago. Septième mémoire sur la photométrie : Graduation du polarimètre. *OEuvres complètes*, X. 270. — *C. R.*, XXXI. 665. — *Inst.*, XVIII. 361.

1850.   Arago. Sur les intensités comparatives de diverses sources lumineuses. *OEuvres complètes*, X, 494.

1850.   Ed. Desains. Mémoire sur la polarisation de la lumière réfléchie par le verre, *C. R.*, XXXI. 676. — *Ann. de chim. et de phys.*, (3), XXXI. 286.

1851.   De la Provostaye et P. Desains. Mémoire sur la polarimétrie de la chaleur. *Ann. de chim. et de phys.*, (3), XXXII. 112. — *C. R.*, XXXII. 86. — *Inst.*, XIX. 26.

1853.   Herapath. On the Optical Properties of a Newly Discovered Salt of Quinine, *Phil. Mag.*, (4). III. 161.

1853.   Arago. Méthode pour comparer entre elles des sources de lumière différemment colorées. *Cosmos*, II. 555.

1856.   B. Powell. On the Demonstration of Fresnel's Formulas for Reflected and Refracted Light and their Applications. *Phil. Mag.*, (4), I, 104, 266. — 26th *Rep. of Brit. Assoc.*, part 2. p. 15.

1860.   Lorenz. Ueber die Reflexion des Lichts an die Gränzfläche zweier isotropen durchsichtigen Mitteln. *Pogg. Ann.*, CXI. 460.

1860.   Zech. Brechung und Zurückwerfung des Lichtes unter der Voraussetzung dass das Licht in der Polarisationsebene schwinge. *Pogg. Ann.*, CIX, 60.

1861.   Pfaff. Ueber die Gesetze der Polarisation durch einfache Brechung, *Pogg. Ann.*, CXIV. 173.

1862.   Boher. Zur Polarisation des Lichtes durch einfache Brechung. *Pogg. Ann.*, CXVII. 117.

1862.   Stokes. On the Intensity of Light Reflected from or Transmitted through a Pile of Glaces. *Proceed. of R. S.*, XI, 545. — *Phil. Mag.*, (4), XXIV, 480.

1863.   Wild. Photometrische Untersuchungen. *Pogg. Ann.*, CXVIII, 193. — *Ann. de chim. et de phys.*, (3), LXIX, 238.

1863.   Cornu. Théorème sur la relation entre la position du plan de polarisation des rayons incident, réfléchi et réfracté dans les milieux isotropes, *C. R.*, LVI, 87. — *Inst.*, XXXI, 19.

RÉFLEXION TOTALE.

1818.   FRESNEL, Mémoire sur les modifications imprimées à la lumière polarisée par sa réflexion totale dans l'intérieur des corps transparents, *Bulletin de la Société Philomathique*, 1823, p. 29.— *Ann. de chim. et de phys.*, (2), XXIX, 175. — *OEuvres complètes*, 1, 753.

1832.   CAUCHY, Mémoire sur la théorie de la lumière, *Mém. de l'Acad. des sc.*, X, 293.

1832.   POTTER, On Experiments to Determin the Reflection of the Surface of Flint Glass at Incidences at which no Portion of the Rays passes through the Surface. *Phil. Mag.*, (3), I, 56.

1836.   CAUCHY, Note sur l'explication de divers phénomènes de la lumière dans le système des ondes, *C. R.*, II, 364.

1837.   NEUMANN, Bemerkungen zu Cauchy's Vervielfältigung des Lichtes in der totalen Reflexion, *Pogg. Ann.*, XL, 497.

1839.   CAUCHY, Sur la réflexion des rayons lumineux produite sur la seconde surface d'un corps isophane et transparent, *C. R.*, IX, 704.

1843.   MAC CULLAGH, On Total Reflection. *13th Rep. of Brit. Assoc.* — *Inst.*, XII, 25.

1844.   MAC CULLAGH, On Total Reflection. *Proceed. of Ir. Acad.*, II, 96, 173, 275; III, 49.

1850.   JAMIN, Mémoire sur la réflexion totale, *C. R.*, XXXI, 1. — *Ann. de chim. et de phys.*, (3), XXX, 257. — *Inst.*, XVIII, 209.

1850.   ARAGO, Sur la prétendue perte de lumière dans l'acte de la réflexion totale, *OEuvres complètes*, X, 226.

1854.   BEER, Ueber die Herleitung der Formel für die Totalreflexion nach Fresnel und Cauchy, *Pogg. Ann.*, XCI, 268.

1866.   QUINCKE, Ueber die elliptische Polarisation des bei totaler Reflexion eingedrungenen oder zurückgeworfenen Lichts, *Pogg. Ann.*, CXXVII, 199.

1866.   QUINCKE, Ueber das Eindringen des total reflectirten Lichtes in das dünnere Medium, *Pogg. Ann.*, CXXVII, 1.

1866.   BRIOT, Sur la réflexion et la réfraction de la lumière. *C. R.*, LXIII, 1112.

HOUPPES DE HAIDINGER.

1844.   HAIDINGER, Ueber das direckte Erkennen des polarisirten Lichts und die Lage der Polarisationsebene. *Pogg. Ann.*, LXIII, 29.

1846. Haidinger, Beobachtung der Lichtpolarisationsbüschel in geradlinigem polarisirtem Lichte. *Pogg. Ann.*, LXVIII, 173.

1846. Haidinger, Beobachtung der Lichtpolarisationsbüschel, welche das Licht in zwei senkrecht aufeinander stehenden Richtungen polarisiren. *Pogg. Ann.*, LXVIII, 305.

1846. Haidinger. Ueber complementäre Farbeneindrücke bei Beobachtung der Lichtpolarisationsbüschel. *Pogg. Ann.*, LXVIII, 435.

1846. Botzenhart, Polarisationsbüschel am Quartz. *Berichte der Freunde der Naturwissenschaften in Wien*, I, 82.

1846. Silbermann, Sur l'explication des houppes ou aigrettes visibles à l'œil nu dans la lumière polarisée, *C. R.*, XXIII, 629; XXV, 114.

1847. Botzenhart, Sur une modification des houppes colorées de Haidinger. *C. R.*, XXIV, 114. — *Inst.*, XV, 11.

1848. Jamin. Note sur les houppes colorées de Haidinger. *C. R.*, XXVI, 197. — *Inst.*, XVI, 53.

1850. Brewster. On the Polarizing Structur of the Eye. 20ᵗʰ *Rep. of Brit. Assoc.*, p. 5.

1850. Stokes. On Haidinger's Brushes. 20ᵗʰ *Rep. of Brit. Assoc.*, 20.

1851. Haidinger. Das Interferenzschachbrett und die Farben der Polarisationsbüschel. *Wien. Ber.*, VII, 389.

1854. Haidinger, Dauer des Eindrucks der Polarisationsbüschel auf die Netzhaut. *Wien. Ber.*, XII, 378. — *Pogg. Ann.*, XCIII, 318.

1854. Haidinger, Beitrag zur Erklärung der Farben der Polarisationsbüschel durch Beugung. *Wien. Ber.*, XII, 3. — *Pogg. Ann.*, XCI, 591.

1854. Haidinger, Einige neuere Ansichten über die Natur der Polarisationsbüschel. *Wien. Ber.*, XII, 758. — *Pogg. Ann.*, XCVI, 314.

1858. Potter, On the Theory of the Polarized Fasciculi commonly known as Haidinger's Brushes. *Phil. Mag.*, (4), XVI, 69.

1859. Brewster. Sur les houppes colorées ou secteurs de Haidinger. *C. R.*, XLVIII, 614. — *Phil. Mag.*, (4), XVII, 323.

1866. Von Lang. Ueber die Haidinger'schen Farbenbüschel, *Pogg. Ann.*, CXXIII, 140.

1866. Moigno, Sur une propriété singulière de la lumière polarisée. *C. R.*, LXII, 161.

1867. Helmholtz. *Handbuch der physiologischen Optik*, p. 421.

POLARISATION PAR ÉMISSION ET PAR DIFFUSION.

1852. De la Provostaye et P. Desains, Polarisation de la lumière par diffusion sur les corps mats. *Ann. de chim. et de phys.*, (3), XXXIV, 215.

1852. De la Provostaye et P. Desains. Mémoire sur la diffusion de la chaleur. *Ann. de chim. et de phys.*, (3), XXXIII, 192. — *C. R.*, XXXIII. 144. — *Inst.*, XIX, 345.

1852. Arago, Polarisation par émission. *Astronomie populaire*, II, 95. — *OEuvres complètes*, VII. 403.

1853. Angström, Polarisation par diffusion sur les surfaces mates, *Ofvers of forhandl.*, 1853, p. 125. — *Pogg. Ann.*, XC, 582.

1860. Gове, De la polarisation de la lumière par diffusion sur une substance gazeuse. *C. R.*, LI, 360, 669. — *Ann. de chim. et de phys.*, (3), LX, 213. — *Inst.*, XXVIII, 291, 356.

1863. Brewster. On the Polarization of Light by Rough and White Surfaces. *Edinb. Trans.*, XXIII. 205. — *Phil. Mag.*, (4), XXV, 344.

1864. Kundt, Ueber Depolarisation, *Pogg. Ann.*, CXXIII. 385. (Dépolarisation par réflexion diffuse.)

P. Desains. Sur l'émission des rayons lumineux à la chaleur rouge, *C. R.*, LXI, 24. (Polarisation par émission.)

THÉORIE COMPLÈTE DES ANNEAUX COLORÉS.

1811. Arago, Mémoire sur les couleurs des lames minces, *OEuvres complètes*, X. 1. — *Mém. d'Arcueil*, 1817.

1811. Arago, Sur les variations singulières que présentent les anneaux colorés fournis par les vernis. *OEuvres complètes*, X. 341.

1811. Arago, Observation des anneaux colorés produits par le contact d'une lentille et d'un plan de verre épais. *OEuvres complètes*, X, 351.

1811. Arago. Couleurs irisées de divers corps. *OEuvres complètes*, X, 358.

1814. Arago. Mémoire sur les couleurs des lames minces. *OEuvres complètes*, X, 23. — *Mém. d'Arcueil*, III, 323.

1831. Airy, Theory of the Colours of Thin Plates, *Mathematical Tracts*, p. 301. — *Pogg. Ann.*, XLI. 512.

1832. Airy. On the Phænomena of Newton's Rings where Formed between two Transparent Substances of Different Refractive Powers. *Cambr. Trans.*, IV, 419. — *Phil. Mag.*, (3), II, 120.

1841. Lloyd. Researches on the Phænomena exhibited by Thin Plates with Polarized Light. 11th *Rep. of Brit. Assoc.* — *Inst.*, IX. 446.

1841. Brewster. On the Phænomena of Thin Plates of Solid and Fluid Substances Exposed to Polarized Light. *Phil. Trans.*, 1841, p. 43.

1843. Lloyd, On the Appearances in Thin Plates with Polarized Light, *Ir. Trans.*, VI, 286. — *Pogg. Ann.*, LX, 587.

1848. Brücke, Ueber die Aufeinanderfolge der Farben in den Newton'schen Ringen, *Pogg. Ann.*, LXXI, 582.

1849.   Cauchy. Sur les rayons réfléchis et réfractés par les lames minces et
        sur les anneaux colorés, *C. R.*, XXVIII. 233.

1849.   Stokes. On the Formation of the Central Spot of Newton's Rings
        beyond the Critical Angle, *Phil. Mag.*, (3), XXIV. 137.

1850.   Stokes. On the Mode of Appearance of Newton's Rings in Passing
        the Angle of Total Internale Reflection. 20th *Rep. of. Brit. Assoc.*,
        p. 19. — *Inst.*, XVIII. 391.

1850.   Wilde, Ueber die Unhaltbarkeit der bisherigen Theorie der Newton'-
        schen Farbenringe. *Pogg. Ann.*, LXXX. 407.

1850.   Wilde. Beschreibung des Gyreïdometers. eines Instruments zur
        genauen Messung der Farbenringe. *Pogg. Ann.*, LXXXI. 264.

1851.   Wilde. Die Theorie der Farben dünner Blättchen. *Pogg. Ann.*,
        LXXXII. 18. 188.

1852.   Jamin. Mémoire sur les anneaux colorés. *C. R.*, XXXV. 14. — *Ann.
        de chim. et de phys.*, (3). XXXVI. 158. — *Inst.*, XX, 214.

1859.   Lloyd. On the Affections of Polarized Light Reflected and Trans-
        mitted by Thin Plates. 29th *Rep. of. Brit. Assoc.*, (2). 14.

POLARISATION PAR DIFFRACTION. — DÉTERMINATION DE LA DIRECTION
DES VIBRATIONS DE LA LUMIÈRE POLARISÉE.

1849.   Stokes. On the Dynamical Theory of Diffraction. *Cambr. Trans.*,
        IX. section IV. 1. — *Ann. de chim. et de phys.*, (3). LV.
        491. — *Inst.*, XX, 59. — *Phil. Mag.*, (4). XIII. 159; XVIII.
        426.

1849.   Babinet. Sur le sens des vibrations dans la lumière polarisée. *C. R.*,
        XXIX, 514. — *Inst.*, XVII. 361.

1849.   Cauchy. Démonstration simple de cette proposition que, dans un
        rayon de lumière polarisée rectilignement, les vibrations des
        molécules sont perpendiculaires au plan de polarisation. *C. R.*,
        XXIX, 645.

1850.   Brewster, Sur quelques phénomènes qui ont rapport à la diffraction
        opérée par les surfaces rayées. *C. R.*, XXX, 496. — *Inst.*, XVIII,
        137. (Polarisation par les réseaux.)

1851.   Rankine, On the Vibrations of Plane Polarized Light. *Phil. Mag.*,
        (4). I, 441.

1852.   Haidinger, Ueber die Richtung der Schwingungen geradlinig polari-
        sirten Lichts, *Wien. Ber.*, VII. 12. — *Pogg. Ann.*, LXXXVI.
        131. — *Inst.*, XX, 195

1854.   Haidinger et Stokes, Die Richtung der Schwingungen des Lichtæthers
        im polarisirten Lichte. *Wien. Ber.*, XII. 685. — *Pogg. Ann.*,
        XCVI, 287.

1856.   Holtzmann. Das polarisirte Licht schwingt in der Polarisationsebene.

Pogg. Ann., XCIX, 446. — *Ann. de chim. et de phys.*, (3), LV, 511.

1857. Draper, On the Diffraction Spectrum, *Phil. Mag.*, (4), XIII, 153.

1857. Stokes, On the Polarization of Diffracted Light, *Phil. Mag.*, XIII, 159.

1858. Eisenlohr, Ueber das Verhältniss der Schwingungsrichtung des Lichts zur Polarisationsebene und die Bestimmung dieses Verhältnisses durch die Beugung, *Pogg. Ann.*, CIV, 337. — *Ann. de chim. et de phys.*, (3), LV, 504.

1858. Eisenlohr, Ableitung der Formeln des an der Oberfläche zweier isotropen Mitteln, gespiegelten, gebrochenen und gebeugten Lichts, *Pogg. Ann.*, CIV, 346.

1859. Stokes, On the Bearing of the Phænomena of Diffraction on the Direction of the Vibrations of Polarized Light, *Phil. Mag.*, (4), XVIII, 426.

1859. Challis, On the Direction of the Vibration of a Polarized Ray, *Phil. Mag.*, (4), XVII, 102.

1860. Lorenz, Ueber die Bestimmung der Schwingungsrichtung des Lichtes durch die Polarisation des gebeugten Lichtes, *Pogg. Ann.*, CXI, 315. — *Ann. de chim. et de phys.*, (3), LXI, 227.

1861. Fizeau, Recherches sur plusieurs phénomènes relatifs à la polarisation de la lumière, *C. R.*, LII, 267, 1221. — *Ann. de chim. et de phys.*, (3), LXIII, 385. — *Inst.*, XXI, 73, 278. (Polarisation de la lumière réfléchie par un miroir strié et de la lumière qui émane des fentes très-étroites.)

1861. Briot, Note sur la théorie de la lumière (perpendicularité des vibrations au plan de polarisation), *C. R.*, LIII, 393.

1862. Lommel, Ueber die Beugung des polarisirten Lichts, *Grünert's Archiv*, XXXVIII, 209.

1866. Mascart, Sur la direction des vibrations dans la lumière polarisée, *C. R.*, LXIII.

1867. Gilbert, Sur l'emploi de la diffraction pour déterminer la direction des vibrations dans la lumière polarisée, *C. R.*, LXIV, 661.

RÉFLEXION PAR LES CORPS CRISTALLISÉS BIRÉFRINGENTS.

1819. Brewster, On the Action of Crystallized Surfaces upon Light, *Phil. Trans.*, 1819, p. 149.

1831. Aug. Seebeck, Ueber die Polarisationswinkel am Kalkspath, *Pogg. Ann.*, XXI, 290; XXII, 126.

1835. Neumann, Theoretische Untersuchung der Gesetze nach welchen das Licht an der Gränze zweier volkommenen durchsichtigen Medien reflectirt und gebrochen wird. *Abhandl. Berl. Akad.*, 1835.

1re partie. p. 1. — *Journ. de math. pures et appl. de Liouville*, (1). VII. 369.

1835. MAC CULLAGH, On the Laws of Crystalline Reflection and Refraction. *Ir. Trans*, XVIII, part I. — *Journ. de Liouville*, (1), VII, 217. — *Phil. Mag.*, (3), VIII, 103; X, 42.

1836. AUG. SEEBECK, Bemerkung über die Polarisation des Lichtes durch Spiegelung, besonders an doppelbrechenden Körpern, *Pogg. Ann.*, XXXVIII, 276; XL, 462.

1836. MAC CULLAGH, A Short Account of some Recent Investigations concerning the Laws of Reflection and Refraction at the Surfaces of Crystals, *Phil. Mag.*, (3), VII, 295; X, 42.

1837. NEUMANN, *Ueber den Einfluss der Krystallflächen bei der Reflexion des Lichtes und über die Intensität des gewöhnlichen und des ungewöhnlichen Strahls*, Berlin, 1837.

1837. NEUMANN, Photometrisches Verfahren die Intensität der ordentlichen und ausserordentlichen Strahlen, sowie der reflectirten zu bestimmen. *Pogg. Ann.*, XL, 497.

1840. QUET. Mémoire sur la polarisation par réflexion à la surface des cristaux biréfringents. *C. R.*, X, 695. — *Inst*, VIII, 159.

1842. BREWSTER, On Crystalline Reflection. *12th Rep. of Brit. Assoc.* — *Inst.*, X, 386.

1848. MAC CULLAGH, An Essay toward a Dynamical Theory of Crystalline Reflection and Refraction. *Ir. Trans.*, XXI, 17.

1850. CAUCHY. Sur les rayons de lumière réfléchis et réfractés par la surface d'un corps transparent, *C. R.*, XXXI, 160.

1850. CAUCHY. Mémoire sur la réflexion et la réfraction des rayons lumineux à la surface extérieure ou intérieure d'un cristal. *C. R.*, XXXI, 257.

1850. CAUCHY. Détermination des trois coefficients qui, dans la réflexion et la réfraction éprouvées à la surface intérieure d'un cristal, dépendent des rayons évanescents, *C. R.*, XXXI, 297.

1850. CAUCHY, Mémoire sur un nouveau phénomène de réflexion, *C. R.*, XXXI, 582.

1850. CAUCHY. Note relative aux rayons réfléchis sous l'incidence principale par la surface extérieure d'un cristal à un axe optique, *C. R.*, XXXI, 666.

1850. CAUCHY. Note sur la réflexion d'un rayon de lumière à la surface extérieure d'un corps transparent. *C. R.*, XXXI, 766.

1853. GRAILICH. Bewegung des Lichtes in optisch einaxigen Zwillingskrystallen, *Wien. Ber.*, XI, 817; XII, 230.

1855. GRAILICH, Ueber die Brechung und Reflexion des Lichtes an Zwillingsflächen optisch einaxigen Krystallen. *Wien. Ber.*, XV, 319; XIX, 226. — *Pogg. Ann.*, XCVIII, 205. — *Inst.*, XXIII, 144;

XXIV, 67, 178. (Passage d'un milieu biréfringent dans un autre milieu biréfringent.)

1856. DE SÉNARMONT, Sur la réflexion totale de la lumière extérieurement à la surface des corps biréfringents. *Journ. de Liouville*, (2), I. 305.

1861. KNOBLAUCH. Ueber die Reflexion der Wärmestrahlen an krystallisirten Körpern. *Berichte der deutschen Naturforscher*, 1860, 113.

1863. CORNU. Théorèmes géométriques relatifs à la réflexion cristalline. *C. R.*, LVII, 1327.

1864. BREWSTER. On the Influence of Refracting Face of Calcareous Spar on the Polarization. the Intensity and the Colour of Light which is Reflected. *Proceed. of Edinb. Soc.*, V, 175. — *Inst.*, XXXIII. 294.

1865. CORNU. Théorème sur la réflexion cristalline. *C. R.*, LX. 47.

1865. BABINET. Sur un cas de polarisation non encore signalé. *C. R.*, LXI. 705.

1866. PFAFF. Ueber die Bestimmung der Brechungsexponenten doppeltbrechender Substanzen und ihrer Polarisationswinkeln. *Pogg. Ann.*, CXXVII. 150.

RÉFLEXION MÉTALLIQUE.

1811. ARAGO. Étude des anneaux produits par le contact d'un miroir métallique et d'une lentille. *OEuvres complètes*, X, 348.

1814. BIOT. Détermination des lois suivant lesquelles la lumière se polarise à la surface des métaux. *Ann. de chim. et de phys.*, (1), XCIV, 209.

1817. FRESNEL. Mémoire sur les modifications que la réflexion imprime à la lumière polarisée. *OEuvres complètes*, I. 447.

1830. POTTER. An Account of Experiments to Determine the Quantity of Light Reflected by Plane Metallic Specula under Different Angles of Incidences. *Edinb. Journ. of Science*, (2), III, 278.

1831. AIRY. On a Remarkable Modification of Newton's Rings, *Cambr. Trans.*, IV, 219. — *Phil. Mag.*, (2), X, 141. (Anneaux entre une lentille de verre et une surface métallique.)

1832. NEUMANN. Theorie der elliptischen Polarisation des Lichts, welche durch Reflexion an Metallen erzeugt wird, *Pogg. Ann.*, XXVI. 89.

1832. AIRY. On the Phænomena of Newton's Rings when Performed between two Transparent Substances of Different Refractive Powers, *Cambr. Trans.*, IV, 409. (Polarisation elliptique par réflexion sur des corps non métalliques très-réfringents.)

1834. MAC CULLAGH, On Metallic Reflexion, *Proceed. of the Ir. Acad.*, I. 2, 159; II. 375.

1836. CAUCHY. Note sur la théorie de la lumière. *C. R.*, II. 427.

1837. MAC CULLAGH. On the Laws of Metallic Reflection and Refraction. *Ir. Trans.*, XVIII. part I. — *Inst.*, V. 223.

1839. CAUCHY. Sur l'intensité de la lumière réfléchie et polarisée par les surfaces métalliques. *C. R.*, VIII, 553. — *Inst*, VII, 125. 142.

1839. CAUCHY. Note sur la réflexion de la lumière à la surface des métaux. *Journ. de Liouville*, (1). VII. 338.

1840. DE SENARMONT. Mémoire sur la modification que la réflexion spéculaire à la surface des corps métalliques imprime à un rayon de lumière polarisée. *Ann. de chim. et de phys.*, (2). LXXIII. 337.

1843. POWELL. Observations of Certain Cases of Elliptic Polarization of Light by Reflection, *Phil. Trans.*, 1843. p. 35.

1843. LLOYD. On the Theory of Metallic Reflection. *13th Rep. of Brit. Assoc.* — *Inst.*, XI. 320.

1845. POWELL. On the Elliptic Polarization of Light by Reflection from Metallic Surfaces, *Phil. Trans.*, 1845. p. 269. — *Proceed. of R. S.*, V. 557. — *Inst.*, XIII. 290; XIV. 78.

1845. O'BRIEN. On the Laws of Reflection and Refraction at the Surfaces of Substances of High Refracting and Absorbing Powers, suchs as Metals. *Phil. Mag.*, XXVI. 287.

1845. JAMIN. Mémoire sur la polarisation métallique, *C. R.*, XXI. 430; XXII. 477; XXIII. 1103.

1846. DALE. On Elliptic Polarization, *16th Rep. of Brit. Assoc.* — *Inst.*, XIV. 368. (Polarisation elliptique par réflexion sur le diamant, l'indigo, le grenat et sur d'autres corps très-réfringents.)

1847. DE SENARMONT. Mémoire sur la réflexion et la double réfraction de la lumière par les cristaux doués de l'opacité métallique. *Ann. de chim. et de phys.*, (3), XX, 397. — *C. R.*, XXIV. 327.

1847. JAMIN. Mémoire sur la coloration des métaux. *C. R.*, XXV. 714; XXVI. 83. — *Ann. de chim. et de phys.*, (3), XXII, 311. — *Inst.*, XV. 370; XVI. 38.

1847. JAMIN. Mémoire sur la réflexion métallique. *Ann. de chim. et de phys.*, (3), XIX. 296.

1847. DE LA PROVOSTAYE et P. DESAINS. Détermination du pouvoir réflecteur des métaux pour la chaleur. *C. R.*, XXIV. 484.

1848. CAUCHY. Note sur la lumière réfléchie par la surface d'un corps opaque et spécialement d'un métal. *C. R.*, XXVI. 86.

1848. BABINET. Rapport sur le mémoire de M. Jamin intitulé : Mémoire sur la couleur des métaux. *C. R.*, XXVI, 83.

1848. JAMIN. Sur la réflexion de la lumière par les substances transparentes douées d'une grande réfringence. *C. R.*, XXVI. 383. — *Inst.*, XVI. 93.

1848.   Jamin, Mémoire sur la réflexion de la lumière, *C. R.*, XXVII, 147.

1849.   De la Provostaye et P. Desains, Mémoire sur la réflexion des diverses espèces de chaleur par les métaux, *C. R.*, XXVIII, 501. — *Inst.*, XVII, 122.

1850.   Stokes, On Metallic Reflection, 20th *Rep. of Brit. Assoc.*, p. 12. — *Inst.*, XVIII, 320.

1850.   Arago, Quatrième mémoire sur la photométrie : Évaluation de la perte de lumière à la surface des métaux, *Œuvres complètes*, X, 221. — *C. R.*, XXX, 425.

1853.   Stokes, On Metallic Reflection by Certain not Metallic Substances. *Phil. Mag.*, (4), VI, 393. — *Ann. de chim. et de phys.*, (3), XLVI, 504.

1853.   Rollmann, Ueber die Polarisation des Lichtes bei Brechung desselben durch Metall, *Pogg. Ann.*, XC, 188.

1854.   Haughton, On Some New Laws of Reflection of Polarized Light, *Phil. Mag.*, (4), VIII, 507.

1854.   Beer, Ueber die Cauchy'schen Näherungsformeln für Metallreflexion, *Pogg. Ann.*, XCI, 561.

1857.   Faraday, On the Relations of Gold and other Metals to Light, *Phil. Trans.*, 1857, p. 147. — *Proceed. of R. S.*, VIII, 356. — *Phil. Mag.*, (4), XIV, 401, 502. — *Ann. de chim. et de phys.*, (3), LIII, 60. (Lumière réfractée par les métaux.)

1859.   Wilde, Ableitung der Gesetze der Farben dünner Blättchen zwischen Luft und Metall wenn der Brechungsindex derselben zwischen diejenigen beiden letzeren Substanzen liegt, *Neue Denkschr. der Schweizer Gesellsch.*, XV, 29.

1863.   Quincke, Ueber die optischen Eigenschaften der Metalle, *Berl. Monatsber.*, 1863, p. 115. — *Pogg. Ann.*, CXIX, 368. — *Ann. de chim. et de phys.*, (3), LXIX, 121.

1863.   Quincke, Ueber die Brechungsexponenten der Metalle, *Pogg. Ann.*, CXX, 599.

1866.   Quincke, Herstellung von Metalspiegeln, *Pogg. Ann.*, CXXIX, 14.

POLARISATION ELLIPTIQUE PAR RÉFLEXION SUR DES CORPS TRANSPARENTS PEU RÉFRINGENTS. — COLORATION DE LA LUMIÈRE RÉFLÉCHIE PAR DES CORPS NON MÉTALLIQUES. — CHATOIEMENT DES CRISTAUX.

1829.   Brewster, On the Reflection and Decomposition of Light at the Separating Surface of Media of the Same and of Different Refractive Powers, *Phil. Trans.*, 1829, p. 187. (Coloration de la lumière réfléchie.)

1831.   Brücke, Ueber den Metallglanz, *Sitzungsberichte der Wiener Akademie*, XLIII.

1832.   Airy, On the Phænomena of Newton's Rings when Formed between
        two Transparent Substances of Different Refracting Powers.
        Cambr. Trans., IV, 409. — *Phil. Mag.*, (3), II, 120.

1839.   Forbes, Sur la polarisation de la lumière par des lames de mica
        chauffées, *9th Rep. of Brit. Assoc.* — *Inst.*, VII, 366. (La lu-
        mière réfléchie par ces lames est polarisée elliptiquement.)

1842.   Powell, On Certain Phænomena of Elliptically Polarized Light. *12th
        Rep. of Brit. Assoc.* — *Inst.*, X, 363. (Paillettes ou pellicules
        minces.)

1843.   Powell, Observations of Certain Cases of Elliptic Polarization of
        Light by Reflection, *Phil. Trans.*, 1843, p. 35. — *Inst.*, XI,
        323. (Polarisation par réflexion sur le mica et sur les oxydes mé-
        talliques en lames minces.)

1843.   Lloyd, On the Elliptic Polarization of Light Reflected by Different
        Substances, *13th Rep. of Brit. Assoc.* — *Inst.*, XI, 320.

1846.   Brewster, On a New Property of Light as Exhibited by the Action
        of Chrysammat of Potash upon Common and Polarized Light.
        Phil. Mag., (3), XXIX, 331. — *Inst.*, XIV, 361, 401.

1846.   Haidinger, Farbenvertheilung im Cyanplatinmagnesium, *Pogg. Ann.*,
        LXVIII, 302.

1847.   Haidinger, Ueber das metallische Schillern der Krystallflächen. *Pogg.
        Ann.*, LXX, 574; LXXI, 321.

1847.   Haidinger, Orientirtes metallisches Schillern auf künstlichen Flächen.
        Berichte der Freunde der Naturwissenschaften in Wien, II, 263.

1848.   Haidinger, Bemerkungen über den Glanz der Körper. *Sitzungsberichte
        der Akademie von Wien*, 1848, p. 14. 189.

1848.   Haidinger, Ueber den Zusammenhang des orientirten Flächenschil-
        lerns mit der Lichtabsorption farbiger Krystalle, *Pogg. Ann.*,
        LXXVI, 99. — *Sitzungsberichte der Akademie von Wien*, 1848,
        p. 146.

1849.   Haidinger, Ueber das metallähnliche Schillern des Hypersthens, *Pogg.
        Ann.*, LXXXVI.

1849.   Haidinger, Ueber die Oberflächen und Körperfarben des Anderso-
        nits, eine Verbindung von Iod and Codein, *Pogg. Ann.*, LXXX,
        583.

1850.   Jamin, Mémoire sur la réflexion à la surface des liquides, *C. R.*,
        XXXI, 696. — *Ann. de chim. et de phys.*, (3), XXXI, 165.

1850.   Jamin, Mémoire sur la réflexion à la surface des corps transparents,
        Ann. de chim. et de phys., (3), XXIX, 263.

1852.   Brewster, Examination of Dove's Theory of Lustre, *Athenæum*, 1852,
        p. 1041. — *Cosmos*, I, 577.

1852.   Haidinger, Ueber die Verhältnisse der inneren und der oberflächlichen
        Farben der Körper. *Wien. Ber*, VIII, 5. — *Ann. de chim. et de*

phys., (3), XLII, 249. (Réflexion métallique par certains corps produisant de la lumière colorée dont la couleur varie avec l'incidence.)

1853. STOKES, Sur la réflexion métallique produite par diverses substances non métalliques, *Phil. Mag.*, (4), VI, 393. — *Ann. de chim. et de phys.*, (3), XLVI, 504.

1857. HANKEL, Ueber farbige Reflexion des Lichtes von matt geschliffenen Flächen bei und nach dem Eintritt einer spiegelden Zurückwerfung. *Pogg. Ann.*, C, 302.

1858. GRAILICH, *Kristallographisch optische Untersuchungen*, Wien. 1858.

1858. SCHABUS. Kristallographische Untersuchungen. *Wien. Ber.*, XXIX, 441. (Couleur de la surface des cristaux d'iodéthyle variant avec l'incidence.)

1859. HAIDINGER, Bemerkungen über die optischen Eigenschaften einiger chrysammensauren Salze, *Wien. Ber.*, XXXVI, 183.

1859. KÜRZ, Ueber die Reflexion des polarisirten Lichts an die Oberfläche unkrystallisirter Körper, *Pogg. Ann.*, CVIII, 582.

1860. LORENZ. Ueber die Reflexion des Lichts an die Gränze zweier isotropen durchsichtigen Medien. *Pogg. Ann.*, CXI, 46. — *Ann. de chim. et de phys.*, (3), LXII, 117.

1860. CAREY LEA, On the Optical Properties of the Picrat of Manganèse, *Sillimann's Journ.*, (2), XXX, 402. — *Phil. Mag.*, (4), XXI. 477.

1861. DOVE. Ueber den Glanz, *Berl. Monatsber.*, 1861. p. 522. — *Pogg. Ann.*, CXIV, 165.

1862. WILLIGEN, Die Reflexionsconstanten, *Pogg. Ann.*, CXVII, 464.

1862. REUSCH, Ueber das Schillern gewisser Krystalle, *Pogg. Ann.*, CXVI. 392; CXVIII, 256; CXX, 95.

1862. WUNDT, Ueber die Erstehung des Glanzes. *Pogg. Ann.*, CXVI, 627.

1863. HAUGHTON. On the Reflection of Polarized Light from Polished Surfaces Transparent and Metallic, *Phil. Trans.*, 1863. — *Procced. of R. S.*, XII, 168. — *Phil. Mag.*, (4), XXV. 478.

1864. DOVE. Ueber die optischen Eigenschaften der Carthamin, *Berl. Monatsber.*, 1864, p. 236. — *Pogg. Ann.*, CXXII, 454. — *Phil. Mag.*, (4), XXVIII, 247. — *Ann. de chim. et de phys.*, (4), III, 501. — *Inst.*, XXXII, 4.

1866. QUINCKE, Ueber die elliptische Polarisation des Lichtes bei gewöhnlicher Reflexion, *Pogg. Ann.*, CXXVIII, 355.

THÉORIE GÉNÉRALE DE LA RÉFLEXION ET DE LA RÉFRACTION DE LA LUMIÈRE POLARISÉE.

1830. CAUCHY, Mémoire sur la théorie de la lumière, *Mém. de l'Acad. des sc.*, X, 293.

1836. Cauchy. Note sur la théorie de la lumière. *C. R.*, II. 301.

1838. Cauchy. Sur la réflexion et la réfraction de la lumière produites par la surface de séparation de deux milieux doués de la réfraction simple. *C. R.*, VII. 953. 1044. — *Inst.*, VI. 393.

1839. Cauchy. Mémoire sur la réflexion et la réfraction de la lumière. *C. R.*, VIII. 7. 39. 114. 146. 189. 229. 272.

1839. Cauchy. Mémoire sur la réflexion et la réfraction d'un mouvement simple transmis d'un système de molécules à un autre, les milieux étant isotropes. *Exerc. d'anal. et de phys. mathém.*, I. 133. — *C. R.*, VIII. 985.

1840. Cauchy. Considérations nouvelles sur les conditions relatives aux limites des corps. Méthode nouvelle propre à conduire aux lois générales de la réflexion et de la réfraction des mouvements simples qui rencontrent la surface de séparation de deux systèmes de molécules. *C. R.*, IX. 726.

1840. Ettingshausen. Cauchy's neue Methode zur Bestimmung der Intensität des reflectirten und gebrochenen Lichtes frei dargestellt. *Pogg. Ann.*, L. 409.

1842. Cauchy. Note sur le calcul des phénomènes que présente la lumière réfléchie ou réfractée par la surface d'un corps transparent ou opaque, *C. R.*, XV. 418.

1842. Cauchy. Méthode abrégée pour la recherche des lois suivant lesquelles la lumière se trouve réfléchie ou réfractée par la surface d'un corps transparent ou opaque. *C. R.*, XV. 542.

1848. Cauchy. Mémoire sur les conditions relatives aux limites des corps et en particulier sur celles qui conduisent aux lois de la réflexion et de la réfraction de la lumière. *Mém. de l'Acad. des sc.*, XXII. 17.

1849. Cauchy. Mémoire sur les rayons lumineux simples et sur les rayons évanescents. *Mém. de l'Acad. des sc.*, XXII. 29.

1849. Cauchy. Sur la réflexion et la réfraction de la lumière et sur de nouveaux rayons (rayons évanescents). *C. R.*, XXVIII. 57.

1849. Cauchy. Note sur les rayons simples et les rayons évanescents. *C. R.*, XXVIII. 25. — *Inst.*, XVII. 26.

1849. Cauchy. Mécanique moléculaire. *C. R.*, XXVIII, 29.

1850. Cauchy. Note sur l'intensité de la lumière dans les rayons réfléchis par la surface d'un corps transparent ou opaque. *C. R.*, XXX. 465.

1850. Cauchy. Sur les rayons de lumière réfléchie et réfractée par la surface d'un corps transparent. *C. R.*, XXXI. 60.

1850. Cauchy. Sur les rayons de lumière réfléchie et réfractée par la surface d'un corps transparent et isophane. *C. R.*, XXXI. 225.

1850. Cauchy. Détermination des trois coefficients qui, dans la réflexion et la réfraction éprouvées à la surface extérieure d'un cristal, dépendent des rayons évanescents. *C. R.*, XXXI. 297.

1854. BEER. Herleitung der Cauchy'schen Reflexionsformeln für durchsichtige Mittel. *Pogg. Ann.*, XCI, 467.

1855. ETTINGSHAUSEN, Ueber die neueren Formeln für das an einfach brechenden Medien reflectirte und gebrochene Licht, *Wien. Ber.*, XVIII, 369.

1856. BEER, Graphische Darstellung der Amplituden und Phasenverhältnisse bei Reflexion geradlinig polarisirtes Lichts. *Wien. Ber.*, XXI, 428. — *Inst.*, XXIV, 389.

1858. EISENLOHR. Ableitung der Formeln für die Intensität des an der Oberfläche zweier isotropen Mittel gespiegelten, gebrochenen und gebeugten Lichts, *Pogg. Ann.*, CIV, 346.

1859. CHALLIS, On the Theory of Ellipticaly Polarized Light. *Phil. Mag.*, (4), XVIII, 285.

1859. CHALLIS. On the Loss of Half an Undulation in Physical Optics. *Phil. Mag.*, (4), XVIII, 58.

1860. JAMIN. Note sur la théorie de la réflexion et de la réfraction. *Ann. de chim. et de phys.*, (3), LIX, 413.

1860. ZECH. Brechung und Zurückwerfung des Lichtes unter der Voraussetzung dass das Licht in der Polarisationsebene schwingt. *Pogg. Ann.*, CIX, 60.

1860. BERTLETT, On the Direction of Molecular Motions in Plane Polarized Light, *Sillimann's Journ.*, (2), XXX, 366. — *Cosmos*, XVIII. 118. (Détermination de la direction des vibrations par la réflexion et la réfraction.)

1861. BRIOT, Note sur la théorie de la lumière, *C. R.*, LII, 393. (Direction des vibrations déterminée par la théorie de la double réfraction.)

1861. LANG, Zur Theorie der Spiegelung und Brechung des Lichtes, *Wien. Ber.*, XIV, (2), 147. — *Cosmos*, XIX, 346. (La théorie de Cauchy tirée des formules de Lamé.)

1861. LORENZ, Bestimmung der Schwingungsrichtung des Lichtæthers durch die Reflexion und die Brechung des Lichtes. *Pogg. Ann.*, CXIV, 238.

1862. QUINCKE, Ueber die Lage der Schwingungen der Aether-Theilchen in einem geradlinig polarisirten Strahl, *Wien. Ber.*, 1862, p. 714. — *Ann. de chim. et de phys.*, (3), LXVIII, 220. — *Pogg. Ann.*, CXVIII, 445.

1863. HAUGHTON, On the Reflection of Polarized Light from Polished Surfaces Transparent and Metallic, *Phil. Trans.*, 1863, p. 81. — *Proceed. of R. S.*, XII, 168. — *Phil. Mag.*, (4), XXV, 478.

1866. BRIOT, Mémoire sur la réflexion et la réfraction de la lumière, *Journ. de Liouville*, (2), XI, 305.

Le second volume des Leçons d'Optique physique contient :

Les *Leçons sur la théorie de la dispersion*, professées en 1857 à l'École Normale, dans le cours de troisième année, rédigées par M. Gernez, et complétées en 1862 dans le même cours;

Les *Leçons sur la polarisation chromatique*, professées en 1861, à l'École Normale, dans le cours de troisième année, et rédigées par M. Mascart;

Les *Leçons sur la polarisation rotatoire*, professées en 1861 à l'École Normale, dans le cours de troisième année, et rédigées par M. Mascart;

Les *Leçons sur la double réfraction accidentelle*, professées en 1861 à l'École Normale, dans le cours de troisième année, et rédigées par M. Mascart;

Les *Leçons sur la réflexion et la réfraction de la lumière polarisée*, professées en 1860 à l'École Normale, dans le cours de troisième année, et rédigées par M. Raulin.

Dans cette dernière partie on a fait entrer les Leçons sur la polarisation par diffraction, qui font partie d'un cours sur la diffraction, professé en 1859 à l'École Normale, en troisième année, et rédigé par M. Levistal.

Plusieurs chapitres de l'Optique physique n'ont pas été compris dans le cadre de ces Leçons, parce qu'ils ont été traités dans d'autres parties des OEuvres de Verdet avec tous les développements qu'ils comportent, et qu'ainsi il y aurait eu double emploi. On croit être utile au lecteur en indiquant quels sont ces chapitres et où il pourra les trouver.

1° Les *lois expérimentales de la double réfraction et de la polarisation de la lumière* sont exposées dans le tome III (tome II du Cours de physique de l'École Polytechnique), pages 370-403.

2° Les *Leçons sur la vitesse de la lumière et sur les relations entre le mouvement de l'éther et celui de la matière pondérable*, professées en 1859 à l'École Normale dans le cours de troisième, année, et rédigées par M. Levistal, sont reproduites dans le tome IV (Conférences de physique publiées par M. Gernez), pages 653-713.

3° Les *Leçons sur la polarisation atmosphérique*, professées en 1858 à l'École Normale, dans le cours de troisième année, et rédigées par M. Gernez, font partie du chapitre de la météorologie optique contenu dans le tome IV (Conférences de physique), pages 755-758.

4° La *polarisation rotatoire magnétique* se trouve traitée tout au long, théorie et expériences, dans les Mémoires originaux de Verdet contenus dans le tome Ier (Notes et Mémoires), pages 107-279. On en trouvera un résumé sommaire dans le tome III (tome II du Cours de physique de l'École Polytechnique), pages 435-437, et un exposé plus développé dans le tome IV (Conférences de physique).

5° L'*absorption* et les questions qui s'y rattachent, comme le *pléochroïsme*, etc., n'ont pas été traitées par Verdet d'une façon détaillée dans ses cours. On trouvera sur ce sujet quelques indications sommaires dans le tome III (tome II du Cours de physique de l'École Polytechnique), pages 368-369.

6° Les *analogies de la lumière et de la chaleur rayonnante* sont exposées dans le tome III (tome II du Cours de physique de l'École Polytechnique), pages 447-451.

Avril 1872.

TABLE DES MATIÈRES.

QUATRIÈME PARTIE.

LEÇONS

SUR LA THÉORIE DE LA DISPERSION.

CINQUIÈME PARTIE.

LEÇONS

SUR LA POLARISATION CHROMATIQUE.

I. LOIS EXPÉRIMENTALES DE LA POLARISATION CHROMATIQUE ET PRINCIPES DE LA THÉORIE.

II. FORME DES VIBRATIONS SUR UN RAYON POLARISÉ APRÈS SON PASSAGE DANS UNE LAME BIRÉFRINGENTE. — POLARISATION CIRCULAIRE ET ELLIPTIQUE.

III. CONSTITUTION DE LA LUMIÈRE NATURELLE ET DE LA LUMIÈRE PARTIELLEMENT POLARISÉE.

Pages.

IV. POLARISATION CHROMATIQUE DANS LA LUMIÈRE PARALLÈLE.

A. — LUMIÈRE NORMALE À LA LAME CRISTALLISÉE.

B. — LUMIÈRE OBLIQUE À LA LAME CRISTALLISÉE.

1. CRISTAUX À UN AXE.

2. CRISTAUX À DEUX AXES.

V. APPLICATIONS POLARISCOPIQUES DE LA POLARISATION CHROMATIQUE.

VI. POLARISATION CHROMATIQUE DANS LA LUMIÈRE CONVERGENTE OU DIVERGENTE.

VII. APPLICATION DE LA POLARISATION CHROMATIQUE A L'ÉTUDE DES CRISTAUX A DEUX AXES. — DISPERSION DES AXES.

VIII. PHÉNOMÈNES DE POLARISATION CHROMATIQUE PRODUITS PAR LA LUMIÈRE POLARISÉE OU ANALYSÉE CIRCULAIREMENT OU ELLIPTIQUEMENT.

A. — LUMIÈRE POLARISÉE CIRCULAIREMENT OU ELLIPTIQUEMENT.

B. — LUMIÈRE ANALYSÉE CIRCULAIREMENT OU ELLIPTIQUEMENT.

C. — LUMIÈRE POLARISÉE ET ANALYSÉE CIRCULAIREMENT OU ELLIPTIQUEMENT.

SIXIÈME PARTIE.

LEÇONS

SUR LA POLARISATION ROTATOIRE.

I. LOIS EXPÉRIMENTALES DE LA POLARISATION ROTATOIRE DANS LE QUARTZ.

II. EXPLICATION THÉORIQUE DE LA POLARISATION ROTATOIRE.

III. POLARISATION ROTATOIRE DANS LA LUMIÈRE CONVERGENTE.

A. — LUMIÈRE CONVERGENTE POLARISÉE RECTILIGNEMENT.

B. — LUMIÈRE CONVERGENTE POLARISÉE CIRCULAIREMENT.

C. — LUMIÈRE CONVERGENTE, POLARISÉE RECTILIGNEMENT, QUI TRAVERSE DEUX LAMES DE QUARTZ ÉGALES ET DE SIGNES CONTRAIRES.

IV. GÉNÉRALISATION DES PROPRIÉTÉS ROTATOIRES DU QUARTZ.

V. RELATIONS ENTRE LE POUVOIR ROTATOIRE ET LA FORME CRISTALLINE.

VI. ESSAIS DE THÉORIE DE LA POLARISATION ROTATOIRE.

A. — CRISTAUX À UN AXE.

B. — CRISTAUX À DEUX AXES.

C. — POUVOIR ROTATOIRE DES DISSOLUTIONS ACTIVES.

SEPTIÈME PARTIE.

LEÇONS
SUR LA DOUBLE RÉFRACTION ACCIDENTELLE.

HUITIÈME PARTIE.

LEÇONS

SUR LES LOIS DE LA RÉFLEXION ET DE LA RÉFRACTION DE LA LUMIÈRE POLARISÉE.

I. THÉORIE DE FRESNEL.

II. VÉRIFICATIONS EXPÉRIMENTALES DE LA THÉORIE DE FRESNEL.

A. — MODIFICATIONS DE LA POLARISATION DE LA LUMIÈRE.

B. — MESURES PHOTOMÉTRIQUES ET CALORIMÉTRIQUES.

D. — THÉORIE DE LA RÉFLEXION MÉTALLIQUE.

E. — VÉRIFICATIONS EXPÉRIMENTALES DES FORMULES THÉORIQUES.

F. — RÉFLEXION À LA SURFACE DES MÉTAUX CRISTALLISÉS DANS UN SYSTÈME AUTRE QUE LE SYSTÈME CUBIQUE.

G. — ANNEAUX COLORÉS À LA SURFACE DES MÉTAUX.

VI. POLARISATION ELLIPTIQUE PAR RÉFLEXION
A LA SURFACE DE CORPS NON MÉTALLIQUES ET PEU RÉFRINGENTS.

FIN DE LA TABLE DES MATIÈRES.